Deutscher Industrieverlag

Die Probenahme von Wasser

Deutscher Industrieverlag

Klaus-Dieter Selent, Dr. rer. nat. Albrecht Grupe

Die Probenahme von Wasser

Ein Handbuch für die Praxis

2. Auflage 2018

Bibliografische Information der Deutschen Nationalbibliothek

Die Deutsche Nationalbibliothek verzeichnet diese Publikation in der Deutschen Nationalbibliografie; detaillierte bibliografische Daten sind im Internet über **www.dnb.de** abrufbar.

Die Probenahme von Wasser
Ein Handbuch für die Praxis
Klaus-Dieter Selent, Dr. rer. nat. Albrecht Grupe
2. Auflage 2018

ISBN: 9-783-8356-7310-6 (Print)
ISBN: 9-783-8356-7311-3 (eBook)

Friedrich-Ebert-Straße 55, 45127 Essen, Deutschland
Telefon: +49 201 820 02-0, Internet: www.di-verlag.de

Projektmanagement: Tatjana Holzenhauer, Vulkan-Verlag GmbH, Essen
Lektorat: Tatjana Holzenhauer, Vulkan-Verlag GmbH, Essen
Herstellung: Nilofar Mokhtarzada, Vulkan-Verlag GmbH, Essen
Umschlaggestaltung: Melanie Zöller, Vulkan-Verlag GmbH, Essen
Titelbild: nach einem Entwurf und unter Verwendung eines Fotos von Dr. Albrecht Grupe
Satz: Veronika Koppers, Vulkan-Verlag GmbH, Essen
Druck: Druckerei Chmielorz GmbH, Wiesbaden

Vorwort 2. Auflage

20 Jahre nach der ersten Auflage erscheint nun die 2. Auflage des erfolgreichen Buches zur Probenahme von Wasser. Das Thema ist aktueller denn je, da die Probleme der Qualität von Wasser – die mit der verbesserten Analytik deutlicher geworden sind – weitere, verbesserte Wasseruntersuchungen erfordern. Ein wesentlicher Teil dieser Wasseruntersuchungen ist – oft unterschätzt – die Probenahme von Wasser.

Fehler bei der Probenahme können durch noch so große Sorgfalt bei den nachfolgenden Schritten nicht kompensiert werden!

Diese Erkenntnis war und ist Triebfeder für die Normung und für die erste Auflage dieses Buches, an dem Fachleute des DIN-Arbeitskreises Probenahme von Wasser vor 20 Jahren mitgewirkt hatten. Nach 20 Jahren sind etliche der hervorragenden Fachkollegen der ersten Generation leider verstorben. Wir freuen uns, dass wir neue Experten gewinnen konnten, die das Konzept, ein Fachbuch für die Praxis zu schreiben, mit neuen Ideen und Sachverstand weiterführen.

Wir hoffen, dass wir mit einer verbesserten Systematik und aktualisierten Anforderungen aus Normung und Gesetzen sowie neuen Erkenntnissen das Buch noch attraktiver für die neue Generation von Wissenschaftlern und ihren Mitarbeitern, die sich mit Wasseruntersuchungen beschäftigen, gestalten konnten.

Die Herausgeber
Klaus Selent und Dr. Albrecht Grupe
Hagen und Dormagen im April 2018

Vorwort 1. Auflage

Dieses Buch wurde für den Praktiker von Mitgliedern des DIN/GDCh-Ausschusses NAW W1/UA2 'Probenahme' unter Mitwirkung externer Fachleute verfaßt. Unter Praktikern sollen hier sowohl die Verantwortlichen als auch die Ausführenden vor Ort verstanden werden.

Die Autoren sind zum Teil seit über 20 Jahren auf dem Gebiet der Wasserprobenahme tätig und waren in dieser Zeit an der Ausarbeitung deutscher und internationaler Normen maßgeblich beteiligt. In den letzten 2 Jahrzehnten wurden von dem DIN-Ausschuß 'Probenahme' grundlegende deutsche Normen für die Probenahme von Wässern (z. B. Grundwasser, Fluß-, See-, Mineral- und Heilwässer, Abwasser, Kühlwässern für den industriellen Gebrauch etc.) erarbeitet. Mitarbeiter dieses Gremiums sind Spezialisten aus der Industrie, von Behörden und Länderinstitutionen, von Hochschulen und Wasserverbänden, die im Rahmen ihrer Funktionen und Tätigkeiten mit den naturwissenschaftlich-technischen, juristisch-gesetzlichen, aber vor allem mit den praktischen Fragen und Problemen einer dem speziellen Fall angepaßten repräsentativen Probenahme von Wasser vertraut sind.

In dem vorliegenden Handbuch 'Die Probenahme von Wasser' werden grundsätzliche Probleme der Probenahme im Hinblick auf die Repräsentanz bezogen auf die zu untersuchenden Parameter, die notwendigen technischen Voraussetzungen, das spezielle systembezogene Vorgehen im Hinblick auf die physikalisch-chemischen und biologischen Untersuchungen, d. h. die zur Kontrolle und Überwachung notwendigen Vorgehensweisen, praxisbezogen dargelegt. Die beste nachgeschaltete physikalisch-chemische Analytik, die Diskussion um Überschreitung vorgegebener Grenzwerte/Toleranzen ist zum Scheitern verurteilt, wenn die Probenahme fehlerhaft und nicht repräsentativ war.

Wegen der aktuellen Diskussion über die Rechtschreibreform wird in Probenahme-Fachkreisen zunehmend über die Frage diskutiert, ob das Wort „Probe" in Wortverbindungen im Singular oder im Plural anzuwenden ist. In diesem Buch wird grundsätzlich der Begriff Probenahme benutzt, da diese Schreibweise bisher auch in den DIN-Normen üblich ist, wohingegen der Duden die Schreibweise Probenentnahme favorisiert[1]. Das sollte dem Verständnis allerdings keinen Abbruch tun.

---

[1] Die Sprachberatungsstelle der Dudenredaktion führte zur Frage, ob das Wort „Probe" in Wortverbindungen im Singular oder im Plural anzuwenden ist, bereits im Dezember 1991 folgendes aus:
In substantivische Zusammensetzungen, in denen das Bestimmungswort „Probe..." die Bedeutung „Test" hat, steht „Probe" immer im Singular: Probealarm, Probeexemplar, Probelauf, Probejahr u. v. a. (= Alarm etc. zum Zwecke des Tests). In Zusammensetzungen, in denen das Bestimmungswort „Probe..." die Bedeutung „kleine Menge, Teil von etwas, woraus die Beschaffenheit des Ganzen zu erkennen ist" hat, steht gewöhnlich der Plural: Probenentnahme (= Entnahme von Proben). Obwohl gegen den Singular auch hier nichts einzuwenden wäre, empfehlen wir in Analogie zu „Probenentnahme" u. a. die Bildungen „Probennehmer" und „Probennahmegerät".

Die Verfasser hoffen und wünschen, daß die erfahrenen Praktiker für ihre Arbeit Anregungen, Anleitungen und Anweisungen diesem Buch entnehmen können. Für Anfänger, die sich neu in die Thematik einarbeiten müssen, kann dieses Buch ein Lehrbuch sein. Kollegiale Hinweise und Verbesserungsvorschläge sowohl zum vorliegenden Buch als auch zu den jeweiligen DIN-Normen werden von den Herausgebern gerne aufgenommen.

Allen Damen und Herren, die durch jahrelange Arbeit im Fachnormenausschuß 'Probenahme' das Fundament für dieses Buch gelegt haben, möchten wir hiermit unseren Dank aussprechen.

Hagen und Dormagen, Oktober 1997 K. Selent, A. Grupe

Mitglieder und Mitarbeiter des DIN-Ausschusses Probenahme seit der Gründung 1978:

Dr. Adelt	Dr. Klukas	Dr. Schenk
Dr. Benda	Dipl.-Ing. Kornatzki	Dr. Schermann
Dr. Clasen	Dr. Leger	Dipl.-Ing. Selent
Dr. Eichelsdörfer	Dipl.-Ing. Lipka	Dipl.-Ing. Wutte
Dipl.-Ing. Grubert	Dipl.-Ing. Nissing	Dipl.-Ing. Yawari
Dr. Grupe	Dr. Riegler	Dipl.-Ing. Zur Mühlen
Dr. Gudernatsch	Dr. Sager	

Autorenverzeichnis 2. Auflage

Dr. Ulrich Borchers
c/o IWW Rheinisch-Westfälisches
Institut für Wasser Beratungs- und
Entwicklungsges. mbH
Moritzstr. 26
45476 Mülheim an der Ruhr

Dr. Jürgen Diemer
c/o Bayerisches Landesamt für Umwelt
Bürgermeister-Ulrich-Str. 160
86177 Augsburg

Dipl.-Ing. (FH) Markus Donder
c/o Landesamt für Natur, Umwelt und
Verbraucherschutz NRW
Leibnizstrasse 10
45659 Recklinghausen

Dipl.-Ing. Cornelia Dümling
c/o Landesamt für Natur, Umwelt und
Verbraucherschutz NRW
Leibnizstrasse 10
45659 Recklinghausen

Dr. Klaus Furtmann
c/o Landesamt für Natur, Umwelt und
Verbraucherschutz NRW
Leibnizstrasse 10
45659 Recklinghausen

Dr. Albrecht Grupe
Ehemals BAYER AG/CURRENTA
41539 Dormagen

Roland Hanke
Ehemals BAYER AG / CURRENTA
41539 Dormagen

Dipl.-Geol. Dieter Horchler
c/o Niedersächsisches Landesamt für
Bau und Liegenschaften (NLBL)
Waterloostr. 4
30169 Hannover

Dr. Jutta Köhler
c/o Bayerisches Landesamt für Umwelt
Bürgermeister-Ulrich-Str. 160
86177 Augsburg

Dipl.-Ing. Armin Kreimer
Currenta GmbH & Co. OHG
Wasserversorgung Dormagen
41538 Dormagen (Chempark)

Dr. Bibiana Preuß
c/o Bergisches Wasser- und
Umweltlabor
der BTV - GmbH (bwl)
Schützenstr. 34
42281 Wuppertal

Anita Nienhüser
c/o Bergisches Wasser- und
Umweltlabor
der BTV - GmbH (bwl)
Schützenstr. 34
42281 Wuppertal

Prof. Dr. Detlef Schulz-Bull
c/o Leibniz-Institut für
Ostseeforschung-Warnemünde
Seestr. 15
18119 Rostock-Warnemünde

Dipl.-Ing. Klaus-Dieter Selent
c/o Landesamt für Natur, Umwelt und
Verbraucherschutz NRW
Leibnizstrasse 10
45659 Recklinghausen

Dipl.-Ing. Herbert Zerbe
c/o SGS INSTITUT FRESENIUS GmbH
Im Maisel 14
65232 Taunusstein

Inhaltsverzeichnis

Wissen aus erster Quelle
Transforming Automation
Ausgabe 03 2019
HAUPTBEITRÄGE:
• Master-Switch für verspannte Zahnstange-Ritzel-Antriebe
• Fehlerprognose mit hybridem Anomalie-Management
• Context Aware 3D Image Processing and Acquisition
• Industrie-Experten fördern als Lehrende die Hochschulen
• Offene Big-Data-Plattform für Industrie 4.0
atp magazin
DAS GROSSE FANGE
So gehen Sie beim Fachkräftemangel nicht leer aus
VERTRAG
Im Abo:
Print.
Digital.
Heftarchiv.
Bestellen Sie Ihr Probeheft:
www.gwf-wasser.de
Alles Wasserwissen was Sie wissen müssen. Die Fachzeitschrift rund um die Wasser- und Abwasserversorgung
gwf Wasser Abwasser

1 Einführung und allgemeine Aufgabenstellung

A. Grupe und K. Selent [*]

[*] unter Verwendung des Kapitels von. H. Gudernatsch aus der 1. Ausgabe 1998

1.1 Einführung und allgemeine Aufgabenstellung

In einem Übersichtsartikel über Trends in der analytischen Chemie im Jahr 1994 [1] grenzt Ballschmitter die analytische Chemie von den klassischen Fächern der Chemie (anorganische, organische und physikalische Chemie) dadurch ab, dass zwar die Grundkenntnisse der Chemie identisch sind, aber in Fragestellung und Bewertung der Antworten grundlegende Unterschiede bestehen. Die analytische Chemie wird dabei stark abstrahierend als: „Sammeln - Lösen - Anreichern - Trennen - Detektieren - Identifizieren - Quantifizieren - Validieren" beschrieben. Ab dem zweiten Begriff finden alle Arbeiten im Labor statt. Der unter dem Dachbegriff „Sammeln" beschriebene erste Arbeitsschritt kann besser aufgeteilt als Probenahme, Probenteilung, Probentransport und Probenstabilisierung bzw. -konservierung definiert werden. Er muss meistens außerhalb des Labors ausgeführt werden, so auch bei der Wasserprobenahme, ganz gleich welche Wasserart beprobt werden soll.

Beim Quantifizieren fallen als Analysen- oder Prüfergebnis Werte an, die beim Validieren kritisch bewertet werden. Da Analytik im Regelfall nicht um ihrer selbst willen betrieben wird, kann es auch nicht Ziel oder Zweck von Analysen sein, eine Vielzahl von Werten und damit von Zahlenfriedhöfen zu produzieren. Aus diesem Grund hat es immer warnende Stimmen gegeben, die die kritische Bewertung der Analysenergebnisse gefordert haben [2]. Seit den 1990er Jahren hat sich für diese Bewertung der Begriff Validierung durchgesetzt und die Publikationen, die sich mit dieser Problematik auseinandersetzen, nehmen ständig zu [3, 4, 5]. Inzwischen existieren außerdem zahlreiche Leitlinien und Vorgaben [6, 7, 8]. Leider wird in diesen Publikationen gar nicht oder nur unzureichend auf die Probleme bei der Probenahme hingewiesen, obwohl jedem Analytiker klar ist, dass Fehler bei der Probenahme, der Probenvorbereitung, dem Probentransport oder der Lagerung später weder durch exakte analytische Tätigkeit noch durch Schätzung oder Berechnung beseitigt oder korrigiert werden können. Jede Probenahme ist stets mit Unsicherheiten behaftet, die zu berücksichtigen sind [9]. Die Validierung eines Verfahrens, welches die Probenahme einschließt, ist wesentlich komplexer als die eines Analysenverfahrens. Für die Validierung von neuen Feldprobenahme- und Screening-Verfahren existieren erste Ansätze [10, 11, 12]. Die analytische Zuverlässigkeit hängt weitestgehend von einer richtigen und reproduzierbaren Probenahme ab, deshalb muss der Analytiker höchste Sorgfalt bei der Probenahme fordern [13]. Die meisten Fehler, die in diesem Problemfeld gemacht werden, sind systematische Fehler und beeinflussen damit die Richtigkeit (trueness, accuracy of the mean) der Analysenwerte [14]. Da die üblichen Prüfmethoden in Bezug auf die Richtigkeit und damit auf systematische Fehler – Vergleich mit einem Standard, Vergleich mit einer anderen validierten Methode oder einem Aufstockverfahren – bei Wasserproben wegen ihrer unbekannten Zusammensetzungen nicht durchführbar sind, muss sichergestellt sein, dass bei der Probenahme eine repräsentative Probe des zu beprobenden Wassers gewonnen wird. Nur so werden systematische Fehler vermieden.

Bereits Ende der 1970er Jahre, als die Normung der Analytik und der Probenahme noch in den Kinderschuhen steckte und die Begriffe Qualitätssicherung und Validierung kaum verwendet wurden, wurde versucht, durch praxisbezogene Untersuchungen die Fehlerquellen bei der Probenahme, sowohl wasserartenspezifisch als auch generell, zu ermitteln [15]. Die Ergebnisse dieser Untersuchungen sind später in die Normen eingeflossen.

Bisher ist man davon ausgegangen, dass die Probenahmenormen nicht in Ringversuchen, wie es bei allen Analysenverfahren, die als DIN-Normen erscheinen, zwingend vorgeschrieben ist [16], getestet werden können. Es ist jedoch davon auszugehen, dass sich alle genormten Vorschriften allgemeingültig in der Praxis bewährt haben. Mit diesen gleichen Methoden wird sowohl bei den Staatlichen Umweltämtern, den Wasserwirtschaftsämtern, den Wasserverbänden, den Kommunen und den Umweltschutzabteilungen der Industrie gearbeitet. Damit wird sichergestellt, dass auch ohne die statistische Absicherung eines Ringversuches die richtig durchgeführte Probenahme und Probenvorbereitung zu repräsentativen Proben führt und die Analysenergebnisse unterschiedlicher Laboratorien innerhalb tolerierbarer Schwankungsbreiten übereinstimmen.

Trotzdem war von den Notifizierungsstellen in Deutschland und der Deutschen Akkreditierungsstelle (DAkkS) auch die Durchführung von Ringversuchen im Bereich der Abwasserprobenahme erwünscht. Im Juni 2013 wurde von AQS Baden-Württemberg am Lehr- und Forschungsklärwerk des Instituts für Siedlungswasserbau, Wassergüte- und Abfallwirtschaft der Universität Stuttgart (AQS BW) ein erster Pilot-Ringversuch zur Probenahme von Abwasser durchgeführt. Anschließend wurde von AQS BW ein Ringversuch auf Basis einer mobilen Anlage konzipiert [17, 18].

1.2 Historische Entwicklung der Normungsarbeit

Der Beginn der Normung in der Wasseranalytik ist das Jahr 1971, in dem die ISO einen Hauptausschuss (TC 147) mit dem Titel Wasserbeschaffenheit (Water quality) gründete, der bei seiner ersten Sitzung in Budapest sieben Unterausschüsse mit vielen Arbeitsgruppen einrichtete. Der Unterausschuss 6 Probenahme (SC 6 Sampling) hatte damals drei Arbeitsgruppen, die Normen für die Aufstellung von Probenahmeprogrammen, zur Probenahmetechnik bzw. Konservierung und Probenvorbehandlung verfassen sollten. Da im Jahr 1979 die Arbeiten für diese drei grundlegenden Normen der Probenahme kurz vor ihrer Vollendung standen, beschloss der SC 6 wasserartenspezifische Normen in sieben weiteren Arbeitsgruppen zu erarbeiten. Inzwischen sind 24 ISO-Probenahmenormen in der Reihe ISO 5667 rechtsgültig verabschiedet (Tabelle 1.1). Im Gegensatz zu den anderen von den fünf weiteren Unterausschüssen des TC 147 erarbeiteten Analytiknormen, die auf viele nationale Vorschriftensammlungen zurückgreifen konnten und nur vereinheitlicht werden mussten, gab es weder in Deutschland noch in einem anderen Land für den Sektor der Wasserprobenahme irgendwelche aussagekräftigen Vorschriften. In den

Deutschen Einheitsverfahren zur Wasser-, Abwasser- und Schlammuntersuchung (DEV) gab es zwar unter der Verfahrensvorschrift A1 für die verschiedenen Wasserarten die Anweisung, geeignete Geräte einzusetzen, die Auswahl war aber dem Sachverständigen zu überlassen. Festgelegt oder gar normiert war dabei nichts. Erst bei den grundlegenden ISO-Probenahmenormen, besonders aber dann bei den wasserartenspezifischen Probenahmenormen sind Richtlinien zur Probenahme sowie zur Probenkonservierung und Probenvorbehandlung festgelegt worden. Jedes Normpapier ist von einem federführenden nationalen Norminstitut als Entwurf (CD) allen Mitgliedern des Unterausschusses vor der nächsten ISO/TC 147-Sitzung zugesandt und dann dort in der Arbeitsgruppe (WG - Working Group) diskutiert, akzeptiert, verändert oder abgelehnt worden. Erst wenn bei einer TC 147-Sitzung Konsens hergestellt war, wurde das Papier dem SC 6 übergeben, damit eine vorläufige Norm (DIS) erstellt werden konnte. Da die Sitzungen jeweils im Abstand von eineinhalb Jahren stattfinden, ergeben sich zwangsläufig lange Vorlaufzeiten bis zur endgültigen Verabschiedung einer ISO-Norm.

Wenn auch die Probenahmenormen der ISO oft den Zusatz Richtlinie (guidance) tragen, so waren sich bei den Sitzungen des Unterausschusses Probenahme einschließlich aller Arbeitsgruppen im TC 147 alle Delegierten einig, dass diese Richtlinien normativen Charakter haben.

Nachdem auch in Deutschland durch Zusammenarbeit von DIN und der Fachgruppe Wasserchemie in der GDCh, die für die Herausgabe der DEV verantwortlich war und ist, ein einheitliches Normenwerk zur Wasseranalytik erstellt werden sollte, war es selbstverständlich, dass der bestehende Unterausschuss Probenahme auch deutsche Normen zur Probenahme der verschiedenen Wasserarten erarbeiten musste, um auch deutsche Wünsche und Vorstellungen in die internationale Normarbeit einbringen zu können. Als die drei grundlegenden Normen von der ISO erarbeitet wurden, hatte es diesen deutschen Ausschuss noch nicht gegeben. Deshalb waren die ISO-Normen der Reihe 5667 ganz anders als DIN-Normen aufgebaut. Im Gegensatz zu den inhaltlich gestrafften DIN-Normen haben die ISO-Normen einen fast lehrbuchhaften Umfang. Einige der ISO-Normen sind aber inzwischen von CEN ins europäische Normenwerk aufgenommen worden und damit auch in Deutschland verbindlich (siehe Tabelle 1.1).

Ganz anders verlief die Entwicklung bei den wasserartenspezifischen Normen. Hier lagen durch zügige Bearbeitung teilweise bereits einige Jahre vor den ISO-Normen vergleichbare DIN-Normen (Tabelle 1.2) vor und so sind viele Anregungen aus Deutschland in die ISO-Normenarbeit eingeflossen. Wenn auch die Texte der DIN- und ISO-Normen nicht wortwörtlich identisch sind, so sind in diesen Normen die meisten Sachaussagen identisch. Vor allem wurde bei den ISO-Arbeitsgruppensitzungen des SC 6 im TC 147 bald Konsens erzielt, dass die Normen zwar genaue Anweisungen für die Geräteauswahl und die Durchführung der Probenahme enthalten müssen, auf Geräteabbildungen, die ja meistens firmenspezifische Angaben beinhalten, soll aber verzichtet werden.

Tabelle 1.1: ISO-Probenahmenormen des TC 147 – SC 6, water quality – sampling (Stand: 01.2018)

Nr.	Titel	Ausgabedatum	identisch mit … vom …
ISO 5667-1	Guidance on the design of sampling programmes and sampling techniques	12.2006	DIN EN ISO 5667-1 (04.2007)
ISO 5667-3	Preservation and handling of water samples	11.2012	DIN EN ISO 5667-3 (03.2013)
ISO 5667-4	Guidance on sampling from lakes, natural and man-made	06.2016	
ISO 5667-5	Guidance on sampling of drinking water from treatment works and piped distribution systems	04.2006	DIN ISO 5667-5 (02.2011)
ISO 5667-6	Guidance on sampling of rivers and streams	07.2014	DIN EN ISO 5667-6 (12.2016)
ISO 5667-7	Guidance on sampling of water and steam in boiler plants	11.1993	
ISO 5667-8	Guidance on sampling of wet deposition	03.1993	
ISO 5667-9	Guidance on sampling from marine waters	10.1992	
ISO 5667-10	Guidance on sampling of waste waters	11.1992	
ISO 5667-11	Guidance on sampling of groundwaters	04.2009	
ISO 5667-12	Guidance on sampling of bottom sediments from rivers, lakes and estuarine areas	07.2017	DIN ISO 5667-12 (04.2016 Entwurf)
ISO 5667-13	Guidance on sampling of sludges from sewage and water-treatment works	05.2011	DIN EN ISO 5667-13 (08.2011)
ISO 5667-14	Guidance on quality assurance and quality control of environmental water sampling and handling	12.2014	DIN EN ISO 5667-14 (12.2016)
ISO 5667-15	Guidance on preservation and handling of sludge and sediment samples	08.2009	DIN EN ISO 5667-15 (01.2010)
ISO 5667-16	Guidance on biotesting of samples	04.2017	DIN EN ISO 5667-16 (03.2016 Entwurf)
ISO 5667-17	Guidance on sampling of bulk suspended solids	10.2008	
ISO 5667-19	Guidance on sampling of marine sediments	06.2004	DIN EN ISO 5667-19 (09.2004)
ISO 5667-20	Guidance on the use of sampling data for decision making – Compliance with thresholds and classification systems	03.2008	
ISO 5667-21	Guidance on sampling of drinking water distributed by tankers or means other than distribution pipes	10.2010	
ISO 5667-22	Guidance on the design and installation of groundwater monitoring points	08.2010	
ISO 5667-23	Guidance on passive sampling in surface waters	03.2001	DIN EN ISO 5667-23 (06.2011)
ISO 5667-24	Guidance on the auditing of water quality sampling	04.2016	

Tabelle 1.2: DIN-Probenahmenormen für Wasser-, Schlamm- und Sedimentuntersuchungen (Stand: 01.2018)

Nr.	Titel	Ausgabe-datum	vergleich-bar mit ISO	identisch mit DEV
DIN EN ISO 5667-1	Anleitung zur Erstellung von Probenahmeprogrammen und Probenahmetechniken	04.2007	5667-1	A 4
DIN EN ISO 5667-3	Konservierung und Handhabung von Wasserproben	03.2013	5667-3	A 21
DIN EN ISO 5667-14	Anleitung zur Qualitätssicherung und Qualitätskontrolle bei der Entnahme und Handhabung von Wasserproben	12.2016	5667-14	A 25
DIN ISO 5667-5	Anleitung zur Probenahme von Trinkwasser aus Aufbereitungsanlagen und Rohrnetzsystemen	02.2011	5667-5	A 14
DIN EN ISO 5667-6	Anleitung zur Probenahme aus Fließgewässern	12.2016	5667-6	A 15
DIN 38402-11	Probenahme von Abwasser	02.2009	5667-10	A 11
DIN 38402-12	Probenahme aus stehenden Gewässern	06.1985	5667-4	A 12
DIN 38402-13	Probenahme aus Grundwasserleitern	12.1985	5667-11	A 13
DIN 38402-16	Probenahme aus dem Meer	08.1987	5667-9	A 16
DIN 38402-18	Probenahme von Wasser aus Mineral- und Heilquellen	05.1991		A 18
DIN 38402-20	Probenahme aus Tidegewässern	08.1987	5667-9	A 20
DIN 38402-24	Anleitung zur Probenahme von Schwebstoffen	05.2007	5667-17	A 24
DIN EN ISO 5667-16	Anleitung zur Probenahme und Durchführung biologischer Testverfahren	03.2016	5667-16	L 1
DIN EN ISO 5667-19	Anleitung zur Probenahme mariner Sedimente	09.2004	5667-19	A 23
DIN EN ISO 5667-23	Anleitung zur Anwendung von Passivsammlern in Oberflächengewässern	06.2011	5667-23	A 28
DIN EN ISO 5667-13	Anleitung zur Probenahme von Schlämmen	08.2011	5667-13	S 1
DIN 38414-11	Probenahme von Sedimenten	08.1987		S 11
DIN ISO 5667-12	Anleitung zur Probenahme von Sedimenten (Entwurf)	03.2016	5667-12	
DIN EN ISO 5667-15	Anleitung zur Konservierung und Handhabung von Schlamm und Sedimentproben	01.2014	5667-15	S 16

Zuständig für die Normung auf dem Gebiet der Wasseruntersuchungen ist der DIN-Normenausschuss NA 119-01-03 AA Wasseruntersuchung (ehemals NAW I 3) mit neun Unterausschüssen und über 80 Arbeitskreisen. Der Normenausschuss Wasseruntersuchung fungiert auch als Spiegelgremium zum internationalen Technischen Committee ISO/TC 147 ‚water quality' und zum europäischen Ausschuss CEN/TC 230 ‚water analysis'. Für den Bereich der Probenahmenormung ist der zuständige Unterausschuss NA 119-01-03-09 UA Probenahme (ehemals NAW 1 W1/UA2 bzw. NA 119-01-03-01-01 AA Probenahme), der gleichzeitig als Spiegelgremium zum ISO/TC 147/SC 6 und seinen Working groups fungiert.

1.3 Anstoß zur Erstellung des Handbuches

Laut Protokoll der 1. Sitzung des DIN-GDCh-Ausschusses Probenahme am 07.02.1979 in Hürth-Knapsack wurde von Prof. Paul Koppe angeregt, ein Handbuch über die Wasserprobenahme zu verfassen, um Erfahrungen, die über die Aussagen der deutschen und internationalen Normen hinausgehen, weiterzugeben. Da aber erst die Arbeit an den ISO-Normen und ihre Übertragung ins deutsche Normsystem als dringender angesehen wurden, wurde beschlossen, die Handbucharbeit auf einen späteren Zeitpunkt zu verschieben. Im Jahr 1994 wurden dann die Herausgeber des vorliegenden Buches mit der redaktionellen und fachlichen Koordination beauftragt und alle Ausschuss-Mitglieder erklärten sich bereit, entsprechend ihrer Erfahrungen Beiträge beizusteuern. Nach fast fünfjähriger Bearbeitungszeit konnte das Buch mit der 1. Auflage 1998 veröffentlicht werden.

Dass in diesem Buch nur die Wasserprobenahme und nicht die Schlammprobenahme behandelt wird, liegt vorwiegend an der Organisation der DIN-GDCh-Ausschüsse und ist eine Fernwirkung der alten Einteilung der DEV, die auch von DIN bei der Normung übernommen wurde. Bei den DEV-Vorschriften war die Analytik des Wassers und der Schlämme genauso wie die Probenahme in getrennten Kapiteln beschrieben worden. Die ISO macht diese Unterscheidung nicht, deshalb behandeln die ISO-Normen der Reihe 5667 sowohl Schlamm- als auch Wasserprobenahmen.

In den nachfolgenden Kapiteln wird die Vorgehensweise bei der Probenahme der verschiedenen Wasserarten behandelt. In allen Abschnitten wird sowohl auf die DIN- als auch auf die ISO-Normen eingegangen, daneben werden viele zusätzliche Anregungen mitgeteilt. Sofern sich auch andere Organisationen als die Norminstitute mit der Problematik der Wasserprobenahme befassen, sind deren Erfahrungen mit in diese Berichte eingeflossen.

1.4 Gestaltung und Titel des Handbuches

Das Buch ist in Kapiteln zu einzelnen Wasserarten gemäß der Normung aufgeteilt. Das impliziert vordergründig eine isolierte Betrachtung der Wasserarten. Das mag für die Praxis der Probenahme und Vorbereitung zur Analytik ausreichen, ist aber im Grunde zu wenig.

Wasseruntersuchungen werden aufgrund von strategischen Schutzzielen durchgeführt, z. B. zur Sicherstellung von einwandfreiem Trinkwasser, zum Schutz der aquatischen Biosphäre in Fließgewässern, Seen und im Meer, unter anderem auch zur Nutzung als Badewasser.

Um Maßnahmen bei nicht ausreichender Qualität des Wassers ableiten zu können, ist die Beobachtung des gesamten Wassersystems (Kreislauf) erforderlich.

Dazu müssen die entsprechenden Wassereinträge in die einzelnen Kompartimente zusätzlich betrachtet werden, d. h. Niederschlag, Aufbringung von Dünger, Klärschlamm und Pflanzenschutzmitteln auf landwirtschaftliche Flächen, die Einleitung von Abspülungen von versiegelten Flächen und Abwasser in Fließgewässer sowie die Elution von Altlasten ins Grundwasser.

Die Maßnahmen müssen in Programmen zu Wasserbeprobungen und Untersuchungen zusammengefasst werden, deren Ergebnisse zu einem komplexen Gesamtbild von Ursachen und Wirkungen zusammengeführt werden müssen.

Diese Gesamtaufnahme und ihre Darstellung in Bezug auf den Nutzen sind für die Akzeptanz der oft immensen Kosten für die Untersuchungen unbedingt erforderlich.

Beispiel: Ziele des Integrierten Überwachungskonzeptes NRW

Im Sinne eines vorsorgenden Gewässer- und Verbraucherschutzes wurde im Jahr 2008 im Land Nordrhein-Westfalen das Programm „Reine Ruhr“ [19] beschlossen. Das Programm hat eine umfassende und nachhaltige Strategie zur Verbesserung der Gewässer- und Trinkwasserqualität insbesondere an der Ruhr zum Ziel. Das Programm besteht aus sieben Elementen, die teilweise parallel und teilweise aufeinander aufbauend bearbeitet und sukzessive abgearbeitet werden, u. a. sollte ein neues „Integriertes Überwachungskonzept“ erarbeitet werden.

Wesentliches Ziel des Integrierten Überwachungskonzepts ist es, alle relevanten Daten und Informationen zur Gewässerbelastung und Eintragssituation im gesamten Fluss-Einzugsgebiet zu verknüpfen und die Früherkennung möglicher Belastungen für die Gewinnung von Trinkwasser aus Oberflächengewässern oder für die Gewässerökologie zu sichern und ständig weiter zu optimieren.

Die Überwachungsprogramme der verschiedenen Akteure (Behörden, Wasserversorger, Wasserverbände) für Gewässer, Abwasser, Rohwasser und Trinkwasser sollen, soweit möglich und sinnvoll, noch stärker aufeinander abgestimmt und miteinander verzahnt werden.

Das integrierte Überwachungskonzept stützt sich auf drei Säulen: Zum einen die behördliche Überwachung, zum zweiten auf eigenverantwortliches Handeln und zum dritten auf eine Sensibilisierung aller Beteiligten (Wasserwirtschaft, Industrie, Gewerbe, Landwirtschaft, Verbraucher) für die Empfindlichkeit und Schutzbedürftigkeit der Wasserressourcen und durch einen intensiven Dialog auf Augenhöhe zu der jeweiligen, sich oft sehr schnell ändernden Belastungssituation [19].

Für die behördliche Überwachung von Abwassereinleitungen und Abwasseranlagen wurde 2010 ein landesweites „Konzept zur Überwachung von Abwassereinleitungen und Abwasseranlagen, insbesondere unter Berücksichtigung des Schutzes der öffentlichen Trinkwasserversorgung" [20] per Erlass des Ministeriums für Umwelt und Verbraucherschutz, Landwirtschaft und Verbraucherschutz (MKULNV) NRW eingeführt, welches als Richtschnur für die Planung und die Durchführung der Überwachung von kommunalen Abwasseranlagen, Industrie- und Gewerbebetrieben einschließlich derer Abwasseranlagen sowie zur Überwachung von Abwassereinleitungen in Gewässer und/oder öffentlichen Abwasseranlagen anzuwenden ist.

Das Handbuch geht über die Praxis zur Probenahme hinaus, im Prinzip betrachtet es die Untersuchung von Wasser. Wir haben trotzdem den alten Titel „Die Probenahme von Wasser" beibehalten, weil explizite Kapitel zur Analytik fehlen.

Literatur

[1] Ballschmitter, K. & Hoyer, G.-A. (1995): Trends Analytische Chemie, Nachr. Chem. Tech. Lab. 43, p. 239 – 245.

[2] Funk, W., Dammann, V. und Donnevert, G. (2005): Qualitätssicherung in der Analytischen Chemie; Wiley-VCH, Weinheim.

[3] Günzler, H. (1994): Akkreditierung und Qualitätssicherung in der Analytischen Chemie, Springer-Verlag, Heidelberg.

[4] Masing, W. (Hrsg.) (1994): Handbuch Qualitäts-Management, C. Hauser, München.

[5] Neitzel, V. & Middeke, K. (1994): Praktische Qualitätssicherung in der Analytik, VCH, Weinheim.

[6] Steck, W. (2006): Harmonisierter Leitfaden für die Validierung von Analysenmethoden durch Einzellaboratorien. Angewandte Chemie, 118 (12): p. 2019 – 2034.

[7] Taverniers, I., De Loose, M. & Van Bockstaele, E. (2004): Trends in quality in the analytical laboratory. II. Analytical method validation and quality assurance. TrAC Trends in Analytical Chemistry, 23 (8): p. 535 – 552.

[8] Wellmitz, J. & Gluschke, M. (2005): Leitlinie zur Methodenvalidierung. UBA-Text: Dessau-Roßlau. p. 51.

[9] Ramsey, M. H. & Ellison, S. L. (2007): Eurachem/EUROLAB/CITAC/Nordtest/AMC Guide. Measurement uncertainty arising from sampling: a guide to methods and approaches. Eurachem.

[10] Gonzalez, C. et al. (2007): Validation procedure for existing and emerging screening methods. TrAC Trends in Analytical Chemistry, 26 (4): p. 315 – 322.

[11] Kraus, U. R., Theobald, N., Gunold, R. & Paschke, A. (2015): Prüfung und Validierung der Einsatzmöglichkeiten neuartiger Passivsammler für die Überwachung prioritärer Schadstoffe unter der WRRL, der MSRL und im Rahmen von HELCOM und OSPAR. Texte 25/2015, Umweltbundesamt (Hrsg.), Dessau-Roßlau, ISSN 1862-4804.

[12] Dorgerloh, U., Theißen, H., Becker, R. & Win, T. (2010): Forschungsbericht 290: Ableitung validierter Probenahme- und Analysenmethoden für Zwischen- und Endprodukte der anaeroben Stoffverwertungsprozesse von Leichtflüchtigen Chlorierten Kohlenwasserstoffen (LCKW) im Grundwasser im Rahmen von Altlastenuntersuchungen; BAM Bundesanstalt für Materialforschung und -prüfung, Berlin.

[13] Gy, P. M. (1994): Sampling or gambling; Process Control. Qual. 6, p. 97 – 102.

[14] Kromidas, S., Klinkner, R. & Mertens, R. (1995): Methodenvalidierung im analytischen Labor, Nachr. Chem. Tech. Lab. 43, S. 669 – 676.

[15] Gudernatsch, H. (1982): Probleme der Probenahme und der Probenahmehäufigkeit in der Wasseranalytik, Forum Städte-Hygiene 33, S. 129 – 135.

[16] Caspers, N., Hartmann, P. & Schmidt, S. (1994): Genauigkeit in der genormten Wasseranalytik, Nachr. Chem. Tech. Lab. 42, S. 601 – 604.

[17] AQS Baden-Württemberg am Institut für Siedlungswasserbau, Wassergüte- und Abfallwirtschaft der Universität Stuttgart: http://www.iswa.uni-stuttgart.de/ch/aqs/rv/index.html

[18] Just, A. (2013): Ringversuch zur Probenahme von Abwasser mit Hilfe einer mobilen Anlage; AV Akademikerverlag.

[19] Ministerium für Klimaschutz, Umwelt, Landwirtschaft, Natur- und Verbraucherschutz des Landes Nordrhein-Westfalen (MKULNV) (2014): Programm Reine Ruhr zur Strategie einer nachhaltigen Verbesserung der Gewässer- und Trinkwasserqualität in Nordrhein-Westfalen, Düsseldorf: www.umwelt.nrw.de

[20] LANUV NRW (2010): Abwasserüberwachungskonzept: Konzept zur Überwachung von Abwassereinleitungen und Abwasseranlagen, insbesondere unter Berücksichtigung des Schutzes der öffentlichen Trinkwasserversorgung; eingeführt per MKULNV-Erlass IV-7-316 000 2001 vom 17.06.2010.

2 Allgemeine Anmerkungen zu Wasseruntersuchungen

A. Grupe[*]

[*] unter Verwendung des Kapitels 2 von G. Grubert und von Kapitel 15 der 1. Ausgabe 1998

2.1 Management von Wasseruntersuchungen

Von der Planung, Probenahme, Analytik und Bewertung bis zur Qualitätssicherung

Die Untersuchungen von Wasser können unterschiedlichen Zwecken dienen, z. B. der Prüfung der Gewässergüte, der Einhaltung gesetzlicher Vorgaben, der Qualität von Trinkwasser oder Brauchwasser. In allen diesen Fällen existiert ein Auftraggeber, der die Ziele und den Rahmen für ein Programm festlegt sowie einen Auftrag an die entsprechenden operativen Stellen erteilt. Das Zusammenspiel aller Tätigkeiten, von der Zielsetzung bis zur Bewertung der Ergebnisse und der Eignung des Untersuchungsprogramms ist im Folgenden als Management von Wasseruntersuchungen beschrieben.

Die ganze Prozedur kann in einem Ablaufschema als Management von Wasseruntersuchungen beschrieben werden analog eines Demming-Circles (Plan – Do – Check – Act) und dient wie dieser der stetigen Verbesserung der Qualität der Untersuchungen.

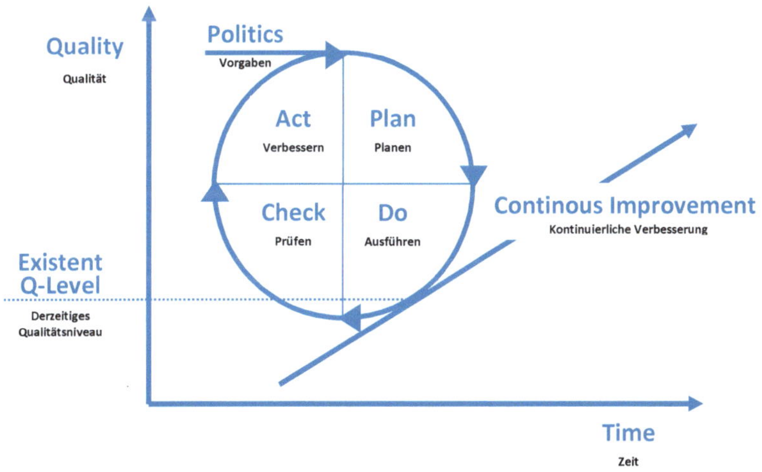

Bild 2.1: Demming-Circle – Plan/Do/Check/Act (PDCA). Man kann sich das Bild als ein durch den PDCA-Motor getriebenes Rad vorstellen, dass eine Steigung heraufführt (kontinuierliche Verbesserung) und so im Laufe der Zeit zu einer höheren Qualität führt.

Dabei werden im Schema die Abläufe den drei Ebenen

- strategische Ebene (Politik): Ziele, Vorgaben,
- taktische Ebene (Planungs- und Bewertungsebene): Plan, Check, Act,
- Durchführungsebene: Do

zugeordnet (siehe Bild 2.2). Wichtig ist, dass alle an dem Prozess beteiligten Personen miteinander kommunizieren und alles aufeinander abstimmen. Je nach Komplexität des geplanten Untersuchungsvorhabens muss dieser Kreis entsprechend durch

Bild 2.2: Schema des Managements von Wasseruntersuchungen. Die Pfeile zeigen die Abläufe im Sinne eines Demming-Circles (siehe Bild 2.1).

weitere Fachleute (z. B. mit Kenntnissen der zu beprobenden technischen Anlage und/oder der örtlichen Gegebenheiten) ergänzt werden.

Im Bild 2.3 ist die Durchführung für den Fall A von kurzen Entfernungen zwischen Probenahmeort und Labor dargestellt, wie er üblicherweise in Chemieparks oder größeren kommunalen Kläranlagen anzutreffen ist. Wenn Probenahmeort und Labor weit entfernt voneinander liegen, d. h. mit langen Transportwegen für die Proben, wie sie in der Regel bei behördlichen Probenahmen von Wasser zu erwarten sind, muss, in Abhängigkeit von den zu bestimmenden Parametern

Bild 2.3: Schema zur Durchführung der einzelnen Arbeiten von Probenahme, Probenvorbehandlung und Analyse in Abhängigkeit von der Entfernung zwischen Probenahmeort und Labor

eine andere Reihenfolge B für die Durchführung gewählt werden. Die Proben werden teilweise schon am Probenahmeort homogenisiert und geteilt/abgefüllt und ggf. konserviert. Die Qualifikation der mit der Probenahme betrauten Mitarbeiter ist damit auch höher, die regelmäßigen Schulungen und Unterweisungen aufwendiger. Auch die Transportfahrzeuge sind i. d. R. geschlossen mit Kühlung sowie mit entsprechender Ausrüstung bestückt.

2.1.1 Strategische Ebene

Zielsetzung

Ziele werden aus gesetzlichen bzw. genehmigungsrechtlichen Vorgaben, ggf. ergänzt durch Normen bzw. BVT (beste verfügbare Technik), die den Stand der Technik beschreiben, oder aus politischen Vorgaben abgeleitet. Nach Festlegung des Untersuchungsprogramms und der Kontrollmaßnahmen erfolgt ein konkreter Untersuchungsauftrag.

2.1.2 Planung und Bewertung

2.1.2.1 Planung

Bei der Planung wird ein Untersuchungsprogramm festgelegt, das die Probenahmeorte, die zu untersuchenden Parameter und damit die Art der Probenahme sowie Häufigkeit, Dauer und den genauen Zeitplan festgelegt. Wesentlich ist die Bereitstellung von ausreichendem qualifiziertem Personal.

Probenahmezeitpunkt

Die Wahl des Probenahmezeitpunktes spielt je nach Aufgabenstellung eine mehr oder minder große Rolle und sollte, wenn nötig, exakt festgelegt werden. Dieses ist besonders wichtig bei der Beprobung von Medien, die bezüglich der zu untersuchenden Inhaltsstoffe starken Konzentrationsschwankungen unterworfen sind. Sind keine derartigen Schwankungen zu erwarten, kann unter Umständen auf eine vorherige Festlegung verzichtet werden und der Probenahmezeitpunkt zufällig ausgewählt werden.

Häufigkeit und Dauer der Probenahme

Je nach dem Untersuchungsziel der Probenahme, z. B.

- zur Überwachung der Einhaltung von Grenzwerten,
- zur Ermittlung des Wirkungsgrades einer Abwasserbehandlungsanlage,
- bei besonderen Fragestellungen,

können Häufigkeit, Dauer und Zeitpunkt der Probenahme unterschiedlich sein.

Die Zusammensetzung der Abwässer unterliegt Schwankungen. Ob zufällige oder systematische Schwankungen vorliegen, kann an Einzelproben mit Hilfe der Statistik erkannt werden (siehe DIN EN ISO 5667 Teil 1).

Die Dauer der Probenahme muss einerseits den Gegebenheiten der zu beprobenden Medien und andererseits den zu untersuchenden Inhaltsstoffen angepasst werden. Will man z. B. größere Konzentrationsschwankungen summarisch erfassen, so sollte über einen längeren Zeitraum beprobt werden. Hierbei ist jedoch sicherzustellen, dass die gesammelte Probe durch die lange Standzeit keine messbaren Veränderungen (z. B. durch Ausgasung leichtflüchtiger Stoffe, Kontamination aus dem Gefäßmaterial, biochemischen Abbau) seiner Zusammensetzung erfährt [1]. Sind durch Anwendung geeigneter Maßnahmen derartige Veränderungen nicht auszuschließen, so muss auf jeden Fall eine kürzere Entnahmedauer gewählt werden. In besonderen Fällen kann es nötig sein, mehrere Kurzzeitproben in definierten Zeitintervallen zu entnehmen. Die Untersuchung leichtflüchtiger Stoffe hat grundsätzlich aus Einzelproben zu erfolgen.

Örtliche Repräsentanz

Unter örtlicher Repräsentanz wird die genaue Festlegung der Probenahmestelle verstanden. Allgemeingültige Regeln sind an dieser Stelle nicht aufzuführen, da diese sich nach dem zu beprobenden Medium und nach dem vorgegebenen Untersuchungsziel richtet. Beispielsweise wird man in der Überwachung von Abwassereinleitungen möglichst eine Stelle wählen, an der das Abwasser weitestgehend durchmischt ist, während man bei der Probenahme aus stehenden Gewässern u. U. Proben aus verschiedenen Schichten entnehmen wird. Unabdingbar ist jedoch in jedem Fall die eindeutige Festlegung und Beschreibung der Probenahmestelle. Weitere Hinweise hierzu sind den nachfolgenden Kapiteln zu entnehmen.

Zur Erzielung von repräsentativen Proben und reproduzierbaren Ergebnissen ist die schriftliche Fixierung der Vorgehensweise bei der Probenahme, Probenvorbehandlung und Analytik mit Angaben zu den zu verwendenden Materialien und Methoden unbedingt erforderlich. Zu diesem Zweck sind schriftliche Anweisungen zu erstellen, die dem Personal leicht verfügbar sein und auf dem neuesten Stand gehalten werden müssen.

Arbeitssicherheit

Vor der Probenahme ist pro Probenahmestelle eine Gefährdungsbeurteilung durchzuführen, wobei Maßnahmen zur Arbeitssicherheit (z. B. Absicherung gegen Absturz, Kontamination durch Proben oder Chemikalien, persönliche Schutzausrüstung) festzulegen sind. Diese sind in Betriebsanweisungen zu regeln.

Vorbereitungen zur Probenahme

Die Durchführung einer normgerechten Probenahme ist nur möglich, wenn entsprechende personelle und technische Voraussetzungen erfüllt sind. Das mit der Probenahme befasste Personal sollte zumindest eine abgeschlossene Ausbildung als Chemielaborant, Fachkraft für Abwassertechnik oder eine sonstige einschlägige Fachausbildung haben. Vor allem aber muss sich das mit der Durchführung der Probenahme betraute Personal der Wichtigkeit und der hohen Anforderung an die gestellte Aufgabe bewusst sein. Darüber hinaus ist das Personal regelmäßig intensiv zu schulen [2]. Hierüber empfiehlt es sich, entsprechende Aufzeichnungen zu führen, wie es auch zur Qualitätssicherung nach DIN EN ISO/IEC 17025 [3] verlangt wird. Aus Gründen der Arbeitssicherheit und zur besseren Dokumentation kann es sinnvoll sein, die Probenahmen von einem Team durchführen zu lassen.

Geräte

Weitere unabdingbare Voraussetzung ist das Vorhalten geeigneter Geräte in ausreichender Zahl, die regelmäßig gewartet werden. Wartungsintervalle sind in entsprechenden Arbeitsanweisungen festzuschreiben und die Arbeit verantwortlich definierten Mitarbeitern zu übertragen. Über sämtliche diesbezüglichen Arbeiten sind Aufzeichnungen zu führen. Sinnvoll ist die Erstellung eines Wartungshandbuches. Nur durch diese Maßnahmen kann sichergestellt werden, dass jederzeit qualifiziertes Gerät für eine Probenahme vorhanden ist. Zur Wartung gehört auch das regelmäßige Kalibrieren der Messgeräte für Vor-Ort-Messungen, das Laden von Akkus und das Vorhalten von tiefgekühlten Kühlelementen.

Je nach Art der gewünschten Probe (z. B. Einzelprobe, manuell oder automatisch gewonnene Mischprobe) erhält man diese durch den Einsatz unterschiedlichster Probenschöpfer oder Pumpen. Vor- und Nachteile der verschiedenen Geräte sind in den nachfolgenden Kapiteln beschrieben. Grundsätzlich sollte man Probenahmetechniken wählen, die eine Veränderung der Probe bezüglich ihrer zu untersuchenden Inhaltsstoffe weitestgehend ausschließen, d. h., man sollte eine Technik wählen, bei der der Kontakt von Probe zu Gerätschaft möglichst gering gehalten wird [4, 5]. Ebenfalls sollte man jedes unnötige Handling, wie häufiges Umfüllen der gewonnenen Probe, unterlassen. Bei Einsatz von Geräten ist zu beachten, dass alle probeführenden Teile – auch Schläuche – aus Materialien bestehen, durch deren Kontakt die Probe keine Veränderungen erfährt. Gleiches gilt auch für die eingesetzten Probenbehältnisse. Bei Gebrauch von Pumpen sollte man sich, wenn möglich, für druckseitig wirkende (z. B. Tauchmotorpumpen) entscheiden, um Ausgasungen leichtflüchtiger Inhaltsstoffe zu minimieren.

Nachdem die Anforderungen an die zeitliche und örtliche Repräsentanz sowie die anzuwendende Probenahmetechnik festgelegt wurden, sind weitere organisatorische Maßnahmen durchzuführen. Hier ist vor allem sicherzustellen, dass sämtliche für die Probenahme benötigten Geräte, Materialien und Hilfsmittel gereinigt und bereitgestellt werden. Es empfiehlt sich das Aufstellen einer entsprechenden Checkliste. Diese könnte auszugsweise wie folgt aussehen:

Beispiel Checkliste:

- ❒ Reinigung und Bereitstellung der Probenahmegeräte
  - ❒ Probenschöpfer
  - ❒ automatische Systeme (ggf. Testlauf)
- ❒ Reinigung und Bereitstellung der Geräte zur Homogenisierung und Probenteilung
- ❒ Reinigung und Bereitstellung geeigneter Probenbehältnisse
- ❒ Reinigung und Bereitstellung von Filtrationsgeräten
- ❒ Bereitstellung von Material zur Kennzeichnung der Probenbehältnisse
- ❒ Bereitstellung von Chemikalien zur Konservierung
- ❒ Bereitstellung von Kühltaschen und Kühlelementen
- ❒ Testen und Bereitstellen der Geräte zur Vor-Ort-Analytik
- ❒ Bereitstellung von Chemikaliensätzen zur Vor-Ort-Analytik
- ❒ Bereitstellung von Schutzkleidung und Gerätschaften zur Arbeitssicherheit
- ❒ Vorbereitung von Probenahmeprotokollen
- ❒ Vorbereitung des Probenahmefahrzeuges
- ❒ Zusammenstellen von Karten und Plänen

Zu letzterem Punkt empfiehlt es sich, eine entsprechende Akte für Stellen, die häufiger beprobt werden, anzulegen. Hierin sollten zumindest enthalten sein:

- ❒ Anfahrtsskizzen,
- ❒ Lagepläne, ggf. Fotos der Probenahmestelle,
- ❒ Hinweis auf mögliche Ansprechpartner vor Ort und
- ❒ Hinweise auf Besonderheiten der Probenahmestelle.

Darüber hinaus sollte bereits vor der Probenahme sichergestellt sein, dass die erzielten Proben schnell und qualifiziert dem untersuchenden Labor übergeben werden können.

2.1.2.2 Bewertung

Nach der Durchführung werden die Messergebnisse zu der Stelle, die die Planung gemacht hat, weitergegeben. Hier werden die Ergebnisse hinsichtlich ihrer Relevanz bewertet, d. h. ob sie genügend Aussagekraft zur Zielerreichung, z. B. Grenzwerteinhaltung, haben.

2.1.2.3 Anpassung des Programms

Es muss anhand der Ergebnisse geprüft werden, ob die Probenahmeplanung ein geeignetes Programm zur Zielerreichung festgelegt hat oder ob dieses ggf. angepasst werden muss, um aussagekräftige Messwerte zu erhalten.

2.1.3 Durchführung

2.1.3.1 Probenahme

Der Probenahme, als erster Teilschritt einer jeden chemischen, physikalisch-chemischen oder (mikro-)biologischen Untersuchung kommt eine ganz besondere Bedeutung zu, da sich Fehler, die dort entstehen, in der Regel – selbst durch aufwendigste Maßnahmen – nicht kompensieren lassen. Im Folgenden werden allgemein gültige Regeln und Maßnahmen beschrieben, deren Einhaltung unabhängig von der Art der Probenahme und vom zu beprobenden Medium dazu beiträgt, eine möglichst unverfälschte Probe zu erzielen. Spezielle Maßnahmen sind darüber hinaus den nachfolgenden Kapiteln zu entnehmen.

Bei Ankunft an der Probenahmestelle ist diese mit den Angaben aus der Probenahmeakte zu vergleichen, um ein Vertauschen der Entnahmestelle auszuschließen. Veränderungen der Situation an der Probenahmestelle gegenüber den Angaben in der Probenahmeakte sind zu dokumentieren und ggf. durch Fotos zu belegen.

Sämtliche Arbeiten vor Ort sind „analytisch sauber" durchzuführen, wobei die Innenseiten der Geräte und Behältnisse nicht mit „bloßen Fingern" zu berühren sind. Man sollte möglichst im Labor gereinigte Schöpfbecher und Behältnisse einsetzen. Es ist weitestgehend zu verhindern, dass Partikel aus der Umgebung die Probe kontaminieren. Auf die Benutzung lösungsmittelhaltiger Filzschreiber sollte aus Gründen möglicher Kontamination verzichtet werden. Darüber hinaus sind sämtliche Tätigkeiten (wie Rauchen und Essen) zu unterlassen, die die Probe beeinflussen können.

Bei der Entnahme von Schöpfproben ist insbesondere darauf zu achten, dass z. B. durch versehentliches Kratzen an Schachtwänden oder an Gerinneböden keine Partikel gelöst werden, die in die Probe gelangen können. Ebenfalls sollte man unterlassen, das Schöpfgerät vor oder zwischen den Schöpfvorgängen auf den Boden zu stellen. Hier empfiehlt sich die Verwendung eines geeigneten Stativs.

Bei Einsatz automatischer Probenahmesysteme ist das gesamte System nach Möglichkeit vor der Probenahme ausreichend mit dem Probengut und nach der Entnahme mit sauberem Wasser zu spülen. Je nach Einsatz sind unterschiedliche Anforderungen an das Wasser zu stellen. Beispielsweise bei einer Beprobung von Abwasser reicht in der Regel Leitungswasser aus. Bei Probenahmen über einen längeren Zeitraum wird durch Kühlung der Sammelgefäße ein biochemischer Abbau der Probe minimiert. Bei Einsatz von Pumpen ist der Ablauf derart zu verlegen, dass ein möglicher Kreislauf verhindert wird. Schlauchpumpen sollten nur eingesetzt werden, wenn sichergestellt ist, dass die Pumpen mit einer ausreichenden Drehzahl laufen, um mögliche Sedimentationen im Schlauchsystem auszuschließen. Darüber hinaus kann es hierbei, wie beim Einsatz anderer Vakuumsysteme, zu Minderbefunden durch Ausgasung kommen.

Bei bestimmten Anwendungen, gerade im Bereich der Abwasserprobenahme, kann es vorkommen, dass Probenahmesysteme derart kontaminiert werden, dass selbst nach intensivem Spülen über einen längeren Zeitraum Verschleppungen nicht auszuschließen sind. Zur Erkennung derartiger Kontaminationen sollten die normal gereinigten Probenahmesysteme im Labor regelmäßig einer spezifischen Kontrolle unterzogen werden. Hierzu sollte das komplette Probenahmesystem nach einem vorher festgelegten, gleichbleibenden Modus mit Reinstwasser über einen definierten Zeitraum im Kreislauf gespült werden. Das Spülwasser wird anschließend auf entsprechende Leitparameter untersucht.

Überschreiten diese festgelegte Grenzen, so ist das System wie folgt zu behandeln:

- Stufe 1: gezielte Reinigung des Systems,
- Stufe 2: gezielter Austausch von kontaminierten Einzelteilen,
- Stufe 3: zukünftig nur Einsatz bei höher belasteten Wässern,
- Stufe 4: Aussondern des kompletten Systems.

Selbst eine Komplettaussonderung ist in der Regel kostengünstiger als weitere Probenahmen und entsprechende Analytik, die zu ungesicherten oder falschen Ergebnissen führt. Voraussetzung für das Erkennen einer Kontamination nach der beschriebenen Vorgehensweise ist die unverwechselbare Kennzeichnung sämtlicher Probenahmesysteme.

Prinzipiell ist eine Schöpfprobe einer mittels Pumpe erzielten Probe vorzuziehen, da Veränderungen durch Kontamination und Adsorption verringert werden. Der Idealfall ist das Schöpfen einer Probe direkt mit einem im Labor vorgereinigten Probenbehältnis, das unmittelbar verschlossen dem Labor zur Untersuchung zugestellt wird.

2.1.3.2 Probenvorbehandlung

Bei der Probenvorbehandlung ist unbedingt darauf zu achten, dass die Probe möglichst schonend behandelt wird, d. h. dass einerseits Luftsauerstoffeintrag und andererseits Ausgasung leichtflüchtiger Inhaltsstoffe weitestgehend vermieden wird. Homogenisierungsgefäß und Rührer sollten aus einem Material bestehen, durch das die Probe nicht verändert wird.

Wie bereits in Kapitel 2.1.2.1, Unterpunkt „Geräte“, beschrieben, ist unbedingt darauf zu achten, dass die Probenbehältnisse aus einem Material bestehen, das die Probe bzw. Teilprobe bezüglich der zu untersuchenden Inhaltsstoffe nicht verändert. Grundsätzlich sind verschlossene Probenbehälter vorzuhalten, die vorher im Labor gereinigt worden sind.

Probengefäße sind eindeutig und dauerhaft zu beschriften, um Verwechslungen auszuschließen. Zur verstärkten Information des Laborpersonals empfiehlt es sich, wichtige Hinweise zu Besonderheiten (z. B. Vorbehandlungsmaßnahmen, Giftigkeit) außer im Protokoll auch unmittelbar auf der Probenflasche zu vermerken.

Die Proben sollten nach der Entnahme unmittelbar dem Labor zugeführt werden, um Veränderungen der Inhaltsstoffe möglichst auszuschließen. Da dieses jedoch nicht immer möglich ist, müssen häufig unmittelbar nach der Entnahme parameterspezifische Behandlungs- und Konservierungsmaßnahmen durchgeführt werden.

2.1.3.3 Dokumentation und Probeneingang

Der nächste Schritt ist die Probenbereitstellung im Labor, d. h. Registrierung, Probenteilung ggf. nach Homogenisierung und Konservierung (diese Arbeiten werden ggf. schon am Ort der Probenahme vorgenommen) sowie eine adäquate Lagerung.

Die Dokumentation ist wichtiger Bestandteil der Probenahme. Entsprechende Beispiele sind in den einschlägigen Normen zu finden. Hier finden sich in der Regel Blankovorlagen, die keinem Kopierverbot unterliegen. Es empfiehlt sich jedoch, die Protokolle für die eigenen Bedürfnisse anzupassen.

Bei der Dokumentation ist es wichtig, dass jedes Protokoll unverwechselbar den entsprechenden Proben bzw. Teilproben zugeordnet werden kann. Sämtliche Eintragungen ins Protokoll sind unmittelbar durchzuführen. Ein zwischenzeitliches Notieren auf sogenannten Schmierzetteln ist, um Übertragungsfehler auszuschließen, zu unterlassen. Häufig ist es für die weitere Bearbeitung der Untersuchung hilfreich, das Protokoll durch Skizzen und/oder Fotos zu ergänzen. Zur eindeutigen Zuordnung sollten die verwandten Probenahmesysteme gekennzeichnet und im Protokoll benannt werden.

Nach dem Abfüllen und Dokumentieren sind die Proben unverzüglich der Untersuchung zuzuführen. Hierzu sollten Maßnahmen getroffen werden, dass die Probe einem verantwortlichen Mitarbeiter des Labors übergeben werden kann. Sind Anlieferungen von Proben außerhalb der regulären Arbeitszeit vorgesehen, so sollte auch in diesem Falle ein qualifizierter und gesicherter Probeneingang (Dokumentation und Lagerung) geregelt werden.

2.1.3.4 Analytik

Danach folgt die eigentliche Analytik, d. h. die Vorbereitung zur chemischen, physikalisch-chemischen oder (mikro-)biologischen Messung der zu bestimmenden Parameter, mit Fehlerbetrachtung und Dokumentation der Messergebnisse. Im Gegensatz zu Fehlern bei der Probenahme, als Erfassung eines singulären Zustands, können bei der Analytik fehlerhafte Messungen in den überwiegenden Fällen durch Kontrollmessungen der vorhandenen Probe erkannt und korrigiert werden.

Die Ergebnisse werden zur Bewertung und Ableitung von Maßnahmen an die Planungsebene weitergegeben (siehe 2.1.2.2 und 2.1.2.3).

2.2 Qualitätssicherung von Wasseruntersuchungen

In diesem Abschnitt werden Allgemeine Untersuchungen und Aussagen zu Fehlern bei Wasseruntersuchungen sowie Qualitätskontrollmaßnahmen bei Probenahme, Probenvorbehandlung und Messung beschrieben.

2.2.1 Zweck

Ziel jeder Probenahme von Wasser ist, ein repräsentatives Teilvolumen aus einer Grundgesamtheit (Gewässer, Abwasserstrom) zu entnehmen und zu analysieren. Das Ergebnis soll repräsentativ für die Grundgesamtheit sein, um z. B. Aussagen zur Gewässergüte oder zur Einhaltung der Überwachungswerte der wasserrechtlichen Einleitungserlaubnis machen zu können.

Die Probenahme ist ein wesentlicher Teilschritt bei der Untersuchung von Wasser. Besonders bei inhomogenen Wässern (z. B. Abwässern) ist eine Qualitätssicherung notwendig, um verlässliche, repräsentative Ergebnisse zu erhalten.

Die Qualitätssicherung dient der Vermeidung von Fehlern (Beherrschen aller Unsicherheitsquellen) sowie der Überwachung und Quantifizierung der Qualität (Genauigkeit, Verlässlichkeit) der Ergebnisse. In diesem Kapitel sind die Kontrollmaßnahmen beschrieben, es soll nur einen kurzen Überblick über gebräuchliche Qualitätskontrollmaßnahmen geben; statistische Zusammenhänge und Detailinformationen sind der einschlägigen Literatur zu entnehmen [2, 6 bis 8]. Speziell für die Qualitätssicherung der Probenahme ist die DIN EN ISO 5667-14 zu beachten [5].

2.2.2 Definitionen

2.2.2.1 Fehler

Alle Analysenergebnisse entstehen aus fehlerbehafteten Tätigkeiten, von der Probenahme bis zur Messung. Dabei werden drei Arten von Fehlern unterschieden, der grobe Fehler, der zufällige Fehler und der systematische Fehler.

Grobe Fehler

Grobe Fehler sind Fehler, die nicht statistisch erfassbar sind (Ausreißer). Sie werden z. B. durch Missachtung der Analysenvorschriften, durch Ablesefehler etc. hervorgerufen, d. h. sie sind durch korrektes Arbeiten vermeidbar.

Grobe Fehler lassen sich nur durch Plausibilitätsbetrachtungen aufdecken.

Zufällige Fehler

Zufällige Fehler werden durch Toleranzen der Geräte (Probenahmegeräte, Messinstrumente) verursacht. Sie sind bei allen Bestimmungen unvermeidlich, sie machen ein Analysenergebnis unsicher. Zufallsfehler beeinflussen die Präzision eines Ergebnisses (Streuung um einen Mittelwert).

Systematische Fehler

Systematische Fehler (z. B. aufgrund einer fehlerhaften Kalibrierung) beeinflussen alle Messwerte stets im gleichen Sinn und machen ein Ergebnis falsch. Systematische Fehler beeinflussen die Richtigkeit (Abweichung vom Erwartungswert).

2.2.2.2 Genauigkeit

Die Genauigkeit ist die qualitative Bezeichnung für das Ausmaß der Annäherung von Analysenergebnissen an den Bezugswert (wahren Wert, Erwartungswert). Die Genauigkeit setzt sich zusammen aus der Richtigkeit und der Präzision (siehe Bilder 2.4 und 2.5).

Richtigkeit

Maß für die Abweichung des Mittelwertes einer Messreihe vom Erwartungswert (Sollwert, wahrer Wert). Die Richtigkeit eines Analysenergebnisses kann nur durch eine unabhängige Kontrollmessung nach einem anderen Verfahren oder durch Aufstockung bei bekannter Substanz bestimmt werden.

Präzision

Präzision ist die qualitative Bezeichnung für das Ausmaß der gegenseitigen Annäherung von Analysenergebnissen bei mehrfacher Anwendung eines festgelegten Analysenverfahrens unter vorgegebenen Bedingungen. Präzision ist ein Maß für die Streuung der Messwerte um den Mittelwert. Bei der Präzision wird zwischen Wiederholbarkeit und Vergleichbarkeit unterschieden.

Wiederholbarkeit

Ausmaß der Annäherung der Analysenergebnisse unter Wiederholbedingungen: Wiederholte Anwendung des festgelegten Analysenverfahrens an einer Probe durch denselben Bearbeiter in kurzen Zeitabständen mit denselben Geräten.

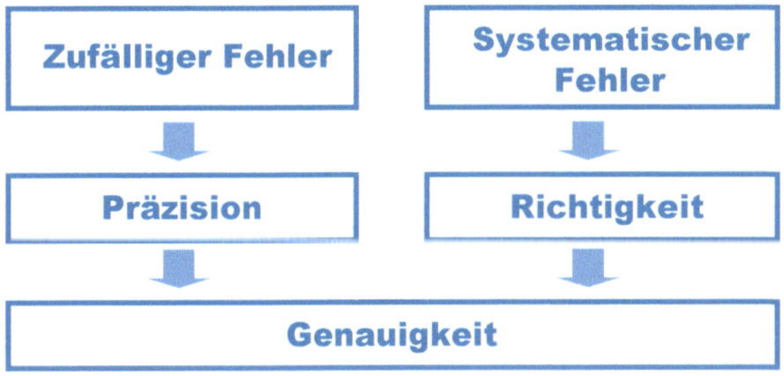

Bild 2.4: Einfluss von Fehlern auf die Genauigkeit von Analysenergebnissen

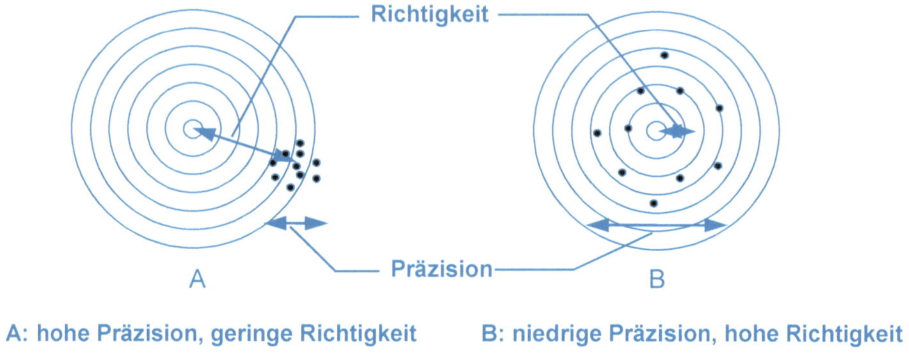

Bild 2.5: Darstellung der systematischen und zufälligen Fehler am Beispiel einer Schussserie auf eine Schießscheibe. Die Richtigkeit wird z. B. durch ein fehlerhaft eingestelltes Visier (systematisch) beeinflusst, die Streuung um den Mittelwert wird durch Zielfehler (z. B. unruhige Hand) des Schützen hervorgerufen.

Vergleichbarkeit

Ausmaß der Annäherung der Analysenergebnisse unter Vergleichsbedingungen: Anwendung des festgelegten Analysenverfahrens an einer Probe durch verschiedene Untersucher mit verschiedenen Geräten in verschiedenen Labors.

2.2.3 Qualitätsziele bei den Teilschritten einer Wasseruntersuchung

Probenahme: die Entnahme eines Teilvolumens aus einem Wasserkörper zur Untersuchung auf diverse Parameter.

- **Qualitätsziel:** Die Probe soll repräsentativ bezüglich des zu untersuchenden Wasserkörpers sein.

Probenvorbehandlung: alle Teilschritte nach der Probenahme, wie Probentransport, Homogenisierung, Teilung, Konservierung und Lagerung.

- **Qualitätsziel:** Die Probe soll gegenüber der Originalprobe nicht verändert sein (bezüglich der Konzentration der zu bestimmenden Parameter).

Probenbehandlung: die Probenbehandlung beinhaltet chemische und physikalische Prozeduren zur Anreicherung, Derivatisierung, Farbreaktion an einer Probe zur anschließenden Messung.

- **Qualitätsziel:** Die Probenbehandlung soll mit hoher Ausbeute (Umsetzung, Wiederfindung) durchgeführt werden können.

Messung: Erfassung einer physikalischen Messgröße, die in einem mathematischen Zusammenhang (proportional) zu der Konzentration des zu bestimmenden Parameters steht.

- **Qualitätsziel:** Ausreichende Selektivität, Empfindlichkeit und Präzision, Linearität (bzw. anderer klarer funktionaler Zusammenhang) der Kalibrierung.

Auswertung: Herstellung des mathematischen Zusammenhangs zwischen der physikalischen Messgröße und der Konzentration des zu bestimmenden Parameters.

- **Qualitätsziel:** Richtige Berechnung, Angabe der Präzision des Ergebnisses, Plausibilität des Ergebnisses.

2.2.4 Fehleranalyse

2.2.4.1 Fehlermöglichkeiten

Die aufgeführten Fehlermöglichkeiten sind Beispiele, es können im Einzelfall auch andere Einflüsse auftreten, die im Rahmen einer Fehleranalyse gefunden werden können.

Fehlermöglichkeiten bei der Probenahme

Mehrbefunde:

- Verunreinigung durch schmutziges Probenahmegerät,
- Feststoffanteil zu hoch, da das Probenahmegefäß Wand- oder Sedimentkontakt hatte.

Minderbefunde:

- Verluste leichtflüchtiger oder gasförmiger Inhaltstoffe durch Ansaugen bei der Probenahme,
- Verluste durch Adsorption am Probenahmegerät (Schläuche).

Nicht repräsentative Probe:

- zeitproportionale Probenahme bei stark schwankenden Teilströmen (zeitliche Inhomogenität),
- keine homogene Durchmischung im Gewässer (räumliche Inhomogenität),

- grobe Fehler:
  - falscher Ort,
  - falscher Zeitpunkt,
  - falsche Kennzeichnung,
- Umfeldeinflüsse nicht berücksichtigt:
  - Hochwasser,
  - Niedrigwasser,
  - Abschwemmungen bei Unwettern.

Fehlermöglichkeiten bei der Probenvorbehandlung

Mehrbefunde:

- Herauslösen von Stoffen aus Gefäßen (Weichmacher, Metalle),
- Eintrag von Stoffen aus verschmutzten Behältern und Geräten (Filter, Messkolben),
- ungenügende Homogenisierung,
- fehlende oder falsche Konservierung,
- Verdünnungsfehler.

Minderbefunde, z. B. durch:

- Verdunstung,
- Zersetzung durch biologische Aktivität,
- Zersetzung durch Licht,
- Adsorption an Gefäßwänden,
- Adsorption an Filtern,
- ungenügende Homogenisierung,
- Verdünnungsfehler.

Fehlermöglichkeiten bei der Probenbehandlung

Mehrbefunde:

- mangelnde Reinheit der Reagenzien,
- Miterfassung/Umsetzung ähnlicher Substanzen (mangelnde Selektivität).

Minderbefunde:

- unvollständige Derivatisierung/Umsetzung,
- unvollständige Anreicherung,
- unvollständiger Aufschluss.

Fehlermöglichkeiten bei der Messung

Einfluss auf die Richtigkeit:

- falsche Kalibrierung,
- Sättigung des Messsignals,
- ungenügende Selektivität der Messung,
- Blindwert nicht berücksichtigt.

Einfluss auf die Präzision:

- zu große Toleranzen des Messgeräts:
    - mangelnde Wartung,
    - schwankende äußere Einflüsse (Temperatur),
- nicht ausreichende Empfindlichkeit der Messung (Steilheit der Kalibrierfunktion).

Fehlermöglichkeiten bei der Auswertung

Einfluss auf die Richtigkeit:

- falsche Integration,
- falsche Berechnung.

Einfluss auf die Präzision:

- Rundungsfehler.

2.2.4.2 Fehlermöglichkeiten und Einflussanalyse

Bei den einzelnen Schritten können Fehler auftreten, die sich – von der Planung bis zum Ergebnis – fortpflanzen. Fehlermöglichkeits- und Einflussanalysen (FMEA) sind analytische Methoden der Zuverlässigkeitstechnik, um potenzielle Schwachstellen zu finden. Im Rahmen des Qualitätsmanagements bzw. Sicherheitsma-

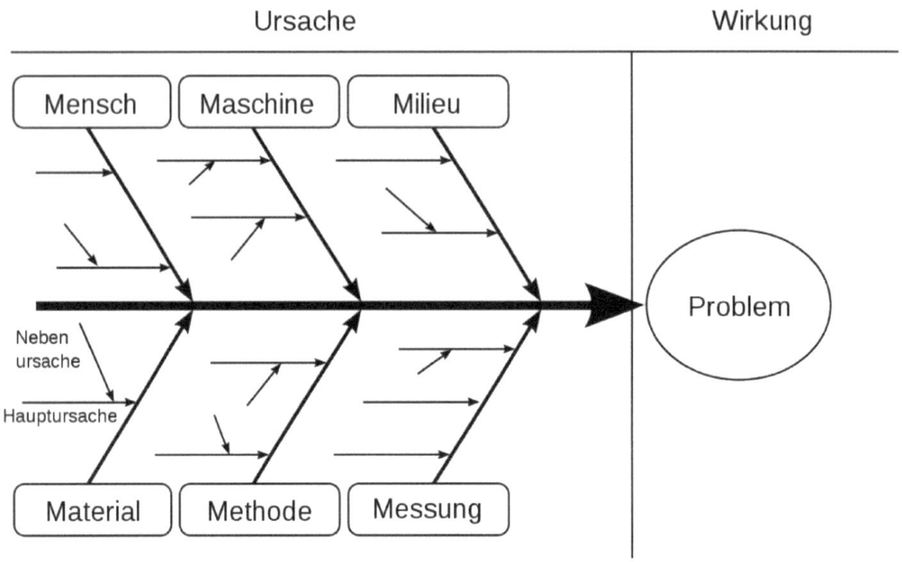

Bild 2.6: Ursache-Wirkungsdiagramm mit sechs Kategorien, die einen negativen Einfluss auf die Qualität des Produktes bzw. des Ergebnisses haben können und so zu einem Problem führen. Die darunterliegenden Pfeile sind Haupt- bzw. Nebenursachen (Quelle: Wikipedia).

nagements wird die FMEA zur Fehlervermeidung und Erhöhung der technischen Zuverlässigkeit vorbeugend eingesetzt.

Ursache-Wirkungs-Analyse

Das Ursache-Wirkungs-Diagramm wird vielfach auch als Fischgrätendiagramm, Ishikawa-Diagramm oder Fehlerbaum-Diagramm bezeichnet.

Eine Fehleranalyse zur Untersuchung möglicher Ursachen der Fehler kann mit der Ishikawa-Methode durchgeführt werden. Dabei berücksichtigt man die sogenannten 4M (Mensch, Maschine, Material, Methode) bzw. besser 6M (Mensch, Maschine, Material, Methode, Milieu, Messung) als Kategorien der Ursachen (siehe Bild 2.6).

Die Fehlerbetrachtungen sind jeweils auf die einzelnen Teilschritte der Wasseruntersuchung anzuwenden, d. h. von der Planung bis zur Bewertung. Dazu sind zu den sechs allgemein benannten Kategorien spezifische Einflüsse zu ergänzen.

Die Bedeutung der Kategorien in Bezug auf Wasseruntersuchungen:

Mensch

Die beteiligten Menschen sind wesentliche Akteure und sind hauptverantwortlich für das Gelingen von aussagekräftigen Wasseruntersuchungen. Schlecht ausgebildete Mitarbeiter können nicht durch noch so gutes Gerät kompensiert werden, deshalb stehen Ausbildung, Schulung und Unterweisung an erster Stelle.

Maschine

Die benutzten Geräte und Maschinen müssen für die Aufgabe geeignet sein. Durch regelmäßige Inspektion und Wartung, inklusive Reinigung, Austausch von Verschleiß- und Ersatzteilen, sind sie hinsichtlich ihrer Funktionsfähigkeit zu überprüfen.

Milieu

Das Umfeld um die Probenahmestelle, wie Wetter mit z. B. Starkregen, der zu einem erhöhten Abfluss, Stoffeintrag durch Abschwemmungen oder Verdünnung führen kann, wird oft vernachlässigt. Ein anderer wesentlicher Punkt für die Beurteilung von Wasser ist die Kenntnis von Variationen von Wassermenge und Zusammensetzung in Bezug auf das Einleitungsverhalten. Diese Kenntnisse sind elementar für eine möglichst exakte Beurteilung der Wasserqualität.

Methode

Die Methoden beschreiben, wie die einzelnen Schritte der Wasseruntersuchung durchgeführt werden müssen. Sie orientieren sich an den wissenschaftlichen und praktischen Erfahrungen. Methoden müssen unbedingt schriftlich festgelegt werden und mit den Mitarbeitern ausgiebig geschult und erprobt werden.

Material

Material, dass für die Untersuchung von Wasserproben eingesetzt werden soll, ist in Bezug auf die Eignung zu prüfen: Es darf nicht zu Veränderungen der Proben führen, sei es durch Stoffeintrag oder durch Adsorption bzw. chemische Veränderung von Inhaltsstoffen.

Messung

Die Probenbehandlung wie Anreicherung durch Adsorption (z. B. an Harzen oder Ionenaustauschern), Aufschluss (z. B. Metalle), Adsorption (z. B. AOX) oder Derivatisierung (z. B. Veresterung) vor der eigentlichen Messung sind elementare Schritte für die Richtigkeit der Messung, bei der i. d. R. physikalische Signale wie Spannung oder Strom in Bezug auf die Konzentration eines Stoffes proportional sind. Eine Kalibrierung ist Grundvoraussetzung für korrekte Werte. Die Nachweismethode ist so zu wählen, dass sie selektiv (d. h. keine anderen Stoffe der zu bestimmenden Stoffklasse werden mit erfasst) und empfindlich genug ist. Die Empfindlichkeit und Linearität sind entscheidend für die Bestimmungsgrenze. Die Nachweisgrenze liegt außerhalb der Linearität der Detektion, d. h. unterhalb der Bestimmungsgrenze erkennt man zwar die Anwesenheit, kann aber nicht mehr sicher quantifizieren.

Wesentlich für die Qualität der Ergebnisse ist eine Qualitätskontrolle über die einzelnen Schritte des Verfahrens sowie über das gesamte Verfahren, von der Probenahme bis zur Analyse.

In Bild 2.7 sind die Einflussmöglichkeiten für Fehler bei der Wasseruntersuchung dargestellt.

In Bild 2.8 ist eine mögliche konkrete Fehleranalyse beschrieben.

2.2.4.3 Fehleranalysen durch Qualitätskontrollmessungen

Qualitätskontrollmessungen dienen der Kontrolle des Gesamtverfahrens oder von Teilschritten der Analyse. Gebräuchliche Qualitätskontrollen sind in Bild 2.9 aufgeführt.

Die Genauigkeit der Probenahme als Summe von Präzision und Richtigkeit kann nicht direkt bestimmt werden, da die Ungenauigkeit der nachfolgenden Schritte (Probenvorbehandlung bis Messung) bei der Bestimmung mit eingehen.

Die Richtigkeit der Ergebnisse der Untersuchung von Wasser aus größeren Mengen im Sinne eines repräsentativen Ergebnisses ist meistens nicht überprüfbar, da die einzige Methode zur Überprüfung des Verfahrens, die Aufstockung, in der Regel nicht durchführbar ist.

Die Präzision der Probenahme lässt sich nur indirekt ermitteln, wenn die Präzision der anderen Teilschritte der Analyse bekannt ist.

$$\text{Präzision}_{\text{Probenahme}} = \text{Präzision}_{\text{Gesamtverfahren}} - \text{Präzision}_{\text{Probenvorbehandlung bis Messung}}$$

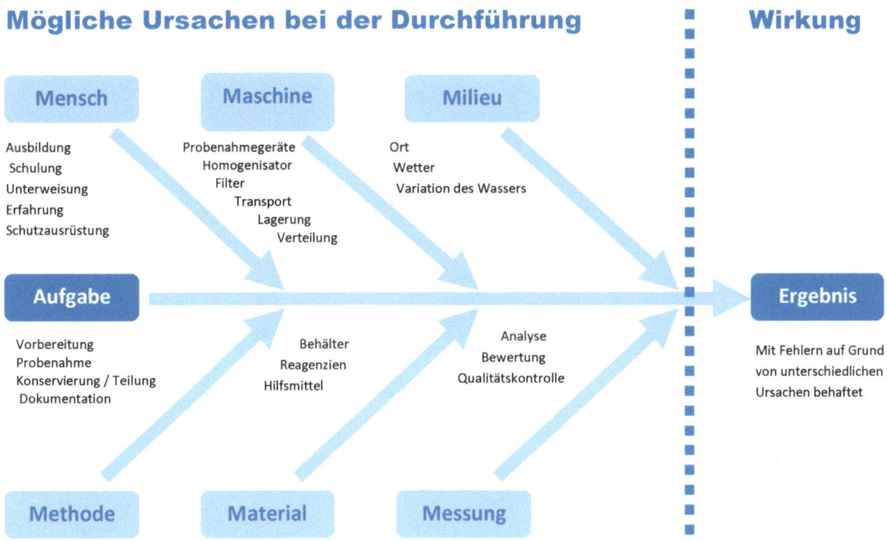

Bild 2.7: Die Fehleranalyse wird notwendigerweise durch Qualitätskontrollmessungen unterstützt, aus denen spezifische Aussagen zur Richtigkeit von Teilschritten der Wasseruntersuchung gefunden werden können

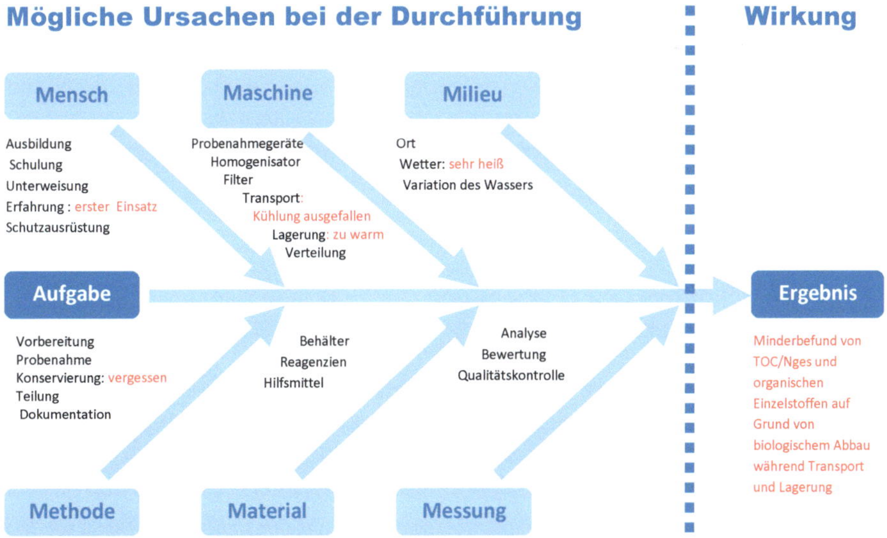

Bild 2.8: Beispiel einer Analyse zur Fehlersuche. Die rot markierten Befunde führten zum fehlerhaften Ergebnis und müssen bei zukünftigen Probenahmen gezielt überprüft werden, bzw. die SOPs und Schulungen der Mitarbeiter müssen entsprechend angepasst werden.

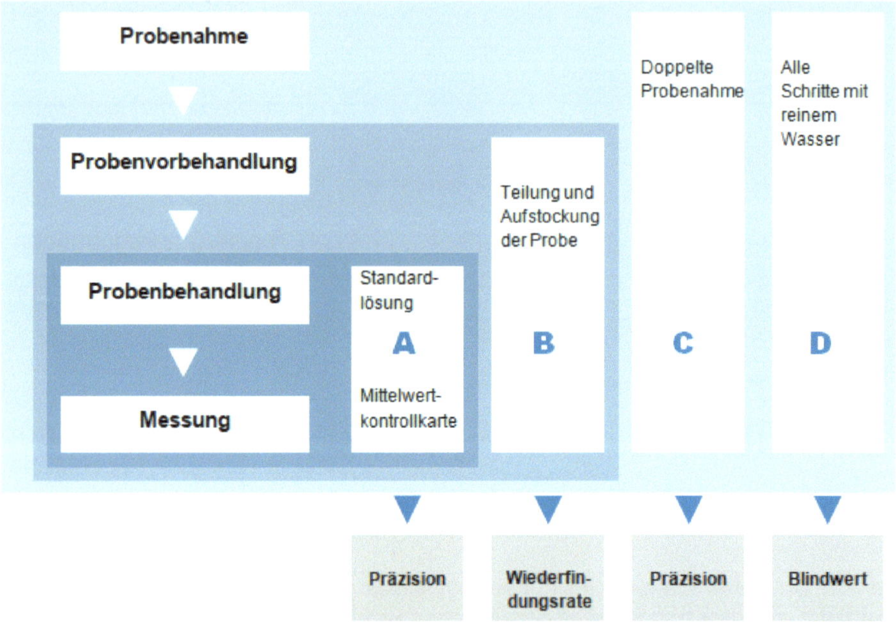

Bild 2.9: Schematische Darstellung der gebräuchlichen Qualitätskontrollen zur Analytik von Wasser
A: Bestimmung der Präzision und Richtigkeit der Probenbehandlung und Messung
B: Bestimmung der Wiederfindung von Probenvorbehandlung, Probenbehandlung und Messung
C: Bestimmung der Präzision des Gesamtverfahrens (Probenahme, Probenvorbehandlung, Probenbehandlung und Messung)
D: Bestimmung des Blindwertes des Gesamtverfahrens

2.2.4.4 Kontrollproben zur Überprüfung der Präzision des Gesamtverfahrens

Kontrollproben zur Überprüfung der Präzision der Probenahme sollten bei allen neuen Probenahmestellen, neuen Probenahmegerätschaften bzw. neu zu bestimmenden Parametern durchgeführt werden, wenn Probleme aufgrund von Inhomogenitäten, Verlusten, Verunreinigungen vermutet werden.

Um die Präzision der Probenahme zu bestimmen, muss zunächst die Präzision des Gesamtverfahrens bestimmt werden. Dafür werden gleichzeitige bzw. zeitnahe doppelte Probenahmen durchgeführt. Beide Proben werden parallel behandelt und analysiert. Die Differenz der beiden Ergebnisse wird auf eine Range-Karte aufgetragen, wobei immer das zweite Ergebnis vom ersten Ergebnis subtrahiert wird. Sinnvoll ist, die Analysenparameter auszuwählen, bei denen am ehesten Veränderungen durch Fehler bei Probenahme und Probenvorbehandlung zu erwarten sind (z. B. Nitrit, TOC mit Feststoffanteil, Hg).

Nach einer Vorperiode von 10 – 20 Parallelprobenahmen und Bestimmungen werden die Ergebnisse statistisch ausgewertet und die Warngrenzen als 2 s und Kontrollgrenzen 3 s in eine Range-Karte eingetragen (siehe Bild 2.10).

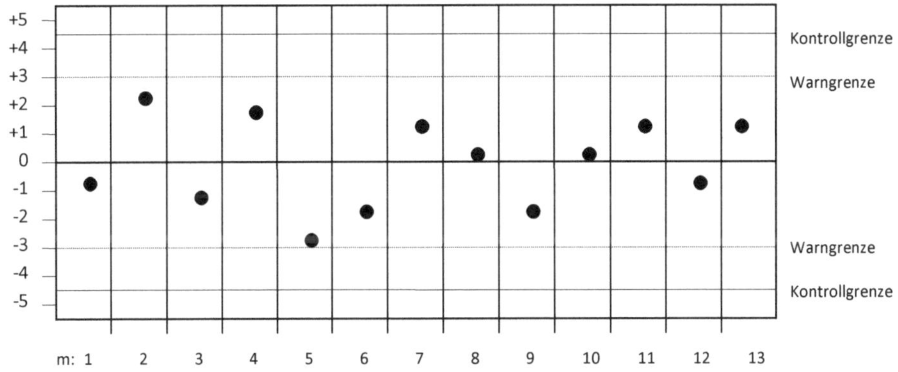

Bild 2.10: Range-Karte zur Kontrolle der Präzision der Probenahme

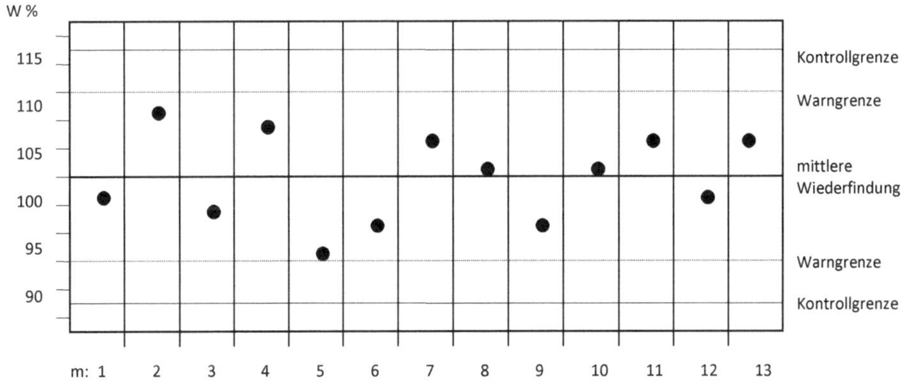

Bild 2.11: Wiederfindungskontrollkarte

2.2.4.5 Kontrollproben zur Bestimmung der Genauigkeit von Probenvorbehandlung, Probenbehandlung und Messung

Eine reale Probe wird so geteilt, dass zwei identische Teilproben erhalten werden (evtl. nach Homogenisierung).

Eine der beiden Proben wird mit einer bekannten Menge des zu untersuchenden Stoffes aufgestockt. Die beiden Proben A (unverändert) und B (aufgestockt) und durch Mehrfachbestimmungen (inklusive aller Schritte der Probenvorbehandlung und Probenbehandlung) und Mittelung der Ergebnisse an jeder der beiden Proben zur Minimierung der Analysenfehler untersucht. Danach erfolgt die Berechnung der Differenz zwischen aufgestockter und Ursprungsprobe. Daraus wird die Wiederfindungsrate in Prozent bezogen auf die aufgestockte Menge berechnet. Die Ergebnisse werden auf einer Wiederfindungskontrollkarte dokumentiert und können nach einer Vorperiode statistisch ausgewertet werden (siehe Bild 2.11).

2.2.4.6 Kontrollproben zur Ermittlung der Präzision der Probenbehandlung und Messung

Zur Bestimmung der Präzision der Probenbehandlung und Messung wird eine geeignete Standardsubstanz in bekannter Konzentration regelmäßig zwischen den realen Proben vermessen (z. B. einmal täglich). Die Ergebnisse werden in eine Mittelwertkontrollkarte eingetragen und nach einer Vorserie statistisch ausgewertet (siehe Bild 2.12).

2.2.4.7 Kontrollproben zur Ermittlung von Blindwerten des Gesamtverfahrens

Kontaminationen während der Probenahme und der nachfolgenden Schritte bis zur Messung können durch Führen einer Blindwertkontrollkarte erkannt werden. Hierzu muss vorher im Labor kontrolliertes destilliertes Wasser mit vor Ort genommen werden und dort, soweit wie möglich, sämtliche Behandlungsschritte (z. B. Pumpen/Schöpfen, Homogenisieren, Filtrieren, Konservieren und Abfüllen) wie die Probe durchlaufen. Die Ergebnisse werden in einer Blindwertkontrollkarte geführt (siehe Bild 2.13).

2.2.4.8 Maßnahmen bei Abweichungen

Das Verfahren ist zu kontrollieren, wenn

- Werte außerhalb der Kontrollgrenzen gefunden werden,
- sieben aufeinanderfolgende Werte oberhalb oder unterhalb des Mittelwertes liegen,
- sieben aufeinanderfolgende Werte steigende oder fallende Tendenz aufweisen.

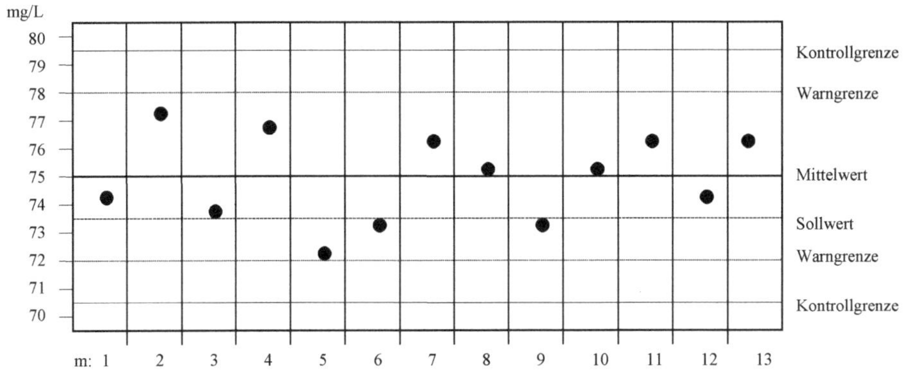

Bild 2.12: Mittelwertkontrollkarte. In dem Beispiel ist ein systematischer Mehrbefund von 1,5 mg/l gegenüber dem Sollwert (Standard) feststellbar (Abweichung der Richtigkeit)

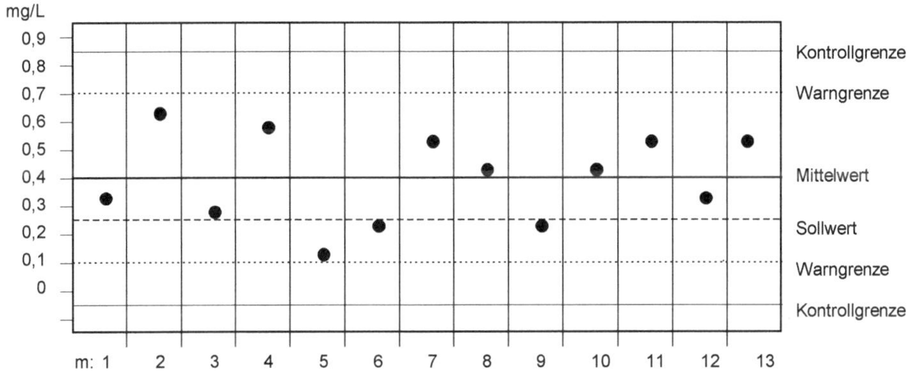

Bild 2.13: Blindwertkontrollkarte. Die Blindwertkontrolle wird mit einer Mittelwertkontrollkarte ausgeführt

Werden Mehrbefunde festgestellt, sollte durch Blindproben eine eventuelle Kontamination festgestellt werden. Dazu wird der komplette Vorgang von der Probenahme bis zur Messung mit destilliertem Wasser durchgeführt. Zur Einengung der Fehlerquelle sollten auch Blindproben für die Verfahrensschritte Probenvorbereitung bis Messung und Probenbehandlung bis Messung durchgeführt werden.

2.2.4.9 Summarische Betrachtung der Fehler

Der größte Fehler kann üblicherweise bei der Probenahme auftreten, die Probenvorbehandlung macht nur ca. 10 % dieses Fehlers aus, die Analyse mit

Probenbehandlung demgegenüber nur ca. 1 % (siehe Bild 2.14). Dies sind nur annähernde Annahmen aus der Erfahrung, der Einzelfall kann davon abweichen. Deshalb ist eine spezielle Fehleranalyse notwendig, besonders wenn erhebliche Konsequenzen (Gefährdungen, Maßnahmen/Kosten) aus den Ergebnissen abgeleitet werden (siehe Bild 2.14).

Die Fehler unterscheiden sich in der Regel um Größenordnungen (logarithmisch), d. h.:

Fehler bei der Probenahme können durch noch so große Sorgfalt bei den nachfolgenden Schritten nicht kompensiert werden!

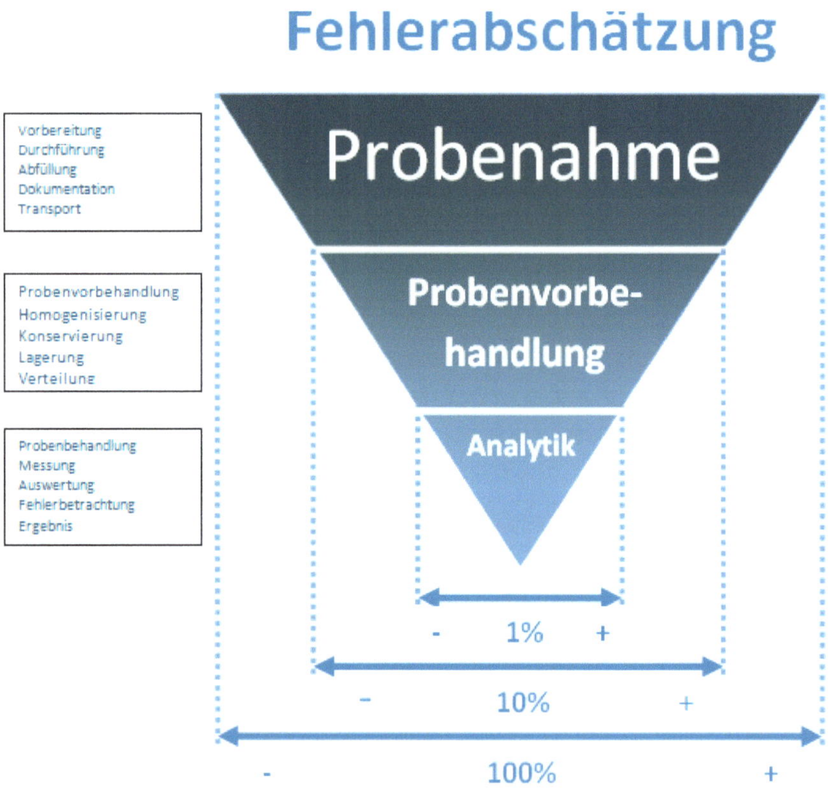

Bild 2.14 : Fehlerabschätzung über die einzelnen Schritte von Wasseruntersuchungen

Literatur

[1] Görtz, W. & Grubert, G. (1986): Probleme bei der Entnahme von Mischproben für die Untersuchung von Wasser und Abwasser, GWA-Band 86: S. 21 – 37.

[2] Länderarbeitsgemeinschaft Wasser (LAWA) (Hrsg.): AQS-Merkblätter für die Wasser-, Abwasser- und Schlammuntersuchung, Berlin (Erich Schmidt Verlag)
Merkblatt P-8/1 (2009): Probenahme von Abwasser
Merkblatt P-8/2 (1995): Probenahme von Grundwasser
Merkblatt P-8/3 (2012): Probenahme aus Fließgewässern
Merkblatt P-8/4 (2002): Probenahme von Schwebstoffen und Sedimenten
Merkblatt P-8/5 (2015): Probenahme aus Seen

[3] DIN EN ISO/IEC 17025 (2018): Allgemeine Anforderungen an die Kompetenz von Prüf- und Kalibrierlaboratorien (ISO/IEC DIS 17025:2017); Deutsche und Englische Fassung prEN ISO/IEC 17025:2017); Berlin (Beuth).

[4] Hannes, A., Görtz, W. & Grubert, G. (1986): Untersuchungen über die Repräsentanz von Wasserproben. – in: Vom Wasser (66): S. 159 – 166.

[5] DIN EN ISO 5667-14 (2016): Wasserbeschaffenheit – Probenahme – Teil 14: Anleitung zur Qualitätssicherung und Qualitätskontrolle bei der Entnahme und Handhabung von Wasserproben (ISO 5667-14:2014); Deutsche Fassung EN ISO 5667-14:2016; Berlin (Beuth).

[6] Funk, W., Dammann, V. & Donnevert, G. (1992): Qualitätssicherung in der Analytischen Chemie; Weinheim (Verlag Chemie).

[7] DEV (2003): Strategien für die Durchführung von Wasseranalysen; 57. Lieferung, Weinheim (Verlag Chemie).

[8] DEV (1979): Anwendung statistischer Methoden zur Beurteilung von Analysenergebnissen in der Wasseranalytik; 8. Lieferung, Weinheim (Verlag Chemie).

3 Probenvorbehandlung, Konservierung, Transport und Lagerung

*K. Selent und A. Grupe **

* unter Verwendung des Kapitels von K. Selent, A. Grupe und E. Riegler aus der 1. Auflage 1998

3.1 Einleitung

Homogenisierung, Probenteilung, Filtration, Probenkonservierung, Transport und Lagerung

Allgemeine Anforderungen an die Probenahme, Konservierung, Handhabung, den Transport und die Lagerung aller Wasserproben einschließlich derer für biologische Untersuchungen sind in DIN EN ISO 5667-3; „Konservierung und Handhabung von Wasserproben" festgelegt [1].

Diese Norm gilt besonders für jene Proben (Einzel- oder Mischproben), die nicht unmittelbar vor Ort untersucht werden können und hierfür in das Labor gebracht werden müssen. Sie ist nicht anwendbar für mikrobiologische Untersuchungen nach DIN EN ISO 19458, für ökotoxikologische Tests sowie zur passiven Probenahme nach DIN EN ISO 5667-23.

Für die Konservierung, Handhabung und Lagerung von Klärschlämmen, Schlämmen aus Wasserwerken, Schwebstoffen, Salzwassersedimenten und Süßwassersedimenten für chemische, physikalische, radiochemische und/oder biologische Untersuchungen siehe DIN EN ISO 5667-15: „Anleitung zur Konservierung und Handhabung von Schlamm- und Sedimentproben". Darin sind alle Kenntnisse zusammengetragen, die notwendig sind, um bei der analytischen Untersuchung auf bestimmte Parameter die richtige Wahl des Gefäßmaterials, die Mindestmasse der Probe, die Konservierungs- und Lagerungsbedingungen sowie die maximale Lagerungsdauer zu treffen [2].

Unter Probenvorbehandlung versteht man alle Maßnahmen unmittelbar nach der Probenahme vor Ort, beginnend mit der Homogenisierung und Probenteilung, der Filtration sowie der Probenkonservierung inklusive dem Probentransport und die Lagerung bis zur Analyse im Laboratorium.

In diesem Kapitel werden nur wässrige Proben behandelt.

Wässer, besonders Oberflächenwasser, Abwasser und Grundwasser, können sich infolge von physikalischen, chemischen oder biologischen Vorgängen zwischen Probenahme und Analytik verändern. Das Ausmaß dieser Veränderungen hängt von der chemischen und biologischen Eigenart der Probe ab, der Temperatur, der Lichteinwirkung, der die Probe ausgesetzt ist, die Beschaffenheit des Probenbehälters, der Zeit zwischen Probenahme und

Analytik und den Bedingungen, denen die Probe ausgesetzt ist, z. B. Schütteln während des Transportes [1]. Nachfolgend sind einige spezifische Gründe für Veränderungen der Probenzusammensetzung auf der Grundlage von [1 bis 4], der angegebenen Literatur sowie aufgrund eigener Erfahrungen aufgeführt:

Kontamination durch Eintrag von Stoffen in die Probe

- Verschleppung von Schadstoffen aus nicht entsprechend gereinigten Probenahmegeräten und Gefäßen, Beispiele:
  - Cadmium-Kontamination von Probenahmegeräten durch ein Abwasser aus der Hüttenindustrie [5],
  - Chrom-, Nickel-, Blei- und Cadmium-Kontaminationen eines Probenahmegerätes [6],
  - Querkontaminationen von Cadmium beim Spülen von Probenflaschen in einer Spülmaschine: Verschleppung von Cd aus Probenflaschen, in die u. a. $CdSO_4$ als Konservierungsmittel für die Bestimmung von Cyaniden zugegeben worden war, in Probenflaschen hinein, die für die Bestimmung von Metallen benutzt worden sind.
- Mobilisierung von Kontaminanten aus nicht ausreichend inertem Probengefäßmaterial, Beispiele:
  - Zinkeimer [6],
  - Phthalate aus PVC-Flaschen [7, 8].
- Kontamination der Probe durch Einsatz nicht geeigneter Probenahmegeräte, Beispiele:
  - Abrieb von Material,
  - Schmiermittel in Pumpen,
  - Kontamination von Grundwasserproben, die mit Steigrohren gefördert wurden, mit Blei.
- Aufnahme von Kontaminanten aus der Umgebungsluft, Beispiele:
  - Aufnahme von Abgasen bei Verwendung von motorbetriebenen Probenahmegeräten oder Stromerzeugern,
  - bei Lagern in Räumen mit schadstoffverseuchter Luft bzw. gemeinsam mit stark belasteten Proben,
  - Verwendung von Chloroform als Biozidzusatz zur Probenkonservierung im Laborwagen.

- Zugabe von nicht ausreichend reinem Konservierungsmittel oder Einsatz von nicht ausreichend gereinigten Hilfsmitteln vor Ort wie Pipetten, Filtrationseinrichtungen usw., Beispiele:
    - Verunreinigung von Salpetersäure p. a. mit Chrom,
    - Verunreinigung zertifizierter Proben-Einweggefäße, in denen Salpetersäure als Konservierungsmittel vorgelegt war, mit Chrom, Nickel und Eisen,
    - Verschleppung von Zink aus einer Dispensette mit Salpetersäure,
    - Verunreinigung der Filtrationseinrichtungen und Filtermaterialien [9].
- Aufnahme natürlicherweise in der Luft vorkommender Stoffe wie Kohlenstoffdioxid und Sauerstoff mit der Folge von pH-Wert-, Redoxpotential- und Leitfähigkeitsänderungen und unerwünschter, die Probenzusammensetzung verändernder chemischer Reaktionen, Beispiele:
    - organische Stoffe, Eisen(II)-Verbindungen und Sulfide.

Verluste durch Austrag von Stoffen aus der Probe

- Entweichen flüchtiger Stoffe bei der Entnahme oder beim Umfüllen oder Homogenisieren.
- Ausgasen flüchtiger Bestandteile bei Aufbewahrung in nicht gasdichten oder nicht vollständig gefüllten Behältern, Beispiele:
    - leichtflüchtige Halogenkohlenwasserstoffe, organische Hg-Verbindungen, freies Chlor, gelöster Sauerstoff, leicht freisetzbare Cyanide,
    - chlorierte Benzole: in Rheinwasserproben sanken die Anfangskonzentrationen von mäßig flüchtigen Organo-Chlorverbindungen nach vier Stunden auf ca. 50 % und nach 24 Stunden auf 10 % ab [10].
- Diffusion von Probeninhaltsstoffen in das Gefäßmaterial, Beispiele:
    - Pestizide, organische Lösemittel, Polycyclische Aromatische Kohlenwasserstoffe nicht in Kunststoffbehältern aufbewahren [8],
    - Standardlösungen, die in Kunststoffflaschen aufbewahrt werden, verändern ihre Konzentration um etwa 1 % pro Jahr, da das Lösungsmittel Wasser durch die Gefäßwände herausdiffundiert [11].
- Sorption von Probeninhaltsstoffen an Schlauch- oder Gefäßwandungen.
    - Metallverbindungen, gelöst oder kolloidal, sowie bestimmte organische Verbindungen können adsorbiert werden oder sich irreversibel an der Oberfläche des Behältermaterials ablagern [1],
    - Phthalate bei besonders vorbehandelten Probenflaschen [7].

Veränderungen durch chemische und biochemische Reaktionen

- Oxidierende Inhaltsstoffe wie Chlor oder reduzierende wie Nitrit verändern die Konzentration bestimmter Parameter, Beispiele:
  - LHKW, PAK, Phenole während der Lagerung der Probe.
- Bildung von Niederschlägen, Beispiele:
  - $Al(OH)_3$, $CaCO_3$, $Mg_3(PO_4)_2$, Schwermetalle.
- Veränderungen aufgrund von bakterieller Tätigkeit:
  - Inhaltsstoffe können verbraucht bzw. zu anderen Verbindungen umgewandelt werden. So beeinflusst biologische Aktivität z. B. den Gehalt an gelöstem Sauerstoff, Kohlenstoffdioxid, sowie an Stickstoff-, Phosphor- und Siliziumverbindungen [1],
  - bei hochbelasteten, sulfatreichen Wässern kann es u. U. zur bakteriellen Sulfatreduktion kommen,
  - mikrobieller Abbau von leichtflüchtigen Aromaten (BTEX) in Abwässern und Grundwässern [14].

Ein Beispiel zur Veränderung von Stickstoff-Verbindungen in 12-Stunden-Mischproben während des laufenden Betriebes von Dauerprobenahmegeräten ist in Bild 3.1 dargestellt. Hier wurden mit zwei baugleichen Dauerprobenahmegeräten parallel Proben aus einem Oberflächengewässer entnommen. In einem der Geräte wurden die Mischproben bei ca. 4° C gekühlt, in dem anderen Gerät wurden sie bei Raumtemperatur aufbewahrt. Nach Ablauf der Probenahmeprogramme wurden die 12-Stunden-Mischproben unter anderem auf Ammonium-, Nitrit- und Nitrat-Stickstoff untersucht. Das Ergebnis zeigt jeweils gleichhohe Gehalte an anorganischem Stickstoff, jedoch sind in den gekühlten Proben die Gehalte an Ammonium-N wesentlich höher als in den ungekühlten. In den Proben ohne Kühlung ist während des laufenden Probenahmeprogrammes bereits eine Oxidation des Ammoniums über Nitrit zum Nitrat eingetreten. Im vorliegenden Fall handelte es sich um Untersuchungen im Rahmen eines Bewirtschaftungsplanes für ein Fließgewässer [15], für das damals als Ziel eine Sanierungsanforderung für Ammonium-Stickstoff von 2 mg/l und als Güteanforderung von 1 mg/l Ammonium-Stickstoff festgelegt worden war. Bild 3.1 zeigt, dass die Gehalte an Ammonium-Stickstoff im Gewässer zwischen 6 und 8 mg/l lagen, aber bei entsprechend langer Lagerung ohne Kühlung durchaus auch in Bereiche der Grenzwerte absinken. So ist allerdings kein Gewässer zu sanieren.

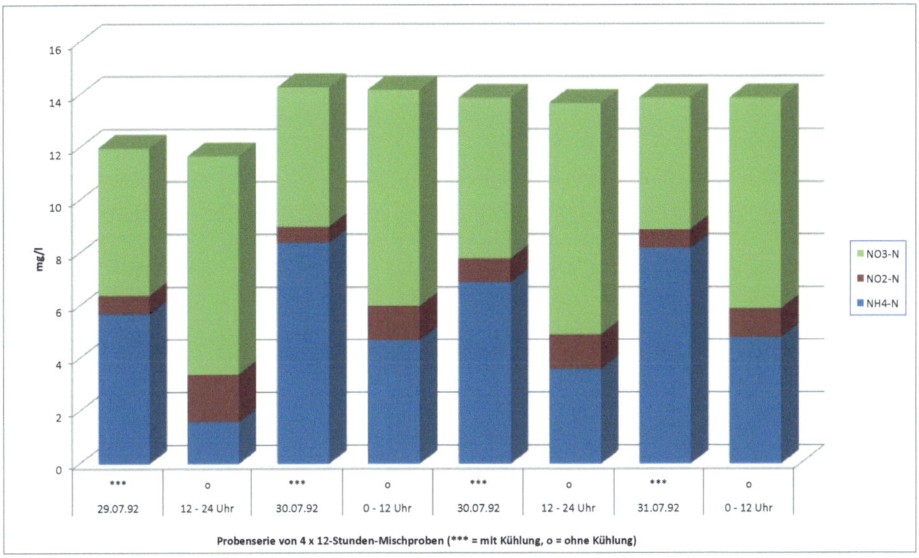

Bild 3.1: Veränderung von Stickstoff-Verbindungen in 12-Stunden-Mischproben während der Probenahme (Matrix: Oberflächenwasser)

Ein Beispiel zur Veränderung von Proben mit leichtflüchtigen Inhaltsstoffen während der Lagerung in Braunglas- bzw. Kunststoffflaschen zeigen die Bilder 3.2 und 3.3 Dafür wurden Grundwasserproben im Rahmen einer Untersuchung eines Schadensfalles mit Chlorkohlenwasserstoffen (CKW) entnommen, in mehrere Flaschensätze luftblasenfrei eingefüllt und bis zur Untersuchung im Kühlschrank bei (3 ± 2) °C gelagert. Die damals geltende Norm DIN EN ISO 10301 (F4) zur Bestimmung leichtflüchtiger halogenierter Kohlenwasserstoffe forderte, falls eine Lagerung unvermeidlich ist, die Proben in Braunglasflaschen abzufüllen, auf 4 °C zu kühlen und eine Extraktion innerhalb von 48 Stunden durchzuführen.

Bild 3.2 zeigt die Ergebnisse der Untersuchungsreihe am Tag nach der Probenahme [16]. Es ist deutlich zu erkennen, dass die in Kunststoffflaschen gelagerten Proben massive Minderbefunde aufweisen. Vermutlich ist das darauf zurückzuführen, dass diese Kunststoffflaschen nicht luftblasenfrei verschlossen werden können und beim Öffnen die CKW ausgasen. Zusätzlich können die CKW auch durch den Kunststoff diffundieren bzw. adsorbieren. Die Braunglasflaschen mit Vollglasschliffstopfen konnten vollständig befüllt werden.

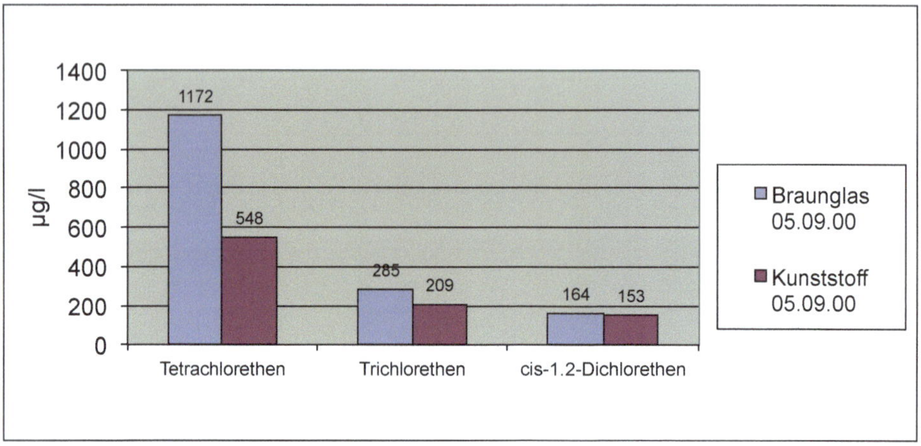

Bild 3.2: Veränderung von CKW-Proben bei Lagerung in Braunglas- und Kunststoffflaschen innerhalb von 24 Stunden nach der Probenahme

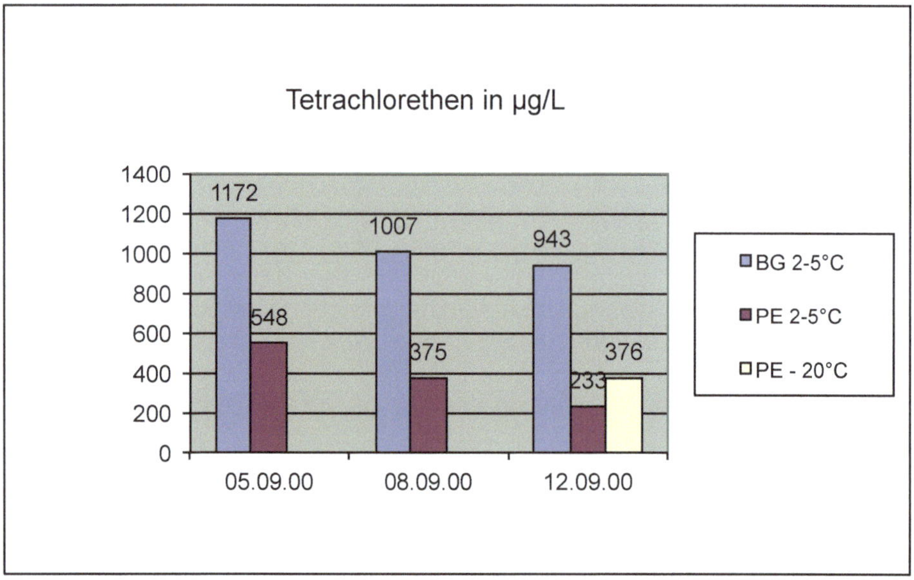

Bild 3.3: Veränderung von CKW-Proben bei Lagerung in Braunglas- und Kunststoffflaschen innerhalb von einem bis sieben Tagen nach der Probenahme

Anschließend wurden weitere Probengefäße im Kühlschrank gelagert und vier Tage bzw. sieben Tage nach der Probenahme untersucht. Bild 3.3 zeigt die weiteren Verluste bei der Lagerung. Selbst die Proben in den Braunglasflaschen wiesen Verluste auf, und zwar waren nach vier Tagen 14 % und nach sieben Tagen 20 % geringere Konzentrationen an Tetrachlorethen gegenüber den Ergebnissen vom Tag nach der Probenahme nachweisbar. In den Proben aus den Kunststoffflaschen waren gegenüber dem Ergebnis der aus der Braunglasflasche am Tag nach der Probenahme ermittelten Konzentrationen nur noch etwa 50 % (nach dem ersten Tag), 32 % (nach vier Tagen) und 20 % (nach sieben Tagen) nachweisbar. Selbst die für eine Woche bei -20 °C tiefgefrorene Probenserie zeigt mit ca. 32 % der Konzentration an Tetrachlorethen entsprechende Minderbefunde.

3.2 Homogenisierung und Probenteilung

Zur Aufteilung einer Probe für mehrere Untersuchungen im Labor ist in der Regel eine Probenteilung erforderlich. Je nach örtlichen Gegebenheiten und Untersuchungsprogramm kann es erforderlich sein, dass die Wasserprobe direkt am Probenahmeort und/oder im Laboratorium unter definierten Bedingungen vorbehandelt wird, z. B. wenn die Wasserprobe feste Bestandteile (Sink- oder Schwebstoffe) enthält.

Für das einheitliche Vorgehen im Bereich der Probenahme zur Vorbehandlung, der Homogenisierung und Teilung heterogener Wasserproben gilt DIN 38402-30 [17].

In Hinblick auf die nachfolgende Analytik ist sicherzustellen, dass keine Kontamination durch die Homogenisierungsgeräte bzw. Verluste durch das Homogenisierungsverfahren eintreten.

3.2.1 Störungen

Das Verfahren gilt nicht für Wasserproben, in denen mehrere Flüssigphasen enthalten sind. In Anwesenheit von Flüssigkeiten, die mit Wasser nicht ausreichend mischbare Mehrphasensysteme bilden, ist eine repräsentative Probenahme, Probenteilung und -homogenisierung nicht möglich.

Ist die nichtwässrige Phase ohne Beeinträchtigung der wässrigen Phase (Mitreißeffekte z. B. von ungelösten Stoffen) nicht abzutrennen, so ist eine weitere Behandlung nach diesem Verfahren nicht möglich. Bei trennbaren Mehrphasensystemen kann die wässrige Phase abgetrennt und gesondert untersucht werden. Das hierbei erhaltene Analysenergebnis ist jedoch nicht repräsentativ für die gesamte Wasserprobe.

In Anwesenheit von Schwimmstoffen ist eine repräsentative Probenteilung und Homogenisierung nicht immer sichergestellt.

Ungelöste Stoffe mit deutlich höherer Dichte als Wasser (z. B. Sand und Kies) setzen sich sehr schnell ab und werden üblicherweise nicht miterfasst. Andere Feststoffe (z. B. Zellstofffasern) werden mittels Magnetrührer unter den Verfahrensbedingungen nicht ausreichend homogenisiert und können die Pipettenöffnung oder Entnahmeventile ganz oder teilweise verstopfen; hierdurch kann ein unerwünschter Filtrationseffekt eintreten. Magnetisierbare Teile haften am Magnetrührer. In diesen Fällen ist ein anderes Verfahren zu wählen.

Leichtflüchtige Stoffe können bei der Homogenisierung im offenen Gefäß teilweise ausgasen. Dies kann zu Minderbefunden führen, z. B. bei der AOX- oder TOC-Bestimmung. Sollen leichtflüchtige Komponenten in einer Probe bestimmt werden, so sind alle Arbeitsschritte, bei denen Verluste auftreten können, zu unterlassen bzw. die leichtflüchtigen Bestandteile sind aus einer separat genommenen Probe zu bestimmen. Um bei basischen Proben Verluste von Ammonium zu verhindern, muss die Probe ggf. vor der Homogenisierung angesäuert werden.

Die Homogenisiergefäße dürfen keine Reste von Trinkwasser (Leitungswasser, Stadtwasser) enthalten und müssen vor jedem Gebrauch mit entionisiertem Wasser gereinigt werden. Im Rahmen von Qualitätskontrollen mittels Feldblindproben bei der Probenahme wurde im LANUV NRW festgestellt, dass der Verbleib einiger ml von Trinkwasser im Homogenisiergefäß zu auffälligen Kupfergehalten von einigen µg/l in den Feldblindwerten führen kann.

3.2.2 Durchführung des Verfahrens

Die Vorbehandlung, Homogenisierung und Teilung jeder Wasserprobe erfolgt i. d. R. unmittelbar nach der Probenahme. Alle benötigten Geräte sind sauber, fett- und staubfrei zu verwenden.

Die Auswahl der Homogenisierungsmethoden richtet sich nach dem Ausgangsvolumen der Probe, der Größe, Art und Menge der Partikel und den zu bestimmenden Parametern.

Von den in der DIN 38402-30 aufgeführten Techniken wird vor Ort üblicherweise die Homogenisierung mittels Magnetrührer eingesetzt. Dies gilt insbesondere für Abwasserproben.

Das Probenvolumen ist abhängig vom Untersuchungsprogramm und dem Umfang der Untersuchungen. Um die Streuung der Analysenwerte so klein wie möglich zu halten, ist das zur Analyse verwendete Teilprobenvolumen so groß wie möglich zu wählen. Dafür haben sich Homogenisiereinheiten bestehend aus Magnetrührer bzw. Flügelrührer und einem Glasgefäß mit z. B. 5, 15 oder 30 Litern bewährt.

3.2.2.1 Vorbehandlung der Probe

Die Wasserprobe ist zunächst auf nicht homogenisierbare Inhaltsstoffe zu prüfen (siehe 3.2.1). Für die Wasserprobe nicht repräsentative Stoffe (z. B. Blätter) sind zu entfernen, erforderlichenfalls ist die Probe zu verwerfen und erneut zu entnehmen.

3.2.2.2 Homogenisierung durch Schütteln

Probenvolumina < 5 l dürfen von Hand aufgeschüttelt werden (z. B. in einer Standflasche), vorausgesetzt, dass eine ausreichende Durchmischung sichergestellt ist.

Bild 3.4: Homogenisierung einer stark getrübten Abwasserprobe und Abfüllen der Teilproben bei laufendem Magnetrührer (Foto: K. Selent, StUA Hagen)

3.2.2.3 Homogenisierung mittels Magnetrührer

Grundsätzlich ist die Homogenisiereinheit während der Probenahme direkt zu befüllen, um Minderbefunde durch Umfüllen zu vermeiden. Beim Befüllen der Homogenisiereinheit sowie bei der Durchführung der Homogenisierung ist darauf zu achten, dass die Probe möglichst schonend behandelt wird. Während des Homogenisierungsvorganges ist das Gefäß abzudecken, um Kontaminationen durch herunterfallende Teilchen (z. B. Staub, Ruß) zu verhindern. Auf eine ausreichende Größe des Flügelrührers bzw. des Magnetrührstabes (etwa 1/3 des Gefäßdurchmessers) sollte geachtet werden. Die Rührfrequenz ist so einzustellen, dass sich ein Trichter bildet, der etwa 10 % der Flüssigkeitshöhe beträgt (siehe Bild 3.4).

Die Homogenisierung mittels Rührer ist in der Regel ausreichend. Falls die Probe auch nach längerem Rühren sichtbar inhomogen bleibt, muss die Probe mit anderen Homogenisierungstechniken (Ultraschallbad, Ultraschallsonde, Aufschlaggerät) behandelt werden. Das erfolgt i. d. R. im Labor.

3.2.2.4 Homogenisierung mittels Rührstab

In bestimmten Fällen ist eine Homogenisierung mittels Magnetrührer nicht anwendbar (z. B. magnetisierbare Teile in der Abwasserprobe, Ausfall des Magnetrührers). Außerdem ist bei Oberflächengewässern oft eine direkte Befüllung der Homogenisiereinheit am Gewässer nicht möglich.

Trotzdem muss auch dann auf die Homogenität der Probe geachtet werden, wenn das erforderliche Probenvolumen dermaßen groß ist, dass mehrere Schöpfvorgänge benötigt werden und/oder verschiedene Probenbehälter zu füllen sind.

Die Probe wird mittels eines geeigneten Gefäßes (z. B. PE- oder Edelstahleimer) entnommen und unmittelbar auf die verschiedenen Probenbehälter verteilt, wobei die Teilproben für die Parameter, bei denen eine Abhängigkeit vom Schwebstoff vorhanden ist (wie z. B. Schwermetalle, Gesamtphosphor) vorrangig abgefüllt werden; ggf. muss die geschöpfte Probe zwischen den einzelnen Abfüllvorgängen mittels eines geeigneten Rührstabes vorsichtig homogenisiert werden.

3.2.2.5 Probenteilung

Die Teilproben werden während oder unmittelbar nach der Homogenisierung entnommen.

Während des gesamten Abfüllvorganges soll das Homogenisiergefäß abgedeckt sein, um den Eintrag von Partikeln aus der Luft zu vermeiden. Darüber hinaus ist das Gefäß vor Erwärmung durch Sonneneinstrahlung oder andere Wärmequellen zu schützen.

Bei Verwendung der Homogenisiereinheit (siehe 3.2.2.3) ist vor dem Abfüllen der Teilproben in die Probenflaschen das unmittelbar vor dem Ablaufventil der Homogenisiereinheit befindliche Wasser (mindestens 50 ml) zu verwerfen, da das im Ablaufhahn befindliche Wasser nicht mit homogenisiert wurde.

Die Probenflaschen selbst sind in keinem Fall vorher mit dem abzufüllenden Probenwasser auszuspülen, da hierdurch Feststoffe in der Flasche angereichert werden, die zu höheren Befunden führen können. Deshalb sollten nur im Labor gereinigte, trockene Flaschen, die teilweise sogar in einer besonderen Weise vorbehandelt worden sind, verwendet werden.

Das Füllen der Probengefäße ist abhängig von der anzuwendenden Konservierungsform:

- Zur Vermeidung von Querkontaminationen sind beim Befüllen der Teilproben zunächst die Probenbehälter ohne Zusatz von Konservierungschemikalien zu befüllen und zu verschließen und erst anschließend die Probenbehälter mit den Konservierungschemikalien.

- Wenn die Proben nur gekühlt werden, empfiehlt es sich, das Probengefäß randvoll zu füllen und luftblasenfrei mittels eines Glasschliffstopfens zu verschließen. Hierdurch werden Wechselwirkungen mit der Gasphase und Schütteleffekte beim Transport weitgehend unterbunden.
- Wenn die Proben tiefgefroren werden sollen, dürfen die Probengefäße nicht vollständig gefüllt sein.
- Bei Konservierung mit Säuren, Laugen oder parameterspezifischen Reagenzien können die Chemikalien entweder nach erfolgter Abfüllung der Probe zugesetzt oder im noch leeren Probengefäß vorgelegt werden.
- Teilproben, die ggf. dem Einleiter zur Verfügung gestellt werden, müssen ebenfalls aus der homogenisierten Gesamtprobe entnommen werden, um eine Vergleichbarkeit der Analysenwerte zu gewährleisten.

3.2.2.6 Reinigung der Homogenisiereinheit

Bei jeder Probenahme ist eine gereinigte Einheit von Glasgefäß, Entnahmehahn und Magnetrührstab einzusetzen. Das Glasgefäß ist vor dem Einfüllen der Probe mit entionisiertem Wasser durchzuspülen.

Unmittelbar nach der Probenahme ist die Homogenisiereinheit mit Trinkwasser und anschließendem Nachspülen mit entionisiertem Wasser zu reinigen, wobei zur Entfernung der am Glas haftenden Teilchen eine Bürste oder ein Gummiwischer einzusetzen ist. Der Entnahmehahn ist zur Reinigung komplett zu zerlegen. Der Magnetrührstab muss mit Hilfe eines Tuches von mechanisch anhaftenden und ggf. von magnetischen Teilchen gereinigt werden.

3.2.2.7 Entsorgung

Überschüssiges Probengut aus dem Homogenisiergefäß kann i. d. R. vor Ort wieder dorthin entsorgt werden, wo es zuvor entnommen wurde (Abwasser, Oberflächengewässer), wobei eine Beeinträchtigung der Probenahmestelle für etwaige weitere Probenahmen zu vermeiden ist. Keinesfalls darf die Entsorgung auf öffentlichen Straßen und Wegen vorgenommen werden, insbesondere wenn es zu Pfützenbildung und bei niedrigen Umgebungstemperaturen zur Eisbildung kommen kann.

3.2.2.8 Qualitätssicherungs- und -kontrollmaßnahmen

Um mögliche Kontaminationen während der Homogenisierung der Proben festzustellen, ist regelmäßig und in begründeten Verdachtsfällen eine Feldblindprobe zu nehmen, zu untersuchen und zu dokumentieren.

Dazu wird entionisiertes Wasser, dessen Blindwert geprüft und dokumentiert wurde, vor Ort wie eine reale Probe behandelt und allen Verfahrensschritten (z. B. Schöpfen, Homogenisieren, Filtrieren, Konservieren, Transport und Lagerung) unterworfen.

Werden Auffälligkeiten festgestellt, so ist eine Ursachenermittlung durchzuführen. Diese sind in Koordination mit dem Probenahmepersonal zu bewerten und die Fehlerquellen sind zu beseitigen.

Es empfiehlt sich, bei Einführung einer neuen Technik und in besonderen Fällen, die Effektivität der Homogenisierung zu überprüfen. Zum Nachweis der Homogenität der Probe im Behälter werden die physikalisch-chemischen Parameter (z. B. suspendierte Stoffe, Metalle, organische Bestandteile) mit Proben überwacht, die aus unterschiedlichen Höhen im Behälter entnommen werden:

- zur Bestimmung der Dauer der Homogenisierung, um eine homogene Zusammensetzung des Abflusses beim Abfüllen in den Behälter zu erreichen, und
- um die Repräsentativität der Probe sicherzustellen.

Die höchste Abweichung zwischen zwei Messungen für den zur Erfüllung des Kriteriums der Homogenität ausgewählten Parameter sollte möglichst < 20 % sein. Eine Anleitung mit Beispiel dazu findet sich im Anhang C der DIN EN ISO 5667-14 [18].

3.3 Filtration von Wasserproben vor Ort

In einigen Fällen ist das Ziel der Probenahme die Bestimmung gelöster Wasserinhaltsstoffe. Dafür müssen die Feststoffe, wie Sink- und Schwebstoffe oder Mikroorganismen, aus der Probe entfernt werden.

Beinahe alle Oberflächenwässer und Abwässer haben die Eigenschaft, beim Stehen Flocken zu bilden, wobei gelöste oder auch kolloide Substanz in die feste Phase übergehen kann [12].

Grundwasserproben können Feststoffe (Tonminerale, sedimentärer organischer Kohlenstoff, bakterielle Schleime, Fe/Mn-Hydroxide) enthalten, die bei der Probenahme aus der Grundwassermessstelle oder dem Grundwasserleiter mitgerissen worden sind. Die direkte Konservierung mit Säuren zur Schwermetallbestimmung oder die Extraktion solcher Proben mit organischen Lösemitteln zur Analyse organischer Schadstoffe kann zu Überbefunden führen, da diese gering löslichen Stoffe in der Regel in der ungelösten Fraktion stark angereichert sind. Beispielsweise kommt es in reduzierten Grundwässern mit erhöhten Fe^{2+}-Konzentrationen durch den Zutritt von Luftsauerstoff in der Messstelle zur Neubildung gelbbrauner Eisen-Hydroxide. Dabei werden auch gelöste Schwermetallionen mitgefällt, einige Elemente (z. B. Cu) zu über 90 % [13].

Aus dem Vorgenannten folgt bei bestimmten Fragestellungen, dass eine Filtration unmittelbar nach der Probenahme vorzunehmen ist. Die Notwendigkeit einer Membranfiltration von Wasserproben resultiert auch aus Anforderungen einiger Analysennormen bzw. aus gesetzlichen Vorgaben, z. B.

- gelöste Metalle mittels ICP-MS [19, 20, 24, 25],
- Ammonium-N mittels FIAS [21],
- gelöste Anionen mittels IC [22],
- CSB / BSB_5 (bei Teichanlagen) [23],
- photometrische Bestimmungen vor Ort, z. B. o-PO_4 im Grundwasser,
- Pflanzenschutzmittel, Biozide [25]

Für die Filtration vor Ort haben sich verschiedene Geräte bewährt:

- Vakuumfiltration mittels Witt'schem Topf,
- Druckfiltration mittels (Einweg-)Spritze und Membranvorsatzfiltern,
- Druckfiltration mittels Edelstahl-Filtrationseinrichtung.

Die Auswahl der Filtrationsverfahren ist abhängig vom Untersuchungsziel und der nachfolgenden Analytik. Die Verfahren sind grundsätzlich für alle Wässer anwendbar und können eingesetzt werden, wenn sichergestellt ist, dass diese auch unter Vor-Ort-Bedingungen keine Veränderung der zu untersuchenden Parameter bewirken.

Bei der Filtration ist die Beschaffenheit des Filtermediums, die Sauberkeit, die Absorptionseigenschaften, vor allem die Porenweite von Bedeutung. Üblicherweise werden Wasserproben, z. B. zur Unterscheidung der gelösten und ungelösten Metalle, unmittelbar nach der Probenahme vor Ort über ein 0,45 µm Membranfilter filtriert.

Bezüglich der Beschaffenheit des Filtermediums wurde in einem Forschungsvorhaben im LANUV NRW [9] festgestellt, dass aus den Filtermaterialien Schwermetalle herausgelöst werden können. Die Überprüfung der verwendeten Membranfilter unter routinemäßigen Probenahmebedingungen zeigte, dass in verschiedenen Chargen unsystematische Kontaminationen der Filter mit einzelnen Elementen vorlagen. Neben hoch kontaminierten Filtern kamen in der selben Charge auch deutlich niedriger belastete Filter vor. Die höchsten Blindwerte wurden für Zink festgestellt, deutliche Kontaminationen traten aber auch bei Nickel und Kupfer auf. Für Cadmium, Blei und Quecksilber lagen die Blindwerte in der Regel unterhalb der unteren Anwendungsgrenze.

Im weiteren Vorgehen wurde überprüft, ob sich die Filtrationsblindwerte durch mehrere Vorspülungen von Filter und Filtrationsapparatur absenken ließen. Die Spülversuche zeigten, dass durch zweimaliges Spülen von Apparatur und Filter tolerierbare Blindwerte erzielt werden können. Als Konsequenz aus der Blindwertproblematik wurden nach zweimaligem Spülen Filtrationsblindwerte von maximal 20 % des halben Qualitätsziels toleriert. Diese Konvention des Vorhabens, ist mittlerweile in die Arbeitsanweisung „Vor-Ort-Filtration" beim LANUV NRW zum EU-Monitoring eingegangen. Danach werden vor der Filtration der zu untersuchenden Probe zunächst alle Materialien (auch die Membranfilter) vor Ort mit säurekonditioniertem Reinstwasser vorgespült und anschließend mit Reinstwasser nachgespült.

Bei der Filtration von Wasserproben für die Elementanalyse mittels ICP-MS sind besonders hohe Anforderungen zu stellen. Beispielsweise sind im LANUV NRW bei Messungen der gelösten Metalle mittels ICP-MS öfter höhere Gehalte in der filtrierten Probe als in der unfiltrierten Originalprobe ermittelt worden. Dieses war vermutlich auf kontaminierte Arbeitsmaterialien und/oder nicht sorgfältige Probenbehandlung zurückzuführen. Zur Ursachenermittlung bzw. zum Nachweis einer einwandfreien Probenvorbereitung werden zu jeder Filtrationsserie Feldblindproben (Reinstwasser) vor Ort filtriert und anschließend im Labor untersucht. Als Qualitätsziel für Blindwerte der Metalle mittels ICP-MS gelten die halben Werte der unteren Anwendungsgrenzen.

Die Druckfiltration ist einer Vakuumfiltration vorzuziehen, wenn leichtflüchtige Inhaltstoffe bestimmt werden sollen. Dies ist z. B. auch bei hoch alkalischen Abwässern zu beachten, weil das Ammonium im alkalischen Milieu als Ammoniak ausgasen könnte und somit die Gefahr von Minderbefunden besteht.

Die Filtration scheidet aus, wenn der Filter Inhaltsstoffe zurückhält, die es zu bestimmen gilt (Minderbefunde von organischen Stoffen bei Membranfiltration durch Adsorption an das Filtermaterial) bzw. Stoffe abgibt, die zu einer Kontamination der Probe führen [9]. Kann eine Kontamination durch Filtermaterial nicht ausgeschlossen werden, so sollte die Probe besser zentrifugiert und der klare Überstand zur Untersuchung verwendet werden.

3.3.1 Durchführung des Verfahrens

Aus Gründen der Arbeitssicherheit und zur Vermeidung von Kontaminationen sind während der Filtration stets Schutzbrille und Einmalhandschuhe zu tragen.

Öl, Fett, eiweiß- und schwebstoffhaltige Wässer können zur Verschmutzung der Filtrationseinheit und zur Verstopfung des Filters führen.

Es ist darauf zu achten, dass die Filtrationseinheiten, Spritzen, (Vorsatz-)Filter im Fahrzeug staubfrei und nicht in der Nähe von Reinigungs- und Konservierungschemikalien sowie anderen Proben gelagert werden, um Kontaminationen zu vermeiden. Alle Glasmaterialien sind sauber und trocken in geeigneten Beuteln oder Behältnissen bis zur Probenahme aufzubewahren. Die Filtration muss bei ausgeschaltetem Automotor erfolgen.

Grundsätzlich wird für jede Probe ein neues Membranfilter bzw. ein neuer Filtervorsatz eingesetzt. Bei stark schwebstoffhaltigen Proben müssen unter Umständen mehrere Filter verwendet werden. Sollte die Filtration länger als zehn Minuten dauern, empfiehlt sich aufgrund der Praxiserfahrungen, ein neues Filter einzulegen und die Filtration fortzusetzen. Überschreitet der zweite Versuch ebenfalls die zehn Minuten, so kann die Filtration abgebrochen und das vorhandene Filtrat als Probe angesehen werden. Ein Filterwechsel ist unter Bemerkungen im Probenahmeprotokoll zu vermerken. Alternativ ist eine Filtration im Labor durchzuführen. Laborversuche mit stark feststoffhaltigen Abwässern unter Verwendung einer 3-Lagen-Technik (Schwarzband-, Weißband- und Membranfilter) führten zu erheblichen Zeitersparnissen auf wenige Minuten gegenüber der Filtration ausschließlich mit Membranfiltern, die über eine Stunde dauerten.

Bei der Filtration muss man besonders darauf achten, dass

- Handschuhe getragen werden,
- das Filter sich nicht knickt,
- das Filter nur mit Pinzette angefasst wird,
- die Filtrationsapparatur trocken und dicht hält,
- die Probenbehältnisse nicht kontaminiert werden,
- nach dem Filtrationsvorgang im Filtrat keine Partikel sichtbar sind.

Falls doch Partikelreste vorhanden sind, ist der Filtrationsvorgang zu wiederholen.

3.4 Probenkonservierung

Proben, die nicht umgehend nach der Probenahme verarbeitet werden können, müssen längerfristig vor Kontaminationen, Verlusten oder anderen Veränderungen geschützt werden. In diesen Fällen sind die Proben zu konservieren. Die Wahl der Konservierungsmethode richtet sich nach der nachfolgenden Analytik.

Konkrete Hinweise zu parameterspezifischen Konservierungsmethoden finden sich in DIN EN ISO 5667-3 [1]. Da einige Normen für Analysenverfahren teilweise abweichende oder keine Angaben zur Probenkonservierung enthalten, wurde ausdrücklich im Normungsverfahren vereinbart, dass die Norm DIN EN ISO 5667-3 und die darin im informativen Anhang A aufgelisteten internationalen Normen für Analysenverfahren sich ergänzen. Sind keine internationalen Normen für Analysenverfahren anwendbar, erhalten die in den Tabellen A.1 bis A.3 beschriebenen Techniken normativen Charakter.

Auch die so konservierten Proben können nur eine beschränkte Zeit aufbewahrt werden, bevor Veränderungen zu besorgen sind. Allgemein werden für die verschiedenen Untersuchungsparameter maximale Aufbewahrungszeiten von wenigen Minuten, einigen Tagen bis hin zu sechs Monaten angegeben.

An die Konservierung sind folgende grundsätzliche Forderungen [4] zu stellen:

- Konservierungsmaßnahmen, die über das übliche Kühlen hinausgehen, sollten nur angewandt werden, wenn dies zur Sicherstellung der Analysenergebnisse unbedingt erforderlich ist.
- Die Konservierung darf das anzuwendende Analysenverfahren nicht stören.
- Es muss sichergestellt sein, dass die Konservierungsmaßnahme, die gezielt für einen Parameter eingesetzt wird, die Bestimmung anderer Parameter nicht stört.
- Als Konservierungsmittel sollten möglichst Substanzen eingesetzt werden, die nicht zusätzliche Umweltkontaminationen hervorrufen und die eine Beseitigung der Probenreste erschweren (z. B. ist $HgCl_2$ zu vermeiden).
- Gesundheitliche Risiken für Probenehmer und Analytiker dürfen durch die Konservierungsmaßnahme nicht erhöht werden.

Als Konservierungsmaßnahmen bieten sich grundsätzlich die folgenden Methoden an [8], die auch kombiniert angewendet werden können. Bei Einsatz von Konservierungsmethoden sollten, wenn immer möglich, physikalische Methoden (Kühlen, Tiefgefrieren) Vorrang erhalten. Werden chemische Konservierungsmaßnahmen angewandt, so gelten besondere Vorsichtsmaßnahmen, da häufig Kontaminationen durch leichtfertigen Umgang mit den entsprechenden Chemikalien vor Ort auftreten.

3.4.1 Konservierung durch Kühlen oder Tiefgefrieren

Die Probenkonservierung durch Kühlen oder Tiefgefrieren führt zu einer Verringerung der Aktivitäten von Bakterien. Einfaches Kühlen im Kühlschrank und Aufbewahrung der Proben im Dunkeln reicht in den meisten Fällen aus, um die Probe während des Transportes ins Labor und für relativ kurze Zeit vor Durchführung der Analyse zu konservieren. Kühlen kann nicht als Langzeitkonservierung angesehen werden, besonders nicht, wenn es sich um Abwasserproben handelt. Tiefgefrieren erlaubt in der Regel längere Aufbewahrungszeiten.

Eine Kühltemperatur während des Transports von (5 ± 3) °C wurde für viele Anwendungen als geeignet erkannt. Die Kühl- und Tiefgefrierverfahren müssen mit den Anweisungen des analytischen Labors übereinstimmen. Besonders Tiefgefrieren erfordert eine genaue Kontrolle über das Einfrieren und Auftauen, um die Probe nach dem Auftauen wieder in ihren ursprünglichen Gleichgewichtszustand zurückzubringen [1].

Die Gefriertemperatur sollte nach spätestens sechs Stunden erreicht sein [8]. Deshalb sollten möglichst kleine Probengefäße zum Tiefgefrieren benutzt werden, zu empfehlen sind Behälter mit Volumina ≤ 1 Liter, die wegen der Volumenausdehnung des Wassers nicht vollständig gefüllt sein dürfen.

Zum Auftauen von tiefgefrorenen Proben ist es empfehlenswert, jeden Behälter in einen separaten zweiten Behälter zu überführen, um das Risiko von Flüssigkeitsverlust aufgrund eines Risses, der während des Auftauvorgangs oder während des Gefriervorgangs und der Lagerung entstanden ist, zu minimieren.

DIN EN ISO 5667-3 empfiehlt, das Auftauen bei Umgebungstemperatur durchzuführen, sofern nicht in den verwendeten Normen für Analysenverfahren anders festgelegt. Um lokale Überhitzung zu vermeiden, sollten die Proben in fließendem Leitungswasser oder warmem Wasser von nicht mehr als 25 °C und unter leichtem Schütteln aufgetaut werden. Vollständiges Auftauen ist notwendig, da beim Einfrieren Konzentrationseffekte im Innern der Probe, das zuletzt durchfriert, auftreten können. Bei Mikrowellenbehandlung besteht die Gefahr der Überhitzung [26].

3.4.2 Chemische Konservierungsmethoden

Bestimmte Inhaltsstoffe von Wasserproben können nur durch Zusatz von Konservierungsmitteln konserviert werden. Der Zusatz von Säuren (HCl, HNO_3, H_2SO_4, H_3PO_4) führt zu einer Minimierung der Adsorption, einer Verhinderung von Stoffwechselprozessen von Mikroorganismen, sowie zur Vermeidung von

Hydrolyse und Niederschlagsbildung. Durch Zusatz von Bioziden wird die biologische Aktivität gehemmt und ein Abbau von organischen Probeninhaltstoffen verhindert. Vielfach sind in den Normen für Analysenverfahren konzentrierte Säuren aufgeführt, weil diese Verfahren unter Laborbedingungen erarbeitet und validiert wurden. Aus Gründen der Arbeitssicherheit sollte vor Ort jedoch mit verdünnten Säuren gearbeitet werden.

Mit der Zugabe von Komplexbildnern können Verluste durch Adsorption von Metallionen verringert werden.

Andere Konservierungsmittel bewirken eine Inaktivierung von oxidierenden oder reduzierenden Verbindungen, die die Konzentration des zu bestimmenden Parameters durch chemische Reaktion verändern könnten.

Grundsätzlich sollten nur die Konservierungsmittel in der Menge mitgeführt werden, die unmittelbar zur Durchführung der Probenkonservierung benötigt werden. Hierbei ist auf die Haltbarkeit der Konservierungsmittel zu achten.

Tabelle 3.1 gibt beispielhaft für die in der Abwasserverordnung aufgeführten Analysen- und Messverfahren [23] eine Übersicht der gebräuchlichsten Konservierungs- und Lagerungsbedingungen, Gefäßmaterialien und maximal empfohlenen Aufbewahrungszeiten. Die Konservierungstechniken und Aufbewahrungszeiten wurden den jeweiligen Analysennormen sowie der DIN EN ISO 5667-3 entnommen.

Bezüglich des Materials der Probengefäße ist darauf hinzuweisen, dass der in der Tabelle 3.1 aufgeführte Kunststoff (P) bei der Bestimmung einiger Parameter in geringen Konzentrationen bzw. für bestimmte Untersuchungen wie Biotests nicht immer geeignet ist. Dazu gibt es in den Fachnormen weitere Hinweise zu anderen zu verwendenden Materialien wie FEP, PE-HD, PET, PFA, PP, PTFE, PVC [1]. Darüber hinaus ist zu beachten, dass für bestimmte Anwendungen die Behälter vorbehandelt, z. B. autoklaviert, sterilisiert, oder mit Säuren oder Lösemitteln gespült werden müssen.

Tabelle 3.1: Konservierung von Wasserinhaltsstoffen

Parameter	DIN-Verfahren	Material der Probenahmegefäße*)	Art der Konservierung	Maximale Aufbewahrungszeit
Abfiltrierbare Stoffe (Suspendierte Stoffe)	DIN EN 872:2005	P, G	auf (3 ± 2) °C kühlen	2 Tage
Adsorbierbare organisch gebundene Halogene (AOX)	DIN EN ISO 9562:2005	G	mit HNO_3 auf pH < 2 ansäuern, auf (3 ± 2) °C kühlen, im Dunkeln aufbewahren	5 Tage
Aerobe biologische Abbaubarkeit	DIN EN ISO 9888:1999	P, G	auf (3 ± 2) °C kühlen	1 Tag
Aluminium	DIN EN ISO 11885:2009	P	mit HNO_3 auf pH < 2 ansäuern	1 Monat
Aldrin, Dieldrin, Endrin, Isodrin (Drine)	DIN EN ISO 10301:1997	G	auf (3 ± 2) °C kühlen; randvoll füllen	1 Tag
Ammonium – N	DIN EN ISO 11732:2005	P, G	vor Ort filtrieren, mit H_2SO_4 auf pH < 2 ansäuern, auf (3 ± 2) °C kühlen	14 Tage
Anilin	DIN EN ISO 10301:1997	G	auf (3 ± 2) °C kühlen; randvoll füllen	1 Tag
Antimon	DIN EN ISO 11885:2009	P	mit HNO_3 auf pH < 2 ansäuern	1 Monat
Arsen	DIN EN ISO 11969:1996	P, G, BG	mit HNO_3 oder HCl auf pH < 2 ansäuern	6 Monate
Ausblasbare organisch gebundene Halogenverbindungen (POX)	DEV H 25 (Vorschlag):1989	G	(2 – 5) °C, randvoll füllen, dunkel lagern	2 Tage
Barium	DIN EN ISO 11885:2009	P	mit HNO_3 auf pH < 2 ansäuern	1 Monat
Benzol und Derivate	DIN 38407 F 9-1:1991	G	auf (3 ± 2) °C kühlen, randvoll füllen	2 Tage
Biochemischer Sauerstoffbedarf (BSB_5)	DIN EN 1899-1:1998	P, G	auf (3 ± 2) °C kühlen, im Dunkeln aufbewahren einfrieren bei -18 °C	1 Tag 1 Monat
Blei	DIN EN ISO 11885:2009	P	mit HNO_3 auf pH < 2 ansäuern	6 Monate
Bor	DIN EN ISO 11885:2009	P	mit HNO_3 auf pH < 2 ansäuern	6 Monate
Cadmium	DIN EN ISO 11885:2009	P	mit HNO_3 auf pH < 2 ansäuern	6 Monate
Chemischer Sauerstoffbedarf (CSB)	DIN 38409 H 41:1980	P, G	auf (3 ± 2) °C kühlen, dunkel lagern einfrieren bei -18 °C	36 h 5 Tage

Parameter	DIN-Verfahren	Material der Probenahmegefäße*)	Art der Konservierung	Maximale Aufbewahrungszeit
Chlor, freies	DIN EN ISO 7393-2:2000	P, G	Analyse vor Ort	5 min
Chlordioxid	DIN 38408 G 5:1990	P, G	Analyse vor Ort	5 min
Chlorat	DIN EN ISO 10304-4:1999	P, G	Zugabe von NaOH auf pH 10 ± 0,5	7 Tage
Chlorid	DIN EN ISO 10304-1:2009	P, G	auf (3 ± 2) °C kühlen	1 Monat
Chrom	DIN EN ISO 11885:2009	P	mit HNO_3 auf pH < 2 ansäuern	6 Monate
Chrom VI	DIN 38405 D 24:1987	P, BG, G	auf pH 7,5 – 8,0 mit NaOH oder H_3PO_4 einstellen, Zugabe von $AlSO_4$, Einstellen auf pH 7,0 – 7,2; ggf. Zugabe von Sulfit; auf (3 ± 2) °C kühlen	36 h
Cobalt	DIN EN ISO 11885:2009	P	mit HNO_3 auf pH < 2 ansäuern	1 Monat
Cyanid, leicht freisetzbar	DIN 38405 D 13-2:1981	P, G	NaOH-, Zinn(II-)Chlorid-Zink-Sulfat-Lösung, pH ≥ 9, auf (3 ± 2) °C kühlen, dunkel lagern	3 Tage
Cyanid, gesamt	DIN 38405 D 13-1:1981	P, G	NaOH-, Zinn(II-)Chlorid-Zink-Sulfat-Lösung, pH ≥ 9, auf (3 ± 2) °C kühlen, dunkel lagern	3 Tage
1,2-Dichlorethan	DIN EN ISO 10301:1997	G	auf (3 ± 2) °C kühlen, randvoll füllen, bei gechlorten Proben Zugabe von $Na_2S_2O_3$	2 Tage
Dichlormethan	DIN EN ISO 10301:1997	G	auf (3 ± 2) °C kühlen, randvoll füllen, bei gechlorten Proben Zugabe von $Na_2S_2O_3$	2 Tage
Eisen	DIN EN ISO 11885:2009	P	mit HNO_3 auf pH < 2 ansäuern	1 Monat
Endosulfan als Summe der Isomere	DIN 38407 F 2:1993	BG	auf pH < 2 einstellen; auf (3 ± 2) °C kühlen	1 Tag

Parameter	DIN-Verfahren	Material der Probenahmegefäße*)	Art der Konservierung	Maximale Aufbewahrungszeit
Färbung	DIN EN ISO 7887:1994	P, G	auf (3 ± 2) °C kühlen	5 Tage
Fluorid, gelöst	DIN 38405-D 4-2:1985	P, G	auf (3 ± 2) °C kühlen	1 Monat
Fluorid, gesamt	DIN EN ISO 10304-1:2009	P, G	auf (3 ± 2) °C kühlen	1 Monat
Erbgutveränderndes Potential (umu-Test)	DIN 38415 T 3:1996 in Verbindung mit DIN EN ISO 5667-16:1999	P	auf (3 ± 2) °C kühlen, im Dunkeln aufbewahren einfrieren bei -18 °C	2 Tage 2 Monate
Giftigkeit gegenüber Algen (G_A)	DIN 38412 L 33:1991 in Verbindung mit DIN EN ISO 5667-16:1999	P	auf (3 ± 2) °C kühlen, im Dunkeln aufbewahren; einfrieren bei -18 °C	2 Tage 2 Monate
Giftigkeit gegenüber Daphnien (G_D)	DIN 38412 L 30:1989 in Verbindung mit DIN EN ISO 5667-16:1999	P	auf (3 ± 2) °C kühlen, im Dunkeln aufbewahren; einfrieren bei -18 °C	2 Tage 2 Monate
Giftigkeit gegenüber Fischeiern (G_{Ei})	DIN EN ISO 15088:2009 in Verbindung mit DIN EN ISO 5667-16:1999	P	auf (3 ± 2) °C kühlen, im Dunkeln aufbewahren; einfrieren bei -18 °C	2 Tage 2 Monate
Giftigkeit gegenüber Leuchtbakterien (G_L)	DIN EN ISO 11348:2009 in Verbindung mit DIN EN ISO 5667-16:1999	P	auf (3 ± 2) °C kühlen, im Dunkeln aufbewahren; einfrieren bei -18 °C	2 Tage 2 Monate
Giftigkeit gegenüber Wasserlinsen (G_W)	DIN EN ISO 20079:2006 in Verbindung mit DIN EN ISO 5667-16:1999	P	auf (3 ± 2) °C kühlen, im Dunkeln aufbewahren; einfrieren bei -18 °C	2 Tage 2 Monate
Hexachlorbenzol	DIN 38407 F 2:1993	BG	pH auf 5,0 – 7,5 einstellen; auf (3 ± 2) °C kühlen, innerhalb von 24 h extrahieren, wenn der pH-Wert außerhalb des angegebenen pH-Bereiches liegt	7 Tage

Parameter	DIN-Verfahren	Material der Probenahmegefäße*)	Art der Konservierung	Maximale Aufbewahrungszeit
Hexachlorbutadien (HCBD)	DIN EN ISO 10301:1997	G	auf (3 ± 2) °C kühlen; randvoll füllen	12 h
Hexachlorcyclohexan als Summe der Isomere	DIN 38407 F 2:1993	BG	pH auf 5,0 – 7,5 einstellen; auf (3 ± 2) °C kühlen, innerhalb von 24 h extrahieren, wenn der pH-Wert außerhalb des angegebenen pH-Bereiches liegt	7 Tage
Hydrazin	DIN 38413 P 1:1982	G	mit HCl ansäuern, dunkel lagern	1 Tag
Indium	DIN EN ISO 11885:2009	P	mit HNO_3 auf pH < 2 ansäuern	1 Monat
Kohlenwasserstoffe, gesamt	DIN EN ISO 9377-2:2001	G	auf (3 ± 2) °C kühlen	4 Tage
Gesamter gebundener Stickstoff (TNb)	DIN EN 12260:2003	G	mit H_2SO_4 pH ≤ 2 ansäuern, auf (3 ± 2) °C kühlen	8 Tage
Kupfer	DIN EN ISO 11885:2009	P	mit HNO_3 auf pH < 2 ansäuern	6 Monate
Nickel	DIN EN ISO 11885:2009	P	mit HNO_3 auf pH < 2 ansäuern	6 Monate
Nitrat – N	DIN EN ISO 10304-1:2009	P, G	auf (3 ± 2) °C kühlen	4 Tage
Nitrit – N	DIN EN 26777:1993	P, G	auf (3 ± 2) °C kühlen	4 h
Phosphor, gesamt	DIN EN ISO 6878:2004	P, G	auf (3 ± 2) °C kühlen, dunkel lagern; ansäuern mit HCl, H_2SO_4 oder HNO_3 auf pH < 2	1 Monat
Phosphorverbindungen, gesamt	DIN EN ISO 11885:2009	P, G	auf (3 ± 2) °C kühlen , dunkel lagern; ansäuern mit HCl, H_2SO_4 oder HNO_3 auf pH < 2	1 Monat
Phenolindex	DIN 38409 H16-2:1984	P, G (braun)	$CuSO_4$ + H_2SO_4 pH ≤ 4, auf (3 ± 2) °C kühlen; oder NaOH pH > 11, auf (3 ± 2) °C kühlen	24 h

Parameter	DIN-Verfahren	Material der Probenahmegefäße*)	Art der Konservierung	Maximale Aufbewahrungszeit
pH-Wert	DIN EN ISO 10523:2012	P, G	Vorzugsweise vor Ort messen; falls nicht möglich, Flasche vollständig füllen und blasenfrei verschließen, auf (3 ± 2) °C kühlen, dunkel lagern	1 Tag
Polychlorierte Dibenzodioxine (PCDD) und polychlorierte Dibenzofurane (PCDF)	DEV F 33:2002	BG	auf (3 ± 2) °C kühlen, randvoll füllen, dunkel lagern, Extraktion möglichst schnell	2 Monate
Polycyclische aromatische Kohlenwasserstoffe (PAK)	DIN EN ISO 17993:2004	G	auf (3 ± 2) °C kühlen, randvoll füllen, dunkel lagern	7 Tage (Naphthalin: 4 Tage)
Polyfluorierte Verbindungen (PFC)	DIN 38407-42:2011	P	auf (3 ± 2) °C kühlen, randvoll füllen, dunkel lagern	14 Tage
Quecksilber	DIN EN 1483:2007	BG	mit $K_2Cr_2O_7$-/HNO_3-Lösung auf etwa pH 1 einstellen	6 Monate
Redoxpotential	DIN 38404 C 6:1984	G	vor Ort in einem geschlossenen Durchlaufgefäß messen	
Selen	DIN EN ISO 11885:2009	P	mit HNO_3 auf pH < 2 ansäuern	1 Monat
Silber	DIN EN ISO 11885:2009	P	mit HNO_3 auf pH < 2 ansäuern	1 Monat
Sulfat	DIN EN ISO 10304-1:2009	P, G	auf (3 ± 2) °C kühlen	1 Monat
Sulfid, leicht freisetzbar	DIN 38405 D 27:1992	P, G	Zugabe von Zinkacetatlösung, pH 8,5 – 9,0; auf (3 ± 2) °C kühlen	7 Tage
Sulfit	DIN EN ISO 10304-3:1997	G	mit NaOH-Lösung auf etwa pH = 10 einstellen und Zugabe von Formaldehyd-Lösung	2 Tage
Trichlorbenzol als Summe der Isomere	DIN 38407 F 2:1993	BG	pH auf 5,0 – 7,5 einstellen; auf (3 ± 2) °C kühlen, innerhalb von 24 h extrahieren, wenn der pH-Wert außerhalb des angegebenen pH-Bereiches liegt	7 Tage

Parameter	DIN-Verfahren	Material der Probenahmegefäße*)	Art der Konservierung	Maximale Aufbewahrungszeit
Tetrachlorethen	DIN EN ISO 10301:1997	G	auf (3 ± 2) °C kühlen, randvoll füllen, bei gechlorten Proben Zugabe von $Na_2S_2O_3$	2 Tage
Thiocyanat	DIN EN ISO 10304-3:1997	P, G	mit NaOH-Lösung auf etwa pH = 10 einstellen, auf (3 ± 2) °C kühlen	2 Tage
Trichlorethen	DIN EN ISO 10301:1997	G	auf (3 ± 2) °C kühlen, randvoll füllen, bei gechlorten Proben Zugabe von $Na_2S_2O_3$	2 Tage
1,1,1-Trichlorethan	DIN EN ISO 10301:1997	G	auf (3 ± 2) °C kühlen, randvoll füllen, bei gechlorten Proben Zugabe von $Na_2S_2O_3$	2 Tage
Tetrachlormethan	DIN EN ISO 10301:1997	G	auf (3 ± 2) °C kühlen, randvoll füllen, bei gechlorten Proben Zugabe von $Na_2S_2O_3$	2 Tage
Trichlormethan	DIN EN ISO 10301:1997	G	auf (3 ± 2) °C kühlen, randvoll füllen, bei gechlorten Proben Zugabe von $Na_2S_2O_3$	2 Tage
Organisch gebundener Kohlenstoff (TOC)	DIN EN 1484:1997	P, G	mit H_2SO_4 oder H_3PO_4 auf pH < 2, auf (3 ± 2) °C kühlen; einfrieren bei -18 °C	7 Tage 1 Monat
Thallium	DIN EN ISO 17294-2:2005	P	mit HNO_3 auf pH < 2 ansäuern	1 Monat
Titan	DIN EN ISO 11885:2009	P	mit HNO_3 auf pH < 2 ansäuern	1 Monat
Vanadium	DIN EN ISO 11885:2009	P	mit HNO_3 auf pH < 2 ansäuern	1 Monat
Zink	DIN EN ISO 11885:2009	P	mit HNO_3 auf pH < 2 ansäuern	1 Monat
Zinn	DIN EN ISO 11885:2009	P	mit HNO_3 auf pH < 2 ansäuern	1 Monat

*) Flaschenmaterial:

P = Polyethylen

G = Glas

BG = Borosilicatglas

3.5 Probenbehälter, -beschriftung

Die Probengefäße inklusive Verschlüsse werden bezüglich Art, Material und deren Vorbehandlung so gewählt, dass durch ihren Einsatz keine Veränderung der Konzentration des zu bestimmenden Untersuchungsparameters eintreten kann. Selbstverständlich müssen die Proben in den Gefäßen so verschlossen und geschützt werden, dass keine Verunreinigung und kein auch nur teilweiser Verlust auf dem Transport eintritt. Als Probenbehälter werden in der Regel Flaschen aus Braunglas mit Vollglasschliffstopfen oder Kunststoffbehälter (PE, PTFE, PFA, ...) unterschiedlicher Größen benutzt.

Die Probengefäße sind in lesbarer und dauerhafter Weise zu kennzeichnen, um eine eindeutige Identifizierung zu gewährleisten. Die Behälterbeschriftung sollte Nässe, Trocknen und Einfrieren widerstehen, ohne sich abzulösen oder unleserlich zu werden.

Die Beschriftung der Probenbehälter muss die folgenden Angaben enthalten:

- Probennummer,
- Probenahmeort (Name der Probenahmestelle, ggf. Messstellen-Nr.),
- Datum (und ggf. Uhrzeit) der Probenahme.

Sinnvoll sind vielfach noch folgende Angaben:

- Untersuchungsparameter,
- Art und Menge eines Konservierungszusatzes,
- Angabe über Probenvorbehandlung (z. B. Filtration),
- Hinweise auf Besonderheiten der Probe (z. B. auf Giftigkeit).

Es empfiehlt sich, Probenbehälter jeweils nur für eine Proben- und Konservierungsart zu verwenden, um Kontaminationen zu vermeiden, z. B. durch Verschleppungen von Konservierungschemikalien. Die Behälter sollten daher dauerhaft bzgl. der Probenart gekennzeichnet werden. Alle übrigen Daten sind auf ablösbaren Etiketten anzugeben. Viele Labordatensysteme ermöglichen den Ausdruck von Etiketten, auf denen bereits wesentliche Angaben vorgedruckt sind.

3.6 Probentransport

Prinzipiell sind alle Proben möglichst dunkel und kühl zu transportieren und zu lagern. Der Transport erfolgt entweder im Kühlschrank oder zumindest in Kühltaschen oder -boxen zum Labor. Dabei ist eine bis zur Ankunft im Labor ausreichende Kühlleistung sicherzustellen, d. h. dass vorher genügend Kühlelemente vorbereitet werden müssen.

Während des Transports müssen Proben in einer Kühleinrichtung aufbewahrt werden, die geeignet ist zur Aufrechterhaltung einer Temperatur zwischen (5 ± 3) °C. Zur sachgerechten Beurteilung der Bedingungen während des Transports kann ein Gerät zur Aufzeichnung der (maximalen) Temperatur der die Probe umgebenden Luft verwendet werden [1].

Die Probentransporte zwischen den Probenahmestützpunkten und den Untersuchungslaboren des LANUV NRW erfolgen i. d. R. durch einen externen Kurierdienstleister über Nacht, so dass die Proben spätestens am nächsten Tag im Labor bearbeitet werden können. Während der Transporte werden regelmäßig Temperaturaufzeichnungen mittels Datenlogger durchgeführt, die anschließend ausgewertet werden. Bild 3.5 zeigt beispielhaft eine Temperaturaufzeichnung eines Probentransportes über Nacht.

Der Datenlogger befand sich am 02.03.2016 an einem Probenahmestützpunkt in Ostwestfalen zunächst außerhalb des Kühlraumes und wurde gegen 16:40 Uhr mit den Proben in eine Kühlbox mit Kühlelementen zum Transport gepackt und

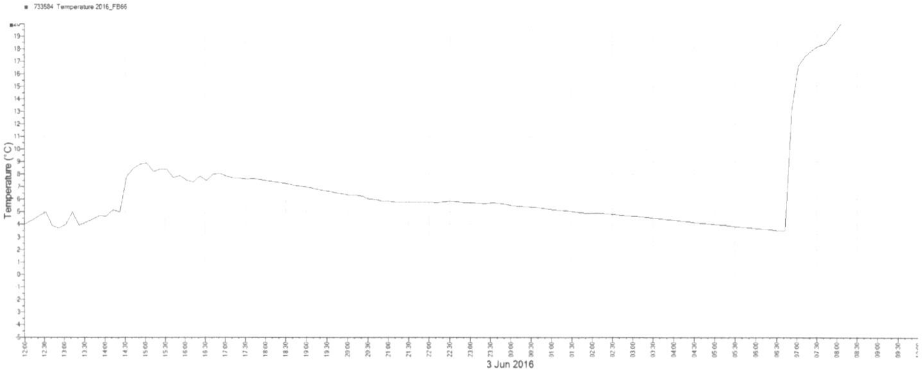

Bild 3.5: Temperaturaufzeichnung während eines Probentransportes am 02/03.03.2016 von einem Probenahmestützpunkt zum Labor (Quelle: LANUV NRW)

in den Vergabekühlschrank verbracht. Der Probentransport erfolgte durch einen externen Kurier mit Abholung gegen 20:00 Uhr am Probenahmestützpunkt und Übergabe an einen zweiten Kurier am Umschlagspunkt gegen 22:45 Uhr. Der Eingang im Untersuchungslabor im Rheinland war gegen 23:45 Uhr. Am frühen Morgen des darauffolgenden Tages wurde die Kühlbox gegen 06:40 Uhr geöffnet und die Proben zur weiteren Untersuchung entnommen.

Sicherheit und Rückverfolgbarkeit von Proben während der Anlieferung

Das Probenahmepersonal ist innerhalb seines Zuständigkeitsbereichs verantwortlich für die Sicherheit und Rückverfolgbarkeit aller Proben, Teilproben sowie der Probenahmeprotokolle/-dokumente.

Das Probenahmepersonal sollte überprüfen, ob Proben, Teilproben, Beschriftungen, Probenahmeprotokolle usw., unbeschädigt sind und am vorgegebenen Ort hinterlegt werden. Falls Behälter beim Transport verloren gehen, beschädigt oder zerbrochen werden, sollte das vom Probenahmepersonal im Probenahmeprotokoll vermerkt werden. Ist ein Kurier beteiligt, dann sollte sie/er während sich die Proben in ihrer/seiner Obhut befinden, ähnliche Aufzeichnungen vornehmen. Der Kurier sollte die Proben nach den Anweisungen des Laboratoriums abliefern, insbesondere auch dann, wenn das Laboratorium zum Zeitpunkt der Probenanlieferung nicht besetzt ist [27].

3.7 Probenannahme und Lagerung der Proben

Der Probeneingang im Labor ist das wichtige Bindeglied zwischen der Probenahme und der Analytik. Die Proben und die dazugehörigen Dokumente (Protokoll, Skizzen, Fotos) müssen vom Probenahmepersonal an eine verantwortliche Person des Labors zur Registrierung, Lagerung bzw. Weiterverteilung übergeben werden. Das Laborpersonal muss die relevanten Informationen über die Konservierungs- und Transportbedingungen der Probe erhalten und prüfen.

In allen Fällen, insbesondere wenn eine Beweiskette einzuhalten ist, muss die Anzahl der im Labor eingegangenen Probenbehälter mit der Anzahl der abgegebenen Probenbehälter verglichen werden.

Sofern eine sofortige Untersuchung nach Probeneingang nicht möglich ist, werden die Proben in Kühl- und Gefrierschränken zwischengelagert. Die Aufbewahrungszeit der Wasserproben im Labor ist spezifisch für den/die zu untersuchenden Analyten. Die Proben dürfen nicht länger als nach den in der Tabelle 3.1 angegebenen maximalen Aufbewahrungszeiten aufbewahrt werden. Die maximale Aufbewahrungszeit beinhaltet die Dauer des Transports zum Labor. Proben für etwaige rechtliche Zwecke müssen ggf. noch länger als üblich aufbewahrt werden und dürfen erst nach Rücksprache mit dem Auftraggeber (z. B. der Strafverfolgungsbehörde) entsorgt werden.

Die Kühlbedingungen im Labor müssen für die meisten zu kühlenden Parameter (3 ± 2) °C betragen. Für Proben, die zur Konservierung tiefgefroren wurden, ist die Temperatur unter -18 °C zu halten, sofern nicht anders festgelegt [1].

3.8 Reinigung der Probenbehälter

Wenn als Probenbehälter keine Einwegprodukte mit Reinheitszertifikat benutzt werden, so ist es notwendig, die Probenbehälter vor Verwendung zu reinigen oder zu spülen. Dieses gilt auch für neue Behälter, um Staub und Verpackungsmaterial zu entfernen.

Hinweise zur Behältervorbereitung finden sich im Anhang B der DIN EN ISO 5667-3 [1].

Für die Spurenanalyse chemischer Inhaltsstoffe im µg/l-Bereich haben sich für Glasflaschen inkl. Verschlüssen folgende Reinigungsmethoden bewährt:

- ggf. Vorreinigung mit Säuren oder Laugen,
- Reinigung mit einer phosphatfreien Tensid-Lösung,
- Spülen mit heißem Leitungswasser,
- Spülen mit analytfreiem Wasser,
- visuelles Prüfen auf Sauberkeit.

Für Analysen von Spurenmetallen sollten die Probenbehälter inkl. Verschlüssen zusätzlich mit 10 %-iger Salpetersäure oder 25 %-iger Salzsäure befüllt und einen Tag stehen gelassen und anschließend mit metallfreiem Wasser gespült werden.

Für die Bestimmung von organischen Spurenstoffen ist eine weitergehende Reinigung der Probenbehälter erforderlich, in dem diese zusätzlich noch mit einem Lösemittel (z. B. Aceton, Dichlormethan, Methanol) gespült und anschließend bei 105 °C getrocknet werden.

behr
Labor-Technik

behrotest®

Probennahme, Probentransport und -lagerung

Notwendige Voraussetzung für korrekte Analysenergebnisse:

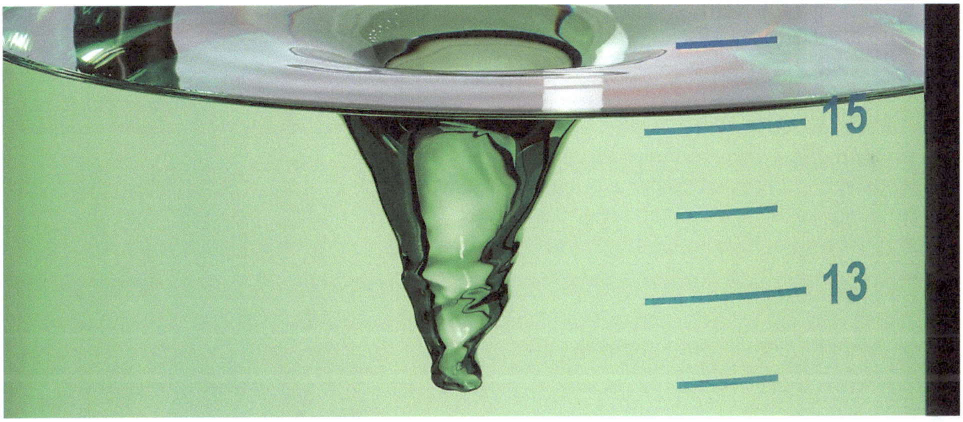

Probennahmeschöpfer behrotest®

Für die Entnahme von Schöpfproben an der Wasseroberfläche. Spannvorrichtung und Endstab der Probennahmeschöpfer sind aus Edelstahl.
Die Schöpfer mit Gefäßen aus Borosilikatglas entsprechen damit den hohen Anforderungen der DIN EN 1485/AOX-Norm.

Allen Geräten gemeinsam sind die folgenden Merkmale:

- Stabiler, dreiteiliger Haltestab mit Teleskopeinschüben
- Länge stufenlos verstellbar zwischen 1 m und 3,75 m
- Ideal für die Probenahme auch an schwer zugänglichen Gewässern
- Stufenlos verstellbare Spannvorrichtung
- Becherhalterung aus Edelstahl

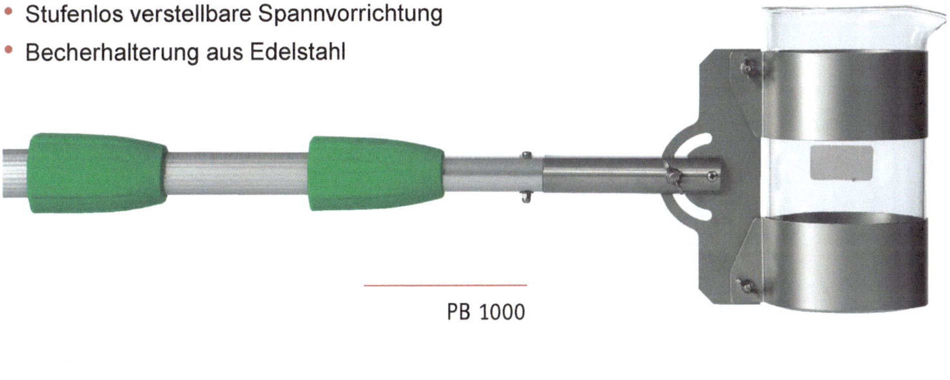

PB 1000

QMR

behrotest® Homogenisiergeräte

nach DIN/DEV 38 402 - A 30

Mit transportablem Probengefäß

Homogenisiergeräte für Vorbehandlung, Teilung und Homogenisierung heterogener Wasserproben gemäß den Standards für Qualitätssicherung und -kontrolle bei Abwasseruntersuchungen.

Fassungsvermögen von 2 bis 25 l gestatten die Entnahme und Sammlung mehrerer Proben. Eine Graduierung dient dem genauen Abmessen der Probenmengen.

Im Labor oder im Probennahmefahrzeug wird das Transportgestell später einfach auf den Magnetrührer aufgesetzt und das Homogenisiergerät ist sofort einsatzbereit. Die Drehzahl des Magnetrührers ist über einen Regler einstellbar.

Dosierte Entnahme der homogenisierten Probe über PTFE-Spindelhahn.

QMR 5

QMR 15

QMR 25

Kontaminationsfreie Probennahme und Probenlagerung

Veränderungen und Verunreinigungen als Folge fehlerhafter Probennahme und Probenlagerung haben zwangsläufig Einfluss auf die anschließende Analytik und führen zu fehlerhaften Ergebnissen. Derartige Fehler lassen sich nachträglich nicht mehr korrigieren.

behrotest® Probennahmeflaschen mit PTFE-beschichteter Einlage im Deckel bringen analytische Sicherheit.

Sie entsprechen den Anforderungen der EN/ISO 5667-1 für die Aufbewahrung organischer Spurenstoffe und lichtempfindlicher Materialien.

Es gibt sie in 2 Ausführungen:

- Klarglas und
- Braunglas für lichtempfindliche Proben.

Besonders praxistauglich sind sie durch ihre weite Halsöffnung.

Inhalt	Ø Gewinde
250 ml	55
500 ml	55
1000 ml	68

RK 1000 GT

RB 1000 GT

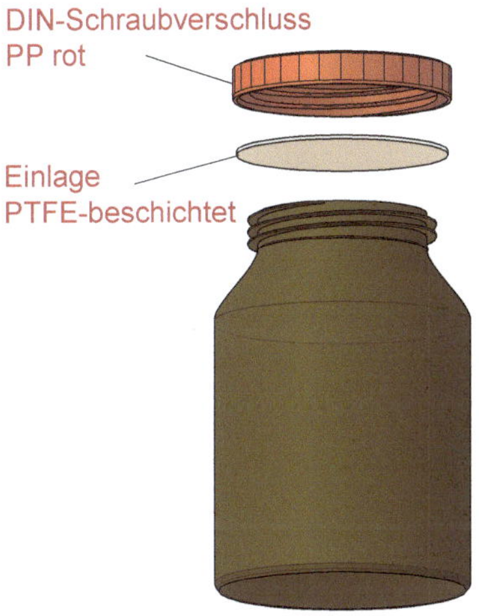

Verschluss mit PTFE-Einlage

Durch die PTFE-Einlage im Verschluss sind die Flaschen weitgehend inert und besonders dicht.

www.probenahmeflaschen.de

Isolierte Probentransportbehälter behrotest® ITB 1/8 und ITB 2/6

Die Behälter ITB 1/8 und ITB 2/6 sind geeignet zum sicheren Transport und zur praktischen Lagerung von 8 DIN-Probennahmeflaschen à 1 l oder 6 Probennahmeflaschen à 2 l Inhalt.

Dank genormter Maße sind sie einfach und platzsparend stapelbar. Die isolierte Wandung schließt Einflüsse der Umgebungstemperatur auf die Proben weitgehend aus. Die Behälter können zusätzlich mit einem Kühlelement im Deckel versehen werden.

Die Kühlung durch das Deckelelement folgt einem bewährten Prinzip: Die kalte Luft fällt vom Kühlelement nach unten und kühlt dort die Proben-Behälter. Die Behälter eignen sich ebenfalls zur lichtgeschüzten Aufbewahrung von Proben und sorgen dabei für geringe Temperaturschwankungen.

ITB 1/8

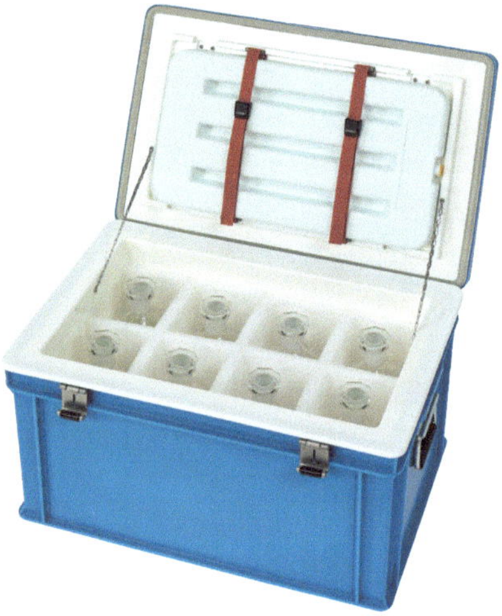

ITB 1/8 mit KSP 1

TW 1

behrotest® Transportwagen

Praktisch, leicht und stabil, bietet sicheren Stand für behrotest® Lager- und Transportbehälter während des Transports.

www.behr-labor.com/produkte/umwelt/probenahme.html

behr Labor-Technik GmbH • Spangerstraße 8 • 40599 Düsseldorf
Tel.: (+49) (0) 211 – 748 47 19 • Fax: (+49) (0) 211 – 748 47 48
eMail: info@behr-labor.com • Internet: www.behr-labor.com

Literatur

[1] DIN EN ISO 5667-3 (2013): Wasserbeschaffenheit – Probenahme – Teil 3: Konservierung und Handhabung von Wasserproben (ISO 5667-3:2012); Berlin (Beuth).

[2] DIN EN ISO 5667-15 (2010): Wasserbeschaffenheit – Probenahme – Teil 15: Anleitung zur Konservierung und Handhabung von Schlamm- und Sedimentproben (ISO 5667-15:2009); Deutsche Fassung EN ISO 5667-15:2009 Berlin (Beuth).

[3] LAWA AQS-Merkblatt P-8/3 (2012): Probenahme aus Fließgewässern; Stuttgart.

[4] Bachhausen, P. & Baiersdorf, U. (1991): Aufbewahrung, Transport und Konservierung von Proben. – in: LWA-Materialien 1/91 – Probenahme bei Altlasten.

[5] Hein, D.: Untersuchungen zur Problematik der 2-Stunden-Mischprobe bei der Abwasserüberwachung. – in: Vom Wasser (1988), Jg. 70: S. 51 – 57.

[6] Grubert, G. (1993): Spannungsfeld zwischen Probenahme und chemischer Analytik. Vortrag im Rahmen des HdT-Seminars 'Umwelt-Analytik' am 22./23.03.1993 in München.

[7] Furtmann, K (1992): Phthalate – Analytik, Vorkommen, Stabilität. Vortrag im Rahmen des ZAWA-Seminars 'Zur Untersuchung von Grundwasser bei Altablagerungen und Altstandorten' am 21.09.1992 in Essen.

[8] Bericht der Arbeitsgruppe „Probenstabilisierung" der Fachgruppe Wasserchemie. – in: GDCh, Obmann Dr. F.J. Sprenger. Zeitschrift für Wasser- und Abwasserforschung (1978), Heft 11: S. 128 – 132.

[9] Umweltforschungsplan des Bundesministeriums für Umwelt, Naturschutz und Reaktorsicherheit (UFOPLAN 204 22 213): Einfluss von Probenahme und Probenvorbereitung auf die Ergebnisse bei der Bestimmung ausgewählter prioritärer Stoffe auf die Wasserrahmenrichtlinie. September 2006, ISSN 1862-4804 Publikation ist ausschließlich als Download unter http://www.umweltbundesamt.de verfügbar.

[10] Petersen, R. (1987): Chlorierte Benzole im Mittelrhein – Zum Problem einer Bilanzierung. – in: DGM (1987), Jg. 31, Heft 2/3.

[11] Hoffmann, P.(1992): Probenahme. – in: Nachr. Chem. Tech. Lab. (1992), Jg. 40, Nr.12.

[12] Bortlisz, J.: Probenahme und Probenvorbereitung zur Schwermetallbestimmung in Abwässern und Schlämmen. – in: GWA-Band 57 (1982); Aachen.

[13] Leitfaden zur Grundwasseruntersuchung bei Altablagerungen und Altstandorten. LWA-Materialien 7/89.

[14] Jordan, R. (2002): Abbau von leichflüchtigen Aromaten (BTEX) in Wasser. – in: GIT-Labor-Fachzeitschrift, Heft 6.

[15] Eigene Untersuchungen des StAWA Hagen im Rahmen des Bewirtschaftungsplanes Obere Sieg, 1992.

[16] Eigene Untersuchungen des StUA Hagen im Rahmen der Beobachtung eines Grundwasserschadenereignisses im Raum Hemer im Märkischen Kreis, 2000.

[17] DIN 38402-30 (1998): Deutsche Einheitsverfahren zur Wasser-, Abwasser- und Schlamuntersuchung – Allgemeine Angaben (Gruppe A) – Teil 30: Vorbehandlung, Homogenisierung und Teilung heterogener Wasserproben (A 30); Berlin (Beuth).

[18] DIN EN ISO 5667-14 (2016): Wasserbeschaffenheit – Probenahme – Teil 14: Anleitung zur Qualitätssicherung und Qualitätskontrolle bei der Entnahme und Handhabung von Wasserproben (ISO 5667-14:2014); Deutsche Fassung EN ISO 566714:2016; Berlin (Beuth).

[19] DIN EN ISO 17294-2 (2017): Wasserbeschaffenheit – Anwendung der induktiv gekoppelten Plasma-Massenspektrometrie (ICP-MS) – Teil 2: Bestimmung von ausgewählten Elementen einschließlich Uran-Isotope (ISO 17294-2:2016); Deutsche Fassung EN ISO 17294-2:2016; Berlin (Beuth).

[20] LAWA AQS-Merkblatt P-3/6 (2002): Elementbestimmung mittels ICP-MS (Massenspektrometrie mit induktiv gekoppeltem Plasma); Stuttgart.

[21] DIN EN ISO 11732 (2005): Bestimmung von Ammoniumstickstoff – Verfahren mittels Fließanalytik (CFA und FIA) und spektrometrischer Detektion (ISO 11732:2005); Berlin (Beuth).

[22] DIN EN ISO 10304-1 (2009): Wasserbeschaffenheit – Bestimmung von gelösten Anionen mittels Flüssigkeits-Ionenchromatographie – Teil 1: Bestimmung von Bromid, Chlorid, Fluorid, Nitrat, Nitrit, Phosphat und Sulfat (ISO 10304-1:2007); Deutsche Fassung EN ISO 10304-1:2009; Berlin (Beuth).

[23] AbwV (2004): Verordnung über Anforderungen an das Einleiten von Abwasser in Gewässer (Abwasserverordnung – AbwV 2004) in der Fassung der Bekanntmachung vom 17. Juni 2004 (BGBl. I S. 1108, 2625), die zuletzt durch Artikel 121 des Gesetzes vom 29. März 2017 (BGBl. I S. 626) geändert worden ist.

[24] OGewV (2016): Verordnung zum Schutz der Oberflächengewässer (Oberflächengewässerverordnung – OGewV) vom 20. Juni 2016 (BGBl. I S. 1373).

[25] GrwV (2010): Verordnung zum Schutz des Grundwassers (Grundwasserverordnung – GrwV) vom 9. November 2010 (BGBl. I S. 1513), zuletzt geändert durch Artikel 1 der Verordnung vom 4. Mai 2017 (BGBl. I S. 1044).

[26] DIN EN ISO 5667-16 (2016): (Entwurf): Wasserbeschaffenheit – Probenahme – Teil 16: Anleitung zur Probenahme und Durchführung biologischer Testverfahren (ISO/DIS 5667-16:2016); Deutsche Fassung prEN ISO 5667-16:2016; Berlin (Beuth).

[27] DIN EN ISO 5667-6 (2016): Wasserbeschaffenheit – Probenahme – Teil 6: Anleitung zur Probenahme aus Fließgewässern (ISO 5667-6:2014); Deutsche Fassung EN ISO 56676:2016; Berlin (Beuth).

4 Die Probenahme von Grundwasser

D. Horchler, M. Donder und K. Selent[*]

* unter Verwendung des Kapitels von V. Schenk aus der 1. Auflage 1998

4.1 Einleitung

Grundwasser ist für den Naturhaushalt von besonderer Bedeutung. So sind grundwassergespeiste Flüsse, Seen und Feuchtgebiete für eine ausgewogene Flora und Fauna überlebenswichtig. Als natürliches Reservoir wird Grundwasser insbesondere zur Trinkwasserversorgung genutzt.

Grundwasser ist gemäß Definition in DIN 4049-3 [1] „Unterirdisches Wasser, das die Hohlräume der Lithosphäre zusammenhängend ausfüllt, und dessen Bewegungsmöglichkeit ausschließlich durch die Schwerkraft bestimmt wird". Die Norm DIN 38402-13 „Probenahme aus Grundwasserleitern" [2] beschränkt sich auf die Beprobung des Grundwassers und somit auf einen Teil des unterirdischen Wassers, zu dem neben dem Grundwasser auch noch Sickerwasser, Haftwasser und Kapillarwasser gerechnet werden. Maßgebend hierfür ist der Umstand, dass das Wasser gerade in der ungesättigten Zone vielen, nur mit erheblichem Aufwand quantitativ erfassbaren Faktoren unterliegt. Diese prägen seine Beschaffenheit, doch ist in der Regel nur die resultierende Grundwasserbeschaffenheit von allgemeiner Bedeutung.

Die Probenahme von Grundwasser unterscheidet sich ganz wesentlich von der anderer Wasserarten, weil es in der Regel nur an wenigen, fast immer künstlich geschaffenen Stellen zugänglich ist. Da diese nur in seltenen Fällen geeignet sind, eine wirklich repräsentative Teilmenge des erschlossenen Grundwassers zu gewinnen, trägt DIN 38402-13 [2] den Titel „Probenahme aus Grundwasserleitern". Diese prinzipielle Unmöglichkeit einer repräsentativen Probe prägt viele Teile der Norm, da es für den Nutzer einer Grundwasseranalyse von größter Bedeutung ist zu erfahren, für welchen Teilbereich die jeweilige Probe als repräsentativ angesehen werden kann, und welche Parameter unter Umständen beeinträchtigt sind. Neben der Vermittlung dieser Informationen soll die Norm dazu beitragen, probenahmebedingte Fehler zu vermeiden, wobei die sich aus der Art der Probenahmestelle ergebenden Fehlerquellen im Vordergrund stehen.

Zum Zeitpunkt der Erstellung dieses Kapitels wurde die DIN 38402-13 gerade überarbeitet. Im September 2016 wurde eine Übersetzung der ISO 5667-11 „Guidance on sampling of groundwaters" [3] als Normentwurf DIN 38402-13 [4] veröffentlicht. Der Inhalt des Normentwurfes wurde gegenüber der Fassung aus 1985 erheblich erweitert. Neben der Probenahme von Grundwasser aus der gesättigten Zone (unter der Grundwasseroberfläche) wird auch die Probenahme aus der ungesättigten Zone (oberhalb der Grundwasseroberfläche) beschrieben. Wegen der vielen massiven Einsprüche zu dem Normentwurf wurde im Normenausschuss Wasseruntersuchung beschlossen, diesen zurück zu ziehen und einen komplett neuen Normentwurf zu erstellen, der voraussichtlich Ende des Jahres 2018 veröffentlicht werden soll.

4.2 Zweck der Grundwasseruntersuchungen

Grundwasseruntersuchungen dienen der Beschaffung von Informationen und Entscheidungsgrundlagen wie z. B.:

- Identifizierung und hydraulische wie auch stoffliche Charakterisierung einzelner Grundwasservorkommen und zusammenhängender Grundwasserkörper,
- Abgrenzung verschiedener Grundwasserleiter und Erkennen hydraulischer Verbindungen,
- Ermitteln der Beschaffenheit des Grundwassers in seiner räumlichen Verbreitung und seiner zeitlichen Veränderung,
- Rekonstruieren der Entstehung einer bestimmten Grundwasserbeschaffenheit einschließlich anthropogen verursachter Stoffeinträge,
- Untersuchung der Eignung von Grundwasser für bestimmte Nutzungen (z. B. Trinkwasserversorgung, Bewässerung),
- Identifizieren, Lokalisieren und ggf. Quantifizieren von Stoffeinträgen durch Sickerwassereinflüsse und/oder nichtwässrige Flüssigkeiten,
- Ermitteln und Quantifizieren von Stoffmigrationen mit dem Grundwasserstrom,
- Erkennen, Beobachten und Prognostizieren von physikalischen, chemischen und/oder biologischen Prozessen im Grundwasser,
- Überwachen und ggf. Beeinflussen und Steuern von Prozessen im Grundwasser zur Beweissicherung und/oder Verbesserung der Grundwasserbeschaffenheit,
- Nachweisen der Einhaltung von Genehmigungsauflagen und Überwachen von Anlagen, von denen Auswirkungen auf das Grundwasser ausgehen können,
- Ermitteln der Auswirkungen von Havarien,
- allgemeine Sammlung wasserwirtschaftlicher Datengrundlagen.

Je nach Fragestellung und konkreter Situation, je nach bereits vorliegendem Kenntnisstand, nach Informationsbedarf und Präzision sowie Zuverlässigkeit der benötigten Informationen muss dann das Grundwasser an bestimmten Stellen zugänglich gemacht und beprobt werden, damit aus den Ergebnissen der untersuchten Stichproben verlässliche Rückschlüsse auf das gesamte Grundwasser gezogen bzw. die jeweiligen Fragen beantwortet werden können. Hierzu ist eine sorgfältige Planung und Vorbereitung unverzichtbar.

4.3 Probenahmestrategie und Probenahmeplanung

4.3.1 Allgemeines

Grundwasser ist naturgemäß einer direkten Beobachtung nicht zugänglich. Daher müssen bestimmte Stellen ausgewählt werden, an denen ein Zugang (Grundwasseraufschluss) – in der Regel künstlich – geschaffen wird, um Beobachtungen, Direktmessungen und Beprobungen des Grundwassers vorzunehmen. Zu unterscheiden sind Schöpfproben, Pumpproben und Direct-Push-Proben, bei denen es sich gewissermaßen um Schöpfproben direkt aus dem Grundwasserleiter handelt.

Aus den punktuell bzw. sehr kleinräumig gewonnenen Beobachtungs- und Messdaten werden dann durch Extrapolation, Interpolation, Analogieschlüsse, Modellvorstellungen und ggf. Modellberechnungen die benötigten Informationen ermittelt. Dies setzt voraus, dass zusätzlich zu den im Labor an der Wasserprobe bestimmten Messdaten bereits im Zusammenhang mit der Errichtung des Grundwasseraufschlusses und während der Probenahme weitere Daten und Aufzeichnungen gewonnen wurden, die eine Einschätzung zur Reichweite der Gültigkeit der Probendaten erlauben. Allein die im Labor an einer Probe bestimmten Messdaten sind in der Regel zur Beantwortung der gegebenen Fragestellung nicht ausreichend. Dies ist bereits bei der Planung der Probenahme zu berücksichtigen.

Eine Grundwasserprobe umfasst in der Regel maximal einige wenige Liter, z. T. noch weniger, und wird oft parameterspezifisch aufgeteilt, um die ggf. erforderlichen Konservierungsmaßnahmen zu ermöglichen. Aus den Ergebnissen der Untersuchung der Probe wird auf die Eigenschaften einer tausend- bis millionenfach größeren Grundwassermenge geschlossen. Es ist daher von großer Bedeutung, eine Vorstellung davon (ein konzeptionelles Modell) zu entwickeln, woher die Probe stammt und welche Position die Probe innerhalb des zu untersuchenden Grundwassers einnimmt bzw. einnahm. Nach [5] ist die „Repräsentativität" einer gewonnenen Grundwasserprobe ein Gütekriterium für die Widerspiegelungsgenauigkeit der natürlichen Bedingungen des Grundwasserleiters an einem definierten Ort und zu einer definierten Zeit. In repräsentativen Proben sollen sich die in-situ-Verhältnisse eines räumlichen Ausschnittes des Grundwasserleiters zum Zeitpunkt der Probenahme im Hinblick auf Konzentration, Stoffmuster der Inhaltsstoffe, Gehalt an Partikeln und Mikroorganismen sowie der physikalischen und biologischen Eigenschaften widerspiegeln [5]. Entscheidend für die meisten Fragestellungen ist, wie weit über die entnommene und untersuchte Probe hinaus die an der Probe festgestellten Eigenschaften ebenfalls vorhanden sind und ab wann sie davon abweichen.

Die Probenahmestrategie wird bestimmt durch die Anforderungen der jeweiligen Aufgabenstellung und die gegebene bzw. angenommene Situation am Ort der Untersuchung. Sie beinhaltet vor allem Entscheidungen über

- die Probenahmepunkte,
- die zu untersuchenden Parameter,
- Art, Umfang und Anzahl der Proben,
- einzusetzende Geräte und Probenahmetechniken,
- Zeitpunkte und Häufigkeit der Probenahme.

Auch ökonomische Aspekte sowie die Verfügbarkeit von Ressourcen können die Probenahmestrategie beeinflussen.

Der Probenahmeplan ist die Umsetzung der Probenahmestrategie in eine zur Abstimmung mit allen Beteiligten und dann zur Anwendung geeignete schriftliche Dokumentation mit Begründung der gewählten Vorgehensweise und mit festgelegten Regeln für ein ggf. erforderliches Abweichen vom Plan beim Antreffen unvorhergesehener Bedingungen während der Durchführung der Probenahme.

4.3.2 Aufgabenstellung und konzeptionelles Modell

Folgende Aufgabenstellungen sind grundsätzlich zu unterscheiden:

a) Ersterfassung und orientierende Untersuchung der Beschaffenheit eines Grundwasservorkommens

Dies umfasst vor allem eine erste hydrochemische Charakterisierung z. B. mit Hilfe einer Ionenbilanz und Untersuchungen zur An- bzw. Abwesenheit bestimmter Wasserinhaltsstoffe. Einige wenige Aufschluss- bzw. Probenahmepunkte können dazu bereits ausreichen. Neben der Wasseruntersuchung sind hier die Beschaffung und Auswertung sonstiger Informationen über das Grundwasservorkommen und die hydrogeologischen und hydraulischen Gegebenheiten z. B. aus Geländebeobachtungen, Schichtenverzeichnissen, Wasserstandsbeobachtungen und Aktenunterlagen von Bedeutung.

b) Abgrenzung und detaillierte Untersuchung der Beschaffenheit eines Grundwasservorkommens

Hier sind vor allem die Ausdehnung und das Einzugsgebiet eines Grundwasservorkommens, die Strömungsverhältnisse und Wasserbilanzen zu ermitteln.

Je sicherer die bereits aus vorangegangenen Untersuchungen vorliegenden Informationen zur hydraulisch-hydrochemischen Situation sind, desto weniger Probenahmepunkte sind in der Regel ausreichend. Dies gilt insbesondere für Überwachungsprogramme mit regelmäßig wiederholten Probenahmen. Ggf. ist es von Vorteil, die Untersuchung in aufeinander aufbauenden Schritten zu planen.

c) Räumliche und zeitliche Veränderungen der Grundwasserbeschaffenheit

Die Erfassung räumlicher Veränderungen verlangt in der Regel eine größere Anzahl von Probenahmepunkten. Zeitliche Veränderungen können an ortsfesten Einrichtungen (Brunnen, Messstellen, Quellen) durch wiederholte Beprobungen beobachtet werden. Dabei sind besonders die Randbedingungen wie z. B. Wasserstände und die Durchführung der Probenahme zu beachten. Bei der Überwachung von Prozessen im Grundwasser sind insbesondere die vom jeweiligen Prozess betroffenen Parameter zu berücksichtigen. Zusätzlich zur Probenahme ist dabei die Beobachtung der hydraulischen Bedingungen meist hilfreich.

d) Lokalisierung und Quantifizierung von Stoffeinträgen in das Grundwasser

Hinweise, Annahmen oder Ergebnisse vorangegangener Untersuchungen werden hier überprüft und präzisiert. Detaillierte Informationen zur Grundwasserströmung sind hierbei erforderlich und ggf. parallel zu beschaffen. Eine Kombination der Probenuntersuchungen mit hydraulischen Tests, Pumpversuchen und/oder Modellberechnungen ist oft hilfreich.

Die Ergebnisse der Untersuchung einer Grundwasserprobe können in der Regel nicht beurteilt werden, ohne die Herkunft der Probe zu berücksichtigen. Daher empfiehlt es sich, bereits vor der Festlegung einer Probenahmestrategie ein konzeptionelles Modell zu entwickeln, das die vorhandenen Informationen und darauf gestützten Annahmen über die hydrogeologische Situation, das zu untersuchende Grundwasser, seine Dynamik und voraussichtliche Beschaffenheit zu einem plausiblen, aber noch vorläufigen Bild zusammenfügt. Die Unsicherheiten und Schwachstellen dieses Modells können dann im Sinne der Fragestellung aufgegriffen und zur Ableitung einer effizienten Untersuchungs- und Probenahmestrategie berücksichtigt werden.

Im Laufe zunehmender Erkenntnisse durch die Untersuchungen wird das konzeptionelle Modell überprüft und verfeinert, bei Bedarf modifiziert und angepasst. Es mündet auf diese Weise schließlich in das Interpretationsmodell, mit dem die Ergebnisse der Untersuchungen an Grundwasserproben auf das gesamte zu betrachtende Grundwasser übertragen werden.

4.3.3 Auswahl der Untersuchungsparameter

Die zu untersuchenden Parameter sind abhängig von der jeweiligen Fragestellung. Sie müssen bei der Planung und Durchführung der Probenahme und des Probentransports berücksichtigt werden, da für eine Reihe von Parametern besondere Vorkehrungen zu treffen sind, um ungewollte Veränderungen zu minimieren bzw. zu verhindern.

Neben den für die jeweilige Fragestellung spezifischen Parametern empfiehlt es sich, insbesondere bei neu errichteten Grundwasseraufschlüssen oder solchen, die länger nicht beprobt wurden, über die Bestimmung der Haupt-Anionen und -Kationen sowie eine Ionenbilanz eine hydrochemische Charakterisierung vorzunehmen bzw. zu überprüfen. Dadurch lassen sich ggf. Differenzierungen im Grundwasserleiter oder veränderte Einflüsse auf das Grundwasser erkennen.

Bei Summenparametern ist zu unterscheiden zwischen Index-Parametern, die ohne Berücksichtigung einzelner chemischer Verbindungen bestimmt werden (z. B. Kohlenwasserstoffindex – MKW, Phenolindex), oder Summen, die nach der Analytik einzelner Verbindungen erst rein rechnerisch gebildet werden (z. B. BTEX, LHKW, PAK, PCB). Letztere dienen lediglich einem schnellen Überblick, vereinfachen dabei aber zwangsläufig und verlieren an Detailinformationen, ohne dabei Kosten zu sparen, da die Einzelverbindungen ohnehin als Grundlage der Summenbildung bestimmt werden müssen. Zusätzlich besteht die Gefahr, dass nicht vergleichbare Werte produziert werden, wenn unterschiedliche Einzelverbindungen unter identischer Parameterbezeichnung aufsummiert werden. Es ist grundsätzlich zu empfehlen, bei fachlichen Auswertungen auf die Verwendung aufsummierter Parameter zu verzichten und alle im Labor tatsächlich bestimmten Parameter zu betrachten.

Die mit wenig Aufwand vor Ort zuverlässig bestimmbaren Parameter Temperatur, elektrische Leitfähigkeit, pH-Wert, Sauerstoffgehalt und Redoxspannung sind auch gut geeignet zum Überwachen des Abpumpvorganges vor einer Probenahme. Das vom Grundwasseraufschluss beeinflusste Wasser und auch Inhomogenitäten im Grundwasserleiter lassen sich damit oft gut erkennen. Dies sollte grundsätzlich bei jeder Pumpprobenahme zur Gewinnung zusätzlicher Informationen zur Unterstützung der Interpretation der Untersuchungsergebnisse genutzt werden.

Gesetzliche Vorgaben zur Parameterauswahl sind bei bestimmten Fragestellungen (z. B. Trinkwasserüberwachung [6], Ermittlung des chemischen Grundwasserzustands gemäß Grundwasserverordnung [7]) zu beachten.

4.3.4 Art, Umfang und Anzahl der Proben

Grundwasserproben werden i. d. R. als Einzelproben entnommen (während eines kontinuierlichen Probenahmevorgangs ohne Unterbrechung).

Das Wasser im unmittelbaren Bereich eines Grundwasseraufschlusses unterliegt gegenüber dem weiter entfernten Grundwasser zusätzlichen Einflüssen durch u. a.:

- Zutritt von atmosphärischem Sauerstoff,
- Ausbaumaterialien,
- veränderte Strömungsverhältnisse,
- chemische und biologische Prozesse.

In der Regel ist es erforderlich, die Probenahme so durchzuführen, dass diese Einflüsse so gering wie möglich gehalten oder möglichst ganz ausgeschlossen werden. Bei Brunnen und Grundwassermessstellen ist zu unterscheiden zwischen dem Wasser aus dem Bereich der Filterstrecke, das durch den permanenten Grundwasserstrom zumindest langsam ausgetauscht wird, und dem Standrohrwasser aus unverfilterten Abschnitten, das u. U. sehr lange unbewegt bleibt.

Beim Abpumpen einer Grundwassermessstelle oder eines Brunnens strömt das Grundwasser im Idealfall radial von allen Seiten dem verfilterten Abschnitt zu. Die zu einem bestimmten Zeitpunkt entnommene Pumpprobe entstammt somit einer Kugelschale bzw. der Schale eines Ellipsoids. Je größer die vor der Probenahme abgepumpte Wassermenge ist, desto größer wird der Durchmesser dieser Form und desto dünner wird die erfasste Schale bei gleicher Probenmenge.

Je nach Fragestellung ist die gewünschte Reichweite der Probenahme zu planen. Dabei ist zu beachten, dass die Durchlässigkeiten im Grundwasserleiter praktisch immer mehr oder weniger inhomogen verteilt sind, dass das ideale Ellipsoid also meist in eine sehr unregelmäßige Form übergeht. Diese Form kann nicht genau bestimmt werden. Ihr Volumen sollte aber in jedem Fall abgeschätzt werden, um eine Vorstellung über die vom Bohrloch entfernte, laterale Reichweite innerhalb des Gebirges zu bekommen.

Beispiel: Eine Grundwasserprobe, die nach Abpumpen von 300 Litern entnommen wird, entspricht der Schale eines Körpers von 1.500 Litern Volumen, wenn eine durchflusswirksame Porosität des Grundwasserleiters von 20 % angenommen werden kann. Bei einer Filterstrecke von 2 m und nicht allzu großen Unterschieden der Durchlässigkeiten im Grundwasserleiter stammt dann der größte Teil des Wassers der Probe aus einer Entfernung von einigen Dezimetern um die Messstelle.

Für bestimmte Fragestellungen ist es hilfreich, nicht nur eine Probe zu entnehmen, sondern nach Abpumpen eines bestimmten Wasservolumens eine weitere Probe zu entnehmen und dies ggf. wiederholt. Damit können Hinweise auf die räumliche Verteilung der Grundwasserbeschaffenheit aus einem einzigen Grundwasseraufschluss gewonnen werden.

4.3.5 Zeitpunkt und Häufigkeit der Probenahme

Bei der Erkundung zum Charakterisieren oder Abgrenzen eines Grundwasservorkommens ist der Zeitpunkt einer ersten Probenahme zunächst beliebig. Dies gilt im Prinzip auch für das Erkunden räumlicher Beschaffenheitsverteilungen. Ergeben sich aber Hinweise auf zeitliche Veränderungen, werden mehrmalige Wiederholungen der Probenahme erforderlich.

Allgemein gilt: Je häufiger die Veränderungen, desto öfter ist eine Beobachtung erforderlich. Dabei muss eine Beobachtung nicht jedes Mal den vollen Parameterumfang umfassen.

Zu unterscheiden sind mehr oder weniger regelmäßige Schwankungen (z. B. bedingt durch Jahreszeiten, Gezeiten, Niederschläge) von Entwicklungstrends (z. B. Anstieg oder Abklingen von Verunreinigungen, Auswirkungen von Sanierungsmaßnahmen). Sind Schwankungen und ihre Ursachen und Auswirkungen einmal vom Prinzip her bekannt, werden sie kalkulierbar. Das vereinfacht eine Beobachtung ohne wesentliche Informationsverluste auch bei reduzierter Intensität (Häufigkeit und/oder Parameterumfang).

Um Entwicklungstrends von Schwankungen unterscheidbar zu machen, sollten sie bei jeweils vergleichbarem Schwankungszustand beobachtet werden, also z. B. stets bei hohen/niedrigen Grundwasserständen. Grundsätzlich ist das hydraulische Geschehen in Grundwasserleitern von jahreszeitlich schwankenden Grundwasserneubildungsraten beeinflusst. Bei geringen Flurabständen und ausgeprägten Wetterereignissen (Niederschlags- wie Trockenperioden) sind jedoch Unregelmäßigkeiten zu berücksichtigen.

Die Beobachtungshäufigkeit hängt auch von der Strömungsgeschwindigkeit des Grundwassers und der jeweiligen Aufgabenstellung ab. Z. B. kann für eine Vorfeldmessstelle zur Überwachung eines Förderbrunnens eine festgelegte „Vorwarnzeit" erforderlich sein. Bei Strömungsgeschwindigkeiten von nur einigen Metern pro Jahr sind z. B. vierteljährliche Probenahmen in der Regel nicht erforderlich.

Die Strömungsgeschwindigkeit spielt auch eine entscheidende Rolle, wenn nähere Zusammenhänge z. B. bei Verunreinigungen aus Punktquellen erkundet werden. Soll etwa überprüft werden, ob bei hohen Grundwasserständen ein erhöhter Stoffaustrag erfolgt, ist es nicht ausreichend, einfach bei hohem Wasserstand eine Messstelle im Abstrom der Quelle zu beproben. Das Grundwasser ist je nach Einzelfall Wochen oder Monate unterwegs bis zu dieser Messstelle und hat vielleicht die Punktquelle bei niedrigem Wasserstand passiert. Bei dieser und ähnlichen Aufgabenstellungen ist auch der Wert von Stichtagsmessungen, d. h. die kurzfristig nacheinander durchgeführte Probenahme aus vielen Messstellen im Abstrom (aber in unterschiedlichen Abständen von der Quelle) kritisch zu hinterfragen. Auch hier sind die Strömungsgeschwindigkeiten des Grundwassers zu berücksichtigen.

4.3.6 Probenahmestellen

Von entscheidender Bedeutung für die Auswahl der Lage der Probenahmestelle ist die Grundwasserströmung, die dem hydraulischen Druckgefälle folgt. Die generelle Richtung des hydraulischen Druckgefälles (des hydraulischen Gradienten) lässt sich zwar leicht über drei benachbarte Standrohrspiegelhöhen (hydraulisches Dreieck) ermitteln. Der tatsächliche Verlauf der Grundwasserströmung hängt aber im Detail von den im Untergrund vorhandenen Wasserwegsamkeiten ab. Wechsel von gut und weniger gut durchlässigen Schichten, tiefreichende Fundamente, mit Sand verfüllte Leitungsgräben, Regenwasserversickerungen, versiegelte Flächen u. ä. können beträchtliche lokale Störungen im generellen Fließgeschehen verursachen. Vertikale Strömungen sind ebenfalls relevant, nur wesentlich aufwändiger zu beobachten.

Jeder künstliche Grundwasseraufschluss stellt einen Eingriff in das vorhandene Strömungsfeld dar. Im offenen Hohlraum einer Bohrung, eines Brunnens oder einer Grundwassermessstelle verlangsamt sich zunächst die Strömung um etwa das Fünf- bis Zehnfache, steigt aber beim Einsatz einer Pumpe um ein Vielfaches an. Partikel, die mit dem Grundwasserstrom transportiert werden, können dadurch angereichert werden. Als Folge des Zutritts von Sauerstoff finden in künstlichen Grundwasseraufschlüssen chemische Reaktionen statt (z. B. Verockerung) und biologische Aktivitäten sind intensiviert. Die Beschaffenheit des Grundwassers wird hierdurch mehr oder weniger stark verändert. Trübungen oder Verfärbungen können Hinweise darauf sein.

Je mächtiger der Abschnitt eines Grundwasseraufschlusses ist, in dem das Grundwasser über die Filterstrecke einströmen kann, desto größer ist die Wahrscheinlichkeit, dass Abschnitte des Grundwasserleiters mit unterschiedlichem hydraulischen Potential gleichzeitig erfasst werden, was zu einem hydraulischen Kurzschluss und einer permanenten Druckausgleichs-Strömung im Grundwasseraufschluss führt. Diese Strömung kann sich bis weit in den Grundwasserleiter hinein fortsetzen, bedeutsame Stofffrachten bewegen und eine interpretierbare Grundwasserprobenahme stark behindern oder sogar unmöglich machen.

Eine möglichst genaue Kenntnis der hydraulischen Situation eines Grundwasseraufschlusses ist daher für die Probenahmeplanung, die Durchführung der Probenahme und die Interpretation der Ergebnisse der Untersuchungen der Probe unverzichtbar.

Sollen bereits vorhandene Grundwasseraufschlüsse zur Probenahme genutzt werden, ist im Rahmen der Probenahmeplanung ihre Eignung und Funktionsfähigkeit vor allem hinsichtlich der hydraulischen Anbindung an das Grundwasser in geeigneter Weise zu überprüfen. Auch neu zum Zweck der Probenahme errichtete Aufschlüsse sind zu überprüfen. Vor der erstmaligen Probenahme ist eine umfassende Charakterisierung des jeweiligen Bauwerkes vorzunehmen. Die DVGW-Arbeitsblätter W 115 [8] und W 129 (A) [9] sind zu beachten.

Die Lage der Probenahmestelle ist so zu wählen, dass die gewonnenen Proben möglichst gut geeignet sind für die jeweilige Fragestellung. In jedem Fall sollte möglichst genau bekannt sein, aus welcher Richtung das Grundwasser dem Probenahmepunkt zuströmt.

4.3.6.1 Brunnen

Brunnen bieten die besten Voraussetzungen für die Probenahme, speziell wenn sie mit einer möglichst kontinuierlich arbeitenden Pumpe ausgestattet sind. In diesem Falle ist sichergestellt, dass das gewonnene Wasser dem des umgebenden Grundwasserleiters entspricht, und auch die möglichen Beeinflussungen durch Ausbau und Pumpe sind angesichts der Größenordnung von Volumenstrom und Kontaktzeit in der Regel zu vernachlässigen. Bei neuen Anlagen oder nach Wartungsarbeiten ist jedoch entsprechende Vorsicht geboten. Ebenfalls von Bedeutung sind Stillstandzeiten der Pumpe, weshalb sichergestellt sein muss, dass diese lange genug vor der Probenahme in Betrieb genommen wird.

Die Unterteilung nach der Art des Brunnens dient nicht nur zur Beurteilung der Unverfälschtheit einer Probe, sie soll helfen abzuschätzen, für welchen Teil eines Grundwasserleiters sie repräsentativ ist. So haben Bohrbrunnen einen meist kleinen Durchmesser. In sie dringt das Wasser seitlich durch Filter ein, welche im

Wechsel mit Blindrohren übereinander angeordnet sind, und die so den Grundwasserleiter mehr oder weniger vollständig erfassen.

Vielfältige Materialien werden für ihren Ausbau verwendet. Darunter sind die Probe kaum beeinträchtigendes Steinzeug, Kunststoffe und entsprechend beschichtete Stahlrohre, aber auch Materialien mit erheblichem Einfluss auf die Wasserqualität wie verzinkter Stahl und Kupfer. Entsprechende Angaben sind unerlässlich. Die mit meist großem Durchmesser gebauten Schachtbrunnen werden üblicherweise mit Ziegeln oder Betonfertigteilen gemauert. Hier tritt das Wasser überwiegend durch die offene Sohle ein, deren Lage für die Repräsentativität der Probe bedeutsam ist. Die in der Regel sehr ergiebigen Horizontalfilterbrunnen haben von einem Schacht ausgehende, meist waagerecht liegende Stränge aus Brunnenrohren, deren Materialien dem der Bohrbrunnen entsprechen. Hier entnommene Grundwasserproben geben das Integral eines größeren Einzugsgebietes wieder, weshalb ihre Beschaffenheit nur schwer zu interpretieren ist. Kleine, meist nur temporär betriebene Brunnen geringer Leistung werden je nach Standort als Haus-, Garten- oder Weidebrunnen bezeichnet. Sie sind analog den Grundwassermessstellen zu beurteilen.

Brunnen mit festinstallierten Pumpen bieten neben den positiven Aspekten auch Nachteile für die Probenahme von Grundwasser, wenn sie über nur ungenügende Vorrichtungen zur vollständigen Erfassung des Gehaltes an Gasen und leichtflüchtigen Substanzen verfügen. Daher sollte das Steigrohr unmittelbar am Brunnenabgang über einen Zapfhahn verfügen, welcher auch den Anforderungen einer Trinkwasserprobengewinnung genügt. Auf keinen Fall darf die Probenahme auf derartige Stoffe erst hinter einem Windkessel oder einer Aufbereitungsanlage erfolgen. Gegebenenfalls ist parallel zur Betriebspumpe eine zusätzliche Probenahmepumpe einzusetzen.

4.3.6.2 Grundwassermessstellen

Diese Anlagen sind in der Regel primär für die Messung von Wasserständen konzipiert und berücksichtigen oft nur ungenügend die Besonderheiten einer Grundwasserprobenahme. Da sie aber an vielen Stellen den einzigen Zugang zum Grundwasser bieten, kann auf ihre Nutzung als Probenahmestelle nicht verzichtet werden. Es ist zu beachten, dass bei Grundwassermessstellen nur selten oder nie zuvor Wasser entnommen wurde. Demgemäß können sich unter Umständen noch die baubedingten Veränderungen des Grundwassers durch Spülungshilfsstoffe, Fremdwasser, Grundwasser aus unter- oder überlagernden Stockwerken und ähnlichem [10] bemerkbar machen. Aber auch wenn dies ausgeschlossen werden kann, zeigt das Grundwasser im Rohr und in der näheren Umgebung der Messstelle typische Veränderungen, welche auf den Gasaustausch mit der Atmosphäre und biologische Aktivitäten zurückzuführen sind. Daneben treten

Veränderungen der Grundwasserbeschaffenheit durch fehlerhaften Ausbau auf, z. B. wenn Niederschlags- oder Oberflächenwasser durch das Rohr der Messstelle bzw. ihren nicht ordnungsgemäß abgedichteten Ringraum versickert. Speziell bei Messstellen, welche tiefer liegende Grundwasserleiter erfassen, kommen Verfälschungen durch über fehlende oder fehlerhafte Dichtungen im Bereich der natürlichen Stockwerktrennung oder über undichte Rohrmuffen versickernde bzw. aufsteigende Wässer hinzu [10]. Von noch größerer Bedeutung als bei den Brunnen ist das Ausbaumaterial. Es kann eine potenzielle Ursache von Analysenverfälschungen sein, da einerseits beim Bau vieler Grundwassermessstellen die Voraussetzungen für eine spätere Probenahme nicht berücksichtigt wurden, und andererseits die langen Kontaktzeiten selbst bei geringem chemischem Potential zu gravierenden Veränderungen des sogenannten Standwassers führen können. Zu beachten ist auch die auf chemischen Reaktionen bzw. Adsorption und Desorption beruhende mögliche Verfälschung durch das am Rohrboden oder im Sumpfrohr abgelagerte Sediment. Welchen Anforderungen Probenahmestellen zu genügen haben wurde unter anderem in den DVWK-Mitteilungen Heft 20 [11] sowie in ISO 5667-22 [12] eingehend beschrieben.

In Talauen mit sehr durchlässigen Kiesen und entsprechenden Potentialunterschieden liegt die Abstandsgeschwindigkeit im oberen Teil des Grundwasserleiters bei einem bis mehreren Metern am Tag, während sie an seiner Basis speziell bei großer Mächtigkeit und stark reliefierter Sohle wesentlich zurückgeht. Bei geringen Potentialunterschieden und feinkörnigen Sedimenten liegt die Abstandsgeschwindigkeit auch im oberen Stockwerk nur noch in der Größenordnung von etwa ein bis zehn Meter pro Jahr. In tiefer gelegenen Stockwerken mit geologisch bedingt stark verringertem Wasseraustausch muss unter Umständen sogar von einem nahezu stagnierenden Grundwasser ausgegangen werden, d. h. die Fließgeschwindigkeit beträgt nur noch 0,1 m in ein bis hundert Jahren.

Angesichts der Inhomogenität und Anisotropie der meisten Grundwasserleiter wird der Filter nur selten parallel zur Grundwasseroberfläche angeströmt, was aber eine wesentliche Voraussetzung für horizontspezifische Aussagen ist. Hinzu kommt noch die Möglichkeit des "hydraulischen Kurzschlusses" über den verkiesten Ringraum der Bohrung mit besser durchlässigen Teilen des Grundwasserleiters. Diese Mischung von Wasser aus verschiedenen Horizonten des Grundwasserkörpers ist vielfach die Ursache, wenn sich auch nach längeren Abpumpzeiten keine stabilen Leitwerte einstellen. Abhilfe schafft oft eine Änderung der Pumpenleistung.

Mehrere in einer Bohrung oder an einem Bohrpunkt zusammengefasste Grundwassermessstellen bezeichnet man als Messstellengruppe. Meist erschließen die Messstellen verschiedene übereinander liegende Grundwasserleiter, doch werden immer öfter derartige Messstellengruppen – mit hydraulischer Trennung des Ringraumes – gebaut, um die Schichtung der Beschaffenheit innerhalb eines

Grundwasserkörpers zu erkunden, da sich die differenzierte Beprobung langer Filterstrecken mit Packern zumindest als sehr aufwändig erwiesen hat.

4.3.6.3 Stollen

Bei Stollen handelt es sich um horizontale oder mit Gefälle zum Mundloch hergestellte Grubenbaue mit natürlichem Wasserauslauf. Es muss zwischen offenen mit freiem Wasseraustritt und zur Wasserfassung genutzten sogenannten Sickerstollen nach DIN 4046 [13] unterschieden werden. Der Wasserzutritt erfolgt in einem Stollen in der Regel an zahlreichen Stellen mit jeweils nur geringer Schüttung. Da benachbarte Wasseraustritte geologisch bedingt oft erhebliche Unterschiede in der chemischen Zusammensetzung aufweisen können, kommt der Beschreibung von Probenahmeort und Probenahmestelle besondere Bedeutung zu.

4.3.6.4 Schächte

Schächte sind meist lotrechte Grubenbaue von großem Durchmesser. Sofern sie eine wasserführende Lagerstätte erschließen, werden sie zur Sümpfung mit einer leistungsfähigen Pumpe ausgerüstet, an der die Probenahme analog der für Brunnen erfolgen kann. Es ist zu beachten, dass erhebliche Verfälschungen zwischen Probe und Grundwasser auftreten können, falls die Pumpe nicht kontinuierlich arbeitet, sondern in Zeitabständen das angesammelte Wasser sümpft. Wenn der Schacht in nur wenig Wasser führendem Gestein steht, kann auch eine Grundwasserprobenahme analog der in Stollen möglich sein.

4.3.6.5 Bohrungen

Als Bohrung bezeichnet man den noch nicht ausgebauten, durch entsprechende Verfahren hergestellten meist lotrechten Aufschluss des Untergrundes. Während des Bohrvorganges haben Probenahmen in der Regel für die Beurteilung der Grundwasserbeschaffenheit nur orientierende Bedeutung. Eine Ausnahme bilden die ohne Ausbau offen stehenden Bohrungen im Festgestein. Sie sind den Brunnen gleichzusetzen.

4.3.6.6 Quellen und Grundwasserblänken

Aus Sicht der Probenahme ist bei den Quellen zwischen z. B. für die Wasserversorgung gefassten und natürlich belassenen zu unterscheiden. Während bei den gefassten Quellen in der Regel die eindeutige Beschreibung von Ort und Stelle sowie eine Schüttungsmessung problemlos möglich sind, bereitet dies bei den Quellen speziell im Lockergestein oft erhebliche Umstände. Dafür ist es in den Quellfassungen meist nicht möglich, bis zum eigentlichen Wasseraustritt zu gelangen, es müssen gewisse Veränderungen gegenüber der eigentlichen Grundwasserbeschaffenheit berücksichtigt werden.

Grundwasserblänken stellen eine besondere Art von Quellen dar, bei denen das austretende Grundwasser direkt wieder im Untergrund versickert. Bei der Probenahme ist grundsätzlich von einer gegenüber dem Grundwasser veränderten Beschaffenheit auszugehen, doch sind Untersuchungen sinnvoll, da immer noch wesentliche Beschaffenheitsparameter bestimmt werden können. Die Proben sollten möglichst da genommen werden, wo das Wasser in die Blänke eintritt. Anstelle von Schüttungsmessungen ist der auf NN bezogene Wasserstand zu dokumentieren.

4.3.7 Auswahl der Probenahmegeräte

Die Wahl der Probenahmeausrüstung richtet sich nach Art und Beschaffenheit des zu untersuchenden Grundwassers, nach der Probenahmestelle sowie nach dem Untersuchungsprogramm.

- Pumpproben aus Grundwassermessstellen oder Brunnen sind in der Regel am besten für die Gewinnung von Grundwasserproben geeignet.
- Schöpfproben sind für die meisten Fragestellungen ungeeignet, da sie im Wesentlichen nur das direkt im Grundwasseraufschluss befindliche Wasser erfassen können.
- Direct-Push-Proben liefern Daten mit hoher räumlicher Auflösung. Ihre hydraulische Position ist allerdings in der Regel unbekannt. Sie können aus einem gut durchströmten Abschnitt des Grundwasserleiters stammen, aber auch aus Abschnitten ohne nennenswerte Grundwasserbewegung.

Für die Grundwasserprobenahme sind zahlreiche Probenahmegeräte verfügbar, darunter tragbare Geräte, die schnell installiert, eingesetzt und wieder entfernt werden können, sowie stationäre Installationen für speziell zugeschnittene Probenahmen. Die am häufigsten verwendeten Systeme sind in ISO 5667-11 [3] sowie in der Literatur [11, 14, 15, 16, 17] beschrieben. ISO 5667-11 sowie [11] und [15] enthalten jeweils Übersichten bezüglich der Eignung von Rohr- und Schlauchmaterialien zur Grundwasserprobenahme für die Bestimmung unterschiedlicher chemischer Parameter. Die dort als brauchbar beschriebenen Verfahren sind eventuell nicht für alle chemischen Parameter und in allen Umgebungen geeignet. Der Anwender sollte deshalb sorgfältig die Ziele der Untersuchung bedenken. In einigen Fällen kann es notwendig sein, mehr als einen Typ von Probenahmegeräten zu benutzen.

Alle Probenahmegeräte (Schöpfer, Pumpen, Schläuche bzw. Steigrohre, Verbindungsteile etc.) sollen aus Materialien bestehen, welche die Probe während der auftretenden Kontaktzeit nicht verändern. Das bedeutet, dass für Probenbehälter andere Anforderungen gelten als z. B. für Pumpen. Vorzugsweise werden Edelstahl und Teflon eingesetzt. Gummi- und Siliconschläuche sind wegen der Sorptionsgefahr nicht geeignet. Polypropylen und PVC kann zu Sorptionen von LHKW wie Trichlorethen und Tetrachlorethen führen und damit Minderbefunde verursachen [18]. Umgekehrt können aus dem Leitungsmaterial auch Stoffe gelöst werden, die die Probe kontaminieren, z. B. Blei aus Steigrohren. Grundsätzlich sollten alle verwendeten Schläuche und Steigrohre möglichst kurz sein, um Beeinflussungen durch Sorption, Resorption, Gasdiffusion und Temperaturänderungen möglichst gering zu halten.

Zu Anforderungen an Probenbehälter siehe Abschnitt 4.8.

Alle Probenahmegeräte lassen sich folgenden Gruppen zuordnen:

Schöpfbecher
Dies sind einseitig offene Gefäße aus verschiedenen Materialien. Sie können zur Arbeitserleichterung mit Griffen oder Halterungen für Seile versehen sein.

Schöpfapparate
Es gibt Schöpfapparate in verschiedenen, teilweise patentierten Konstruktionen, welche geeignet sind, durch Klappen oder Ventile Proben aus bestimmbaren Tiefen zu entnehmen. Sie bestehen meist aus einer Kombination verschiedener Materialien.

Probenahmepumpen
Dieser Sammelbegriff umfasst eine Reihe von meist kleinen Pumpen, welche aufgrund ihrer Bauart besonders zur Probenahme geeignet sind. Hierzu gehören sowohl von Hand betätigte Kolbenprober als auch elektrisch oder auf andere Weise angetriebene Pumpen im eigentlichen Sinne. Wesentliche bauartbedingte Unterschiede sind Förderstrom und Förderhöhe, also der maximale Flurabstand des Grundwassers, bis zu dem noch eine Probe entnommen werden kann, sowie der Außendurchmesser, welcher für die Einsetzbarkeit bei engen Probenahmestellen wie Grundwassermessstellen mit einem Ausbau von zwei Zoll (DN 50) maßgebend ist. Da alle diese Geräte ihre spezifischen Quellen für Analysenveränderungen haben, ist eine sorgfältige Auswahl zu treffen. Besonders vielseitig einsetzbar erscheint eine über Frequenzumrichter betriebene kleine Unterwassermotorpumpe mit einem Außendurchmesser von nur 45 mm. Hinweise für die Auswahl von Pumpen enthalten unter anderem die DVWK-Mitteilungen Heft 20 [11] und das Heft 84 der DVWK-Schriften [17].

Probenahmepumpen mit regelbarem Volumenstrom sind auch für die horizontspezifische Beprobung an Grundwasser-Messstellengruppen besonders geeignet. Mit ihrem gleichzeitigen, der Ergiebigkeit des jeweiligen Horizontes angepassten Einsatz („Schutzbeprobung") lassen sich ausreichend parallele Strömungen erzielen.

4.3.8 Eignung von Messstellen für die Probenahme

Entsprechend DIN 38402-13 [2] dürfen nur Grundwassermessstellen beprobt werden, deren Ausbaudaten (inklusive Schichtenverzeichnis) vorliegen und deren Eignung geprüft wurde. Ist dies nicht der Fall, so ist nach dem DWA/DVGW-Arbeitsblatt W 129 „Eignungsprüfung von Grundwassermessstellen" [9] zu verfahren. Auch hinsichtlich der Kontrolle, der an die Grundwassermessstellen gestellten Anforderungen wird auf das DWA/DVGW-Arbeitsblatt W 129 verwiesen.

4.3.8.1 Eignungsprüfung

Bei der Eignungsprüfung wird ermittelt, ob mit der Grundwassermessstelle für den geplanten Verwendungszweck aussagekräftige Ergebnisse erzielt werden können. Dabei spielt der Ausbau und der Anschluss der Messstelle an den Grundwasserleiter eine entscheidende Rolle, aber auch die Zugänglichkeit der Messstelle kann ein ausschlaggebender Faktor der Eignung sein.

Zunächst werden die Bestandsunterlagen (Stammdaten wie Ausbauplan, Schichtenverzeichnis) auf Aktualität und Vollständigkeit geprüft sowie die Lage der Messstelle ermittelt. Bei der visuellen Prüfung vor Ort wird u. a. die bauliche Ausführung der Messstelle betrachtet (Details siehe auch Tabelle 1 in [9]).

Die Anbindung an den Grundwasserleiter kann mit folgenden Tests ermittelt werden:

- Pumpversuch
  Entnahme des Wassers mit Messung der Absenkung und Wiederanstieg des Wasserspiegels,
- Slug- and Bail-Tests
  schnelles Einbringen / Entnehmen eines Verdrängungskörpers in die Messstelle/ aus der Messstelle und Messung der dabei auftretenden Lageänderung des Wasserspiegels,
- Auffülltest
  Einfüllen von Wasser in die Messstelle und Messung der dabei auftretenden Lageänderung des Wasserspiegels.

Unklarheiten können mit einer Kamerabefahrung erkannt werden, optional bieten geophysikalische Ausbaukontrolle und hydrochemische Tiefenprofile weiteren Aufschluss über den Zustand der Messstelle.

Es ist zu empfehlen, Eignungstests regelmäßig, beispielsweise alle fünf Jahre bei bedeutenden Grundwassermessstellen vor einer Routinebeprobung, durchzuführen.

4.3.8.2 Erstcharakterisierung

Bei der Erstcharakterisierung gemäß Arbeitsblatt DWA-A 909 [5] werden neben den Merkmalen der Eignungsprüfung (siehe Abschnitt 4.3.8.1) insbesondere die hydraulischen Eigenschaften betrachtet. Bei Probenahme mittels Pumpe (Pumpversuch) werden dabei die zulässige Absenkung, die damit verbundene maximal zulässige Förderleistung der Pumpe sowie deren Einhängetiefe festgelegt. Zur Planung des Pumpversuches können Erfahrungswerte sowie empirische Ergebnisse zugrunde gelegt werden (siehe Abschnitt 4.4.4.2 ff.).

Ziel ist es, die Parameter Förderstrom, -menge und -zeit für den Abpump- und Probenahmevorgang in Abhängigkeit von den hydrogeologischen Gegebenheiten und dem Messstellenausbau für jede zu beprobende Messstelle zu kennen und dem Probenehmer vorzugeben. Die Vorgehensweise ist insbesondere bei einer Untersuchung kontaminierter Standorte erforderlich. Die benötigten Angaben lassen sich mit Hilfe eines Gütepumpversuches ermitteln. Hierzu werden in Abhängigkeit vom abgepumpten Standwasservolumen zu verschiedenen Zeitpunkten Grundwasserproben entnommen und die elektrische Leitfähigkeit sowie einige chemische Leitparameter wie Nitrat, Chlorid und die Summe der Erdalkalien (Gesamthärte) verfolgt und dokumentiert. Anhand des Verlaufs der Konzentrationskurven lässt sich dann der „optimale" Probenahmezeitpunkt bestimmen, der jedoch im Falle von Spurenstoffen nicht unbedingt richtig sein muss [15].

Nachfolgend ist ein Praxisbeispiel in tabellarischer und grafischer Form dargestellt. Während eines Gütepumpversuches über eine Gesamtpumpdauer von 90 Minuten wurden die Vor-Ort-Parameter kontinuierlich gemessen und aufgezeichnet (siehe Bild 4.1).

Während des Abpumpvorganges wurden vier Stichproben (SP) zur annähernden Bestimmung des geeigneten Probenahmezeitpunkts genommen und anschließend im Labor analysiert:

- SP1: einfaches Standwasservolumen,
- SP2: dreifacher Austausch des Rohrinhaltvolumens,
- SP3: nach Erreichen der Konstanz der Vor-Ort-Parameter,
- SP4: 1,5-facher Austausch des Bohrlochvolumens.

Die in Tabelle 4.1 aufgelisteten Untersuchungsergebnisse weisen in grün dargestellt eine relative Konstanz bei SP3 (Konstanz der Vor-Ort-Werte) auf. Zu diesem Zeitpunkt wurde der Bohrlochinhalt 1,1-fach ausgetauscht.

Tabelle 4.1: Vergleich der Analysenergebnisse eines Gütepumpversuchs

Prüfmerkmal	Einheit	SP1: Stand	SP2: 3 x Rohr	SP3: Konstanz	SP4: 1,5 x Bohrloch
pH-Wert (vor Ort)	-	5,9	4,2	4,4	4,5
Leitfähigkeit (vor Ort)	mS/m	161	54	52	52
Sauerstoff	mg/l	8,9	0,9	1,0	1,0
Redox-Spannung	mV		410	417	415
Chlorid	mg/l	7,4	77	76	76
Ammonium-Stickstoff	mg/l	< 0,05	< 0,05	< 0,05	< 0,05
Sulfat	mg/l	21	76	74	75
Nitrit-Stickstoff	mg/l	< 0,02	< 0,02	< 0,02	< 0,02
Nitrat-Stickstoff	mg/l	1,6	7,9	7,2	7,1
Organischer Kohlenstoff, gesamt (TOC)	mg/l		1,8	1,6	1,5
Organischer Kohlenstoff, gelöst (DOC)	mg/l		1,4	1,4	1,4
Gesamtphosphat-Phosphor	mg/l		0,012	< 0,01	< 0,01
Säurekapazität bis pH 4,3	mmol/l		0,01	0,05	0,07
Basekapazität bis pH 8,2	mmol/l		2,3	2,2	2,3
Hydrogencarbonat	mg/l		< 1	3	4

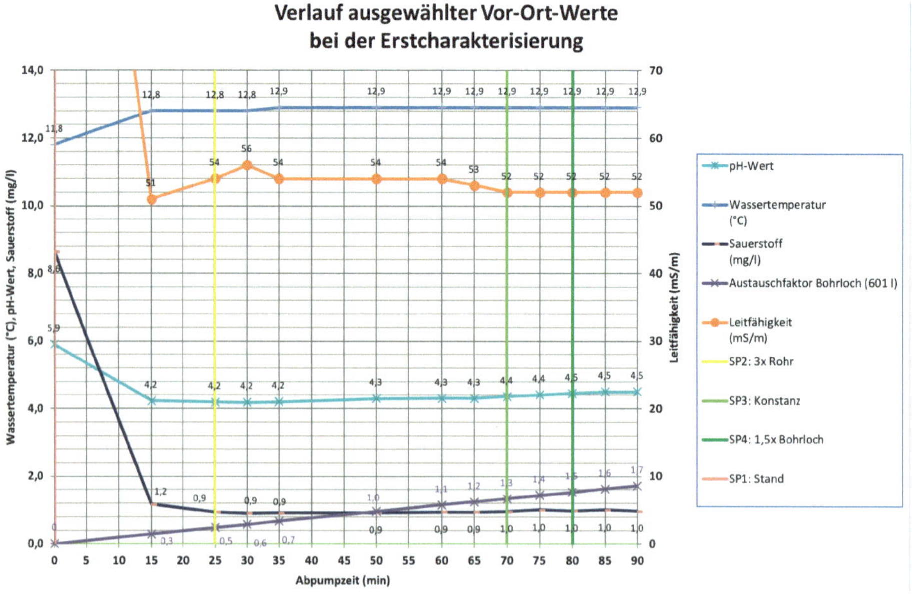

Bild 4.1: Verlauf der Vor-Ort-Parameter während des Abpumpvorgangs

Somit kann nun als neues Probenahmekriterium die Konstanz der Vor-Ort-Parameter und 1,1-facher Austausch des Bohrlochinhalts festgelegt werden. Bei der Messstelle zeigte sich schon vor dem 3-fachen Austausch des Rohrinhalts eine erste Konstanz der Vor-Ort-Werte (siehe Bild 4.1). Daher wurde hier der Bohrlochinhalt als zweites Kriterium mit festgelegt.

4.4 Durchführung der Probenahme

Die eigentliche Grundwasserprobenahme ist – wie zuvor in den Abschnitten 4.2 und 4.3 beschrieben – stark abhängig vom jeweiligen Untersuchungsziel sowie der dafür geeigneten Probenahmestrategie und konkreten Probenahmeplanung. Unterschiedliche Strategien und Probenahmestellen erfordern z. B. unterschiedliche Probenahmetechniken und Probenahmegeräte.

In diesem Abschnitt wird beispielsweise die Probenahme aus Grundwassermessstellen im Rahmen des Routinemonitorings erläutert.

Nachdem eine Messstelle als potenziell geeignet eingestuft wurde, kann mit der Beprobung begonnen werden. Hierbei werden generell die im Ablaufplan in Bild 4.2 dargestellten und nachfolgend beschriebenen Arbeitsschritte durchgeführt.

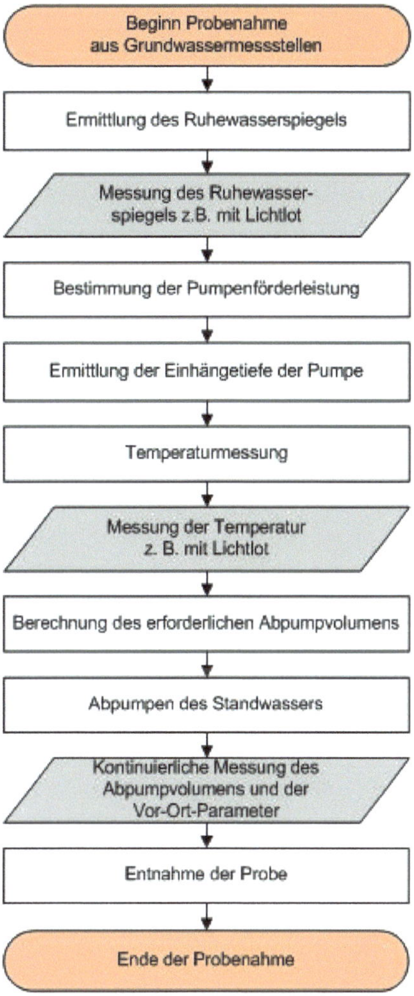

Bild 4.2: Durchführung einer Probenahme aus Grundwassermessstellen

4.4.1 Arbeitsschutz und Arbeitssicherheit

Im Unterschied zu den meisten anderen Arten der Probenahme findet die Beprobung des Grundwassers sehr oft an Stellen statt, die „im freien Feld" liegen, also an Stellen, wo im Falle eines Arbeitsunfalles nicht mit fremder Hilfe gerechnet werden kann. In Deutschland muss der Arbeitgeber die notwendigen Schutzmaßnahmen auf Grundlage einer Gefährdungsbeurteilung festlegen (Arbeitsschutzgesetz). Das Probenahmepersonal ist verpflichtet, die entsprechenden Sicherheits- und Unfallverhütungsvorschriften zu beachten. Da die konkreten Gefährdungssituationen für die diversen Probenahmen völlig unterschiedlich sein können, kann hier keine allgemein verbindliche Empfehlung zu Präventionsmaßnahmen und individuellen Schutzmaßnahmen gegeben werden.

Ein Mittel zur Vermeidung von Unfällen oder zumindest zur Minimierung eventueller Unfallfolgen ist der Einsatz eines aus zwei Personen bestehenden Probenahmeteams. Da dies aus Kostengründen oft nicht möglich erscheint, sollten folgende Hinweise von der Einsatzleitung beachtet werden:

- ständige Kontrolle der Arbeitsschutzmittel auf Zustand und Vollständigkeit durch Aufsichtspersonal,
- regelmäßige Wiederholung der Hinweise auf besondere Gefahren und Schutzmaßnahmen, z. B. beim Umgang mit Chemikalien,
- Prüfung der Geräte auf Sicherheit durch entsprechende Fachkräfte (Elektriker, Schlosser u. ä.),
- Gebrauch von Prüfgeräten zum Gasgehalt der Luft in Schächten, Stollen u. ä.,
- unerfahrene Mitarbeiter sollten nie alleine eingesetzt werden,
- einzeln arbeitende Probenehmer sollten mit Funk/Mobiltelefon ausgerüstet sein.

Nachfolgend sind beispielhaft einige Schutzmaßnahmen für die Probenahme aufgeführt:

- Das Probenahmefahrzeug ist – falls vorhanden – mit gelber Rundumleuchte zu sichern.
- Die Probenahmestelle, Schläuche und Kabel sind – vor allem wenn sie im öffentlichen Verkehrsraum liegen – mit Absperrungen, Schlauchbrücken und Warndreieck sichtbar zu machen.
- Stromerzeuger sowie die elektrischen Anlagen im Probenahmefahrzeug sind zu erden und über einen F(I)-Schutzschalter oder über einen eingebauten Trenntrafo zu sichern.
- Wenn es betrieblich vorgeschrieben ist, sind Schutzhelm, Sicherheitsschuhe und Schutzkleidung zu tragen.

- Während der Durchführung der Probenahme ist das Essen, Trinken und Rauchen nicht erlaubt.
- Beim Arbeiten mit belasteten Grundwässern (Deponien, Altlasten, Verdachtsflächen) sind immer wasserundurchlässige Handschuhe (Einmalhandschuhe) zu tragen.
- Beim Konservieren von Grundwasserproben mit Chemikalien ist das Tragen einer Schutzbrille während dieser Tätigkeit unbedingt erforderlich.

4.4.2 Vorbereitung der Probenahme / des Fahrzeugs

Das Probenahmepersonal sollte vor Ort über eine aktuelle Probenahmeanleitung und über entsprechende Informationen zur Messstelle (Probenahmeakte) verfügen. Anhand der Messstellennummer, Messstellenkoordinaten und Messstellenbeschreibung sowie Fotodokumentation kann die Messstelle eindeutig identifiziert werden. Daten zum Messstellenausbau (u. a. Messpunkthöhe, Ausbautiefe, Filterstrecken etc.) werden für die sach- und fachgerechte Probenahme benötigt.

Da die Reinigung von Probenahmegerätschaften unter Umständen sehr aufwändig sein kann, ist bei der Planung von Probenahmeprogrammen auf mögliche Verschleppungen von Spurenstoffen zu achten. Bekanntermaßen stark belastete Messstellen müssen zur Vermeidung von Kontaminationen während eines Probenahmeeinsatzes zuletzt beprobt werden, ggf. sind mehrere Pumpen, Schlauchsätze bzw. Steigrohre mitzuführen [11].

Sofern ein kraftstoffbetriebenes Stromaggregat verwendet wird, ist es unter Beachtung der Windrichtung so weit von der Messstelle aufzustellen, dass es weder zu einem Eintrag der Verbrennungsgase in die Messstelle noch zu einer Kontamination der Grundwasserprobe kommen kann.

An Geräten und Arbeitsmaterialien wird üblicherweise folgendes benötigt:

- Probenahmefahrzeug, ggf. Anhänger,
- GPS/Navigationssystem,
- Probenahmeakte mit Daten zum Messstellenausbau,
- Probenahmeauftrag/-protokoll mit Angaben zu Art und Volumen der abzufüllenden Probenbehältern sowie Konservierungsmaßnahmen,
- Schlüssel für die Verschlusskappen der Grundwassermessstelle, verschiedene Modelle der Hersteller, Deckelheber,
- Stromerzeuger oder Batterien, ggf. Wechselrichter,

- Durchflussmesszelle zur Aufnahme der Sonden für die kontinuierliche Messung der Vor-Ort-Parameter,
- Vor-Ort-Messgeräte zur Messung von pH-Wert, Leitfähigkeit, Sauerstoff, Redoxspannung, Trübung,
- Kabellot mit Licht- und/oder Akustiksignal zur Wasserstands- und Temperaturmessung,
- ggf. Druck-/Temperatursonde,
- Durchflussmesseinrichtung, z. B. Wasseruhr oder MID (alternativ Eimer oder Messbecher und Stoppuhr),
- Förderpumpe, z. B. Unterwassertauchmotorpumpe,
- Förderschläuche, Steigrohre, Ablaufschlauch,
- Bypass für die Probenahme,
- Werkzeug zur Tiefenfixierung der Pumpe, z. B. Rohrklemmzange, ggf. Dreibein-Stativ,
- Kabelbinder,
- Probenbehälter (Volumen, Material),
- Probenschöpfer, Schöpfbecher, Eimer unterschiedlicher Volumina und Materialien,
- ggf. Phasenschöpfer,
- Filtrationsmaterialien,
- Konservierungschemikalien,
- Kühleinrichtungen, z. B. Kühlboxen mit Kühlakkus,
- ggf. Gerätschaften für Multi-Level-Messstellen,
- ggf. Laptop und Messumformer zur computergestützten Probenahme,
- Digitalkamera,
- Pylone, Absperrgitter,
- ggf. Entsorgungsmöglichkeit des abgepumpten Wassers.

4.4.3 Visuelle Prüfung

Nach Ankunft an der Grundwassermessstelle ist zunächst durch Vergleich der im Probenahmeauftrag angegebenen Messstellennummer mit der Messstellen-Kennzeichnung der Grundwassermesstelle vor Ort zu prüfen, ob es sich um die richtige Probenahmestelle handelt. Danach sollte eine äußere Zustandsprüfung auf etwaige Auffälligkeiten (z. B. unzureichende Zugänglichkeit, Ablagerungen im Bereich der Grundwassermessstelle), Schäden an der Messstelle (z. B. fehlende oder undichte Verschlusskappe, Schäden am Schutz- oder Vollrohr) und Veränderungen der Messstelle (z. B. durch Setzungen) erfolgen. Abweichungen gegenüber der Dokumentation sind zu protokollieren und dem Auftraggeber mitzuteilen.

Anschließend erfolgt zur inneren Prüfung der Grundwassermessstelle die Messung der Wasserspiegellage und die Lotung der Tiefe, die mit den Ausbaudaten der Grundwassermessstelle zu vergleichen sind. Die beiden Werte und etwaige Abweichungen in der Teufe von > 10 cm sind im Probenahmeprotokoll zu erfassen.

Falls nichtwässrige Flüssigkeiten in freier Phase in der Grundwassermessstelle anwesend sind, sollte die Stärke dieser Schichten vor der Probenahme gemessen werden.

4.4.4 Probenahmetechnik

Die anzuwendende Probenahmetechnik hängt unmittelbar von der Probenahmestelle ab. Als solche werden meist Brunnen oder Grundwassermessstellen benutzt. Daneben spielen zahlenmäßig die Probenahmen aus Stollen, Schächten und Bohrungen eine eher untergeordnete Rolle. Außer diesen Bauwerken gibt es noch Quellen und Grundwasserblänken als natürliche Zugänge zum Grundwasser. Da alle diese Probenahmestellen einen spezifischen Einfluss auf die Güte der Probe haben, genügt nicht nur die allgemein gültige Forderung nach Repräsentativität. Vor der Probenahme muss geprüft werden, ob sie an der jeweiligen Stelle generell oder nur für einen begrenzten Untersuchungsumfang möglich ist, und ob alle gewünschten Daten ohne Einschränkung gewonnen werden können. Daneben ist zu prüfen und zu dokumentieren, für welchen Grundwasserleiter bzw. Teil desselben die Probe als repräsentativ angesehen werden kann. Falls bei Sonderuntersuchungen wie z. B. der Untersuchung des im Rohr stehenden Wassers von der Forderung nach Repräsentativität für das Grundwasservorkommen abgewichen wird, ist hierauf im Probenahmeprotokoll besonders hinzuweisen.

4.4.4.1 Schöpfproben

Bei den wenigen Sonderfällen der manuellen Probenahme wird die Probe entweder direkt in den Probenbehälter eingefüllt oder es werden Schöpfbecher bzw. Schöpfapparate verwendet. Schöpfgeräte zur tiefenorientierten Probenahme sind so konstruiert, dass Grundwasser aus einer definierten Tiefe eines Bohrlochs bzw. in einer Messstelle beprobt werden kann. Sie sind in verschiedenen Ausführungen als Schöpfgeräte bzw. Probenehmer mit Rückschlagventil oder mit Verschlusskappen erhältlich.

Die manuelle Probenahme mit Schöpfapparaten kann sich an das Abpumpen von Grundwassermessstellen und Brunnen anschließen, falls die hierbei verwendeten Pumpen nicht den Anforderungen einer Probenahmepumpe genügen.

Die so gewonnenen Proben geben meist nur orientierende Hinweise.

Eine zuverlässige Grundwasserprobenahme ist mit direkter Befüllung eines Probenbehälters lediglich aus dem obersten Teil der gesättigten Zone möglich. Es sollte nur im Ausnahmefall zur Grundwasserprobenahme angewandt werden. Um eine Kontamination der Probe zu vermeiden, sollte auch darauf geachtet werden, dass kein Material von der Wand des Bohrlochs abgekratzt wird.

Der Einsatz eines Schöpfgerätes zur tiefenorientierten Probenahme ermöglicht eine bessere vertikale Auflösung. Bei tieferen Bohrlöchern können motorgetriebene Winden zum Ablassen des Geräts eingesetzt werden. Die Größe des Probenehmers sollte so gewählt werden, dass Proben mit ausreichendem Probenvolumen bei minimaler Verwirbelung des Bohrlochwassers entnommen werden können. Diese Probenahmegeräte eignen sich auch für die Probenahme von nichtwässrigen Flüssigkeiten.

Tiefenorientierte Proben sollten nie innerhalb der geschlossenen Verrohrung des Bohrlochs entnommen werden, weil das Wasser nicht aus der Tiefe stammen kann, bei der das Probenahmegerät entnimmt und sich im Ruhezustand durch chemische oder mikrobiologische Aktivität in seiner Beschaffenheit verändert hat. In Bohrlöchern, die lange, unverfilterte oder vertikal verfilterte Abschnitte aufweisen, kann eine tiefenorientierte Probenahme lediglich von geringem Wert sein, da die Herkunft der Proben aufgrund natürlicher oder induzierter Vertikalströmungen innerhalb des Bohrlochs unklar sein kann. Die tiefenorientierte Probenahme ist nur dann zweckmäßig, wenn der Ursprung der Proben (hinsichtlich der Tiefenhorizonte, in denen das Wasser in das Bohrloch eintritt) bekannt ist. Dies kann erreicht werden, indem die Tiefen, in denen das Wasser in das Bohrloch eintritt, und die Strömungen innerhalb des Bohrlochs anhand einer Interpretation von tiefenabhängigen Aufzeichnungen von Temperatur, Leitfähigkeit und Durchfluss beim Pumpen und unter statischen Bedingungen bestimmt werden.

Bei Quellen und wasserführenden Stollen sind die Proben so nah wie möglich an der Austrittstelle zu entnehmen (Quellaustritt, Zulaufrohr, Quellsammelbecken etc.). Bei gefassten Quellen erfolgt die Beprobung nach Möglichkeit in einem Zulaufrohr im Quellschacht, z. B. mittels eines Befüllschlauches aus Teflon, der in das Zulaufrohr geschoben wird. Es ist darauf zu achten, dass keine Partikel von der Rohrinnenwand abgelöst werden und in das Probengefäß gelangen. Nach vollständiger Befüllung des Schlauches (blasenfrei) und ausreichendem Spülen werden die Probengefäße daraus direkt befüllt. Muss das Probenahmegefäß z. B. in eine Quelle eingetaucht werden, so darf die Hand nur unterstrom mit dem Wasser in Berührung kommen. In manchen

Fällen ist die Probenahme mittels kleiner mobiler Pumpen direkt am Wasseraustritt vorzuziehen. Detaillierte Hinweise zur Probenahme aus Quellen und Schläuchen siehe BW-Leitfaden „Grundwasserprobenahme“ [18] sowie „Richtlinie für die Errichtung und Beobachtung von Quellmessstellen in Österreich“ [19].

4.4.4.2 Abpumpen des Standwassers

Wasser in einer Grundwassermessstelle, aus der nicht vor wenigen Stunden noch gefördert wurde, kann aus vielerlei Gründen nicht repräsentativ für das Grundwasser in den umgebenden Schichten sein [18]. Das in der Grundwassermessstelle oder im Brunnen einschließlich Ringraum vorhandene Standwasser kann durch atmosphärischen Einfluss, durch veränderte Strömungsverhältnisse oder durch den Kontakt mit den Ausbaumaterialien erheblich verändert sein. Durch Gasaustausch mit der Luft können chemische und biologische Prozesse eintreten, z. B. Oxidations- und Fällungsreaktionen oder Entweichen flüchtiger organischer Verbindungen. Außerdem können sich Ablagerungen in der Messstelle ansammeln.

Deshalb muss das Standwasser vor der Probenahme entfernt werden, und zwar muss soviel Wasser abgepumpt werden, dass ein von der Messstelle ausgehender Einfluss auf die Beschaffenheit der Wasserprobe weitgehend auszuschließen ist.

Darüber hinaus sollten die Auswirkungen des Abpumpens im Rahmen der gesamten Untersuchung sorgfältig bedacht werden, und zwar neben den mit einer besseren Probenintegrität verbundenen Vorteilen. Bei der Erkundung einer Altlastenverdachtsfläche, bei der sich die Verunreinigungen an getrennten Orten befinden oder in einer separaten Phase (LNAPLs und DNAPLs) vorliegen, kann das Abpumpen zur Umverteilung oder Ausbreitung der Verunreinigungen führen. Das kann zu unrichtigen Ergebnissen und/oder zur Verschärfung der Probleme führen. In diesen Fällen sollte z. B. Mikroabpumpen in Erwägung gezogen werden.

Die Angaben in der Literatur über das abzupumpende Standwasservolumen einer Messstelle sind sehr unterschiedlich und reichen von „gar nicht“ über ein mehrfaches Messstellenvolumen bis zu 24 Stunden. Grundsätzlich muss beim Abpumpen beachtet werden, dass jede Messstelle aufgrund ihres Ausbaus sowie der hydraulischen und geologischen Gegebenheiten ihre eigene Charakteristik hinsichtlich der auszutauschenden Wassermenge hat [20].

ISO 5667-11 [3] enthält beispielsweise sieben alternative Abpumpstrategien in Abhängigkeit der hydraulischen Gegebenheiten, um entweder Durchschnitts-/Mischproben oder Punkt-/Einzelproben zu erhalten.

Brunnen für Wasserversorgungszwecke haben eine fest installierte Pumpe, mit deren Hilfe die Probe an vorhandenen Zapfhähnen genommen wird. Die Pumpe muss sich in Betrieb befinden; ansonsten ist sie einige Zeit vor der Probenahme einzuschalten. Um zu vermeiden, dass durch das Auf- und Zudrehen des Zapfhahnes Partikel in die Wasserprobe gelangen, muss man ein hinreichendes Volumen ablaufen lassen. Die Probe muss aus dem freien Strahl entnommen werden.

Falls vor der Probenahme größere Wassermengen abgepumpt werden müssen, sind entsprechend leistungsfähige Pumpen üblicher Bauart einzusetzen, für die notfalls über Vorversuche zu prüfen ist, welche Parameter hierbei beeinflusst werden. Gegebenenfalls sind für das Abpumpen bis zum Erhalt einer repräsentativen Probe und für die unmittelbar anschließende Probenahme verschiedene Geräte einzusetzen.

4.4.4.3 Berechnung des Abpumpvolumens

Das Abpumpvolumen sollte in vorherigen Pumpversuchen (Erstcharakterisierung, siehe Abschnitt 4.3.8.2) festgelegt werden. Auf jeden Fall ist sicherzustellen, dass zur Entnahme einer Grundwasserprobe die Pumpe außerhalb des Filterbereiches eingebaut wird.

Bei bekannter Länge der Filterkiesschüttung und des Bohrlochdurchmessers (aus den Ausbauplänen) wird als Grundlage für die Berechnung des hydraulischen Kriteriums üblicherweise das 1,5-fache Volumen des Kreiszylinders verwendet, der sich aus dem Bohrlochdurchmesser und der Länge der wassererfüllten Filterkiesschüttung ergibt [5]. Zu berücksichtigen ist, ob sich der Ruhewasserspiegel (R_w) innerhalb oder oberhalb der Filterstrecke befindet.

Das Mindestabpumpvolumen wird nach folgender Formel ermittelt:

$$V = n \cdot \frac{\pi}{4} \cdot {d_{BL}}^2 \cdot L_F \qquad (4.1)$$

- V = Mindestabpumpvolumen in Liter
- n = Faktor (Empfehlung: $n \geq 1,5$; aus praktischer Erfahrung)
- d_{BL} = Durchmesser des Bohrlochs in dm
- L_F = wassererfüllte Filterkieslänge in dm

Die Gültigkeit der Gleichung (4.1) beschränkt sich auf Lockergesteinsbereiche. Für Probenahmen im Festgestein können aufgrund der heterogenen Verhältnisse keine allgemein gültigen Vorgaben gemacht werden [5].

Die Ermittlung der abgepumpten Menge erfolgt entweder kontinuierlich, z. B. mittels Magnetisch-Induktiver Durchflussmessung oder Wasseruhr, alternativ diskontinuierlich durch mehrfaches Auslitern (Eimermessung) während des Abpumpens.

4.4.4.4 Pumpenförderleistung und maximale Absenkung

Die Pumpenförderleistung muss an die Ergiebigkeit des Grundwasserleiters angepasst sein, d. h. es soll nur eine möglichst geringe Absenkung des Grundwasserspiegels erzielt werden. Starke Absenkung verursacht ein geändertes Strömungsverhalten rund um die Messstelle, welches vielfach dazu führt, dass aufgrund des Trübstoffgehaltes keine klare Grundwasserprobe gewonnen werden kann. Außerdem kann es zur Mobilisierung von Stoffen, zur Veränderung der Probeninhaltstoffe und zu möglichen Veränderungen in der Messstelle selbst kommen, die bis zum Verschluss der Filterrohrschlitze führen können.

Während des Abpumpens ist die Lage des Grundwasserspiegels kontinuierlich, z. B. mit einer Druck-/Temperatursonde, bzw. mindestens mehrfach mit einem Licht-Akustik-Lot zu messen. Die Absenkung des Grundwasserspiegels im Beobachtungsrohr sollte nicht mehr als ein Drittel der Wassersäule betragen, in der Regel nicht mehr als zwei Meter [21]. Erforderlichenfalls ist die Pumpenförderleistung an die geohydraulischen Gegebenheiten des Grundwasserstromes anzupassen. Dabei sollte bei Verwendung bestimmter Pumpentypen die Förderleistung 2 l/min nicht unterschreiten, um eine Erwärmung des geförderten Grundwassers zu vermeiden.

Die Abschätzung der Pumpenförderleistung zur Erzielung einer „sanften“ Entnahme einer Grundwasserprobe kann auf der Grundlage der halbempirischen Gleichung (4.2) erfolgen [22]:

$$Q_P = s \cdot k_f \cdot L_{FR} \cdot 20 \cdot F_F \qquad (4.2)$$

mit

Q_P = Volumenstrom der Pumpe in l/min
s = Wasserspiegelabsenkung in der Grundwassermessstelle in cm
k_f = k_f-Wert des Grundwasserleiters in m/s (siehe Tabelle 4.2)
L_{FR} = Länge des Filterrohres in cm
F_F = Filterflächenfaktor (siehe Tabelle 4.3)
die Reichweiten- und Geometrieabhängigkeit ist in dem Faktor (20) enthalten.

Tabelle 4.2 enthält relativ grobe Angaben zur k_f-Wertabschätzung. Wesentlich detailliertere k_f-Werte für Lockergesteine finden sich im Anhang 4 des Fachbeitrages vom LUGV Brandenburg [23].

Tabelle 4.2: k_f-Wertabschätzung nach DIN 4220 Teil 2 [22, 24]

Bodenart	k_f-Wert in m/s
schluffiger Sand	10^{-6} - 10^{-5}
Feinsand	10^{-5} - 10^{-4}
Mittelsand	10^{-4} - 10^{-3}
Grobsand	10^{-3}
Feinkies	10^{-3} - 10^{-2}

Tabelle 4.3: Filterflächenfaktor in Abhängigkeit der Filterart [22]

Material	Lochungsart	Filterflächenfaktor
PVC/PEHD	Schlitzung 0,2 bis 3,0 mm	0,08 bis 0,13
Spezialfilter	Maschenweite 0,1 bis 0,6 mm	0,07 bis 0,23
Stahl	Wickeldrahtschlitzung 0,1 bis 3,0 mm	0,35 bis 0,40
	Schlitzbrücke 1 bis 4 mm	bis 0,15
	Schlitzlochung 1 bis 4 mm	bis 0,12
Filterrohr mit Kiesbelag	Schlitzung entsprechend Filterrohr	0,07 bis 0,23

4.4.4.5 Einbautiefe der Pumpe

Die Einbautiefe der Pumpe sollte in der Probenahmeakte aus vorherigen Gütepumpversuchen (Erstcharakterisierung) festgelegt sein. Diese ist abhängig von dem Grundwasserspiegel, der Filterstrecke, der Ausbautiefe und eines evtl. vorhanden Sumpfrohres.

- Ideal ist eine Lage etwa ein bis zwei Meter unterhalb der zu erwartenden maximalen Absenkung des Wasserspiegels.
- Wenn der Wasserspiegel sich stets **oberhalb** der Filterstrecke befindet, wird die Ansaugöffnung der Pumpe unter Berücksichtigung der maximalen Absenkung des Ruhewasserspiegels ein bis zwei Meter oberhalb der Oberkante der Filterstrecke eingehängt.
- Wenn die Filterstrecke ständig **unterhalb** des Wasserspiegels liegt, sollte die Ansaugöffnung der Pumpe etwa ein bis zwei Meter unterhalb des erwarteten abgesenkten Wasserstands positioniert werden.
- Die Pumpe darf keinesfalls unterhalb der Filterunterkante bzw. im Bereich eines eventuell vorhandenen Sumpfrohres eingebaut werden. Wenn deren Lage nicht bekannt ist, muss der Abstand der Unterkante der mobilen Pumpe zur Basis der Messstelle mindestens 0,3 m betragen, damit kein Schlamm aus dem Sumpf aufgewirbelt wird.

Die Wasser-Durchflussmesszelle behrotest® AQUABOX ist ideal für die sach- und fachgerechte Bestimmung der Feldparameter bei der Entnahme von Grund- und Abwasserproben.

Die behrotest® AQUABOX ist aus einer transparenten, schlagfesten Polyethylen-Verbindung (PETG) gefertigt. Die transparente Bauweise ermöglicht jederzeit eine optische Kontrolle eventueller Störungen, z.B. Sand- oder Schlammverunreinigungen.

Die behrotest® AQUABOX lässt sich zum Reinigen einfach und schnell durch eine Zentralverschraubung ohne Werkzeug von Hand zerlegen.

Alle wasserführenden Teile sind klebstofffrei aus PETG (Gefäße und Deckel) oder PP (Rohrzulauf und -ablauf) gefertigt. Die Prüfliquide werden daher durch Material und Bauweise nicht beeinflusst (keine Absorptions- und Desorptions-Erscheinungen).

Der Verschlussdeckel ist spritzwasserdicht und über Schnellverschlüsse leicht zu öffnen und schließen. Er verfügt über 6 variabel große, spritzwasserdichte Elektrodenhalter für Messelektroden bis Ø 25 mm (größere Durchmesser auf Anfrage).

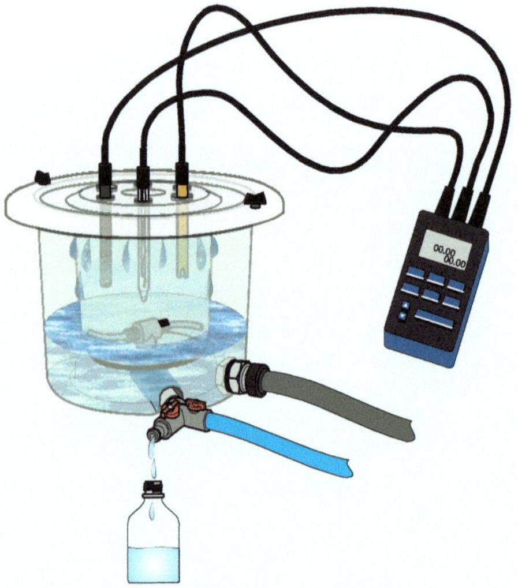

Für die Praxis im Feld

In der Messzelle strömt das Wasser der Probe spiralförmig von unten nach oben um die kreisförmig eingesetzten Messelektroden und wird über ein spritzwasserdichtes Umgefäß abgeleitet.

Sechs im Deckel angeordnete Elektrodenhalter, mit variablen Durchmessern, geben den Messelektroden im optimalen Strömungsbereich sicheren Halt.

Messung und Probennahme

Die Probenentnahme erfolgt im Wasserzulauf über ein im Bypass integriertes Ventil.

Das bietet die behrotest® AQUABOX

- Zeitgleiche, parallele Messungen verschiedener Parameter und somit die Möglichkeit der Auswahl des optimalen Probennahmezeitpunktes.
- Probenentnahme im Zufluss.
- Optimale Strömungsbedingungen.
- Norm-Anschlüsse für Schläuche.
- Universelle Elektrodenaufnahme.
- Transparente Bauweise aus Materialien, die die Prüfliquide nicht beeinflussen.
- Universell einsetzbar im Feld und im Labor.
- Online- und Stationärbetrieb sind ebenfalls möglich.
- Einfache Handhabung.
- Einfach zu säubern.
- Wartungsfrei.

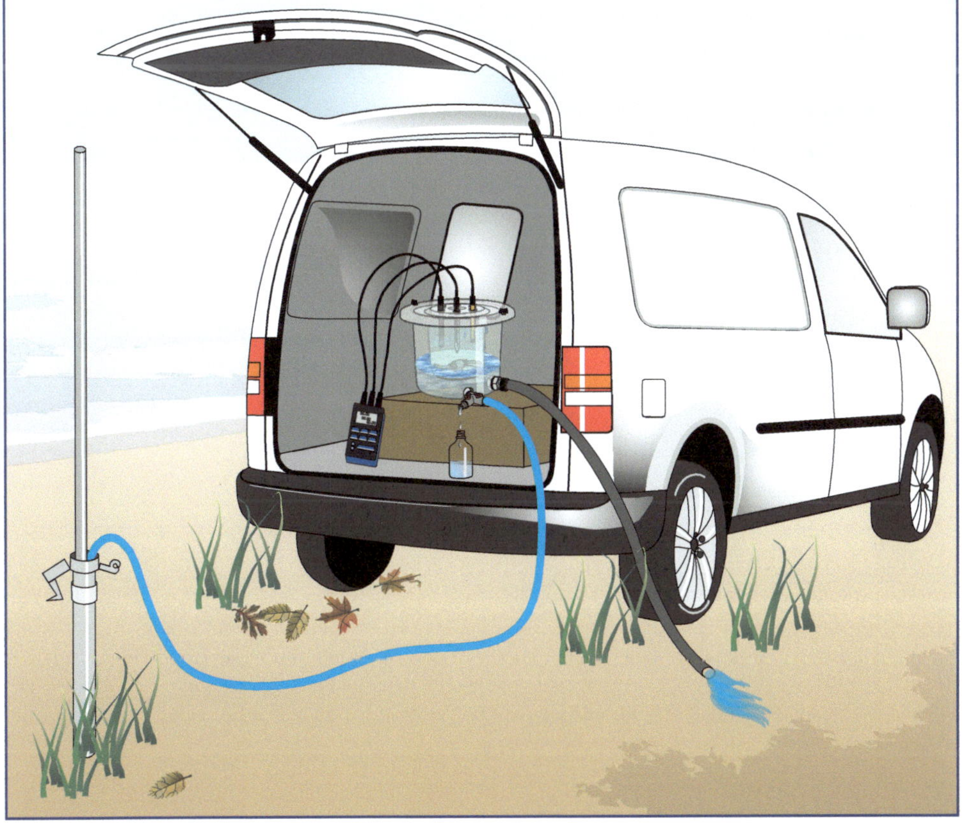

AQUABOX

Wasser-Durchflussmesszelle

Technische Daten

Max. Durchflussmenge:	18 l/min
Wasseraufnahme Strömungsgefäß:	4,5 l
Wasseraufnahme Umgefäß:	11,0 l
Maße (Höhe x Deckeldurchmesser in cm):	26,0 x 38,5
Material:	Gefäße und Deckel PETG Zu- und Ablaufrohre PP

Bestelldaten

behrotest® Wasser-Durchflussmesszelle AQUABOX	B00217040

www.behr-labor.com/produkte/umwelt/probenahme.html

behr Labor-Technik GmbH • Spangerstraße 8 • 40599 Düsseldorf
Tel.: (+49) (0) 211 – 748 47 19 • Fax: (+49) (0) 211 – 748 47 48
eMail: info@behr-labor.com • Internet: www.behr-labor.com

4.4.4.6 Ableitung des geförderten Wassers

Das geförderte Wasser kann i. d. R. in ein oberirdisches Gewässer eingeleitet werden oder man lässt es einige Meter entfernt von der Probenahmestelle versickern, wobei eine Beeinflussung der Probenahmestelle zu vermeiden ist. Eine Einleitung von abgepumptem Grundwasser in einen Brunnen, also direkt in den Grundwasserleiter, sollte man grundsätzlich unterlassen. Im Übrigen ist es genehmigungsbedürftig.

Ist das geförderte Wasser möglicherweise kontaminiert, ist es ggf. erforderlich, ausreichende Vorkehrungen für die Entsorgung des abgepumpten Wassers oder Maßnahmen vor Ort zu treffen, wie z. B. der Einsatz einer Aktivkohlefilteranlage oder Sammlung und anschließende Entsorgung.

4.5 Probenahme in Sonderfällen

Hinsichtlich der Vorgehensweise zur Probenahmen bei speziellen Fragestellungen wie z. B. gering ergiebige Grundwasserleiter, Große Teufe – Geringe Teufe, spezielle Techniken der tiefenspezifischen Probenahme, Probenahmen von Grundwassermessstellen mit Phasen nichtwässriger Flüssigkeiten etc. sei u. a. auf DWA-A 909 [5] verwiesen.

4.5.1 Gering ergiebige Grundwasserleiter

Sollte eine Pumpenförderleistung von ≤ 2 l/min erforderlich sein, d. h. ist eine Standardprobenahme aufgrund geringer hydraulischer Ergiebigkeit des Grundwasserleiters trotz niedrigster Förderleistung der Pumpe nicht möglich, so ist die Grundwasserprobenahmepumpe entsprechend dem Ergebnis der Erstcharakterisierung einzubauen. Als oberer und unterer Grenzwert gelten: im Bereich der Filteroberkante bzw. 0,5 m über Filterunterkante. Dabei ist zu beachten, dass durch die Lage der Pumpe das Abpumpen von jeweils ein Drittel des Filtervolumens erreicht werden sollte. Die Messstelle ist an drei aufeinander folgenden Tagen leer zu pumpen und am vierten darauf folgenden Tag ist die Grundwasserprobe mit einer Förderleistung von ca. 1 l/min zu entnehmen [22].

4.5.2 Schadstoffe in freier Phase (DNAPL/LNAPL)

DNAPLs (engl.: dense non-aqueous phase liquids) sind schwere, nicht-wässrige Flüssigkeitsphasen, d. h. organische Verbindungen mit einer geringen Wasserlöslichkeit und einer höheren Dichte als Wasser, z. B. PAK, chlorierte Kohlenwasserstoffe wie Trichlorethan. DNAPLs können die ungesättigte und die gesättigte Zone passieren und sich am Boden des Grundwasserleiters absetzen. Bei der Abwärtsbewegung können sie von Schichten mit geringerer Durchlässigkeit als die umgebende Formation abgefangen werden, z. B. von einer Tonlinse oder Tonschicht in einem Sand-Kies-Grundwasserleiter. Dieses Abfangen kann eine vorübergehende oder dauerhafte Anwesenheit bzw. einen „Anstau" der Verunreinigung in freier Phase zur Folge haben.

LNAPLs (engl.: light non-aqueous phase liquids) sind nicht-wässrige Leichtflüssigkeiten, d. h. organische Verbindungen mit geringer Wasserlöslichkeit und einer geringeren Dichte als Wasser, z. B. BTEX, Mineralölkohlenwasserstoffe. LNAPLs können daher an der Oberfläche des Grundwassers aufschwimmen und sich auf dem Grundwasserspiegel ansammeln. Sie kommen auch in der ungesättigten Zone vor und bilden in der gesättigten Zone gelöste Fahnen.

Die Probenahme aus Grundwassermessstellen, die zusätzlich eine nichtwässrige flüssige Phase enthalten, ist technisch recht aufwändig und kann hinsichtlich Reproduzierbarkeit und Bewertung der gewonnenen Untersuchungsergebnisse recht zweifelhaft sein. Daher sind solche Probenahmen durch Experten zu planen, zu begleiten und zu bewerten.

Die Zusammenhänge zwischen Untergrundaufbau, Stoffverhalten, Messstellenausbau und Analysenergebnissen sind in einer Arbeitshilfe mit dem Titel „Grundwasseruntersuchungen an Altlasten im Lockergestein" [24] anschaulich dargestellt. Damit sollen die bei einer Probenahme gewonnenen Analysenergebnisse aus unterschiedlichen Grundwassermessstellenarten sachgerechter und zielführender beurteilt sowie neue Messstellen in Lage und Ausbau besser geplant werden können.

Hinweise zur Probenahme aus Grundwassermessstellen mit Phasenanteilen sind in [5, 22] enthalten. Danach kann eine Probenahme aus dem Grundwasserleiter unterhalb der aufschwimmenden Phase durch Einbringen der Probenahmegeräte über eine Schutzverrohrung bzw. durch vollständige Abschöpfung der Phase vor der Probenahme erreicht werden. Bei DNAPL sollte ein Mindestabstand der Probenahmepumpe zur Oberfläche der DNAPL in der Messstelle von mindestens 1 m eingehalten werden. Dieser Abstand sowie die Pumpenförderleistung sind im Rahmen der Erstcharakterisierung zu prüfen und ggf. zu ändern. Messstellen mit Sumpfrohr sind grundsätzlich für die Beprobung von DNAPL geeignet.

4.6 Messungen und Feststellungen vor Ort

Während des Abpumpens einer Grundwassermessstelle werden die Vor-Ort-Parameter (quasi-)kontinuierlich gemessen. Der Zeitpunkt für die Probenahme ist erreicht, wenn das Wasser in Rohr- und Ringraum sowie das im umgebenden Gestein anstehende Grundwasser entfernt wurde. Um sicherzustellen, dass das Abpumpen effektiv war, ist es erforderlich, physikalisch-chemische Parameter während des Abpumpens zu messen und zu dokumentieren. Mögliche Messparameter können sein:

- Pumpenförderleistung,
- Wasserspiegelabsenkung,
- elektrische Leitfähigkeit,
- pH-Wert,
- Temperatur,
- Redoxspannung,
- gelöster Sauerstoff,
- Trübung,
- Abpumpmenge.

Die Auswahl von Parametern sollte sich nach den standortspezifischen Gegebenheiten und den Erkenntnissen der Erstcharakterisierung richten.

Die Messung der Vor-Ort-Parameter erfolgt zweckmäßigerweise kontinuierlich in einer laminar durchströmten geschlossenen Messstrecke oder Messzelle, in der die Elektroden fixiert sind, um den Kontakt mit der Atmosphäre zu vermeiden. Falls keine kontinuierliche Messung möglich ist, sollten die Vor-Ort-Parameter so oft wie möglich gemessen und aufgezeichnet werden. Bei Pumpdauern bis ca. 90 Minuten sind Messungen mindestens alle fünf Minuten, bei längeren Pumpdauern mindestens alle zehn Minuten zu empfehlen. Bild 4.3 enthält ein Muster eines Formulars zur Aufzeichnung der Vor-Ort-Messwerte während des Abpumpens.

Das Abpumpen sollte so lange fortgeführt werden, bis die Schwankung dieser Parameter sich stabilisiert hat. Stabilität ist definiert als konstanter Wert eines Parameters innerhalb einer festgelegten Abweichung über einen vorgegebenen Zeitraum oder in Abhängigkeit des zwischenzeitlich geförderten Wasservolumens. Gemäß LAWA AQS-Merkblatt P-8/2 [21] gilt die Konstanz gegeben, wenn sich innerhalb von fünf Minuten

Grundwasserprobenahme:
Dokumentation der Vor-Ort-Parameter während des Abpumpens

Probe-Nummer : .... Datum: ....

Messstellenname: ....

Messstellennummer: ....:...........................

Bemerkungen:..

....

Uhr-zeit	Abstich [m]	pH-Wert ± 0,1	Lf [µS/m] ± 1%	T [Grad C] ± 0,1 °C	O_2 [mg/l]	Redox-Spannung [mV]	Trübung [FNU]	Bemerkung

Unterschrift Probennehmer/in

....

Bild 4.3: Dokumentation der Vor-Ort-Parameter während des Abpumpens

- die elektrische Leitfähigkeit um nicht mehr als 1 % vom Endwert und
- die Temperatur um nicht mehr als 0,1 K und
- der pH-Wert um nicht mehr als 0,1 Einheiten

verändern. Dabei sind Temperatur und pH-Wert weniger sensible Kenngrößen für die Abpumpzeit. Im LAWA-Merkblatt wird leider darauf hingewiesen, dass eine Zeitangabe ohne Berücksichtigung der Förderrate nicht zu vergleichbaren Ergebnissen führen kann. Daher ist auch stets die pro Zeiteinheit geförderte Wassermenge zu beachten.

Temperaturmessungen bei Pumpproben können insbesondere bei geringem Förderstrom, bei Drosselung der Tauchmotorpumpe, durch Erwärmung des Wassers und durch lange Schlauchleitungen beeinflusst werden. Daher empfiehlt sich die Temperaturmessung in situ mit einer Temperatursonde oder einem Multifunktions-Lichtlot.

Zusätzlich sind bei der Probenahme vor Ort alle Kenngrößen zu messen bzw. festzustellen, welche zu einem späteren Zeitpunkt, also auch bei der Untersuchung im Labor nicht mehr fehlerfrei bestimmt werden können.

Zunächst sind das Datum und die minutengenaue Uhrzeit der Probenahme zu dokumentieren. Neben dem selbstverständlichen Datum ist die Zeit zwar in den meisten Fällen für Grundwasserproben unerheblich, doch gibt es z. B. in Verbindung mit Schadensfällen Fragestellungen, welche diese Angaben erforderlich machen. Wegen des unerheblichen Aufwandes sollte die Zeitangabe daher immer erfolgen.

Eine bei der Probenahme unerlässliche Messung ist die des Wasserspiegels im Brunnen bzw. Messrohr. Steht dieser unter dem Messpunkt, werden heute als Messgeräte meistens Licht-Akustik-Lote eingesetzt. Etwas aufwändiger sind die Messungen bei artesisch gespanntem Wasserspiegel, da Druckanzeiger bei den vielfach anzutreffenden geringen Höhen den Messpunkt recht ungenau anzeigen. Bewährt haben sich in diesem Falle Aufsatzrohre oder Schläuche aus durchsichtigem Material, an denen die Messungen z. B. mit einem Zollstock durchgeführt werden. Zu messen ist unmittelbar vor, bei und nach der Probenahme, da eventuelle Differenzen auch für die Interpretation der Analyse wertvolle Hinweise geben. Neben dem Wasserspiegel ist auch die sich üblicherweise auf die Ansaugstelle einer Probenahmepumpe beziehende Entnahmetiefe unter Wasserspiegel anzugeben, weil mit mehreren Filterstrecken ausgebaute Brunnen und Messstellen in verschiedenen Entnahmetiefen unterschiedliche Wasserqualitäten erfassen können. Dies beruht auf der üblichen Inhomogenität des Untergrundes.

Wenn auch generell klare Grundwasserproben gefordert werden, so ist dies doch nicht immer möglich. Außerdem gibt es spezielle Fragen, bei denen die Analyse von Trübung und ähnlichem gewünscht wird. Es müssen daher unter „Wahrnehmungen am geförderten Grundwasser" Beobachtungen wiedergegeben werden, welche Rückschlüsse auf das Grundwasser, färbende oder flüchtige bzw. sich verändernde Inhaltsstoffe zulassen. Die Beschreibung der Färbung nach DIN 38404 Teil 1 [25] sollte durch weitere Angaben ergänzt werden, wenn dafür Ursachen wie z. B. Färbversuche bekannt sind. Angaben zur Trübung sollen deren Intensität sowie Beschaffenheit enthalten, und die Angaben zum Bodensatz sollen den Schluss zulassen, ob es sich um ausgefällte Inhaltsstoffe, mitgefördertes Sediment oder um beides handelt. Beim Geruch sollen allgemeine Angaben wie „modrig" als auch auf bestimmte Stoffe (z. B. „H_2S") oder Stoffgruppen (z. B. „Mineralöl") hinweisende Bemerkungen gemacht werden. An diese Feststellungen schließen sich die eigentlichen Messungen von Luft- und Wassertemperatur, pH-Wert, Sauerstoffgehalt und elektrischer Leitfähigkeit an. Die Redoxspannung sollte ebenfalls bei jeder Probenahme gemessen werden, doch gibt es gerade bei Grundwasser eine Reihe von möglichen Störfaktoren. Hinweise bietet unter anderem die DVWK-Schrift „Grundwasser – Redoxpotentialmessungen und Probenahmegeräte" [17].

4.7 Abfüllen der Proben

Die Probenahme erfolgt nach Erreichen des festgelegten Kriteriums unter Beibehaltung der eingestellten Pumpenförderleistung. Das Befüllen der Probengefäße soll nicht aus dem Förderschlauch, sondern aus einem Schlauch mit geringem Querschnitt mit einer Förderleistung von etwa 1 l/min erfolgen. Zum Abfüllen der Proben ist ein Bypass zu verwenden, der über entsprechende Verbindungsstücke mit dem Förderschlauch oder Steigrohr vor der Durchflussmessung und der Durchflusszelle verbunden ist und ständig mit dem Grundwasser gespült wird. Dazu wird der Schlauch ggf. mit aufgestecktem Glasrohr oder Teflonschlauch bis auf den Boden des Probengefäßes eingetaucht. Nach dem Volllaufen sollen die Gefäße kurze Zeit überlaufen und – nach langsamen Herausziehen des Schlauches – sofort verschlossen werden. Falls im zu beprobenden Grundwasser ungelöste Stoffe enthalten sind und/oder im Probengefäß Chemikalien vorgelegt sind, ist ein Spülen der Behälter mit dem Grundwasser in jedem Fall zu unterlassen [21].

Zur Vermeidung von Querkontaminationen beim Befüllen der Probenbehälter sollten zunächst die Probenbehälter ohne Zusatz von Konservierungschemikalien befüllt und verschlossen werden. Anschließend sind die Probenbehälter zu befüllen, die Chemikalien als Konservierungsmittel enthalten.

4.8 Probenbehälter/-beschriftung

Generelle Informationen und Anleitung über die Auswahl von Materialien für die Probenahmeausrüstung enthalten DIN EN ISO 5667 Teil 1 [26] und konkretisiert für die Probenbehälter DIN EN ISO 5667 Teil 3 [27]. Es soll verhindert werden, dass die Integrität der Probe zum Zeitpunkt der Probenahme und danach durch die zur Probenahme und ihrer anschließenden Lagerung verwendeten Materialien beeinträchtigt wird.

Als Probenbehälter werden in Abhängigkeit von den zu bestimmenden Stoffen Flaschen oder Gefäße aus Glas, Borosilicat, geeigneten Kunststoffen wie Polyolefinen oder aus Metallen verwendet. Sind Veränderungen durch Diffusion zu befürchten, dürfen nur Glas- oder Borosilicatflaschen bzw. Metallbehälter eingesetzt werden. Im Falle von Untersuchungen auf Lösemittel sind Glasflaschen mit Schliffstopfen einzusetzen, und wenn die Proben eingefroren werden müssen, kann man nur Behälter aus Metall, Polyolefinen oder vergleichbaren Kunststoffen verwenden. Auf jeden Fall ist die Auswahl der Behälter in Abstimmung mit dem untersuchenden Labor vorzunehmen, welches gegebenenfalls Teilproben in verschiedenen Gefäßen erwartet.

Zweckmäßigerweise sollten alle Flaschen vor Beginn der Probenahme gekennzeichnet werden, z. B. mit einem aus dem Labordatensystem erzeugten, selbstklebenden Etikett. Steht ein solches Etikett nicht zur Verfügung, so wird ein Etikett von Hand mit folgenden Angaben beschriftet:

- Probennummer,
- Probenahmeort (Name der Messstelle, Messstellennummer),
- Datum der Probenahme,
- zu untersuchende(r) Parameter/Parametergruppe,
- ggf. Hinweis auf vor Ort durchgeführte Filtration,
- ggf. Hinweis auf zugesetzte Konservierungschemikalien.

4.9 Probenvorbehandlung vor Ort

Ist eine Analyse unmittelbar nach der Probenahme nicht möglich und sollen die Ergebnisse der Probenahme für die Bedingungen zum Zeitpunkt der Probenahme repräsentativ sein, ist die Art der Handhabung und Konservierung, von Transport und Lagerung der Proben vor der Analyse von außerordentlicher Bedeutung. Eine allgemeine Anleitung zu diesen Themen ist in DIN EN ISO 5667-1 [26], DIN EN ISO 5667-3 [27] und DIN EN ISO 5667-14 [28] enthalten.

Die größte Schwierigkeit bei der Grundwasserprobenahme besteht darin, genaue Angaben über die Wasserbeschaffenheit im Untergrund zu erhalten. Probleme können aufgrund von physikalischen und chemischen Veränderungen bei der Probenahme auftreten. Das Grundwasser könnte mit gelösten Gasen übersättigt sein, und bei den meisten Verfahren der Grundwasserprobenahme wird die Probe Temperatur- und Druckschwankungen ausgesetzt, die Änderungen von Variablen wie pH-Wert, elektrischer Leitfähigkeit, elektrochemischem Potential, Sulfidgehalt und Gehalt an gelöstem Gas (insbesondere Sauerstoff und Kohlendioxid) auslösen können. Diese Änderungen können wiederum die Speziation einiger Inhaltsstoffe beeinflussen. Der Kontakt mit der Atmosphäre kann ähnliche Veränderungen bewirken und außerdem zu Oxidation, erhöhter mikrobiologischer Aktivität, Ausfällung, Verflüchtigung und verändertem Erscheinungsbild (z. B. Farbe und Trübung) führen. Es ist deshalb wichtig, dass die probefördernden Leitungen während der Probenahme keine Luft- (oder Gas-)blasen enthalten.

Unter Probenvorbehandlung versteht man alle Maßnahmen nach dem Wasseraustritt, beginnend mit Vorbehandlung und Stabilisierung bzw. Konservierung der Proben über ihren Transport und die Lagerung bis zur Analyse im Laboratorium. Grundsätzlich gilt, dass die Probe in fest verschlossenen Behältern kühl und dunkel so schnell wie möglich dem untersuchenden Labor zuzustellen ist, wo sie sofort bearbeitet werden sollte. Ist eine solche Analyse kurze Zeit nach der Probenahme nicht möglich, müssen entsprechend anfällige Parameter durch geeignete Maßnahmen vor wesentlichen Veränderungen bewahrt werden. Details siehe Kapitel 3 „Probenvorbehandlung“.

4.9.1 Filtration

Die Probenvorbehandlung beginnt meist mit der Frage, ob ein Filtrieren zulässig bzw. erforderlich ist oder nicht. Eigentlich sollte die Probe so klar sein, dass sich dies erübrigt, doch sind gerade bei Proben aus Grundwassermessstellen Ausnahmen sehr häufig. Zur Stabilisierung der Proben empfiehlt sich die Vor-Ort-Filtration, besonders wenn es darum geht, die Speziation von z. B. Metallen zu untersuchen. Tonmineralien können auch wegen ihrem hohen Adsorptions- und Ionenaustauschvermögen schon in normalen Proben verfälschend wirken. Falls Zweifel an den Auswirkungen einer Filtration bestehen, sind Parallelproben zu untersuchen. Falls eine Filtration erforderlich ist, so erfolgt diese grundsätzlich vor der Konservierung. Bei der Filtration von anaerobem Grundwasser ist sicherzustellen, dass diese auch unter anaeroben Bedingungen durchgeführt wird.

Es steht eine breite Palette an Filtermaterialien zur Verfügung, darunter Membranfilter auf Zellulose-Basis, Glasfaser- und Polykarbonatfilter. Kein Material kann allgemein empfohlen werden, obgleich Glasfaserfilter einige Vorteile gegenüber Materialien mit ähnlicher Porengröße (z. B. Zellulosefiltern) bieten, da sie weniger häufig verstopfen, aber dennoch eine ähnliche Filterungseffizienz aufweisen, was die Größe der zurückgehaltenen Partikel anbelangt. Filter sollten zuvor im Labor auf ihre Eignung und Reinheit geprüft werden. Untersuchungen haben gezeigt, dass unter routinemäßigen Probenahmebedingungen z. B. Nickel zu erhöhten Filtrationsblindwerten in unterschiedlichen Konzentrationen aus Membranfiltern derselben Charge führen. Durch vorheriges Spülen der Membranfilter mit Reinstwasser vor der Filtration sind diese Blindwerte jedoch zu minimieren. Weitere Hinweise zur Minimierung von Filtrationsblindwerten, zum Vergleich verschiedener Filtrationstechniken sowie zu Konzentrationsänderung durch zeitlich verzögerten Filtrationsbeginn siehe [29].

Gemäß Grundwasserverordnung ist eine Membranfiltration mit einer Porengröße von 0,45 µm für bestimmte Stoffe und Stoffgruppen, wie Arsen, Cadmium, Blei, Quecksilber, Pflanzenschutzmittel und deren Metaboliten, Biozid-Wirkstoffe einschließlich relevanter Stoffwechsel- oder Abbau- bzw. Reaktionsprodukte sowie bedenkliche Stoffe in Biozid-Produkten erforderlich [7].

Details zur Filtration von Wasserproben siehe Kapitel 3 „Probenvorbehandlung“.

4.9.2 Probenkonservierung

Als Konservierungsmaßnahmen kommen z. B. Kühlung auf (3 ± 2) °C, Einfrieren auf etwa -20 °C oder bestimmte Chemikalienzugaben in Frage. Die geringsten durch die Konservierung bedingten Veränderungen treten bei der Kühlung auf. Sie bewirkt insbesondere eine Hemmung der Aktivitäten von Organismen, deren Vorkommen auch in unbelastetem Grundwasser nicht auszuschließen ist. Dieser Effekt wird durch Lichtausschluss z. B. beim Transport in einer verschlossenen Kühlbox unterstützt. Das Einfrieren ist dagegen eher eine Labormethode, um die längere Zeit bis zur Analyse zu überbrücken. Chemikalien sollten nur dann zur Konservierung zugegeben werden, wenn kein anderes Konservierungsverfahren angewendet werden kann und die zugegebenen Chemikalien bei der späteren Analyse nicht stören. In jedem Falle sind diese Konservierungen vorher mit dem untersuchenden Labor abzustimmen. Details zur Probenkonservierung siehe Kapitel 3 „Probenvorbehandlung“. Für mikrobiologische Untersuchungen wird auf DIN EN ISO 19458 [30] verwiesen.

Alle während und nach der Probenahme durchgeführten Vorbehandlungs- oder Konservierungsmaßnahmen sind im Probenahmeprotokoll zu vermerken.

4.10 Dokumentation und Messwerterfassung

Die Probenahme ist in einem entsprechenden Protokoll zu dokumentieren. Dieses soll dem Probenehmer als Merkliste dienen und dem untersuchenden Laboratorium Informationen über die Tätigkeiten und Messungen bei der Probenahme vermitteln sowie Beobachtungen festhalten, die für den oft ortsunkundigen späteren Bewerter der Untersuchungsergebnisse von Bedeutung sind (siehe auch Abschnitt 4.6 „Messungen und Feststellungen vor Ort“).

Ein Probenahmeprotokoll muss keiner Form unterliegen; wichtig ist nur, dass es alle für das Untersuchungsziel sowie für eine Wiederholung der Probenahme unter identischen Bedingungen relevanten Informationen enthält. Geeignete Muster von Protokollen zur Grundwasserprobenahme sind in z. B. in DIN 38402 Teil 13 [2], ISO 5667-11 [3], DWA-A 909 [5] oder LUBW-Leitfaden [18] enthalten. In Bild 4.4 ist ein Muster-Probenahmeprotokoll dargestellt auf der Basis von [5] und [31].

4.11 Transport und Lagerung

Die gefüllten Probeflaschen sind bruch- und frostsicher sowie wärme- und lichtgeschützt zum Labor zu transportieren. Während des Transports müssen Proben in einer Kühleinrichtung aufbewahrt werden, die geeignet ist zur Aufrechterhaltung einer Temperatur zwischen (5 ± 3) °C. Zur sachgerechten Beurteilung der Bedingungen während des Transports kann ein Gerät zur Aufzeichnung der (maximalen) Temperatur der die Probe umgebenden Luft verwendet werden [27].

Die Probenübergabe sollte im Probenahmeprotokoll durch Unterschrift des Probenehmers / der Probenehmerin bestätigt oder in einem Probenbegleitschein dokumentiert werden.

4.12 Reinigung der Probenahmegeräte

Die Probenahmegeräte (Pumpen und Steigrohre bzw. Schläuche) sind so zu reinigen, dass die folgende Analyse nicht beeinträchtigt wird.

Die Reinigung von Steigrohren oder Schläuchen sollte mit Leitungswasser ohne Zusatz von z. B. Säuren oder phosphathaltigen Spülmitteln erfolgen. In der Praxis als geeignet erwiesen hat sich die Verwendung von Reinigungskugeln oder Schwämmen, die mit Druckluft oder Wasser durch die Rohre/Schläuche durchgedrückt werden.

Muster-Probenahmeprotokoll für Grundwasser

Datum der Probenahme:	**Probennummer:**
Messstellenname: **Ort / Gemeinde:**	**Messstellen-Nr:** **Koordinaten: Nord:** **Ost:**
Art der Probenahmestelle (a. Grundwassermessstelle b. Quelle c. Brunnen d. Stollen e. andere: bitte beschreiben): **Innendurchmesser:** (mm) **Teufe der Messstelle, gemessen:** (m u. MP) **Zustand der Probenahmestelle:**	
Probenahme (Abgleich mit Daten aus ggf. vorliegendem Messstellenpass vornehmen)	
Art der Probengewinnung: (a. Pumpprobe, b. Schöpfprobe, c. aus Zapfhahn, d. andere: bitte beschreiben)	Probenahmegerät: a. MP1 mit Steigrohr b. MP1 mit Schlauch c. Saugpumpe d. Kreiselpumpe e andere bitte beschreiben
Zu entnehmendes Wasservolumen gemäß Erstcharakterisierung: (l)	Einhängetiefe der Pumpe: (m unter MP)
Ruhewasserspiegel (m unter MP):	Erwartete Absenkung: (m)
Uhrzeit Pumpbeginn: Uhrzeit Pumpende:	Förderdauer (Klarpumpen bis zur Probenahme) [hh:mm]:
Förderrate (bei Probenahme): (l/s)	Gesamtfördervolumen (bis Probenahme): (l)
Uhrzeit Probenahme:	Max. Absenkung (m unter Ruhewasserspiegel): (unter Messpunkt, bei/nach der Probenahme)
Aufschwimmende Phase (ja/nein):	
Schichtdicke der Phase: (cm)	
Vor-Ort-Parameter	
Lufttemperatur: (°C)	Wassertemperatur: (°C)
Witterung am Probenahmetag:	Witterung an den letzten 3 Tagen:
Geruchsstärke (ohne – schwach – mittel - stark):	
Geruch (geruchlos, erdig, modrig, faulig, jauchig, fischig, aromatisch, Chlor, Teer, Mineralöl, Schwefelwasserstoff, anderer):	
Färbung (farblos – schwach, stark – weiß, grau, gelb, grün, braun, rot, schwarz, andere):	
Trübung (keine, gering, mittel, stark):	
Bodensatz (ohne, Spuren, geringfügig, wesentlich):	
Basekapazität bis pH 8,2 ($K_{B\,8,2}$): (mmol/l)	

Bild 4.4: Probenahmeprotokoll für Grundwasser (verändert nach [5] und [31])

Verlauf der Vor-Ort-Parameter während des Pumpens bis zur Probenahme:

Uhrzeit	abgesenkter GW-Stand [m u. MP]	Pumpvolumen	Förderrate [l/s]	Temp. [°C]	Lf [µS/cm] bei __°C	pH	O_2 [mg/l] oder [%]	ggf. Redoxspannung [mV]	Bemerkungen (z. B. Beharrung erreicht)

Probenvorbehandlung/Probenbehälter

Parameter (Gruppe)	**Filtration**	Konservierungsmittel		Material/Volumen [ml]		Füllgrad bei leichtflüchigen Parametern	Probenbezeichnung
	ja/nein	Art	Menge	Probenbehälter	Deckel/ Septum		

Bemerkungen, z. B.:

Kurier, Transportbedingungen:

Nummer der Probenahme innerhalb der Reihenfolge einer Probenahmekampagne:

Weiteres (z. B. Blindprobe nach Reinigungsvorgang):

Die Probenahme und die Probenvorbereitung (Filtration, Konservierung etc.) sowie die Messungen der Vor-Ort-Parameter erfolgten gemäß Arbeitsanweisung.

Übergabe der Probe(n) an Untersuchungsstelle:

Die Proben wurden gemäß Arbeitsanweisung am: um: Uhr an die Untersuchungsstelle übergeben.

Verantwortlicher Probenehmer:

Unterschrift:

Bild 4.4: Fortsetzung

Es sollten keine Geräte wie Hochdruckreiniger verwendet werden, die die Wandungen beschädigen können. Anschließend sollen die Steigrohre/Schläuche getrocknet werden, um Schimmelbefall vorzubeugen.

In regelmäßigen Abständen sind die Probenahmegeräte auf Kontaminationen oder Beschädigungen zu prüfen und erforderlichenfalls auszutauschen.

Die Wirksamkeit der Reinigungsmaßnahmen ist wie im Abschnitt 4.13 beschrieben durch Blindwertuntersuchungen (Überprüfung des Spülwassers nach erfolgter Reinigung) zu überprüfen und zu dokumentieren.

4.13 Spezifische Qualitätssicherungs- und -kontrollmaßnahmen

Neben der schon in anderen Kapiteln beschriebenen Sicherung der Analysenqualität und der notwendigen Überwachung von Probenahme und Probenbehandlung ist die Überprüfung der Probenahmestellen auf Funktion und Repräsentativität der Wasserprobe von besonderer Bedeutung.

DIN EN ISO 5667-14 [28] beschreibt sowohl präventive Qualitätssicherungsmaßnahmen als auch verschiedene Verfahren zur Kontrolle der Qualität aller Arten von Wasserprobenahme.

Von den dort aufgeführten Qualitätskontrollmaßnahmen sind insbesondere die zur Prüfung auf Kontaminationen des Probenahmesystems relevant. Um mögliche Kontaminationen während der Probenahme und des Transportes festzustellen, ist regelmäßig und in begründeten Verdachtsfällen eine Blindprobe zu nehmen, zu untersuchen und zu dokumentieren. Dazu wird Reinstwasser, dessen Blindwert geprüft und dokumentiert wurde, vor Ort wie eine reale Probe behandelt und allen Verfahrensschritten (z. B. Pumpen oder Schöpfen, Filtrieren, Konservieren, Transport und Lagerung) unterworfen.

Häufigkeit und Zeitabstände sowie die Art und Durchführung der Kontrollmaßnahmen sind von den Zielen des Programms sowie von der Anzahl der Probenahmen abhängig und bei der Planung des Überwachungsprogramms festzulegen und zu dokumentieren. Es wird empfohlen, dass mindestens 2 % der Analysenkapazität für die Qualitätskontrolle der Probenahme aufgewendet werden sollte [28]. Die Kontrollmaßnahmen müssen das gesamte Probenahmepersonal berücksichtigen. Werden Auffälligkeiten festgestellt, so ist eine Ursachenermittlung durchzuführen. Diese sind in Zusammenarbeit mit dem Probenahmepersonal zu bewerten und die Fehlerquellen zu beseitigen.

Für die Durchführung wiederkehrender Grundwasserprobenahmen ist es wichtig, dass regelmäßige Überprüfungen der Grundwassermessstellen hinsichtlich der hydraulischen Funktionstüchtigkeit und ihres baulichen Zustands durchgeführt werden. Die Probenahmeakten müssen stets aktualisiert werden, insbesondere zur Lage des Ruhewasserspiegels, der Einhängetiefe der Pumpe, der Pumpenförderleistung und des Abpumpvolumens.

Literatur

[1] DIN 4049-3 (1994): Hydrologie – Teil 3: Begriffe zur quantitativen Hydrologie; Berlin (Beuth).

[2] DIN 38402-13 (1985): Deutsche Einheitsverfahren zur Wasser-, Abwasser- und Schlammuntersuchung; Allgemeine Angaben (Gruppe A); Probenahme aus Grundwasserleitern (A 13); Berlin (Beuth).

[3] ISO 5667-11 (2009); Guidance on sampling of groundwaters; Berlin (Beuth).

[4] DIN 38402-13 (2016) (Entwurf): Deutsche Einheitsverfahren zur Wasser-, Abwasser- und Schlammuntersuchung – Allgemeine Angaben (Gruppe A) – Teil 13: Probenahme aus Grundwasserleitern (A 13); Berlin (Beuth).

[5] DWA-A 909 (2011): Grundsätze der Grundwasserprobennahme aus Grundwassermessstellen.

[6] Verordnung über die Qualität von Wasser für den menschlichen Gebrauch, (Trinkwasserverordnung – TrinkwV 2001): Trinkwasserverordnung in der Fassung der Bekanntmachung vom 10. März 2016 (BGBl. I S. 459), die durch Artikel 2 des Gesetzes vom 17. Juli 2017 (BGBl. I S. 2615) geändert worden ist.

[7] Verordnung zum Schutz des Grundwassers (Grundwasserverordnung – GrwV): Grundwasserverordnung vom 9. November 2010 (BGBl. I S. 1513), die zuletzt durch Artikel 1 der Verordnung vom 4. Mai 2017 (BGBl. I S. 1044) geändert worden ist.

[8] DVGW W 115 (2008): Bohrungen zur Erkundung, Beobachtung und Gewinnung von Grundwasser.

[9] DVGW W 129 (A) (2012): Eignungsprüfung von Grundwassermessstellen

[10] Schenk, V. (1983): Erfahrungen beim Bau tiefer Grundwassermeßstellen und bei der Bestimmungen des Probenahmezeitpunktes; –in: bbr 2/83: 51-56; Köln.

[11] DVWK (1990): Einflüsse von Meßstellenausbau und Pumpenmaterialien auf die Beschaffenheit einer Wasserprobe; Deutscher Verband für Wasserwirtschaft und Kulturbau (DVWK), Mitteilungen Heft 20, 141 S.; Bonn (DVWK).

[12] ISO 5667-22 (2010): Guidance on the design and installation of groundwater monitoring points; Berlin (Beuth).

[13] DIN 4046 (1983): Wasserversorgung – Begriffe; Technische Regeln des DVGW.

[14] Köster, B., Barczewski, B. & Klaas, N. (1997): Stand des Wissens bezüglich der Beprobung von Grundwasser bei Altlasten. Literaturstudie; Stuttgart.

[15] Grundwasserüberwachungsprogramm – Beprobung von Grundwasser. Literaturstudie, LfU Baden-Württemberg, ISSN 1437-0131 (Bd. 9,1999).

[16] DVWK (1992): Entnahme und Untersuchungsumfang von Grundwasserproben; Deutscher Verband für Wasserwirtschaft und Kulturbau (DVWK), Regeln zur Wasserwirtschaft Heft 128, 36. S.; Hamburg (Parey Verl.).

[17] DVWK (1989): Grundwasser – Redoxpotentialmessungen und Probenahmegeräte; Deutscher Verband für Wasserwirtschaft und Kulturbau (DVWK), Schriften Heft 84, 172 S.; Hamburg (Parey Verl.).

[18] LUBW (2013): Leitfaden Grundwasserprobenahme: http://lubw.baden-wuerttemberg.de/servlet/is/6638/

[19] Bundesministerium für Land- und Forstwirtschaft, Umwelt und Wasserwirtschaft (2009): Richtlinie für die Errichtung und Beobachtung von Quellmessstellen in Österreich (2009); Wien.

[20] Köstler, B., Barczewski, B. & Klaas, N. (1997): Stand des Wissens bezüglich der Beprobung von Grundwasser bei Altlasten. Literaturstudie, LfU Baden-Württemberg, Stuttgart.

[21] LAWA (1995): Probenahme von Grundwasser. AQS-Merkblatt P-8/2 zu den Rahmenempfehlungen der Länderarbeitsgemeinschaft Wasser (LAWA) für die Qualitätssicherung bei Wasser-, Abwasser- und Schlammuntersuchungen.

[22] BWK-Merkblatt 5 (2014): Erarbeitung von Leistungsbeschreibungen und Leistungsverzeichnissen zur Grundwasserprobenahme bei Altlasten im Lockergestein; Bund der Ingenieure für Wasserwirtschaft, Abfallwirtschaft und Kulturbau (BWK) e. V., Sindelfingen.

[23] Fachbeitrag des LUGV (2011): Hydrogeologische Gutachten zur Neufestsetzung von Wasserschutzgebieten im Land Brandenburg; Landesamt für Umwelt, Gesundheit und Verbraucherschutz (LGUV), Heft Nr. 117. Brandenburg, Potsdam.

[24] Landesumweltamt Nordrhein-Westfalen (2006): Grundwasseruntersuchungen an Altlasten im Lockergestein. Materialien zur Altlastensanierung und zum Bodenschutz MALBO 25. Essen.

[25] DIN EN ISO 7887 (2014): Wasserbeschaffenheit – Untersuchung und Bestimmung der Färbung (ISO 7887:2011); Deutsche Fassung EN ISO 7887:2011; Berlin (Beuth).

[26] DIN EN ISO 5667-1 (2007): Wasserbeschaffenheit – Probenahme – Teil 1: Anleitung zur Erstellung von Probenahmeprogrammen und Probenahmetechniken (ISO 5667-1:2006); Berlin (Beuth).

[27] DIN EN ISO 5667-3 (2013): Wasserbeschaffenheit – Probenahme – Teil 3: Konservierung und Handhabung von Wasserproben (ISO 5667-3:2012); Berlin (Beuth).

[28] DIN EN ISO 5667-14 (2016): Wasserbeschaffenheit – Probenahme – Teil 14: Anleitung zur Qualitätssicherung und Qualitätskontrolle bei der Entnahme und Handhabung von Wasserproben (ISO 5667-14:2014); Berlin (Beuth).

[29] Umweltforschungsplan des Bundesministeriums für Umwelt, Naturschutz und Reaktorsicherheit (UFOPLAN 204 22 213): Einfluss von Probenahme und Probenvorbereitung auf die Ergebnisse bei der Bestimmung ausgewählter prioritärer Stoffe auf die Wasserrahmenrichtlinie, September 2006, ISSN 1862-4804: www.umweltbundesamt.de

[30] DIN EN ISO 19458 (2006): Wasserbeschaffenheit – Probenahme für mikrobiologische Untersuchungen (ISO 19458:2006); Berlin (Beuth).

[31] Merkblatt Nr. 3.8/6 (2010): Entnahme und Untersuchung von Wasserproben bei Altlasten, schädlichen Bodenveränderungen und Gewässerverunreinigungen; Bayrisches Landesamt für Umwelt, Augsburg.

5 Die Probenahme von Roh- und Trinkwasser

U. Borchers *

* unter Verwendung des Kapitels von W. Nissing aus der 1. Auflage 1998

5.1 Einleitung

Trinkwasser ist für den Menschen ein unersetzliches Gut und wird gern als das wichtigste Lebensmittel bezeichnet. Aufgrund der Tatsache, dass Trinkwasser im Vergleich zu allen anderen Lebensmitteln lebenslang ohne Alternative aufgenommen werden muss, wurden hierfür besonders hohe Qualitätsstandards formuliert. Die strengen Grenzwerte der Trinkwasserverordnung (TrinkwV) [1] stellen sicher, dass auch bei lebenslangem Verzehr von Trinkwasser keine Gefährdung der Gesundheit des Verbrauchers zu besorgen ist. Die Grenzwerte der nationalen Deutschen TrinkwV sind dabei im Einklang mit der aktuellen, seit 1998 bestehenden EU-Trinkwasserrichtlinie [2], die zuletzt im Jahr 2015 geändert worden ist [3]. Die besonderen Anforderungen an Trinkwasser sind im Deutschen Regelwerk auch in der DIN 2000 [4] nieder geschrieben worden.

Wasser kommt in der Natur häufig nicht in einer voll den Anforderungen der TrinkwV [1] entsprechenden Qualität vor, so dass es zur Sicherstellung einer nachhaltig einwandfreien Beschaffenheit und zum Schutz vor nachteiligen Beeinflussungen aufbereitet werden muss, bevor es als Trinkwasser in die öffentliche Wasserversorgung eingespeist werden darf. Die Hauptquellen des Trinkwassers sind in Deutschland Grundwasser zu etwa 60 % der Gesamtmenge und verschiedene Arten von fließenden oder gestauten Oberflächenwassern bzw. von Oberflächenwasser beeinflusstes Wasser wie etwa Uferfiltrat (in der Summe etwa 40 %).

Die Aufbereitung des Wassers zu Trinkwasser erfolgt mit zum Teil einfacheren mechanischen oder physikalischen Verfahren bis hin zu technisch aufwendigen Verfahren, die Oxidations- und Adsorptionsprozesse (z. B. Aktivkohle) einschließen.

In jedem Fall muss das Rohwasser, aus dem Trinkwasser hergestellt wird und auch das fertige Produkt Trinkwasser regelmäßig und umfassend untersucht werden, damit die verordnungskonforme und damit unbedenkliche Beschaffenheit bestätigt wird. Die Untersuchungspflicht für das Trinkwasser wird im § 15 TrinkwV geregelt. Dort werden jedoch nicht nur die Anforderungen an die Untersuchung festgelegt, sondern der Gesetzgeber schaltet die Probenahme des Trinkwassers wegen der entscheidenden Bedeutung im Gesamtgefüge gleich.

Die Probenahme hat in der Regel sicher zu stellen, dass die entnommenen und zur Untersuchung gebrachten Proben einen repräsentativen Charakter für das Wasservorkommen, bzw. die Wasserversorgung oder -aufbereitung haben. Insofern ist die Probenahme ein statistischer Vorgang, bei dem aus einem großen Wasservolumen ein relativ kleines Probevolumen entnommen wird. Aus dem Untersuchungsergebnis dieser Stichprobe wird auf die Beschaffenheit des gesamten Wassers geschlossen. Damit hat die Gewinnung einer repräsentativen Wasserprobe den gleichen Stellenwert wie die Wasseranalyse selbst.

Die Probenahme aller relevanten Wasserarten ist heute im Normenwerk umfassend beschrieben. Auf nationaler Ebene sind in der DIN 38402 in einigen Teilen Probenahmeverfahren für Wasser beschrieben. Im internationalen Umfeld der ISO-Normen sind in der Normenreihe ISO 5667 heute viele Aspekte der Probenahme, der Konservierung von Proben oder dem QM bei der Probenahme in diversen Matrices beschrieben. Eine Auswahl der relevantesten Normen für den Trinkwasserbereich sind die folgenden:

- **DIN ISO 5667-5**: Anleitung zur Probenahme von Trinkwasser aus Aufbereitungsanlagen und Rohrnetzsystemen,
- **DIN EN ISO 19458**: Probenahme für mikrobiologische Untersuchungen,
- **ISO 5667-21**: Anleitung zur Probenahme von Trinkwasser aus Transport- und Vorratsbehältern,
- **DIN EN ISO 5667-3**: Konservierung und Handhabung von Wasserproben,
- **DIN EN ISO 5667-14**: Anleitung zur Qualitätssicherung und Qualitätskontrolle bei der Entnahme und Handhabung von Wasserproben.

5.2 Wasserarten

5.2.1 Rohwasser

Rohwasser ist nach DIN 4046 ein Wasser, das vor seiner Verwendung als Trinkwasser aufbereitet werden muss. Die hierzu erforderlichen Aufbereitungsverfahren unterscheiden sich nach Art und Beschaffenheit des Wassers. Die Konzentrationen der in natürlichen Grundwässern enthaltenen Stoffe (Eisen, Mangan, gelöstes Kohlendioxid) unterliegen meist nur geringen zeitlichen Schwankungen und lassen sich mit oft einfachen Aufbereitungsverfahren vermindern.

Problematischer kann die Aufbereitung von durch landwirtschaftliche Tätigkeit belasteten Grundwässern (Ammonium, Nitrat, Pflanzenbehandlungsmittel) sein, wobei hierbei mitunter zeitlich schwankende Konzentrationen auftreten, die erschwerend bei der Wasseraufbereitung sein können.

Erfrischend kühles Quellwasser hat in der Vergangenheit die qualitativen Anforderungen an das Trinkwasser bestimmt. Für die öffentliche Wasserversorgung wird das Quellwasser aus gefassten Quellen gewonnen. Ihre Schüttung unterliegt jahreszeitlichen und meteorologischen Einflüssen. Bei starker Schüttung und als Folge von Niederschlägen werden häufig Veränderungen im Trübstoff-Gehalt und in der mikrobiologischen Beschaffenheit beobachtet. Daneben können Quellwässer erheblich schwankende Konzentrationen an gelösten Gasen (z. B. Kohlendioxid) aufweisen.

Oberflächengewässer sind oft durch häusliche und industrielle Abwässer belastet. Sie enthalten eine Vielzahl unterschiedlicher Stoffe, die abfluss- und einleitungsbedingt in stark schwankenden Konzentrationen auftreten können. Fließende Oberflächengewässer als Rohwässer stellen höchste Anforderungen an die Verfahrenstechnik und Überwachung der Aufbereitungsanlagen.

Durch Aufstau von vor direkter Einleitung von Abwässern geschützten Flusssystemen in Talsperren ist häufig eine gute Rohwasserqualität sicherzustellen. Allerdings kann die Wasserqualität durch biologische Vorgänge in den Speichern saisonal verändert werden. Dadurch kann die Wirksamkeit von Aufbereitungsverfahren stark beeinflusst werden.

5.2.2 Trinkwasser

Trinkwasser muss bei seiner Abgabe an den Verbraucher den gesetzlichen Vorschriften [1, 2] entsprechen. Als Trinkwasser wird das Wasser definiert, das im ursprünglichen Zustand oder nach Aufbereitung dem Verbraucher zum menschlichen Genuss zur Verfügung gestellt wird. Es umfasst alles Wasser, das zum Trinken, zum Kochen, zur Zubereitung von Speisen und Getränken oder insbesondere zu den folgenden anderen häuslichen Zwecken bestimmt ist:

- Körperpflege und -reinigung,
- Reinigung von Gegenständen, die bestimmungsgemäß mit Lebensmitteln in Berührung kommen (Bedarfsgegenstände),
- Reinigung von Gegenständen, die bestimmungsgemäß nicht nur vorübergehend mit dem menschlichen Körper in Kontakt kommen (Wäsche, Kleidung).

Wasser für Lebensmittelbetriebe ist unter bestimmten Bedingungen gleich gestellt.

Somit ist die Stelle der Einhaltung bei der häuslichen Wasserversorgung diejenige Zapfstelle im Haushalt, an der das Wasser für die oben genannten Zwecke entnommen wird. Bei der öffentlichen Wasserversorgung hat das Wasser nach erfolgter Aufbereitung oder – falls keine Aufbereitung erforderlich wird – beim Verlassen des Wasserwerks die erforderliche Trinkwasserqualität. Einrichtungen der öffentlichen Wasserversorgung, wie Druckerhöhungsanlagen, Wasserspeicher oder insbesondere die Versorgungsleitungen im Netz, enthalten demnach Trinkwasser.

Abhängig von der Größe des Versorgungsgebietes und den Entnahmegewohnheiten der Abnehmer hat das Trinkwasser eine unterschiedliche Aufenthaltszeit im Versorgungssystem. Trinkwasser hat aber, wie alle Lebensmittel, nur eine begrenzte Haltbarkeit, unterliegt also zeitlichen Qualitätsveränderungen. Durch Überwachung der Beschaffenheit des Trinkwassers von der Gewinnung über die Aufbereitung und die Verteilung bis zum Zapfhahn des Verbrauchers wird sichergestellt, dass die strengen gesetzlichen Anforderungen eingehalten werden. Damit ist eine gesundheitliche Beeinträchtigung oder seuchenhygienische Gefährdung der Bevölkerung über das Trinkwasser praktisch ausgeschlossen.

5.2.3 Wasser aus Wasserwerken

In den Wasserwerken fallen auch Wässer an, die keine Trinkwasserqualität haben. Dies sind neben den Rohwässern vorwiegend Wässer aus Wasseraufbereitungsanlagen, wie Filterrückspülwasser, Abläufe von Flockungs- und Sedimentationsanlagen sowie Regenerate und Abwässer aus Enthärtungs- und Entcarbonisierungsanlagen. Aus diesen Wässern oder den Wasserwerksschlämmen werden mitunter Wertstoffe zurückgewonnen. So werden beispielsweise Kalkschlämme aus der Enthärtung zu Düngezwecken in der Landwirtschaft oder Eisenschlämme in der Zement- oder Ziegelherstellung verwendet. Im ersten Fall sind dabei Vorgaben der Düngemittelverordnung (DüMV) [5] einzuhalten. Ein Teil der Wässer wird in das Rohwasser zurückgeführt, der größere Anteil wird jedoch nach eventueller Vorreinigung in Abwassersysteme oder in Gewässer eingeleitet. Hierfür gelten die gesetzlichen Einleitungsvorschriften (Anhang 31 der AbwV) [15], deren Einhaltung durch entsprechende Probenahme und Wasseruntersuchung nachgewiesen werden muss.

5.3 Planung der Probenahme

Ziel der Probenahme ist eine Untersuchung der Wässer, die zur Herstellung von Trinkwasser oder die als Trinkwasser direkt verwendet werden. Dabei ist die Überwachung des Transportwegs vom Wasserwerk bis zum Zapfhahn des Verbrauchers (Verteilungsnetz, Trinkwasserinstallation) eingeschlossen.

Die gesetzlich festgelegten Richt- und Grenzwerte [1] sowohl für das Rohwasser als auch für das Trinkwasser erfordern parameterbezogene Probenahmen, in der Regel als Stichprobe. Hierzu dienen vorwiegend Einzelproben, nur in Ausnahmefällen werden Durchschnittsproben verwendet. Die Probenahmehäufigkeit ist in den entsprechenden Vorschriften festgelegt. Für das Trinkwasser richtet sich die Probenahmehäufigkeit nach der abgegebenen Trinkwassermenge nach den Vorgaben der Anlage 4, II TrinkwV [1].

Zur Steuerung und Überwachung von Aufbereitungsanlagen muss die Probenahmehäufigkeit den Qualitätsschwankungen des Rohwassers angepasst werden. Berücksichtigt man, dass viele Aufbereitungsverfahren ein beträchtliches Dämpfungsverhalten und Zeitverzögerungen in Bezug auf die Schwankungen der Wasserbeschaffenheit bewirken, so ist eine parameterbezogene Stichprobe häufig ausreichend. Unterliegt die Rohwasserqualität, beispielsweise bei Flusswasserentnahmen, plötzlichen und starken Schwankungen, so kann eine kontinuierliche Probenahme bzw. kontinuierliche Messung relevanter Parameter erforderlich sein [6].

Bei Schadensfällen in Oberflächengewässern, die durch unerlaubte Einleitungen, Unfälle, Katastrophen etc. hervorgerufen wurden, ist in der Regel zur Beweissicherung eine Entnahme von Stichproben notwendig. Diese können besonders bei länger anhaltender Kontamination zur Verminderung des Untersuchungsaufwands zu zeitabhängigen Durchschnittsproben vereinigt werden. Da die Aufbereitung des Wassers vielfach in mehreren Stufen erfolgt, kann es erforderlich sein, die Wirkung jedes Verfahrensschrittes durch Probenahme und Untersuchung des Zu- und Ablaufs der einzelnen Stufen zu ermitteln. Dabei haben sich zeitabhängige Durchschnittsproben als sinnvoll erwiesen. Bei optimierter Verfahrenstechnik der Anlagen kann die Probenahme nach den Einzelstufen in größeren Zeitabständen erfolgen. Der Gesamtwirkungsgrad des Aufbereitungsverfahrens sollte jedoch möglichst häufig durch den Vergleich der Zu- und Ablaufqualität überwacht werden.

Für Messgrößen, die zur automatischen Steuerung und Regelung von Aufbereitungsprozessen verwendet werden, sind kontinuierliche Probenahmen mit entsprechenden Messwertgebern erforderlich. Parameter für solche Online-Überwachungen sind beispielsweise: Temperatur, elektrische Leitfähigkeit, pH-Wert, Trübung, spektraler Absorptionskoeffizient, Konzentration an freiem Chlor und Chlordioxid [6].

Die Probenahme in Trinkwasserspeichern und im Transportsystem beschränkt sich im Allgemeinen auf Stichproben für mikrobiologische Untersuchungen und auf die chemischen Parameter, die laut TrinkwV Änderungen im Verteilungsnetz oder der Trinkwasserinstallation unterliegen (Anlage 2, II TrinkwV). Bei ungünstigen Betriebsbedingungen mit langen Aufenthaltszeiten im Rohrnetz können Messungen der Trübung sowie des Gehaltes an Eisen und Mangan die Planung von Netzspülungen unterstützen.

Durch Korrosionsvorgänge kann es zu Werkstoffzerstörungen und Veränderungen der Wasserbeschaffenheit im Verteilungssystem und in der Trinkwasserinstallation kommen. Die Probenahme hat sich dann am Problem- bzw. Schadensfall zu orientieren, wobei in der Regel Stichproben ausreichend sind [7].

5.4 Generelle Anforderungen an die Probenahme

Die zu entnehmende Probe muss für das zu untersuchende und zu beurteilende System – vom Rohwasser, über Wasseraufbereitung und Verteilung bis zum Trinkwasser beim Verbraucher – repräsentativ sein. Dem muss bei der Festlegung der Probenahmeorte und -stellen Rechnung getragen werden. Die anzuwendende Technik der Probenahme hängt davon ab, ob sich das Wasser drucklos in zur Atmosphäre offenen Anlageteilen oder unter Druck in geschlossenen Behältern oder Rohrleitungen befindet.

An eine Trinkwasserprobenahme sind daher hohe fachliche Anforderungen zu stellen, da nur eine fehlerfreie und problemorientierte Probenahme eine entsprechende Ergebnisqualität bei der nachfolgenden Analytik ermöglicht. Die Probenahme ist als integraler Bestandteil des Analysenverfahrens anzusehen, wie auch Bild 5.1 verdeutlicht. In diesem Zusammenhang ist besonders darauf hinzuweisen, dass das Verfahren der Probenahme auf das Untersuchungsziel abzustimmen ist.

Fehler, die bei der Probenahme gemacht werden, können durch die Analytik nicht mehr korrigiert werden.

Die für die Untersuchung relevanten Parameter sowie die geeigneten Probenahmetechniken und Analysenmethoden müssen anhand des Untersuchungsziels festgelegt werden.

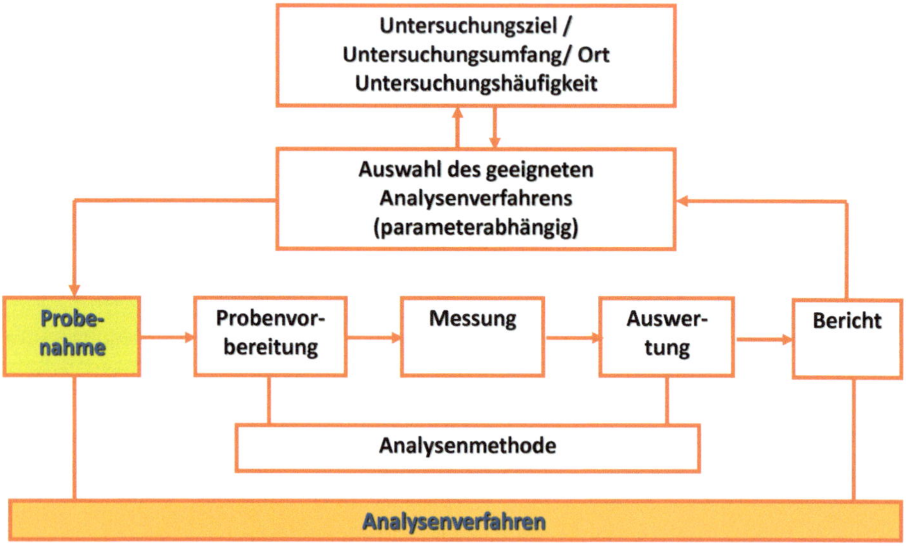

Bild 5.1: Darstellung des schematischen Ablaufs von Trinkwasseranalysen

Gemäß § 15 Absatz 4 TrinkwV [1] dürfen amtliche Untersuchungen einschließlich der Probenahmen nur von Untersuchungsstellen durchgeführt werden, die:

- die Vorgaben der Anlage 5 (Spezifikationen für die Analyse der Parameter) einhalten,
- nach den allgemein anerkannten Regeln der Technik arbeiten,
- über ein System der internen Qualitätssicherung verfügen,
- sich mindestens einmal jährlich an externen Qualitätssicherungsprogrammen erfolgreich beteiligen,
- über Personal verfügen, das für die entsprechenden Tätigkeiten hinreichend qualifiziert ist,
- durch eine nationale Akkreditierungsstelle akkreditiert sind.

5.4.1 Anforderungen an eine parameterabhängige Probenahme

Allgemein sind im Kontext der TrinkwV an eine sinnvolle parameterabhängige Probenahme folgende grundlegende Forderungen zu stellen:

- Die entnommene Probe muss repräsentativ für das Trinkwasser sein.
- Durch die Probenahme darf es zu keiner Kontamination oder einem Verlust an den zu analysierenden Inhaltsstoffen kommen.
- Die Proben sind in geeignete Gefäße abzufüllen. Je nach Untersuchungsumfang sind verschiedene Glas- oder Kunststoffgefäße optimal.
- Die Probe muss je nach Untersuchungsumfang bis zur Analyse durch geeignete Maßnahmen stabilisiert werden. Ziel der Stabilisierung ist es, biologische, chemische und photochemische Reaktionen zu unterdrücken sowie die Verflüchtigung und die Sorption von Stoffen zu minimieren.
- Für die Analyse ist eine ausreichende Probemenge zu entnehmen.
- Die Probenahme ist detailliert zu protokollieren und die entnommenen Proben sind eindeutig zu kennzeichnen.
- Die allgemein anerkannten Regeln der Technik sind zu berücksichtigen.
- Probenahmen zur amtlichen Trinkwasserüberwachung sind unter Berücksichtigung des Normenwerkes durchzuführen. Es gelten die allgemeinen Vorschriften der Gruppe A der „Deutschen Einheitsverfahren", die Normenreihe DIN EN ISO 5667, DIN EN ISO 19458 sowie die speziellen Hinweise in den einzelnen Analysennormen.

Für eine qualifizierte Probenahme ist es wichtig, dass die Probenehmer entsprechend unterwiesen bzw. geschult sind und über Kenntnisse des theoretischen Hintergrunds der Probenahmen bzw. Vor-Ort-Messungen verfügen.

5.4.2 Probenahmeort

Die Gewinnung von Grundwasser erfolgt aus Brunnen mit Pumpen, die das Wasser durch Druckrohrleitungen ins Wasserwerk fördern. Anlagen, in denen angereichertes Grundwasser oder Uferfiltrat gewonnen wird, werden mit Heberleitungssystemen betrieben. Aus den mit Pumpen unter Druck betriebenen Rohwasserleitungen können praktisch an jeder Stelle aus entsprechend angebrachten Zapfhähnen Proben entnommen werden. Damit sind Stichproben der einzelnen Brunnen und Mischrohwasserproben am Eintritt in das Wasserwerk möglich. Bei Hebersystemen können wegen des in ihnen herrschenden Unterdrucks nur von dem in Sammelbrunnen zusammenfließenden, gemischten Wasser Proben gewonnen werden.

Wässer aus gefassten Quellen werden durch geschlossene Rohrleitungen in Speicherbehälter geleitet. Als Probenahmestellen kommen die Quellfassung und der Wasserspeicher selbst in Betracht. Wenn eine Veränderung der Wasserqualität im Behälter beispielsweise durch Sedimentation von Trübstoffen oder Ausgasen von Kohlenstoffdioxid zu erwarten ist, sollten am Behälter-Auslauf Proben entnommen werden. Bei Speicherbehältern sind je nach Fragestellung Schöpfproben von der Wasseroberfläche (z. B. bei Kahmhaut-Bildung) oder Proben an normalen Zapfstellen am Ein- oder Auslauf sinnvoll. Im ersten Fall sind zum Begehen des Behälters besondere hygienische Anforderungen an Schuhwerk und Kleidung des Probenehmers zu stellen.

Rohwässer aus stehenden und gestauten Gewässern (Seen, Talsperren) oder aus Flüssen, Kanälen und Bächen werden in entsprechend gestalteten Entnahmebauwerken gefasst. Zum Transport des Wassers in die Anlagen des Wasserwerks dienen Druckrohrleitungen, Freispiegelleitungen, offene Gerinne oder Kanäle. Probenahmen sind am Entnahmebauwerk oder unmittelbar vor Eintritt des Wassers in die Wasserwerksanlagen sinnvoll. Wässer aus anderen Vorkommen werden fast ausschließlich durch Druckrohrleitungen in das Wasserwerk gepumpt.

Die der Wassergewinnung sehr häufig nachgeschaltete Wasseraufbereitung hat das Ziel, die zur Verwendung als Trinkwasser ungeeigneten oder störenden Stoffe aus dem Wasser zu entfernen und das Trinkwasser so zu stabilisieren, dass seine Qualität beim Transport zum Verbraucher erhalten bleibt. Die Verfahrenstechnik der Wasseraufbereitung besteht aus folgenden Grundverfahren:

- Belüftung, Oxidation,
- Flockung,
- Sedimentation, Flotation,

- Filtration,
- Enthärtung, Entkarbonisierung,
- Adsorption,
- Entsäuerung, Stabilisierung,
- Desinfektion.

In der Praxis werden diese Verfahren einzeln, meistens jedoch in Kombination mehrerer Verfahrensstufen angewendet. Die nachfolgend beschriebenen Verfahrenskombinationen sind daher nur beispielhaft für die unterschiedlichen Aufbereitungsprozesse.

Grundwasser und künstlich angereichertes Grundwasser wird häufig aufbereitet, während Rohwässer aus stehenden und fließenden Oberflächengewässern und Uferfiltrate, die an stehenden und fließenden Oberflächengewässern gefördert werden, immer aufbereitet werden müssen. Quellwässer dienen fast ausschließlich der Versorgung kleiner Gebiete. Ihre Beschaffenheit ist oft so gut, dass eine Aufbereitung nicht erforderlich ist. In Ausnahmefällen sind Anlagen zur Filtration, Entsäuerung und/oder Desinfektion vorhanden.

Bei der Aufbereitung von Grundwässern müssen fast immer Eisen, Mangan und unerwünscht hohe Konzentrationen an gelöstem Kohlenstoffdioxid (Kohlensäure) entfernt werden. Viele Grundwässer enthalten Ammonium und in landwirtschaftlich genutzten Fassungsgebieten höhere Gehalte an Nitrat oder Pflanzenbehandlungsmitteln. Die Aufbereitung des Grundwassers wird sowohl in geschlossenen als auch zur Atmosphäre offenen Anlagen durchgeführt. Bild 5.2 zeigt ein Verfahrensschema der Gewinnung von Trinkwasser aus Grundwasser.

Die erste Verfahrensstufe nach der Wassergewinnung ist in der Regel die Belüftung, durch die dem Wasser der zur Oxidation von Eisen und Mangan erforderliche Sauerstoff zugegeben wird. Der Wirkungsgrad der Belüftung wird durch Messung der Sauerstoff-Konzentration vor und nach der Anlage ermittelt. Bei der Probenahme ist darauf zu achten, dass die Gas- und die Wasserphase vollständig getrennt sind, d. h. die Wasserprobe luftblasenfrei entnommen werden kann. Die Zapfstellen sind deshalb unterhalb von Hochpunkten anzuordnen, Probenahmeleitungen sind mit Entgasungsvorrichtungen (Entlüftungsventile) zu versehen.

Der Belüftung nachgeschaltet ist eine Filtration zur Entfernung von Eisen- und Manganhydroxiden bzw. -oxidhydraten. Die Probe muss aus dem direkten Zufluss entnommen werden, wobei die Probenahmestelle so anzuordnen ist, dass keine Verfälschung durch Flockungs- und Absetzvorgänge möglich ist. Die Beschaffenheit des Filtrats wird durch Stichproben überprüft, wobei es sinnvoll ist, bei Anlagen, die aus mehreren Filtern bestehen, an jedem Filter eine Probenahmestelle vorzusehen.

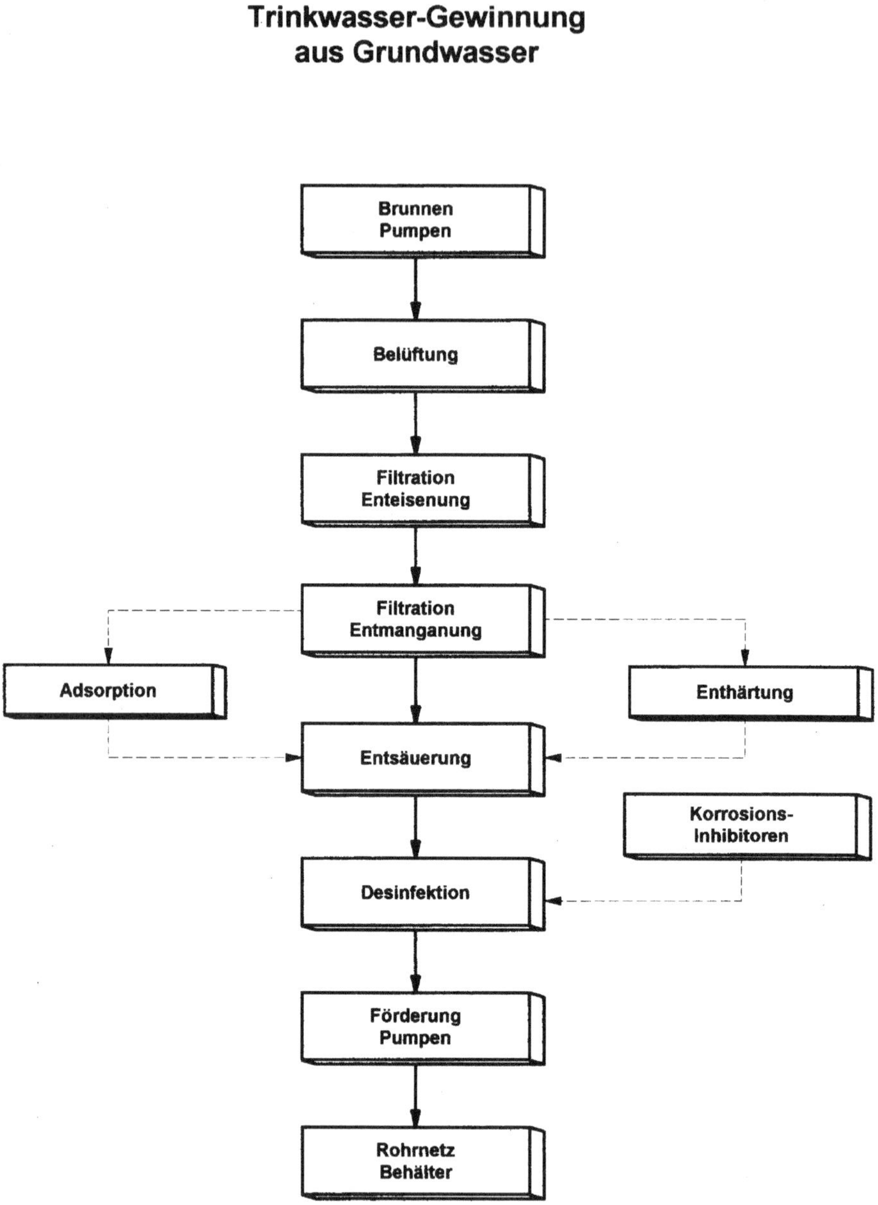

Bild 5.2: Trinkwassergewinnung aus Grundwasser

Bei größeren Anlagen wird der Ablauf jedes Filters durch eine kontinuierliche Trübungsmessung überwacht. Durch die Trübungsmessung kann bei automatisch arbeitenden Steuerungssystemen die Filterspülung ausgelöst bzw. gesteuert werden.

Die Entsäuerung des Wassers zur Entfernung von überschüssigem, gelöstem Kohlenstoffdioxid kann durch physikalische Entgasung (Verdüsung, Belüftung), durch Filtration über alkalisch wirkende Filtermaterialien (Calciumcarbonat, halbgebrannter Dolomit) oder durch alkalische Chemikalien, die dem Wasser abhängig vom pH-Wert zu dosiert werden, erfolgen. Die Probenahmestellen am Zu- und Ablauf der Entsäuerungsanlagen müssen so angeordnet werden, dass ein Verlust an Kohlenstoffdioxid bei der Probenahme vermieden wird. Bei der physikalischen Entsäuerung muss eine Phasentrennung Luft/Wasser vor der Probenahme sichergestellt sein. Die Proben müssen wie bei der Belüftung gasblasenfrei entnommen werden können. Die Entnahme von Proben, die der Erfolgskontrolle einer Chemikaliendosierung dienen, kann erst nach vollständiger Reaktion der Chemikalien mit dem Kohlenstoffdioxid erfolgen. Die Reaktionszeiten betragen je nach Wasserart drei bis zehn Minuten. Besonders relevante Parameter für den Betrieb von Entsäuerungsanlagen sind der pH-Wert und die Konzentration an gelöstem Kohlenstoffdioxid (Basekapazität bis pH 8,2; $K_{B8,2}$). Sie können vor Ort gemessen werden. Für die Basekapazität ist jedoch oft der im Labor ermittelte Wert genauer, weil dort die Möglichkeit der Titration auf einem Automaten mit exakter Endpunktbestimmung (pH 8,20) genutzt werden kann. Im Fall der Bestimmung im Labor ist der verlustfreien Probenahme und dem gekühlten Transport der Proben besondere Aufmerksamkeit zu widmen.

Die zur Einhaltung der Anforderungen der Trinkwasserverordnung [1] an die Calcitlösekapazität (Anlage 3, I, lfd. Nr. 20) notwendige Überprüfung des Zustandes der Calciumcarbonatsättigung wird heute durch das Berechnungsverfahren 3 nach DIN 38404-10 [8] auf Basis zahlreicher Messparameter nachgewiesen. Die Calcitlösekapazität dient als zusätzlicher Parameter zur Steuerung der Entsäuerungsanlage sowie indirekt auch zur Ermittlung der Korrosivität eines Trinkwassers.

Im Rohwasser enthaltenes Ammonium wird im Allgemeinen durch mikrobiologische Oxidation in den Enteisenungs- und Entmanganungsfiltern entfernt. Die Wasserproben sollten – falls sie getrübt sind – vor Ort filtriert und angesäuert werden und möglichst schnell untersucht werden. Dabei schwanken die zulässigen Zeiten bis zur Analyse gemäß DIN EN ISO 5667-3 [9] von einem bis zu 14 (21) Tagen, je nach Analysenverfahren.

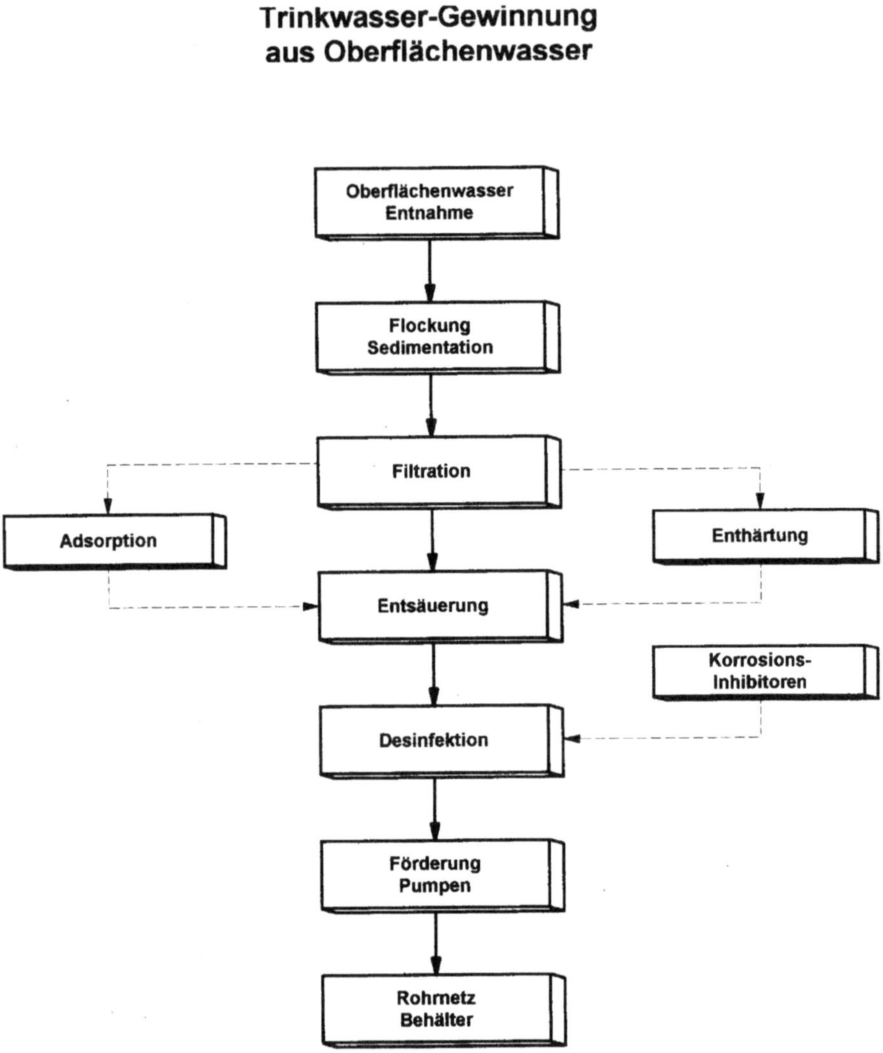

Bild 5.3: Trinkwassergewinnung aus Oberflächenwasser

Zur Elimination von Nitrat und Pflanzenbehandlungsmitteln werden spezielle Aufbereitungsverfahren eingesetzt. Die Probenahmestellen sind auf die spezifischen Gegebenheiten der Anlage abzustimmen. Daher sollte das Verfahren vor Festlegung der Probenahmestellen in allen Details bekannt sein. Besonders zu beachten ist, dass das Wasser an der Probenahmestelle vollständig durchmischt ist, die Reaktionen zeitlich abgeschlossen sind und vorhandene Phasen (Feststoff/Wasser, Gas/Wasser) vollständig getrennt sind.

Die Gewinnung von Trinkwasser aus stehenden oder fließenden Oberflächengewässern ist schematisch in Bild 5.3 dargestellt. Diese Rohwässer enthalten gelöste und ungelöste, in kolloidaler oder suspendierter Form vorliegende Stoffe, die bei der Bereitung zu Trinkwasser ganz oder teilweise entfernt werden müssen. Die erste Verfahrensstufe einer Oberflächenwasseraufbereitung ist meistens die Entfernung der ungelösten Stoffe durch Flockung. Flockungsanlagen werden als offene Anlagen betrieben, in denen die Feststoffe durch Zugabe von Flockungsmitteln in eine sedimentierbare oder flotierbare Form übergeführt und abgeschieden werden. Die Probenahmestellen sind so anzuordnen, dass sie für den Flockungsvorgang repräsentativ sind. Die Proben enthalten immer ungelöste Stoffe. Sie dürfen nicht durch Sedimentationsvorgänge, z. B. in Probenahmeleitungen, verfälscht werden. Die Feststoffe in Proben, die der Beurteilung des Flockungs- und Sedimentationsverhaltens dienen oder in denen eine Partikelgrößen-Analyse durchgeführt wird, dürfen keinen großen Scherkräften in Pumpen, Armaturen etc. ausgesetzt werden, die die Flocken ganz oder teilweise zerstören können. Die Untersuchung dieser Proben kann praktisch nur vor Ort erfolgen.

Während bei der Sedimentation Schwerkräfte die Abscheidung der Flocken und Feststoffe bewirken, wird bei der Flotation die Adhäsion der Flocken an feinsten Luftbläschen zur Feststoff-Abtrennung benutzt. Diese feinen Gasbläschen lassen sich vor der Probenahme im Allgemeinen nicht abtrennen. Dies führt zu unerwünschten Gasauscheidungen in Probenahmeleitungen und Probengefäßen. Trübungsmessungen vor Ort erfassen die Gasbläschen mit und täuschen erhöhte Trübstoffgehalte vor. Kontinuierliche pH-Messungen werden häufig durch an den Elektroden abgeschiedene Gasbläschen gestört. Die Bestimmung gelöster Gase, wie Sauerstoff oder Kohlenstoffdioxid ist mit erheblichen Fehlern behaftet. Die Ergebnisse der Analysen bedürfen einer besonderen Interpretation.

Die Filtration hat ebenfalls das Ziel, ungelöste Stoffe abzuscheiden. Bei stark belasteten Oberflächengewässern wird der Filtration häufig eine Flockung mit anschließender Sedimentation oder Flotation vorgeschaltet. Für die Probenahme gelten die bei den Enteisenungs- und Entmangungsfiltern gegebenen Hinweise. Zur Messung von Konzentrationsprofilen im Filter werden Wasserproben aus unterschiedlichen Schichthöhen des Filters entnommen. Hierzu werden am Filterbehälter Entnahmestutzen angebracht. Damit eine gegenseitige Beeinflussung der Probenahmestellen ausgeschlossen ist, werden die Stutzen über die Filterhöhe versetzt angeordnet (Bild 5.4). Die Entnahmeleitungen werden innerhalb des Filters über den gesamten Durchmesser verlegt. Sie weisen im je nach Filterdurchmesser im Abstand von 5 bis 25 cm Bohrungen in 6-Uhr-Lage auf. Um ein Eindringen von Filtermaterial oder ein Verstopfen der Bohrungen zu vermeiden, wird in die Anbohrung ein Stützgewebe eingelegt. Wichtig ist, dass das Stützgewebe selbst keine filtrierende Wirkung hat. Als Werkstoffe haben sich bei mechanisch wirkenden Filteranlagen Gewebe aus Kunststoff oder nichtrostendem Stahl bewährt. Zur Vermeidung von Ablagerungen sollten die Probenahmeleitungen ständig durchströmt werden.

Zur Enthärtung und Entkarbonisierung werden dem feststofffreien Rohwasser vor Eintritt in Reaktionsbecken oder konisch ausgebildete Reaktoren Kalkmilch oder Natronlauge zugesetzt. Hierdurch fallen die Härtebildner als Calciumcarbonat und Magnesiumhydroxid aus, wobei die Fällungsgeschwindigkeit durch Zugabe von Kristallisationskeimen (Feinsand) beschleunigt werden kann. Steuerparameter der Anlage sind neben der Konzentration an Härtebildnern im Rohwasser (Calcium, Magnesium) die Säurekapazität bis pH 8,2 ($K_{S8,2}$) und die Säurekapazität bis pH 4,3 ($K_{S4,3}$), die im Reaktor bzw. am Ablauf des Reaktors gemessen werden. Bei der Probenahme ist zu beachten, dass das Wasser am Reaktorablauf einen pH-Wert von etwa 10 hat und mit Calciumcarbonat übersättigt ist. Die Probenahmestelle am Reaktorauslauf sollte an einem gut durchströmten Bereich angeordnet sein. Durch Ausscheidung von Calciumcarbonat kann es in den Probenahmeleitungen zu Verstopfungen und an den Armaturen zu Störungen durch Ausscheidung von Calciumcarbonat kommen. Dies kann weitestgehend vermieden werden, wenn man die Probenahmeleitung ständig durchströmen lässt. Die Probengefäße sollten nicht mit Schliffstopfen verschlossen werden, da diese bedingt durch die Alkalität des Reaktorablaufs häufig nicht mehr zu öffnen sind („Festfressen"). Geeignet sind dagegen Gefäße mit Kunststoff-Schraubverschlüssen. Die Wirkung der Anlage wird durch Probenahmen vor und nach der Anlage und Bestimmung von Calcium und Magnesium ermittelt. Die Untersuchungen, insbesondere die Bestimmung der Steuerparameter, sollte vor Ort erfolgen.

Durch anthropogene Verschmutzung gelangen organische Schadstoffe in die Oberflächengewässer. Ihre vollständige Entfernung ist praktisch nur durch Adsorption an aktiven Oberflächen, beispielsweise Aktivkohle, möglich. Die Adsorbentien werden pulverförmig dosiert oder in gekörnter Form in Filtern angewendet. Die Schadstoffe sind nur in Spurenkonzentrationen im Wasser enthalten und stellen daher besondere Reinheitsanforderungen an die Probenahmegeräte und die Probengefäße. Da die Spurenstoffe leicht an Oberflächen adsorbieren, sollte die Probenahme nur aus ständig durchflossenen Probenahmeleitungen erfolgen. Bei anderen Arten der Probenahme, wie Schöpfproben, muss das Volumen/Oberflächen-Verhältnis so groß gewählt werden, dass Fehler durch Adsorption

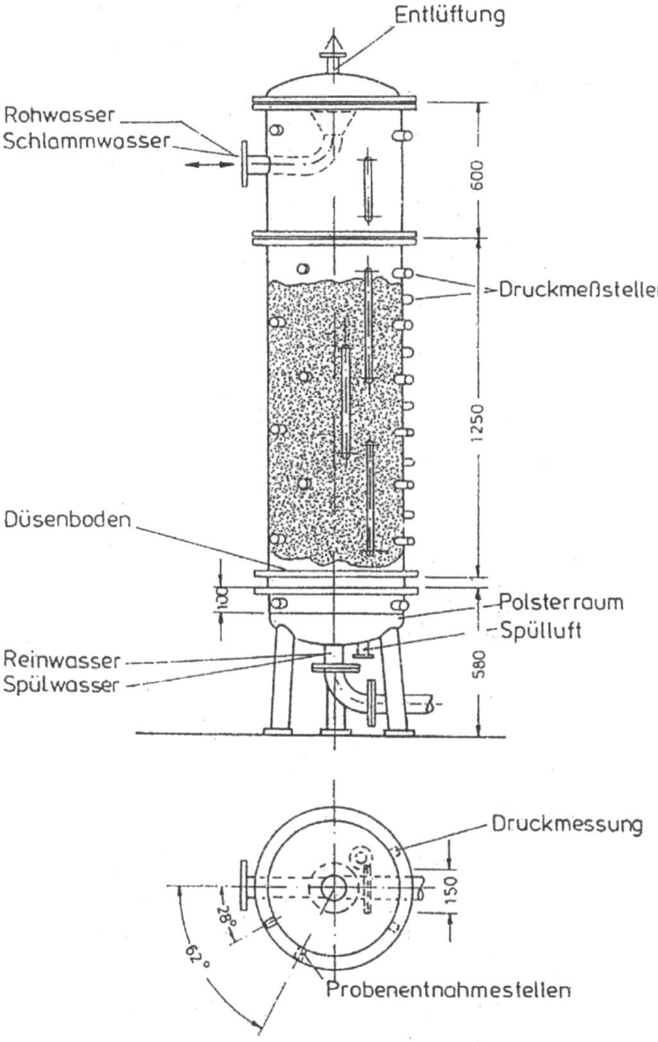

Bild 5.4: Probenahmestellen zur Messung von Konzentrationsprofilen im Filter

zu vernachlässigen sind. Als Probengefäße sollten bevorzugt Glasflaschen verwendet werden. Die Probengefäße sind vollständig und luftblasenfrei zu füllen. Die Wirksamkeit des Verfahrens wird durch Analysen von Proben des Zu- und Ablaufs der Anlagen ermittelt. Da es sich meist um eine aufwendige instrumentelle Analytik handelt, werden die Untersuchungen in der Regel im Labor durchgeführt. Bei kühler Lagerung und gekühlten Transportbehältern ist eine Konservierung der Proben nicht erforderlich. Das Wasser des Ablaufs der Anlage kann geringe Anteile des Adsorptionsmittels in kolloidaler oder feinverteilter Form enthalten, was bei der Probenvorbereitung zur Analyse zu berücksichtigen ist. Normalerweise lassen sich diese feinsten Partikel durch Filtration entfernen. Die Messung von Konzentrationsprofilen in Adsorptionsfiltern dient zur Ermittlung der genutzten und vorhandenen Adsorptionskapazität. Dies ist beispielsweise für die Logistik von Anlagen mit reaktivierbarer Aktivkohle von Bedeutung. Verwendet werden zur Probenahme bauartgleiche Vorrichtungen, die bei den Filteranlagen bereits beschrieben wurden. Als Werkstoff für das Filtergewebe ist nur nichtrostender Stahl geeignet, da die Spurenstoffe besonders an Kunststoffoberflächen adsorbiert werden. Die Probenahmeleitungen sollten ständig durchströmt werden.

Zur Stabilisierung des Wassers werden Aufbereitungsverfahren verwendet, durch die eine Veränderung der Wasserbeschaffenheit beim Transport des Wassers bis zum Verbraucher weitestgehend vermieden wird. Die Entsäuerungsverfahren wurden bereits bei der Aufbereitung von Grundwässern beschrieben.

Im Allgemeinen wird die Probe direkt aus Entnahmeleitungen (Bypass-Leitungen oder Probezapfhähne) entnommen. Entnahmearmaturen, wie Zapfhähne, sollten ausschließlich für die Probenahme benutzt werden und aus Werkstoffen sein, die ein Abflammen für mikrobiologische Probenahmen ermöglichen. Es sollten nur Zapfhähne mit Dichtungen verwendet werden, die eine mikrobiologische Kontamination der Proben ausschließen (metallische Dichtungen). Die Probenahmestellen sollten gut zugänglich sein. Die Ableitung von überschüssigem Wasser in der Nähe der Probenahmestelle, z. B. durch Waschbecken, ist vorzusehen.

Aus drucklosen Anlageteilen mit freiem Wasserspiegel erfolgt die Probenahme mit Schöpfgefäßen. Schöpfapparate mit einer entsprechenden Verschließvorrichtung gestatten Probenahmen in unterschiedlichen Wassertiefen. Für die Entnahme von Stichproben oder die kontinuierliche Probenahme aus drucklosen Anlageteilen werden häufig Probenahmepumpen verwendet. Sie gestatten ebenfalls eine Entnahme aus unterschiedlichen Wassertiefen. Es muss darauf geachtet werden, dass durch die Bauart der Pumpe Wasserinhaltsstoffe in ihrer Art und Konzentration nicht verändert werden. Beispielsweise können im Wasser suspendierte Feststoffe durch Scherkräfte zerkleinert werden und Messwerte für die Trübung verfälschen. Eine weitere Fehlerquelle kann das Einsaugen von Luft bzw. die Ausscheidung von gelösten Gasen in Bereichen partiellen Unterdrucks sein. Pumpen und Rohrleitungen sollten nicht gedrosselt werden, da sich hierdurch die Temperatur des Wassers beträchtlich erhöhen kann. Für Leitungen, die zum Zweck der Probenahme gesondert verlegt werden, sollte nichtrostender Stahl verwendet werden. Als Verbindungen sind Pressfittings besonders geeignet, auf Postverbindungen sollte wegen der Korrosionsgefährdung und der Abgabe von Schwermetallen an das Wasser verzichtet werden. Die Leitungslänge sollte so kurz wie möglich ausgeführt sein. Die Rohrleitungen sind mit entsprechenden Anschlüssen zu versehen, die eine Desinfektion und Spülung ermöglichen. Der Förderstrom sollte etwa 0,1 l/min betragen, die Fließgeschwindigkeit ca. 0,1 m/s nicht unterschreiten. Ideal sind fest installierte Probenahmeleitungen, die ständig durchflossen werden („Dauerläufer"). Diese sind jedoch wegen der nicht unerheblichen Wasserverluste eher selten anzutreffen.

Probenahmeleitungen, die als Messwasserleitungen für kontinuierliche Wassergütemessgeräte dienen, stellen zusätzliche Anforderungen. Besonders wichtig ist für die Wahl des Probenahmeortes, dass hier häufig elektrische Energie, Frischwasser und entsprechende Entsorgungseinrichtungen vorhanden sein müssen. Außerdem sind die entsprechenden Vorschriften des Grundwasserschutzes zu beachten.

Die Probenahme aus erdverlegten, unter Druck stehenden Versorgungsleitungen erfolgt an Hydranten. Es ist darauf zu achten, dass die Anschlussleitungen und das Standrohr vor der Probenentnahme ausreichend gespült werden. Zweckmäßig ist es, besonders für mikrobiologische Probenahmen eine separate Entnahmeapparatur (abflammbarer Zapfhahn) am Standrohr einzurichten.

Als Probenahmeorte im Versorgungsgebiet sind besonders wasserwerkseigene Gebäude, Wasserspeicherbehälter, Druckerhöhungsanlagen und größere Wasserzähleranlagen geeignet. Bei Probenahmen in z. B. Verwaltungs- und öffentlichen Gebäuden ist darauf zu achten, dass die Versorgung über Hauptstränge erfolgt und die Anschlussleitungen kurz und gut durchflossen sind.

Der Probenahmeort ist eindeutig zu kennzeichnen. Für wiederkehrende Probenahmen haben sich eine feste Kennzeichnung vor Ort (Beschriftung, Schilder) und eine genaue Dokumentation in Plänen als günstig erwiesen.

5.5 Durchführung der chemischen Probenahme

Vor der Probenahme muss das im Probenahmesystem einschließlich der Messwasserleitungen enthaltene, abgestandene Wasser bis zur Temperaturkonstanz ablaufen gelassen werden. In Sonderfällen, beispielsweise bei der Untersuchung von Stagnationseinflüssen und zur Aufklärung von Korrosionsschäden, kann hiervon abgewichen werden. Die Art der Probenahme ist dann besonders zu kennzeichnen.

Das Probevolumen ist abhängig vom Untersuchungsprogramm und dem Umfang der Untersuchungen. Es kann zwischen circa 100 Millilitern und mehreren Litern umfassen. Bei unterschiedlichen Untersuchungswegen und Homogenisierungs-

und Konservierungsmaßnahmen müssen vor Ort verschiedene Probebehälter je nach den Anforderungen der Untersuchungsverfahren gefüllt werden.

Zur quantitativen Erfassung des Gehaltes an gelösten Gasen und leichtflüchtigen Wasserinhaltsstoffen sowie zur Vermeidung der Veränderung der Wasserbeschaffenheit, beispielsweise durch Lufteinwirkung, sind entsprechende Maßnahmen vorzusehen: Abfüllen bis zum Überlaufen durch einen bis zum Probengefäßboden geführten Schlauch; Füllen nach der Methode des überstauten Trichters. Derartige Maßnahmen sind aber nur sinnvoll, wenn auch die vorangehende Handhabung der Probe (Beschaffenheit der Probenahmeleitungen etc.) den Anforderungen entspricht.

Problematisch ist die Probenahme von Wässern, die Feststoffe enthalten. Diese Wässer liegen als Rohwässer oder in verschiedenen Verfahrensstufen bei der Wasseraufbereitung vor. Bei der Probenahme muss vermieden werden, dass einerseits durch Scherkräfte die Partikel zerstört werden, andererseits eine Agglomeration zu größeren Teilchen stattfindet. Außerdem muss eine Sedimentation verhindert werden. Dies ist besonders bei der Probenahme aus Rohrleitungen, Gerinnen und Kanälen zu berücksichtigen. Eine gewisse Veränderung der Probe muss vielfach toleriert werden. Der Einfluss auf das Analysenergebnis ist zu untersuchen und bei der Interpretation zu berücksichtigen.

Alle Probenahmegeräte sollen aus Werkstoffen bestehen, die die Probe durch Abgabe von metallischen und organischen Substanzen nicht unzulässig kontaminieren. Das bedeutet, dass je nach Kontaktzeit mit dem Wasser für Pumpen, Armaturen, Rohrleitungen und Probenbehälter verschiedene Werkstoffe eingesetzt werden können. Vorzugsweise werden nichtrostender Stahl, Aluminium, Glas oder Kunststoffe, wie Polyolefine verwendet. Schläuche sollen zur Vermeidung von Sorptionseffekten kurz sein und nicht aus Gummi bestehen. Als Probenbehälter werden abhängig vom Untersuchungszweck Flaschen oder Behälter aus Glas, Borosilikat sowie Kunststoffen (z. B. Polyolefine, Teflon) verwendet. Sind Veränderungen durch Diffusion zu befürchten, dürfen nur Glas- oder Borosilikatflaschen eingesetzt werden. Die Proben für die Untersuchung auf organische Spurenstoffe werden in Glasflaschen bevorzugt mit Schliffstopfen entnommen.

Da die Kontaminierung der Proben nicht grundsätzlich auszuschließen ist, kann es erforderlich sein, für bestimmte Parameter oder Gruppen von Parametern vor Ort Teilproben in Probengefäßen aus verschiedenen Werkstoffen zu entnehmen.

Die Probenahmegeräte und Probengefäße sind sorgfältig zu reinigen. Es ist darauf zu achten, dass Spülmittelreste vollständig entfernt werden. Auf die Verwendung phosphathaltiger Spülmittel sollte wegen der Gefahr einer Kontamination der

Proben verzichtet werden. Für Spurenanalysen hat es sich als nützlich erwiesen, die Qualität der Reinigung von Analytikern durch Stichproben (Blindproben) zu überwachen. Dies dient zu einer weiteren Absicherung der Ergebnisse von Spurenanalysen.

Allgemeine Grundsätze bei der Durchführung der Probenahme sind zusätzlich:

- nicht rauchen, essen, trinken,
- Probenahmebehälter nur zum Abfüllen öffnen, sonst immer verschlossen und „geschützt" lagern und transportieren,
- bei der Probenahme auf Umgebungsbedingungen achten (z. B. offene Behälter nicht im Bereich von Maschinenabluft, Klimaanlagen oder bei Staubbelastung handhaben),
- Behälterinnenwand und Innenseite der Verschlüsse nicht mit Fingern oder Gegenständen berühren,
- für Vor-Ort Messungen separate Probe abfüllen und nach der Messung verwerfen,
- Identität der Probenahmestelle prüfen (Probenahmeort sollte eindeutig gekennzeichnet sein),
- zweckmäßige Vorrichtungen zur Trinkwasserentnahme (z. B. Schlauch) – falls erforderlich – an Entnahmearmatur anbringen,
- Dauer und Volumen des Ablaufs hängen von der Länge und dem Durchmesser des Leitungssystems ab, „Dauerläufer" (kontinuierlich fließender Teilstrom des Wassers) können direkt beprobt werden,
- Trinkwasser in geeignete Probengefäße füllen und fest verschließen,
- Probengefäße mit der entnommenen Wasserprobe müssen verwechslungsfrei und dauerhaft gekennzeichnet sein (z. B. Etikett).

5.5.1 Vorbehandlung, Transport und Konservierung

Die Vorbehandlung der Proben wird im Wesentlichen durch die analytischen Fragestellungen vorgegeben. Beispielsweise bei der Bestimmung von Spurenstoffen in Suspensionen, d. h. im System wässrige Phase/Feststoffpartikel, ist die Probenaufbereitung wesentlicher Bestandteil der Probenahme und unumgängliche Voraussetzung für exakte analytische Aussagen.

Analysen unterscheiden vielfach zwischen den an suspendierten Feststoffteilchen adsorbierten als auch gelösten Wasserinhaltsstoffen. Diese Differenzierung wird besonders bei der Untersuchung auf Metalle, Metalloide und organische Stoffe, die in Spurenkonzentrationen im Wasser enthalten sind, vorgenommen. Zur Fraktionierung in „gelöst“ und „ungelöst“ wird eine Filtration des Wassers vorgenommen. Die Fraktion, die ein 0,45 µm-Membranfilter passiert, wird als gelöste oder lösliche Fraktion bezeichnet, während das suspendierte Material auf dem Filter zurückbleibt. Die Festlegung auf diese Porengröße – sie wurde aus der Bakteriologie übernommen – erfolgte nicht ganz ohne Willkür. In unfiltrierten Proben führt der Kontakt der gelösten Fraktion mit den Feststoffteilchen oft zu Änderungen in der Verteilung der zu untersuchenden Komponente in den zwei Phasen. In Rohwasser häufig enthaltene hohe Algen- und Bakterienkonzentrationen oder mineralische Bestandteile (Tone) inkorporieren die löslichen Species sehr schnell und reduzieren damit den „gelösten“ Anteil.

Für die Filtration von Wasserproben gibt es Membranfilter aus den unterschiedlichsten Materialien. Das Filtrationsgerät ist entsprechend der analytischen Aufgabenstellung aus nichtrostendem Stahl, Pyrex, PVC oder Plexiglas gefertigt. Die Filtration kann als Druck- oder als Vakuumfiltration durchgeführt werden. Dabei ist es wichtig, dass mit niedrigen Drücken gearbeitet wird. Überdruck von mehr als 0,2 bar führt in Rohwässern, die Phytoplanktonzellen enthalten können, zu deren Zerstörung und damit zur Erhöhung der Metallkonzentration und des Gehaltes an gelösten organischen Substanzen im Filtrat.

Wenn eine Analyse unmittelbar nach der Probenahme nicht möglich ist, müssen die Proben entsprechend vorbehandelt und konserviert werden, um eine Veränderung zu vermeiden. Alle Maßnahmen der Vorbehandlung und Konservierung sind im Probenahmeprotokoll zu vermerken.

Proben lassen sich durch Kühlung auf etwa (3 ± 2) °C, Einfrieren auf unter -18 °C oder durch Zugabe von Chemikalien konservieren. Die geringsten Veränderungen an Proben für chemische Untersuchungen treten durch Kühlung auf. Bei der Konservierung durch Gefrieren muss berücksichtigt werden, dass eine Veränderung der Probe durch Entmischung (Gefrieranreicherung) und Ausfällung bei Überschreiten von Lösungsgleichgewichten stattfinden kann. Chemikalien dürfen nur dann zugegeben werden, wenn kein anderes Konservierungsverfahren angewandt werden kann und die zugegebenen Chemikalien die nachfolgenden Untersuchungen nicht stören.

Die Stabilisierung von Wasserproben ist ausführlich in der DIN EN ISO 5667-3 [9] beschrieben.

5.5.2 Stagnationsprobenahme

Nach der TrinkwV [1] sind die Schwermetalle Blei, Kupfer und Nickel auf der „Grundlage einer für die durchschnittliche wöchentliche Wasseraufnahme durch Verbraucher repräsentativen Probe“ zu untersuchen. In Deutschland richtet sich diese spezielle Form der Probenahme derzeit nach einer Empfehlung des Umweltbundesamtes [10]. Dort sind zwei Probenahmeverfahren beschrieben: die gestaffelte Stagnationsbeprobung und die Zufallsstichprobe [11].

A) gestaffelte Stagnationsbeprobung

An der Zapfstelle, an der normalerweise das Wasser zum Verzehr entnommen wird, ist so lange zu spülen, bis Wasser in der vom Wasserversorger gelieferten Qualität aus der Zapfstelle tritt (z. B. bei Temperaturkonstanz). Die Probe von 1 l Volumen, aus dem fließenden Wasser entnommen (Probe S0), repräsentiert die vom Wasserversorger angelieferte Trinkwasserqualität.

Nach dieser Spülung wird der Zapfhahn für einen Zeitraum t (Stagnationszeit in Stunden) von vier Stunden, mindestens aber zwei Stunden, geschlossen. Dabei ist sicherzustellen, dass in der Zeit an dieser Zapfstelle kein Wasser entnommen wird. Der Verbrauch im übrigen Gebäude wird nicht beeinflusst. Nach dieser Stagnationszeit werden ohne weiteren Ablauf zwei weitere direkt aufeinander folgende Proben von je 1 l Volumen entnommen (Proben S1 und S2).

Die Konzentration in der Probe S1 spiegelt dabei neben der Hausinstallation auch den Einfluss der Entnahmeapparatur wider (wichtig z. B. bei Nickel und Blei), während S2 nur den Einfluss der übrigen Hausinstallation umfasst. In allen drei Proben werden die Konzentrationen an Blei, Kupfer und Nickel bestimmt.

Beträgt die Stagnationszeit weniger als vier Stunden, mindestens jedoch zwei Stunden, so wird die gemessene Konzentration durch Multiplikation mit einem Faktor 4/t auf die Konzentration nach vier Stunden hochgerechnet. Die normierte Konzentration wird mit dem Grenzwert verglichen und dient der Prüfung, ob der jeweilige Parameterwert überschritten wird. Wenn die normierte Konzentration den Parameterwert überschreitet, ist als Bewertungsmaßstab für die Anordnungen des Gesundheitsamtes nach § 20 Abs. 3 TrinkwV 2001 eine Probe nach genau vier Stunden Stagnationsdauer zu entnehmen.

B) Zufallsstichprobe

In einem nach Zufallskriterien ausgewählten Gebäude in einem Versorgungsgebiet ist zu einer zufälligen Tageszeit eine Probe von 1 l Volumen vom Zapfhahn eines Verbrauchers ohne vorherige Spülung zu entnehmen. Dies kann auch ein Gebäude sein, aus dessen Hausinstallation Wasser für die Öffentlichkeit bereitgestellt wird.

5.5.3 Probenahme zur Untersuchung auf radioaktive Stoffe

Mit der Änderung der Trinkwasserverordnung (TrinkwV) im Jahr 2015 [1] besteht erstmals die Verpflichtung, Trinkwasser auf radioaktive Stoffe zu untersuchen. In der Anlage 3a der TrinkwV sind für Radon-222, die Richtdosis und Tritium Parameterwerte festgelegt.

Im Regelfall ist eine Erstuntersuchung auf Radon-222 und die Richtdosis erforderlich. Die Untersuchung auf Tritium und künstliche Radionuklide ist im Regelfall nicht erforderlich. Für die Untersuchung in Hinblick auf die Richtdosis können verschiedene Verfahren angewendet werden. Gesamt-Alpha-Aktivität (Screeningverfahren) bzw. Einzelnuklidbestimmung.

Die Erstuntersuchung umfasst vier Trinkwasseruntersuchungen in vier unterschiedlichen Quartalen. Die Erstuntersuchung muss für Wasserversorgungsanlagen im Betrieb bis zum 26.11.2019 erfolgen und dient der Ermittlung und Bewertung der im Jahresdurchschnitt vorliegenden Aktivitätskonzentrationen der Parameter.

Die Parameterwerte sind zwar grundsätzlich am Zapfhahn des Gebrauchs einzuhalten. Die Untersuchung kann in der Praxis aber am Wasserwerksausgang erfolgen. Denn auf dem Weg zum Verbraucher ist mit keinem Anstieg der Konzentration an radioaktiven Stoffen zu rechnen.

Bei der Probenahme von Radon-222 sind Ausgasungen zwingend zu vermeiden. Dazu sind gasdichte Behälter (z. B. PET) luftblasenfrei zu füllen und die Analytik ist innerhalb von maximal drei Tagen durchführen. Zur Berechnung der Radon-Aktivität muss das Datum mit Uhrzeit vermerkt sein.

Die Probenahme für Radon erfolgt wie bei der Probenahmetechnik für flüchtige Stoffe mittels inertem Schlauch.

Vorgehensweise:

- Behälter luftblasenfrei befüllen (keine Ausgasungen):
    - sauberen, inerten Schlauch gasdicht an Entnahmearmatur anschließen,
    - Schlauch bis zum Boden des Behälters führen,

  - Behälter mit der Wasserprobe langsam bis zum Überlaufen befüllen,
  - mindestens zwei Volumina überlaufen lassen.
- Behälter luftblasenfrei verschließen:
  a) mit Glasflaschen mit Glasvollschliffstopfen,
  b) PET-Behälter mit Schraubverschluss,
  - Behälter mit der Probe in den gefüllten Eimer eintauchen und Schlauch bei weiterhin geöffneter Entnahmearmatur langsam herausziehen,
  - Behälter unter der Wasseroberfläche mit der Schraubkappe luftblasenfrei verschließen,
  - durch Umdrehen des Behälters sicherstellen, dass keine Luftblasen enthalten sind. Sonst Befüllung wiederholen.

5.6 Durchführung der Probenahme für mikrobiologische Untersuchungen

5.6.1 Mikrobiologische Trinkwasserüberwachung im Wandel

Auch heute noch stellt die Übertragung von Krankheitserregern mit dem Trinkwasser die größte Gefahr innerhalb der Wasserversorgung dar. Dabei liegt allerdings zumindest in den europäischen Industrieländern der Schwerpunkt der hygienischen Risiken nicht mehr überwiegend in einer fäkalen Verunreinigung des Trinkwassers im Bereich der Gewinnung und der Verteilung im Rohrnetz, sondern zunehmend in der Selektion pathogener oder fakultativ pathogener Bakterien innerhalb der Trinkwasserinstallation in Gebäuden oder anderen technischen Systemen.

Die klassischen Trinkwasserepidemien, wie Typhus, Cholera, Ruhr etc. werden durchweg von Krankheitserregern hervorgerufen, die einen fäkal-oralen Infektionsweg besitzen. Das heißt, sie werden mit dem Stuhl von Mensch oder Tier ausgeschieden und gelangen dann direkt oder indirekt über Lebensmittel und Trinkwasser wieder in den Menschen.

Zur seuchenhygienischen Überwachung der Trinkwasserqualität bedient man sich daher, neben der Bestimmung der Koloniezahlen als Kenngröße für die allgemeine mikrobiologische Belastung des Wassers, des Nachweises von Indikatorbakterien, die zwar selber keine Krankheitserreger sein müssen, die aber einen Hinweis auf eine mögliche Kontamination des Trinkwassers mit Fäkalien und damit auf den möglichen Eintrag von Krankheitserregern mit einem fäkal-oralen Infektionsweg liefern.

Das klassische Indikatorbakterium für eine fäkale Verunreinigung ist das Bakterium Escherichia coli (E. coli). Es ist natürlicherweise ein Darmbewohner von Menschen und warmblütigen Tieren und wird in hohen Zahlen mit dem Stuhl ausgeschieden. Bei Trinkwasser, in dem E. coli nachgewiesen werden kann, kann man dementsprechend davon ausgehen, dass Fäkalien in das Wasser gelangt sind, so dass dort im ungünstigen Fall auch Krankheitserreger, die einen fäkal-oralen Infektionsweg besitzen, vorkommen können.

In der Gruppe der coliformen Bakterien, die keine taxonomische Einheit darstellt, sind die Bakterien aus der Familie der Enterobacteriaceae zusammengefasst, die durch die in der Trinkwasserverordnung zugelassenen Verfahren definiert werden. Seit Inkrafttreten der TrinkwV 2001 [12] gehört auch das Bakterium Escherichia coli zu den coliformen Bakterien.

Zu den coliformen Bakterien gehören neben den Fäkalindikatoren auch solche, die nicht mit fäkalen Verunreinigungen assoziiert werden können, da sie natürlicherweise im Boden oder auch in Oberflächenwasser vorkommen. Der Nachweis von coliformen Bakterien im Trinkwasser ist dementsprechend zunächst ein Hinweis auf eine allgemeine unerwünschte Wasserbelastung, die im ungünstigen Fall auch fäkalen Ursprungs sein kann.

In der Trinkwasserverordnung sind als weitere Indikatorbakterien die intestinalen Enterokokken (umfassende Untersuchungen) und das Bakterium Clostridium perfringens aufgeführt.

Intestinale Enterokokken sind in der Regel – genau wie E. coli – Darmbewohner von Menschen und von warmblütigen Tieren. Sie vermehren sich nicht im Wasser, sind allerdings normalerweise widerstandsfähiger gegenüber Umwelteinflüssen als E. coli. Aus diesem Grund kann der Nachweis von intestinalen Enterokokken in einer Wasserprobe ein Indiz für eine länger zurückliegende fäkale Verunreinigung sein.

Auch das Bakterium Clostridium perfringens kann, da es in der Lage ist, Sporen zu bilden, sehr lange in der Umwelt überdauern. Seine Sporen verhalten sich während der Wasseraufbereitung ähnlich wie die Oozyten von Cryptosporidien oder Giardien. Sie sind ebenso wie diese sehr resistent gegen Chlor. Aus diesem Grund kann das Bakterium Clostridium perfringens als Indikatorbakterium für diese Parasiten herangezogen werden. Entsprechend dieser Funktion muss auf Clostridium perfringens aber nur dann untersucht werden, wenn Oberflächenwasser oder Wasser, welches durch Oberflächenwasser beeinflusst wird, für die Trinkwasseraufbereitung verwendet wird.

Die Entwicklung der letzten Jahrzehnte hat gezeigt, dass in Deutschland die Erkrankungsfälle durch die „klassischen" Krankheitserreger, die einen fäkal-oralen Infektionsweg besitzen und im Bereich der Gewinnung und der Verteilung des Trinkwassers eingetragen werden, deutlich zurückgegangen sind. Demgegenüber gewinnen solche pathogenen oder fakultativ pathogenen Bakterien, wie Pseudomonas aeruginosa oder Legionella spp., die sich innerhalb der Trinkwasserinstallation in Gebäuden oder anderer technischer Systeme zu hygienisch relevanten Konzentrationen vermehren können, zunehmend an Bedeutung. Es handelt sich hierbei um Bakterien, die natürlicherweise in aquatischen Biotopen vorkommen und die mit Hilfe der oben aufgeführten Indikatorbakterien nicht indiziert werden. Das Trinkwasser muss deshalb gezielt auf diese Bakterien (P. aeruginosa, Legionellen) hin untersucht werden.

Das Wissen um die mögliche Vermehrung hygienisch relevanter Bakterien in der Trinkwasserinstallation in Gebäuden, insbesondere bei nicht Einhaltung der allgemein anerkannten Regeln der Technik, ist vom Gesetzgeber dahingehend berücksichtigt worden, dass mit der Trinkwasserverordnung 2001 Hausinstallationssysteme in den Regelungsbereich der Trinkwasserverordnung einbezogen sind [12]. So müssen nach § 8 der TrinkwV [1] die mikrobiologischen Anforderungen am Austritt aus denjenigen Zapfstellen, die sich in einer Trinkwasserinstallation befinden und der Entnahme von Trinkwasser dienen, eingehalten werden.

Der Wasserversorger hat allerdings nach § 14 Abs. 1 lediglich sicherzustellen, dass das Trinkwasser an der Stelle, an der das Wasser in die Trinkwasserinstallation übergeben wird, den Anforderungen der Trinkwasserverordnung entspricht. Die Verantwortung für die Wasserqualität in der Hausinstallation nach § 3 Nr. 2 Buchstabe e ist dagegen dem Betreiber der Hausinstallation unterstellt. Die Überwachung der Trinkwasserqualität erfolgt durch die zuständigen Gesundheitsbehörden. Der Unternehmer und der sonstige Inhaber einer gewerblich oder öffentlich genutzten Trinkwasserinstallation mit einer Großanlage zur Trinkwassererwärmung ist verpflichtet, das Warmwassersystem an mehreren repräsentativen Entnahmestellen auf Legionellen untersuchen zu lassen (Anlage 3 Teil II, Technischer Maßnahmenwert: 100 Legionellen pro 100 ml). Diese Untersuchung darf nur von einer Untersuchungsstelle durchgeführt werden, die in einer aktuell bekannt gemachten Landesliste (nach § 15 Absatz 4 Satz 2) gelistet ist. Gemäß Anlage 4 Teil 2 Buchstabe b der TrinkwV ist die Untersuchung des Warmwassersystems auf Legionellen in öffentlichen Gebäuden i. d. R. einmal jährlich vorzunehmen. Warmwassersysteme in gewerblich genutzten Gebäuden werden alle drei Jahre auf Legionellen untersucht, sofern der technische Maßnahmenwert für Legionellen nicht überschritten wird. Die Probenahmetechnik und das Nachweisverfahren für Legionellen sind in der Trinkwasserverordnung aufgeführt.

Die verschiedenen Fragestellungen hinsichtlich der geeigneten Probenahmetechniken, die sich aus den Regelungen der TrinkwV ergeben, werden umfassend durch die DIN EN ISO 19458 [13] abgedeckt.

5.6.2 Probenahme nach DIN EN ISO 19458

Bei der DIN EN ISO 19458 handelt es sich um eine sehr umfassende internationale Norm, die neben der Vorbereitung und der Durchführung von Probenahmen zur mikrobiologischen Untersuchung verschiedener Trinkwasserproben auch andere Fragestellungen behandelt. So werden in dieser Norm z. B. auch die Probenahmen von Brunnen-, Schwimmbecken-, Oberflächen- oder Abwasserproben und die Probenahme von oberflächenassoziierten Bakterien geregelt.

Dabei gibt diese Norm eine Anleitung zur Planung eines Probenahmeprogramms, zur Vorbereitung der Probenbehälter, zur Vorgehensweise bei Probenahmen für mikrobiologische Analysen und für den Transport, die Handhabung und die Lagerung von Proben bis zum Beginn der Untersuchung.

5.6.2.1 Probenbehälter

Gemäß DIN EN ISO 19458 sind für die Probenahme zur Untersuchung von Wasser auf mikrobiologische Parameter saubere, sterile Flaschen aus Glas (bei Wiederverwendung der Flaschen) oder Kunststoff (bei Einwegflaschen, z. B. Polypropylen, Polystyrol, Polyethen, Polycarbonat) erforderlich. Hinsichtlich der Verschlüsse können Schliffglas- oder Kunststoffstopfen für Glasflaschen, Kunststoffschnappdeckel oder Kunststoff- oder Metallschraubkappen für Glas und Kunststoffflaschen verwendet werden.

Das Probenvolumen und damit auch die Flaschengröße richten sich nach der Anzahl der zu untersuchenden mikrobiologischen Parameter. Dabei ist auch zu beachten, dass bei der Analyse von in Flaschen abgefülltem Wasser in der Regel 250 ml je Parameter statt der ansonsten im Trinkwasser üblichen 100 ml untersucht werden.

Für Eintauchproben in keimarmen Wässern sind Flaschen zu verwenden, die innen und außen steril sind und durch eine Aluminiumdose, durch Aluminiumfolie oder durch eine Kunststoffhülle gegen eine Kontamination geschützt sind.

5.6.2.2 Spülen der Glasgeräte

Glasflaschen und ihre Deckel müssen bei Wiederverwendung mit einem ungiftigen, phosphatfreien Reinigungsmittel gespült werden. Am Ende des Reinigungsvorgangs sind sie gründlich mit deionisiertem oder destilliertem Wasser nachzuspülen.

5.6.2.3 Sterilisation und Vorbereitung der Probenahmeflaschen

Zur Sterilisation der Flaschen stehen im Labor in der Regel folgende Techniken zur Verfügung:

1. Autoklavieren der Flaschen bei (121 ± 3) °C für mindestens 15 min. Dabei darf der Deckel nur lose auf der Flasche sitzen, damit die Luft in der Flasche vollständig durch Dampf ersetzt wird. Um zu vermeiden, dass beim Abkühlen ein Unterdruck in der Flasche entsteht, der zur Folge hätte, dass sich die Flasche nicht mehr öffnen lässt, ist bei Glasstopfen ein Aluminium- oder Papierstreifen zwischen Flaschenhals und Stopfen einzulegen, der nach der Sterilisation wieder entfernt wird. In der Praxis haben sich für diesen Zweck auch Drahthäkchen sehr gut bewährt. Schraubdeckel werden aus diesem Grund erst nach dem Abkühlen festgezogen.

2. Hitzesterilisieren der Flaschen im Trockenschrank für mindestens eine Stunde bei (170 ± 10) °C. Auch hierbei sollten Glasschliffstopfen durch Aluminiumstreifen oder Drahthäkchen vom Flaschenhals getrennt werden, um ein Festsitzen während des Abkühlens zu vermeiden. Die Aufheizzeit des gefüllten Trockenschranks muss unbedingt berücksichtigt werden.

Bei der Verwendung von Stopfen statt Schraubdeckeln sollte der Stopfen und die Flaschenöffnung, z. B. durch Aluminiumfolie, vor einer nachträglichen Verschmutzung und Kontamination geschützt werden. Die Wirksamkeit des Sterilisationsprozesses muss regelmäßig durch chemische oder biologische Indikatoren kontrolliert werden. Außerdem sollte das Sterilisierungsdatum rückverfolgbar sein.

Kunststoffflaschen sind im Normalfall weder hitzesterilisierbar noch autoklavierbar. Einwegflaschen für die mikrobiologische Probenahme bestehen meist aus Polyethen und können steril vom Hersteller bezogen werden. Die Sterilisation erfolgte in diesen Fällen mit Hilfe von Ethylenoxidgas und/oder Gammastrahlung.

Um zu verhindern, dass eventuell noch im Wasser vorhandenes Desinfektionsmittel Bakterien in der Probe abtötet, werden Probenahmeflaschen, die für die Probenahme von gechlorten Wässern verwendet werden, zum Abbinden des Desinfektionsmittels mit Natriumthiosulfat ($Na_2S_2O_3$) versetzt. Für die Mehrzahl der Proben ist es ausreichend je 100 ml Probenvolumen 0,1 ml einer Natriumthiosulfat-penthahydrat-Lösung zuzugeben, die 18 mg ($Na_2S_2O_3 \times 5\ H_2O$) pro ml enthält. Diese Menge neutralisiert einen Chlorgehalt zwischen 2 mg/l und 5 mg/l.

Es empfiehlt sich, das Natriumthiosulfat schon vor der Hitzesterilisation in die Probenahmeflasche zu pipettieren. Es schlägt sich dann in kristalliner Form an der Flaschenwand nieder und geht beim Befüllen der Flasche sofort in die Lösung.

Da Natriumthiosulfat in der vorgegebenen Konzentration keine Auswirkung auf das Bakterienwachstum hat, können diese Flaschen auch für nicht gechlorte Wässer verwendet werden.

Für andere Desinfektionsmittel müssen entsprechende Inaktivierungsmaßnahmen ergriffen werden. So ist z. B. bei der Entnahme von gesilbertem Wasser den Proben je Liter Wasser 1 ml einer sterilen Natriumsulfidlösung (0,1 g/l Na_2S) zuzusetzen. Sofern eine Inaktivierung des Desinfektionsmittels nicht möglich ist, ist dies unbedingt zu dokumentieren und im Befund zu erwähnen.

5.6.2.4 Probenahme aus Entnahmearmaturen

Je nach Fragestellung kann die Vorgehensweise bei der Probenahme sehr unterschiedlich sein. Insofern sollte sich der Probenehmer im Vorfeld der Probenahme über den Zweck der Wasseruntersuchung im Klaren sein. Grundsätzlich wird in der DIN EN ISO 19458 bei Probenahmen aus Entnahmearmaturen zwischen folgenden Fragestellungen unterschieden:

- Feststellung der Wasserbeschaffenheit im Verteilungsnetz, welches in der Verantwortlichkeit des Wasserversorgers liegt [DIN EN ISO 19458, Zweck a]
- Feststellung der Wasserbeschaffenheit an der Entnahmearmatur des Verbrauchers, welche durch die Trinkwasserinstallation in Gebäuden verändert werden kann; die Verantwortung liegt hierbei beim Betreiber des Gebäudes (DIN EN ISO 19458, Zweck b]
- Feststellung der Wasserbeschaffenheit während der Entnahme, die ggf. durch eine verschmutzte Entnahmearmatur beeinflusst werden kann [DIN EN ISO 19458, Zweck c].

5.6.2.5 Wasseraufbereitungsanlagen und Trinkwasserspeicher

In Wasseraufbereitungsanlagen und Trinkwasserspeichern sollten an jeder Hauptleitung und an jeder anderen Probenahmestelle abflammbare Entnahmearmaturen für die mikrobiologische Probenahme vorhanden sein. Diese müssen in einem sauberen Zustand gehalten und zweifelsfrei beschriftet sein und sollten ausschließlich zur Probenahme verwendet werden.

In Trinkwasserbehältern werden üblicherweise die Proben am Ausgang genommen. Sofern Schöpfproben aus einem Trinkwasserbehälter genommen werden sollen, sind Probenahmeflaschen zu verwenden, die von innen und außen steril sind.

5.6.2.6 Feststellung der Wasserbeschaffenheit im Verteilungsnetz

Idealerweise sollten Wasserproben zur Überprüfung der Wasserqualität im öffentlichen Versorgungsnetz [DIN EN ISO 19458, Zweck a] an Entnahmearmaturen entnommen werden, die sich nahe an der Hauptleitung befinden, sauber sind und sich durch Abflammen oder geeignete Maßnahmen desinfizieren lassen. Falls die Probenahme in einer Trinkwasserinstallation in Gebäuden durchgeführt wird, können übliche Entnahmearmaturen benutzt werden, sofern sie durch Abflammen desinfizierbar sind. Da die Wasserqualität durch die Trinkwasserinstallation in Gebäuden verändert werden kann, ist es sinnvoll, eine Entnahmestelle auszuwählen, die sich möglichst nahe an der Übergabestelle (Wasserzähler) des Gebäudes befindet.

Falls notwendig, ist die Entnahmearmatur zunächst zu säubern, so dass keine Verschmutzungen oder Ablagerungen von der Entnahmearmatur in die Probe gelangen können. Entnahmearmaturen mit undichten Spindeln dürfen nicht beprobt werden. Perlatoren, Dichtungen und andere Einbauten sind vor der Probenahme zu entfernen. Die Entnahmearmatur wird mehrmals voll geöffnet und wieder geschlossen, um gegebenenfalls vorhandene Ablagerungen auszuspülen. Anschließend wird sie vorzugsweise durch Abflammen desinfiziert. Beim darauf folgenden Öffnen der Entnahmearmatur sollte ein zischendes Geräusch hörbar sein. Das Wasser muss nun bei halb geöffneter Entnahmearmatur mindestens so lange abfließen, bis die Temperatur konstant bleibt. Dies zeigt an, dass das Wasser zwischen dem Eingang in die Trinkwasserinstallation und der Entnahmearmatur vollständig ausgetauscht wurde. Die geöffnete Probenahmeflasche wird unter aseptischen Bedingungen bis zu etwa 5/6 des Flaschenvolumens gefüllt. Die in der Flasche verbleibende Luft erleichtert das vor der mikrobiologischen Untersuchung notwendige Durchmischen der Probe.

Der Flaschenhals, der Glasstopfen oder die Innenseite des Verschlusses dürfen während des gesamten Entnahmevorgangs weder mit der Hand noch mit anderen unsterilen Gegenständen in Berührung kommen.

Nur wenn die Entnahmearmatur nicht abgeflammt werden kann, darf sie ersatzweise mit anderen geeigneten Verfahren desinfiziert werden. Dies kann zum Beispiel dadurch geschehen, dass die Entnahmearmatur für ca. drei Minuten in einen Becher mit 0,1 %-iger Hypochlorit-Lösung, 70 %-igem Ethanol oder 70 %-igem Isopropanol eingetaucht wird. Alternativ kann die Desinfektion mit diesen Desinfektionsmitteln auch mit einem Reinigungstuch oder einer Wasch- oder Sprühflasche durchgeführt werden. Hierbei muss die Armatur von außen und soweit möglich auch von innen desinfiziert werde. Die Einwirkzeit von zwei bis drei Minuten muss auch bei dieser Art der Desinfektion eingehalten werden.

5.6.2.7 Feststellung der Wasserbeschaffenheit an der Entnahmearmatur des Verbrauchers

Mit diesem Probenahmeverfahren soll die Trinkwasserqualität an der Entnahmestelle des Verbrauchers festgestellt werden [DIN EN ISO 19458, Zweck b]. Diese kann ggf. durch den Einfluss der Trinkwasserinstallation im Gebäude nachteilig verändert werden. Insofern darf sich die Entnahmearmatur für die Probenahme nicht unmittelbar hinter der Übergabestelle in die Hausinstallation (Wasserzähler) befinden. Es sind Entnahmearmaturen in peripheren Bereichen der Trinkwasserinstallation des Gebäudes auszuwählen, an denen der Verbraucher üblicherweise das Wasser entnimmt (z. B. Küche, Badezimmer). Weiterhin ist es sinnvoll, auch Entnahmestellen in Gebäudeteilen mit unzureichender Durchströmung zu berücksichtigen. In Hausinstallationen trifft man häufig auf Entnahmearmaturen, die nicht durch Abflammen desinfizierbar sind. In diesen Fällen muss der Einsatz der oben beschriebenen chemischen Desinfektion mit Hypochlorit-Lösung oder Alkohol in Erwägung gezogen werden.

Auch bei der Probenahme zur Überprüfung der Wasserqualität in Gebäuden muss sichergestellt sein, dass keine Verschmutzungen (Kalkablagerungen, Schleim, Schmiermittel, etc.) von der Außenseite der Entnahmearmatur in die Probe gelangen können. Insofern ist die Entnahmearmatur gegebenenfalls zunächst zu säubern. Entnahmearmaturen mit undichten Spindeln dürfen nicht beprobt werden, da sie nicht effektiv desinfizierbar sind. Perlatoren, Dichtungen und andere Einbauten sind vor der Probenahme zu entfernen. Die Entnahmearmatur wird nun vorzugsweise durch Abflammen oder, falls dies nicht möglich ist, chemisch desinfiziert. Anschließend lässt man das Wasser gerade so lange ablaufen, dass die Entnahmearmatur abgekühlt bzw. das Desinfektionsmittel ausgespült ist und füllt dann die Flasche.

5.6.2.8 Feststellung der Wasserbeschaffenheit während der Entnahme

In besonderen Fällen kann es erforderlich sein, den Einfluss der Entnahmearmatur auf die Wasserqualität zu berücksichtigen. Dies gilt vor allem für Bereiche, in denen sich besonders gefährdete Personengruppen aufhalten (z. B. Risikobereiche in Krankenhäusern). Kontaminationen des Wassers durch Ablagerungen und Biofilme an der Entnahmearmatur oder anderen Vorrichtungen sollen hierbei berücksichtigt werden. Die Vorgehensweise bei der Probenahme richtet sich dann nach DIN EN ISO 19458, Zweck c], d. h. die Probenahmeflasche wird ohne weitere Maßnahmen gefüllt.

5.6.2.9 Schöpfproben

Speziell für Schöpfproben in sauberen, keimarmen Wässern sind Flaschen zu verwenden, die innen und außen steril sind. Diese können z. B. in einer Metallhülse oder in Aluminiumfolie verpackt sterilisiert und transportiert werden. Auch Kunststoffflaschen, die sich in einer Kunststoffhülle befinden und mit Hilfe von Ethylenoxid und/oder Gammastrahlung sterilisiert wurden, sind für diesen Zweck geeignet.

Die Flasche wird mit einer sterilisierbaren Greifeinrichtung (z. B. Tiegelzange) gehalten, ohne dass die Flaschenaußenfläche mit der Hand berührt wird. Nachdem der Verschluss entfernt wurde, wird die Flasche mit der desinfizierten Greifeinrichtung horizontal eingetaucht und durch senkrechtes Drehen unterhalb der Wasseroberfläche gefüllt. Dabei ist darauf zu achten, dass in der Flasche vorhandenes Natriumthiosulfat nicht ausgespült wird. Anschließend darf die Flasche, z. B. zum Verschließen, auch an der Außenseite angefasst werden.

Diese Vorgehensweise wird auch für die Entnahme von Beckenwasserproben in Schwimmbädern empfohlen.

5.6.2.10 Transport und Lagerung der Proben

Um die Vermehrung bzw. das Absterben von Mikroorganismen während des Probentransportes ins Labor zu verhindern, sollte die Zeit zwischen der Probenahme und der mikrobiologischen Untersuchung möglichst kurz gehalten werden. Sofern spezielle Untersuchungen es nicht anders erfordern, sind die Proben gekühlt – idealerweise bei (5 ± 3) °C – zu transportieren. Dabei ist allerdings darauf zu achten, dass sie nicht gefroren werden. Hierzu müssen die Anzahl, das Volumen und die Position der Eispackungen auf die Probenanzahl, die Probenmenge und ihre Temperatur abgestimmt sein. Die Proben dürfen keinem direkten Sonnenlicht ausgesetzt sein.

Dauert der Transport länger als acht Stunden, so muss die Temperatur überwacht und aufgezeichnet werden.

Entsprechend der DIN EN ISO 19458 differieren die möglichen Lagerungszeiten der mikrobiologischen Proben in Abhängigkeit von den zu bestimmenden Parametern. Die dort angegebenen Lagerungszeiten sind lediglich informativ und fassen die der Literatur entnommenen, empfohlenen maximalen Verzögerungen zusammen. Sie sind abhängig vom Wassertyp, der Verwendung von Bioziden, vom physiologischen Zustand der Mikroorganismen oder auch vom Analyseverfahren. Sind in den verfahrensspezifischen Normen Lagerungs- und Transportzeiten sowie Lagerungstemperaturen angegeben, so sind diese einzuhalten.

5.6.3 Abweichungen von der Probenahme nach DIN EN ISO 19458

Besondere Fragestellungen und Probleme können es notwendig machen, dass Wasserproben an anderen als den festgelegten Zapfhähnen für die amtlichen Untersuchungen entnommen werden. Hierbei wird es immer wieder vorkommen, dass diese Probenahmestellen die geforderten Kriterien nicht in jeder Beziehung erfüllen. In diesen Fällen kann es gegebenenfalls sinnvoll sein, von der Vorgehensweise nach DIN EN ISO 19458 abzuweichen.

So kann z. B. durch Waschbecken oder andere Einbauten, die sich sehr nah unter dem Wasserhahn befinden, die Gefahr bestehen, dass der Zapfhahn nach der Desinfektion durch Spritzwasser sekundär kontaminiert wird. Dies kann in vielen Fällen durch das Unterstellen eines sauberen Gefäßes (Becherglas, Eimer) unter den Wasserstrahl verhindert werden. Falls dies nicht möglich ist, sollte das Spülen des Zapfhahns bis zur Temperaturkonstanz vor der Desinfektion der Entnahmearmatur erfolgen. Nach der Desinfektion wird die Entnahmearmatur nur kurz geöffnet, um sie abzukühlen. Anschließend wird die Probe entnommen. Diese Vorgehensweise wird zur Vermeidung von Sekundärkontaminationen generell empfohlen.

Eine Besonderheit unter den Probenahmestellen stellen die so genannten „Dauerläufer" dar, die in vielen Wasserwerken anzutreffen sind. Es handelt sich hierbei um kontinuierlich geöffnete Entnahmearmaturen, die nur für die Probenahme bestimmt sind. Die Entnahme der Wasserprobe kann hierbei ohne weitere Maßnahmen erfolgen, d. h. die Flasche wird gefüllt, ohne dass der Volumenstrom verändert und die Entnahmearmatur desinfiziert wird. „Dauerläufer", bei denen zur Vermeidung von Spritzwasser ein elastischer Schlauch (z. B. Silikon) aufgesteckt wurde, sind allerdings für diese Art der Probenahme nicht geeignet. Wegen der starken Biofilmbildung auf diesen elastischen Materialien kann es leicht zu einer Kontamination der Wasserprobe kommen. Der aufsitzende Schlauch ist daher vor der Probenahme zu entfernen und der Wasserhahn muss wie oben beschrieben desinfiziert werden.

5.7 Messungen bei der Probenahme (Vor-Ort-Parameter)

Vor-Ort-Messungen stellen aus verschiedenen Gründen einen wichtigen Teil der Analytik dar. Sie ergänzen die Laboranalytik und ermöglichen erst eine umfassende Bewertung der Daten. Einige Parameter wie beispielsweise die Wassertemperatur müssen vor Ort ermittelt bzw. gemessen werden, da eine nachträgliche Bestimmung im Labor nicht mehr möglich ist. Bei anderen Parametern wäre die Konservierung und der Transport der Proben ins Labor, ohne dass eine Veränderung auftritt, mit einem sehr hohen Aufwand verbunden, so dass die Bestimmung der Parameter vor Ort aus fachlichen Gründen sinnvoller ist. Letztlich ist bei einigen Parametern die

Vor-Ort-Bestimmung aus logistischen Gründen sinnvoller und vom Arbeitsaufwand her rationeller.

Wichtige Vor-Ort-Parameter sind:

- Temperatur,
- elektrische Leitfähigkeit,
- pH-Wert,
- Trübung,
- Gehalt an Oxidations- bzw. Desinfektionsmitteln,
- Sauerstoffgehalt.

Die Ergebnisse der Untersuchungen vor Ort sind im Probenahmeprotokoll so zu dokumentieren, dass sie später überprüft werden können. Alle Messwerte, wie Verbräuche bei Titrationen, Ablesungen an Messgeräten etc., sind einzutragen. Hierdurch können Mess-, Kalibrier- und Rechenfehler erkannt, korrigiert und eliminiert werden.

5.8 Kontinuierliche Messungen

Kontinuierliche Messungen von Wassergüteparametern setzen ständig durchflossene Probenahmeleitungen voraus. Wird die Strömung unterbrochen, z. B. bei Stillstand der Förderanlagen, so sollte auch die Registrierung der Messwerte unterbrochen werden. Da Messwertgeber nur mit geringem Druck betrieben werden, müssen vor den Geräten Überlaufvorrichtungen vorhanden sein. Die Vorschriften der Hersteller für den Einbau, die Kalibrierung und die Wartung der Messwertgeber sind zu beachten. Hinweise zum Einsatz, Betrieb und zur Kontrolle kontinuierlicher Messeinrichtungen zur Kontrolle der Wassergüte enthält das DVGW-Arbeitsblatt W 645 [6], sowie die Norm DIN EN ISO 15839 [14].

5.9 Probenahmeprotokoll

Die Probenahme ist in einem entsprechenden Protokoll zu dokumentieren. Das Probenahmeprotokoll ist für den Probenehmer eine eindeutige Beschreibung der Probenahmestelle und eine Merkliste aller auszuführenden Tätigkeiten. Alle bei der Probenahme beobachteten Besonderheiten müssen in dem Protokoll vermerkt werden. Ebenso sind alle Messwerte und Ergebnisse von Analysen, die vor Ort durchgeführt wurden, einzutragen. Falls kontinuierliche Messwertgeber zusätzlich an der Probenahmestelle installiert sind, kann eine Erfassung dieser Werte einen Hinweis über den Zustand der Wassergütemesswertgeber liefern. Die im Probenahmeprotokoll enthaltenen Informationen dienen der untersuchenden Stelle als Dokument für spätere Auswertungen. Zusammen mit dem Untersuchungsbericht belegt das Probenahmeprotokoll dem Auftraggeber die Qualität des Produktes Trinkwasser und den Zustand der Gewinnungs-, Aufbereitungs- und Verteilungsanlagen.

Vor der Probenahme sollte mit dem Auftraggeber, der Untersuchungsstelle und dem Probenehmer festgelegt werden, welche Eintragungen in das Probenahmeprotokoll vorzunehmen sind. Das Probenahmeprotokoll wird hierdurch zum Arbeitsauftrag für den Probenehmer.

Literatur

[1] Bekanntmachung der Neufassung der Trinkwasserverordnung vom 10. März 2016. – in: Bundesgesetzblatt, Teil I, 2016 (12): S. 459 – 492.

[2] Richtlinie 98/83/EG des Rates vom 3. November 1998 über die Qualität von Wasser für den menschlichen Gebrauch). – in: Amtsblatt der Europäischen Gemeinschaften, 5. Dezember 1998 (L 330): S. 32 – 54.

[3] Richtlinie (EU) 2015/1787 der Kommission vom 6. Oktober 2015 zur Änderung der Anhänge II und III der Richtlinie 98/83/EG des Rates über die Qualität von Wasser für den menschlichen Gebrauch. – in: Amtsblatt der Europäischen Gemeinschaften, 6. Oktober 2015 (L 260): S. 6 – 17.

[4] DIN 2000 (2017): Zentrale Trinkwasserversorgung – Leitsätze für Anforderungen an Trinkwasser, Planung, Bau, Betrieb und Instandhaltung der Versorgungsanlagen; Berlin (Beuth).

[5] DüMV (2012): Verordnung über das Inverkehrbringen von Düngemitteln, Bodenhilfsstoffen, Kultursubstraten und Pflanzenhilfsmitteln (Düngemittelverordnung – DüMV). – in: Bundesgesetzblatt, Teil I, 5. Dezember 2012: S. 2482.

[6] DVGW Arbeitsblatt W 645-1 (2007): Überwachungs-, Mess-, Steuer und Regeleinrichtungen in Wasserversorgungsanlagen – Teil 1: Messeinrichtungen.

[7] DIN 50930 (2013): Korrosion der Metalle – Korrosion metallener Werkstoffe im Innern von Rohrleitungen, Behältern und Apparaten bei Korrosionsbelastung durch Wässer – Teil 6: Bewertungsverfahren und Anforderungen hinsichtlich der hygienischen Eignung in Kontakt mit Trinkwasser.

[8] DIN 38404-10 (2012): Deutsche Einheitsverfahren zur Wasser-, Abwasser- und Schlammuntersuchung – Physikalische und physikalisch-chemische Stoffkenngrößen (Gruppe C) – Teil 10: Berechnung der Calcitsättigung eines Wassers (C 10); Berlin (Beuth).

[9] DIN EN ISO 5667-3 (2013): Wasserbeschaffenheit – Probenahme – Teil 3: Konservierung und Handhabung von Wasserproben (ISO 56673:2012); Deutsche Fassung EN ISO 56673:2012; Berlin (Beuth).

[10] Anonymus (2004): Beurteilung der Trinkwasserqualität hinsichtlich der Parameter Blei, Kupfer und Nickel – Empfehlung des Umweltbundesamtes nach Anhörung der Trinkwasserkommission des Bundesministeriums für Gesundheit und Soziale Sicherung. – in: Bundesgesundheitsbl. – Gesundheitsforsch. – Gesundheitsschutz; Band 47, Heft 3: S. 296 – 300.

[11] Rübel, A., Schwesig, D. & Borchers, U (2004).: Überwachung der Trinkwasserqualität in Hausinstallationen – die gestaffelte Stagnationsbeprobung. – in: Vom Wasser (2004), Jahrgang 102: S. 7 – 11.

[12] TrinkwV (2001): Verordnung über die Qualität von Wasser für den menschlichen Gebrauch (Trinkwasserverordnung – TrinkwV 2001) vom 21. Mai 2001. – in: Bundesgesetzblatt, Teil I, 2001 (24): S. 959 – 980.

[13] DIN EN ISO 19458 (2006): Wasserbeschaffenheit – Probenahme für mikrobiologische Untersuchungen (ISO 19458:2006); Deutsche Fassung EN ISO 19458:2006; Berlin (Beuth).

[14] DIN EN ISO 15839 (2007): Wasserbeschaffenheit – Online-Sensoren/Analysengeräte für Wasser (2004) Spezifikationen und Leistungsprüfungen (ISO 15839:2003); Deutsche Fassung EN ISO 15839:2006; Berlin (Beuth).

[15] AbwV (2004): Verordnung über Anforderungen an das Einleiten von Abwasser in Gewässer (Abwasserverordnung – AbwV (2004) Anhang 31: Wasseraufbereitung, Kühlsysteme, Dampferzeugung. – in: BGBl. I: S. 1147 – 1150.

6 Die Probenahme von Mineral- und Heilwasser

H. Zerbe[*]

[*] unter Verwendung des Kapitels von H. Kußmaul aus der 1. Auflage 1998

6.1 Einleitung

Mineral- und Heilwässer stammen entsprechend den rechtlichen Vorgaben aus geschützten unterirdischen Wasservorkommen. Die Zusammensetzung der Inhaltsstoffe kann eine sehr große Bandbreite aufweisen. So kann die Mineralisation sehr niedrig sein, z. B. im niedrigen 2-stelligen mg/l-Bereich, andererseits sehr hohe Konzentrationen erreichen, z. B. bei Solen mit einigen 100 g/l. Diese Möglichkeit der sehr unterschiedlichen Zusammensetzung stellt sehr hohe Anforderungen und Sachkenntnis bei der Probenentnahme solcher Wasserproben dar. Dies hat auch Auswirkungen auf die analytischen Verfahren vor Ort und im Laboratorium.

Ihre Gewinnung erfolgt aus bestimmten Grundwässern, die keine direkte Verbindung zu Oberflächenwässern oder zu jungen Grundwässern haben. Es handelt sich um Grundwasservorkommen, die in aller Regel vor mehreren Jahrzehnten bis mehreren Jahrhunderten gebildet wurden. Im Normalfall finden sich diese Grundwässer in größeren Tiefen von mehreren 10 m bis zu mehr als 1.000 m unter Geländeoberfläche.

Für die Probenahme von Mineral- und Heilwässern gelten die allgemeinen Anforderungen weitgehend wie in anderen Kapiteln in entsprechender Weise ausgeführt. Um Wiederholungen zu vermeiden, soll das dort beschriebene nur erforderlichenfalls kurz zusammengefasst werden. Der Schwerpunkt in diesem Kapitel soll auf die besonderen Anforderungen für die Produkte „natürliches Mineralwasser“ und „natürliches Heilwasser“ gelegt werden.

6.1.1 Definition der zu untersuchenden Wasserarten

Man unterscheidet grundsätzlich zwischen natürlichem Mineralwasser (Lebensmittel) und natürlichem Heilwasser (Arzneimittel bzw. Medizinprodukt).

Im rechtlichen Sinne gilt für Mineralwasser die Verordnung über natürliches Mineralwasser, Quellwasser und Tafelwasser (MTVO) [1]. Diese ist die nationale Umsetzung der Mineralwasser-Richtlinie der Mitgliedsstaaten der Europäischen Union [2]. Sie löste 1984 die bis dahin geltende deutsche Tafelwasser-Verordnung aus dem Jahre 1934 ab.

Natürliche Heilwässer sind Arzneimittel im Sinne von § 2 des Arzneimittelgesetzes (AMG). Sie sind dazu bestimmt, Krankheiten, Leiden, Körperschäden oder krankhafte Beschwerden zu heilen, zu lindern, zu verhüten sowie Wirkstoffe oder Körperflüssigkeiten zu ersetzen oder zu ergänzen [3]. Die Anforderungen an natürliche Heilwässer sind vor allem in den Begriffsbestimmungen und Qualitätsstandards für die Prädikatisierung von Kurorten, Erholungsorten und Heilbrunnen des Deutschen Bäder- und Tourismusverbandes festgelegt [4].

6.1.2 Begriffsbestimmungen

Die MTVO gilt für das Herstellen, Behandeln und Inverkehrbringen von natürlichem Mineralwasser sowie von Quellwasser, Tafelwasser und sonstigem Trinkwasser, die in zur Abgabe an den Verbraucher bestimmten Fertigpackungen abgefüllt sind. Sie gilt nicht für Heilwässer.

Die Verwendung der Produktbezeichnung „natürliches Mineralwasser“ setzt voraus, dass in einem behördlichen Anerkennungsverfahren die Einhaltung der Definitionsmerkmale überprüft werden. Die folgende Begriffsbestimmung ist für natürliches Mineralwasser in der MTVO angegeben.

Natürliches Mineralwasser ist Wasser, das folgende besondere Anforderungen erfüllt:

- Es hat seinen Ursprung in unterirdischen, vor Verunreinigungen geschützten Wasservorkommen und wird aus einer oder mehreren natürlich oder künstlich erschlossenen Quellen gewonnen.
- Es ist von ursprünglicher Reinheit und gekennzeichnet durch seinen Gehalt an Mineralien, Spurenelementen oder sonstigen Bestandteilen und gegebenenfalls durch bestimmte, insbesondere ernährungsphysiologische Wirkungen.
- Seine Zusammensetzung, seine Temperatur und seine übrigen wesentlichen Merkmale bleiben im Rahmen natürlicher Schwankungen konstant; durch Schwankungen in der Schüttung werden sie nicht verändert.
- Sein Gehalt an den in Anlage 4 der MTVO aufgeführten Stoffen überschreitet, gegebenenfalls nach einem erlaubten Behandlungsverfahren, nicht die festgelegten Höchstwerte.

Natürliche Heilwässer stammen aus Quellen, die natürlich zu Tage treten oder künstlich erschlossen sind. Sie werden von Heilbädern zu therapeutischen Zwecken angewendet oder von Heilbrunnenbetrieben in Behältnissen abgefüllt und als Versandheilwässer (Fertigarzneimittel) in Verkehr gebracht. Abgepackte, in Verkehr gebrachte Heilwässer, z. B. Versandheilwässer zum Trinken, unterliegen dem Begriff des Fertigarzneimittels. Nur diese sind zulassungspflichtig, nicht aber unmittelbar angewendete Arzneimittel, also Heilwässer aus Heilquellen, die am Quellort zum Baden oder zum Trinken Verwendung finden. Die chemische Zusammensetzung und die physikalischen Eigenschaften sowie die einwandfreie hygienische und mikrobiologische Beschaffenheit sind durch

Heilwasseranalysen (Quellanalyse oder Füllungsanalyse) nachzuweisen und durch Kontrollanalysen regelmäßig zu überprüfen. Heilwässer dürfen nicht Inhaltsstoffe oder Eigenschaften besitzen, die gegen die Verwendung als Heilwasser sprechen.

Gegenstand der Probenahme von Heilwässern sind somit nur die als örtliche Heilmittel zum Trinken, Baden oder Inhalieren verwendeten Heilwässer. Das Zulassungsverfahren von Versandheilwässern erfolgt über die Flaschenabfüllung und ist nicht Gegenstand dieser Ausführungen.

6.1.3 Behandlung

Für natürliches Mineralwasser verlangt die MTVO bereits am Quellort eine einwandfreie mikrobiologische Beschaffenheit. Verboten ist der Zusatz von Stoffen, die den natürlichen Keimgehalt des natürlichen Mineralwassers verändern.

Mineralwässer können unbeständige Inhaltsstoffe enthalten. Damit diese nicht zu negativen sensorischen oder optischen Beeinträchtigungen bzw. Grenzwertüberschreitungen führen, sind Behandlungsverfahren wie Enteisenung, Entmanganung, Entschwefelung, Entarsenierung, Fluoridreduzierung sowie der Entzug bzw. Versatz mit Kohlensäure erlaubt. Eine Veränderung der wesentlichen, seine Eigenschaften bestimmenden Bestandteile darf nicht erfolgen.

Gemäß den Begriffsbestimmungen für Heilwässer müssen am Ort der kurmedizinischen Anwendung die charakterisierenden und wertbestimmenden Einzelbestandteile ebenso enthalten sein wie am Quellort. Der Einsatz von Behandlungsverfahren ist daher für diesen Bereich nicht oder nur sehr eingeschränkt möglich.

Für die Anwendung in anderer Form oder zur Herstellung als abgepacktes Fertigarzneimittel ist der Einsatz von Behandlungsverfahren möglich.

6.1.4 Anforderungen an die Beschaffenheit des Wassers

Gesetzliche Vorgaben / Grenz- und Richtwerte

Zur Produktsicherheit hat der Verordnungsgeber Orientierungs-, Richt- und Grenzwerte, sowie allgemeine Richtlinien etc. hinterlegt. Es muss eine Unterscheidung zwischen den Analysen am Quellort und den Befunden in dem Fertigprodukt bei dem natürlichen Mineralwasser und der Anwendung vor Ort bei dem natürlichen Heilwasser erfolgen.

Natürliches Mineralwasser darf gewerbsmäßig nur in den Verkehr gebracht werden, wenn es amtlich anerkannt ist. Die amtliche Anerkennung betrifft ein bestimmtes Grundwasservorkommen, das unter definierten Entnahmebedingungen genutzt wird. Sie setzt voraus, dass die oben genannten Anforderungen erfüllt sind und dies unter

1. geologischen und hydrologischen,
2. physikalischen, physikalisch-chemischen und chemischen,
3. mikrobiologischen und hygienischen,
4. bei Wässern mit weniger als 1.000 mg gelösten Mineralstoffen oder weniger als 250 mg freiem Kohlendioxid in einem Liter – der früheren deutschen Definition der Mineralwässer – zusätzlich unter ernährungsphysiologischen Gesichtspunkten

mit wissenschaftlich anerkannten Verfahren überprüft worden ist.

Vor der Vermarktung eines natürlichen Mineralwassers in Fertigpackungen für den Endverbraucher muss nach der amtlichen Anerkennung der „Mineralquelle“ zusätzlich noch eine behördliche Nutzungsgenehmigung erteilt werden, in der nachgewiesen wird, dass die zur Nutzung bestimmten Einrichtungen so beschaffen sind, dass Verunreinigungen im chemischen und mikrobiologischen Sinne vermieden werden und dass die Eigenschaften erhalten bleiben, die das Wasser am Quellaustritt besitzt und die seinen Charakter als natürliches Mineralwasser begründen. Die Möglichkeit des Einsatzes von Behandlungsverfahren ist bereits unter 6.1.3 beschrieben.

Um die Einhaltung dieser Nutzungsbedingungen nachzuweisen, ist der Inhalt von Flaschenabfüllungen vor der ersten Vermarktung und später in regelmäßigen Abständen zu untersuchen und die Übereinstimmung mit den Eigenschaften des Quellwassers zu gewährleisten. Die Untersuchungen erfolgen aus fertig abgefüllten und original verschlossenen Produkten. Sie sind daher nicht Gegenstand dieser Ausführungen zur Probenahme von Mineralwasser.

Für den Nachweis zur Erfüllung der Anforderungen gemäß § 2 „Begriffsbestimmungen„ hat der Gesetzgeber eine Allgemeine Verwaltungsvorschrift [5] herausgegeben. Hier ist in der Anlage 1 eine umfangreiche Auflistung der Anforderungen inkl. der Analysenparameter enthalten. Weiterhin ist auf die Anlage 1a zu verweisen, die eine Liste von Orientierungswerten für Höchstkonzentrationen von Einzel- und Summenbestimmungen enthält.

Bei den Produkten Quellwasser, Tafelwasser und Trinkwasser werden rechtliche Anforderungen nur an das Fertigprodukt gestellt. Sie sind somit ebenfalls nicht Gegenstand der Ausführungen zur Probenahme.

Für natürliche ortsgebundene Heilwässer erfolgt eine Definition in den Begriffsbestimmungen [4] unter Kapitel 4 „Natürliche Heilmittel des Bodens", wobei zunächst unter drei natürlichen Heilmitteln des Bodens unterschieden wird. Dies sind:

- natürliche ortsgebundene Heilwässer,
- natürliche ortsgebundene Heilgase,
- natürliche Peloide.

Lediglich das natürliche ortsgebundene Heilwasser wird hier thematisiert. Der Unterpunkt „1. Heilwasseruntersuchungen" der Begriffsbestimmungen liefert weitere Informationen.

Außerdem sind für die regelmäßigen Überwachungen die jeweiligen länderspezifischen Überwachungsrichtlinien für Heilquellen und Heilbrunnenbetriebe [6] zu beachten. Auf die grundsätzliche Unterscheidung zwischen „Herstellung/Abfüllung von Heilwasser" und „Herstellung (Gewinnung) von ortsgebundenem Heilwasser" sei ebenfalls hingewiesen. Sie enthalten auch Hinweise auf die allgemeinen, spezifischen und vielfältigen Anforderungen wie:

- Herstellungserlaubnis,
- Personal,
- Betriebsräume und Einrichtungen,
- Hygiene,
- Herstellung,
- Prüfung,
- Information für Verbraucher.

Untersuchungsparameter

Mineralwasseruntersuchungen werden unter anderem durchgeführt als

- umfassende Analyse zur amtlichen Anerkennung als natürliches Mineralwasser gemäß der Mineral- und Tafelwasserverordnung [1] und der allgemeinen Verwaltungsvorschrift hierzu [5]. Hierbei ist auf die vorgegebene hohe Anzahl an Einzelparameter der anorganischen Haupt-, Neben- und Spurenbestandteile, der organischen Spurenstoffe sowie umfassend die mikrobiologische Beschaffenheit zu untersuchen.
- Kontrollanalysen, gemäß den behördlichen Vorgaben und der unternehmerischen Sorgfaltspflicht im Hinblick auf die Definitionsmerkmale für natürliche Mineralwässer im Hinblick auf die unveränderte Zusammensetzung und die ursprüngliche Reinheit im mikrobiologischen und chemischen Sinne.

- orientierende Analysen der Mineralquelle im Hinblick auf die Eignung zur Nutzung als natürliches Mineralwasser. Hierbei werden die wichtigsten Haupt- oder Nebenbestandteile ggfs. auch Spurenbestandteile bestimmt.

Untersuchungen werden unter anderem durchgeführt als

- Heilwasseranalyse in Form der Anerkennungsanalyse,
- Heilwasseranalyse in Form der Wiederholungsanalyse alle 10 Jahre,
- Heilwasseranalyse in Form der jährlichen Kontrollanalyse,
- Periodische Überprüfung der Mikrobiologie (vierteljährlich),
- Allgemeine Hygieneuntersuchungen (monatlich).

6.2 Probenahmeplanung

Für den Erhalt von abgesicherten Analysendaten ist eine detaillierte Planung der Probenahme erforderlich.

6.2.1 Zweck der Probenahme

Zweck der Probenahme von Wasser aus Mineral- und Heilquellen ist die Nutzung dieser Wasservorkommen zur Abfüllung von natürlichen Mineral- und Heilwässern oder zur Gewinnung von örtlichen Heilmitteln. Ziel der Probenahme ist eine Untersuchung des Wasservorkommens auf seine physikalischen Eigenschaften, seine chemischen Inhaltsstoffe sowie seine mikrobiologische und hygienische Beschaffenheit zur Beurteilung der Übereinstimmung mit den jeweiligen rechtlichen Vorgaben.

6.2.2 Probenahmeprogramm

Mineral- und Heilquellen sind durch bauliche Maßnahmen gefasste Quellen, Stollen, Bohrungen oder Schächte, deren Wässer den rechtlichen Anforderungen an Mineral- und Heilwässer genügen. Eine Definition der einzelnen Probenahmestellen findet sich in DIN 38402 Teil 18 [7].

Im landläufigen Sinne versteht man unter Mineral- und Heilquellen alle Arten der Fassung von Mineral- und Heilwasservorkommen ohne Rücksicht auf den Ausbau.

Die Technik der Entnahme einer Wasserprobe wird wesentlich durch die Art der Entnahmestelle mitbestimmt. Eine in jeder Hinsicht befriedigende Grundwasserprobenahme ist nur bei einer ordnungsgemäßen Grundwasserfassung zu erhalten. Nur beim Vorhandensein eines Probenahmehahnes an einer geeigneten Stelle der Fassung kann ein repräsentatives Ergebnis für das an der Erdoberfläche austretende oder geförderte Grundwasser erhalten werden, wenn das Wasservorkommen bis zum Gleichgewichtszustand frei ausströmen kann oder gefördert wird.

Mineralwässer werden fast ausschließlich aus Brunnen – künstlich hergestellte, meist lotrechte Aufschlüsse im Untergrund zur Gewinnung von Grundwasser – entnommen. Diese müssen aufgrund der rechtlichen Anforderungen nach einem modernen Stand der Technik ausgebaut, gegen Oberflächenwassereinflüsse und Zuströmen von Fremdwasser geschützt sein sowie einen einwandfreien Brunnenkopf besitzen. An diesem sollte ein abflammbarer Probenahmehahn möglichst nahe an der Steigleitung und ohne Zwischenschalten von langen Abzweigen oder tot endenden Strängen angebracht sein. Soweit diese Voraussetzungen gegeben sind, ist in aller Regel eine einwandfreie Probenahme möglich.

Ähnliches gilt bei den modernen Fassungen von Heilwasservorkommen. Daneben gibt es jedoch auch Heilwässer, die aus Quellen, Stollen, Bohrungen oder Schächten gewonnen werden. Auch in diesen Fällen sollte an der Ableitung von der Fassung möglichst nahe am Fassungsbauwerk ein Probenahmehahn angebracht werden. In diesen Fällen sind jedoch besondere Vorkehrungen bezüglich des Betriebszustandes und der Repräsentativität bei einigen Probenparametern zu beachten.

6.2.3 Häufigkeit, Dauer und Zeitpunkt der Probenahme

Diese sind vom Auftraggeber spezifisch festzulegen bzw. sind von den Überwachungsbehörden vorgegeben (Umfang, Häufigkeit, ...).

Das Probenahmeprogramm ist genauestens abzustimmen, zu welcher Zeit an welcher Stelle die Probe zu entnehmen ist.

6.2.4 Probenahmestellen

Eine Abstimmung, an welcher Stelle die Probe zu entnehmen ist, erfolgt i. d. R. im Vorfeld. Da häufig mehrere Stellen existieren, ist genau zu definieren, ob diese an der Quellfassung, dem Brunnenkopf, am Eingang in die Einrichtung bzw. in den Betrieb oder an einer anderen Stelle erfolgen soll. Am sichersten ist eine dauerhafte Markierung oder Kennzeichnung, damit auch eine wiederholte Entnahme an der gleichen Stelle erfolgt. Die Probenahmestelle und Ausstattung muss gewährleisten, dass eine gesicherte und unbeeinflusste Entnahme möglich ist. Daraus folgert:

- Konstanz der Zusammensetzung im gesamten Zeitverlauf der Probenahme,
- Berücksichtigung der Druckverhältnisse und ob laminare oder turbulente Strömungen vorliegen,
- Entnahme vor oder nach einem Druckminderer bzw. Mengenbegrenzer, was mögliche Auswirkungen auf die gelösten oder freien Gase ausübt, etc.

Für die mikrobiologische Probenahme sollten keine großen „Tot- und Stagnationszonen" vorliegen. Auch muss der Probenahmehahn gut sterilisierbar sein (kein Kunststoffhahn).

6.3 Durchführung der Probenahme

Für die Probenahme muss die Information vorliegen, welche Probenmengen in welchen Gefäßen abzufüllen sind. Die Probenmenge muss auch für eventuelle Analysenwiederholungen und für die Rückstellmuster ausreichen. Außerdem muss vor der Probenahme die Information vorliegen, welche Messungen vor Ort wie durchzuführen und welche Konservierungen und Transportbedingungen erforderlich sind. Hinweise hierzu erfolgen in den anschließenden Kapiteln und sind ebenfalls den entsprechenden Normen zu entnehmen.

6.3.1 Vorbereitung der Probenahme

Abgesicherte Analysenergebnisse können nur erhalten werden, wenn genaue Vorgaben über den Umfang der Analytik und damit auch die Probenahme eindeutig festgelegt sind. Dies bedeutet eine sorgfältige Abstimmung über den richtigen Zeitpunkt der Entnahme,

- um die Erreichbarkeit der Probenahmestelle zu gewährleisten,
- damit keine negativen Einflüsse aus dem Umfeld vorliegen und
- damit die Zielsetzung der Probenahme genau festgelegt ist.

Daraus resultieren die Vorbereitungen für Probenahmegeräte, Messgeräte, Flaschensätze, Schutzausrüstungen etc.

6.3.2 Arbeitsschutz und Arbeitssicherheit

Es ist besonders zu betonen, dass in den Fassungsbauwerken bzw. den Brunnenkammern von manchen Mineral- und Heilwässern gefährliche Konzentrationen an toxischen und explosiven Gasen vorhanden sein können, wie z. B. CO_2 bei

Säuerlingen, das man nicht riecht, Schwefelwasserstoff, der in hohen Konzentrationen nach kurzer Zeit auch nicht mehr wahrgenommen werden kann oder explosive Methan-Luftgemische.

Bei unbekannten Fassungsbauwerken ist eine Absicherung mit Gasprüfgeräten im Vorfeld unerlässlich. Die allgemeinen Sicherheitsanforderungen der Berufsgenossenschaft, z. B. über das Besteigen von Brunnenschächten, sind einzuhalten.

6.3.3 Messungen vor Ort

Neben der Lufttemperatur ist an Ort und Stelle auf alle Fälle die Wassertemperatur zu ermitteln. Hierzu ist mit einem geeichten System vergleichend zu kontrollieren.

Bei Quellaustritten ist dafür zu sorgen, dass möglichst nahe an der Austrittsstelle die Wassertemperatur unbeeinflusst von der Umgebungstemperatur und von möglicher Sonneneinstrahlung gemessen wird. Man erhält hierbei allerdings nur die reale Temperatur am Quellaustritt und nicht die des Grundwassers im Aquifer. Auch beim Abpumpen von Brunnen ist eine exakte Messung der Temperatur oft schwer möglich. Durch die Reibung in der Unterwasserpumpe kann eine Erwärmung des Wassers, auf dem Weg nach oben jedoch eine Abkühlung oder Erwärmung je nach Umgebungstemperatur eintreten. Einer Abkühlung unterliegen unter anderem Grundwässer aus großen Tiefen. Hier ist, soweit erforderlich, eine exakte Temperaturmessung an der Oberfläche nicht möglich. Sie muss mit Temperatursonden in der entsprechenden Tiefe vorgenommen werden.

Auch die Messung des pH-Wertes hat an Ort und Stelle zu erfolgen, da beim Transport der Wasserprobe CO_2-Ausgasungen oder Aufnahmen und damit Verschiebungen der Wasserstoff-Ionenkonzentrationen auftreten können. Beim pH-Wert ist auch zu berücksichtigen, dass er an der Austrittsstelle des Wassers an der Erdoberfläche bereits verändert sein kann, da durch die Druckentlastung auf dem Weg zur Oberfläche eine Entgasung von Kohlenstoffdioxid stattfinden kann. Dies ist wiederum bei den Wässern aus Tiefbohrungen von besonderer Bedeutung.

Tiefengrundwässer sind häufig sauerstofffrei oder sauerstoffarm. Bei Kontakt mit der atmosphärischen Luft nehmen sie jedoch sehr schnell Sauerstoff auf. Daher ist die exakte Sauerstoffbestimmung an Ort und Stelle von besonderer Bedeutung. Sie kann i. d. R. elektrometrisch erfolgen. Während die Sauerstoffaufnahme auf dem Weg des Wassers vom Untergrund bis an die Oberfläche durch eventuell undichte Leitungen oder Fehlluft beim Abpumpen mitunter nicht verhindert werden kann, sind an der Probenahmestelle besondere Vorkehrungen so zu treffen, sodass ein Eintrag von Luftsauerstoff nicht stattfinden kann.

In engem Zusammenhang mit dem Sauerstoffgehalt des Wassers steht auch die Redoxspannung. Sie ist ein Maß für das oxidierende bzw. reduzierende Potential des Wassers. Sie ist an Ort und Stelle unter Luftausschluss elektrometrisch zu messen. Hierbei ist allerdings zu beachten, dass sich das Endpotential an der Elektrode oft sehr langsam einstellt.

Aufgrund der möglichen Ab- oder Zunahme des Kohlenstoffdioxidgehaltes im Wasser nach Druckentlastung und bei Kontakt mit der Luft kann man das Kohlenstoffdioxid (gelöste Kohlensäure) an Ort und Stelle durch Titration gegen einen Farbindikator oder die pH-Elektrode bestimmen. Je nach dem zu erwarteten Kohlensäuregehalt sind die Vorgaben der amtlichen Sammlung gemäß § 64 LFGB [8] zu berücksichtigen [9, 10].

Da Kohlenstoffdioxid bei Druckentlastung verloren geht, kann an der Erdoberfläche nur der reale Kohlenstoffdioxidgehalt bestimmt werden. Der echte Kohlenstoffdioxidgehalt z. B. von tiefen Grundwässern kann nur durch Entnahme der Wasserprobe in Druckgefäßen ermittelt werden.

Soweit die Gefahr der Carbonatausfällung während des Transportes ins Labor besteht, ist an Ort und Stelle auch der Gehalt an Hydrogencarbonat/Carbonat titrimetrisch gegen Farbindikator oder gegen die pH-Elektrode zu bestimmen.

Die Elektrische Leitfähigkeit ist ein leicht erfassbarer Messwert für den Mineralgehalt des Wassers. Es ist zweckmäßig, diesen Parameter an Ort und Stelle und während der gesamten Probenahme zu erfassen, um eventuelle Veränderungen in der Wasserzusammensetzung sofort erkennen zu können. Soweit keine Ausfällungen in der Wasserprobe stattfinden, kann die Elektrische Leitfähigkeit auch im Labor gemessen werden.

Auf Grund des Vorkommens von sehr unterschiedlichen Mineralstoffgehalten in der Natur kann es sinnvoll sein, spezielle Messgeräte-Sonden einzusetzen, die der jeweiligen Problemstellung gerecht werden, z. B. bei Wässern mit extrem niedriger Mineralisation oder mit sehr hohen Salzgehalten (Solen).

Neben den oben angegebenen Messungen von Einzelparametern sind an Ort und Stelle auch die sensorischen Überprüfungen des Wassers durchzuführen. Hierzu gehören die Erfassung von Farbe, Trübung, Geruch und gegebenenfalls Geschmack (soweit aus seuchenhygienischen Gründen möglich) des Wassers, da gerade hierbei häufig Veränderungen auftreten können.

6.3.4 Probenahmearten

Die zeitliche Frequenz der Probenahme von Wässern aus Mineral- und Heilquellen ist entweder vom Gesetz- bzw. Verordnungsgeber vorgegeben, wird von den Aufsichtsbehörden bestimmt, ist als freiwillige Vereinbarung in Verbandssatzungen oder in den Qualitätszielen eines Unternehmens festgelegt. Der Auftragnehmer bzw. Probenehmer hat im Vorfeld den Zweck und Umfang der Untersuchungen mit dem Auftraggeber zu klären.

Die jeweilige Probenahme kann als einmalige Stichprobe erfolgen, da als Voraussetzung für die Nutzung als Mineral- bzw. Heilquelle die Konstanz des Wasservorkommens vorliegen sollte. Bei kontinuierlich betriebenen Brunnen kann die Probenahme jederzeit erfolgen, soweit der Betriebszustand für die übliche Nutzung eingestellt ist. Bei diskontinuierlicher Nutzung von Brunnen ist so lange mit der Probenahme zu warten, bis der übliche Nutzungszustand erreicht ist. Dies kann durch einige einfache Parameter wie Elektrische Leitfähigkeit oder Temperatur an Ort und Stelle überprüft werden. Bei neu erschlossenen Mineral- oder Heilquellen ist so lange abzupumpen oder der freie Auslauf abzuwarten, bis bei den gewünschten Entnahmebedingungen eine konstante Zusammensetzung, wiederum am besten zu überprüfen durch elektrische Leitfähigkeit und Temperatur, erreicht ist. In dieser Vorlaufzeit sind sinnvollerweise orientierende Untersuchungen im Hinblick auf die Konstanz der Wasserzusammensetzung durchzuführen.

6.3.5 Probenahmegeräte

Probenahmegeräte und -behälter sind so zu reinigen, dass die nachfolgenden Analysen nicht beeinträchtigt werden. Die Wahl der Probenahmeausrüstung richtet sich nach der Art und Beschaffenheit des zu untersuchenden Mineral- und Heilwassers sowie nach dem Untersuchungsprogramm.

Probenahmegeräte und -behälter sollen aus Werkstoffen bestehen, welche die Probe während der auftretenden Kontaktzeit nicht verändern. Vorzugsweise werden nichtrostender Stahl, Glas und weitgehend inerte Kunststoffe eingesetzt. Schläuche sollten wegen der Sorptionsgefahr möglichst kurz sein und dürfen nicht aus Gummi bestehen.

Als Probenahmebehälter werden Flaschen oder Behälter aus Glas, Borosilicatglas, geeigneten Kunststoffen (z. B. PE/PP) oder geeigneten Metallen verwendet.

In der Regel findet die Probenahme von Mineral- und Heilquellen an einem definierten und geeigneten Probenahmehahn statt. Nur im Falle von Schöpfproben, z. B. bei einer frei austretenden Quelle in einer Quellkammer, müssen diese Gerätschaften so beschaffen sein, das sie weder negative Einflüsse auf die Probe noch auf das Wasservorkommen selbst ausüben. Dies gilt auch für Gerätschaften zur Tiefenprofilmessung jeglicher Art.

6.3.6 Probenahmetechnik

Probenahmen zur mikrobiologischen Wasseruntersuchung müssen unter sterilen Bedingungen in sterile Gefäße erfolgen. Wasserproben zur mikrobiologischen Untersuchung können sinnvollerweise nur dann entnommen werden, wenn die Probenahmestelle einen abflammbaren Hahn besitzt, der in einem Strang liegt, der ständig durchflossen wird. Vor der Probenahme soll das Wasser fünf bis zehn Minuten frei ausfließen. Anschließend ist die Probenahmestelle mittels eines Brenners gründlich abzuflammen bzw. bei einem Kunststoffhahn anderweitig ausreichend zu desinfizieren.

Zur Probenahme wird der Stopfen von der Glasflasche bzw. der Verschluss von der sterilen Kunststoffflasche abgenommen. Die Flasche ist so zu öffnen, dass weder der Flaschenmund noch der Stopfenteil, der gegebenenfalls in den Flaschenhals hineinragt, berührt, angehaucht oder angehustet werden kann. Der Flaschenmund ist (nur bei der Glasflasche) abzuflammen. Dann wird die Flasche mit dem zu untersuchenden Wasser so gefüllt, dass das Wasser im freien Fall in die Flasche eintreten kann. Es ist darauf zu achten, dass sekundäre Verunreinigungen, z. B. durch Spritzwasser oder Rückflusswasser, weder in die Flasche noch an den Stopfen bzw. Verschluss gelangen können. Anschließend sind Flaschenmund und Stopfen der Glasflasche kurz abzuflammen. Danach wird die Flasche vorsichtig verschlossen. Die Wasserproben sind danach möglichst schnell unter Kühlung ins Untersuchungslabor zu bringen.

6.3.7 Befüllen der Probenbehälter

Für die Probenahme zur Bestimmung der einzelnen Parameter wird auf DIN EN ISO 5667-3 [11] verwiesen. Die Anzahl und die inhaltliche Menge der zu befüllenden Probenbehälter hängt von dem Analysenumfang und der jeweiligen Analysenmethode ab.

Nachdem die novellierte Trinkwasserverordnung von 2015 [12] die radioaktiven Stoffe neu geregelt hat, ist die Probenahme hier ebenfalls nach anerkannten Regeln der Technik durchzuführen. Überträgt man diese auf Mineral- und Heilwasser, sind die Vorgaben der DIN ISO 5667-5 [13] anzuwenden. In Ergänzung zu dieser Norm kann die Messanleitung des Bundes „H-Vorbemerk-TWASS-02“ [14] herangezogen werden, welche die Probenahme für Radioaktivitätsparameter deutlich ausführlicher darstellt. Auch finden sich in den einschlägischen Normen zur Bestimmung der Radioaktivitätsparameter Angaben zur Probenentnahme (z. B. DIN EN ISO 10704 „Bestimmung der Gesamt-Alpha- und der Gesamt-Beta-Aktivität in nicht salzhaltigem Wasser – Dünnschichtverfahren“ [15] und DIN EN ISO 11704 „Bestimmung der Gesamt-Alpha und Gesamt-Beta-Aktivität in nicht salzhaltigem Wasser – Verfahren mit dem Flüssigkeitszintillationszähler“ [16] oder ISO 13164-1 „Radon-222 – Part 1: General principles“ [17] und ISO 13164-2 „Radon-222 – Part 2: Test method using gamma Spectrometry“ [18].

Eine Besonderheit stellt die Beprobung für die Analyse von Radon-222 dar. Eine Probeentnahme sollte unter laminarem Wasserfluss blasenfrei erfolgen, indem man mit Hilfe eines Schlauches, der bis zum Boden einer radondichten Flasche reicht, die Probe abfüllt (siehe Bild 6.1). Die bis zum Rand blasenfrei gefüllte Flasche ist luftdicht zu verschließen. Dies kann unter Umständen bei stark gasführenden Mineral- und Heilquellen ein Problem darstellen.

Anleitung – Abfüllung von Wasserproben zur Bestimmung der Radon-Konzentration

1. Anschluss des Schlauches an die Probenahmestelle.
2. Einführen des Schlauches bis zum Boden der Probenflasche.
3. Öffnung des Probenahmehahnes und für laminaren Wasserfluss sorgen.
4. Befüllen der Flasche bis zum Überlaufen.
5. Luftdichtes Verschließen der randvollen Probenflasche! (siehe auch DIN ISO 5667-5, Abschnitte 9 und 10 [13])
6. Vermerken vom Probenahmedatum und der genauen Uhrzeit wegen der Berechnung des Radongehaltes.

Bild 6.1: Probeentnahme mit Schlauch und radondichter Flasche (Foto: H. Zerbe, SGS INSTITUT FRESENIUS)

Der genaue Entnahmezeitpunkt ist zu vermerken, da Radon-222 nur eine Halbwertszeit von 3,82 Tagen besitzt. Es ist dafür Sorge zu tragen, dass die Analytik schnellstmöglich im Labor erfolgen kann.

Die Wasserproben zur Bestimmung der freien oder gelösten Gase werden mittels Schlauch in ein Gassammelgefäß (Gasmaus) unter Wasser übergeführt. Das Gassammelgefäß wird von unten nach oben ausreichend lange durchspült bis keine Fremdgase mehr vorhanden sind und dann verschlossen (siehe Bild 6.2). Die Mineral- und Heilwässer können freie, aber auch gelöste Gase enthalten. Hier besteht eine Abhängigkeit von den jeweiligen Druckbedingungen an der Entnahmestelle.

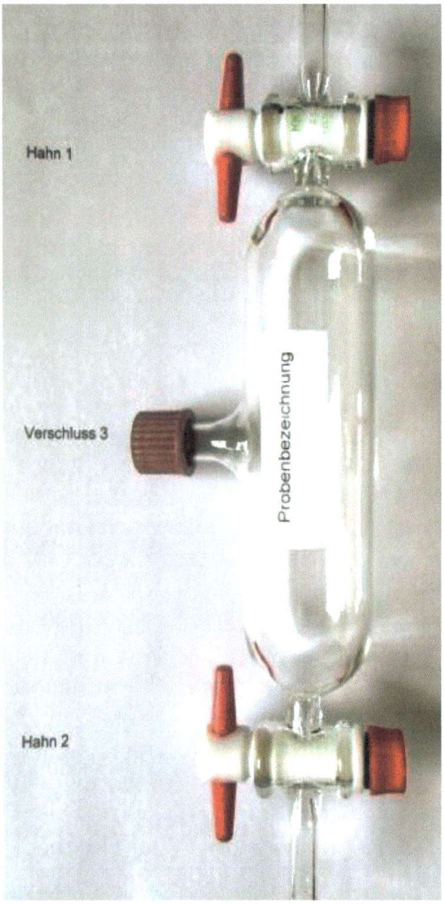

Bild 6.2: Gasmaus für freie gelöste Gase (Foto: H. Zerbe SGS INSTITUT FRESENIUS)

Anleitung – Durchführung der Probenahme zur Sammlung gelöster/freier Gase in Mineral- Heilwasser mittels Gasmaus

1. Anschluss von dem Probenschlauch an den Entnahmehahn.
2. Vollständige Befüllung eines Probenbehältnisses mit dem zu untersuchenden Wasser.
3. Alle Verschlüsse/Hähne an der Gausmaus sind zunächst geschlossen.
4. Anschluss von dem Probenschlauch an den Verschluss/Hahn Nr. 2 der Gasmaus.
5. Einbringen der Gasmaus senkrecht in das Probenbehältniss, so dass sich diese komplett unter dem Wasserniveau befindet.
6. Öffnung des Entnahmehahnes.
7. Öffnung der Hähne 1 und 2 der Gasmaus und anschließend die Befüllung mit dem Probenwasser.

8. Durchströmen der Gasmaus mit dem Wasser von unten nach oben für mindestens fünf Minuten.
9. Schließen von Hahn Nr. 1 und gleichzeitige Öffnung von Verschluss Nr. 3. Dabei muss die Gasmaus sich weiterhin komplett unter dem Wasserspiegel befinden.
10. Das Wasser tritt dann aus dem Verschluss Nr. 3 aus.
11. Wenn freie gelöste Gase vorhanden sind, sammeln sie sich am höchsten Punkt der Gasmaus an.
12. Schließen, zuerst Verschluss Nr. 3 und anschließend Hahn Nr. 2.

Eine Alternative kann die Befüllung in gleicher Weise mit druckfesten Einrichtungen (z. B. Edelstahlzylinder) darstellen.

Allgemeine Informationen zur Probenahme

Zu beachten ist ferner, dass während der Probenahme nicht geraucht, gegessen und getrunken wird. Es besteht zum einen die Gefahr der persönlichen Schädigung, zum anderen die Möglichkeit einer sekundären Kontamination der Proben. Auch die Einflüsse von belasteter Luft aus dem Umfeld, z. B. Verkehr, Immissionen und Emissionen von Industrieanlagen, können ebenfalls zu sekundären Eintragungen führen, da in speziellen Fällen Verunreinigungsindikatoren im ng/l-Bereich untersucht werden.

6.3.8 Probenvorbehandlung vor Ort

Eine spezielle Vorbehandlung von Mineral- und Heilwasserproben sind i. d. R. nicht notwendig, da diese im Rahmen der erlaubten natürlichen Schwankungsbreite eine konstante Zusammensetzung aufweisen.

6.3.8.1 Homogenisierung und Probenteilung

Entfällt für Heil- und Mineralwasser.

6.3.8.2 Filtration

Soweit die Probe bei der Entnahme getrübt ist – außer durch feine Gasblasen – ist sie direkt bei der Probenahme zu filtrieren (z. B. Membranfilter mit 0,45 µm Porenweite). Einige Bestimmungen müssen allerdings in der unfiltrierten Probe durchgeführt werden (TOC, H_2S/HS^-, Fe^{2+}).

6.3.8.3 Probenkonservierung

Ein Teil der Wasserproben ist sofort zu stabilisieren, damit veränderliche Parameter im Labor noch repräsentativ bestimmt werden können. Ein anderer Teil der Wasserproben ist bei der Probenahme so zu behandeln, dass keine Veränderungen auftreten.

Die Probenahmegefäße, Probenmengen und ggfs. notwendigen Stabilisierungen sind von den jeweiligen Parametern und Analysenmethoden abhängig. Für die Konservierung und das Handling von Wasserproben wird ebenfalls auf die DIN EN ISO 5667-3 [11] verwiesen.

6.3.9 Probenbehälter / Probenbeschriftung

Alle Probenbehältnisse bzw. -einrichtungen müssen den Vorgaben entsprechen und keine negativen Einflüsse auf die Probe ausüben, um gesicherte analytische Ergebnisse in der Folge zu erhalten.

Sie sind eindeutig zu beschriften, damit eine direkte Zuordnung jederzeit gewährleistet ist. Die Beschriftung muss permanent vorhanden sein und darf nicht durch Feuchtigkeit, Kühlung, Transport etc. unleserlich werden.

Neben der allgemeinen Beschriftung sind die Probengefäße für bestimmte ausgewählte, spätere Einzel- oder Gruppenanalysen zu kennzeichnen, z. B. für chemische Haupt-, Neben- oder Spurenbestandteile, organische Spurenstoffe, Radioaktivität.

6.3.10 Reinigung der Probenahmegeräte

Durch höher mineralisierte Heil- und Mineralwässer können sich an Gerätschaften u. U. sehr starke Ablagerungen durch Antrocknung anlagern (insbesondere bei Solen). Eisen- und Manganbeläge sind nachträglich nur sehr schwer, häufig nur unter Einsatz von säurehaltigen Lösungsmitteln, zu entfernen.

Insbesondere Messelektroden und -sonden sind sofort zu reinigen und in die entsprechenden Elektrolytlösungen einzubringen.

6.4 Probenahmeprotokoll

Bei jeder Entnahme von Mineral- und Heilwasserproben ist ein Probenahmeprotokoll anzulegen. Dieses soll dem Probenehmer als Merkliste dienen und dem untersuchenden Laboratorium Informationen über die Tätigkeiten und Messungen bei der Probenahme vermitteln, sowie Beobachtungen festhalten, die für den oft ortsunkundigen späteren Auswerter von Bedeutung sind.

Allgemeine Angaben

Das Probenahmeprotokoll enthält folgende Angaben:

Auftraggeber, Probenkennzeichnung, Entnahmestelle, Eigentümer, Datum, Uhrzeit, Art der Entnahmestelle mit näheren Angaben (z. B. Brunnenausbau, Filterstrecke), Höhe des Wasserspiegels bei der Probenahme, Entnahmetiefe, Art der Probenahme mit Angaben zur Quellschüttung bzw. zum Förderstrom. Darüber hinaus erfolgen Angaben über Wahrnehmungen am geförderten Mineral- oder Heilwasser, Messungen vor Ort, Konservierungsmaßnahmen, die Personen bzw. Institutionen, die die Probenahme ausführen und über die Übergabe der Proben an das Laboratorium.

Das zu entnehmende Probenvolumen wird vom untersuchenden Laboratorium entsprechend dem geforderten Untersuchungsumfang festgesetzt. In der Regel erfordern Konservierungen das Abfüllen mehrerer Behälter. Ihre Kennzeichnung ist als wesentliche Information der Zuordnung im Probenahmeprotokoll an erster Stelle genannt. Sie kann je nach den Gepflogenheiten des Laboratoriums schon vor der Probenahme auf den Flaschen und dem Probenahmeprotokoll vermerkt sein.

Ein Beispiel eines Formulars für ein Probenahmeprotokoll, das diesen Anforderungen genügt, ist in Bild 6.3 dargestellt.

Informationen über Entnahmestellen

Die Art der Entnahmestelle ist kurz zu beschreiben. Bei Brunnen ist neben der Angabe des Brunnentyps von Bedeutung, ob er kontinuierlich oder nur zu bestimmten Zeiten betrieben wird oder ob er artesisch überläuft. In besonderen Fällen ist das Probenahmeprotokoll auch durch eine Lageskizze oder Fotos zu ergänzen.

Die Höhe des Grundwasserspiegels soll bei der Probenahme gemessen werden. Als Entnahmetiefe ist die Einbautiefe der Förderpumpe unter dem Messpunkt anzugeben. Die Filterstrecke bezieht sich dagegen auf den Ausbau des Brunnens. Bei artesischem Auslauf ist auf geeignete Weise die Wasserspiegellage über dem Messpunkt zu bestimmen.

Die Angabe über die Art der Probenahme soll aussagen, ob es sich um eine am Entnahmehahn entnommene Probe oder um eine Schöpfprobe handelt. Für die Auswertung ist es bedeutsam zu wissen, wie stark eine Quelle zur Zeit der Probenahme schüttete oder welchen Volumenstrom die installierte Pumpe förderte.

Die sensorischen Wahrnehmungen am geförderten Mineral- oder Heilwasser sind zu beschreiben.

Unter Wahrnehmungen am geförderten Mineral- oder Heilwasser werden die Beobachtungen bei der Probenahme wiedergegeben, welche Rückschlüsse auf färbende oder flüchtige bzw. sich verändernde Inhaltsstoffe zulassen. Angaben zur Trübung und zum Bodensatz sollen deren Intensität sowie Beschaffenheit enthalten.

Hinweise zum Ausfüllen des Formulars für ein Probenahmeprotokoll

Das Formular eines Probenahmeprotokolls dient dem Probenahmepersonal als Merkliste und der untersuchenden Stelle als Dokument für spätere Auswertungen. Für jede Wasserprobe wird ein gesondertes Formular ausgefüllt.

Die Proben werden auf dem Formular und dem Probenbehälter in gleicher Weise bezeichnet. Die Bezeichnung der Entnahmestelle kann schon vom Auftraggeber eingesetzt sein.

Datum und Uhrzeit werden erst bei der Probenahme eingetragen. Obwohl bei Mineral- und Heilwässern keine kurzfristigen Beschaffenheitsänderungen vorkommen, kann die Information in Einzelfällen bedeutsam sein (Zeitabstand zum Ein- und Ausschalten von Pumpen, späteres Bekanntwerden von besonderen Ereignissen).

Beim Geruch sollen sowohl allgemeine Angaben (z. B. „erdig“) als auch auf bestimmte Stoffe (z. B. „H_2S“) hinweisende Bemerkungen gemacht werden.

Unter „Konservierungsmaßnahmen“ ist nach Vorgaben der entsprechenden Normen und ggfs. des untersuchenden Laboratoriums anzugeben, wofür eine gesonderte Probe in einen speziellen Behälter abgefüllt wurde. Die Zugabe von Konservierungsmitteln kann gegebenenfalls schon bei der Vorbereitung der Behälter im Laboratorium erfolgen.

Unter „Bemerkungen“ werden Angaben zu Besonderheiten bei der Probenahme, Lagerbedingungen der Probe bis zur Übergabe an das Laboratorium, die Entnahme von Gegenproben oder Beobachtungen nachträglicher Veränderungen notiert.

Es ist anzugeben, wer die Probenahme veranlasst und wer die Probe genommen hat. Erst das Ausfüllen des letzten Abschnitts des Formulars beschließt formell die Probenahme.

Probenahmeprotokoll für Mineral- und Heilwasser							
Probenkennzeichnung:							
Tag:		Monat:		Jahr:		Uhrzeit:	
Gemeinde:							
Ortsteil:							
Flur:							
Flurstück:							
Kreis:							
Bezeichnung des Messpunktes:							
Entnahmestelle:							
Topographische Karte TK 25:							
Rechtswert:				Hochwert:			
Eigentümer:				EDV/Objekt-Nr.:			
Art der Entnahmestelle:							
Brunnendurchmesser:		m		Brunnentiefe:		m	
Filterstrecke von:		m		bis		m unter Messpunkt	
Wasserspiegel unter/über Messpunkt:						m	
bei der Probenahme:						m	
Entnahmetiefe:						m unter Messpunkt	
Schüttung (Quelle) bzw. Förderstrom (Brunnen):				m³/h,		L/s	
Art der Probenahme:							
Wahrnehmungen am geförderten Mineral- oder Heilwasser sofort nach Entnahme:							
Geruch:							
Färbung:							
Trübung:							
Sonstiges:							
Wahrnehmungen am geförderten Mineral- oder Heilwasser nach						Stunden	
Geruch:							
Färbung:							
Trübung:							
Bodensatz:							
Sonstiges:							

Bild 6.3a: Beispiel für ein Formular eines Probenahmeprotokolls für Mineral- und Heilwasser

			Messungen vor Ort:				
Zu Beginn der Probenahme:							
Wassertemperatur:		°C	pH-Wert:		Redox-Spannung:		mV
Elektrische Leitfähigkeit (bei 25 °C):							µS/cm
Während der Probenahme:							
Wassertemperatur:		°C	pH-Wert:		Redox-Spannung:		mV
Elektrische Leitfähigkeit (bei 25 °C):							µS/cm
Am Ende der Probenahme:							
Wassertemperatur:		°C	pH-Wert:		Redox-Spannung:		mV
Elektrische Leitfähigkeit (bei 25 °C):							µS/cm
Sauerstoffkonzentration:							mg/L
Kohlenstoffdioxidkonzentration:							mg/L
Säurekapazität bis zum pH-Wert 4,3, $K_{S,4,3}$:							mmol/L
Basekapazität bis zum pH-Wert 8,2, $K_{B,8,2}$:							mmol/L
Lufttemperatur:			°C	Luftdruck:			hPa
Witterung:							
			Konservierungsmaßnahmen:				
für Parameter:				Kennzeichnung der Probe:			
Konservierungsmittel und -menge:							
für Parameter:				Kennzeichnung der Probe:			
Konservierungsmittel und -menge:							
für Parameter:				Kennzeichnung der Probe:			
Konservierungsmittel und -menge:							
Die Probenahme und obige Arbeiten haben ausgeführt:							
Name:							
Institution:							
Bemerkungen:							
Die Proben wurden übergeben:							
am:		um:		Uhr	an:		
Analysenregister-Nr:							
Unterschrift:							

Bild 6.3b: Beispiel für ein Formular zu Messungen vor Ort

6.5 Qualitätssicherung

Spezielle Qualitätssicherungsmaßnahmen für eine der unterschiedlichen Wasserprobenahmearten werden in der Regel nicht durchgeführt. Generell kann gesagt werden, dass bezüglich der Qualität jeglicher Wasseruntersuchung die Probenahme eine entscheidende Rolle spielt und mit der größten Fehlerbreite behaftet ist. Größte Sorgfalt sollte daher darauf gelegt werden, dass die genommene Probe für die Probenahmestelle eine repräsentative Probe darstellt. Die Repräsentanz einer Probe kann durch eine Doppel-, Mehrfach- oder kontinuierliche Probenahme sowie anschließende Überprüfung von Vor-Ort-Parametern bis zur Konstanz festgestellt werden.

Ein wichtiger Punkt innerhalb der Qualitätssicherung stellt eine turnusmäßige Überprüfung und Überwachung (Audits) der Probenahme dar. Dabei wird die Einhaltung relevanter Verfahren, Vorschriften und dokumentierter Regelungen überprüft. Dokumentierte Regelungen (Standardarbeitsanweisungen) sollten über das Probenahmeverfahren, die Bedienung, Wartung und Kalibrierung der eingesetzten Geräte, sowie Lagerung und Transport der Proben bis zum Labor vorhanden sein. In der Standardarbeitsanweisung des Probenahmeverfahrens werden standardmäßige Arbeitsschritte des Verfahrens beschrieben, während Arbeitsschritte, die sich in Abhängigkeit von Probenahmeort und -stelle ändern können, zwar aufgezeigt werden, die tatsächliche Durchführung aber im Probenahmeprotokoll dokumentiert wird. Der Einsatz von Kontrollproben bei der Probenahme sollte auch hier geregelt sein.

Die turnusmäßige Wartung und Kalibrierung der Probenahmegeräte und Analysegeräte zur Bestimmung der Vor-Ort-Parameter werden in einem sogenannten Gerätebuch dokumentiert. Damit kann der Einsatz von funktionsfähigen und kalibrierten Geräten nachvollzogen werden. Die Gerätebücher sowie die relevanten Verfahren, Vorschriften und dokumentierten Regelungen müssen während der Probenahme vom Probenehmer mitgeführt werden.

Neben der Einhaltung oben genannter Dokumente werden weiterhin die ordnungsgemäße und damit nachvollziehbare Dokumentation der Probenahme, die genaue und eindeutige Beschriftung der Proben, das Vorhandensein und Tragen der erforderlichen Schutzausrüstung wie z. B. Sicherheitsschuhe, Overalls, Schutzbrillen und Schutzhelme und das Vorhandensein der erforderlichen apparativen Ausrüstung bei der Überwachung der Probenahme überprüft. Gerade letzteres kann durch das Aufstellen verschiedener Checklisten für Probenahmegeräte und Flaschensätze in Abhängigkeit von der Art der Probenahme und des Untersuchungsumfangs die Planung der Probenahme wesentlich erleichtert werden.

Alle qualitätsbewussten Institute/Laboratorien besitzen eine Akkreditierung. Diese beinhaltet neben den reinen Analysenmethoden auch Vorgaben für die Probenahme, Dokumentation, Qualitätssicherung und vieles mehr.

Literatur

[1] Min/TafelWV (1984): Verordnung über natürliches Mineralwasser, Quellwasser und Tafelwasser (Mineral- und Tafelwasserverordnung Min/TafelWV 1984) vom 1. August 1984 (BGBl. I,S. 1036), die zuletzt durch Artikel 25 der Verordnung vom 5. Juli 2017 (BGBl. I S 2272) geändert worden ist.

[2] Richtlinie 2009/54/EG des Europäischen Parlaments und des Rates vom 18. Juni 2009 über die Gewinnung von und den Handel mit natürlichen Mineralwässern. – in: Amtsblatt der EU L 164/45 - 58 vom 28. Juni 2009.

[3] AMG (1976): Gesetz über den Verkehr mit Arzneimitteln (Arzneimittelgesetz AMG 1976) vom 24. August 1976, neugefasst durch Bek. vom 12. Dezember 2005 I 3394, zuletzt geändert durch Art. 1 G vom 25. Mai 2011 I 946.

[4] Deutscher Heilbäderverband e. V. und Deutscher Tourismusverband e. V. (Hrsg.) (2005): Begriffsbestimmungen / Qualitätsstandards für Heilbäder und Kurorte, Luftkurorte, Erholungsorte – einschließlich der Prädikatisierungsvoraussetzungen – sowie für Heilbrunnen und Heilquellen. 13. Auflage (bis auf Kapitel 4 D, Kapitel 5 und Kapitel 6) vom 21.10.2016; Berlin.

[5] Allgemeine Verwaltungsvorschrift über die Anerkennung und Nutzungsgenehmigung von natürlichem Mineralwasser vom 9. März 2001. – in: Bundesanzeiger Nr. 56, 4605 (21.03.01).

[6] Überwachungsrichtlinie für Heilquellen und Heilbrunnenbetriebe der Arbeitsgemeinschaft der Ltd. Ministerialbeamten der Länder (2011): – z. B. in: Staatsanzeiger für das Land Hessen Nr. 48, S. 1462 – 1463.

[7] DIN 38402-18 (1991): Deutsche Einheitsverfahren zur Wasser-, Abwasser- und Schlammuntersuchung; allgemeine Angaben (Gruppe A); Probenahme von Wasser aus Mineral- und Heilquellen (A 18); Berlin (Beuth).

[8] LFGB (2005): Lebensmittel-, Bedarfsgegenstände- und Futtermittelgesetzbuch (Lebensmittel- und Futtermittelgesetzbuch – LFGB) vom 01.09.2005, neugefasst durch Bek. vom 3.6.2013, zuletzt geändert durch Art. 10 G vom 10. März 2017.

[9] Amtliche Sammlung von Untersuchungsverfahren nach § 64 LFGB. Untersuchung von Lebensmitteln, Bestimmung von Kohlensäure in natürlichem Mineralwasser, L 59.11-26.

[10] Amtliche Sammlung von Untersuchungsverfahren nach § 64 LFGB. Untersuchung von Lebensmitteln, Allgemeine Hinweise zur Probenahme und zur chemischen sowie chemisch-physikalischer Untersuchungen von natürlichem Mineralwasser,L 59.11-1.

[11] DIN EN ISO 5667-3 (2013): Wasserbeschaffenheit- Probenahme – Teil 3: Konservierung und Handhabung von Wasserproben (ISO 5667-3:2012); Berlin (Beuth).

[12] TrinkwV (2001): Verordnung über die Qualität von Wasser für den menschlichen Gebrauch, (Trinkwasserverordnung - TrinkwV) - Trinkwasserverordnung in der Fassung der Bekanntmachung vom 10. März 2016 (BGBl. I S. 459), die zuletzt durch Artikel 1 der Verordnung vom 3. Januar 2018 (BGBl. I S. 99) geändert worden ist.

[13] DIN ISO 5667-5 (2011): Wasserbeschaffenheit – Probenahme – Teil 5: Anleitung zur Probenahme von Trinkwasser aus Aufbereitungsanlagen und Rohrnetzsystemen (ISO 5667-5:2006); Berlin (Beuth).

[14] BMU (2016): H-VORBEMERK-TWASS-02.: Messanleitungen für die Überwachung radioaktiver Stoffe in der Umwelt und externer Strahlung – Vorbemerkung hinsichtlich der Anforderungen bei der Probenahme aus Trink- und Grundwasser.

[15] DIN EN ISO 10704 (2017): Wasserbeschaffenheit – Bestimmung der Gesamt-Alpha und der Gesamt-Beta-Aktivität in nicht salzhaltigem Wasser – Dünnschichtverfahren (ISO 10704:2017); Berlin (Beuth).

[16] DIN EN ISO 11704 (2017): Wasserbeschaffenheit – Bestimmung der Gesamt-Alpha- und Gesamt-Beta-Aktivität in nicht salzhaltigem Wasser – Verfahren mit dem Flüssigszintallationszähler (ISO 11704:2017); Berlin (Beuth).

[17] ISO 13164-1 (2013): Water quality – Radon-222 – Part 1: General principles

[18] ISO 13164-2 (2013): Water quality – Radon-222 – Part 2: Test method using gamma spectrometry.

7 Die Probenahme aus fließenden Gewässern

*K. Selent**

* unter Verwendung des Kapitels von H. Schimmer aus der 1. Auflage 1998

7.1 Einleitung

In diesem Kapitel wird die Probenahme aus fließenden Gewässern für nachfolgende chemische und physikalische Untersuchungen auf der Grundlage der DIN EN ISO 5667-6 [1] behandelt. In der Norm sind die Grundsätze für die Erstellung von Probenahmeprogrammen, Probenahmetechniken und die Handhabung von Wasserproben aus Fließgewässern zur physikalischen und chemischen Bewertung festgelegt. Nicht behandelt werden die Probenahmen für die biologischen Qualitätskomponenten sowie in Gewässer-Messstationen.

Die Norm DIN EN ISO 5667-6 gilt nicht für die Probenahme aus Ästuaren und Küstengewässern sowie für aufgestaute Strecken von Fließgewässern. Sie gilt weder für die Untersuchung von Sediment (siehe DIN ISO 5667-12 [2]), suspendierten Feststoffen (siehe DIN 38402-24 [3]) oder Biota noch für die mikrobiologische Probenahme. Die Vorgehensweisen für mikrobiologische Probenahmen sind in DIN EN ISO 19458 [4] festgelegt. Sie gilt ebenfalls nicht für die Anwendung von Passivsammlern in Oberflächengewässern (siehe ISO 5667-23 [5]).

Fragestellungen, die zu Fließgewässer-Probenahmeprogrammen führen, sind zum Beispiel die Dokumentation des Gewässerzustandes im Rahmen von (Routine-)Untersuchungsprogrammen und die Datenerhebung vor dem Hintergrund spezieller Fragestellungen.

Im zuerst genannten Fall werden Untersuchungsprogramme vorgegeben, in denen verschiedene Gewässer hinsichtlich langfristiger Trends mit vergleichbarem Parameterumfang untersucht werden. Das gilt insbesondere für Untersuchungsprogramme zur Umsetzung der Europäischen Wasserrahmenrichtlinie (EG-WRRL) [6]. Die EG-WRRL wurde am 22.12.2000 verabschiedet, um eine gemeinsame Europäische Gewässerschutzpolitik zu gestalten. Ergänzt wurde die EG-WRRL durch weitere Tochterrichtlinien, u. a. die Richtlinie über Umweltqualitätsnormen für Oberflächenwasser [7] sowie eine Richtlinie hinsichtlich technischer Anforderungen an Untersuchungsverfahren [8].

Die EG-WRRL ist für alle Mitgliedsstaaten bindend und wurde Ende 2002 in das Wasserhaushaltsgesetz (WHG) der Bundesrepublik Deutschland übernommen. Die Bundesländer setzten in Folge die WRRL in Landesrecht um. In NRW erfolgte dies 2001 durch die „Gewässerqualitätsverordnung (GewQV)“ [9] und 2006 durch die „Gewässerbestandsaufnahme-, Einstufungs- und Überwachungsverordnung (GewBEÜV) [10]“. Abgelöst wurde diese Landesverordnung in 2011 durch die Bundesverordnung zum Schutz der Oberflächengewässer (OGewV) [11], die die vorgenannten Tochterrichtlinien umsetzte. Im Jahr 2016 trat die Novelle der OGewV [12] in Kraft. Hier wurden neue Stoffe aufgenommen und z. T. bestehende Umweltqualitätsnormen verändert oder gar gestrichen.

Lokale Besonderheiten der Belastung oder Nutzung von Gewässern werden in differenzierten Messprogrammen berücksichtigt. Parameterumfang und Untersuchungsintensität werden hier auf den jeweiligen Untersuchungszweck abgestimmt. Derartige Untersuchungsprogramme sollten über einen langen Zeitraum hinweg durchgeführt werden, um homogenes Datenmaterial zur Verfügung zu haben.

Die Ergebnisse dienen der Überwachung vorhandener Gewässernutzungen oder der Überprüfung festgesetzter Anforderungen an die Wasserbeschaffenheit. Aus dem Datenkollektiv können aber auch Empfehlungen zur Vermeidung von Gewässerbeeinträchtigungen oder für künftige Nutzungen abgeleitet werden.

Außerhalb dieser Routineerfassungen werden Probenahmen vielfach zur Aufdeckung von Gewässerverunreinigungen oder zur Beweissicherung nach Schadensfällen durchgeführt (siehe Kapitel 7.7). Sie können aber auch der einleiterbezogenen Gewässerüberwachung dienen.

7.1.1 Definition und Begriffserklärungen

Gemäß DIN EN ISO 5667-6 [1] werden üblicherweise Einzelproben aus einem Fließgewässer entnommen. Die Einzelprobenahme (oder auch gesonderte Probenahme) ist unter Bezug auf ISO 6107-2 definiert als „Verfahren, bei dem Einzelproben einem Wasserkörper entnommen werden“. Der im Deutschen verwendete Begriff der „Stichprobenahme“ wird in der Norm eher als Zufallsprobenahme definiert (siehe Tabelle 7.1).

Die im Englischen für die Zufallsprobenahme (random sampling) üblichen Begriffe „snap sample“, „spot sample“ oder „grab sample“ sind nicht in DIN EN ISO 5667-6 [1] enthalten und werden gemäß ISO 6107-2 definiert als „Einzelprobe, zufällig (in Bezug auf Zeit und/oder Probenahmestelle) genommen“.

Die unterschiedlichen Definitionen führen in der Praxis leider etwas zur Verwirrung, zumal im LAWA AQS-Merkblatt P-8/3 „Probenahme aus Fließgewässern“ nur die Begriffe „Stichprobe“ sowie „Mischprobe“ und keine Einzelprobe definiert sind. DIN 38402-11; „Probenahme von Abwasser“ [13] enthält eine Unterscheidung zwischen einer Einzelprobe und einer Stichprobe. Danach ist eine

- Einzelprobe „eine zufällig (in Bezug auf Zeit und/oder Ort) durch einmalige Entnahme (meist durch Schöpfen) aus einem Wasserkörper gewonnene Probe“ und eine
- Stichprobe „eine oder mehrere unmittelbar nacheinander entnommene und vereinigte Einzelproben zur Beurteilung eines momentanen Zustandes“.

Tabelle 7.1: Begriffsdefinitionen zur Probenahme gemäß DIN EN ISO 5667-6 [1]

Deutscher Begriff / Englischer Begriff	Definition
automatische Probenahme / automatic sampling	Verfahren, bei dem Proben entweder einzeln oder kontinuierlich nach einem vorbestimmten Programm ohne menschliches Zutun entnommen werden
Mischprobe / composite sampling	zwei oder mehrere Proben oder Teilproben, die in angemessenen, bekannten Verhältnissen (entweder einzeln oder kontinuierlich) vermischt werden, damit ein Durchschnittsergebnis für eine bestimmte Kenngröße erhalten werden kann. Anmerkung: Die Verhältnisse beruhen üblicherweise auf Zeit- oder Fließmessungen.
kontinuierliche Probenahme / continuous sampling	Verfahren, bei dem eine Probe kontinuierlich einem Wasserkörper entnommen wird
gesonderte Probenahme, Einzelprobenahme / discrete sampling	Verfahren, bei dem Einzelproben einem Wasserkörper entnommen werden
schrittweise erfolgende Probenahme, inkrementelle Probenahme / incremental sampling	Technik, bei der aufgrund einer geringen Durchflussrate (mit der Möglichkeit der Kontamination durch Sedimente) oder aufgrund von Zugangsbeschränkungen (z. B. wenn eine Probe durch eine kleine Öffnung entnommen wird) kleine Proben entnommen werden; diese kleinen Proben werden anschließend zusammengefasst, um eine Mischprobe zu ergeben. Anmerkung: sämtliche in den kleinen Proben enthaltene Flüssigkeit wird verwendet, im Unterschied zur Durchmischung (Blending) von Aliquoten, die zur Herstellung einer durchflussproportionalen Probe angewendet wird.
isokinetische Probenahme / isokinetic sampling	Technik, bei der die Probe von einem Wasserlauf mit der gleichen Geschwindigkeit in die Öffnung einer Probenahmesonde fließt, wie sie in der unmittelbaren Nachbarschaft der Sonde herrscht
Stichprobenahme, Zufallsprobenahme / random sampling	Form der Probenahme, bei der die Möglichkeit, verschiedene Konzentrationen eines Analyten zu erhalten, durch die Wahrscheinlichkeitsverteilung des jeweiligen Analyten definiert wird
Fluss / river	natürlicher Wasserkörper, der kontinuierlich oder unterbrochen einem bestimmten Flusslauf folgend, in einen Ozean, See, ein Meer, eine Landsenke, Marsch, oder in einen anderen Wasserlauf fließt
Probenahmegebiet, Probenahmestandort / sampling site	allgemeiner Bereich oder Gebiet, aus dem Proben entnommen werden
Probenahmestelle / sampling point	genaue Probenahmeposition innerhalb eines Probenahmegebietes, von dem Proben gezogen werden
Bach / stream	Wasser, kontinuierlich oder unterbrochen in einem gut definierten Bett fließend, ähnlich wie ein Fluss, jedoch von geringerer Größe
systematische Probenahme / systematic sampling	Probenahme, bei der die Proben in vorgegebenen Zeitabständen entnommen werden, häufig in gleichen Zeitabständen

Die in der Norm „Probenahme von Abwasser“ enthaltene Stichprobe wird in DIN EN ISO 5667-6 sinngemäß als inkrementelle Probenahme (oder schrittweise erfolgende Probenahme) dargestellt. Im Sinne einer gleichartigen Bedeutung sollte bei künftigen Revisionen der Normen eine Harmonisierung der Begriffe angestrebt werden.

Mischproben können von Hand oder automatisch entnommen werden, unabhängig von der Probenahmeart (durchfluss-, zeit- oder volumenabhängig). Kontinuierlich entnommene Proben können zu Mischproben vereinigt werden. Mischproben liefern Durchschnittsdaten. Deshalb sollte vor dem Mischen geklärt werden, ob solche Daten erwünscht sind oder ob der/die Parameter innerhalb des Probenahmezeitabschnitts nicht signifikant schwanken. Mischproben sind nützlich, wenn ein einzuhaltender Grenzwert auf der durchschnittlichen Wasserbeschaffenheit basiert [14]. Weitere Hinweise zu allgemeinen Anforderungen und Betrieb von automatischen Probenahmegeräten finden sich in [13, 14, 15]. Leistungsanforderungen und Konformitätsprüfungen für automatische Probenahmegeräte zum Wassermonitoring (auch für die Wasserrahmenrichtlinie) werden in DIN EN 16479 [16] beschrieben.

7.1.2 Anforderungen an die Beschaffenheit des Wassers

Die Oberflächengewässerverordnung 2016 (OGewV) [12] ergänzt und aktualisiert die Anforderungen zur Einstufung, Darstellung und Überwachung des ökologischen Zustands, des ökologischen Potenzials und des chemischen Zustands von Oberflächengewässern, die bislang in der Oberflächengewässerverordnung von 2011 geregelt waren. Grundlage der Änderungen sind neue EU-rechtliche Vorgaben sowie der Erkenntnisfortschritt der letzten fünf Jahre.

Einen großen Anteil an dem Gewässermonitoring haben die biologischen Untersuchungen, die erheblich in die Bewertung des Gewässerzustandes eingehen. Für die biologische Qualitätskomponente werden folgende Module untersucht:

- Makrophyten, Diatomeen und Phytobenthos (ohne Diatomeen),
- benthische wirbellose Fauna,
- Fischfauna,

auf die hier nicht weiter eingegangen werden soll. Zu den Verfahrensanleitungen für die ökologische Bewertung der Makrophyten, Diatomeen und Phytobenthos (PHYLIB bzw. NRW-Verfahren), für benthische wirbellose Fauna (PERLODES) sowie die Fischfauna (FIBS) sei auf die OGewV [12] verwiesen.

Zur Unterstützung der biologischen Untersuchungen erfolgen chemische Untersuchungen, zusammengefasst in den allgemeinen chemischen Parametern (ACP). Daneben werden noch eine ganze Reihe Schadstoffe in der Wasserphase und teils auch in der Schwebstoffphase oder in Biota bestimmt.

Die OGewV gibt in der Anlage 8 für 46 prioritäre Stoffe bzw. Stoffgruppen und bestimmte andere Schadstoffe „Umweltqualitätsnormen zur Beurteilung des chemischen Zustands" vor. Zu den prioritären Stoffen zählen u. a. eine Reihe von Industriechemikalien, Flammschutzmittel, Polycyclische Aromatische Kohlenwasserstoffe, Organo-Zinnverbindungen, Pflanzenschutzmittel sowie Metalle bzw. Metallverbindungen. Einige der 46 prioritären Stoffe sind darüber hinaus als „prioritär gefährliche Stoffe" eingestuft. Gemäß WRRL müssen für diese Schadstoffe Maßnahmen zur schrittweisen Reduzierung, Beendigung oder schrittweisen Einstellung erlassen werden.

Darüber hinaus sind in Anlage 6 „Umweltqualitätsnormen für flussgebietsspezifische Schadstoffe" für insgesamt 67 Schadstoffe festgelegt worden, die nicht als prioritäre Stoffe auf EU-Ebene eingestuft, aber auf nationaler Ebene als bedenkliche Stoffe erkannt wurden. Dazu gehören z. B. Arzneimittel, Cyanide, Polycyclische Biphenyle, Pflanzenschutzmittel sowie Metalle bzw. Metallverbindungen.

Weiterhin sind gemäß OGewV aus Vorsorgegründen Untersuchungen auf Schadstoffe erforderlich, die in die aquatische Umwelt eingetragen werden und auf der Beobachtungsliste der EU stehen. Hierzu gehören z. B. neuartige Pflanzenschutzmittel und Industriechemikalien, Biozide, Human- und Tierarzneimittel.

7.2 Probenahmeplanung

7.2.1 Zweck der Probenahme und Untersuchung

Beispiele für die Ziele von Probenahmeprogrammen, die üblicherweise für Fließgewässer entwickelt werden, sind folgende [1]:

a) Ermittlung der Eignung der Wasserbeschaffenheit eines Fließgewässers innerhalb eines Flusseinzugsgebietes für einen bestimmten Zweck, z. B.:

1. Trinkwassergewinnung,
2. landwirtschaftlicher Gebrauch (z. B. zur Bewässerung, als Viehtränke),
3. Unterhaltung und/oder Aufbau von Fischzucht/-haltung,
4. Freizeitzwecke (z. B. Wassersport und Schwimmen),
5. Erhaltung und Schutz des Lebens im Wasser.

b) Beurteilung des Einflusses von menschlichen Aktivitäten auf die Wasserbeschaffenheit z. B.

1. Untersuchung der Wirkungen einer Abwassereinleitung oder eines durch Unfall verursachten Eintrags auf das aufnehmende Gewässer,
2. Beurteilung des Einflusses der Bodennutzung auf die Beschaffenheit von Fließgewässern,
3. Beurteilung der Wirkung der Anreicherung und Freisetzung von Substanzen, einschließlich Schadstoffen aus Sedimenten, auf die aquatische Flora und Fauna (Biota) im Wasserkörper oder Sedimenten,
4. Untersuchung der Wirkungen von Wasserentnahme, Flussregulierung und Wasserüberleitung in ein anderes Flussgebiet auf die chemische Beschaffenheit von Flüssen und deren aquatische Biota und
5. Untersuchung der Wirkungen von wasserbaulichen Maßnahmen auf die Wasserbeschaffenheit (z. B. Einbau oder Rückbau von Wehren, Veränderung der Gerinne-/Sohlenstruktur).

7.2.2 Probenahmeprogramm

Die Probenahme ist üblicherweise der erste Arbeitsschritt bei der Durchführung einer Untersuchung und sie bestimmt weitgehend die Qualität der gesamten Untersuchung. Es wird deshalb empfohlen, dass eine detaillierte Probenahmestrategie erstellt wird, die häufig auf einer Voruntersuchung und Bewertung der wichtigsten Aspekte beruht. Der Zweck und die Umgebungssituation bestimmen die Art und Weise, in der die Probenahme erfolgt. Die Berücksichtigung der Fließzeit kann die Auswahl der Probenahmegebiete in Abhängigkeit vom Ziel der Untersuchung beeinflussen. Allgemeine Aspekte in Bezug auf die Aufstellung des Probenahmeprogramms können DIN EN ISO 5667-1 [14] entnommen werden.

Der Probenahmeplan sollte mindestens die folgenden Aspekte berücksichtigen.

Allgemeine Aspekte:

- Zweck der Untersuchung,
- die für jede Probenahmestelle zu analysierenden Parameter,
- die an der Probenahmestelle durchzuführenden Messungen, z. B. Temperatur, gelöster Sauerstoff,
- Häufigkeit und Zeitpunkt der Probenahme und Art der Probe,
- Probenahmegebiet und Anzahl und Orte von Probenahmestellen,
- Probenahmeausrüstung,
- einzuhaltende Qualitätssicherungsverfahren,
- Transport, Konservierung und Lagerung der Proben.

Aspekte in Bezug auf die Umgebungssituation der Probenahmestelle:

Sicherheitsaspekte,

- hydrodynamische und morphologische Kenngrößen/Beschaffenheit des zu beprobenden Wassers,
- lokale Verhältnisse, z. B. Wassertiefe, Schwimmschichten, Vegetation und Zugänglichkeit (Erreichbarkeit) der Stelle,
- die Probenahmetiefe(n),
- erwartete Zusammensetzung und Quantität des zu beprobenden Wassers, insbesondere, ob Schwimm- und/oder Schlammschichten vorhanden sind.

Zusätzlich können viele Kenngrößen das Verhalten von Kontaminanten in Flusssystemen beeinflussen. Das Verständnis für die Beschaffenheit des Gewässers ist wichtig für die Planung und Festlegung der Probenahmeprogramme. Wichtige Faktoren umfassen Temperatur, Trübung, Tiefe, Fließgeschwindigkeit, Turbulenz, Gefälle, Richtungsänderungen und Querschnitte sowie die Beschaffenheit der Flusssohle und des Ufers.

Diese Faktoren stehen in einer derartigen Wechselbeziehung, dass es schwierig ist, jedem Faktor mehr oder weniger Bedeutung zuzuordnen. Beispielsweise beeinflussen das Gefälle und die Rauigkeit des Flussbettes sowohl den Wasserstand als auch die Fließgeschwindigkeit, von denen die Turbulenz abhängt. Die Turbulenz wiederum beeinflusst die Durchmischungsraten von Abflüssen und einmündenden Nebenflüssen, die Belüftung, die Sedimentation oder Ausspülung von Feststoffen, das Wachstum von biologischen Arten sowie die natürliche Selbstreinigung. Zusätzlich können chemische und biologische Prozesse ablaufen, z. B. Photosynthese, Respiration sowie metabolische Effekte.

Praktische Belange der Probenahme, z. B. die Erreichbarkeit, können dazu führen, dass die ideale Probenahmestelle ungeeignet ist. Es ist wichtig, dass jede Veränderung in Bezug auf die vorgesehene Probenahmestelle, aus welchen Gründen auch immer, mit dem Bearbeiter des Probenahmeprogramms abgestimmt wird. Das Ergebnis sollte in einer Akte der Probenahmestelle dokumentiert werden, die Wegbeschreibungen zum Probenahmegebiet, die genaue Lage der Probenahmestelle, das Probenahmeverfahren sowie spezielle Details (z. B. Arbeitssicherheit und Arbeitsschutz) enthält. Dabei können auch gleichwertige alternative Probenahmestellen definiert werden, die beispielsweise bei sich ändernden Bedingungen im Fließgewässer besser geeignet sind. Es kann auch die Art des durchzuführenden Probenahmeverfahrens, z. B. die Probenahmetiefe, vorgegeben werden [1].

7.2.3 Häufigkeit, Dauer und Zeitpunkt der Probenahme

Bei der Untersuchung von Fließgewässern, tidebeeinflussten Gewässern, Ästuaren oder stehenden Fließgewässern (z. B. gepumpte Gewässer oder zwischen zwei Schleusen liegende Gewässer) können Zeitpunkt, Dauer und Häufigkeit der Probenahme sehr unterschiedlich sein. Ihre Festlegungen richten sich nach Rechtsvorschriften, Fragestellungen oder den Gegebenheiten am Gewässer, wie z. B. [15]:

- den Schwankungen der Wasserbeschaffenheit,
- der Bedeutung der zu bestimmenden Parameter,
- den Abflussverhältnissen,
- der Möglichkeit einer Gefährdung der Trinkwassergewinnung,
- dem apparativen bzw. personellen Aufwand,
- der angestrebten statistischen Sicherheit,
- der Notwendigkeit der Ermittlungen anlässlich besonderer Vorkommnisse,
- der Auffindung von Belastungsschwerpunkten,
- der Verwendung der Ergebnisse für Trendanalysen,
- der Verwendung der Ergebnisse für Bilanzen,
- der Erkennung wissenschaftlicher Zusammenhänge.

Oft ist es wichtig, dass das Probenahmeprogramm auf einer soliden statistischen Basis aufbaut, sodass die aus den Analysenergebnissen erhaltenen summarischen statistischen Daten eine Bewertung der benötigten Informationen innerhalb der Toleranzgrenzen der Programmziele erlauben. Enthalten die Ziele keine Festlegung der akzeptablen Fehlergröße, ist kein statistisch fundiertes Probenahmeprogramm möglich. Anleitung und Empfehlungen zur Anwendung der Statistik zur Festlegung der Probenahmehäufigkeit sind in DIN EN ISO 5667-1 [14] angegeben.

Die OGewV [12] enthält z. B. für die Allgemeinen physikalisch-chemischen Qualitätskomponenten entsprechende statistische Kenngrößen (meistens Mittelwerte als arithmetisches Mittel aus den Jahresmittelwerten von maximal drei aufeinanderfolgenden Kalenderjahren) sowie Überwachungsfrequenzen (4- bis 13-mal pro Jahr), und zwar differenziert nach den Typen von Oberflächengewässern. Die Einhaltung der Umweltqualitätsnormen für z. B. die prioritären Stoffe wird überprüft anhand von Jahresdurchschnittswerten (JD-UQN) und zulässigen Höchstkonzentrationen (ZHK-UQN) auf der Grundlage von zwölf Probenahmen pro Jahr.

Die Dauer einer Probenahme hängt von den oben genannten Kriterien und insbesondere von der Veränderbarkeit des zu untersuchenden Analyten ab. Vielfach werden aus Fließgewässern Stichproben zur Erfassung eines momentanen Zustandes entnommen. Für bestimmte Fragestellungen können aber auch Mischproben sinnvoller sein. Beispielsweise werden in den Messstationen des LANUV NRW im Rahmen der zeitnahen Gewässerüberwachung 24-Stunden-Mischproben in Verbindung mit Stichproben für die leichtflüchtigen Stoffe entnommen und täglich untersucht.

Bestehen zyklische oder andere fortbestehende Schwankungen, sollte eine bessere Genauigkeit zur Abschätzung der mittleren Konzentrationen eher durch systematische als durch zufällige Probenahmen (für jede gegebene Probenanzahl) erreicht werden. Bei der systematischen Probenahme ist sicherzustellen, dass die Häufigkeit der Probenahme weder mit einem im System vorhandenen natürlichen Zyklus noch mit einem anderen zeitbasierten Ereignis synchron läuft (z. B. eine stromaufwärts gelegene Pumpe, die einmal je Stunde startet) [1].

In Flusssystemen können regelmäßige zyklische Schwankungen in der Wasserbeschaffenheit auftreten, z. B. innerhalb eines Tages, einer Woche oder eines Jahres. Die Probenahmezeitpunkte sollten sorgfältig ausgewählt werden, um die Ursache dieser Schwankungen zu bewerten. Sind die Schwankungen nicht fortbestehend oder ist deren Breite nennenswert kleiner als die von zufälligen Schwankungen, ist es meistens ausreichend, entweder zufällige Probenahmezeitpunkte auszuwählen oder diese in einer systematischen Vorgehensweise auszuwählen, bei der die Proben gleichmäßig über den interessierenden Zeitraum verteilt werden. Bei der Durchführung der systematischen Probenahme über einen langen Zeitraum ist es wichtig, dass die Bearbeiter bei der Erstellung des Probenahmeprogramms auf mögliche Veränderungen der lokalen Zeit während des Probenahmezeitraums (Sommer-/Winterzeit) achten. In allen anderen Fällen sollten die Zeitpunkte so ausgewählt werden, dass verschiedene Abschnitte des Zyklus beprobt werden. Außer die Höchstkonzentrationen sind von Interesse, dann sollten die Proben zu den entsprechenden Zeitpunkten jedes Zyklus entnommen werden.

Wenn das Probenahmeprogramm zum Nachweis von Trendaussagen zur Wasserbeschaffenheit entwickelt wurde, sollte bei dessen Erstellung sorgfältig darauf geachtet werden, dass alle interessierenden Schwankungen erfasst werden. Diese zeitlichen Untersuchungen zeigen die Veränderungen bei den chemischen und/oder physikalischen Bedingungen des Fließgewässers durch Kontamination oder natürliche Schwankung im Laufe der Zeit. Die Untersuchungen sollten unter Anwendung fester Probenahmestellen und standardisierter Verfahren nach einem bestehenden Programm durchgeführt werden. Je nach möglicher Dauer und Periodizität des untersuchten Trends könnte dies eine Probenahme zu festgelegten Uhrzeiten, Tagen oder Monaten erfordern [1].

7.2.4 Auswahl des Probenahmegebietes

Bei der Auswahl der genauen Entnahmestelle, sind allgemein zwei Aspekte zu beachten [1]:

1. die Auswahl des Probenahmegebietes (d. h. die Lage des Probenahmequerschnitts innerhalb des Flusseinzugsgebietes, Flusses oder Stromes),
2. Festlegung der genauen Stelle im Probenahmegebiet.

Der Zweck der Probenahme bestimmt häufig die Probenahmegebiete (z. B. der Einfluss einer Abwassereinleitung auf die Wasserbeschaffenheit), manchmal jedoch liefert der Zweck nur eine allgemeine Vorstellung vom Probenahmegebiet, z. B. zur Charakterisierung der Wasserbeschaffenheit innerhalb eines Einzugsgebietes. Sofern möglich, sollte die Lage des Probenahmegebietes durch ein Lagekoordinatensystem definiert werden.

Die Auswahl von Probenahmegebieten für einzelne Probenahmestellen ist üblicherweise relativ unkompliziert. Beispielsweise kann eine Probenahmestelle für eine Grundüberwachung der Wasserbeschaffenheit an einer geeigneten Brücke gewählt werden oder an einer Stelle, bei der die horizontale Durchmischung einer/eines flussaufwärts gelegenen Einleitung oder eines Zuflusses sichergestellt ist. Probenahmestellen für die Überwachung von Wasserentnahmestellen müssen gegebenenfalls innerhalb enger Grenzen (d. h. in der Nähe der Entnahmestellen) festgelegt werden.

In Gebieten mit nur saisonalen Niederschlägen und langen Trockenperioden können die Abflüsse und Fließgeschwindigkeiten in hohem Maße variieren. Die Probenahmegebiete für Routineuntersuchungen sollten so ausgewählt werden, dass sie sowohl für hohe als auch niedrige Abflüsse geeignet sind.

Ist es notwendig, die Probenahme im Winter unter Eis durchzuführen, sollten die Probenahmegebiete so nah wie möglich an der zu anderen Jahreszeiten genutzten Probenahmegebiete liegen. Erfolgt die Probenahme in der Nähe einer Brücke, sollte die Stelle ausreichend weit stromaufwärts angeordnet werden, um eine Kontamination durch Streusalz oder -sand zu vermeiden. Abweichungen von der routinemäßigen festgelegten Probenahmestelle oder den Probenahmekoordinaten sollten, wenn möglich, mit dem Auftraggeber der Probenahme erörtert, detailliert protokolliert und gegebenenfalls bei der Bewertung der analytischen Befunde zusammen mit den neuen Koordinaten dokumentiert werden [1].

7.2.5 Probenahmestellen

Die exakte Probenahmestelle sollte nach vorherigem Kartenstudium erst im Zuge einer Ortsbesichtigung endgültig festgelegt werden. Nur vor Ort lässt sich beurteilen, ob eine Probenahmestelle für den zu untersuchenden Gewässerabschnitt und die Fragestellung repräsentativ und gut zugänglich ist. Die Dokumentation erfolgt nach Lagekoordinaten (z. B. Gauss-Krüger, UTM), in Karten als Übersichts- und Detailkarte und mittels Foto, ggf. zu verschiedenen Jahreszeiten [15], um z. B. beim Wechsel der probenehmenden Person die Identität der Probenahmestelle sicherzustellen.

Geeignete Probenahmestellen sollten im Bereich von Brücken oder Pegelhäusern eingerichtet werden, da sie im Gelände leicht wiederzufinden sind, und vielfach die Zugänglichkeit des Gewässers auch bei unterschiedlichen Wasserständen gegeben ist. Die Probenahme an Pegeln hat den Vorteil, dass die jeweiligen Abflüsse unmittelbar auf die jeweiligen Probenahmestellen übertragen werden können. Die Bestimmung des Abflusses zum Zeitpunkt der Probenahme wird erforderlich, wenn es um die Erfassung von Stoffbilanzen in Fließgewässern geht. Für Trendberechnungen braucht man möglichst gleiche Abflussverhältnisse über mehrere Jahre (z. B. MQ). Obwohl in diesem Kapitel ausdrücklich nicht auf die biologische Probenahme eingegangen wird, soll jedoch auf die unterschiedlichen Anforderungen für biologische und chemisch-physikalische Probenahmen hingewiesen werden. Die vorgenannten Vorteile der Probenahme an Pegeln gelten nicht für biologische Probenahmen, weil hier unnatürliche Verhältnisse herrschen (Beschattung, Ufer- und Sohlenbefestigung, andere Strömungsverhältnisse) und diese nicht repräsentativ für den zu beurteilenden Gewässerabschnitt sind.

Mit der Probenahme an einer einzigen Stelle ist insbesondere bei größeren Fließgewässern keine Aussage über die Beschaffenheit des gesamten Querschnittes möglich. Je nach Untersuchungszweck kann es erforderlich sein, unterhalb der Einmündung eines Nebengewässers oder einer Einleitung mehrere Probenahmestellen (linkes Ufer, Strommitte, rechtes Ufer) einzurichten.

Eine nicht repräsentative Probenahme kann unter anderem entstehen durch: Abwasserfahnen, Rückströmungen, Wellenschlag, Totzonen. An Stellen mit turbulenter Strömung, z. B. an Brückenpfeilern, Sohlschwellen, Staustufen oder Wehren können veränderte Strömungsverhältnisse auftreten. Dies kann Konzentrationsänderungen des gelösten Sauerstoffs und flüchtiger Substanzen sowie im Anteil ungelöster Stoffe zur Folge haben.

Bei der Entnahme von Wasserproben in Querprofilen ist eine ausreichende Anzahl von Stichproben, möglichst gleichmäßig über die gesamte Profilbreite verteilt, zu entnehmen. Die Entnahme von Längsprofilen sollte in Fließrichtung erfolgen.

Die Frage der Homogenität des Fließgewässerabschnitts an der jeweiligen Messstelle ist für die Repräsentativität der Probe von Bedeutung und sollte vorab geklärt werden. Bestehen Zweifel hinsichtlich der Homogenität, sollten mindestens orientierende Messungen von Wassertemperatur, Trübung, elektrischer Leitfähigkeit und pH-Wert durchgeführt werden [15].

7.2.5.1 Bedeutung der Durchmischung

Zur Ermittlung der Auswirkungen eines einmündenden Nebenflusses oder einer Einleitung auf die Beschaffenheit eines bestimmten ausgewiesenen Flussabschnittes oder des interessierenden Hauptstroms (Strom, Gewässer) sollten mindestens zwei Probenahmegebiete ausgewählt werden; ein Probenahmegebiet sollte stromaufwärts des Zusammenflusses und das andere Gebiet sollte in ausreichendem Abstand stromabwärts liegen, damit die vollständige Durchmischung sichergestellt ist.

Es ist ebenfalls wichtig, dass die Probe an einer Probenahmestelle entnommen wird, an der das Wasser gut durchmischt ist und fließt, d. h. nicht in Wirbeln/Strudeln oder im Rückstau, bei denen die Strömung für den Hauptwasserkörper nicht typisch ist.

Die physikalische Gewässerbeschaffenheit beeinflusst maßgeblich die erforderliche Fließstrecke bis zur vollständigen Durchmischung von Einleitungen mit dem Hauptstrom.

Einleitungen mischen sich in einem Gewässer in drei Dimensionen:

1. vertikal (von der Oberfläche zum Gewässergrund),
2. horizontal (von einer Seite zur anderen) und
3. longitudinal (Nivellierung von Maximal- und Minimalwerten der Konzentration von Abwasserbestandteilen während das Wasser stromabwärts fließt).

Bei der Auswahl von Probenahmegebieten und -stellen sollten die Entfernungen bis zur Durchmischung von Einleitungen in diesen drei Dimensionen berücksichtigt werden. Darüber hinaus kann diese Strecke von anderen Faktoren beeinflusst sein, wie z. B. der Fließgeschwindigkeit. Tracer-Versuche mit Farbstoffen und/oder Messungen, z. B. der Temperatur, des pH-Wertes oder der elektrischen Leitfähigkeit, können bei der Untersuchung der Durchmischungsvorgänge hilfreich sein. Zu beachten ist, dass Tracer-Versuche die Genehmigung der für das Gewässer zuständigen Behörde erfordern, da möglicherweise Bedenken hinsichtlich der Freisetzung von Chemikalien in die Umwelt bestehen.

Das Probenahmepersonal sollte über Kenntnisse verfügen, dass Wasserläufe in Küstennähe möglicherweise tidenbeeinflusst sind in Bezug auf den Abfluss, die Beschaffenheit und das Durchmischungsvermögen des Wasserkörpers. Falls zutreffend, sollte dieses berücksichtigt werden und das Probenahmepersonal sollte Messungen des Abflusses und der Wassertiefe durchführen, um einen Hinweis zum Tideneinfluss zu erhalten. Üblicherweise ist die Probenahme bei unterschiedlichen Tidenhüben notwendig.

Die vertikale Durchmischung ist fast immer die erste der drei Durchmischungsarten, die in einem Gewässer vollständig erfolgt. Flachwasser und hohe Geschwindigkeiten führen zu einer schnellen vertikalen Durchmischung, jedoch selbst im tiefen Wasser mit geringen Geschwindigkeiten erfolgt die vertikale Durchmischung verhältnismäßig schnell. Abwassereinleitungen in die meisten Gewässer durchmischen sich vertikal innerhalb von 100 Metern oder innerhalb von höchstens wenigen hundert Metern. Üblicherweise muss ein Gewässer daher in nicht mehr als einer Tiefe beprobt werden, jedoch kann sich durch Temperaturgradienten oder andere Dichte-Effekte in langsam fließenden Gewässern eine Schichtung (der Strömung) ausbilden. In diesen Fällen könnte die Probenahme in mehreren Tiefen erforderlich sein und Vorprüfungen sollten zur Bewertung der Schichtungsverhältnisse durchgeführt werden.

Die horizontale Durchmischung erfolgt üblicherweise nach der vertikalen Durchmischung, jedoch bevor die longitudinale Durchmischung abgeschlossen ist. Unterschiede beim Feststoffgehalt und besonders bei der Temperatur zwischen Zuflüssen und Gewässer können bewirken, dass sich Einleitungen schichten und sich dadurch an der Oberfläche oder an der Sohle quer zur Strömung schneller ausbreiten, als wenn sie an der Einleitungsstelle vertikal durchmischt wären. Diese Erscheinung ist bei sehr geringen Geschwindigkeiten signifikanter, da selbst eine moderate Turbulenz schnell die Schichtung zerstört, das führt zur vertikalen Durchmischung und verlangsamt die horizontale Bewegung des Abwassers.

Eine Veränderung der Fließrichtung des Gewässers begünstigt ebenfalls die horizontale Durchmischung und kann in Kombination mit der normalen vertikalen Durchmischung zur schnellen und fast vollständigen horizontalen Durchmischung führen. Jedoch selbst wenn ein Gewässer durch zwei um etwa 90° entgegengesetzte Biegungen fließt, die sehr eng beieinanderliegen (Mäander), kann nicht vorausgesetzt werden, dass die horizontale Durchmischung von stromaufwärts eingeleiteten Abwässern vollständig ist. Beispielsweise wurde beobachtet, dass gefärbte Einleitungen und Trübungen aus kleinen Zuflüssen dem Ufer eines Gewässers viele Kilometer weit folgten, in breiten, flachen Gewässern, mit schnellen Strömungen, felsigen Sohlen und auch trotz mehrerer Biegungen innerhalb dieser Fließstrecken.

Während die Turbulenz eine vertikale Durchmischung innerhalb von höchstens wenigen hundert Metern verursachen kann, hängt die Strecke bei der horizontalen Durchmischung allgemein vom Auftreten relativ scharfer entgegengesetzter Biegungen ab. In der Regel ist die Strecke für eine ausreichende horizontale Durchmischung eher mehrere Kilometer als mehrere hundert Meter lang. Häufig muss die Beprobung eines Baches infolge der langsamen horizontalen Durchmischung an zwei oder mehr Punkten an einer oder mehreren Stelle(n) stromabwärts von einer Abwassereinleitung oder eines einmündenden Nebenflusses erfolgen.

Die Berücksichtigung der longitudinalen Durchmischungsstrecke kann bei der Festlegung der Probenahmehäufigkeit von Bedeutung sein. Zur Erzielung repräsentativer Ergebnisse direkt unterhalb einer unregelmäßig entlastenden Einleitung sind häufigere Probenahmen erforderlich, als es weiter stromabwärts, wo die longitudinale Durchmischung stärker fortgeschritten ist, der Fall wäre.

DIN EN ISO 5667-6 enthält im informativen Anhang A ein Beispiel zur Berechnung der vollständigen Durchmischungsstrecke. Mit nachstehender Formel kann die longitudinale Durchmischung bis zu einer 99 %-igen Homogenität eines Baches abgeschätzt werden:

$$l = \frac{0{,}13b^2 \cdot c\left(0{,}7c + 2\sqrt{g}\right)}{g \cdot d} \qquad (7.1).$$

Dabei ist

l die Fließstrecke für die vollständige Durchmischung, in Meter (m)

b die mittlere Breite des Abschnittes, in Meter (m)

c der Chezy-Koeffizient des Abschnittes ($15 < c < 50$)

g die Erdbeschleunigung, in m/s^2

d die mittlere Tiefe des Abschnittes, in Meter (m)

Beispiel:
Werden zwei Bäche betrachtet, beide 5 m breit und 1 m tief, aber mit Extremwerten des Chezy-Koeffizienten; in einem Fall von 15 (sehr rauer Gewässergrund, d. h. der Bach fließt sehr schnell und turbulent) und im anderen Fall von 50 (sehr glatter Gewässergrund, d. h. ein sehr ruhiger, langsam fließender Bach), dann wird nach der angebenen Gleichung im ersten Fall eine vollständige Homogenität nach 83 m und im zweiten Fall nach 683 m Fließstrecke erreicht.

Erfahrungsgemäß kann nach Gleichung (7.1) die Durchmischungsstrecke bei kleinen Bächen mit einer Breite von etwa 5 m unterschätzt und die Durchmischungsstrecke bei Flüssen mit einer Breite von über etwa 50 m überschätzt werden. Dieses ist wahrscheinlich auf die Tatsache zurückzuführen, dass die mittlere Breite, die mittlere Tiefe und der Chezy-Koeffizient üblicherweise Schätzwerte sind. Die horizontale Durchmischung kann erheblich langsamer erfolgen als erwartet und die vertikale Durchmischung wesentlich schneller.

In der Literatur werden alternative Berechnungen zu Durchmischungsstrecken angegeben, z. B. für die kontinuierliche Einleitung einer Punktquelle in den Rhein bei Karlsruhe haben Bleninger et. al. [17] sowie Jirka et. al. [18] wesentlich einfachere Formeln entwickelt. Nach [17] soll die Fließstrecke L_{mv} bis zum Ort der vollständigen vertikalen Durchmischung proportional zur Wassertiefe h sein:

$$l_{mv} \approx 50h \qquad (7.2).$$

Die Fließstrecke L_{mh} bis zum Ort der vollständigen horizontalen Durchmischung soll abhängig von der Breite B sein und beträgt für Flüsse mit moderater Variabilität, also ohne starke Krümmungen und ohne seitliche Totwasserzonen, und zwar unabhängig von der Fließgeschwindigkeit und der Morphologie:

$$l_{mh} \approx 7\left(\frac{B}{h}\right)B \qquad (7.3).$$

Zur Illustration werden zwei Fallbeispiele genannt:

- großer Fluss (etwa Rhein bei Karlsruhe bei mittlerem Abfluss), $B = 250$ m, $h = 3$ m, $B/h \approx 80$ und
- kleiner Fluss, $B = 5$ m, $h = 0{,}5$ m, $B/h = 10$.

Die vertikale Durchmischung beträgt nach obiger Formel nur kurze Fließstrecken, für den großen Fluss 150 m bzw. 25 m für den kleinen Fluss. Die vollständige horizontale Durchmischung (von einer Seite zur anderen) benötigt jedoch beträchtliche Fließstrecken: ca. 150 km für den Strom bzw. 350 m für den Bach.

Bild 7.1 zeigt als konkretes Praxisbeispiel die Temperaturverteilung unterhalb der Einleitung von Kühlwasser eines Kraftwerkes. In diesem Fall wurde die Stelle der vollständigen Durchmischung etwa 3,2 km unterhalb der Einleitung im Gewässer festgestellt.

Im Rahmen der zeitnahen Gewässerüberwachung werden aus dem Rhein an der Deutsch-Niederländischen Grenze an der Internationalen Messstation Bimmen/ Lobith (IMBL) stets Proben von der linken und rechten Rheinseite entnommen. Bild 7.2 zeigt die Untersuchungsergebnisse von Nitrobenzol im Rhein aus 4 h- bzw. 12 h-Mischproben. Während auf der linken Rheinseite bei Kleve-Bimmen ca. 8 µg/l Nitrobenzol ermittelt wurde, lag die Konzentration auf der rechten Rheinseite bei Lobith etwa bei der Hälfte. Sporadische Proben aus der Strommitte lieferten

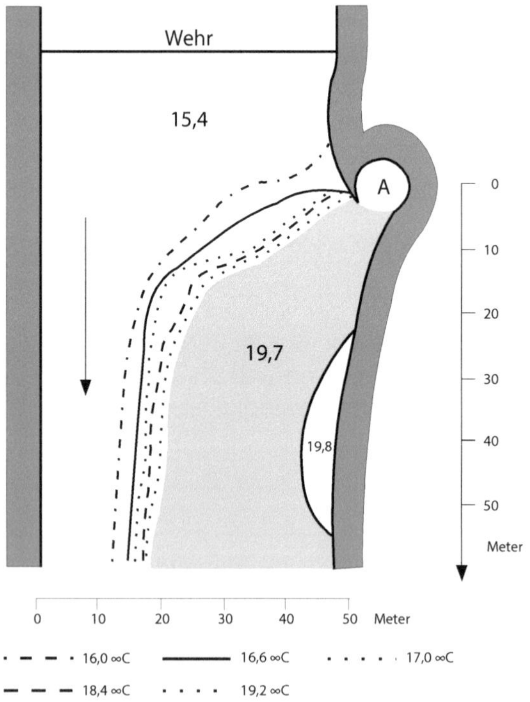

Bild 7.1: Wassertemperaturen der Lenne in °C unterhalb einer Kühlwassereinleitung (A) [umgezeichnet nach 19]

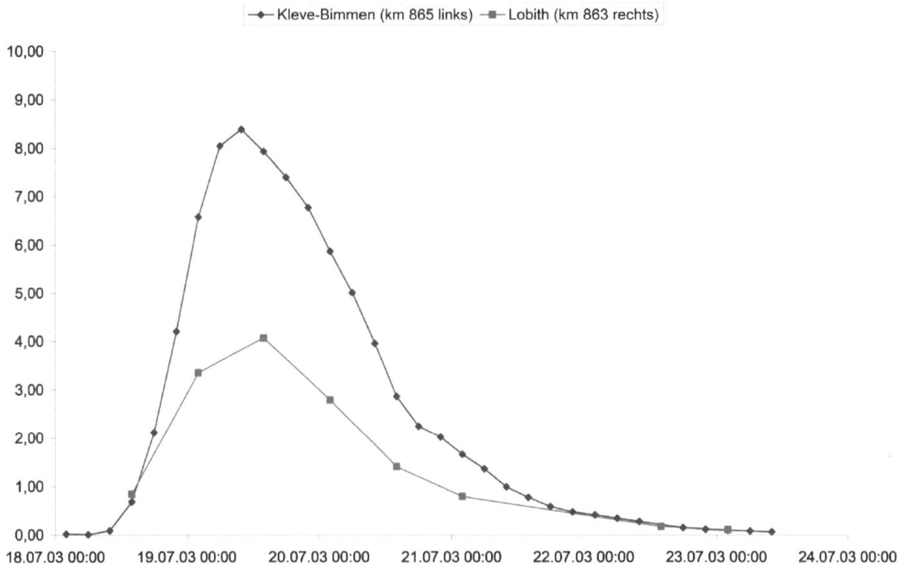

Bild 7.2: Nitrobenzol im Rhein (Quelle: T. Gerke, LANUV NRW)

ziemlich genau die Mittelwerte der Konzentrationen von den Ufern. Die Ursache lag in einer Einleitung aus einer Kläranlage am linken Rhein-Ufer rund 100 km oberhalb der IMBL. Dort war Nitrobenzol in einen Kühlkreislauf geraten und somit in den Rhein eingeleitet worden.

Die Frachtschätzung anhand numerischer Integration über die Konzentrationen als Mittelwert von den beiden Ufern ergab ca. 1.100 kg; die Firma hatte seinerzeit 900 kg genannt.

7.2.5.2 Berücksichtigung der Fließzeit

Die Fließzeit entspricht der Zeitspanne, die eine festgelegte Wassermasse benötigt, um zwischen zwei definierten Punkten zu fließen, z. B. von einer Einleitungsstelle zu einer Entnahmestelle. Es ist zu berücksichtigen, dass die Fließzeiten in Regionen mit überwiegend saisonalen Niederschlägen innerhalb eines Jahres stark variieren können. Die Informationen in Bezug auf die Fließzeit oder die Retention von Stoffen durch den Abfluss bei dieser Wassermasse können für bestimmte Fragestellungen zur Durchmischungsproblematik, zur Festlegung von Probenahmestellen, für mathematische Modelle zur Untersuchung von Veränderungsraten etc. hilfreich sein (siehe [1]).

Zur Beurteilung von Gewässerverunreinigungen sind Informationen zu mittleren Fließgeschwindigkeiten unter einer Reihe von gegebenen Abflussbedingungen äußerst wertvoll, die eine Einschätzung der zurückgelegten Fließstrecke von der Verschmutzungsquelle (Eintragsort) gestatten. Diese Informationen können es ermöglichen, Abhilfemaßnahmen durchzuführen, bevor die Verschmutzung eine Wasserentnahmestelle erreicht, oder sie ermöglichen es, Wasseraufbereitungsverfahren anzupassen, um die Auswirkungen der Verschmutzung zu kompensieren bzw. vorherzusagen, für welche Zeitspanne die Wasserentnahme eingestellt werden muss.

So wurde beispielsweise nach dem Brandunfall 1986 im Chemieunternehmen Sandoz im Großraum Basel, bei dem große Mengen mit Chemikalien verunreinigten Löschwassers in den Rhein flossen, von der Internationalen Kommission zum Schutz des Rheins (IKSR) ein Rhein-Alarmmodell (Rheinfließzeitmodell) für den Rhein und seine wichtigsten Nebenflüsse entwickelt. Das Modell kann bei plötzlichen Schadstoffeinleitungen den Verlauf der entstehenden Schadstoffwelle vorherberechnen und hat sich seit dem Sandoz-Störfall bei einer Vielzahl weiterer stoßartiger Verunreinigungen als unverzichtbares Instrument im Rahmen des internationalen Warn- und Alarmplans (WAP) Rhein bewährt.

Im Rahmen des WAP sind gute Vorhersagen plötzlicher Schadstoffwellen von großer Bedeutung für die rechtzeitige Umsetzung der richtigen Maßnahmen zum richtigen Zeitpunkt. Solche Maßnahmen sind z. B. das Einstellen der Rohwasserentnahme durch die Trinkwasserwerke am Rhein oder das Errichten von Ölsperren im Rhein bzw. seinen Nebenflüssen durch Feuerwehr oder Zivilschutz. Das Rheinfließzeitmodell wird von den internationalen Hauptwarnzentralen, den nationalen Warnzentralen, den Warnzentralen der deutschen Bundesländer sowie schließlich von den diese Zentralen beratenden Institutionen (z. B. Messstellenbetreiber) und den Trinkwasserwerken zur Vorhersage der Stoffausbreitung einer plötzlichen Wasserverunreinigung eingesetzt.

Im Rheinfließzeitmodell wird der Rhein vom Bodensee bis zur Nordsee nachgebildet. Neben dem Hauptfluss werden auch die Nebenflüsse Aare (entwässert den größten Teil der Schweiz), Neckar, Main und Mosel mathematisch modelliert. Das Modell wurde mit Hilfe von speziellen für Wasserlebewesen unschädlichen Farbstoffen (Tracer), die in die Flüsse eingeleitet wurden und in sehr geringen Konzentrationen noch gemessen werden, kalibriert. In das Modell eingespeist werden im Bedarfsfall Ort, Zeit und Menge der Verunreinigung, das Abbauverhalten von Stoffen, ggf. die Schwimmfähigkeit der Stoffe (wie z. B. für Öle, Diesel, Benzin), die Abflüsse und/oder die Wasserstände der Flüsse.

Das Modell berechnet dann für die Flussstelle, die man beobachten will, die Konzentration eines Stoffes in Abhängigkeit der Zeit, den Zeitpunkt, an dem der

Höhepunkt der Schadstoffwelle die beobachtete Stelle durchläuft und den Verlauf der Schadstoffwelle von der Einleitungsstelle bis in die Nordsee. Das Modell kann nicht nur den Verlauf einer Schadstoffwelle in Fließrichtung des Flusses, sondern auch die Ausbreitung der Schadstoffwolke über die Flussbreite vorherberechnen. Es kann außerdem für ausgewählte Zeitschritte (in der Regel einen Tag) berechnen, wo sich die Welle im Flussgebiet befindet. Bei Bedarf kann durch eine Animation der Verlauf der Verunreinigungswelle vom Ursprung der Einleitung bis zur Nordsee veranschaulicht werden. Der Verlauf der Schadstoffwelle kann mit etwa 98 % Genauigkeit vorhergesagt werden. Das Rheinfließzeitmodell wurde übrigens als Basis für die Erstellung vergleichbarer Modelle für die Donau und die Maas genutzt [20].

Bild 7.3 zeigt den zeitlichen Verlauf einer MTBE-Welle im Rhein in NRW. Heiligabend 2006 wurde an der Messstation in Bad Honnef MTBE mit einer Konzentration von 8 µg/l im Rhein detektiert. MTBE ist ein Antiklopfmittel für Treibstoffe und wird in Tankschiffen über den Rhein transportiert. Am 1. Weihnachtstag war die Welle in Düsseldorf-Flehe mit einer Konzentration von 7 µg/l angelangt und am 2. Weihnachtstag an der IMBL an der Deutsch-Niederländischen Grenze. Die Welle war sowohl an der linken als auch an der rechten Rheinseite mit annähernd gleich hohen Konzentrationen von ca. 4 µg/l zu detektieren. Die Nivellierung der Konzentrationen an der linken und rechten Rheinseite kann entweder durch voll-

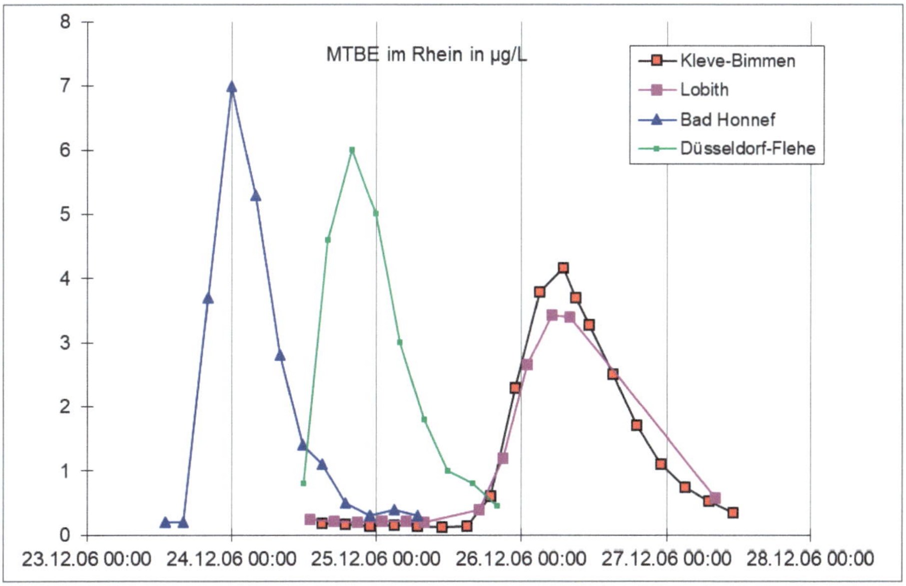

Bild 7.3: MTBE im Rhein (Quelle: T. Gerke, LANUV NRW)

ständige Durchmischung im Fließverlauf oder durch Ausgasungsprozesse auf der ca. 220 km langen Fließstrecke des Rheins in NRW begründet sein (MTBE ist eine leichtflüchtige Substanz). Die Fließzeit in NRW beträgt abhängig vom jeweiligen Wasserstand ca. 50 Stunden.

7.3 Vorbereitung der Probenahme

Die Probenahme aus Fließgewässern erfordert oftmals für einen großen Teil des Tages Arbeiten in entlegenen Gebieten, daher sollte nach Möglichkeit aus Gründen der Arbeitssicherheit und Arbeitsergonomie Alleinarbeit vermieden werden. Trotz höherer Kosten wird Teamarbeit empfohlen.

Das Probenahmepersonal sollte angemessen geschult sein und eindeutige Arbeitsanweisungen zur Probenahme erhalten, und zwar für die Durchführung der Probenahme, der Vor-Ort-Messungen, der Probenvorbereitung, der Probenkonservierung, zu Probentransport, -lagerung und Probenübergabe [15].

Zusätzlich zu den Arbeitsanweisungen sollten für alle wiederkehrenden Probenahmen entsprechende messstellenspezifische Probenahmeakten und Probenahmeaufträge erstellt werden, die mindestens folgende Hinweise enthalten sollten:

- eine genaue Beschreibung und Dokumentation der Probenahmestelle,
- die geforderte Probenart,
- die anwendbaren Probenahmeverfahren und -protokolle,
- Hinweise zu Teilproben, z. B. Flaschen, Filtration, Konservierung, oder Vor-Ort-Messungen usw.,
- Reihenfolge der Befüllung der Probengefäße, dies kann unter Umständen wichtig sein, z. B. zur Minimierung von Kontaminationen.

Zur Vorbereitung der Probenahme gehört hauptsächlich [15]:

- die Bereitstellung der gereinigten Probenahmegeräte und Geräte zur Probenvorbehandlung vor Ort (Homogenisieren, Filtrieren),
- die Bereitstellung der gereinigten Probenbehältnisse und deren Verschlüsse in ausreichender Zahl (Reserven vorhalten!) entsprechend den zu untersuchenden Parametern/Parametergruppen.
- Es ist sicherzustellen, dass die Behältnisse verschlossen transportiert werden und durch das Material der Behältnisse keine Veränderungen der zu untersuchenden Parameter/Parametergruppen durch Kontamination, Adsorption, Diffusion oder Ausgasung erfolgen.

- die Bereitstellung von Material, z. B. Etiketten zur Kennzeichnung der Probenbehältnisse,
- die Bereitstellung von Probenkonservierungsmitteln und die dafür erforderlichen Dosiergeräte,
- die Bereitstellung der Probenahmeunterlagen bestehend aus Probenahmeauftrag, Probenahmeprotokoll und Messstellendokumentation,
- die rechtzeitige Vorbereitung der Kühltechnik zum Probentransport,
- die Bereitstellung und Vorbereitung der Geräte für die Vor-Ort-Messungen, z. B. Temperatur, Sauerstoff, pH-Wert, Leitfähigkeit, Trübung sowie dafür erforderlicher Prüflösungen,
- die Bereitstellung geeigneter Schutz- und Sicherheitsmittel,
- die Bereitstellung von gültigen Zugangsberechtigungen (z. B. Sondergenehmigungen, Befahrungserlaubnissen, Dienstausweisen, Schlüssel),
- die Vorbereitung des Probenahmefahrzeugs (Betriebs- und Verkehrssicherheit),
- rutsch- und bruchfestes Verladen der Technik und Ausrüstung im Probenahmefahrzeug.

Um die vorgenannten Anforderungen erfüllen zu können, sind entsprechende Lagerungsmöglichkeiten für saubere Probenahmeausrüstung und -behälter vorzusehen. Möglichkeiten zur Reinigung der Probenahmeausrüstung sollten ebenfalls vorhanden sein. Es ist unbedingt erforderlich, dass eine Kontamination jederzeit verhindert wird. Neue oder gereinigte Behälter sollten nicht in der Nähe von Behältern gelagert werden, die Konservierungsmittel enthalten.

Viele Überlegungen, die bei der Lagerung der Ausrüstung im Lager zu berücksichtigen sind, gelten auch für das Probenahmefahrzeug. Eine Kühlvorrichtung zum gekühlten Transport der Proben bei einer Temperatur von (5 ± 3) °C sollte im Fahrzeug vorhanden sein. Vorsichtsmaßnahmen beim Transport: Das Fahrzeug sollte mit Einbauten für die Ausrüstung ausgestattet sein, um deren Beschädigung durch Verrutschen zu vermeiden. Dieses gilt insbesondere für Glasflaschen, Flaschen mit Konservierungsmitteln und Handmessgeräte [1].

7.3.1 Arbeitssicherheit am Ort der Probenahme

Die Probenahme an Fließgewässern kann besonderen Gefährdungen unterliegen, insbesondere bei der Probenahme von vereisten Fließgewässern, oder der direkten Probenahme vom Ufer aus oder beim Waten unter Bedingungen mit Hochwasser oder schneller Strömung. Die einschlägigen Unfallverhütungsvorschriften und Betriebsanweisungen sind einzuhalten.

Bei jeder Probenahme sollten die Belange der persönlichen Sicherheit jederzeit bewertet und gegebenenfalls eine Risikobewertung durchgeführt werden. Der Eigenschutz des Probenahmerpersonals ist zentraler Punkt bei der Durchführung von Probenahmen.

Eine Risikobewertung sollte in jedem Fall erfolgen, ob beispielweise ein hinreichendes Risiko besteht, sodass

- insgesamt keine Probenahme erfolgen sollte,
- die Probenahme nur erfolgen sollte, wenn der Probenehmer sich selbst an einem geeigneten Anschlagpunkt (mit Gurten) gesichert hat und eine Schwimmweste trägt und
- die Probenahme sollte nur erfolgen, wenn eine zweite Person mit Gurten und Rettungsseilen anwesend ist, um die Sicherheit des Probenehmers vom Ufer aus sicherzustellen.

Es ist sicherzustellen, dass eine zweckmäßige Sicherheitsunterweisung mit allen an der Probenahme beteiligten Personen durchgeführt wurde und dass geeignete Verfahrensweisen für die Alleinarbeit vorhanden sind, falls dieses Verfahren unvermeidbar ist.

Geeignete persönliche Arbeits- und Schutzausrüstung, z. B. gut sichtbare Schutzkleidung, Sicherheitsschuhe, oder -stiefel, Rettungswesten, sowie Sicherungsleine und -gurte sollten zur Gewährleistung der Sicherheit zur Verfügung gestellt werden. Wathosen sollten nicht getragen werden, wenn sie ein Sicherheitsrisiko darstellen. Bei Umgang mit Chemikalien zur Konservierung von Proben ist persönliche Schutzausrüstung zu benutzen (z. B. Schutzhandschuhe und Schutzbrille).

Unter Bedingungen, von denen angenommen wird, dass sie keine sichere Probenahme ermöglichen, ist keine Probenahme durchzuführen. Derartige Bedingungen umfassen:

- Eis, sofern Zweifel hinsichtlich der Dicke oder Tragfähigkeit des Eises bestehen oder keine geeignete Schulung in Bezug auf die Entnahme von Proben auf und unter dem Eis erfolgte,
- Bedingungen am Fluss, z. B. hohe und turbulente Abflüsse, angeschwollene (über die Ufer getretene) Flüsse, Steilufer, rapide Veränderungen der Tiefe,
- ungünstige Witterung, z. B. durch Starkregen oder Schnee verursachte gefährliche Bodenverhältnisse oder ein signifikantes Risiko in Bezug auf Ab-/Ausrutschen und
- in entlegenen Gebieten, bei denen die Kommunikationen beeinträchtigt oder unmöglich sind, z. B. kein Mobilfunksignal.

7.3.2 Probenahmeausrüstung

Sämtliche Ausrüstung und Geräte sollten so weit wie möglich aus Materialien bestehen, die in Bezug auf den (die) zu analysierenden Bestandteil(e) inert sind. Vor dem Einsatz jeglicher Probenahmeausrüstung sollten Prüfungen durchgeführt werden, um nachzuweisen, dass diese keinen Einfluss auf den zu analysierenden Analyten hat.

Es ist wichtig, dass die gesamte Ausrüstung und alle Geräte ordnungsgemäß gewartet und gereinigt sind, sodass die Repräsentativität der entnommenen Proben nicht nachteilig beeinflusst wird. Die Geräte sollten regelmäßig mechanisch und chemisch gereinigt werden. Bei Trichtern und Schöpfkellen sollte dabei ebenfalls die Außenseite überprüft werden. Das Auftreten von z. B. matten oder verfärbten Stellen auf den Geräten könnte ein Anzeichen dafür sein, dass diese nicht länger für die Probenahme geeignet sind [1].

Üblicherweise werden im Probenahmefahrzeug die folgenden Materialen benötigt:

- Navigationsgerät, Mobiltelefon, Digitalkamera,
- Probenahmeakte (Messstellensteckbrief mit Angaben zur Lage der Messstelle, Anfahrtsskizzen, Foto der Probenahmestelle),
- Probenahmeprotokolle,
- Homogenisiergefäß (5 – 15 l Becherglas mit Auslasshahn), alternativ Rührstab zum manuellen Homogenisieren,
- Magnetrührgerät und Magnetrührstab,
- Probenschöpfer, z. B. mit Teleskopstange und Vorrichtung zur Aufnahme eines Becherglases,
- Schöpfbecher unterschiedlicher Volumina und Materialien,
- Eimer mit Seil (Material Eimer: Kunststoff oder Edelstahl),
- ggfs. Schlauchpumpe,
- Messgeräte für die Bestimmungen der Vor-Ort-Parameter,
- Kühleinrichtungen, z. B. Kühlboxen mit Kühlelementen,
- Probenbehälter für die zu untersuchenden Parameter /-gruppen,
- Filtrationsgerät für Druck- oder Vakuumfiltration, Membranfilter (z. B. Cellulosenitrat, 0,45 µm, 50 mm), Kunststoffpinzette,
- persönliche Schutzausrüstung.

7.4 Probenahmegeräte

Die Auswahl des Werkstoffs für Probenahmegeräte und -behälter sowie Art und Umfang der Reinigung richten sich nach dem vorgesehenen Untersuchungsprogramm. Wechselwirkungen zwischen Werkstoff der Behälter und Geräte einerseits und dem Probengut andererseits sind wie bei jeder anderen Probenahme auch auszuschließen. Bewährt haben sich als Werkstoffe Glas, Borosilicatglas, verschiedene Kunststoffe (z. B. Polyolefine, PTFE), Aluminium oder nichtrostender Stahl.

7.4.1 Einzelproben

Häufig werden Einzelproben direkt in Probenbehältern gesammelt, weil bei diesem Verfahren die geringste Ausgasung, Adsorption oder Kontamination zu erwarten ist. Die Probenbehälter können auch in sogenannten Flaschenhaltern mit teleskopierbarer Stange aus Aluminium oder Fiberglas mit Längen von einigen Metern eingespannt werden.

Vielfach werden für die oberflächennahe Entnahme von Wasserproben aus fließenden Gewässern einseitig offene Gefäße (Schöpfbecher) mit 0,5 l bis 2,0 l Volumen an Teleskopstangen eingesetzt. Manche Gerätehersteller bieten Teleskopstangen, an deren Ende entweder der Probenbehälter selbst oder aber Probenschöpfer unterschiedlicher Größen und/oder Materialien befestigt werden können.

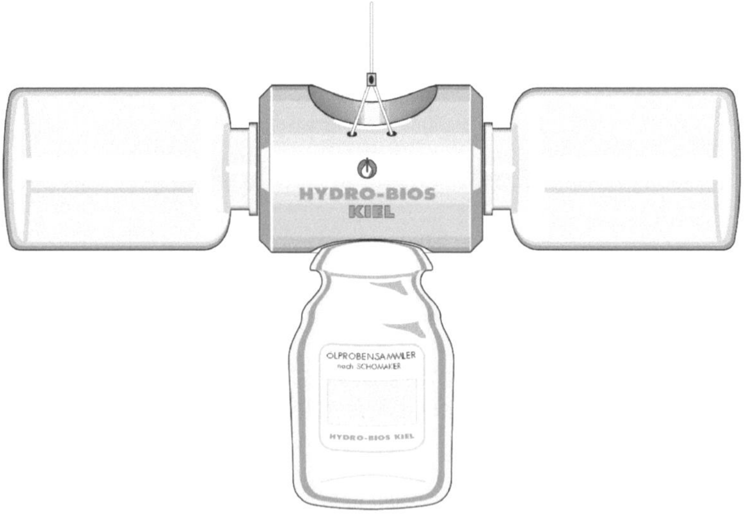

Bild 7.4: Schlürfflasche (Quelle: HYDRO-BIOS, Kiel; Ölprobensammler nach Schomaker)

Größere Volumina können auch mit Hilfe eines Eimers entnommen werden, der z. B. von einer Brücke an einem Seil oder flexiblem Draht mit einer Ummantelung aus Polytetrafluorethylen (PTFE) oder Polyethylen (PE) bzw. an einem Draht aus rostfreiem Stahl herabgelassen werden kann.

7.4.2 Probenahme von Oberflächenschichten

Zur Probenahme von Oberflächenschichten für die Gewinnung von nicht-wässrigen Leichtflüssigkeiten (z. B. Ölen) oder Oberflächenfilmen können Weithalsflaschen verwendet werden. Das Probenahmegefäß sollte entweder von Hand oder mit einer Stange geführt werden, nicht jedoch mit einem Seil, da es nicht möglich ist, das Probenahmegefäß damit an der Oberfläche zu kontrollieren. Für besondere Anwendungen, z. B. zur Entnahme dünner aufschwimmender Ölfilme von der Oberfläche können sogenannte Schlürfflaschen verwendet werden. Bei den Schlürfflaschen wird ein Trichter durch Auftriebskörper in einer solchen Position gehalten, dass Wasser aus den ersten Millimetern der Oberfläche in eine unter dem Trichter angebrachte Flasche abfließen kann. Der Ölprobensammler nach Schomaker (HYDRO-BIOS; Volumen der Auffangflasche 150 ml; Bild 7.4) stellt eine kommerziell verfügbare Variante solch einer Schlürfflasche dar.

7.4.3 Geräte für die Probenahme aus festgelegten Tiefen

In Situationen, bei denen es notwendig ist, die Probe aus einer festgelegten Tiefe unterhalb der Oberfläche zu entnehmen (oder bei der Probenahme für gelöste Gase), ist sicherzustellen, dass spezielle Probenahmeausrüstungen eingesetzt werden. Als Beispiele sind hier Ereignisse zu nennen, bei denen Stoffe ins Gewässer gelangen, die sich nicht oder nur in geringem Maße mit Wasser vermischen. Sie sammeln sich entsprechend ihrer Dichte an der Oberfläche (z. B. Öl) oder an der Gewässersohle (bestimmte organische Lösungsmittel). Bild 7.5 zeigt die Konzentrationsverteilung des Lösungsmittels Trichlorethen in einem Wasserkörper.

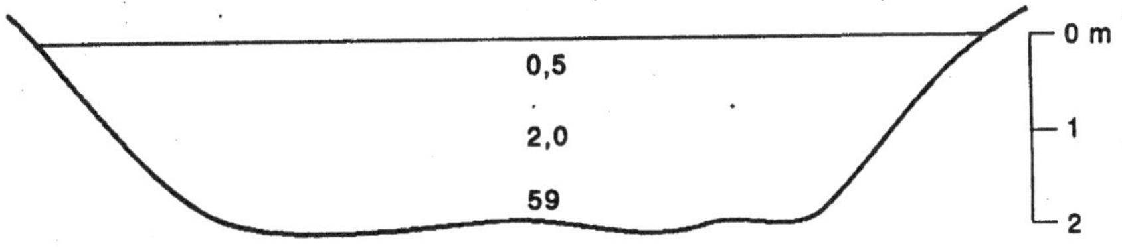

Bild 7.5: Konzentration des Lösungsmittels Trichlorethen in µg/l im Main [umgezeichnet nach 21]

Zur Probenahme aus verschiedenen Wassertiefen sind Schöpfgeräte verfügbar, die aus einem mit Klappen oder Ventilen verschließbaren Hohlkörper bestehen. Flaschen oder andere Probenahmegeräte für Einzelproben können auch eingesetzt werden, vorausgesetzt, sie sind mit einem Öffnungsmechanismus versehen, um den Stopfen in der erforderlichen Tiefe zu entfernen. Falls die Probenahmestellen nicht mit Handgeräten erreichbar sind, können auch aufgrund ihrer Bauart besonders geeignete Saug- oder Druckpumpen zum Einsatz kommen, wie sie üblicherweise auch in Messstationen für den Betrieb automatischer Probenahmegeräte verwendet werden.

7.4.4 Automatische Probenahmegeräte

Automatische Probenahmegeräte können in vielen Probenahmesituationen an Fließgewässern eingesetzt werden, weil sie eine kontinuierliche Probenahme oder die Entnahme einer Probenserie ohne manuellen Eingriff sicherstellen. Sie sind besonders nützlich bei der Herstellung von Mischproben in Situationen, bei denen es erforderlich ist, die Proben zur Untersuchung zeitabhängiger Veränderungen der Wasserbeschaffenheit des Flusses zu entnehmen.

Die Auswahl des geeignetsten Gerätes hängt von der jeweiligen Probenahmesituation ab. Beispielsweise könnte die Probenahme für die Abschätzung der durchschnittlichen Belastung mit gelösten Spurenmetallen in einem Fließsystem am besten unter Anwendung eines durchflusskontinuierlichen Geräts mit einem Peristaltikpumpensystem durchgeführt werden.

Einfache automatische Geräte können programmiert werden, um Proben in vorgegebenen Zeitintervallen zu nehmen, oder sie können durch ein externes Triggersignal gesteuert werden, z. B. ein durch starken Regen erzeugtes Signal. Aufwändigere durchflussproportionale Geräte messen kontinuierlich den Durchfluss in einem Fließgewässer und entnehmen Proben, nachdem ein bestimmtes Wasservolumen die Probenahmestelle passiert hat.

Es ist wichtig, dass sich durch das automatische Probenahmegerät oder durch die Lagerzeit und -bedingungen der entnommenen Proben keine signifikante Probenveränderung ergibt. In jedem Fall sollte das Gerät auf die Eignung für das jeweilige Untersuchungsziel geprüft werden, um eine zufriedenstellende Qualität der Untersuchung sicherzustellen.

7.5 Durchführung der Probenahme

Nach Ankunft an der Probenahmestelle ist ggf. eine Anmeldung beim Grundstücksbesitzer erforderlich und u. U. dessen Sicherheitsanweisungen zu befolgen. Danach sollte eine Überprüfung der Probenahmestelle mit den Angaben der Probenahmeakte (Beschreibung, Bilder, Koordinaten usw.) erfolgen, um sicherzustellen, dass es sich um den richtigen Ort handelt. Etwaige Veränderungen sind im Vor-Ort-Protokoll unter Bemerkungen zu notieren.

Vor Ort sollte auch eine Sicherheitsbewertung vorgenommen werden, ob eine gefahrlose Probenahme möglich ist, bzw. ob Sicherungsmaßnahmen erforderlich sind.

7.5.1 Vorspülen der Geräte

Das Vorspülen der Probenahmegeräte bzw. der Probenbehälter ist in der Praxis oft ein strittiger Punkt und ist auch in der Norm in den Abschnitten 10.3 und 10.4 widersprüchlich beschrieben (siehe auch Kapitel 7.5.2 „Direkte Probenahme").

Nach DIN EN ISO 5667-6 (Abschnitt 10.3) sollten alle Ausrüstungsgegenstände, die in Kontakt mit dem Wasser kommen, vorzugsweise bis zu dreimal vorgespült werden. Für ein gründliches Spülen der gesamten Ausrüstung unter Anwendung der vor Ort angewendeten Probenahmetechnik wird ein ausreichendes Volumen des zu beprobenden Wasserkörpers verwendet. Bei Verwendung eines Seils bzw. einer Teleskopstange wird auch der letzte Meter des Seils bzw. das Ende der Teleskopstange gespült, um alle Spuren der vorherigen Proben abzuwaschen. Durch Schütteln ist möglichst viel des überschüssigen Wassers zu entfernen. Dieser Teil des Seils bzw. der Stange darf nicht wieder verunreinigt werden, z. B. durch Kontakt mit dem Boden.

Falls, jedoch nur dann, die Laboranweisungen fordern, dass die Probenflaschen ausgespült werden müssen, werden die Flaschenverschlüsse vor der Entnahme des Spülwassers abgenommen und so gehandhabt, dass die innere Oberfläche der Verschlüsse nicht verunreinigt wird. Dazu werden die Verschlüsse vorzugsweise in der Hand gehalten oder in einem Polyethylenbeutel aufbewahrt.

Die Anweisungen in DIN EN ISO 5667-3 [22] in Bezug auf das Spülen der Probenahmeflaschen sind einzuhalten. Es ist wichtig, dass die Probenflaschen nicht gespült werden, falls sie Konservierungsmittel enthalten.

7.5.2 Direkte Probenahme im Fließgewässer

In allen Fällen, insbesondere wenn die Probenahme eine Ursache von Kontamination oder Verlust von Determinanten (z. B. Pestizide, Öle oder Spurenmetalle) sein kann, sollten die Flaschen vorzugsweise direkt im Wasserkörper gefüllt werden, weil die direkte Probenahme das geringste Risiko einer Kontaminierung bei gleichzeitiger Sicherstellung einer repräsentativen Probe darstellt.

Eine direkte Probenahme sollte nur dann erfolgen, wenn diese sicher und gefahrlos möglich ist.

Die direkte Probenahme sollte nicht mit Flaschen durchgeführt werden, die Konservierungsmittel enthalten. Nach DIN EN ISO 5667-6 (Abschnitt 10.4) sollten die Flaschen vor der direkten Probenahme wie oben beschrieben gespült werden.

Anmerkung: Dieses dürfte in bestimmten Fällen (z. B. hohe Konzentrationen von Feststoffen oder sichtbares Vorhandensein von Ölen und Fetten) zu Mehrbefunden führen. Insofern muss die Vorgehensweise vorher in einer Arbeitsanweisung klar geregelt werden. Im LANUV NRW werden die Probenbehälter grundsätzlich nicht mit dem Probengut vorgespült.

Bei Proben, die aus einem flachen (< 50 cm) Fließgewässer entnommen werden, erfolgt die Entnahme der Probe durch Waten. Nach Möglichkeit sollten Wasserproben etwa 30 cm unter der Oberfläche entnommen werden oder ansonsten bei mittlerer Höhe zwischen Sohle und Oberfläche. Dabei sollte darauf geachtet werden, eine Kontamination der Probe durch das Aufwirbeln entweder der Sohle oder des Ufers des Wasserlaufes zu vermeiden. Falls das Wasser nur eine geringe Tiefe hat, ist sicherzustellen, dass die Probe nicht durch Bodensediment kontaminiert wird. Eine sichtbare Trübung des Wasserkörpers wird im Probenahmeprotokoll aufgezeichnet, alle beobachteten Anzeichen von Verschmutzung oder lokale Anomalien werden ebenfalls vermerkt.

Der zu beprobende Wasserkörper wird betreten, um die Probe stromaufwärts zu entnehmen, sodass das zu beprobende Wasservolumen nicht kontaminiert wird. Die Probenbehälter sollten in die Hauptströmung des Wassergerinnes und in die homogene Zone auf eine Weise eingetaucht werden, dass eine Wasserprobe ohne die Aufnahme des Oberflächenfilms oder von Totwasser entnommen wird.

Zur Probenahme wird der Verschluss der Flasche (falls vorhanden) entfernt und in der Hand gehalten. Der Hals der offenen Flasche wird unter die Wasseroberfläche eingetaucht, bis sie bis zu einer Tiefe von etwa 30 cm untergetaucht ist. Der Flaschenhals wird leicht aufwärts zur Oberfläche geneigt, in Strömungsrichtung gehalten und so weit wie notwendig gefüllt.

In den meisten Fällen werden die Flaschen direkt bis zum Rand gefüllt, um Luft auszuschließen, weil der Gasaustausch schnell die Probenqualität verändern könnte. In einigen Fällen, z. B. wenn ein Lösemittel direkt in die Flaschen hinzugefügt wird, beispielsweise bei Ölanalysen, sollte die Flasche nur bis zur Schulter gefüllt werden. Die Anleitung in Bezug auf den Füllstand der Flasche sollte durch das Laboratorium vorgegeben werden. Falls die Probe zur Konservierung tiefgefroren werden muss, sollte ein Raum im oberen Teil der Flasche freibleiben. Ist die Flasche entsprechend gefüllt, wird sie aus dem Wasser entnommen und sicher verschlossen.

7.5.3 Indirekte Probenahme

Der Probenbehälter wird behutsam bis zur Wasseroberfläche abgesenkt, dabei ist sicherzustellen, dass das Gefäß beim Absenken nicht kontaminiert wird. Zulassen, dass sich der Behälter füllt. Dabei sollte versucht werden, keinen hohen Anteil an Flüssigkeit von der Oberfläche zu sammeln und jegliches aufschwimmende Material sollte vermieden werden. Das Gefäß darf die Flusssohle nicht berühren. Beim Herausnehmen des Gefäßes aus dem Wasser ist erneut sicherzustellen, dass es nicht zur Kontamination kommt.

Ein Probenschöpfer (Teleskopstange mit Schöpfbecher) ist besser zu handhaben, sodass eine Kontamination vom Grund oder durch aufschwimmende Gegenstände leichter vermieden werden kann, weil jedoch das entnommene Volumen viel geringer sein kann als mit einem Eimer an einem Seil, können viele Teilproben notwendig sein. Diese Teilproben können verwendet werden, um vor Abfüllen der einzelnen Probenflaschen eine Gesamtprobe herzustellen.

Die Probe wird sorgfältig entweder direkt oder mithilfe eines Trichters in die erforderliche Flasche gefüllt, dabei sicherstellen, dass sich enthaltene Sedimente nicht absetzen. Hat sich das Sedimentmaterial in der Probe abgesetzt, sollte die Flasche dann vor dem Ausgießen gründlich geschüttelt werden, um das Material wieder zu suspendieren. Falls Konservierungsmittel verwendet werden, ist sicherzustellen, dass ein Überfüllen der Flasche nicht zur Kontamination des Wasserlaufs führt.

7.5.4 Probenahme von Brücken

Bei der Probenahme von einer Brücke ist sicherzustellen, dass

- ausreichend Freiwasser vorhanden ist, damit das Probenahmegefäß untertauchen kann,
- das untergetauchte Probenahmegefäß keine Bodenablagerungen aufwirbelt,

- ein ausreichender Abstand zur Brücke beim Einholen des Probenahmegefäßes eingehalten wird, um einen Abrieb eventuell kontaminierten Materials von der Brückenkonstruktion zu vermeiden,
- bei der Probenahme an der stromaufwärts gelegenen Seite der Brücke das Probenahmegefäß nicht außerhalb des Sichtbereiches geraten darf, d. h. das Gefäß wird nicht durch die Strömung (Verdriften) unter die Brücke getragen.

Die Probenahmebehälter sollten in die Hauptströmung des Flussgerinnes eingetaucht werden, vorzugsweise stromaufwärts von der Brücke.

Die Wasserprobe sollte aus der homogenen Zone auf eine Weise entnommen werden, dass die Aufnahme des Oberflächenfilms verhindert und durch die Brückenpfeiler aufgewirbeltes Wasser vermieden wird, welches das Wasser belüften kann, wodurch bestimmte Messungen beeinflusst werden.

Sowohl die Probenahme stromaufwärts als auch stromabwärts von einer Brücke ist mit Vor- und Nachteilen bezüglich der Sicherheit während der Probenahme (ankommende Boote oder Schwemmgut), der Sichtbarkeit des Gerätes, der Homogenität des Wasserkörpers (Turbulenzen) und der Kontaminationsgefahr verbunden. Daher wird empfohlen, dass die Probenahmestelle vorher eindeutig festgelegt ist, ob stromauf- oder stromabwärts von der Brücke. Anderenfalls sollte im Probenahmeprotokoll dokumentiert werden, ob die Probe stromauf- oder stromabwärts der Brücke genommen wurde, ob es eine sichtbare Trübung gab und Anzeichen für eine Verschmutzung oder lokale Anomalien.

Falls die Wassertiefe nicht ausreichend ist, das am besten geeignete alternative Probenahmeverfahren wählen.

7.5.5 Probenahme vom Ufer

Bei der Probenahme vom Ufer aus sollte darauf geachtet werden, eine Kontamination der Probe durch das Aufwirbeln von Gewässersedimenten bzw. durch Einträge vom Gewässerufer zu vermeiden. Üblicherweise wird eine Verlängerungsstange mit Schöpfbecher für den zu befüllenden Probenbehälter eingesetzt. Außerdem ist es wichtig, dass die Probenahme nur durchgeführt wird, wenn das Ufer stabil ist.

Versandete Zonen an Prallhängen (kurvenäußeres Ufer) sollten vermieden werden. Gleithangabschnitte (kurveninneres Ufer) mit schnelleren Strömungszonen sollten bevorzugt werden. Nach Möglichkeit sollten Proben mit einer Stange oder einem Probensammler mit Ballast entnommen werden, die (der) die Probenahme mehrere Meter entfernt vom Ufer ermöglichen. Bei kleinen Bächen oder

Gerinnen, die schmaler sind, sollte das Probenahmepersonal versuchen, die Probe aus der Mitte des Gerinnes über der Bachsohle zu entnehmen.

Die Sammelbehälter sollten in eine homogene Zone auf eine Weise eingetaucht werden, dass eine Wasserprobe ohne die Aufnahme des Oberflächenfilms oder von Totwasser entnommen wird. Nach Möglichkeit sollten die Proben etwa 30 cm unter der Oberfläche entnommen werden oder ansonsten bei mittlerer Höhe zwischen Sohle und Oberfläche. Eine sichtbare Trübung der Probe wird im Probenahmeprotokoll aufgezeichnet, alle beobachteten Anzeichen von Verschmutzung oder lokale Anomalien werden ebenfalls vermerkt.

7.5.6 Probenahme vom Boot

Bei der Probenahme vom Boot aus sollte darauf geachtet werden, eine Kontamination der Probe durch Sedimentaufwirbelungen oder Schiffsabwässer zu vermeiden. Untersuchungen erfordern häufig, dass die Probenahme aus einer festgelegten Entnahmetiefe gemäß der Sollvorgabe erfolgen. Ansonsten sollte eine aus 30 cm unter der Oberfläche entnommene Probe ausreichend sein. Die Sammelbehälter sollten in eine homogene Zone auf eine Weise eingetaucht werden, dass eine Wasserprobe ohne die Aufnahme des Oberflächenfilms oder von Totwasser entnommen wird. Die Probenahmestellen können mit Markierbojen gekennzeichnet werden.

Bei der Probenahme sollte der Motor abgestellt und die Proben vom Bug des Bootes aus oder von den Seiten aus entnommen werden, sodass die Proben nicht mit Kohlenwasserstoffen aus dem Treibstoff (auf Motorbooten) kontaminiert werden. Proben sollten nicht entnommen werden, wenn das Boot gerade gewendet hat und das zu beprobende Wasser möglicherweise kontaminiert hat.

7.5.7 Probenahme unter Eis

Der Probenahmeort sollte im Winter so nah wie möglich an der Stelle liegen, die sonst während der anderen Jahreszeiten beprobt wird. Wird aufgrund von Eis eine andere Probenahmestelle als die übliche genutzt, sollte das im Probenahmeprotokoll vermerkt werden. Bestehen Bedenken in Bezug auf die Tragfähigkeit des Eises, sollten die Proben an einem alternativen Probenahmeort entnommen werden.

Gibt es kleine offene Wasserbereiche, an den ansonsten mit Eis bedeckten Gewässern, z. B. unter oder in der Nähe von Brücken, ist die Wahrscheinlichkeit der Kontamination des Wassers durch anwesende Wasservögel oder andere Vögel sehr groß.

Loses Eis und Schnee in der Nähe der Probenahmestelle werden beseitigt und das Eis mit einem Schnecken- oder Eisbohrer durchbohrt. Es ist sicherzustellen, dass der Bereich um das Loch sauber und frei von möglichen Verunreinigungen bleibt (Benzin, Schmutz von Bohrer und Stiefeln, Abgase vom Schneemobil usw.).

Mit einem Kunststoffsieb werden alle Eissplitter und Schmutz aus dem Loch entfernt. Vor der Probenahme wartet man einige Minuten, während das Wasser frei unter dem Eis fließt, damit mögliche Kontaminanten beseitigt werden. Die Probe wird deutlich unterhalb der unteren Eisschicht entnommen.

7.5.8 Probenahme von Oberflächenschichten oder -filmen

Die Probe kann entweder durch Betreten des Wasserlaufes oder mithilfe einer Probenahmestange entnommen werden. Wird direkt eine Flasche verwendet, wird der Stopfen entfernt und aufbewahrt. Das Probenahmegefäß oder die Flasche wird mit der Öffnung stromaufwärts ausgerichtet und horizontal leicht unterhalb der Wasseroberfläche gehalten, sodass der halbe Flaschenhals eingetaucht ist, und somit ein Teil der Oberflächenschicht in die Flasche gelangt. Das Gefäß wird aus dem Wasser entfernt, sobald es entsprechend gefüllt ist. Wird das Gefäß überfüllt, besteht die Möglichkeit, dass die Oberflächenschicht wieder verdrängt werden könnte. Alternativ können zur Probenahme von dünnen Ölfilmen auch spezielle Probenahmegeräte benutzt werden (siehe Bild 7.4).

7.5.9 Probenahme durch Teilproben

Unter den Bedingungen eines geringen Abflusses (Strömung) oder einer schwer zugänglichen Wasserquelle kann eine Probe aus kleineren Volumina mithilfe kleiner Gefäße hergestellt werden, die in eine geeignete große Flasche überführt werden. Dabei sollte sorgfältig eine Kontamination jeder Teilprobe vermieden werden. Wurde ein ausreichendes Volumen in der Gesamtprobe gesammelt, kann der Inhalt homogen (unter ständiger Verwirbelung) in die einzelnen Probenflaschen überführt werden. Um als „einzelne, gesonderte" Probe zu gelten, sollte die Gesamtzeit für die Entnahme der Teilmengen so sein, dass keine Veränderung der Beschaffenheit des Flusses zu erwarten sind. Falls das nicht bekannt ist, sollte die Entnahmezeit für sämtliche Teilmengen weniger als 5 min betragen.

7.5.10 Probenvorbehandlung

Die Probenvorbehandlung vor Ort umfasst die Homogenisierung und Probenteilung heterogener Wasserproben, die Filtration von Wasserproben, die Probenkonservierung durch Kühlen, Tiefgefrieren und/oder unter Zusatz von chemischen Konservierungsmitteln. Die vorgenannten Teilschritte sowie der Transport, die Probenannahme und die Lagerung sowie Anforderungen an die Probenbehälter, deren Beschriftung und deren Reinigung sind ausführlich in Kapitel 3 beschrieben.

7.5.10.1 Homogenisierung und Probenteilung

Wenn das erforderliche Probenvolumen so groß ist, dass mehrere Schöpfvorgänge benötigt werden und/oder mit einer Probe verschiedene Probenbehältnisse zu füllen sind, muss die Homogenität der Probe sichergestellt werden. Dies ist besonders bei partikelhaltigen Proben und der Bestimmung von an Feststoffpartikeln angereicherten Inhaltsstoffen zu beachten [15].

Für das einheitliche Vorgehen im Bereich der Probenahme, der Homogenisierung und Teilung heterogener Wasserproben gilt DIN 38402-30 [23].

Für die Probenahme aus Fließgewässern empfiehlt das LAWA AQS-Merkblatt [15] folgende Varianten in Abhängigkeit vom Untersuchungsumfang:

- Probenteilung aus einem Eimer

  In der Praxis hat sich die Probenahme mit einem Eimer wegen der einfachen Handhabung bewährt. Voraussetzung ist, dass daraus alle Teilproben abgefüllt werden können und keine Inhomogenität der Stichprobe vorliegt. Die einzelnen Probenbehältnisse werden direkt aus dem Eimer befüllt, wobei die Teilproben für die Parameter, bei denen eine Abhängigkeit vom Schwebstoff vorhanden ist (wie z.B. Schwermetalle, Gesamtphosphor) vorrangig abgefüllt werden; ggf. muss die geschöpfte Probe zwischen den einzelnen Abfüllvorgängen mittels eines geeigneten Rührstabes vorsichtig homogenisiert werden.

- Probenteilung unter Verwendung eines Homogenisiergefäßes

  Die einzelnen Schöpfproben werden zunächst in ein ausreichend großes Sammelgefäß gefüllt, aus dem die verschiedenen Probenbehältnisse (Teilproben) nach vorsichtigem, ständigem und vollständigem Durchmischen über einen Entnahmehahn abgefüllt werden. Zum Sammeln, Durchmischen und Abfüllen ist bei großen Probenvolumina ein Homogenisiergefäß mit Magnetrührwerk, wie es auch zur Abwasserprobenahme verwendet wird, gut geeignet. Während des Abfüllens der Probenbehältnisse ist vorsichtig weiter zu rühren; Gasaustausch muss dabei weitgehend vermieden werden.

Zur Vermeidung von Veränderungen durch übermäßigen Lufteintrag sind die Probenbehältnisse ggf. mit überstautem Trichter oder mit einem bis zum Behälterboden reichenden Schlauch bis zum Überlaufen zu befüllen. Danach sind die Probenbehältnisse blasenfrei zu verschließen.

7.5.10.2 Filtration

Die Notwendigkeit der Filtration von Wasserproben resultiert aus Anforderungen des Untersuchungsprogrammes, z. B. für das Monitoring gemäß Wasserrahmen-Richtlinie sowie einiger parameterspezifischer Analysennormen, die eine Membranfiltration unmittelbar nach der Probenahme vorschreiben.

Die Auswahl des Filtrationsverfahrens ist abhängig vom Untersuchungsspektrum. Für die Vorort-Filtration haben sich Filtrationsapparaturen oder (Einweg-) Spritzen mit Membranfiltern (z. B. 0,45 µm) bewährt. Ein Spülen der Filter im Labor oder vor Ort ist für bestimmte Parameter, die materialbedingt in den Filtern enthalten sein können, notwendig. Das Filtermaterial muss vor dem Einsatz zur Probenahme im Labor regelmäßig auf Blindwerte untersucht werden [15].

Eine detaillierte Beschreibung siehe Kapitel 3.

7.5.11 Messungen vor Ort

Von grundlegender Bedeutung für die Beurteilung der Untersuchungsergebnisse und vor allem der biologischen Befunde ist die Bestimmung der folgenden Vor-Ort-Parameter:

- Wassertemperatur,
- elektrische Leitfähigkeit,
- pH-Wert,
- Sauerstoffgehalt und Sauerstoffsättigung,
- Trübung,
- Farbe,
- Geruch.

Diese Parameter haben eine hohe Aussagekraft für die Besiedelbarkeit fließender Gewässer. Die Wassertemperatur wird als „Generalfaktor" für die Besiedlung eines Gewässers angesehen [24]. Lebensdauer, Brut- und Schlüpferfolg aquatischer Organismen hängt in hohem Maß vom herrschenden Temperaturregime ab. Im engen Zusammenhang mit dem Temperaturhaushalt ist der Sauerstoffgehalt zu sehen, da die Löslichkeit von Sauerstoff in Wasser temperaturabhängig ist.

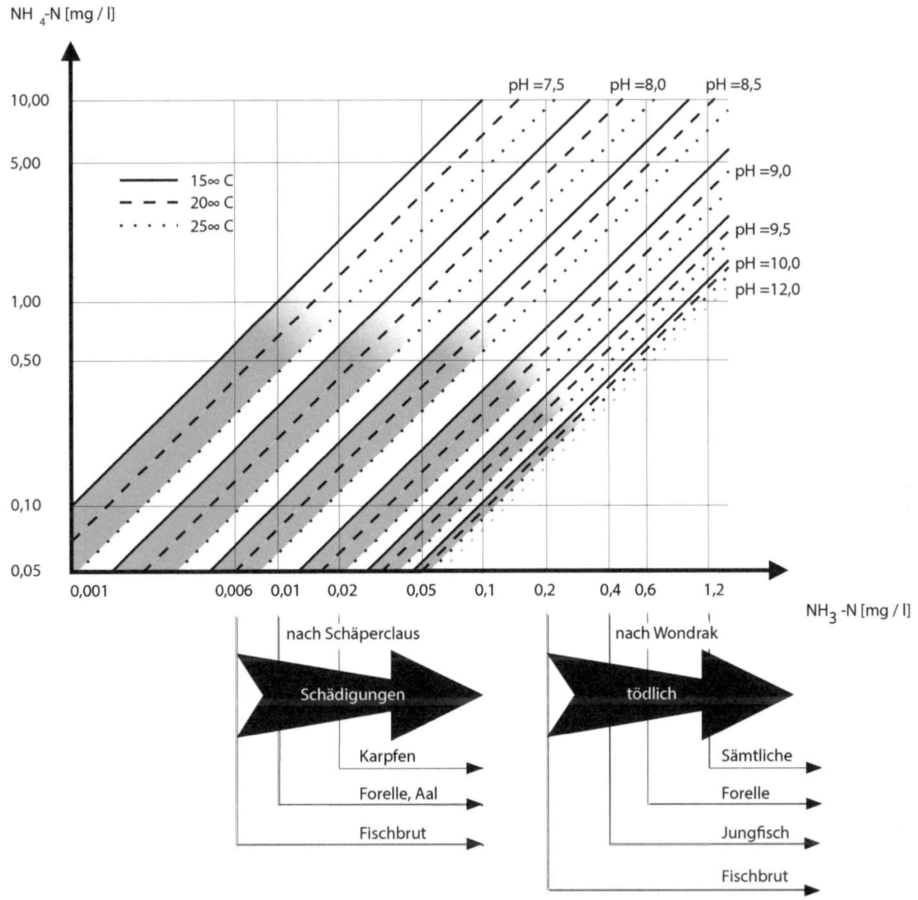

Bild 7.6: Toxische Wirkungen von Ammoniak in Abhängigkeit von Ammoniumkonzentration, pH-Wert und Temperatur [umgezeichnet nach 25]

Toxische Effekte bestimmter Wasserinhaltsstoffe sind ebenfalls von Temperatur und pH-Wert abhängig. Das wohl bekannteste Beispiel für eine derartige Abhängigkeit ist das Gleichgewicht zwischen Ammonium und Ammoniak, das sich mit steigender Temperatur und steigendem pH-Wert auf die Seite des toxischen Ammoniaks verschiebt (Bild 7.6).

Vor allem im Sommer werden zeitweilig Erhöhungen des pH-Wertes festgestellt. Als Ursache ist der CO_2-Verbrauch durch die Photosynthese des Phytoplanktons und anderer Wasserpflanzen anzusehen. Dies führt dazu, dass dem Kalk-Kohlensäure-Puffersystem die Gleichgewichtskohlensäure entzogen wird, was zu einem Anstieg des pH-Wertes führt. Diese Beobachtung kann vor allem an langsamflie-

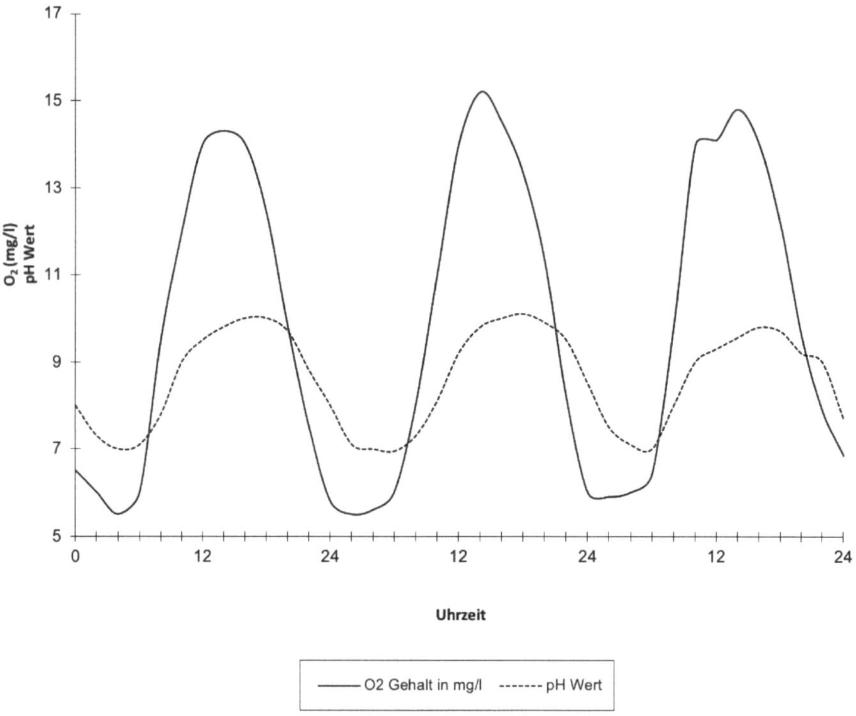

Bild 7.7: Tagesperiodische Schwankungen von pH-Wert und Sauerstoffgehalt [verändert nach 26]

ßenden und stauregulierten Flüssen gemacht werden. Bild 7.7 zeigt ein Beispiel für derartige tagesperiodische Schwankungen. Die Maxima von pH-Wert und Sauerstoffsättigung werden typischerweise in den frühen Nachmittagsstunden erreicht. Eine Probenahme in den Morgenstunden verfälscht hier unter Umständen das Untersuchungsergebnis.

7.5.12 Probenkennzeichnung und Probenahmeprotokoll

Probenbehälter sollten klar und zweifelsfrei identifiziert werden, sodass später die analytischen Ergebnisse richtig interpretiert werden können. Alle für die Identifizierung der Probe wichtigen Details sollten auf einem auf dem Probenbehälter angebrachten Etikett angegeben werden. Für weitere Details siehe Kapitel 3. Es sollten keine weiteren Proben genommen werden, bevor alle Probenflaschen beschriftet wurden.

Das Probenahmeprotokoll dient der Dokumentation der Entnahme von Proben und ist vollständig auszufüllen. Dem Untersuchungslabor und Auftraggeber werden damit Informationen über die Tätigkeiten und Messungen während der Probenahme sowie Informationen, die für die Analytik und spätere Auswertung von Bedeutung sind, übermittelt.

Das Probenahmeprotokoll ist für jede Probenahme anzulegen. Soweit möglich sollten Vorgaben für das Probenahmepersonal bereits in das Protokoll eingetragen sein.

DIN EN ISO 5667-6 enthält im Anhang ein Beispiel eines Probenahmeprotokolls für Fließgewässer.

Alle Vorgänge und Beobachtungen während der Probenahme, sowie die Ergebnisse der Messungen sind vor Ort unmittelbar im Protokoll zu dokumentieren.

Im Probenahmeprotokoll sind insbesondere folgende Bemerkungen aufzuführen:

- Abweichungen vom Probenahmeauftrag bzw. von den Arbeitsanweisungen,
- Auffälligkeiten und Besonderheiten bei der Probenahme,
- außergewöhnliche anthropogene Nutzungen (Einleitungen, Wasserentnahmen).

Bei Auffälligkeiten ist es sinnvoll, das Protokoll durch Skizzen und Fotos zu ergänzen.

Um eine eindeutige Identifikation der Probe zu gewährleisten, muss die Kennzeichnung der Probe mit der Bezeichnung des dazugehörigen Probenahmeprotokolls übereinstimmen (Probenahmestelle, Probennummer, Entnahmezeit).

Das Probenahmepersonal trägt die Verantwortung für die von ihm durchgeführte Probenahme und damit für die Angaben im Protokoll. Das Probenahmeprotokoll ist in jedem Fall zu unterschreiben und sollte für mindestens fünf Jahre aufbewahrt werden [15].

7.5.13 Reinigung der Probenahmegeräte

Bei jeder Probenahme sind saubere Probenahmegeräte und -behälter einzusetzen. Zur Reinigung der Probenbehälter, die üblicherweise im Labor vorbereitet werden, siehe Kapitel 3. Für die Reinigung der Probenahmegeräte ist das Probenahmepersonal verantwortlich. Erforderlichenfalls sind die Probenahmegeräte unmittelbar vor jeder Probenahme nochmal mit entionisiertem Wasser durchzuspülen.

Unmittelbar nach der Probenahme sollten die Probenahmegeräte mit Trinkwasser und anschließendem Nachspülen mit entionisiertem Wasser gereinigt werden, wobei zur Entfernung der an den Wandungen haftenden Teilchen eine Bürste oder ein Gummiwischer einzusetzen ist. Eine Reinigung mit z. B. phosphat- oder tensidhaltigen Reinigungsmitteln ohne ausreichendes Nachspülen könnte zu einer Verschleppung führen, die die nachfolgende Analyse beeinträchtigt.

7.6 Spezifische Qualitätssicherungs- und -kontrollmaßnahmen

DIN EN ISO 5667-6 [1] enthält in Abschnitt Qualitätsicherungsmaßnahmen Hinweise zur Vermeidung von Kontaminationen, zur Probenidentifizierung und Protokollen sowie zur Sicherheits- und Qualitätskontrolle und verweist auf ISO 5667-14 [27].

Das LAWA AQS-Merkblatt P-8/3 [15] empfiehlt von den nachfolgend genannten Maßnahmen die geeigneten Qualitätskontrollmaßnahmen auszuwählen.

Häufigkeit und Zeitabstände sind, abhängig von der Anzahl der durchgeführten Probenahmen, durch das Labor bzw. den Auftraggeber festzulegen und zu dokumentieren. Der Umfang sollte mindestens 1 % der jährlich entnommenen Gewässerproben betragen. Sinnvoll ist es, für das Untersuchungsziel relevante Leitparameter auszuwählen, bei denen Veränderungen bei Probenahme und Probenvorbehandlung zu erwarten sind (Gewässer mit hohem Feststoffanteil, leichtflüchtige Inhaltsstoffe).

Die Kontrollmaßnahmen müssen das gesamte Probenahmepersonal berücksichtigen. Das Personal ist über die Untersuchungsergebnisse zu informieren.

Feldblindproben

Um mögliche Kontaminationen während der Probenahme und des Transportes festzustellen, ist regelmäßig und in begründeten Verdachtsfällen eine Feldblindprobe zu nehmen, zu untersuchen und zu dokumentieren. Dazu wird Reinstwasser, dessen Blindwert geprüft und dokumentiert wurde, vor Ort wie eine reale Probe behandelt und allen Verfahrensschritten (z. B. Pumpen oder Schöpfen, Homogenisieren, Filtrieren, Konservieren, Transport und Lagerung) unterworfen.

Doppelte Probenahme

Zur Ermittlung der Präzision des Probenahmeverfahrens dient die gleichzeitige, bzw. zeitnahe doppelte Probenahme. An einer Probenahmestelle werden dazu zwei separate Proben entnommen und einzeln aufgearbeitet und untersucht (inklusive aller Schritte der Probenvorbehandlung vor Ort und Analytik im Labor).

Die doppelte Probenahme sollte regelmäßig und insbesondere bei neuen Probenahmestellen, neuen Probenahmesystemen bzw. neu zu bestimmenden Parametern durchgeführt werden, wenn Probleme aufgrund von Inhomogenität, Verlusten und/oder Verunreinigungen vermutet werden. Dieses Verfahren bietet sich ebenfalls an nach Einarbeitung von neuem Probenahmepersonal und bei internen Audits.

7.7 Probenahme in Schadens- und Gefahrenfällen

Bei Umweltschadens- und Gefahrenfällen mit (möglichen) Auswirkungen auf Fließgewässer ist vielfach die Durchführung von zeitnahen, qualitätsgesicherten und gerichtsverwertbaren Probenahmen und Vor-Ort-Untersuchungen erforderlich. Nachfolgend werden die in diesem Rahmen nötigen Probenahmen und Aktivitäten vor Ort beschrieben.

Die Untersuchungen und Probenahmen dienen

- der Feststellung, ob Schäden eingetreten sind,
- der Ermittlung der Art und des Umfangs eingetretener Schäden sowie der Ermittlung von Schadensursachen,
- der Beweissicherung und Ermittlung des Schadensverursachers.

Eine detaillierte Arbeitsanweisung für alle möglichen Alarmfälle kann nicht gegeben werden, da kein Schadensfall wie der andere abläuft. Ziel jeder Probenahme ist es, für das Untersuchungsziel möglichst aussagekräftige, repräsentative Proben zu erhalten.

Im Fall einer Gewässerverunreinigung geht es insbesondere um die Feststellung, ob ein Gewässer unbefugt in seinen Eigenschaften nachteilig verändert wurde (§ 324 StGB):

§ 324 Gewässerverunreinigung

(1) Wer unbefugt ein Gewässer verunreinigt oder sonst dessen Eigenschaften nachteilig verändert, wird mit Freiheitsstrafe bis zu fünf Jahren oder mit Geldstrafe bestraft.

(2) Der Versuch ist strafbar.

(3) Handelt der Täter fahrlässig, so ist die Strafe Freiheitsstrafe bis zu drei Jahren oder Geldstrafe.

D. h. dass durch die Probenahmen und Untersuchungen möglichst der Nachweis zu erbringen ist, ob

1. die Verunreinigung unbefugt erfolgte,
2. das Gewässer nachteilig verändert wurde.

Nachfolgend wird das Vorgehen für die am häufigsten eintretenden Fälle beschrieben.

Bei Probenahmen in Alarmfällen wird entweder auf Rückstellproben der Messstationen bzw. der Einleiter zurückgegriffen oder es werden i. d. R. Stichproben aus Fließgewässern bzw. aus Abwassereinleitungen entnommen.

7.7.1 Gefäßmaterialien, Probenkonservierung, Transport und Lagerung

Grundsätzlich gelten für Probenahmen im Zusammenhang mit Schadens- und Gefahrenfällen die gleichen Anforderungen an die Gefäßmaterialien, die Konservierung, Transport und Lagerung wie zuvor und im Kapitel 3 beschrieben.

Allerdings können in solchen Fällen Abweichungen durchaus sinnvoll und möglich sein, weil einerseits zeitnah Wasserproben entnommen und der Analytik zugeführt werden müssen, und andererseits vielfach der Untersuchungsumfang zum Zeitpunkt der Probenahme noch nicht festgelegt werden kann.

In Abhängigkeit von den vorliegenden Informationen zum vermuteten Schadstoff ist abzuwägen, ob neben dem Kühlen der Probe noch besondere parameterspezifische Konservierungen unter Zusatz von Säuren, Laugen oder anderen Chemikalien unmittelbar nach der Probenahme erforderlich sind. Dieses bedeutet jedoch einen erheblichen, zusätzlichen Zeitaufwand vor Ort an der jeweiligen Probenahmestelle für das Abfüllen mehrerer Flaschen und die durchzuführenden Konservierungsmaßnahmen.

Erfahrungsgemäß kommt es in solchen Fällen jedoch eher darauf an, sehr schnell mehrere Proben zu nehmen, die Vor-Ort-Messungen durchzuführen und alles zu dokumentieren. In den meisten Fällen ist die Kühlung der Proben die einzige sinnvolle Konservierungsmaßnahme. Daher wird empfohlen, an jeder Probenahmestelle jeweils zwei Liter in Glasflaschen abzufüllen, die entnommenen Proben in Kühlboxen oder Kühlschränken bruch- und frostsicher sowie gekühlt und dunkel möglichst am selben Arbeitstag der Untersuchungsstelle zuzuleiten.

Dies ist sicherzustellen und wird im Probenahmeprotokoll durch Unterschrift bestätigt. Zur Probenübergabe sind die Regelungen der einzelnen Untersuchungsstellen zu beachten. Da je nach Schadensfall nicht auszuschließen ist, dass die Proben hoch belastet sind und somit eine Gesundheitsgefährdung für die Person, die die Proben transportiert, darstellen können, sind die Proben in geschlossenen

Behältern, z. B. in Kühlboxen zu transportieren. Dabei sind möglichst getrennte Boxen für stark belastete und wenig bzw. unbelastete Proben zu verwenden, um Querkontaminationen zu vermeiden.

7.7.2 Probenahmestellen

Generell sind folgende Probenahmestellen zu berücksichtigen:

(1) unterhalb der Schadensstelle,

(2) Schadensquelle (Abwassereinleitung o. ä.),

(3) oberhalb der Schadensstelle,

(4) ggf. Referenzproben.

Zu (1): Dabei handelt es sich um die Stelle, an der die Gewässerschädigung festgestellt wurde, oder der Bereich unterhalb der vermuteten Schadensquelle, bei kleineren und mittleren Fließgewässern sind das etwa 50 m bis 100 m unterhalb. Ist die Gewässerverunreinigung im Fließgewässer bereits abgelaufen, werden die Proben dort entnommen, wo z. B. taumelnde oder sterbende Fische zu beobachten sind oder wo das Wasser verdächtige Verfärbungen oder Schaumbildungen zeigt. Bei einem breiteren Fließgewässer kann die Vermischung eines Schadstoffes über das gesamte Querprofil u. U. erst nach einer großen Fließstrecke erfolgen. Um die Schadstoffwelle im Fließverlauf erkennen zu können, sollten mehrere Proben in zunehmendem Abstand von der Schadensstelle entnommen werden. Zur besseren Vergleichbarkeit der Untersuchungsergebnisse sollten dann möglichst Probenahmestellen aus der Routineüberwachung (z. B. WRRL-Messstellen) ausgewählt werden. Befindet sich unterhalb der Schadensstelle eine Messstation am Gewässer, so werden aus den dort vorhandenen Dauerprobenahmegeräten die Proben entnommen, die den Zeitraum des Schadensfalls umfassen.

Zu (2): Die Proben von der Schadensquelle sind für die Beweissicherung besonders wichtig und sollten unverzüglich und unmittelbar an der Einleitungsstelle entnommen werden. Falls es sich um eine Einleitung handelt, die im Rahmen der amtlichen Abwasserüberwachung laufend überwacht wird, sollte noch zusätzlich eine Stichprobe von der amtlichen Probenahmestelle entnommen werden. Diese Probe dient im Sinne des § 324 StGB dem Nachweis, ob die Einleitung unbefugt erfolgte. Falls an der Einleitungsstelle ein Dauerprobenahmegerät installiert ist, werden daraus die Proben sichergestellt.

Zu (3): Die Entnahme einer Probe unmittelbar oberhalb der Schadensstelle dient dem Beweis, dass der Schadstoff nicht bereits bzw. nur in nicht relevanter Konzentration im Gewässer enthalten war. Rückströmungen sind zu beachten.

Zu (4): Zur Ermittlung der eigentlichen Schadensursache helfen häufig Referenzproben weiter. Beispielsweise können bei unerlaubten Einleitungen von Spülwässern aus Beizereien oder Galvaniken Proben aus den jeweiligen Bädern entnommen werden, um typische Badzusammensetzungen analytisch zu ermitteln. Gerade bei Verunreinigungen durch Öle helfen Vergleichsmuster bei der Identifizierung weiter. In solchen Fällen sollte die vor Ort tätige Umweltschutzbehörde möglichst ermitteln, mit welchen Ölen gearbeitet wird und davon sollten jeweils Proben genommen werden.

Falls mehrere Schadensquellen als Ursache der Gewässerverunreinigung in Frage kommen oder vermutet werden, sind die Probenahmen sinngemäß den vier oben genannten Punkten auszudehnen.

7.7.3 Entnahme und Behandlung der Wasserproben

In der Regel werden unmittelbar nach dem Eintreffen am Schadensort Stichproben entnommen. Je nach Schadensfall kann es sinnvoll sein, nach Ablauf des Ereignisses weitere Proben zu entnehmen, um ggf. ein Abklingen des Schadensfalles registrieren zu können und damit die Grundlage zur Entwarnung zu erarbeiten.

Die Wasserprobe soll unterhalb der Gewässeroberfläche entnommen werden, da die Schwimmstoffe nicht volumengerecht miterfasst werden können. Zweckmäßigerweise wird mit der Fließrichtung und annähernd gleicher Strömungsgeschwindigkeit geschöpft, um sicherzustellen, dass der Gehalt der Probe an suspendierten Stoffen dem des Fließgewässers entspricht. Handhabungen, die die Probenbeschaffenheit verändern können, sind auf ein Minimum zu beschränken.

Das abzufüllende Probevolumen hängt von den zu untersuchenden Parametern ab. Wenn keine näheren Informationen zum Schadstoff vorliegen, sollen Glasflaschen (mind. 2 l Inhalt) mit Glasschliff-Vollstopfen eingesetzt werden. Die Flaschen sollen randvoll (ohne Luftpolster) gefüllt werden, um ein Ausgasen von leichtflüchtigen Stoffen zu verhindern.

Bei der Entnahme von Wasserproben zur Untersuchung auf Öle oder Schwimmstoffe ist darauf zu achten, dass möglichst vorsichtig an der Oberfläche geschöpft wird. Da hier die Erstellung einer repräsentativen Probe nicht möglich ist, sollte versucht werden, soviel Öl (bzw. Schwimmstoffe) wie möglich zu erhalten, um eine spätere Identifizierung zu ermöglichen. Probenflaschen zur Bestimmung von Ölen sollten nur zu ca. 90 % befüllt werden, weil anschließend im Labor noch ein Lösemittel zugesetzt wird.

Eine parameterbezogene Probenvorbehandlung vor Ort (z. B. Filtration) ist im Rahmen von Schadens- und Gefahrenfällen nicht üblich, es sei denn, es wird in besonderen Fällen vom Auftraggeber ausdrücklich gefordert.

7.7.4 Probenbeschriftung

Die Probenflaschen sind klar und eindeutig zu beschriften. Alle für die Identifikation der Probe wichtigen Details sind auf einem auf dem Probenbehälter angebrachten Etikett zu verzeichnen. Dazu gehören mindestens Datum, Uhrzeit und Probenahmestelle, ggf. auch Name der probenehmenden Person. Es sollten keine weiteren Proben genommen werden, bevor alle Flaschen einer Teilprobe beschriftet sind.

7.7.5 Vor-Ort-Messungen

In der Regel werden vor Ort die folgenden Messungen und Prüfungen durchgeführt:

- pH-Wert,
- elektrische Leitfähigkeit,
- Sauerstoffgehalt,
- Wassertemperatur,
- Trübung,
- Färbung,
- Geruch.

7.7.6 Besonderheiten bei Fischsterben

Das Ausmaß des Fischsterbens ist in einem kurzen Vermerk zu beschreiben:

- geschätzte Menge der toten Fische:
    - einzelne tote Fische,
    - mehrere bis zu 100 tote Fische,
    - Anzahl wesentlich größer;
- sind noch lebende Fische an der Wasseroberfläche zu sehen;
- Länge der betroffenen Gewässerstrecke und mutmaßlicher Beginn der betroffenen Strecke;
- Auffälligkeiten an den toten Fischen;
- Besonderheiten am Gewässer und mutmaßliche Ursache (soweit bekannt).

In bestimmten Fällen ist eine Untersuchung der Fische sinnvoll. Dann sollten gleichzeitig mit der Entnahme von Wasserproben auch frischtote Fische entnommen werden, und zwar von jeder betroffenen Fischart zwei bis drei Fische unterschiedlicher Größe. Die Fische sollten einzeln in Pergamentpapier eingewickelt und umgehend kühl, aber nicht eingefroren gelagert werden (Zwischenlagerung für einige Stunden im Kühlschrank). Es sollte dann umgehend, spätestens am nächsten Tag zu Dienstbeginn mit der Untersuchungsstelle abgestimmt werden, wann die Fische dort zur Untersuchung übergeben werden können. Dort kann vielfach anhand der Untersuchung festgestellt werden, ob diese Tiere an einer Krankheit oder durch eine andere Schadensursache zu Tode gekommen sind.

7.7.7 Probenahmeprotokoll

Der Dokumentation kommt eine besondere Bedeutung zu, weil damit Informationen an Personen geliefert werden, die nicht am Ort des Geschehens anwesend waren, aber den Untersuchungsumfang im Labor festlegen und anschließend die Bewertung aus analytischer Sicht vornehmen müssen, die letztendlich Grundlage einer rechtlichen Bewertung des Ereignisses darstellt.

Daher sollte die Dokumentation bei erfolgter Probenahme mindestens folgendes umfassen:

- Probenahmeprotokoll für jede einzelne Probe,
- Dokumentation der Probenahmestellen (Lagepläne, -skizzen, Fotos),
- ggf. schriftliche Beschreibung der Vorkommnisse.

Bild 7.8 zeigt ein Probenahmeprotokoll, welches insbesondere für Behörden, wie Untere Umweltschutzbehörden, Feuerwehren, Polizei, als Muster dienen kann. Vielfach sind diese Behörden als erste bei Schadens- und Gefahrenfällen vor Ort und können dann zur Beweissicherung Proben nehmen und diese mit den Protokollen den Untersuchungsstellen übergeben.

7.7.8 Arbeitsschutz und -sicherheitsmaßnahmen

Beim Einsatz des Probenahmepersonals ist zu beachten, dass dieses nicht für jede Probenahme sicher ausgerüstet ist. Die vorrangig zu ergreifenden Sofortmaßnahmen zur Schadens- und Gefahrenabwehr obliegen anderen Stellen, beispielsweise das Löschen eines Brandes durch die Feuerwehr.

Daher gilt der Grundsatz: Keine Probe ist so wichtig, dass das Probenahmepersonal sich oder andere gefährdet.

Beispiel für ein Protokoll - Probenahme aus Fließgewässern

Feuerwehr ABC **Proben-Nr.:** ____________

Untersuchung von : ____________
nähere Bezeichnung : ____________
Datum / Uhrzeit : ____________
Probenehmer/in : ____________
außerdem anwesend : ____________

Bezeichnung der Probenahmestelle:

☐ Einleitungsstelle : ____________
☐ Gewässer : ____________ m oberhalb der Einleitungsstelle
☐ Gewässer : ____________ m unterhalb der Einleitungsstelle
☐ Uferseite ☐ links ☐ Mitte ☐ rechts in Fließrichtung
☐ Probe aus der / den Zuleitung/en zur Einleitungsstelle : ____________
☐ Referenzprobe : ____________
☐ sonstige Probe : ____________

Beschreibung der Probenahmestelle

Name des Gewässers :

Breite (m)	☐	0 = <1	1 = 1-2	2 = 2-5	3 = 5-10	4 = 10-20	5 = > 20
Tiefe (m)	☐	0 = <1	1 = 0,1-0,3	2 = 0,3-0,5	3 = 0,5-1,0	4 = >1	
Strömung	☐	0 = keine	1 = ruhig fließend		2 = fließend mit Turbulenz		
		3 = turbulent	4 = sehr turbulent				
geschätzte Strömungsgeschwindigkeit an der Wasseroberfläche (m/s)	☐	0 = <0,2	1 = 0,2-0,4	2 = 0,4-0,8	3 = >0,8		
Wasserführung	☐	0 = keine	1 = gering	2 = normal	3 = stark		

Probenahmegerät

☐ Schöpfer andere Probenahmegeräte: ____________
Schöpfer ☐ Glas ☐ PE ☐ Edelstahl

Wetter:

Niederschlag	☐	0 = kein	1 = vor	2 = während	der Probenahme
Bewölkung	☐	0 = keine	1 = schwach	2 = wechselnd	3 = stark

Auffälligkeiten:

☐ Schaum ☐ Schwimmstoffe ☐ Ölfilm ☐ tote Fische
oder/und ____________

Bild 7.8: Muster eines Probenahmeprotokolls, Seite 1

Fische:

☐ Luftschnappen ☐ unruhiges Schwimmen ☐ offenes Maul

☐ abstehende Kiemendeckel ☐ Flecken ☐ Geschwüre

oder/und ____________________

Farbe:

☐

0 = farblos	3 = schwarz	6 = grün	9 = rot
1 = weiß	4 = violett	7 = gelb	
2 = grau	5 = blau	8 = braun	

oder/und ____________________

Trübung:

☐ 0 = keine 1 = schwach 2 = mittel 3 = stark

oder/und ____________________

Geruch:

☐ ☐☐

0 = ohne	00 = geruchlos	05 = jauchig	10 = Fäkalien
1 = schwach	01 = aromatisch	06 = modrig	11 = Urin
2 = mittel	02 = erdig	07 = tranig	12 = Mineralöl
3 = stark	03 = faulig	08 = würzig	13 = Schwefelwasserstoff
	04 = fischig	09 = Chlor	14 = Silage

oder/und ____________________

Messwerte

Lufttemperatur	± I__I I__I__I	°C	**Wassertemperatur**	I__I__I , I__I	°C
pH-Wert	I__I__I , I__I		**Elektrische Leitfähigkeit**	I__I__I__I__I__I	mS/m bei 25 °C
Sauerstoff	I__I__I , I__I	mg/l O2	**Sauerstoffsättigung**	I__I__I__I	%

Bemerkungen: ____________________

____

____

____

____________________, den ____________________ ____________________

Ort **Datum** **Unterschrift Probenehmer/in**

Probenübergabe:

Probe(n) am ____________________ um ____________________ Uhr an Untersuchungsstelle übergeben

☐ Anzahl der Proben

☐ Anzahl der Flaschen Gefäßmaterial und Volumen: ____________________

☐ Probenahmeprotokoll/e

☐ Fotos, Lageplan, Skizze

☐ schriftlicher Bericht

____

Unterschrift Probenehmer/in

Bild 7.8: Muster eines Probenahmeprotokolls, Seite 2

Für Einsätze im Rahmen von Schadens- und Gefahrenfällen muss folgende persönliche Schutzausrüstung vorgehalten werden:

- geeignete Arbeits- und Schutzkleidung,
- Regenkleidung,
- Einmal-Chemikalienschutzanzug,
- rutschfeste Sicherheitsschuhe mit Stahlkappe,
- Gummistiefel mit Stahlkappe,
- chemikalienbeständige Schutzhandschuhe,
- Schutzbrille,
- Schutzhelm,
- Warnweste,
- Schutzmasken vom Typ FFP 3,
- ggf. Schwimmweste.

Literatur

[1] DIN EN ISO 5667-6 (2016): Wasserbeschaffenheit – Probenahme – Teil 6: Anleitung zur Probenahme aus Fließgewässern (ISO 5667-6:2014); Deutsche Fassung EN ISO 5667-6:2016; Berlin (Beuth).

[2] DIN ISO 5667-12 (2016) (Entwurf): Wasserbeschaffenheit – Probenahme – Teil 12: Anleitung zur Probenahme von Sedimenten (ISO/DIS 5667-12:2016); Berlin (Beuth).

[3] DIN 38402-24 (2007): Deutsche Einheitsverfahren zur Wasser-, Abwasser- und Schlammuntersuchung – Allgemeine Angaben (Gruppe A) – Teil 24: Anleitung zur Probenahme von Schwebstoffen (A 24); Berlin (Beuth).

[4] DIN EN ISO 19458 (2006): Wasserbeschaffenheit – Probenahme für mikrobiologische Untersuchungen (ISO 19458:2006); Deutsche Fassung EN ISO 19458:2006; Berlin (Beuth).

[5] DIN EN ISO 5667-23 (2011): Wasserbeschaffenheit – Probenahme – Teil 23: Anleitung zur Anwendung von Passivsammlern in Oberflächengewässern (ISO 5667-23:2011); Deutsche Fassung EN ISO 5667-23:2011; Berlin (Beuth).

[6] Richtlinie 2000/60/EG des Europäischen Parlaments und des Rates vom 23.10.2000 zur Schaffung eines Ordnungsrahmens für Maßnahmen der Gemeinschaft im Bereich der Wasserpolitik.

[7] Richtlinie 2008/105/EG des Europäischen Parlaments und des Rates vom 16.12.2008 über Umweltqualitätsnormen im Bereich der Wasserpolitik und zur Änderung und anschließenden Aufhebung der Richtlinien des Rates 82/176/EWG, 83/513/EWG, 84/156/EWG, 84/491/EWG und 86/280/EWG sowie zur Änderung der Richtlinie 2000/60/EG.

[8] Richtlinie 2009/90/EU vom 31.07.2009 zur Festlegung technischer Spezifikationen für die chemische Analyse und Überwachung des Gewässerzustands gemäß der Richtlinie 2000/60/EG.

[9] Verordnung über Qualitätsziele für bestimmte gefährliche Stoffe und zur Verringerung der Gewässerverschmutzung durch Programme (Gewässerqualitätsverordnung – GewQV).

[10] Verordnung zur Umsetzung der Anhänge II, III und V der Richtlinie 2000/60/EG vom 23.10.2000 über die Bestandsaufnahme und Einstufung der Gewässer (GewBEÜV).

[11] Verordnung zum Schutz der Oberflächengewässer (Oberflächengewässerverordnung – OGewV) vom 20.07.2011 (BGBl. I S. 1429).

[12] Verordnung zum Schutz der Oberflächengewässer (Oberflächengewässerverordnung – OGewV) vom 20.06.2016 (BGBl. I S. 1373).

[13] DIN 38402-11 (2009): Deutsche Einheitsverfahren zur Wasser-, Abwasser- und Schlammuntersuchung – Allgemeine Angaben (Gruppe A) – Teil 11: Probenahme von Abwasser (A 11); Berlin (Beuth).

[14] DIN EN ISO 5667-1 (2007). Wasserbeschaffenheit – Probenahme – Teil 1: Anleitung zur Erstellung von Probenahmeprogrammen und Probenahmetechniken (ISO 5667-1:2006); Deutsche Fassung EN ISO 5667-1:2006; Berlin (Beuth).

[15] LAWA AQS-Merkblatt P-8/3: Probenahme aus Fließgewässern (Februar 2012).

[16] DIN EN 16479 (2014): Wasserbeschaffenheit – Leistungsanforderungen und Konformitätsprüfungen für Geräte zum Wassermonitoring – Automatische Probenahmegeräte für Wasser und Abwasser; Deutsche Fassung EN 16479:2014; Berlin (Beuth).

[17] Bleninger, T., Hauschild, I., Jirka, G. H., Leonhard, D. & Schlenkhoff, A., (2004): Immissionsorientierte Bewertung von Einleitungen in Gewässer: Mischzonen oder Opferstrecken, wo gelten die Gütekriterien? – in: KA – Abwasser, Abfall Jahrgang 51 (3).

[18] Jirka, B. & Burrows, L. (2004): Environmental Quality Standards in the EC-Water Framework Directive: Consequences for Water Pollution Control for Point Sources, European Water Management Online. EWA.

[19] Fey, J. M. (1977): Die Aufheizung eines Mittelgebirgsflusses und ihre Auswirkungen auf die Zoozönose. Dargestellt am Beispiel der Lenne (Sauerland). – in: Arch. Hydrobiol. Suppl., 53 (3): S. 307 – 363.

[20] Internationale Kommission zum Schutz des Rheins (IKSR); http://www.iksr.org/de/themen/verschmutzungen/warn-und-alarmplan/rheinalarmmodell

[21] WABOLU (1981): WaBoLu-Berichte 3/1981, Berichtsreihe des Instituts für Wasser-, Boden- und Lufthygiene des Bundesgesundheitsamtes: Gefährdung von Grund- und Trinkwasser durch leichtflüchtige Chlorkohlenwasserstoffe; Berlin.

[22] DIN EN ISO 5667-3 (2013): Wasserbeschaffenheit – Probenahme – Teil 3: Konservierung und Handhabung von Wasserproben (ISO 5667-3:2012); Deutsche Fassung EN ISO 5667-3:2012; Berlin (Beuth).

[23] DIN 38402-30 (1998): Deutsche Einheitsverfahren zur Wasser-, Abwasser- und Schlamuntersuchung – Allgemeine Angaben (Gruppe A) – Teil 30: Vorbehandlung, Homogenisierung und Teilung heterogener Wasserproben (A 30); Berlin (Beuth).

[24] Illies, J. (1961): Versuch einer allgemeinen biozönotischen Gliederung der Fließgewässer. – in: Int. Revue ges. Hydrobiologie, 46 (2): S. 205 – 213.

[25] Warg, G. (1987): Diskussionsbeitrag zu den Themen: Zulässiges Ammonium in Fließgewässern; Toxizität des Ammoniaks, Zuordnung zu Güteklassen. – in: Korr. Abwasser 8 (34): S. 873 – 876.

[26] LWA (1989): Gewässergütebericht NRW 1989. Selbstverlag des Landesamtes für Wasser und Abfall, Düsseldorf.

[27] DIN EN ISO 5667-14 (2016): Wasserbeschaffenheit – Probenahme – Teil 14: Anleitung zur Qualitätssicherung und Qualitätskontrolle bei der Entnahme und Handhabung von Wasserproben (ISO 5667-14:2014); Deutsche Fassung EN ISO 5667-14:2016); Berlin (Beuth).

8 Die Probenahme aus stehenden Gewässern

*A. Nienhüser und B. Preuß**

*unter Verwendung des Kapitels von J. Clasen aus der 1. Auflage 1998

8.1 Einleitung

Stehende Gewässer umfassen eine große Anzahl verschiedener Typen von Binnengewässern. In erster Linie sind hierunter Seen, Teiche und Talsperren zu verstehen, weshalb die internationale Norm zur Probenahme aus stehenden Gewässern den Titel „Guidance on sampling from lakes, natural and man-made" [1] trägt. Bei der entsprechenden deutschen Norm lautet der Titel „Probenahme aus stehenden Gewässern" [2] und ist somit weiter gefasst. Die meisten stehenden Gewässer sind – zumindest zeitweise – durch eine ausgeprägte Inhomogenität der Wasserbeschaffenheit gekennzeichnet, wobei die Unterschiede zwischen oberflächennahem und sedimentnahem Wasser besonders ausgeprägt sind. Dieser Inhomogenität ist bei der Planung der Probenahme unbedingt Rechnung zu tragen. Hierbei ist es notwendig zu wissen, mit welchen räumlichen Unterschieden der Wasserbeschaffenheit man zu rechnen hat.

Die gründliche und zielgerichtete Planung und Ausführung der Probenahmen ist der Grundstein für alle folgenden Untersuchungen. Für eine Bewertung z. B. des ökologischen Zustands oder für die Bewirtschaftung eines Gewässers ist dies eine unabdingbare Voraussetzung.

In den folgenden Kapiteln wird der Vermittlung derartiger Kenntnisse eine besondere Bedeutung beigemessen.

8.2 Zweck der Probenahme

Die Entnahme von Wasserproben aus stehenden Gewässern kann verschiedenen Zwecken dienen. Man kann zwei Hauptanlässe für die Probenahme unterscheiden:

1. die Probenahme aus besonderem Anlass,
2. die Probenahme im Rahmen eines Untersuchungsprogramms.

Besondere Anlässe für die Probenahme können auffällige Ereignisse sein, die man im Gewässer beobachtet. Dies könnten beispielsweise Massenentwicklungen von Planktonalgen, das Auftreten toxischer Cyanobakterien, hohe Trübungen durch Hochwässer oder ein plötzliches Fisch- oder Vogelsterben sein. Für diese Probenahmen empfiehlt sich eine detaillierte Dokumentation des Anlasses und wo und wie die Proben entnommen wurden.

In den meisten Fällen liegen für die Probenahmen in Gewässern festgelegte Untersuchungsprogramme zugrunde, die je nach Fragestellung unterschiedlichen Zwecken dienen. Diese Untersuchungsprogramme werden meistens mehrmals im Jahr durchgeführt, da die Wasserbeschaffenheit durch die jahreszeitlichen Einflüsse sehr starken Veränderungen unterliegt. Um die Entwicklung eines Gewässers bewerten zu können und Unterschiede durch klimatische Schwankungen einordnen zu können, sollten diese Untersuchungen außerdem über mehrere Jahre erfolgen.

Limnologisch orientierte Untersuchungen dienen meist dazu, die trophischen Verhältnisse eines stehenden Gewässers, die thermisch bedingten Schichtungs- und Zirkulationsverhältnisse und die im Gewässer stattfindenden Stoffumsätze zu verfolgen.

Durch die Umsetzung der EG-Wasserrahmenrichtlinie (WRRL) und den darin enthaltenen ökologischen und Gewässertyp-bezogenen Bewertungsverfahren wurden einheitliche chemische und biologische Untersuchungsprogramme für Seen > 50 ha und für künstliche und erheblich veränderte Gewässer entwickelt und festgelegt. Die Einstufung und Bewertung des ökologischen Zustandes der stehenden Gewässer und der daraus abgeleiteten Maßnahmen zur Verbesserung des ökologischen Potenzials setzen deshalb auch eine einheitlich geregelte Probenahme an diesen Gewässern voraus. Die Anforderungen an diese Probenahme sind bereits ausführlich im AQS-Merkblatt P-8/5 [3] und im Handbuch angewandte Limnologie (2010) [4] beschrieben.

Die für die Trophieklassifikation von Seen, Talsperren und Speicherseen erforderliche Probenahme ist in der LAWA 2014 [5] beschrieben.

Unterliegen stehende Gewässer Nutzungszwecken, wie dies bei den meisten Talsperren und Speicherbecken der Fall ist, dann orientieren sich die Untersuchungsprogramme und die Probenahmen an der jeweiligen Nutzungsart. Gibt es beispielsweise in einer Trinkwassertalsperre über die Tiefe verteilt verschiedene Rohwasserentnahmemöglichkeiten, so ist es sinnvoll, in diesen Tiefen die Wasserbeschaffenheit zu untersuchen, um das geeignete Entnahmeniveau für die Rohwasserentnahme auszuwählen und Empfehlungen für den Wasserwerksbetrieb abzuleiten (siehe ATT Nr. 8 [6] und Nr. 7 [7]).

Eine nutzungsorientierte Probenahme empfiehlt sich auch für die Mengenbewirtschaftung von Talsperren oder Speicherbecken, z. B. beim Hochwasserschutz oder bei der Niedrigwasserauffüllung.

8.3 Arten der Probenahme

8.3.1 Einzelproben

Da die Wasserbeschaffenheit in stehenden Gewässern sowohl in örtlicher als auch in zeitlicher Hinsicht sehr unterschiedlich ist, eignen sich Einzelproben nur bei besonderen Anlässen, z. B. nach einer Havarie oder bei Störfällen. Solche Proben sagen nur über die Stellen zum Zeitpunkt der Probenahme etwas aus und sind nicht repräsentativ für das gesamte Gewässer.

8.3.2 Probenserien

Eine Untersuchung von stehenden Gewässern erfolgt im Allgemeinen in Form von Probenahmeserien, bei denen die unterschiedliche Beschaffenheit vorwiegend in den verschiedenen Tiefen (Tiefenprofile in vertikaler Richtung) berücksichtigt wird. In langgestreckten Gewässern sollte zudem durch weitere Probenahmen der unterschiedlichen Wasserbeschaffenheit in den einzelnen Kompartimenten Rechnung getragen werden (horizontale Richtung).

8.3.2.1 Unterschiedliche Wasserbeschaffenheit zwischen Gewässeroberfläche und Gewässergrund

Die Beschaffenheit des Wassers in verschiedenen Tiefen des Sees wird sowohl von der Oberfläche als auch vom Grund aus beeinflusst, wobei die Einflüsse, die von der Wasseroberfläche ausgehen, häufig weiter reichen als die Einflüsse, die vom Grund ausgehen.

Die von der Oberfläche ausgehenden Veränderungen sind vor allem durch das einfallende Licht bedingt. Dieses wirkt sich auf die Wasserbeschaffenheit sowohl in physikalischer als auch in biologisch-chemischer Hinsicht aus.

Die physikalische Beeinflussung besteht darin, dass sich das oberflächennahe Wasser im Frühjahr und Sommer erwärmt, so dass sich in der wärmeren Jahreszeit eine Temperaturschichtung im Wasserkörper ausbildet. Da das warme Oberflächenwasser eine geringere spezifische Dichte hat, lagert es sich über das kalte, schwerere Tiefenwasser (Hypolimnion). Dazwischen liegt eine Wasserschicht mit einem steilen Temperaturgradienten, die als Sprungschicht bezeichnet wird.

Dieser Zustand der stabilen thermischen Schichtung wird als Sommerstagnation bezeichnet. Im Herbst kühlt sich entsprechend der Witterungsbedingungen das Oberflächenwasser zunehmend ab und es kommt dann meist mit Unterstützung des Windes zu einer vollständigen Durchmischung im Wasserkörper mit ausgeglichenen Wassertemperaturen. In milden Wintern oder bei sehr großen Gewässern ist der Wasserkörper während der kalten Jahreszeit ständig durchmischt. In kalten Wintern hingegen kühlt sich das Wasser so stark ab, dass sich an der Wasseroberfläche Eis bildet. Unter der Eisdecke entsteht eine inverse Schichtung, da das 4 °C kalte Tiefenwasser bei dieser Temperatur seine größte spezifische Dichte hat und sich demzufolge unter das noch kältere Wasser von 0 – 4 °C einschichtet. Eine inverse Schichtung kann schon, wenn auch nicht sehr stabil, auftreten, bevor es zur Bildung einer Eisdecke kommt. Die jahreszeitlichen Temperaturverhältnisse über die Tiefe eines Gewässers sind in Form einer Isopletendarstellung in Bild 8.1 verdeutlicht.

Die Einstrahlung des Sonnenlichtes wirkt sich außerdem auf die biologisch-chemischen Vorgänge im Gewässer aus. Die autotrophen in einem Gewässer lebenden Planktonorganismen (Algen) können sich nur vermehren, wenn ausreichend Licht zur Verfügung steht. Das Algenwachstum beschränkt sich auf die obere licht-

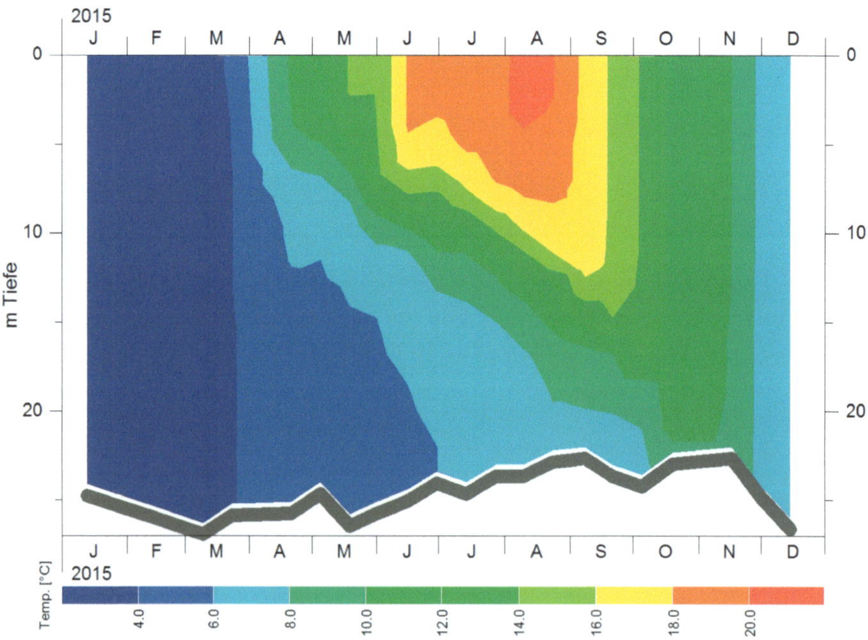

Bild 8.1: Temperaturverteilung in der Kerspe Talsperre, 2015, dargestellt als Isoplethen

durchflutete Wasserzone, da die Lichtintensität durch die Absorption des Lichtes im Wasser mit zunehmender Tiefe abnimmt. Es gibt aber auch schwachlichtadaptierte Algen, die ihr Maximum in tieferen Wasserbereichen (10 – 20 m) haben.

Die Algen benötigen bei der Photosynthese Kohlenstoff und geben Sauerstoff ab. Zusätzlich werden Nährstoffe wie Phosphor, Stickstoff und Spurenstoffe benötigt. Der Verbrauch von Kohlenstoff führt in der euphotischen Zone zu einer Erhöhung des pH-Wertes.

Während der sommerlichen Schichtung sinken die in der Nähe der Wasseroberfläche laufend gebildeten Planktonorganismen zum Gewässergrund hin ab, sterben ab und werden von Bakterien unter Verbrauch von Sauerstoff abgebaut. Bei einem temperaturgeschichteten Gewässer ist der Stoff- und Gasaustausch zwischen Oberflächen- und Tiefenwasser aber weitgehend unterbunden, so dass es zu Sauerstoffmangel im Tiefenwasser kommt. Wird sehr viel organische Biomasse abgebaut, reichern sich hohe Nähstoffkonzentrationen an und als Konsequenz des Sauerstoffmangels treten Reduktionsvorgänge im Sediment auf, die eine Freisetzung, z. B. von Phosphor, Eisen und Mangan, bewirken. In Extremfällen kommt es auch zur Bildung von Methan und Schwefelwasserstoff. Die Konzentrationen der genannten Stoffe nehmen mit der Entfernung vom Sediment exponentiell ab.

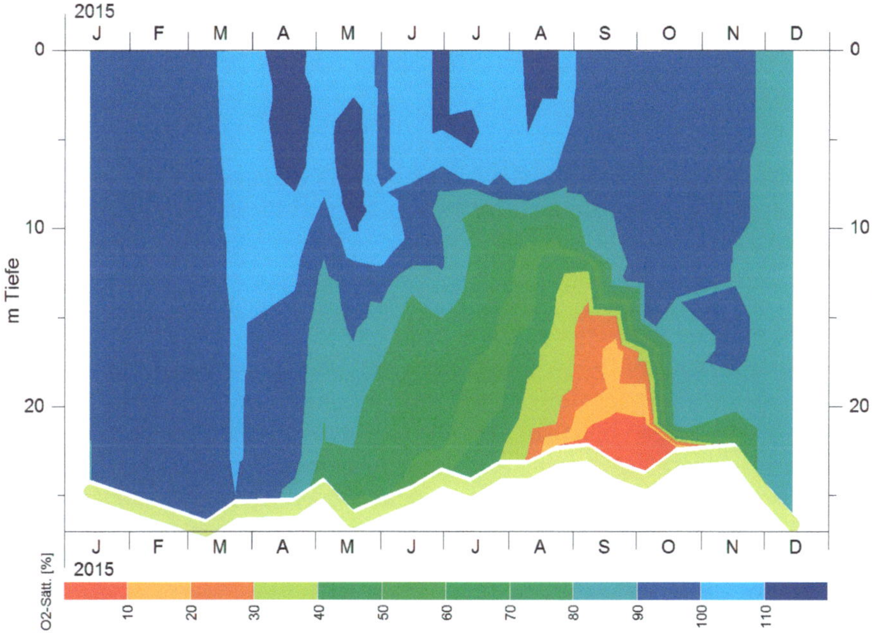

Bild 8.2: Jahreszeitliche Verteilung der Sauerstoffsättigung in der Kerspe Talsperre, 2015 (Isoplethendarstellung)

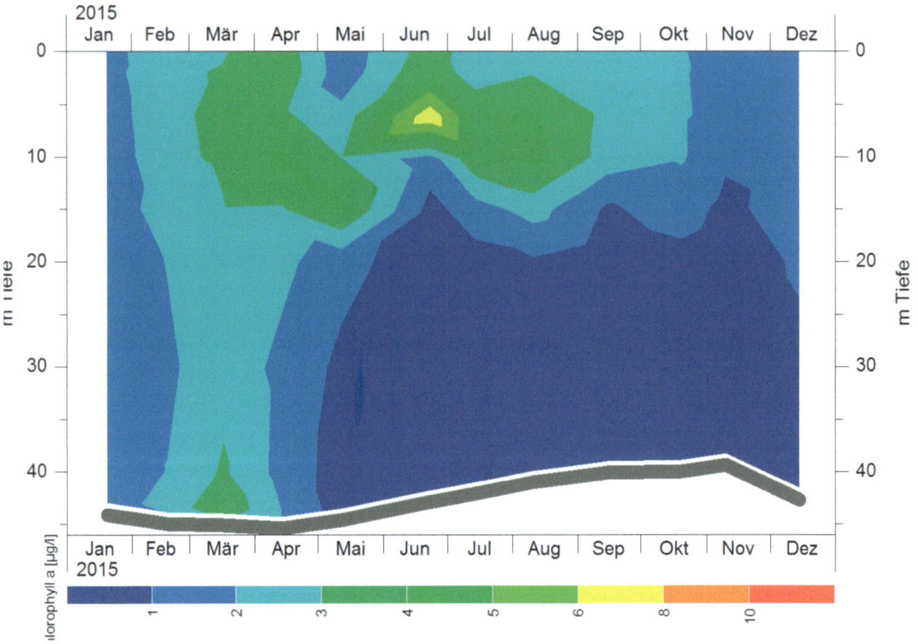

Bild 8.3: Jahreszeitliche Verteilung des Chlorophyll a-Gehaltes in der Wahnbach-Talsperre, 2015 (Isoplethendarstellung)

Die jahreszeitlich unterschiedliche Verteilung in einem Gewässer sind in den Bildern 8.2 und 8.3 beispielhaft für die Sauerstoffsättigung und für den Chlorophyllgehalt wiedergegeben.

Aufgrund dieser jahreszeitlich unterschiedlichen Verteilung in einem stehenden Gewässer ist für eine limnologische Charakterisierung eine Probenahme aus verschiedenen Wassertiefen erforderlich. Die Probenahmetiefen sind so festzulegen, dass den beschriebenen Erscheinungen Rechnung getragen wird. Es ist nicht möglich, hierfür verbindliche Empfehlungen zu geben, da z. B. die Temperaturschichtungsverhältnisse in einzelnen Gewässern sehr unterschiedlich sein können. Daher sollte man vor der Etablierung von Probenahmeprogrammen zunächst orientierende Untersuchungen, vornehmlich während der Schichtungsperiode, durchführen. Zur groben Orientierung reichen hierfür einige wenige Parameter wie die Temperatur, der Sauerstoffgehalt und die Trübung aus, die leicht mit einer Multiparametersonde im Tiefenprofil gemessen werden können (siehe Bilder 8.5 und 8.6).

8.3.2.2 Unterschiedliche Wasserbeschaffenheit in verschiedenen Teilen des Gewässers

Unterschiede in der Wasserbeschaffenheit in horizontaler Richtung sind in langgestreckten Gewässern zu beobachten, die einen Hauptfluss aufweisen, der an einem Ende in dieses Gewässer mündet und dessen übrige Zuflüsse in Bezug auf die Wassermenge nur eine untergeordnete Bedeutung besitzen. Fast alle Talsperren und Rinnenseen sind diesem Gewässertyp zuzuordnen.

In diesen Gewässern ändert sich im Längsprofil die Wasserbeschaffenheit vom Einlauf des Hauptzuflusses bis zum gegenüberliegenden Ende des Sees oder bis zum Sperrbauwerk bei einer Talsperre. Der zuflussnahe Bereich weist meist eine höhere Nährstoffkonzentration und Trübung und demzufolge auch eine höhere Planktonentwicklung auf. Außerdem ist dieses Kompartiment meist flacher ausgestaltet, so dass die Produktionszone bis zum Sediment reichen kann. Im weiteren Verlauf verringern sich die Nährstoffkonzentrationen und in der Regel auch die Planktonbiomassen.

In größeren Seen findet sich eine ähnliche Zonierung zwischen Uferbereich und Freiwasser. Manche natürlichen Seen sind in mehrere miteinander verbundene Teilbecken gegliedert. Aufgrund unterschiedlicher Morphologie der einzelnen Teilbecken, unter Umständen auch, weil ihnen Wasser aus Zuflüssen unterschiedlicher Qualität zufließt, kann die Beschaffenheit des Wassers in den einzelnen Teilbecken recht große Unterschiede aufweisen.

Falls es darauf ankommt, derartige (bezogen auf die Seeoberfläche) regionale Unterschiede in einem See oder in einer Talsperre zu berücksichtigen, so ist es zwingend erforderlich, mehrere Probenahmestellen einzurichten. In vielen Fällen werden aber nur Daten für eine globale Charakterisierung und Beurteilung des Gewässers benötigt, so dass es ausreicht, an der tiefsten Stelle des Gewässers Proben zu entnehmen.

8.3.3 Die Entnahme integrierter Proben

Die in einem Gewässer auftretenden Stoffkonzentrationen weisen häufig nicht nur große örtliche Unterschiede auf, sondern zuweilen treten auch Änderungen in sehr rascher zeitlicher Abfolge auf. Bei der Planung von Probenahmeprogrammen muss diesen raschen zeitlichen Änderungen Rechnung getragen werden.

Die zeitlichen Änderungen folgen sowohl einem jahreszeitlichen als auch einem tageszeitlichen Muster. Die Wasserbeschaffenheit kann sich insbesondere in Gewässern mit einer hohen Bioproduktion im Laufe des Tages erheblich ändern. Im Tagesverlauf kommt es bei der Primärproduktion zu einer Erhöhung der Sauerstoffkonzentration, während die CO_2-Konzentration abnimmt. In schwach gepufferten Wässern ist dieser Vorgang mit einem starken Anstieg des pH-Wertes verbunden. Während der Nacht geht die Sauerstoffkonzentration wieder zurück, während der pH-Wert abnimmt. Um die tageszeitlichen Einflüsse zu minimieren, sollten bei ein- oder mehrjährigen Untersuchungen die Wasserproben immer zur gleichen Tageszeit entnommen werden.

Die Änderungen der Wasserbeschaffenheit treten zuweilen sehr schnell ein. Der Aufbau von hohen Biomasse-Konzentrationen z. B. im Frühjahr und deren Abbau kann sich im Verlauf von ein bis zwei Wochen vollziehen. Sollen diese Schwankungen und Konzentrationsspitzen erfasst werden, so ist eine wöchentliche Probenahme erforderlich. Um dennoch den Probenanfall geringer zu halten, wird als Kompromiss die zeitliche Auflösung auf Kosten der örtlichen Auflösung bevorzugt und integrierte Proben aus verschiedenen Tiefen entnommen.

Dabei wird eine Mischprobe, entweder über die gesamte Wassersäule bzw. Wassertiefe oder aber über einen bestimmten Tiefenbereich, z. B. Epilimnion, Metalimnion (Sprungschicht), Hypolimnion (Tiefenwasser), genommen.

8.4 Wahl der geeigneten Behälter und Geräte

Die Auswahl der Geräte und Probenflaschen sind von den zu untersuchenden Parametern abhängig. Dazu müssen die parameterspezifischen Normen bzw. die allgemeine Norm zur Konservierung und Handhabung von Wasserproben DIN EN ISO 5667-3 [15] auf jeden Fall berücksichtigt werden.

8.4.1 Werkstoffe

Hinsichtlich der Werkstoffe der Probenahme- und Transportbehälter sind bei der Probenahme aus stehenden Gewässern die gleichen Regeln wie bei jeder anderen Probenahme zu beachten. Vor allen Dingen darf keine Wechselwirkung zwischen der Probe und dem Werkstoff eintreten, d. h., dass man z. B. keine Schöpfer mit Messingteilen verwenden darf, wenn es darauf ankommt, geringste Konzentrationen von Kupfer in der Wasserprobe zu bestimmen. Genauso wenig sind Kunststoffgefäße geeignet, welche die organischen Verbindungen, die man analysieren will, adsorbieren können.

8.4.2 Geräte

Für die Probenahme aus Seen und Talsperren wird man nur in seltenen Fällen einfache Schöpfbecher verwenden. Deren Verwendung ist eigentlich nur im Rahmen von Probenahmen aus besonderem Anlass denkbar.

Da es in den meisten Fällen erforderlich ist, Wasserproben aus sehr unterschiedlichen Tiefen zu entnehmen, müssen hierfür speziell konstruierte Probenahmegeräte verwendet werden. Hierzu kommen entweder Schöpfer, Pumpen oder Netze zum Einsatz. Eine große Anzahl verschiedener Schöpfer ist im Laufe der Zeit konstruiert worden.

Bei den Schöpfern kann man zwei Haupttypen unterscheiden, nämlich Schöpfer, die es erlauben, eine Probe aus einer definierten Tiefe zu entnehmen und solche Schöpfer, die eine integrierte Probenahme über einen bestimmten Tiefenbereich ermöglichen. Gängige Schöpfer für diskrete Proben sind Ruttner-Schöpfer, Friedinger-Schöpfer, Van-Dorn-Fallschöpfer, Limnos-Schöpfer, die auch käuflich zu erwerben sind. Darüber hinaus gibt es eine Vielzahl von speziellen Schöpfern, die in Eigenregie für eine bestimmte Fragestellung entwickelt wurden, aber meist nicht käuflich zu erwerben sind [8, 9]. Für die Entnahme von Planktonproben können auch Planktonnetze mit verschiedenen Maschenweiten verwendet werden. In der Literatur gibt es nur wenige vergleichende Untersuchungen der Probenahmetechniken [10, 11].

Bei der Wahl eines geeigneten Schöpfers ist sicherzustellen, dass das Wasser beim Absenken frei hindurch strömt und es zu keinen starken Verwirbelungen an den Ein- und Austrittsstellen des Wassers kommt. Ruttner-Schöpfer sind wegen Einströmbehinderungen aufgrund der horizontalen Deckelstellung nicht für die Schöpfprobenahme geeignet. Dieser Effekt ist allerdings nur bei der Entnahme von Planktonproben bedeutsam, während er für die Entnahme von Proben zur Untersuchung chemischer Parameter keine große Rolle spielt. Zusätzlich ist darauf zu achten, dass der Verschluss der Schöpfer in der gewünschten Tiefe zuverlässig erfolgt.

Für die integrierte Probenahme werden verschiedene Schöpfer eingesetzt: UWITEC-Schöpfer, Schröder-Schöpfer oder IWS-Schöpfer, die eine Probenahme, z. B. über die euphotische Zone (0 – 2,5-fache Sichttiefe), erlauben.

Mit dem summierenden Wasserschöpfer nach Schröder (1969) kann eine Mischprobe von der Oberfläche bis zu Tiefen von maximal 21 m entnommen werden. Der UWITEC-Schöpfer arbeitet nach dem Kolbenhubprinzip, d. h. durch das Eigengewicht des Schöpfers wird über eine Kette und Zahnräder ein Kolben im Plexiglasrohr (5 l Volumen) aufwärts bewegt, proportional zum zurückgelegten

Bild 8.4: Integrierender IWS-Schöpfer

Weg des Schöpfers. Es sind 20 oder 10 m möglich und es können auch hypolimnische Mischproben entnommen werden.

Auch der Integrated Water Sampler (IWS) (siehe Bild 8.4) arbeitet nach dem Kolbenprinzip, besitzt aber eine elektronische Steuerung mit der Anfang- und Endtiefen über ein wasserdichtes Handheld eingegeben werden. Er kann bis in 100 m Wassertiefe eingesetzt werden.

Bei Shearer (1978) [13] wird eine Vorrichtung zur integrierten Probenahme mit Pumpe und Schlauch beschrieben, wobei der Morphologie des Gewässers Rechnung getragen wird, indem in größerer Tiefe entsprechend der hypsografischen Kurve des Gewässers weniger Wasser entnommen wird als in der Nähe der Oberfläche. Man erhält auf diese Weise eine volumengewichtete Mischprobe

Die beschriebenen Geräte werden in der Regel mit Hilfe von Seilwinden abgesenkt, wobei darauf zu achten ist, dass keine Restluft im Schöpfer verbleibt. Die Geräte können, wenn die gewünschte Tiefe erreicht wird, durch Klappen oder Ventile verschlossen werden. Diese Klappen oder Ventile werden meist durch am Seil herabgelassene Gewichtsstücke ausgelöst.

In großen und tiefen Gewässern können neben den bereits beschriebenen saisonalen, räumlichen und tageszeitlichen Unterschieden in der Wasserbeschaffenheit auch noch interne Schwingungen, genannt Seiches, auftreten. An der Grenze zwischen zwei Wasserschichten kommt es zu sinusartigen Schwingungen, die so rasch sind, dass während der Entnahme einer Probenserie in dieser Beziehung bereits Änderungen eintreten. Will man diesem Phänomen Rechnung tragen, so ist es notwendig, eine Serie von Schöpfgeräten zu verwenden, die simultan ausgelöst werden [14].

Vielfach werden zur Probenahme auch motor- oder handgetriebene Pumpen verwendet. In den meisten Fällen handelt es sich dabei um Saugpumpen, gelegentlich werden aber auch Druckpumpen verwendet, die mit einem Seil herabgelassen werden oder aber an der Probenahmestelle fest installiert sind. Mit derartigen Einrichtungen können sowohl Einzelproben, indem der Schlauch in einer bestimmten Tiefe hängen bleibt, als auch integrierte Proben, indem der Schlauch langsam aufwärts oder abwärts bewegt wird, entnommen werden. Auf die Möglichkeit der Entnahme einer volumengewichteten Probe mit Hilfe einer derartigen Einrichtung wurde bereits hingewiesen.

Bei der Verwendung von Pumpen ist darauf zu achten, dass hierdurch die Organismen, die im Wasser leben, nicht geschädigt werden. Empfindliche Organismen können durch die in der Pumpe auftretenden Druckunterschiede geschädigt werden. Darüber hinaus ist aber auch eine chemische Beeinflussung der Wasserprobe durch die Verwendung von Pumpen möglich. So können z. B. leichtflüchtige Substanzen durch den Pumpvorgang ausgasen oder organische Substanzen können an den – meist aus Kunststoff bestehenden – Schlauchwandungen adsorbieren.

8.5 Durchführung

8.5.1 Probenahmeort

Es ist zweckmäßig, Probenahmeorte für wiederkehrende Untersuchungen im Gewässer zu markieren, sofern die dortigen Verhältnisse es erlauben. Hierzu verwendet man am zweckmäßigsten Bojen, die an Seilen befestigt sind und durch ein ausreichend schweres Gewicht am Gewässergrund an der Entnahmestelle fixiert werden. Zusätzlich sollten die geographischen Koordinaten der Entnahmestellen bestimmt und dokumentiert werden. In Fällen, wo das Setzen von Bojen entweder aus technischen oder aus rechtlichen Gründen nicht möglich ist, oder beim Verlust einer Boje, können so navigatorische Hilfsmittel verwendet werden, um die einmal festgelegte Probenahmestelle wiederzufinden.

In den meisten Fällen ist es zweckmäßig, nicht nur die Probenahmeorte, sondern auch die Probenahmetiefen festzulegen. Man sollte die einmal gewählten Tiefen möglichst beibehalten, da dies die spätere Auswertung erheblich erleichtert. Sollten zwischen diesen festgelegten Tiefen bei einer Probenahme interessante Phänomene, z. B. Algenmaxima, zu beobachten sein, sollten an diesen Stellen zusätzliche Proben genommen werden, jedoch die übrigen einmal festgelegten Tiefen möglichst beibehalten werden. Die Tiefen sollten sich, den oben beschriebenen Einflüssen folgend, vorwiegend nach dem Abstand von der Wasseroberfläche orientieren. Nur bei Proben in der Nähe des Gewässergrundes sollte sich das Festlegen der Probenahmeniveaus am Abstand vom Gewässergrund orientieren.

Eine Probenahme in festinstallierten Niveaus ist auch zweckmäßig, wenn das Gewässer einer Nutzung, z. B. Rohwasserentnahme für die Trinkwasseraufbereitung, unterliegt. Hier könnten auch im Entnahmeturm feste Probenahmestellen installiert werden, wobei darauf zu achten ist, dass die Probenahmeleitungen kurz und Dauerläufer sind. Für ein aussagekräftiges Tiefenprofil sind je nach Tiefe des Gewässers darüber hinaus ergänzende Tiefenstufen sinnvoll.

8.5.2 Transportstabilisierung und Konservierung der Proben

Im Fall der Probenahme aus Seen und Talsperren muss beachtet werden, dass die Probe immer eine mehr oder weniger große Anzahl lebender Organismen enthält, welche die Beschaffenheit der Wasserprobe durch ihren Stoffwechsel erheblich verändern können. Insbesondere ist darauf zu achten, dass ein Teil dieser Organismen autotroph ist und damit sehr stark auf Licht reagiert. Man sollte daher für den Transport der Proben lichtdichte Behälter wie z. B. Braunglasflaschen verwenden oder die Flaschen in einem Transportbehälter so verpacken, dass sie dem Licht nicht ausgesetzt sind. Auch bei der Entnahme der Proben muss man auf den Einfluss des Lichtes achten, da Organismen, die aus einer größeren Tiefe geholt werden, an die dort herrschenden geringen Lichtintensitäten angepasst sind und einem Schock ausgesetzt werden, wenn sie plötzlich in starkes Sonnenlicht gelangen. Die Organismen können dann absterben, wodurch die Beschaffenheit des Wassers verändert wird. Dieser Effekt ist nicht nur in Bezug auf die Auswahl geeigneter Probenahmegefäße von Bedeutung, sondern auch bei der Entnahme und Handhabung der Proben.

Ein weiterer Grund für Qualitätsänderungen in der Wasserprobe kann auch das Ausgasen durch Druckveränderungen sein, wenn die in größerer Tiefe entnommene Probe an die Wasseroberfläche gebracht wird. Deshalb sollen Parameter, die sich erfahrungsgemäß rasch ändern, wie z. B. pH-Wert, Temperatur und Sauerstoffkonzentration, an Ort und Stelle in situ (direkt im Gewässer) gemessen werden. Für Tiefenprofilmessungen eignen sich hierfür Multiparameter-Sonden (siehe Bild 8.5). Auch die Tiefenverteilung der Algenpigmente kann durch Verwendung einer Fluoreszenzsonde (siehe Bild 8.6) direkt im Gewässer bestimmt werden. Das spektralfluorometrische Messprinzip ermöglicht weiterhin die Differenzierung der quantitativen Anteile verschiedener Algenklassen als sogenannte Fingerprints.

Die Probenflaschen müssen dicht verschlossen und gut isoliert, gegen Licht- und Wärmeeinwirkungen geschützt, möglichst zügig in das untersuchende Labor trans-

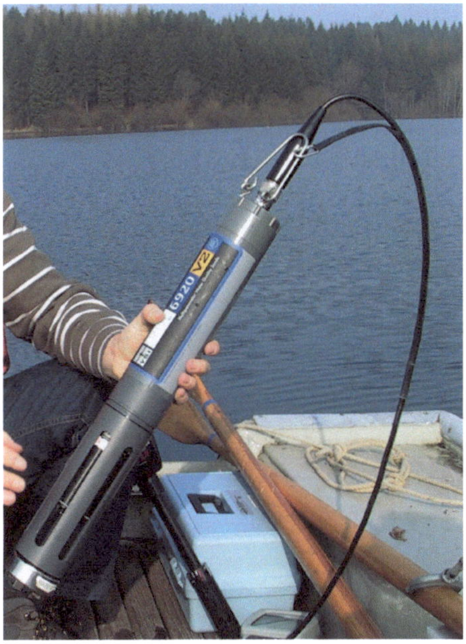

Bild 8.5: Multiparametersonde für Tiefenverteilung (Temperatur, Sauerstoff, pH-Wert, Leitfähigkeit, Trübung)

Bild 8.6: FluoroProbesonde für Tiefenprofilmessungen der Algenpigmente

portiert werden. Für bestimmte Parameter muss bereits vor Ort eine Konservierung bzw. Stabilisierung laut der jeweiligen parameterspezifischen Norm erfolgen. Für die Nährstoffanalytik sind die Proben direkt vor Ort zu filtrieren. Sind in den parameterspezifischen Normen keine Hinweise zu Konservierungsmaßnahmen aufgeführt, gibt DIN EN ISO 5667-3 [15] Konservierungsmöglichkeiten für einzelne Parameter an.

Neben der Möglichkeit der Kühlung auf 5 ± 3 °C oder des Tiefgefrierens bei -18 °C, können die Proben durch Chemikalienzugabe oder Filtration stabilisiert werden. Teilweise ist es möglich, Konservierungsmittel bereits in den Probenflaschen vorzulegen. Proben von Zoo- oder Phytoplankton müssen für die Untersuchung fixiert werden (z. B. mit Lugol'scher Lösung für Phytoplankton oder Alkohol für Zooplankton).

Die vor Ort ergriffenen Maßnahmen zur Konservierung müssen im Probenahmeprotokoll bzw. auf den Probenflaschen dokumentiert werden.

8.5.3 Sicherheitsbestimmungen

Bei der Probenahme steht grundsätzlich die Sicherheit der Probenehmer an erster Stelle. Ist eine sichere Durchführung der Probenahme unter den vorherrschenden Bedingungen nicht gegeben, so muss die Probenahme unterbleiben, bis die Gegebenheiten derart angepasst wurden, dass die Sicherheit der Probenehmer gewährleistet ist. Schätzen die Probenehmer die Probenahme als zu gefährlich ein, müssen sie die Probenahme abbrechen.

Es müssen mindestens zwei Personen für die Probenahme eingesetzt werden.

Im Allgemeinen werden Proben in stehenden Gewässern von einem Boot aus entnommen, im Winter eventuell auch vom Eis aus. Besonders in letzterem Fall sind beträchtliche Unfallgefahren gegeben und die geltenden Unfallverhütungsvorschriften müssen unbedingt beachtet werden. Die Probenahme vom Eis aus darf nur erfolgen, wenn gewährleistet ist, dass das Eis eine genügende Tragfähigkeit aufweist. Bei Talsperren aus denen z. B. Rohwasser entnommen wird, sollte keine Probenahme auf dem Eis stattfinden, da die Tragfähigkeit der Eisdecke durch den schwankenden Pegelstand nicht gewährleistet ist.

8.5.4 Probenahmeprotokoll

Wie bei jeder Art der Probenahme muss auch bei der Probenahme aus stehenden Gewässern ein Probenahmeprotokoll angelegt werden. Das AQS-Merkblatt „Probenahme aus Seen“ [3] enthält ein Musterprotokoll für die Probenahme aus Seen. Das Protokoll sollte neben den allgemeinen Angaben zu Ort, Witterung, Vor-Ort-Parametern usw. über genügend Raum für Bemerkungen verfügen. Dort sollten z. B. Abweichungen vom Untersuchungsauftrag oder den Arbeitsvorschriften, Auffälligkeiten/Veränderungen in der Umgebung der Probenahmestelle (Einleitungen, Sanierungsarbeiten, hohes Aufkommen von Algen, ...) vermerkt werden, um mögliche Einflüsse auf die Proben zu dokumentieren.

Bei Probenahmen aus besonderem Anlass sind unter Umständen detailliertere Angaben erforderlich. In diesem Fall sollte auch der Grund für die Probenahme protokolliert werden, darüber hinaus kann es sinnvoll sein, dem Probenahmeprotokoll eine Lageskizze und Fotos des Probenahmeortes beizufügen.

Literatur

[1] ISO 5667-4 (2016): Water quality – Sampling Part 4: Guidance on sampling from lakes, natural and man-made.

[2] DIN 38402-12 (1985): Deutsche Einheitsverfahren zur Wasser- Abwasser- und Schlammuntersuchung; Allgemeine Angaben (Gruppe A); Probenahme aus stehenden Gewässern (A12).

[3] Länderarbeitsgemeinschaft Wasser (LAWA) (Hrsg.) (2015): AQS-Merkblätter für die Wasser-, Abwasser- und Schlammuntersuchung, Berlin (Erich Schmidt Verlag); Merkblatt P-8/5: Probenahme aus Seen.

[4] Nixdorf, B., Hoehn, E., Riedmüller, U., Mischke, U. & Schönfelder, I. (2010): Probenahme und Analyse des Phytoplanktons in Seen und Flüssen zur ökologischen Bewertung gemäß der EU-WRRL. Handbuch Angewandte Limnologie – Methodische Grundlagen. III-4.3.1. Erg. Lfg. 4/10: S. 1 – 24.

[5] LAWA (2014): Trophieklassifikation von Seen. Richtlinie zur Ermittlung des Trophie-Index nach LAWA für natürliche Seen, Baggerseen, Talsperren und Speicherseen. Kiel: S. 1 – 34.

[6] ATT (1999): Untersuchungsprogramm zur Wasserbeschaffenheit in Trinkwassertalsperren. – in: Techn. Information Nr. 8, Siegburg. München (Oldenbourg Industrieverlag).

[7] ATT (1998): Erfassung Bewertung von Planktonorganismen. – in: Techn. Information Nr. 7, Siegburg. München (Oldenbourg Industrieverlag).

[8] Dodds, W. K. & Priscu, J. C. (1988): An inexpective device for sampling large volumes of lake water from discrete depths. – in: Freshwat. Biol. 20: S. 113 – 115.

[9] Kjensmo, J. (1967): A water sampler for investigation of 'microstratification' in lakes. – in: Z. Hydrol. 29 (Schweiz): S. 361 – 365.

[10] Hilton, J., Carrick, T., Rigg, E. & Lishman, J. P. (1989): Sampling strategies for water quality monitoring in lakes: the effect of sampling methods. – in: Environmental Pollution 57: S. 223 – 234.

[11] Stich, H. B., Maier, G. & Hoppe, A. (2010): Projekt Zooplankton – Probenahme-Bericht des Institus für Seenforschung der LUBW.35 p. Download unter: www.lubw.baden-wuerttemberg.de

[12] Schröder, R. (1969): Ein summierender Wasserschöpfer. – in: Arch. Hydrobiol. 66: S. 241 – 243.

[13] Shearer, J. A. (1978): Two Devices for Obtaining Water Samples Integrated over Depth. – in: Fisheries & Marine Service Technical Report No. 772: S. 1 – 9.

[14] Tessenow, U., Frevert, T., Hofgärtner, W. & Moser, A. (1975): Ein simultan schließender Serienschöpfer für Sedimentkontaktwasser mit photoelektrischer Selbstauslösung und fakultativem Sedimentstecher. – in: Arch. Hydrobiol. Suppl. 48: S. 438 – 452.

[15] DIN EN ISO 5667-3 (2013): Wasserbeschaffenheit – Probenahme – Teil 3: Konservierung und Handhabung von Wasserproben (ISO 5667-3:2012); Berlin (Beuth).

9 Die Probenahme von Schwimm- und Badebeckenwasser

*U. Borchers**

*unter Verwendung des Kapitels von D. Eichelsdörfer aus der 1. Auflage 1998

9.1 Einleitung

In Deutschland wird die mikrobiologische und chemische Qualität des Wassers in Schwimm- und Badebecken bisher gesetzlich nur durch das Infektionsschutzgesetz (IfSG) [1] geregelt. Im § 37 Absatz 2 IfSG wird die zentrale und wichtigste Anforderung an die Beschaffenheit von Schwimm- und Badebeckenwasser gestellt: „*Schwimm- oder Badebeckenwasser in Gewerbebetrieben, öffentlichen Bädern sowie in sonstigen nicht ausschließlich privat genutzten Einrichtungen muss so beschaffen sein, dass durch seinen Gebrauch eine Schädigung der menschlichen Gesundheit, insbesondere durch Krankheitserreger, nicht zu besorgen ist.*"

Damit wird für Schwimm- und Badebeckenwasser die gleiche Generalforderung der gesundheitlichen Unbedenklichkeit erhoben, wie beim Trinkwasser. Das IfSG eröffnet in § 38 auch für diese Kategorie an Wasser die Möglichkeit zum Erlass einer spezifischen Rechtsverordnung analog zur Trinkwasserverordnung (TrinkwV). Eine Schwimmbadwasserverordnung wurde jedoch bisher nicht vom Gesetzgeber verabschiedet, was überwiegend an der Ablehnung durch die Bundesländer liegt, die mit zu hohen Kosten für die Kommunen rechnen. Die Bestimmungen und Regelungen, die für eine eventuelle Schwimmbadwasserverordnung vorgesehen waren, sind nun in einer Bekanntmachung des Umweltbundesamtes zu „Hygieneanforderungen an Bäder und deren Überwachung" [2] publiziert worden. Sie bildet zusammen mit der DIN 19643 [3] das untergesetzliche Regelwerk.

Die Aufbereitung von Schwimm- und Badebeckenwasser muss so erfolgen, dass jederzeit in allen Beckenbereichen die Anforderungen des § 37, Absatz 2 IfSG erfüllt sind. Bei Bädern, die normgerecht gebaut und betrieben werden, in denen die Wasseraufbereitung den allgemein anerkannten Regeln der Technik (a. a. R. d. T.) entspricht und bei denen insbesondere die Durchströmung, Aufbereitung und Betriebskontrolle normgerecht erfolgen [3], kann davon ausgegangen werden, dass eine hygienisch einwandfreie Wasserbeschaffenheit erzielt wird. Diese Anforderungen werden wie beim Trinkwasser durch das Gesundheitsamt überwacht. Um den hygienischen Anforderungen zu genügen, muss das in einem Nutzungs- und Aufbereitungskreislauf geführte Schwimmbadwasser fortlaufend aufbereitet und desinfiziert werden.

9.2 Begriffe

Das typischerweise im Kreislauf geführte Schwimmbadwasser erfährt durch die Nutzung im Becken, durch den laufenden Zusatz von Füllwasser (Frischwasser mit Trinkwasserqualität) und durch die in den Verfahrensstufen stattfindenden Aufbereitungsprozesse und die abschließende Desinfektion mit Chlor zwangsläufig Veränderungen seiner Beschaffenheit.

Deshalb wurden für die verschiedenen Wasserarten in den einzelnen Abschnitten des Nutzungs- und Aufbereitungskreislaufes bestimmte Bezeichnungen festgelegt. Die unterschiedlichen Gegebenheiten bei den einzelnen Abschnitten des Schwimmbadwasserkreislaufes sowie die zur Untersuchung der Wässer angewandten Methoden erfordern auch verschiedene Arten der Probenahme.

9.2.1 Bezeichnung der Wasserarten im Schwimmbadwasserkreislauf

Der Nutzungs- und Aufbereitungskreislauf von Schwimm- und Badebeckenwasser ist einschließlich der Füllwasserzufuhr und des Austrags von Belastungsstoffen durch die Filteranlage in Bild 9.1 schematisch dargestellt.

Je nachdem, welchen Abschnitt des Kreislaufes das Wasser durchläuft, unterscheidet man folgende Wasserarten:

- **Beckenwasser**: Wasser in Schwimmbecken aller Art,
- **Erstfiltrat**: nach Spülung eines Filters und Wiederbeginn der Filtration anfallendes Wasser, welches nicht dem Becken zugeführt wird,
- **Filtrat**: filtriertes Wasser vor einer eventuellen Nachbehandlung und vor Einmischung des Desinfektionsmittels,
- **Füllwasser**: Das zur Erst- und Nachfüllung benutzte Wasser (früher als „Frischwasser" bezeichnet).
- **Schwallwasser**: durch Störung des Wasserspiegels in die Überlaufrinne strömendes Beckenwasser,
- **Rohwasser**: der Aufbereitung zugeführtes Wasser,
- **Reinwasser**: Filtrat bzw. Filterablaufwasser nach der Chlorung,
- **Spülwasser**: Das zur Spülung von Filtern verwendete Wasser,
- **Überlaufwasser**: Anteil des im Kreislauf umgewälzten Wassers (Volumenstrom), der ständig von der Beckenwasseroberfläche über Beckenkopf und Überlaufrinne zum Wasserspeicher (ältere Bezeichnung: Schwallwasserbehälter, Zwischenspeicher) abgeleitet wird,
- **Spülabwasser** (früher Schlammwasser): bei der Spülung von Filtern anfallendes Wasser.

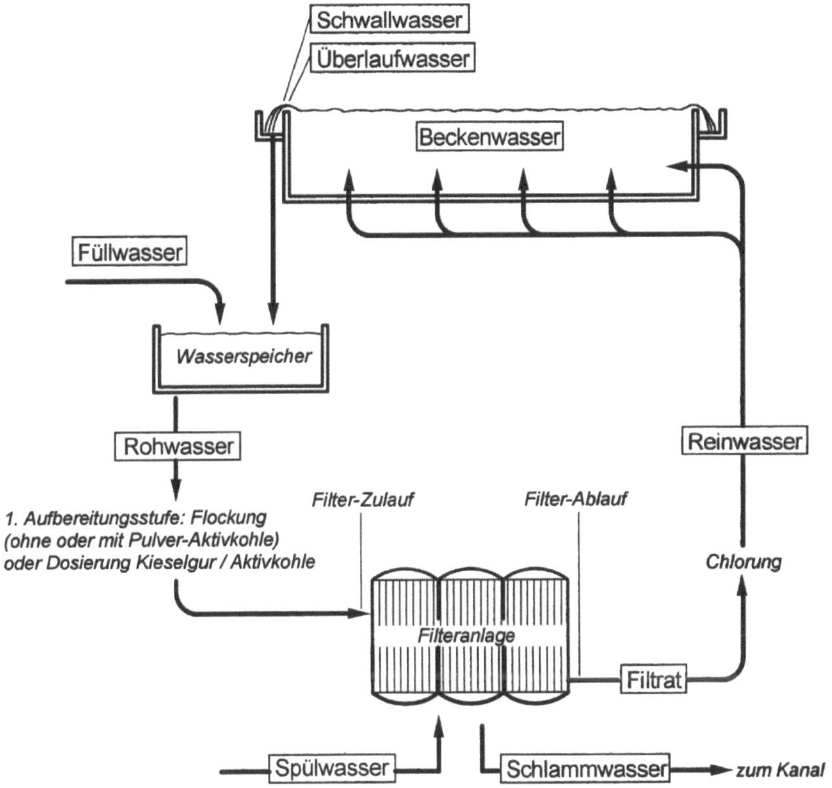

Bild 9.1: Wasserarten im Badebeckenwasserkreislauf

9.3 Überwachung

Der Unternehmer oder sonstige Inhaber (UsI) eines Schwimmbades hat die Abwesenheit von Krankheitserregern und toxikologisch relevanter chemischer Stoffe zuverlässig und dauerhaft zu gewährleisten. Dies wird in der Regel als gegeben angesehen, wenn er die a.a.R.d.T. einhält. Er ist dementsprechend zur Eigenüberwachung verpflichtet. Aufgrund ihrer hohen Bedeutung werden die Anforderungen an die Hygiene gemäß § 37, Absatz 3 IfSG vom Gesundheitsamt überwacht. Hierbei obliegt diesem sowohl die Kontrolle der Einhaltung der Betreiberverpflichtungen als auch die Überwachung von Beckenwasser einschließlich der Wasseraufbereitungsanlagen. Für die Durchführung der Überwachung gilt § 16, Absatz 2 IfSG. Der UsI eines Schwimm- oder Badebeckens hat die ihm obliegenden Wasseruntersuchungen auf eigene Kosten durchzuführen oder durchführen zu lassen.

9.4 Zweck, Umfang und Zeitfolge von Kontrolluntersuchungen

Bei Kontrolluntersuchungen von Schwimm- und Badebeckenwasser unterscheidet man zwischen den in bestimmter Zeitfolge von der Gesundheitsbehörde vorgenommenen oder veranlassten Kontrollen der Wasserbeschaffenheit (Pflichtuntersuchungen) und den durchzuführenden Routineuntersuchungen zur betriebseigenen (täglichen) Überwachung.

Daneben gibt es Sonderuntersuchungen z. B. im Rahmen der Abnahmeprüfung von neu erstellten Bädern oder nach Stilllegung und Sanierung wieder eröffneter Schwimm- und Badeanlagen sowie zur Funktionsprüfung verschiedener Verfahrensstufen und Verfahrenskombinationen.

9.4.1 Kontrolluntersuchungen durch die Gesundheitsämter oder auf deren Veranlassung

Die Einzelheiten der Überwachung durch das Gesundheitsamt regelt die betreffende UBA-Empfehlung [2]. Die amtlichen Kontrollen erfolgen im Rahmen einer Ortsbesichtigung einschließlich der Probenahme und beinhalten die Überprüfung folgender Aspekte:

- Erfüllung der Pflichten des Betreibers nach den Anforderungen der a. a. R. d. T. und nach den Empfehlungen des UBA [2].
- Kontrolle des Betriebsbuches auf richtige Führung und Auffälligkeiten.
- Kontrolle des Wasserkreislaufs des Beckenwassers einschließlich Wasseraufbereitung. Dies kann Probenahmen und Untersuchungen der Wässer einschließen.
- Kontrolle der Trinkwasserinstallation einschließlich der Duschen. Auch hierfür können Probenahmen erforderlich sein.
- Kontrolle der hygienischen Anforderungen an sonstige Einrichtungen in den Bädern.

Oft ist es so, dass die Probenahmen und Untersuchungen im Rahmen der Betreiberpflichten abseits der behördlichen Begehungen durchgeführt werden. Dazu wird meistens in Abstimmung mit dem Gesundheitsamt die Untersuchung durch ein akkreditiertes Labor durchgeführt, wobei sich die Untersuchungsumfänge und -häufigkeiten an der DIN 19643-1 orientieren [3]. In dem Fall kann auf eine eigene zusätzliche Probenahme durch das Gesundheitsamt verzichtet werden.

Die von der Gesundheitsbehörde in Anlehnung an die DIN 19643-1 [3] durchgeführten oder veranlassten Kontrolluntersuchungen beziehen sich auf die mikrobiologischen Untersuchungen der Hygiene-Parameter sowie auf die physikalischen, physikalisch-chemischen und chemischen Untersuchungen der Hygiene-Hilfsparameter und der die Betriebstechnik betreffenden Parameter. Die Überwachungsparameter gehen aus den Tabellen 9.1 und 9.2 der Norm hervor. Zur Untersuchung dieser Parameter sind Probenahmen von Beckenwasser, Rohwasser, Reinwasser, Füllwasser und Filtrat erforderlich.

Bezüglich der Zeitfolge der Untersuchungen (Turnus) gilt gemäß DIN 19643-1 folgendes:

- Becken in geschlossenen Räumen und Becken, die sich zum Teil im Freien befinden, sowie ausschließlich zu Saunabetrieben gehörende Kaltwassertauchbecken müssen im Abstand von längstens einem Monat untersucht/überwacht werden.
- Sonstige Becken im Freien sind mindestens dreimal in der Badesaison, bei schönem Wetter mindestens zweimal monatlich zu untersuchen/überwachen.
- Die Parameter Trihalogenmethane, Bromat sowie der Summenwert von Chlorit und Chlorat sind im Beckenwasser im Abstand von längstens zwei Monaten zu messen. Wenn der obere Wert über den Zeitraum eines Jahres nicht überschritten wird, kann das Untersuchungsintervall auf längstens vier Monate ausgedehnt werden.

9.4.2 Betriebseigene Überwachung

Bei der betriebseigenen Überwachung ist es notwendig, dass der Betreiber eines Bades täglich ggf. mehrmals von jedem Beckenwasser die Hygiene-Hilfsparameter freies Chlor, pH-Wert und Redoxspannung sowie das gebundene Chlor bestimmt oder bestimmen lässt und die ermittelten Werte in ein Betriebsbuch einträgt:

1. **dreimal** am Tag sind der Gehalt an freiem und gebundenem Chlor zu bestimmen,
2. **einmal** am Tag ist die Einhaltung des festgelegten pH-Wert-Bereiches zu kontrollieren. Die bei Betriebsbeginn ermittelten Werte sind mit den von der Mess- und Regelanlage angezeigten Werten zu vergleichen. Werden Abweichungen festgestellt, müssen die Geräte kalibriert oder instand gesetzt werden,
3. **zweimal** am Tag ist die Einhaltung der festgelegten minimalen Redoxspannung zu kontrollieren.

9.5 Arten der Probenahme

Je nach der erforderlichen Probenahmestelle für eine Kontrolle innerhalb des Schwimmbeckenwasserkreislaufs werden entweder Schöpfproben oder Zapfhahnproben entnommen. Die Durchführung der Probenahme selbst wird in Kapitel 9.7 beschrieben.

- Schöpfprobe: aus Becken oder Behältern durch die Wasseroberfläche hindurch oder aus einem Absturz frei entnommene Proben.
- Zapfhahnprobe: aus Zapfstellen (Probenahmeventilen oder -hähnen) entnommene Proben.

9.6 Behälter und Geräte zur Probenahme

Für Probenbehälter, Behälterverschlüsse und Geräte sind grundsätzlich Werkstoffe zu wählen, die eine Veränderung der Beschaffenheit der Wasserproben bei der Probenahme und beim Transport der Proben ausschließen, z. B. Glas oder weichmacherfreie Kunststoffe.

Die Anforderungen an die Probenahmebehälter setzt im vorliegenden Fall insbesondere die DIN EN ISO 19458 [4], die jedoch nur für mikrobiologische Proben gilt. Für die Probenahmen für chemische Untersuchungen werden keine konkreten Anforderungen gestellt, so dass hier im Wesentlichen die betreffenden Anforderungen der Analysen-Normen gelten. Die DIN 19643-1 [3] ergänzt ganz allgemein, dass Probenahmeflaschen mit dem Probewasser vorgespült werden können, sofern keine Substanzen zur Probenstabilisierung wie Natriumthiosulfat vorgelegt sind. Schließlich wird allgemein auf die ISO 5667-3 [6] verwiesen bezüglich des Transports und der Lagerung von Wasserproben für physikochemische und chemische Untersuchungen.

Warnhinweis: Im Umgang mit Glasflaschen und Glasgeräten im Barfußbereich und insbesondere am Beckenrand ist wegen der Bruchgefahr größtmögliche Vorsicht geboten. Ein Flaschenbruch am Beckenrand kann unter Umständen ein Ablassen des gesamten Beckenwassers zur Entfernung der Glassplitter und eine kostspielige Neufüllung des Beckens notwendig machen.

9.6.1 Probenahmebehälter und -geräte für mikrobiologische Untersuchungen

9.6.1.1 Sterile Flaschen für Zapfhahnproben

Für die Zapfhahnprobe (siehe Kapitel 9.7.1) zur mikrobiologischen Untersuchung werden im Allgemeinen entsprechend vorbereitete 250 ml-Glasstandflaschen mit Schliffstopfen verwendet. Für besondere Untersuchungen sind größere Volumina erforderlich.

Schwimm- und Badebeckenwasser muss fortlaufend desinfiziert werden und enthält daher im Regelfall Chlor, Chloramin, Brom oder Ozon. Das Oxidationsmittel kann auch nach der Probenahme auf die Mikroorganismen einwirken, weswegen es sofort nach der Probenahme inaktiviert werden muss. Hierzu wird vorab ein Reduktionsmittel wie Natriumthiosulfat in die Probeflaschen gegeben.

Die theoretische Masse an Natriumthiosulfat (Pentahydrat), die notwendig ist, um 1 mg Chlor zu neutralisieren beträgt 7,1 mg. Daher wird je 100 ml-Flaschengröße 0,1 ml Natriumthiosulfat-pentahydrat-Lösung ($\rho(Na_2S_2O_3 \cdot 5\ H_2O) = 18\,g/l$) hinzu gefügt. Diese neutralisiert, abhängig von der Neutralisationsdynamik mindestens 2 mg/l und bis 5 mg/l des Chlorrückstands, was für die Mehrzahl der Proben ausreichend ist.

Die Flaschen werden schließlich bei (121 ± 3) °C für mindestens 15 min autoklaviert. Die Deckel der Flaschen lose halten, um die Luft während des Temperaturanstieges vollständig durch Dampf zu ersetzen, und um bei Kunststoffflaschen ein Kollabieren beim Abkühlen zu vermeiden. Schraubdeckel nach der Sterilisation festziehen. Glasstopfen getrennt von der Flasche sterilisieren, oder einen Papier- oder Aluminiumtrennstreifen verwenden, um das Festsitzen des Stopfens beim Abkühlen zu verhindern.

Alternativ können Flaschen im Trockenschrank für mindestens 1 h bei (170 ± 10) °C sterilisiert werden. Dabei werden Schliffglasstopfen vom Flaschenhals durch einen Papierstreifen oder ein Stück Schnur getrennt, um Festsitzen während des Abkühlens zu vermeiden.

Heute werden alternativ gern strahlensterilisierte Kunststoffflaschen des Laborhandels verwendet. Sie sind bruchsicher und als Einmalartikel durchaus wegen der Einsparung von Arbeit und Energie eine praktische sowie günstige Variante.

9.6.1.2 Sterile Flaschen für Schöpfproben

Für Schöpfproben (siehe Kapitel 9.7.2) zur mikrobiologischen Untersuchung, bei denen die Probenbehälter in das Wasser bzw. unter die Wasseroberfläche getaucht werden muss, sind Flaschen zu verwenden, die sowohl innen als auch außen steril sind, um ein Einschleppen von Keimen von der möglicherweise kontaminierten Außenfläche des Gefäßes zu vermeiden.

Hierfür werden heute üblicherweise strahlensterilisierte Kunststoffflaschen in sterilen Kunststoffbeuteln verwendet. Sie sind bruchsicher und als Einmalartikel durchaus wegen der Einsparung von Arbeit und Energie eine praktische sowie günstige Variante.

Alternativ können die entsprechend Kapitel 9.6.1.1 vorbereiteten und sterilen Flaschen in verschließbare Metallhülsen oder Aluminiumfolien verpackt und nochmals eine Stunde bei (170 ± 10) °C im Heißluftsterilisator sterilisiert werden.

Für Schöpfproben wird eine abgeflammte Greifeinrichtung (z. B. Greifzange) von etwa 50 cm Länge verwendet, um ein Eintauchen der unsterilen Hand in das Beckenwasser zu vermeiden.

9.6.2 Probenahmebehälter für wasserchemische Untersuchungen

Für die Bestimmung der chemischen Parameter werden je nach Bedarf für die Untersuchungsmethoden 250 ml-, 500 ml- oder 1 l-Standflaschen aus Glas mit Schliffstopfen (siehe Warnhinweis Kapitel 9.6) oder auch geeignete (weichmacherfreie) Kunststoffflaschen mit Schraubverschluss verwendet.

Wasserproben zur Bestimmung der Trihalogenmethane (THM) und anderer Chlorkohlenwasserstoffe dürfen nicht mit Kunststoffen (z. B. Kunststoffschläuche, Kunststoffbehältnisse, Kunststofftrichter etc.) in Berührung kommen und nicht in Kunststoffflaschen transportiert oder aufbewahrt werden, weil durch Sorptionsvorgänge zum Teil erhebliche Verluste verursacht werden.

Zur Probenahme werden Glasflaschen (ggf. Braunglas) mit abgeschrägtem Schliffstopfen bevorzugt verwendet.

9.7 Durchführung der Probenahme

9.7.1 Zapfhahnprobe

Je nach Fragestellung kann die Vorgehensweise bei der mikrobiologischen Probenahme sehr unterschiedlich sein (siehe Tabelle 9.1). Insofern sollte sich der Probenehmer im Vorfeld der Probenahme über den Zweck der Wasseruntersuchung im Klaren sein. Grundsätzlich wird in der DIN EN ISO 19458 [4] bei Probenahmen aus Entnahmearmaturen zwischen folgenden Fragestellungen unterschieden:

1. Feststellung der Wasserbeschaffenheit im Verteilungsnetz, welches in der Verantwortlichkeit des Wasserversorgers liegt [Tabelle 9.1 a].
2. Feststellung der Wasserbeschaffenheit an der Entnahmearmatur des Bades, welche durch die Trinkwasserinstallation in den Gebäuden des Schwimmbades verändert werden kann. Die Verantwortung liegt hierbei beim UsI des Bades [Tabelle 9.1 b].
3. Feststellung der Wasserbeschaffenheit während der Entnahme, die ggf. durch eine verschmutzte Entnahmearmatur beeinflusst werden kann [Tabelle 9.1 c].

Idealerweise sollten Wasserproben zur Überprüfung der mikrobiologischen Wasserqualität in Schwimmbädern [Tabelle 9.1, Zweck b] an Entnahmearmaturen entnommen werden, die sich nahe an Hauptleitungen befinden, sauber sind und sich durch Abflammen oder geeignete Maßnahmen desinfizieren lassen. Es können übliche Entnahmearmaturen benutzt werden, sofern sie durch Abflammen desinfizierbar sind.

Falls notwendig, ist die Entnahmearmatur zunächst zu säubern, so dass keine Verschmutzungen oder Ablagerungen von der Entnahmearmatur in die Probe gelangen können. Entnahmearmaturen mit undichten Spindeln dürfen nicht beprobt werden. Perlatoren, Dichtungen und andere Einbauten sind vor der Probenahme zu entfernen. Die Entnahmearmatur wird mehrmals voll geöffnet und wieder geschlossen, um gegebenenfalls vorhandene Ablagerungen auszuspülen. Anschließend wird sie vorzugsweise durch Abflammen desinfiziert. Beim darauf folgenden Öffnen der Entnahmearmatur sollte ein zischendes Geräusch hörbar sein. Das Wasser muss nun bei halb geöffneter Entnahmearmatur mindestens so lange abfließen, bis die Temperatur konstant bleibt. Dies zeigt an, dass das Wasser eine konstante Beschaffenheit hat. Die geöffnete Probenahmeflasche wird unter aseptischen Bedingungen bis zu etwa 5/6 des Flaschenvolumens gefüllt. Die in der Flasche verbleibende Luft erleichtert das vor der mikrobiologischen Untersuchung notwendige Durchmischen der Probe.

Tabelle 9.1: Probenahme an Zapfhähnen gemäß DIN EN ISO 19458

Trinkwasserqualität	Verantwortung	Probenahme-stelle	Entfernung Perlator/ Dichtung	Desin-fektion	Spülen
Zweck a: Verteilungsnetz	Wasserversorger	in der Nähe des Wasserzählers	ja	ja	ja
Zweck b: Entnahmearmatur	Betreiber des Bades	in der Installation des Bades	ja	ja	nein [a] (minimal)
Zweck c: bei Entnahme	Betreiber des Bades	abhängig von der Fragestellung	nein	nein	nein

a) Nur kurzes Spülen des Zapfhahns, um den Zapfhahn nach der Desinfektion abzukühlen bzw. das Desinfektionsmittel auszuspülen.

Der Flaschenhals, der Glasstopfen oder die Innenseite des Verschlusses dürfen während des gesamten Entnahmevorgangs weder mit der Hand noch mit anderen unsterilen Gegenständen in Berührung kommen.

Nur wenn die Entnahmearmatur nicht abgeflammt werden kann, darf sie ersatzweise mit anderen geeigneten Verfahren desinfiziert werden. Dies kann zum Beispiel dadurch geschehen, dass die Entnahmearmatur für ca. drei Minuten in einen Becher mit 0,1 %-iger Hypochlorit-Lösung, 70 %-igem Ethanol oder 70 %-igem Isopropanol eingetaucht wird. Alternativ kann die Desinfektion mit diesen Desinfektionsmitteln auch mit einem Reinigungstuch oder einer Wasch- oder Sprühflasche durchgeführt werden. Hierbei muss die Armatur von außen und soweit möglich auch von innen desinfiziert werde. Die Einwirkzeit von zwei bis drei Minuten muss auch bei dieser Art der Desinfektion eingehalten werden.

Wasserproben zur Bestimmung des freien Chlors, des Gesamtchlors und des pH-Wertes sowie anderer Parameter, die unmittelbar nach der Probenahme vor Ort untersucht werden müssen, werden direkt vom Zapfhahn in die Gefäße, Küvetten oder Titrierkolben eingefüllt, in denen die Bestimmungen durchgeführt werden.

Bei der Probenahme zur Untersuchung auf die leichtflüchtigen Trihalogenmethane (Haloforme) soll die Wasserprobe unter Vermeidung von Turbulenzen möglichst laminar in die Glasflasche fließen. Dazu eignet sich besonders ein Einleitrohr aus Metall. Zur Not kann das Wasser auch längs der Innenwand in die leicht schräg gehaltene Glasflasche einfließen. Die randvoll aufgefüllte Flasche wird sofort verschlossen, wobei das im Flaschenhals stehende Wasser durch den abgeschrägten Schliffstopfen beim Verschließen verdrängt wird, so dass im Flaschenhals zwischen Wasserprobe und Schliffstopfen keine Luftblase entsteht (luftblasenfrei!).

Unmittelbar nach der Probenahme wird zur Reduktion des Restchlors (das während des Transportes und der Lagerung weiter unter Trihalogenmethan-Bildung reagieren könnte) Natriumthiosulfat und Kaliumhydrogensulfat zugesetzt.

Bewährt hat sich die Zugabe fester Natriumthiosulfat- und Kaliumhydrogensulfat-Kristalle. Diese werden mit einem kleinen Spatel nach der Befüllung der Flasche zugesetzt. Dazu ist zunächst etwas Luft in der Flasche zu belassen, so dass die Kristalle auch ins Wasser einsinken können. Danach ist die Flasche luftblasenfrei zu verschließen.

Gemäß DIN 38407-30 [5] werden zugesetzt:

- 3 bis 5 mg festes $Na_2S_2O_3 \cdot 5\,H_2O$
- 30 bis 50 mg festes $KHSO_4$

Da die Menge an zugesetzten Chemikalien nicht kritisch ist, kann aus praktischen Gründen je eine Spatelspitze zugegeben werden. Alternativ lässt die DIN 38407-30 [5] die Zugabe von Lösungen der Stoffe zu.

9.7.2 Schöpfprobe

Für die mikrobiologische Untersuchung sind bei der Schöpfprobe innen und außen sterile Flaschen zu verwenden (siehe Kapitel 9.6.1.2). Zur Vermeidung der Einschleppung von Keimen von der Handfläche werden die Flaschen mit der abgeflammten Greifzange aus den Beuteln, Metallhülsen oder aus der Aluminiumfolie so entnommen, so dass die Außenfläche der Flasche und der in das Wasser eintauchende Teil der Greifzange nicht kontaminiert wird.

Wenn Flaschen mit Schliffstopfen verwendet werden, wird der Stopfen mit Hilfe der übergestülpten Aluminiumfolie zur Probenahme entfernt und der vor der Heißluftsterilisation eingelegte Papierstreifen abgeschüttelt. Die Flasche sollte nur etwa zu 5/6 ihres Volumens aufgefüllt werden. Wenn sterile Kunststoffflaschen verwendet werden, ist die Prozedur entsprechend einfacher. In jedem Fall ist der Stopfen bzw. der Schraubdeckel in der Hand zu behalten und dabei nicht zu kontaminieren.

Für die Untersuchung chemischer Parameter werden die zur Probenahme verwendeten Flaschen mit dem Untersuchungswasser vorgespült und dann durch Eintauchen bzw. Untertauchen gefüllt. Für die Untersuchung der Wasserproben auf Trihalogenmethane sollen die Flaschen durch ca. 20 bis 30 cm tiefes Eintauchen randvoll aufgefüllt werden.

Unmittelbar nach der Probenahme wird zur Reduktion des Restchlors (das während des Transportes und der Lagerung weiter unter Trihalogenmethan-Bildung reagieren könnte) Natriumthiosulfat und Kaliumhydrogensulfat zugesetzt.

Bewährt hat sich die Zugabe fester Natriumthiosulfat- und Kaliumhydrogensulfat-Kristalle. Diese werden mit einem kleinen Spatel nach der Befüllung der Flasche zugesetzt. Dazu ist zunächst etwas Luft in der Flasche zu belassen, so dass die Kristalle auch ins Wasser einsinken können. Danach ist die Flasche luftblasenfrei zu verschließen.

Gemäß DIN 38407-30 [5] werden zugesetzt:

- 3 bis 5 mg festes $Na_2S_2O_3 \cdot 5\,H_2O$,
- 30 bis 50 mg festes $KHSO_4$.

Da die Menge an zugesetzten Chemikalien nicht kritisch ist, kann aus praktischen Gründen je eine Spatelspitze zugegeben werden. Alternativ lässt die DIN 38407-30 [5] die Zugabe von Lösungen der Stoffe zu.

9.7.3 Probenahmestellen im Kreislauf des Schwimm- und Badebeckenwassers

Zur Entnahme von Wasserproben nach DIN 19643-1 [3] sind generell abflammbare Entnahmearmaturen und Tülle aus Metall oder Kugelhähne aus nicht rostendem Stahl an folgenden Stellen einzubauen:

- an jedem Filter im Zulauf (Rohwasser nach Flockung) und
- im Ablauf (Filtrat),
- an der Reinwasserleitung eines jeden Beckens,
- an der Rohwasserleitung (Rohwasser vor Flockung),
- bei Aufbereitungsverfahren mit mehreren Stufen vor und nach jeder Stufe,
- an der Füllwasserleitung (ggf. eine für primäres und eine für sekundäres Füllwasser) unmittelbar vor dem freien Auslauf in den Rohwasserspeicher.

Die Probenahmearmatur ist direkt in die zu beprobenden Leitungen einzubauen. Falls sich Zuleitungen zu den Probeentnahmestellen nicht vermeiden lassen, sind Rohre zu verwenden, die korrosionsbeständig sind und keine untersuchungsrelevanten Stoffe an das Wasser abgeben. Die Rohre sollen möglichst kurz sein.

9.7.3.1 Füllwasser

Das Füllwasser wird als Zapfhahnprobe aus der Füllwasserleitung unmittelbar vor dem freien Auslauf in den Wasserspeicher (Schwallwasserbehälter, Zwischenspeicher) entnommen. Der Probenahmehahn muss für mikrobiologische Untersuchungen des Füllwassers aus Metall und abflammbar sein.

Das Füllwasser wird jedoch nur dann mikrobiologisch untersucht, wenn es nicht aus der öffentlichen Wasserversorgung stammt.

9.7.3.2 Rohwasser

Das Rohwasser wird als Zapfhahnprobe aus der Rohwasserleitung unmittelbar vor der ersten Aufbereitungsstufe entnommen. Die Aufbereitung beginnt in der Rohwasserleitung mit der Dosierung von Flockungsmitteln oder von Kieselgur-Aktivkohle-Gemischen (zur Anschwemmfiltration) oder bei der Verfahrenskombination Adsorption – Flockung – Filtration – Chlorung mit der Dosierung von Pulver-Aktivkohle. Bei vielen Filteranlagen wird das Wasser aus dem unmittelbar am Filterzulauf angebrachten Probenahmehahn oft noch unzutreffend als Rohwasser bezeichnet; diese Wasserproben sind jedoch an dieser Stelle bereits mit Aufbereitungschemikalien beaufschlagt (vergleiche Bild 9.1).

9.7.3.3 Filtrat

Filtrat wird als Zapfhahnprobe unmittelbar nach der Filtration am Filterablauf entnommen. Die häufig an dieser Stelle noch anzutreffende Bezeichnung Reinwasser ist unzutreffend.

Der Probenahmehahn muss aus Metall und abflammbar sein, weil nach DIN 19643-1 [3] das Filtrat gemäß Tabelle 9.5 der Norm auf diverse mikrobiologische Parameter untersucht werden muss.

9.7.3.4 Reinwasser

Reinwasser wird als Zapfhahnprobe aus der Reinwasserleitung nach Einmischen des Desinfektionsmittels (Chlor) unmittelbar vor dem Eintritt des Wassers in das Becken entnommen. Die Probenahmestelle sollte sich so weit als möglich nach der Chlordosierstelle befinden, damit eine vollständige Einmischung des Desinfektionsmittels in das Filtrat gewährleistet ist. Der Probenahmehahn für Reinwasser muss für mikrobiologische Untersuchungen aus Metall und abflammbar sein.

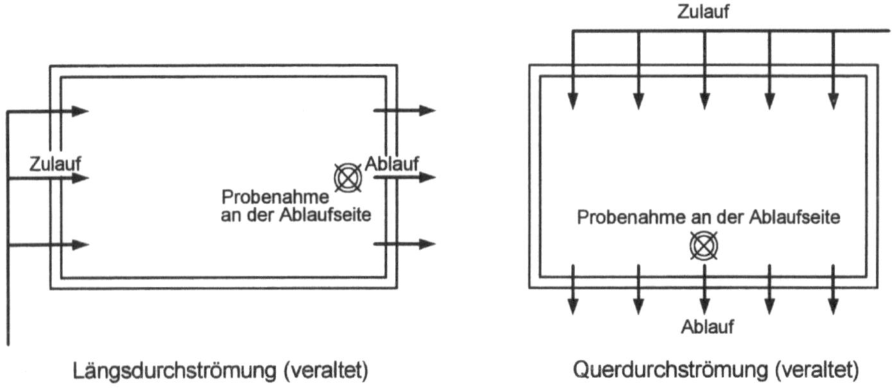

Bild 9.2: Probenahmestellen bei Becken mit Längs- oder Querdurchströmung (nicht mehr normgerecht!)

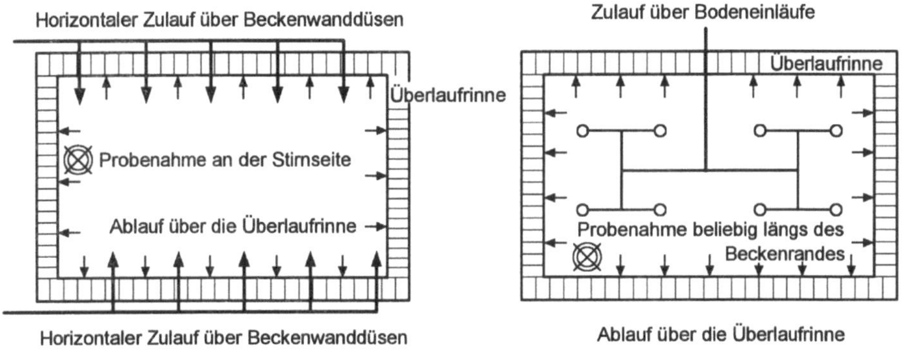

Bild 9.3: Probenahmestellen bei Becken mit Horizontal- oder Vertikaldurchströmung (nach DIN 19643)

9.7.3.5 Beckenwasser

Beckenwasser wird als Schöpfprobe aus dem oberflächennahen Bereich entnommen, etwa 10 cm bis 30 cm unter der Wasseroberfläche und etwa 50 cm vom Beckenrand entfernt.

Die Probenahmeflaschen können mit dem Probewasser vorgespült werden, sofern keine Substanzen zur Probenstabilisierung wie Natriumthiosulfat vorgelegt sind.

Die Probenahmestelle am Beckenrand sollte so gewählt werden, dass das am stärksten belastete Wasser erfasst wird. Kriterium für die Auswahl der Probenahmestelle ist die "gleichzeitig" an verschiedenen Stellen des Beckenrandes gemessene Chlorkonzentration, die an ungenügend durchströmten Stellen am geringsten ist. Auch an dieser Stelle müssen die vorgegebenen Mindestwerte erreicht werden, um eine ausreichende Desinfektionsmittelkonzentration im gesamten Schwimm- oder Badebecken zu gewährleisten. Unter Berücksichtigung der verschiedenen und zum Teil veralteten Beckendurchströmungssysteme werden die in den Bildern 9.2 und 9.3 skizzierten Probenahmestellen empfohlen.

Bei den heute veralteten Hydrauliksystemen der Längsdurchströmung und der Querdurchströmung sollte die Probenahme stets auf der Seite des Beckenablaufs entnommen werden (Bild 9.2).

Bei Horizontaldurchströmung mit gegeneinander versetzten Einströmdüsen wird sowohl bei teilweisem Abzug des Wassers über den Beckenboden (veraltet) als auch bei 100 %-igem Abzug des Volumenstromes über die allseitig umlaufende Überlaufrinne die Probe in der Mitte der Stirnseite des Beckens entnommen.

Bei Vertikaldurchströmung mit 100 %-igem Ablauf des Volumenstroms über die allseitig umlaufende Überlaufrinne sollte die Badewasserqualität an allen Stellen des Beckenrandes gleich sein (Bild 9.3).

Da die Zahl der Einströmöffnungen ("Quelltöpfe") am Boden nicht immer im Verhältnis zur Bodenfläche ausreichend bemessen ist und nicht immer einer quadratischen Verteilung ("Hirschgeweih-Verteilung") entspricht, können auch bei der Horizontaldurchströmung an verschiedenen Stellen Unterschiede in der Badewasserqualität auftreten, die durch entsprechende Untersuchungen (z. B. vergleichende Messung der Chlorkonzentration) zu ermitteln sind.

9.7.4 Transport der Proben

Für den Transport der Wasserproben für mikrobiologische Untersuchungen sind lichtgeschützte und wärmeisolierte Transportbehälter zu verwenden, die entweder mit Kühlaggregaten ausgestattet sind oder mit Kühlelementen gekühlt werden können. Die Temperatur muss während des Transportes zum Labor möglichst niedrig liegen.

Um die Vermehrung bzw. das Absterben von Mikroorganismen während des Probentransportes ins Labor zu verhindern, sollte die Zeit zwischen der Probenahme und der mikrobiologischen Untersuchung möglichst kurz gehalten werden. Sofern spezielle Untersuchungen es nicht anders erfordern, sind die Proben gekühlt –

idealerweise bei (5 ± 3) °C – zu transportieren. Dabei ist allerdings darauf zu achten, dass sie nicht gefroren werden. Hierzu müssen die Anzahl, das Volumen und die Position der Eispackungen auf die Probenanzahl, die Probenmenge und ihre Temperatur abgestimmt sein. Die Proben dürfen keinem direkten Sonnenlicht ausgesetzt sein.

Dauert der Transport länger als acht Stunden, so muss die Temperatur überwacht und aufgezeichnet werden.

Entsprechend der DIN EN ISO 19458 [4] differieren die möglichen Lagerungszeiten der mikrobiologischen Proben in Abhängigkeit von den zu bestimmenden Parametern. Eine Auswahl der im Anhang B der Norm aufgeführten Probenlagerungszeiten sind in Tabelle 9.3 der Norm zusammengefasst.

Die angegebenen Lagerungszeiten sind lediglich informativ und fassen die der Literatur entnommenen, empfohlenen maximalen Verzögerungen zusammen. Sie sind abhängig vom Wassertyp, der Verwendung von Bioziden, vom physiologischen Zustand der Mikroorganismen oder auch vom Analyseverfahren. Sind in den verfahrensspezifischen Analysen-Normen Lagerungs- und Transportzeiten sowie Lagerungstemperaturen angegeben, so sind diese einzuhalten.

9.8 Untersuchungen und Erhebungen bei der Probenahme

Im Rahmen der Probenahme zur Untersuchung von Schwimm- und Badebeckenwasser muss vom Probenehmer vor Ort in jedem Beckenwasser und Reinwasser freies und gebundenes Chlor ermittelt werden; gegebenenfalls ist auch der pH-Wert im Beckenwasser zu bestimmen. Die Redox-Spannung ist von der betrieblichen Messwertanzeige abzulesen und, wie die anderen Parameter, im Probenahmeprotokoll festzuhalten. So ist z. B. ein mikrobiologischer Befund ohne Kenntnis dieser Hygiene-Hilfsparameter nicht vollständig interpretierbar. Auch sind zur Beurteilung der physikalisch-chemischen und chemischen Untersuchungsergebnisse einer Kontrolluntersuchung Angaben zum Betriebs- und Belastungszustand der jeweiligen Becken- und Aufbereitungsanlagen notwendig.

9.8.1 Untersuchungen vor Ort

Freies und gebundenen Chlor

Die Bestimmung des freien und gebundenen Chlors im Beckenwasser und Reinwasser, die unmittelbar nach der Probenahme vor Ort durchgeführt werden muss, erfolgt nach der DPD-Methode mit dem Farbreaganz N,N-Diethyl-1,4-Phenylendiamin. Für die Bestimmung stehen verschiedene Fertigreagenzien in Tablettenform, als Lyophilisat oder in flüssiger Form sowie kolorimetrische bzw. photometrische Geräte mit ausreichender Empfindlichkeit und Richtigkeit zur Verfügung. Die Norm-Methode für die Bestimmung des freien Chlors und des Gesamtchlors, aus denen sich durch Differenzbildung das gebundene Chlor errechnet, ist die DIN EN ISO 7393-2 [7].

pH-Wert

Die Bestimmung des pH-Werts im Beckenwasser sollte grundsätzlich mit einer Glaselektrodenmesskette nach DIN EN ISO 10523 [8] vorgenommen werden, da Farbindikatoren für die kolorimetrische oder photometrische Bestimmung vom Chlorgehalt in der Badewasserprobe beeinflusst werden können und ggf. zu ungenau sind. Das pH-Messgerät und die Glaselektrode sind mindestens messtäglich nach Anleitung des Geräteherstellers zu kalibrieren.

Redox-Spannung

Die Redox-Spannung (früher "Redoxpotential") der Beckenwässer ist durch Ablesung von der betrieblichen Messwertanzeige festzustellen, da sich die Redox-Spannung bei der "Handmessung" in Abhängigkeit von der Anspülgeschwindigkeit und des Zustandes der Platinelektrode oft nur äußerst langsam einstellt. Referenzmethode für die Bestimmung der Redox-Spannung ist DIN 38404-6 [9].

9.8.2 Örtliche Erhebungen bei der Probenahme

Zur Beurteilung und Interpretation der Ergebnisse einer Kontrolluntersuchung benötigt die Behörde bzw. der verantwortliche Sachverständige eine Reihe von Angaben zum Betriebszustand der betreffenden Badeanlage zur Zeit der Probenahme. Neben der Beckenbezeichnung und der Beckenart (DIN 19643-1 [3]) sollten zum Beispiel die Wasserfläche des Beckens, das Beckenvolumen, der Volumenstrom und die Anzahl der Besucher am Untersuchungstag bis zur Probenahme angegeben werden, weil sich daraus sowohl der Betriebszustand als auch der Belastungszustand der Anlage errechnen lässt.

Des Weiteren sollten die dem Badewasser zugesetzten Chemikalien (Flockungsmittel, Desinfektionsmittel, Mittel zur pH-Wert-Einstellung, sonstige Chemikalien oder Stoffe) unter dem Handelsnamen und der Stoffbezeichnung dokumentiert werden.

Bei Freibädern ist die Wetterlage am Untersuchungstag und am Vortag sowie die Lufttemperatur während der Probenahme festzuhalten. Langzeitige oder extreme Gut- oder Schlechtwetterlagen vor der Probenahme sollten ebenfalls vermerkt werden, weil durch besondere Witterungsverhältnisse die Wasserqualität in Freibadeanlagen wesentlich beeinflusst werden kann.

Die genauen Angaben, die in dem vorgeschriebenen Betriebsbuch des Bades zu vermerken sind, zeigt die Tabelle 4 der DIN 19643-1 [3]. Am Ende werden die Angaben des Betriebsbuches und der analytischen Prüfberichte einschließlich des Probenahmeprotokolls zusammen bewertet und ein eventueller Handlungsbedarf wird daraus abgeleitet.

9.8.3 Probenahmeprotokoll

Über die Probenahme ist ein Protokoll anzufertigen, das dem in Abschnitt 14.3 der DIN 19643-1 [3] vorgeschlagenen Formular hinsichtlich Inhalt und Umfang entsprechen sollte. Dieses in die DIN-Norm aufgenommene Musterformular unterliegt für den Anwender der Norm nicht dem obligaten Nachdruckvermerk der DIN-Normen. Es kann dem Probenehmer gleichsam als Checkliste für die erforderlichen Arbeiten, Untersuchungen und Erhebungen vor Ort dienen.

Ein Probenahmeprotokoll für Schwimm- und Badebeckenwasser ist für jedes zu untersuchende Becken getrennt anzufertigen und sollte die Mindestangaben nach DIN 19643-1 (siehe Tabelle 9.2) enthalten.

Bei der Vielfalt der Angaben zur Probenahme ist es zweckmäßig, vorgefertigte Protokollformulare zu verwenden, die auf die unterschiedlichen Gegebenheiten bei routinemäßig überwachten Bädern bzw. auf die zu untersuchenden Beckenanlagen abgestimmt sind, um die örtlichen Erhebungen zu erleichtern.

Gegebenenfalls sollte bei der Probenahme auch Einsicht in das Betriebsbuch genommen und die dokumentierten Messdaten der Hygiene-Hilfsparameter freies Chlor, pH-Wert und Redox-Spannung geprüft werden, um einen Überblick über den Zeitraum zwischen den Probenahmen zu gewinnen.

Tabelle 9.2: Mindestangaben Probenahmeprotokoll Schwimmbad nach DIN 19643-1 [3]

Angabe	Anmerkung
Probenehmer	
Probenahmestelle	
Datum der Probenahme	
Schwimmbad (Name, Anschrift)	
Beckenkennzeichnung und Beckenart	
Anzahl der Besucher am Untersuchungstag bis zur Probenahme	
Zusätzlich bei Freibecken:	
- Wetterlage am Untersuchungstag:	Nur Freibad!
- Lufttemperatur °C	Nur Freibad!
- Wetterlage am Vortag:	Nur Freibad!
Weitere Angaben nach Bedarf:	
- Wasserfläche in m^2	Ggf. einmalig!
- Beckenvolumen in m^3	Ggf. einmalig!
- Volumenstrom in m^3/h	Ggf. einmalig!
- Wasserattraktionen:	Ggf. einmalig!
Zugesetzte Chemikalien:	
- Flockungsmittel	falls zutreffend
- Desinfektionsmittel	falls zutreffend
- Mittel zur pH-Wert-Einstellung	falls zutreffend
- sonstige Chemikalien	falls zutreffend

Literatur

[1] Gesetz zur Verhütung und Bekämpfung von Infektionskrankheiten beim Menschen (Infektionsschutzgesetz – IfSG) vom 20. Juli 2000, zuletzt geändert durch Artikel 1 des Gesetzes vom 17. Juli 2017 (BGBl. I S. 2615). Bundesgesetzblatt, Teil I; S. 1045.

[2] Hygieneanforderungen an Bäder und deren Überwachung; Empfehlung des Umweltbundesamtes (UBA) nach Anhörung der Schwimm- und Badebeckenkommission des Bundesministeriums für Gesundheit (BMG) beim Umweltbundesamt; Stand vom 4. Dezember 2013. Bundesgesundheitsblatt – Gesundheitsforschung – Gesundheitsschutz, 2014. 57: S. 258 – 279.

[3] DIN 19643-1 (2012): Aufbereitung von Schwimm- und Badebeckenwasser – Teil 1: Allgemeine Anforderungen; Berlin (Beuth).

[4] DIN EN ISO 19458 (2006): Wasserbeschaffenheit – Probenahme für mikrobiologische Untersuchungen (ISO 19458:2006); Deutsche Fassung EN ISO 19458:2006; Berlin (Beuth).

[5] DIN 38407-30 (2007): Deutsche Einheitsverfahren zur Wasser-, Abwasser- und Schlammuntersuchung – Gemeinsam erfassbare Stoffgruppen (Gruppe F) – Teil 30: Bestimmung von Trihalogenmethanen (THM) in Schwimm- und Badebeckenwasser mit Headspace-Gaschromatographie (F 30); Berlin (Beuth).

[6] DIN EN ISO 5667-3 (2013): Wasserbeschaffenheit – Probenahme – Teil 3: Konservierung und Handhabung von Wasserproben (ISO 56673:2012); Deutsche Fassung EN ISO 56673:2012; Berlin (Beuth).

[7] E DIN EN ISO 7393-2 (2017): Wasserbeschaffenheit – Bestimmung von freiem Chlor und Gesamtchlor – Teil 2: Kolorimetrisches Verfahren mit N,N-Dialkyl-1,4-Phenylendiamin für Routinekontrollen (ISO/DIS 73932:2017); Deutsche und Englische Fassung prEN ISO 73932:2017; Berlin (Beuth).

[8] DIN EN ISO 10523 (2012): Wasserbeschaffenheit – Bestimmung des pH-Werts (ISO 10523:2008); Deutsche Fassung EN ISO 10523:2012; Berlin (Beuth).

[9] DIN 38404-6 (1984): Deutsche Einheitsverfahren zur Wasser-, Abwasser- und Schlammuntersuchung; Physikalische und physikalisch-chemische Kenngrößen (Gruppe C); Bestimmung der Redox-Spannung (C 6); Berlin (Beuth).

10 Die Probenahme aus Badegewässern

C. Dümling und U. Borchers *

*unter Verwendung des Kapitels von F. Tiefenbrunner aus der 1. Auflage 1998

10.1 Einleitung

Die Richtlinie 2006/7/EG des Europäischen Parlaments und des Rates vom 15. Februar 2006 über die Qualität der Badegewässer und deren Bewirtschaftung (Badegewässer-Richtlinie) ist zum Schutze der Umwelt und der Volksgesundheit notwendig, die Verunreinigung der Badegewässer herabzusetzen und sie vor weiterer Qualitätsminderung zu bewahren [1]. Sie leistet einen wertvollen Beitrag zur Integration von Umweltpolitik und Fremdenverkehrspolitik.

In der Richtlinie sind Wässer für therapeutische Zwecke sowie Wasser für Schwimmbecken ausgenommen.

Die Neufassung dieser Richtlinie war notwendig geworden, weil sich seit der Veröffentlichung der Vorgängerrichtlinie (Richtlinie 76/160/EWG) neue Erkenntnisse hinsichtlich der notwendigen mikrobiologischen Beschaffenheit ergeben haben und in den Laboren genauere und spezifischere Untersuchungsverfahren zur Verfügung stehen. So wurden die Parameter Escherichia coli und Intestinale Enterokokken als Haupt-Indikatoren einer fäkalen Verschmutzung des Badegewässers eingeführt. Ferner sind heute durch die zuständigen Behörden sogenannte Badegewässerprofile zu erstellen. Hierbei sind alle Faktoren zu berücksichtigen, die eine nachteilige Beeinflussung des Badegewässers beinhalten, z. B. die Einleitung von Abwässern oder das Vorkommen von Blaualgen. Neu in der aktuellen Fassung der Badegewässerrichtlinie [1] ist auch, dass die Mitgliedsstaaten im Einklang mit der Wasserrahmenrichtlinie Bewirtschaftungsmaßnahmen zur Verbesserung der Wasserqualität treffen müssen. Schließlich ist auch die Verpflichtung zur Information der Öffentlichkeit über die Badegewässerqualität und mögliche gesundheitliche Risiken in der Richtlinie verankert.

In Deutschland sind in einigen Bundesländern auf dieser Basis Verordnungen erlassen worden. Beispielsweise gibt es in Nordrhein-Westfalen die NRW-Badegewässerverordnung [2].

10.2 Begriffe

10.2.1 Badegewässer

Unter „Badegewässer“ versteht man jeden Abschnitt eines Oberflächengewässers, bei dem die zuständige Behörde mit einer großen Zahl von Badenden rechnet und für den sie kein dauerhaftes Badeverbot erlassen hat oder nicht auf Dauer vom Baden abrät.

10.2.2 Badegebiet

„Badegebiet“ ist jeder geographische Bereich in dem sich Badegewässer befinden.

10.2.3 Badestelle

„Badestelle“ ist ein zum Zwecke der Überprüfung der Wasserqualität örtlich abgegrenzter Bereich eines Badegewässers; an einem Badegewässer können mehrere Badestellen ausgewiesen werden. Dieser Begriff deckt sich normalerweise mit dem Begriff „Probenahmestelle“, da die Proben tunlichst an den am stärksten frequentierten Bereichen eines Badegewässers bzw. einer Badestelle gezogen werden sollen. Es ist jedoch zielführend, die Probenahmestelle(n) einer Badestelle gemeinsam mit dem Vertreter der betroffenen Gemeinde(n), Hygienesachverständigen der involvierten Untersuchungsstelle und Vertretern der zuständigen Wasserbehörde festzulegen und in Abständen von etwa fünf Jahren einer Revalidierung zu unterziehen.

10.2.4 Badesaison

„Badesaison“ ist jener Zeitraum, in dem unter Berücksichtigung der örtlichen Gepflogenheiten einschließlich der etwaigen örtlichen Badevorschriften sowie der meteorologischen Verhältnisse mit einem starken Zustrom von Badenden gerechnet werden kann. In der Regel dauert die Badesaison vom 15. Mai bis zum 15. September, davon kann jedoch fallweise und bei Bedarf abgewichen werden.

10.2.5 Badegewässerprofile

„Badegewässerprofile“ haben zum Ziel, eine allgemeine Beschreibung des Badegewässers hinsichtlich der physikalischen, hydrologischen und geografischen Eigenschaften darzustellen. Des Weiteren sollen alle potenziellen und möglichen Verschmutzungsquellen des Badegewässers und anderer Oberflächengewässer des Einzugsgebietes erfasst werden. Diese Verschmutzungen können beispielsweise durch Regen- und Abwassereinleitungen verursacht worden sein oder durch Abschwemmungen von landwirtschaftlichen Flächen nach Starkniederschlägen. Eine Bewertung der Gefahr einer Vermehrung von Blaualgen (Cyanobakterien) und anderen Algen soll bei der Darstellung des Badegewässerprofils ebenfalls erfolgen.

Eine Aktualisierung des Badegewässerprofils erfolgt, je nach Qualitätseinstufung der vergangenen Jahre, spätestens nach vier Jahren oder wenn umfangreiche Bauarbeiten oder Änderungen der Infrastruktur in der Nähe oder am Badegewässer durchgeführt worden sind.

10.3 Untersuchungsparameter

10.3.1 Mikrobiologische Parameter

Die folgenden beiden hygienischen Parameter sind in der neuen Badegewässerrichtlinie [1] einzig für die Bewertung der einzelnen Badegewässerstellen maßgeblich. Dabei sind die Untersuchungsverfahren (Referenzmethode) vorgeschrieben:

1. Intestinale Enterokokken: (ISO 7899-1 [3] oder ISO 7899-2 [4]),
2. Escherichia coli: (ISO 9308-3 [5] oder ISO 9308-1 [6]).

10.3.2 Physikalische und chemische Parameter

Die begleitenden physikalischen und chemischen Parameter

- Sichttiefe (Transparenz) (Achtung: neuer Normentwurf ISO/DIS 7027-2 [7]),
- pH-Wert,
- Temperatur,
- Färbung,

- Geruch,
- optische Verunreinigungen,
- Algenbewuchs

sind heute nicht mehr Gegenstand der EU-Richtlinie [1], sollten jedoch bei der Probenahme mit erfasst und dokumentiert werden.

Die Sichttiefe (Transparenz) ist einer jener drei Parameter (zusammen mit pH-Wert und Färbung) im physikalisch-chemischen Block, die in die Ausnahmekategorie fallen, d. h., dass bei außergewöhnlichen geographischen oder meteorologischen Verhältnissen Überschreitungen der Grenzwerte toleriert werden können. Dies gilt auch für Badegewässer, in denen eine natürliche Anreicherung von Stoffen ohne Zutun des Menschen vorliegt.

Gewitter, Stürme usw. gelten nach Auskunft der Kommission dann als „außergewöhnlich", wenn sie vom meteorologischen Dienst des entsprechenden Landes als „außergewöhnlich" bezeichnet und protokolliert werden.

Derartige Ausnahmen (Überschreitungen) sind der Kommission unter Angabe der Gründe und der Dauer unverzüglich mitzuteilen.

10.4 Untersuchungshäufigkeit

Bei einer ungekürzten Saison vom 15. Mai bis zum 15. September sind (mindestens) fünf Proben je EU-Badestelle erforderlich. Dabei ist kurz vor Beginn jeder Badesaison eine Probenahme vorzunehmen. Unter Einbeziehung dieser zusätzlichen Probenahme darf die Anzahl der pro Badesaison untersuchten Proben nicht weniger als vier betragen.

Aus einem Badegewässer brauchen jedoch nur drei Proben pro Badesaison untersucht werden, wenn

a) die Badesaison nicht länger als acht Wochen dauert oder
b) sich das Badegewässer in einer Region in schwieriger geografischer Lage befindet.

Die Probenahmen müssen über die gesamte Badesaison verteilt sein und der Zeitraum zwischen den Probenahmen darf auf keinen Fall einen Monat überschreiten. Bei einer kurzzeitigen Verschmutzung ist eine zusätzliche Probenahme vorzunehmen, um festzustellen, dass das Verschmutzungsereignis beendet ist. Diese Probe ist dann nicht Bestandteil des Datensatzes über die Badegewässerqualität. Zum Ersatz einer außer Acht gelassenen Probe ist sieben Tage nach

Ende der kurzzeitigen Verschmutzung eine zusätzliche Probenahme vorzunehmen (gemäß Anhang IV der Richtlinie [1]).

10.4.1 Probenahmeplanung

In Nordrhein-Westfalen sind bis zum 1. April eines Jahres in die Datenbank „Badegewässer in NRW“ (www.badegewaesser.nrw.de) für jede EG-Badestelle verbindlich Anfang und Ende der Badesaison sowie der Überwachungszeitplan einzutragen. Dies ist in der Regel der Zeitraum vom 15.05. bis 15.09. Davon kann jedoch abgewichen werden.

Dabei ist entsprechend der Bewertung durch die EU folgendes zu beachten:

- Die erste Probe sollte nicht länger als 14 Tage vor Beginn der Badesaison stattfinden.
- Seitens der EU wird nur eine Probe vor Saisonbeginn anerkannt.
- Der Abstand zwischen zwei Proben von maximal einem Monat (30 bzw. 31 Tagen) ist strikt einzuhalten.
- Zwischen dem geplanten Probenahmedatum und der tatsächlichen Probenahme dürfen maximal vier Tage ab dem Tag der geplanten Probenahme liegen.

10.4.2 Kurzzeitige Verschmutzung

Für Badegewässer, die für kurzzeitige Verschmutzungen anfällig sind, sind bereits im Badegewässerprofil (siehe Anlage 3 zur Badegewässerverordnung [2]) folgende Punkte zu beschreiben:

- voraussichtliche Art, Häufigkeit und Dauer der erwarteten kurzzeitigen Verschmutzung,
- Einzelangaben zu allen verbleibenden sonstigen Verschmutzungsursachen einschließlich der ergriffenen Bewirtschaftungsmaßnahmen und dem Zeitplan für die Beseitigung der Verschmutzungsursachen,
- während der kurzzeitigen Verschmutzung ergriffene Bewirtschaftungsmaßnahmen mit Angabe der für diese Maßnahmen zuständigen Stellen und der Einzelheiten für eine Kontaktaufnahme.

Die in der EU-Richtlinie [1] aufgezeigte Möglichkeit des Ersatzes einer Probe bei einer kurzfristigen mikrobiologischen Verunreinigung ist an die Vorgabe gebunden, dass sie eindeutig feststellbare Ursachen hat. Zudem dürfen diese Beeinträchtigungen die Qualität des Badegewässers nicht mehr als ungefähr 72 Stunden beeinflussen. Die zuständige Behörde muss außerdem Verfahren zur Vorhersage und entsprechende Abhilfemaßnahmen für diese bekannten Beeinträchtigungen festgelegt haben.

Um zu beurteilen, ob die Verschmutzung abgeklungen ist, muss eine zusätzliche Beprobung durchgeführt werden, was zusätzliche Kosten (für den Betreiber) verursacht. Diese Nachprobe ist Vorgabe des EU-Rechts und nicht Bestandteil des Datensatzes über die Badegewässerqualität.

Fällt ein geplanter Probenahmetermin in den Zeitraum einer kurzzeitigen Verschmutzung, kann diese Probe außer Acht gelassen werden. Diese entfallene Probe wird durch eine exakt sieben Tage nach Ende der kurzzeitigen Verschmutzung entnommene neue (Ersatz-)Probe ersetzt.

10.5 Probenahmevorgang

Generell wird die Probenahme in Badegewässern in verschiedenen Normen beschrieben, die das Thema jedoch eher von der Matrix her als von der Zweckbestimmung (hier baden) beleuchten. Für die stehenden Gewässer gibt es die Norm DIN 38402-12 [8] für die Fließgewässer gibt es die DIN EN ISO 5667-6 [9] und für die Meere die DIN 38402-16 [10].

10.5.1 Behälter und Geräte zur Probenahme

Für Probenbehälter, Behälterverschlüsse und Geräte sind grundsätzlich Werkstoffe zu wählen, die eine Veränderung der Beschaffenheit der Wasserproben bei der Probenahme und beim Transport der Proben ausschließen, z. B. Glas oder weichmacherfreie Kunststoffe.

Die Anforderungen an die Probenahmebehälter setzt im vorliegenden Fall insbesondere die DIN EN ISO 19458 [11], die jedoch nur für mikrobiologische Proben gilt. Für die Probenahmen für chemische Untersuchungen werden keine konkreten Anforderungen gestellt, so dass hier im Wesentlichen die betreffenden Anforderungen der Analysen-Normen gelten. Schließlich wird allgemein auf die ISO 5667-3 [12] verwiesen bezüglich des Transports und der Lagerung von Wasserproben für physikochemische und chemische Untersuchungen.

Das Volumen des Probenbehältnisses hängt davon ab, welche Wassermenge für die Untersuchung der einzelnen Parameter benötigt wird. Der Mindestinhalt beträgt in der Regel 250 ml.

Zur Vermeidung einer unbeabsichtigten Kontaminierung der Proben ist bei der Probenahme ein aseptisches Verfahren anzuwenden, damit die Sterilität des Probenbehältnisses erhalten bleibt. Wird ordnungsgemäß vorgegangen, besteht kein Bedarf an zusätzlicher steriler Ausrüstung (z. B. sterile Handschuhe, Zangen). Die Probe ist auf dem Behältnis und auf dem Probenahmeformular eindeutig und dauerhaft zu kennzeichnen.

10.5.2 Probenahmebehälter für mikrobiologische Untersuchungen

Gemäß Anhang V der Badegewässerrichtlinie [1] müssen die Probenahmeflaschen

- für mindestens 15 Minuten bei 121 °C im Autoklav sterilisiert werden oder
- für mindestens 1 Stunde bei 160 °C bis 170 °C trocken sterilisiert werden oder
- strahlensterilisierte Probenbehältnisse sein, die direkt vom Hersteller bezogen werden.

Die DIN EN ISO 19458 [11] definiert als Temperaturen 121 ± 3 °C für Autoklaven und 170 ± 10 °C für die trockene Hitze. Diese Angaben sind also im Einklang mit den in der Richtlinie erwähnten Daten. Für genauere Angaben zur Sterilisation der Flaschen wird z. B. auf Kapitel 9 oder auf die Norm verwiesen.

Für die mikrobiologischen Untersuchungen werden im Allgemeinen entsprechend vorbereitete 250 ml-Flaschen verwendet. Für besondere Untersuchungen sind mitunter größere Volumina erforderlich.

10.5.3 Probenahmebehälter für physikalisch-chemische Untersuchungen

Generell werden durch die Badegewässer-Richtlinie [1] keine Untersuchungen von chemischen Parametern gefordert. Sollten in Sonderfällen dennoch Untersuchungen notwendig werden, sollten für die Bestimmung chemischer Parameter je nach Bedarf für die Untersuchungsmethoden 250 ml-, 500 ml- oder 1 l-Standflaschen aus Glas mit Schliffstopfen oder auch geeignete (weichmacherfreie) Kunststoffflaschen mit Schraubverschluss verwendet werden.

Für Schwermetalle werden überwiegend Polyethylenbehälter (oder andere geeignete Kunststoffe (siehe ISO 5667-3) verwendet [12].

Da das Probenvolumen von der eingesetzten Untersuchungsmethode abhängt, ist die Probenmenge unmittelbar mit dem Untersuchungslabor abzustimmen. Eine eventuelle Filtration bzw. andere Konservierungsschritte der Proben sind ebenfalls rechtzeitig mit dem Untersuchungslabor zu vereinbaren.

10.5.4 Transport der Proben

Die Transportbedingungen der Proben werden in Anhang V, Nr. 4 der Badegewässerrichtlinie [1] festgelegt. Die Wasserproben sind danach während des gesamten Transports vor Lichteinwirkung und insbesondere vor direktem Sonnenlicht zu schützen.

Die Probe ist bis zur Ankunft im Labor in einer Kühlbox oder in einem Kühlschrank (je nach Klimabedingungen) bei einer Temperatur von etwa 4 °C aufzubewahren. Nimmt der Transport ins Labor voraussichtlich mehr als vier Stunden in Anspruch, so ist ein Transport im Kühlschrank (oder in einem aktiven Kühlgerät) erforderlich.

Zwischen der Probenahme und der Analyse darf so wenig Zeit wie möglich verstreichen. Es wird empfohlen, die Proben noch am gleichen Arbeitstag zu analysieren. Ist dies aus praktischen Gründen nicht möglich, so sind die Proben innerhalb von höchstens 24 Stunden zu bearbeiten. Sie sind bis dahin im Dunkeln bei einer Temperatur von 4 ± 3 °C aufzubewahren. Dauert der Transport länger als acht Stunden, so muss die Temperatur überwacht und aufgezeichnet werden.

Entsprechend der DIN EN ISO 19458 [11] differieren die möglichen Lagerungszeiten der mikrobiologischen Proben in Abhängigkeit von den zu bestimmenden Parametern. Eine Auswahl der im Anhang B der Norm aufgeführten Probenlagerungszeiten sind in Tabelle 3 der Norm zusammengefasst.

Die angegebenen Lagerungszeiten sind lediglich informativ und fassen die der Literatur entnommenen, empfohlenen maximalen Verzögerungen zusammen. Sie sind abhängig vom Wassertyp, der Verwendung von Bioziden, vom physiologischen Zustand der Mikroorganismen oder auch vom Analyseverfahren. Sind in den verfahrensspezifischen Analysen-Normen Lagerungs- und Transportzeiten sowie Lagerungstemperaturen angegeben, so sind diese einzuhalten.

10.5.5 Entnahmeort und -tiefe

Die Vorgaben zur Probenahmestelle sind im Anhang V, Nummer 1 Badegewässerrichtlinie [1] sowie in der Verordnung [2] wie folgt beschrieben:

- „Nach Möglichkeit sind die Proben 30 cm unter der Oberfläche des Gewässers bei einer Wassertiefe von mindestens 1 m zu entnehmen."

Auf die Einhaltung dieser Vorgabe sollte besonders geachtet werden. Üblicherweise kann die Probe von einem Steg oder einem Boot aus genommen werden. Wenn die obigen Bedingungen auch vom Ufer aus einzuhalten sind, haben sich Teleskopstangen mit einer Halteeinrichtung für die Flaschen bewährt.

10.5.6 Probenahmeprotokoll

Grundsätzlich ist es wichtig und vorgeschrieben, dass die Probenahme samt den durchgeführten Messungen und Beobachtungen vor Ort in einem Probenahmeprotokoll dokumentiert wird. Dazu werden heute in der Regel Vordrucke oder Formblätter genutzt, die über das Labormanagement-System der Laboratorien erstellt werden. Das Protokoll sollte in übersichtlicher und leicht auszufüllender Form die wichtigsten Daten enthalten, die der/die Probenehmer/in erheben oder messen muss. Zu den wichtigsten Daten und Informationen zählen:

1. eindeutige und vollständige Bezeichnung der Badestelle,
2. Datum und Uhrzeit der Probenahme,
3. angewendetes Probenahmeverfahren (z. B. Schöpfprobe nach Anhang V der Richtlinie 2006/7/E),
4. Angaben zum Wetter,
5. Luft- und Wassertemperatur,
6. pH-Wert (optional),
7. elektrische Leitfähigkeit (optional),
8. Transparenz (mit Secchi-Scheibe ermittelt),
9. Angaben zu optisch wahrnehmbaren Verunreinigungen und/oder zum Algenbewuchs (beispielsweise Ölfilme, Teer, Unrat, Schaum als Hinweis auf Tenside),
10. Angaben zum Laboratorium und zum Probenehmer (mit Unterschrift, da das Protokoll ein Originaldokument zur Archivierung ist).

10.6 Bewertung der Badegewässerqualität

Nach den Regeln der EU-Richtlinie [1] wird die Qualität eines Badegewässers anhand der Daten aus den zurückliegenden vier Jahren beurteilt. Durch eine statistische Auswertung der Probenwerte der letzten vier Jahre wird der Wert ermittelt, den voraussichtlich 90 oder 95 % aller Proben für dieses Badegewässer unterschreiten werden.

Dieser ermittelte Wert wird dann mit den in Tabelle 10.1 dargestellten Grenzwerten abgeglichen und so die Einstufung der Badegewässerqualität bestimmt.

Werden die in Tabelle 10.1 genannten Grenzwerte nicht eingehalten, wird die Badestelle mit einer „mangelhaften Qualität“ gekennzeichnet. Oft werden die Badestellen in Karten oder vor Ort mit Piktogrammen gekennzeichnet.

Die EU sieht die Symbole ohne farblichen Hintergrund vor.

Tabelle 10.1: Grenzwerte für die Badegewässerqualität an Binnengewässern nach der EU Badegewässer-Richtlinie [1]

Parameter	„ausgezeichnet“	„gut“	„ausreichend“
Intestinale Enterokokken	200 (*)	400 (*)	330 (**)
E. coli	500 (*)	1.000 (*)	900 (**)
(*) Auf der Grundlage einer 95-Perzentil-Bewertung gemäß Anhang II (**) Auf der Grundlage einer 90-Perzentil-Bewertung gemäß Anhang II			

Bild 10.1: Grafische Kennzeichnung einer „ausgezeichneten Qualität“

Bild 10.2: Grafische Kennzeichnung einer „guten Qualität“

Bild 10.3: Grafische Kennzeichnung einer „ausreichenden Qualität“

Bild 10.4: Grafische Kennzeichnung einer „mangelhaften Qualität“

Während der Badesaison werden die Badegewässer mindestens alle vier Wochen durch die Gesundheitsbehörden überwacht. Die Ergebnisse werden dann unmittelbar durch die Gesundheitsbehörden hinsichtlich ihrer gesundheitlichen Einschätzung (Badeverbot) beurteilt.

Für Nordrhein-Westfalen wird die Qualität der Badegewässer durch das Landesumweltamt (LANUV) im Internet beschrieben und dargestellt unter www.badegewaesser.nrw.de.

10.6.1 Badeverbot

In den Badegewässer-Verordnungen einzelner Bundesländer sind Grenzwerte für ein Badegewässerverbot benannt.

Beispiel Nordrhein-Westfalen:

Falls die Ergebnisse einer Probe den Wert

- > 700 KBE/100 ml bei Intestinalen Enterokokken bzw.
- > 1.800 KBE/100 ml bei Escherichia Coli

überschreiten, sollen die Gesundheitsämter eine sofortige Nachkontrolle durchführen. Liegen bei der Nachkontrolle die Messergebnisse wieder über diesen Werten, wird empfohlen ein zeitweiliges Badeverbot zu erlassen. Das Verbot ist aufzuheben, wenn durch Messungen festgestellt wurde, dass zumindest wieder eine ausreichende Badegewässerqualität erreicht ist.

Literatur

[1] Richtlinie (EU) 2006/7/EG des Europäischen Parlamentes und des Rates vom 15. Februar 2006 über die Qualität der Badegewässer und deren Bewirtschaftung und zur Aufhebung der Richtlinie 76/160/EWG. Amtsblatt der Europäischen Gemeinschaften, 15. Februar 2006 (L 64): S. 37 – 51.

[2] Verordnung über die Qualität und die Bewirtschaftung der Badegewässer (Badegewässerverordnung) vom 11. Dezember 2007, GV. NRW. 2008 S. 138.

[3] DIN EN ISO 7899-1 (1999): Wasserbeschaffenheit – Nachweis und Zählung von intestinalen Enterokokken in Oberflächenwasser und Abwasser – Teil 1: Miniaturisiertes Verfahren durch Animpfen in Flüssigmedium (MPN-Verfahren) (ISO 7899-1:1998); Deutsche Fassung EN ISO 7899-1:1998; Berlin (Beuth).

[4] DIN EN ISO 7899-2 (2000): Wasserbeschaffenheit – Nachweis und Zählung von intestinalen Enterokokken – Teil 2: Verfahren durch Membranfiltration (ISO 78992:2000); Deutsche Fassung EN ISO 7899-2:2000; Berlin (Beuth).

[5] DIN EN ISO 9308-3 (1999): Wasserbeschaffenheit – Nachweis und Zählung von Escherichia coli und coliformen Bakterien in Oberflächenwasser und Abwasser – Teil 3: Miniaturisiertes Verfahren durch Animpfen in Flüssigmedium (MPN-Verfahren) (ISO 9308-3:1998); Deutsche Fassung EN ISO 9308-3:1998; Berlin (Beuth).

[6] DIN EN ISO 9308-1 (2017): Wasserbeschaffenheit – Zählung von Escherichia coli und coliformen Bakterien – Teil 1: Membranfiltrationsverfahren für Wässer mit niedriger Begleitflora (ISO 9308-1:2014 + Amd 1:2016); Deutsche Fassung EN ISO 9308-1:2014 + A1:2017); Berlin (Beuth).

[7] ISO/DIS 7027-2 (2016): Water quality — Determination of turbidity — Part 2: Semiquantitative methods for the assessment of transparency of waters.

[8] DIN 38402-12 (1985): Deutsche Einheitsverfahren zur Wasser-, Abwasser- und Schlammuntersuchung; Allgemeine Angaben (Gruppe A); Probenahme aus stehenden Gewässern (A 12); Berlin, (Beuth).

[9] DIN EN ISO 5667-6 (2016): Wasserbeschaffenheit – Probenahme – Teil 6: Anleitung zur Probenahme aus Fließgewässern (ISO 5667-6:2014); Deutsche Fassung EN ISO 5667-6:2016; Berlin (Beuth).

[10] DIN 38402-16 (1987): Deutsche Einheitsverfahren zur Wasser-, Abwasser- und Schlammuntersuchung; Allgemeine Angaben (Gruppe A); Probenahme aus dem Meer (A 16); Berlin (Beuth).

[11] DIN EN ISO 19458 (2006): Wasserbeschaffenheit – Probenahme für mikrobiologische Untersuchungen (ISO 19458:2006); Deutsche Fassung EN ISO 19458:2006; Berlin (Beuth).

[12] DIN EN ISO 5667-3 (2013): Wasserbeschaffenheit – Probenahme – Teil 3: Konservierung und Handhabung von Wasserproben (ISO 5667-3:2012); Deutsche Fassung EN ISO 5667-3:2012; Berlin (Beuth).

11 Die Probenahme von Meer- und Brackwasser

*D. Schulz-Bull**

*unter Verwendung des Kapitels von L. Brügmann aus der 1. Ausgabe 1998

11.1 Einleitung

Im Vergleich zu anderen Kompartimenten der Umwelt ist die Entnahme von Wasserproben aus dem Meer noch nicht umfassend vereinheitlicht. Das hängt unter anderem damit zusammen, dass das Weltmeer zwar seit mehr als 100 Jahren erforscht wird, aber die existierenden internationalen Programme zur Umweltüberwachung von chemischen Spurenstoffen in der marinen Umwelt (z. B. OSPAR, HELCOM) zwar eingeführt, die Anforderungen aber im ständigen Wandel sind. In der Regel wird neben den Basisvariablen (Salzgehalt, Temperatur, Sauerstoff) nur eine relativ kleine Zahl von Umweltkontaminanten erfasst, bei einer ständig zunehmenden Zahl von Schadstoffen im Meerwasser. Für viele Spurenstoffe fehlen noch die notwendigen Methoden, um sie im Meerwasser verlässlich und kostengünstig zu bestimmen. Resultate aus den Monitoring-Programmen sind daher oft noch nicht geeignet, um zeitliche Trends und räumliche Unterschiede in den Konzentrationen von vielen wichtigen Zielparametern zu erfassen.

Die Messung von Spurenstoffen in der marinen Umwelt ist logistisch sehr aufwendig. Die Probenahme von chemischen Inhaltsstoffen erfordert meist Einsätze von Forschungsschiffen, das Untersuchungsgebiet ist sehr groß und die meisten Inhaltsstoffe müssen in sehr niedrigen Konzentrationen bestimmt werden. Wegen der relativ niedrigen Konzentrationen ist der Bestand an sehr spezialisierten Meerwasser-Probenahmegeräten entscheidend verbessert worden. Autonom arbeitende Messgeräte in Verankerungen, Sensoren mit frei treibenden Geräteträgern oder kontinuierliche Pumpsysteme an Bord von Forschungsschiffen haben in der letzten Dekade erheblich zur Optimierung der räumlichen und zeitlichen Auflösung geführt.

Nachfolgend wird eine Bestandsaufnahme verbreiteter Methoden der Probenahme von Wasser aus dem Ozean und aus seinen Rand- und Nebengewässern versucht. Die Ausführungen konnten aufgrund der großen Anzahl von Verbindungen, die zur Messung gewünscht werden, nur einen Ausschnitt der entsprechenden Möglichkeiten berücksichtigen. Die Auswahl der vorgestellten Geräte und Techniken ist sicherlich außerdem regional und national sowie durch die Forschungsgebiete der Autoren (Spurenmetalle sowie organische Schadstoffe) geprägt. Möglichkeiten und Probleme der Entnahme von Meerwasserproben wurden bereits in einem Handbuch zur Meerwasseranalytik erörtert [1]. Verbindliche Vorschriften, die bei der Probenahme von Meerwasser zu berücksichtigen sind, wurden in deutschen und internationalen Normen [2, 3] festgelegt.

11.1.1 Problemstellung

Mit der weiteren Entwicklung instrumentalanalytischer Techniken sind in den vergangenen Jahrzehnten Messungen zum Spurenstoffgehalt von Meerwasserproben mit hoher Genauigkeit möglich geworden [1, 4]. Internationale Projekte, wie JGOFS und GEOTRACES haben einen deutlichen Erkenntnisgewinn der ablaufenden Prozesse im Ozean erbracht.

Für den im Labor ablaufenden Teil der spurenanalytischen Messungen werden in der Regel die Grundelemente der Qualitätssicherung, wie Wiederholungsmessungen, adäquate Reagenzqualität, richtige Kalibrierung, nachweisstarke Detektoren etc., bereits seit längerem beachtet. Den Schwachpunkt bildet die Entnahme der Proben und ihre Erstbehandlung auf See. Kontaminationen des Probenmaterials sind dabei der am meisten kritische Faktor. Die Konzentrationen der zu messenden Verunreinigungen liegen gewöhnlich unterhalb der Leistungsgrenze verfügbarer Detektoren, so sind z. B. bei einigen Halogenkohlenwasserstoffen oder Radionukliden Anreicherungen von $> 10^6$ erforderlich. Die ersten Schritte dieser Anreicherung müssen zumeist auf einem für Spurenmessungen nicht adäquat ausgestatteten Schiff erfolgen. Bei den an Bord auszuführenden Operationen ist die Entnahme unverfälschter Wasserproben der neuralgische Punkt. Die Kontrolle multipler Kontaminationsrisiken des Wasserkörpers durch das Schiff (Kühl- und Abwässer, Bestandteile des Anstrichs, Korrosion der Außenhaut, elektrolytische Auflösung von zinkhaltigen Opferanoden und von Schiffsschrauben aus Messing, Einsickern von Ölen und Fetten aus diversen Quellen, wie z. B. über die Schraubenwelle, ...) oder durch die verwendeten Mess- und Entnahmegeräte (Bodengewichte, Sonden, Messdraht, ...) ist auch weiterhin problematisch. Daher wird, wenn möglich, verstärkt auf in-situ-Techniken sowie geschlossene Systeme zurückgegriffen.

Eine Kontamination der Proben, die mit ihrer Erstbehandlung an Bord (Filtration, Analyt/Matrix-Trennung) und ihrer Aufbewahrung bis zur Weiterbehandlung im Landlabor in Verbindung steht, ist mittlerweile weitgehend kontrollierbar geworden. Das wurde vor allem durch eine verbesserte Laborausstattung von Forschungsschiffen (Reinlabors, reine Werkbänke etc.), aber auch durch generelle Fortschritte in der Spurenanalytik, z. B. durch den Zugang zu effektiveren Techniken und Materialien zur Anreicherung von Spurenstoffen, erreicht.

11.1.2 Untersuchungsgegenstand

Die Ozeane und Meere bedecken mit $360{,}8 \times 10^6$ km² rund 70,8 % der Erdoberfläche. Das darin befindliche Meerwasser enthält Salze, Gase und organische Verbindungen vorwiegend in gelöster, teilweise auch in dispergierter Form. Der mittlere Salzgehalt [5] des Weltmeeres liegt bei etwa S = 35, d. h. 1 kg Meerwasser enthält 35 g verschiedenartige Salze. Im Oberflächenwasser des offenen Ozeans werden zwischen S = 32 und 37, bei exzessiver Verdunstung wie im Mittelmeer (S = 37 – 39) oder im Roten Meer (S = 40 – 41) noch weit höhere Salzgehalte angetroffen. Brackwasser entsteht durch Vermischen von Salz- mit Süßwasser und ist durch Salzgehalte gekennzeichnet, die in der Regel deutlich unter S = 30 liegen.

In der Wasserbilanz des Weltmeeres wird der Verdunstungsverlust durch den Eintrag von Süßwasser mit Zuflüssen, Niederschlägen, untermeerisch einsickerndem Grundwasser und abtauendem Eis kompensiert. Oft ist der Übergangsbereich Fluss-Meer sowohl geomorphologisch als auch nach der Qualität des Wassers deutlich als Ästuar abgrenzbar. Steht die Vermischung von Süß- mit Salzwasser in einem solchem Ästuar unter dem oszillierenden Einfluss von Gezeiten, spricht man von Tidewasser, das an vielen Ozeanküsten, aber besonders in Randmeeren wie der Nordsee anzutreffen ist. Nebenmeere des Ozeans in humiden Klimazonen wie die Ostsee haben zum Teil den Charakter kollektiver Ästuarien. Das darin befindliche Brackwasser weist relativ stabile Salzgehaltsgradienten sowohl in vertikaler als auch horizontaler Richtung auf, die z. B. vom Kattegat zur Bottenwiek von etwa S = 30 bis auf S = 3 – 5 abnehmen.

Traditionell wird bei den Meerwasserinhaltstoffen zwischen Hauptkomponenten (> 1 mg/l) und Spurenkomponenten unterschieden. Die Konzentration der Spurenstoffe, die in der Regel im Bereich von pg/l bis µg/l liegt und zu der auch alle Verunreinigungen mit Ausnahme von Extremsituationen (z. B. Öl im Umkreis havarierter Tanker) zu rechnen sind, ist als Summe mit etwa 3 mg/l sehr gering (siehe Tabelle 11.1). Außer an den Grenzflächen der Ozeane zur Atmosphäre, zu den Kontinenten und zum Meeresboden ist die Zusammensetzung des Meersalzes in Bezug auf seine Hauptkomponenten sehr stabil. Diese Ionen verhalten sich weitgehend ‘konservativ’, werden also durch bio- und geochemische Prozesse im Meer nicht merkbar beeinflusst. Das gilt allerdings für Ionen wie Fluoride mit Konzentrationen an der Grenze zu den Spurenstoffen nur mit Einschränkungen. Die Silikatkonzentration im Meer überschreitet zum Teil die 1 mg/l-Grenze. Da Si jedoch in der euphotischen Oberflächenschicht stark in die Planktonproduktion (Diatomeen) einbezogen wird, kann es nicht der Gruppe konservativer Hauptionen zugeordnet werden.

Neben den Anionen und Kationen finden sich im Meerwasser viele gelöste Gase. Von diesen haben der gelöste Sauerstoff und das Kohlendioxid die größte Bedeutung, auch Methan, Lachgas und andere Spurengase sind oft Ziel von Umweltuntersuchungen.

Die Bestimmung des Salzgehalts, als dimensionslose Größe, erfolgt über eine hoch präzise Messung der Leitfähigkeit des Meerwassers. Die thermodynamische Definition (Thermodynamic Equation of Seawater) wurde 2010 durch die International Oceanographic Commission (IOC) und das Scientific Committee on Oceanic Research (SCOR) neu definiert [5].

11.2 Probenahmestrategien

Die Strategie der Entnahme von Wasserproben leitet sich aus dem Ziel der Messungen und der raumzeitlichen Variabilität der Analyten im Untersuchungsgebiet ab. Limitierend fällt bei Spurenstoffmessungen oft die Anzahl der aus Zeit- und Kostenerwägungen maximal möglichen Analysen ins Gewicht. Das macht es erforderlich, ein Optimum zwischen der theoretisch erforderlichen und einer noch aussagefähigen Anzahl von Messungen zu suchen.

Das Ziel von Messungen im Meer kann bestehen in

a) Grundlagenuntersuchungen (baseline studies), d. h. einer Untersuchung der gegenwärtigen Verteilung und Konzentration des (der) Analyten im Wasser, wobei mit den erhaltenen Daten eine Schätzung des Eintrags über verschiedene Pfade (Atmosphäre, Flüsse, Sediment, angrenzende Gewässer) angestrebt werden sollte,
b) der Überwachung des Meeres (Monitoring), d. h. in wiederholten Untersuchungen an bestimmten Stationen, in festgelegten Wassertiefen, nach einem festen Zeitplan und möglichst ohne Änderung der eingesetzten Methoden,
c) der Datengewinnung im Rahmen von Forschungsprogrammen und in
d) Fallstudien, z. B. zum Auffinden und zum Quantifizieren von Punktquellen für Verunreinigungen, die sich sowohl auf See als auch – wie z. B. bei industriellen und kommunalen Einleitern – auf dem Festland befinden können.

Probenahmen zu c) und d) sind in der Regel sehr spezifisch ausgerichtet und lassen sich daher in Bezug auf das erforderliche Stationsnetz und die optimale Abtastfrequenz schlecht systematisieren. Die diesen Beitrag abschließenden Anmerkungen zur Qualitätssicherung (Kapitel 11.7) beziehen sich allerdings nicht nur auf die Punkte a) und b), sondern auch auf c) und d).

Bei der Planung des Stationsnetzes ist zu beachten, dass die Konzentration von Verunreinigungen im Meer wie auch deren Variabilität in der Regel mit Annäherung an die Quellen, zumeist die Küsten der Kontinente und da besonders in Richtung auf die Mündungen großer Flüsse sowie von Industrie- und urbanen Zentren, zunehmen. Messprogramme sollten nach Möglichkeit diese Variabilität durch häufigere Probenahmen und ein engeres Stationsnetz kompensieren. Generell sind küstensenkrechte Schnitte mit entsprechend angepasstem Stationsabstand zu bevorzugen. Soll die Ausbreitung von einer spezifischen Punktquelle (Fluss, Abwassereinleitung) aus charakterisiert werden, sind Probenahmestationen entlang den Ausbreitungsachsen, oft entlang den Küsten, ebenfalls empfehlenswert.

11.2.1 Probenahme im Meer

Im Ozean ist die Variabilität der Analytkonzentrationen an den Grenzflächen (Atmosphäre-Wasser und Wasser-Boden) und innerhalb der Deckschicht am größten. Bei Untersuchungen zu Verunreinigungen sollte das Programm der Probenahme außerdem weitere Faktoren berücksichtigen. Das betrifft erstens den Eintragspfad der Verunreinigungen ins Meer (atmosphärische Deposition, Zufluss von den Küsten, anthropogene Aktivitäten auf der Hohen See), zweitens den Charakter ihres Eintrags (kontinuierlich wie z. B. bei vielen industriellen und kommunalen Einleitungen, saisonal wie z. B. mit dem Frühjahrshochwasser, oder gelegentlich wie bei Ölunfällen) und drittens die Mechanismen ihres horizontalen (Advektion durch Strömungssysteme, Dispersion als Oberflächenfilm) und vertikalen Transports (turbulente Vermischung, biologische Aktivität, Absinken partikulären Materials) innerhalb der Meeresumwelt.

An der Grenzfläche Meer-Atmosphäre bildet sich unter bestimmten Voraussetzungen (unter anderem geringe turbulente Vertikaldurchmischung, Schwachwindperioden, hohe organische Produktion im Meer, exzessiver atmosphärischer Eintrag) eine < 1 mm starke Oberflächenfilmschicht (surface microlayer, SML) aus. Darin werden anorganische und organische Spurenstoffe, aber auch Mikroorganismen, gegenüber dem darunterliegenden Wasserkörper um ein Vielfaches angereichert. Für Untersuchungen der SML wurden spezielle Probenahmegeräte entwickelt [6]. Viele der in der Mikroschicht extrem akkumulierten Substanzen sind entweder selbst stark adhäsiv oder treten mit oberflächenaktiven Substanzen in 'Symbiose' auf. Meistens wird der Oberflächenfilm mit der Glasplattentechnik beprobt.

Durch Salzgehalts- und Temperaturunterschiede gebildete Dichtesprungschichten grenzen verschiedene Wasserkörper in vertikaler und in Ästuaren auch in horizontaler Richtung voneinander ab und können partikuläres Material akkumulieren. Solche Schichtungen können sowohl eine permanente Eigenschaft des entsprechenden Wasserkörpers sein als auch nur saisonalen Charakter tragen. Thermische Sprungschichten sind typisch für das Sommerhalbjahr, können zwischenzeitlich jedoch wie auch haline Sprungschichten durch Starkwinde erodiert oder aufgelöst werden. Sofern diese Sprungschichten nicht selbst Gegenstand von Untersuchungen sind, sollten sie aufgrund der großen Variabilität darin gemessener Inhaltsstoffe bei der Probenahme ausgeklammert bleiben.

Mit hohem personellem, Zeit- und Kostenaufwand erhaltene Messwerte zu spezifischen natürlichen und anthropogenen Spurenstoffen im Meer verlieren deutlich an Aussagekraft, wenn nicht gleichzeitig Informationen zur Schichtung des Wasserkörpers sowie der Basisparameter vorliegen. In der Regel kann das Vermessen hydrographisch-chemischer Parameter wie Salz- und Sauerstoffgehalt oder Temperatur um Größenordnungen präziser, schneller und gleichzeitig billiger erfolgen als von Spurenstoffen. Deshalb sollten solche Messungen immer die Spurenstoffmessungen begleiten und diesen im Idealfall sogar in höherer raumzeitlicher Auflösung vorausgehen. Das ist bei Untersuchungen an küstennahen Punktquellen unabdinglich, da die flächenhafte Ausbreitung der oft salzärmeren und mit Schwebstoffen sowie Pigmenten angereicherten Eintragsfahne (plume) nur so sicher und effektiv lokalisiert werden kann. Bei vertikalen Probenserien dienen Salzgehalts- und Temperaturwerte dazu, die für die Spurenstoffmessungen angestrebte Wassertiefe zu verifizieren. Das setzt allerdings den möglichst gleichzeitigen Einsatz von CTD- (Leitfähigkeit/Temperatur/Dichte) Sonden voraus. Die üblicherweise verwendeten CTD-Sonden mit Rosettenschöpfern (Bild 11.1) führen zu einer exakten Zuordnung der Probentiefen zum Wasserkörper.

Um die Plausibilität gemessener Konzentrationen von Spurenstoffen wie Schwermetalle zu stützen, können auch parallele Nährstoffuntersuchungen hilfreich sein. Viele Spurenmetalle weisen im Meer ein den Pflanzennährstoffen Stickstoff, Phosphor und Silizium ähnliches Verteilungsmuster auf. Das heißt, sie werden als essentielle Spurenelemente (Fe, Zn, Cu, ...) oder als deren Surrogat bei Defiziten (Cd) durch das Phytoplankton in der je nach Eindringtiefe des Sonnenlichts zwischen etwa 5 und 100 m mächtigen euphotischen (Oberflächen-)Schicht aufgenommen und nach Absinken mit pflanzlichem Detritus oder anderen Ausscheidungen (Zooplankton-Fäkalpillen) in größeren Tiefen teilweise remineralisiert. Das Ergebnis sind oft an der Nachweisgrenze liegende Oberflächenminima (Zn, Fe), die sich mit zunehmender Wassertiefe einem weit höheren Grenzwert annähern. Für einzelne Hochseeregionen können die Metall- zu Phosphat-, -Silikat- oder -Nitrat-Relationen typische Werte annehmen, die eine Validierung von Daten ermöglichen. Für Spurenstoffe ausschließlich oder vorwiegend anthropogenen Ursprungs, die in die Hochseeregionen vorwiegend aus der Atmosphäre eingetragen werden, ergeben sich demgegenüber Maxima in der Oberflächenschicht und sehr geringe Konzentrationen im Tiefenwasser. Beim Pb wurden beispielsweise im Oberflächenwasser des Nordostatlantiks bis vor wenigen Jahren noch um 15 – 30 ng/l angetroffen, während für das Tiefenwasser Werte < 5 ng/l typisch waren.

Bild 11.1: CTD-Sonde mit Go-Flow-Rosettenschöpfern (Foto: Krüger/Schuffenhauer, IOW)

Saisonale Effekte beeinflussen die Konzentrationsmuster einer Vielzahl von Wasserinhaltstoffen. Das betrifft zyklische Änderungen der meteorologischen Randbedingungen (Temperatur-, Wind- und Strömungsregime) und der biologischen Produktion, dadurch ausgelöste Veränderungen des Redoxstatus des Meerwassers, besonders in der Grenzschicht zum Sediment, aber auch Änderungen der Frachtraten des landseitigen und atmosphärischen Eintrags. Deshalb ist es für Zustandseinschätzungen (assessments) notwendig, Wasserproben während jeder der klimatisch typischen Jahreszeiten zu nehmen. Zur Abschätzung zeitlicher Trends und von Massenbilanzen ist es in den europäischen Rand- (Nordsee) und Nebenmeeren (Ostsee) des Atlantiks empfehlenswert, Messungen aus dem Winterhalbjahr zu vergleichen. Man trifft dabei in der Regel auf gut durchmischte Wasserkörper, in denen die Konzentrationsmuster von Wasserinhaltsstoffen wenig durch die biologische Produktion beeinflusst sind.

11.2.2 Probenahme in gezeitenbeeinflussten Ästuaren

Um die mit Flusswasser das Meer erreichenden Frachten abschätzen zu können, sind mit etwa wöchentlichem Abstand, darüber hinaus ereignisgesteuert, Messungen im Fluss in der Nähe seiner Mündung erforderlich. An der auserwählten Station muss jedoch gesichert sein, dass über die gesamte Wassersäule immer eine seewärts gerichtete Strömung dominiert und kein Meersalz messbar wird. Bild 11.2 zeigt drei zeitliche Phasen der Salz- und Süßwasser-Verteilung an der Grenze zwischen dem Fluss und dem Ästuar. Frachtabschätzungen sollten auf Messungen an Station A beruhen. Bei Flüssen mit einem Volumenstrom von $\leq 100\ m^3/s$ ist ein Probenahmepunkt in Flussmitte ausreichend [7]. Anderenfalls

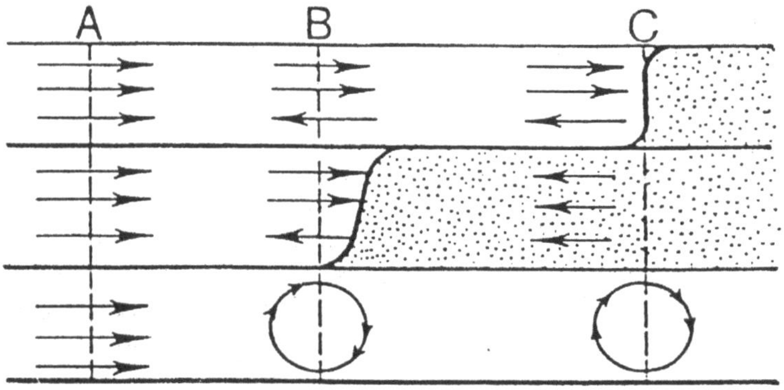

Bild 11.2: Gezeitenabhängige Salz- und Süßwasserverteilung an drei Stationen A, B, C, in einem Ästuar (Anmerkung: Nur bei Station A liegt, unabhängig von den Gezeiten, durchgehend Süßwasser vor; nach [7])

sind auf einem Querschnitt die Verteilungsmuster der interessierenden Parameter zu erkunden und davon abhängig weitere Stationen festzulegen.

Für Untersuchungen zur Wasserqualität im Ästuar sollten in Abhängigkeit von der Komplexität des betreffenden Systems eine oder mehrere zentrale Stationen ausgewählt werden, die nicht dem unmittelbaren Einfluss landseitiger Einleitungen unterliegen. Zur Abschätzung von seewärtigen Massetransporten sind darüber hinaus Beobachtungen in der Kontaktzone Ästuar-Hochsee erforderlich. Alle diese Stationen sind etwa mit monatlicher Folge zu beproben. Spurenstoffmessungen sollten zumindest von Salzgehalts-, Temperatur-, Strömungs-, Schwebstoff- und pH-Messungen begleitet werden. Um die spätere Interpretation der Daten zu erleichtern, sollte die Probenahme immer zur gleichen Gezeitenphase erfolgen [8]. Beim 'Kenterpunkt Ebbe' (Stauwasser) werden unter einem Strömungsminimum in der Regel die höchsten der aus dem Flusswasser dem Ästuar zugeführten Stoffkonzentrationen in gelöster und partikulärer Form gemessen [9]. Die Schwebstofffraktion wird dabei kaum durch weniger kontaminiertes Material marinen Ursprungs und durch gröbere Fraktionen resuspendierten Sediments verfälscht.

11.3 Untersuchungsparameter

Bei den an Wasserproben zu messenden Parametern ist zwischen hydrographisch-chemischen Standardgrößen, anorganischen und organischen Spurenstoffen natürlichen und anthropogenen Ursprungs einschließlich Radionukliden sowie einigen biologischen Größen zu unterscheiden. Biologische Parameter werden in den folgenden Kapiteln allerdings nur marginal berücksichtigt. In der Regel erfolgt die Bestimmung aller hydrographisch-chemischen Standardgrößen in Aliquoten der gleichen Wasserprobe, die mit Mehrzweck-Entnahmegeräten gewonnen wurden. Bei den Spurenstoffen kommen dagegen Wasserschöpfer zum Einsatz, deren Eigenschaften oft sehr spezifisch auf nur eine Gruppe von Analyten ausgerichtet wurden.

In Tabelle 11.1 wird eine Übersicht zu typischen und häufig analysierten Parametern gegeben. Darüber hinaus sind Informationen zu häufig verwendeten Messprinzipien und zuvor erforderlicher Anreicherung des Analyten enthalten. Die Angaben zu den erforderlichen Probenvolumina und zu den Konzentrationsbereichen sind als grobe Orientierung zu verstehen. Die Konzentrationsgradienten erstrecken sich in der Regel über mehrere Größenordnungen. Sie reichen von extrem niedrigen Werten im küstenfernen ozeanischen Tiefenwasser (Spurenstoffe anthropogenen Ursprungs) bzw. Oberflächenwasser (Nährsalze und andere essenzielle Spurenstoffe) bis zu sehr hohen Werten in den Ästuaren verunreinigter Flüsse. Die Probevolumina schließen gewöhnlich Spülvorgänge beim Abfüllen der Proben aus Schöpfern und beim Entnehmen von Aliquoten aus Probenflaschen ein.

Tabelle 11.1: Übersicht zu typischen Untersuchungsparametern in Meer- und Brackwasserproben

Parameter	typische Bestimmungsmethode	Wertebereich	Vol. (l)
Standardgrößen			
Temperatur	in-situ-Sensor (Thermometer)	< -1 – > 30 °C	
Salzgehalt	in-situ-Sensor, Salinometer (titrimetrisch)	< 1 – > 38 ‰	0,05
Sauerstoff	in-situ-Sensor, titrimetrisch	0 – 1 mmol/l	0,2
Schwefelwasserstoff	kolorimetrisch, in-situ-Sensor	0 – 250 µmol/l	0,2
Alkalinität	titrimetrisch	1 – 25 µmol/l	0,1
pH-Wert	in-situ-Sensor, pH-Elektroden	7 – 9	0,1
Nährsalze			
- Phosphat-P	kolorimetrisch	< 0,05 – 10 µmol/l	0,1
- org. Phosphor	kolorimetrisch	< 0,01 – 1 µmol/l	0,1
- Gesamt-P	kolorimetrisch (nach Aufschluss)	< 0,05 – 10 µmol/l	0,1
- Nitrat-N	kolorimetrisch	0 – 50 µmol/l	0,1
- Nitrit-N	kolorimetrisch	0 – 2 µmol/l	0,1
- Ammonium-N	kolorimetrisch	0 – 100 µmol/l	0,1
- Harnstoff-N	kolorimetrisch	< 0,1 – > 2,5 µmol/l	0,1
- Gesamt-N	kolorimetrisch (nach Aufschluss)	< 0,5 – > 100 µmol/l	0,1
- Silikat-Si	kolorimetrisch	0 – 100 µmol/l	0,1
Andere Spurenstoffe			
SPM1)	Filtration ® Gravimetrie	< 0,05 – > 25 mg/l	0,2 – 20
POC2)	Filtration ® C-Analyzer	< 0,01 – > 10 mg/l	0,2 – 20
PON3)	Filtration ® N-Analyzer	< 0,002 – > 1 mg/l	0,2 – 20
DOC4)	HTCO7)-Analyzer (IR-Detektor)	< 0,5 – 10 mg/l	0,05
Humin-/Lignin-Äquiv.	UVF8)	< 0,1 – 5 mg/l	0,2
Kohlenhydrate	kolorimetrisch	< 0,1 – 1 mg/l	0,1
Aminosäuren	HPLC/UV(F) (nach Derivatisierung)	< 0,1 – 1 mg/l	0,01
'Mineralöl-Äquiv.'	spektroskopisch (UVF, nach Extraktion)	< 0,1 – > 10 µg/l	0,5 – 10
Aliphate	GC/FID (/MS) (nach Extraktion)	< 0,01 – > 10 ng/l	5 – 50
PAKs5)	HPLC/UV(F) (nach Extraktion)	< 0,01 – > 10 ng/l	5 – 50
CKWs6)	GC/ECD (/MS) (nach Extraktion)	< 0,001 – > 1 ng/l	50 – 500
Spurenmetalle	AAS (nach Extraktion)	< 0,002 – 50 nmol/l	0,2 – 2
Radionuklide	a- u. g-spektrometrisch (nach Anreichg.)	< 0,001 – > 5 Bq/l	1 – > 1.000

[1] suspendiertes partikuläres Material
[2] partikulärer organischer Kohlenstoff
[3] partikulärer organischer Stickstoff
[4] gelöster organischer Kohlenstoff
[5] Polyzyklische aromatische Kohlenwasserstoffe
[6] Chlorkohlenwasserstoffe
[7] katalytische Hochtemperatur-Oxydation
[8] Fluoreszenz-Messungen im UV-Bereich

Man kann etwa davon ausgehen, dass die Anzahl der in Datenbanken anzutreffenden Einzelwerte zu den in Tabelle 11.1 angegebenen Parametern von den hydrographisch-chemischen Standardgrößen über die Nährsalze bis hin zu anderen Spurenstoffen deutlich abnimmt. Das wird vor allem durch den erforderlichen Aufwand für die einzelnen Analysen verursacht, der proportional entsprechend zunimmt.

11.4 Entnahmetiefen

In Tabelle 11.2 werden die für ozeanische Wasserproben von der IAPSO (International Association for the Physical Sciences of the Ocean) bereits 1936 empfohlenen Standardtiefen aufgelistet. Die im Rahmen von Forschungs- und Monitoringprogrammen verwendeten Wassertiefen können davon abweichen. Das betrifft insbesondere flache Rand- und Nebenmeere, die besonders in der durchmischten produktiven Oberflächenschicht deutlichere vertikale Gradienten der meisten Parameter aufweisen. In Klammern werden z. B. die in den Richtlinien zum Ostsee-Monitoringprogramm [10] zusätzlich geforderten Wassertiefen beigefügt.

Tabelle 11.2: Empfohlene Standardtiefen (m) für den Ozean (IAPSO, 1936) und die Ostsee [10]

Ozean (IAPSO, 1936)	Ozean (IAPSO, 1936)	Ostsee
1	1.000	5
10	1.200	15
20	1.500	25
30	2.000	40
50	2.500	60
75	3.000	70
100	4.000	80
150	5.000	125
200	6.000	175
300	7.000	225
400	8.000	250
500	9.000	
600	10.000	
800		

Für die Probenahme an den Grenzflächen des Meeres zum Festland, zur Atmosphäre und zum Meeresboden gibt es in der Regel keine Vorgaben. Die Dicke der an der Meeresoberfläche beprobten Schicht wird durch die Charakteristik des Entnahmegerätes und die physikalisch-chemischen Eigenschaften der Probe bestimmt. In biologisch höher produktiven Randzonen des Ozeans und unter dem Einfluss von Verschmutzungen kann eine sehr viel dickere Haut vom Meer abgenommen werden als z. B. in unproduktiven küstenfernen Starkwindregionen.

Bild 11.3: Pump-CTD mit Wasserschöpfern, Pumpe und Sensoreinheit (Foto: Krüger/Schuffenhauer, IOW)

Mit der Pump-CTD (Bild 11.3) besteht eine Möglichkeit, Wasserproben mit hoher vertikaler Auflösung zu gewinnen und kontaminationsfrei zur Messung bzw. zur Abfüllung ins Bordlabor des Forschungsschiffes zu bringen. Innerhalb des Einleiterkabels der CTD-Sonde befindet sich ein aus PTFE bestehender Schlauch (Bilder 11.4a und 11.4b). Durch den Schlauch wird das Umgebungswasser mit einer Hochleistungspumpe angesaugt

Bilder 11.4a und 11.4b: Pump-CTD-Winde mit Kabeltrommel. Das Wasser wird innerhalb des Kabels durch einen Teflonschlauch nach oben gepumpt (Foto: Krüger/Schuffenhauer, IOW).

Zeit (UTC):	14:45:02 16-AUG-17
Position:	GPS: 57 19.2181N 20 03.0209E

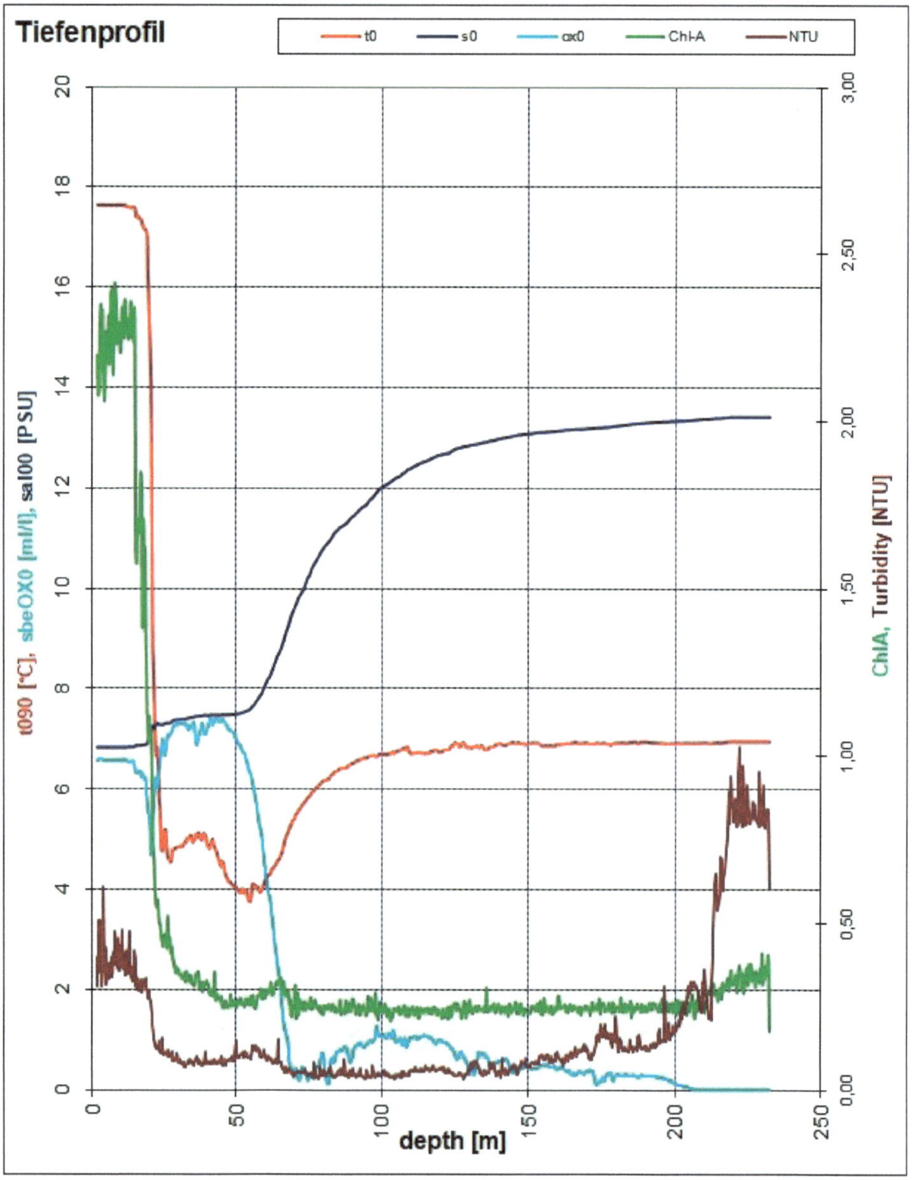

Bild 11.5: CTD-Standardprofil im Gotlandbecken (0 – 250 m) mit den Parametern Temperatur (rot), Salzgehalt (dunkelblau), Chlorophyll A (grün), Sauerstoff (hellblau) und Trübung (braun)

und ins Schiffslabor transportiert. Dies erfolgt direkt in der Nähe der Sensoren für die Begleitparameter, auch eine parallele Probenahme mit Rosettenschöpfern (11.5.2.2) für Vergleichsuntersuchungen ist gegeben. Diese Technik ist sowohl für Spurenmetalle, organische Spurenstoffe sowie gelöste Gase geeignet [11, 12, 13]). Die mit der Pump-CTD erreichbare vertikale Auflösung liegt unter 1 m, in Abhängigkeit von der Windengeschwindigkeit. Bild 11.5 zeigt beispielsweise ein im Gotlandbecken (0 – 250 m) aufgenommenes CTD-Profil.

An Informationen zur Konzentration von Parametern in der Nähe des Meeresbodens besteht sowohl im Rahmen von Forschungs- als auch Monitoringprogrammen häufig großes Interesse. Messungen können unter anderem Auskunft geben über die durch Zehrungsprozesse für Fische und Benthosorganismen kritisch erniedrigten Sauerstoffgehalte, über Freisetzungsprozesse aus dem Sediment oder über Salzwasser-Einstromvorgänge (Ostsee). Die Beprobung von bodennahen Wasserschichten hat sich in den letzten Dekaden stark verbessert. Durch die Fortschritte bei der Positionierung von modernen Forschungsschiffen (dynamische Positionierung) können Geräteträger punktgenau ausgebracht und gehalten werden; hierbei wird der Abstand zu Meeresboden ständig gemessen und direkt ins Bordlabor übertragen. Wasserschöpfer können dadurch gezielt geschlossen werden, Sensoren messen die bodennahen Parameter und Geräte (Lander mit Sensoren und Behältern zur Wasser-, Porenwasser- und Sediment-Probenahme) können punktgenau eingesetzt werden. Ebenfalls stehen häufig autonome (AUV) oder kabelgesteuerte (ROV) Unterwassersysteme zur Verfügung.

In Ästuaren bestimmt die jeweilige Charakteristik der Vermischung von Süß- mit Salzwasser die Probenahmetiefen. In der Regel wird die Entnahme von Proben unterhalb der Wasseroberfläche, aus mittleren Tiefen und etwa 1 – 2 m über dem Boden empfohlen.

11.5 Probenahme

In den folgenden Abschnitten werden verschiedene Entnahmetechniken an Beispielen vorgestellt. Die Beschreibung der Funktionsweise der einzelnen Geräte beschränkt sich in der Regel auf die Schöpfer. Es darf dabei jedoch nicht vergessen werden, dass bei Untersuchungen im Meer- und Brackwasser immer ein Schöpfsystem zur Anwendung kommt. Auch andere Komponenten dieses Systems können die Qualität der nachfolgend untersuchten Proben entscheidend beeinträchtigen. Dazu zählen z. B. solche Störungen, die durch das Schiff selbst verursacht werden, wie tiefreichendes Durchmischen des Wassers mit der Schraube und die Verunreinigung des Wassers. Störeinflüsse können auch von dem zum Absenken des Schöpfers auf die gewünschte Tiefe verwendeten Draht oder von den Fallgewichten, die das Schließen der Schöpfer auslösen, ausgeübt werden. So macht es z. B. wenig Sinn, einen extrem mit Lösemitteln gereinigten Schöpfer aus rostfreiem Stahl an einem Draht abzusenken, der von einer gut gefetteten Winde abgespult wird, wenn man anschließend in den Proben Erdölkohlenwasserstoffe bestimmen möchte. Analoges gilt in Bezug auf Proben für Spurenmetallanalysen. Der erforderliche Schöpfer sollte nicht an einem verzinkten Stahldraht hängen und einem wenig oder gar nicht ummantelten Blei-Grundgewicht in die Tiefe folgen.

Andererseits sollte durch die Schöpfgeräte eine für die gewählte Tiefe wirklich repräsentative Wasserprobe gesichert werden. Schöpfer, die in geöffnetem Zustand auf die Messtiefe gebracht werden, sollten leicht durchspülbar sein, um nicht beim Absenken z. B. Oberflächenwasser mit höheren Sauerstoff- und Spurenstoff- oder geringeren Nährsalz-Konzentrationen zu verschleppen. Entsprechende Schöpfer stehen kommerziell zur Verfügung [14, 15]).

Die Probenahmebedingungen an Bord schließen auch die Luftqualität an Deck und in den Labors ein. Hauptquellen einer Kontamination des Probenwassers beim Ablassen aus den Schöpfern und bei der weiteren Aufarbeitung sind die Abgase der Hauptmaschine sowie Stäube und Lösemitteldämpfe aus Anstricharbeiten, die auf einem Schiff kontinuierlich anfallen. Durch das Mitführen spezieller Laborcontainer, die an Land in Bezug auf die zu untersuchenden Parameter optimal ausgestattet werden, kann eine kontrollierte und kontaminationsarme Bearbeitung der Proben gesichert werden. Das Spektrum dieser Container schließt auch solche mit Reinraum-Charakter ein, die mit vorgereinigter Luft zwangsbelüftet werden und somit fast vollständig von der Schiffsatmosphäre abgekoppelt sind.

Die Entnahme diskreter Proben aus dem Wasserkörper kann sowohl diskontinuierlich, z. B. mit Hilfe von Schöpfern, als auch kontinuierlich, d. h. über Pump-, Dialyse- und verwandte Systeme erfolgen. Bei in-situ-Probenahmen handelt es sich dagegen in der Regel um eine Anreicherung der Analyte vor Ort aus einem oft großen Wasservolumen. Dafür wurden in den letzten Jahren viele kommerziell erhältliche Systeme entwickelt, besonders zur Bestimmung von organischen Spurenstoffen (11.5.3.2). Meist erfolgt nach einer Filtration der suspendierten Partikel eine spezifische Festphasenanreicherung von z. B. Spurenmetallen, organischen Spurenstoffen oder auch Radionukliden.

11.5.1 Oberflächen- und Mikroschichtproben

Die bisherigen Erfahrungen haben gezeigt, dass die direkte Entnahme unverfälschter Oberflächen- und Mikroschichtproben für Spurenstoffuntersuchungen von einem Forschungsschiff aus nicht möglich ist. Um aus dessen Kontaminationswolke heraus- und näher an die Meeresoberfläche heranzukommen, bedarf es eines Beibootes. Zur Probenahme sollte man sich damit in Luvrichtung > 200 m vom Schiff in ein

Bild 11.6: Schlürfflasche in Probenahmeposition (Foto: HYDRO-BIOS, Kiel; Ölprobensammler nach Schomaker)

von diesem zuvor nicht durchfahrenes Gebiet entfernen. Während der Probenahme sollte sich das Beiboot langsam in etwa rechtem Winkel zur Strömungs- bzw. Windrichtung bewegen. Ebenfalls werden von Bord des Schiffes steuerbare autonome Katamarane verwendet.

Die Entnahme von Oberflächenwasser kann auch von Bojen aus, an denen sich der Ansaugkopf einer auf dem Basisschiff installierten Pumpe befindet, erfolgen. Die Boje sollte sich in einem vom Schiff nicht beeinflussten Wasserkörper befinden. Das über PTFE-Schläuche geförderte Wasser kann in-line filtriert werden [16].

Zur Entnahme von Proben der Oberflächen-Mikroschicht werden in der Literatur eine Reihe von Techniken und Geräten propagiert. Dazu zählen unter anderem rotierende Zylinder, Glasplatten und Netze. Werden die Geräte unter standardisierten Einsatzbedingungen betrieben, ist die Reproduzierbarkeit der damit erhaltenen Messergebnisse unter Berücksichtigung des oft fleckenhaften Charakters solcher Mikroschichten zwar ausreichend reproduzierbar, erlaubt jedoch wegen der undefinierbar dicken Schichten keine Frachtberechnungen. Der Ölprobensammler nach Schomaker (HYDRO-BIOS; Volumen der Auffangflasche 150 ml; Bild 11.6) stellt eine kommerziell verfügbare Variante einer Schlürfflasche dar.

Netze aus Edelstahldraht mit einer Fläche von etwa 0,2 – 0,6 m^2 und einer Maschenweite um 1 mm werden genutzt, um eine Schicht von etwa 0,2 – 0,4 mm von der Meeresoberfläche für organische Spurenstoffuntersuchungen abzuheben (Bild 11.7). Dazu wird das Netz an seinem Rahmen senkrecht ins Wasser eingeführt, dann um

Bild 11.7: Edelstahldrahtnetz zur Entnahme von Oberflächen-Mikroschichtproben zur Analyse auf organische Spurenstoffe (Foto: Institut für Meereskunde, Rostock]. Das Bild zeigt außerdem eine 2,5 l-Braunglasflasche zur Aufnahme und Extraktion der Mikroschichtproben, sowie einen darauf befindlichen Verdränger zur Abtrennung und eine 250 ml-Flasche zur Aufbewahrung des nach Ausschütteln mit einem organischen Lösemittel erhaltenen Extrakts.

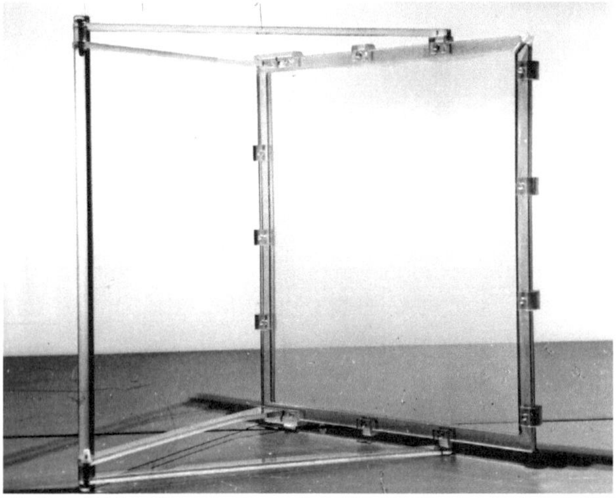

Bild 11.8: Nylonnetz im Piacrylrahmen zur Entnahme von Oberflächen-Mikroschichtproben zur Analyse auf Spurenmetalle (Foto: Institut für Meereskunde, Rostock)

einen Winkel von 90 Grad gedreht und parallel durch die Oberfläche gezogen. In den Maschen des Netzes befindet sich nun die Mikroschicht, die nach Kippen des Gerätes über eine Kante mit Hilfe eines Trichters in eine Sammelflasche abtropft. Bei einem 0,5 m^2 großen Netz können so etwa 0,2 l Wasser pro Schöpfvorgang erhalten werden. Mit Nylonnetzen in Kunststoffrahmen (Bild 11.8) lassen sich mit gleicher Handhabung Proben gewinnen, die für Untersuchungen auf Spurenmetalle geeignet sind.

11.5.2 Standardschöpfgeräte

11.5.2.1 Serienschöpfer mit Kippthermometern

Um Tiefenprofile hydrographisch-chemischer Parameter im Meer aufzunehmen, sollten Wasserproben aus den betreffenden Tiefen möglichst quasi-synchron entnommen werden. Der dafür bereits vor mehr als 90 Jahren eingeführte Nansen-Schöpfer [17] ist auf manchen Schiffen noch heute das Standardschöpfgerät und wird sogar auf modernen Forschungsschiffen oft als Störreserve mitgeführt. Der Original-Nansen-Schöpfer ist aus Messing, robust und sicher in der Handhabung, für alle Wassertiefen und auch bei Starkwind und hohem Seegang einsetzbar. Eine fast beliebige Anzahl der in der Regel ein Volumen von etwa 1 – 3 l aufweisenden Schöpfer (Bild 11.9) können in entsprechenden Abständen an einem Draht von ca. 4 – 8 mm Durchmesser jeweils mit einer Verschraubung und einer Federklemme befestigt und in geöffnetem Zustand auf die gewünschten Wassertiefen mittels einer Winde herabgelassen werden. Außen an den Schöpfern befinden sich Rahmen mit zwei bis vier Druck-geeichten Umkehrthermometern, deren Hg-Reservoire vor dem Wasserdruck mit Hilfe eines zusätzlichen Glasmantels geschützt aber auch ungeschützt ausgesetzt sind. Nach Erreichen der Zieltiefe werden etwa zehn Minuten sowohl zum Temperaturangleich als auch zum Konditionieren und Durchspülen des Schöpfers mit Wasser aus der gewünschten Tiefe benötigt.

Unter den Schöpfern hängen Fallgewichte. Nach manuellem Auslösen der Serie von Bord aus rutschen diese am Draht auf den darunterliegenden Schöpfer. Dessen Federklemme wird gelöst und der Schöpfer schwingt um die feste Verschraubung mit einem Winkel von maximal 180 Grad herum. Dabei wird der Schöpfer über das äußere Gestänge an beiden Enden geschlossen. Gleichzeitig wird das nächste Fallgewicht freigegeben. Das Kippen der Thermometer fixiert eine von der Temperatur in der Messtiefe abhängige Menge Quecksilber. Die Differenz der an Druck-geschützten und -ungeschützten Thermometern abgelesenen Temperaturen erlaubt eine relativ genaue Tiefenbestimmung.

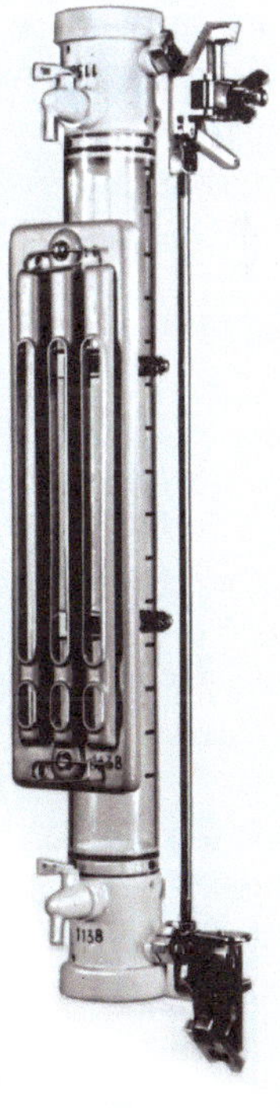

Bild 11.9: Hydrographischer Standard-Wasserschöpfer vom Nansen-Typ (Foto: HYDRO-BIOS, Kiel). Der 1,7 l-TPN- (Transparent Plastic Nansen) Schöpfer nimmt die Wasserproben in einem Volumen-graduierten Polykarbonatrohr auf.

Bei der Entnahme des Wassers aus den Schöpfern über die Hähne und die daran befindlichen Schläuche haben Probenaliquote für solche Parameter zeitlich Vorrang, die sich besonders leicht bei den unvermeidlichen Druckverlusten, der Temperaturzunahme und beim weiteren Kontakt mit der Bordatmosphäre verändern und deshalb baldmöglichst fixiert bzw. vermessen werden sollten. Dazu zählen unter anderem Sauerstoff und Schwefelwasserstoff, aber auch der pH-Wert und die Alkalinität.

Schöpfer vom Nansen-Typ werden heute nur noch selten aus Metall, sondern zumeist aus Kunststoff, z. B. Polykarbonat (PC), PVC, PTFE und ähnlich chemisch inertem Material gefertigt.

11.5.2.2 Rosetten-Wasserschöpfer

Die in der Meeresforschung verwendeten CTD- (conductivity/temperature/depth) Sonden sind ein Standardwerkzeug vor allem der physikalischen Ozeanographie. Oft sind sie nicht nur zur Messung der Leitfähigkeit (Salzgehalt), der Temperatur und des Drucks (Tiefe) geeignet, sondern mit weiteren Sensoren bestückt, welche die Aufnahme hochauflösender Tiefenprofile für eine Reihe von Parametern erlauben. Darunter sind auch chemisch und biologisch relevante Größen, wie z. B. Sauerstoff, Schwefelwasserstoff, pH-Wert, Lichtstreuung und/oder Fluoreszenz. Für viele Parameter stehen geeignete Sensoren mit ausreichender Genauigkeit zur Verfügung. Die Ansprechzeiten der dafür erforderlichen Messzellen und Elektroden liegen gewöhnlich über den von Druck-, Temperatur- und Leitfähigkeits-Sensoren. Die Ergebnisse müssen daher mit Absenkgeschwindigkeit der Sonde entsprechend korrigiert werden.

Nährsalz- und andere Spurenstoffuntersuchungen, aber auch die Eichung der Sensoren erfordern immer die Entnahme von Wasserproben. Da lag es nahe, solche CTD-Sonden mit einem Kranz von Wasserschöpfern zu umgeben, die ferngesteuert in vorprogrammierten oder ereignisbestimmten Tiefen geschlossen werden können. Das machte die Entnahme von Wasserproben im Vergleich zu den Serienwasserschöpfern (Kapitel 11.5.2.1) komfortabler und in Bezug auf die Tiefenzuordnung weitaus zuverlässiger. Die Koppelung der Schöpfer mit den Sensoren der CTD-Sonde ermöglichte jetzt auch die gezielte Beprobung ausgewählter Tiefen.

Wie ein Vergleich kommerzieller Standardgeräte zeigt (Bild 11.10: Vier typische Rosetten-Wasserschöpfer mit bzw. ohne CTD-Sonde), folgt die Konstruktion der Rosetten-Wasserschöpfer einem ähnlichen Prinzip. Ein Schutz- und Halterahmen nimmt einen äquidistanten Kranz von Schöpfern auf, deren Anzahl von ihrem jeweiligen Volumen bestimmt wird und entsprechend von etwa 3 bis 36 reichen kann. Diese Schöpfer können in der Regel auch einzeln am Draht als Serienwas-

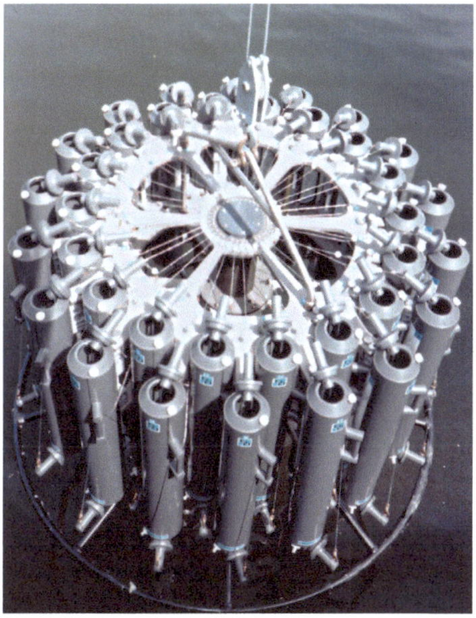

Bild 11.10a: 36-fach Rosette mit 10 l-Niskinschöpfern (Model 10163610, General Oceanics, Miami; [18])

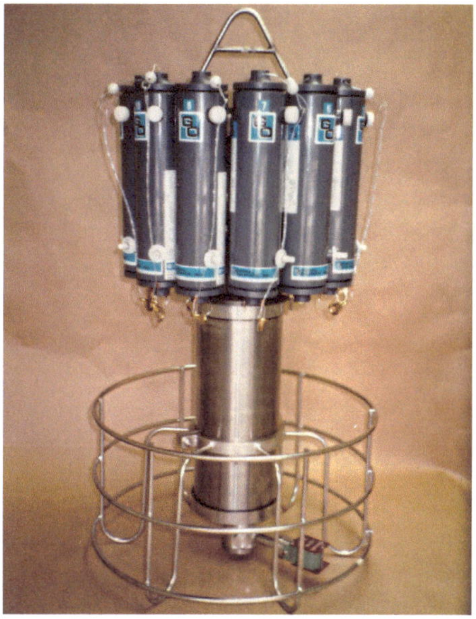

Bild 11.10b: 12-fach Rosette mit Niskinschöpfern und integrierter MK3C/WOCE-CTD-Sonde (Model 1016, General Oceanics, Miami; [18])

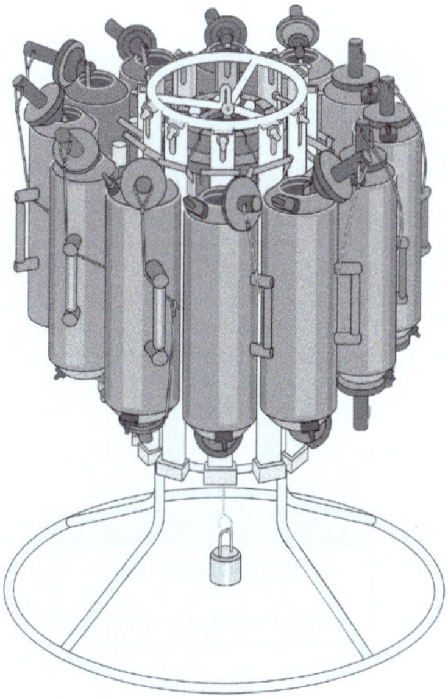

Bild 11.10c: 12-fach Rosette MWS mit 10 l-PWS-Schöpfern (HYDRO-BIOS, Kiel)

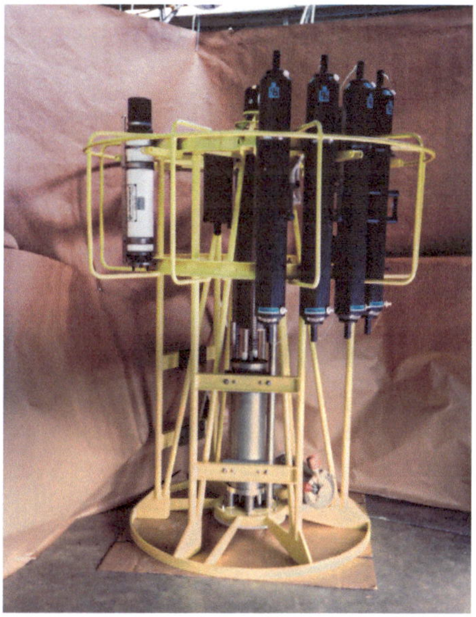

Bild 11.10d: Freifall-System mit akustischem Modem – links oben, CTD-Sonde – rechts unten und Bodenaufschlag-Dämpfer – Mitte unten (General Oceanics, Miami; [18])

serschöpfer eingesetzt werden. Unterhalb des Schöpferkranzes befindet sich in zentraler Position die CTD-Sonde, deren Sensoren beim Absenken der Sonde mit Wasser in Kontakt kommen, das durch den Rosetten-Wasserschöpfer noch nicht verwirbelt oder anderweitig verfälscht wurde. Umgekehrt können die Eigenschaften des mit den Schöpfern erhaltenen Wassers durch vorherigen Kontakt mit Bestandteilen der Sonde verändert werden. Deshalb sollte die Entnahme der Wasserproben in der Regel erst während des Hievens der Sonde erfolgen. Von den beiden STD-Vertikalsondierungen wird andererseits der Registrierung beim Fiervorgang der Vorzug gegeben.

11.5.3 Schöpfer für Spurenstoffuntersuchungen

11.5.3.1 Spurenmetalle

Eine aktuelle, umfassende Beschreibung der Probenahme und bordseitige Behandlung von Spurenmetallen und radioaktiven Stoffen wurde im Rahmen des GEOTRACES-Projektes erstellt [4]). Um das Risiko einer Metallkontamination der Wasserproben bei ihrer Entnahme auf ein Minimum zu reduzieren, sollte ein optimaler Schöpfer neben den bereits in vorherigen Kapiteln diskutierten allgemeinen Anforderungen folgende zusätzliche Bedingungen erfüllen:

- Die mit den Proben in Kontakt kommenden Teile sollten aus säurebeständigem und mit Säure vorgereinigtem Kunststoff bestehen. Die jeweilige Eignung der Werkstoffe folgt etwa der Reihe PTFE – PP – PE. Acrylester und PC sind bedingt geeignet. Sie weisen zwar ebenfalls nur geringe Metallgehalte auf und verursachen kaum Adsorptionsprobleme, lassen sich jedoch nur mit schwachen, nicht oxidierenden Säuren reinigen. PVC ist ungeeignet. Metallteile an der Schöpferaußenseite sollten mit Kunststoff umhüllt werden. Außer bei solchen aus PTFE sind alle Dichtringe als Kontaminationsquellen zu betrachten. Beim Einsatz von Silikongummi ist z. B. mit Zn- und Fe-Störungen zu rechnen.
- Das entnommene Wasser sollte zuvor keinen Kontakt mit Teilen der Schöpfvorrichtung gehabt haben. Diese Forderung kollidiert mit der Notwendigkeit, eine möglichst gleichzeitige Entnahme von Proben aus unterschiedlichen Wassertiefen zu sichern, um vertikale Verteilungsmuster von Spurenmetallen zu erhalten. Da jedoch bei verankertem oder anderweitig auf der Position gehaltenem Schiff die Schöpfer zumeist in einem sich horizontal bewegenden Wasserkörper hängen, vermindert sich dieses Kontaminationsrisiko unter Feldbedingungen.
- Der Schöpfer sollte die Wasseroberfläche unbedingt in geschlossenem Zustand passieren, d. h. nach dem C-O-C- (close-open-close) Prinzip arbeiten.

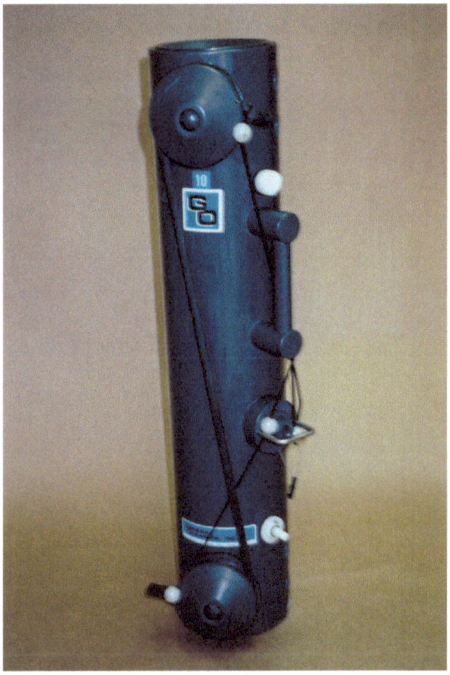

Bild 11.11: GO-FLO-Schöpfer aus PVC mit optionaler Teflon-Innenbeschichtung (General Oceanics, Miami; [18]). Der Schöpfer durchquert die Wasseroberfläche beim Fieren in geschlossenem Zustand und öffnet sich erst in etwa 10 m Tiefe über einen druckgesteuerten Releaser.

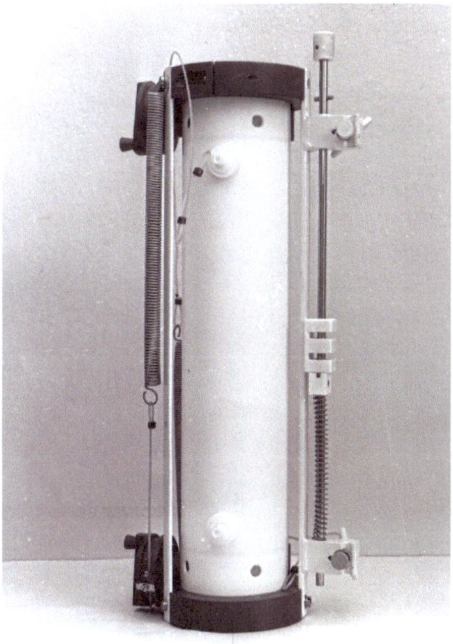

Bild 11.12: WATES-Schöpfer aus PTFE (Institut für Meereskunde, Rostock; [33]). Der Schöpfer durchquert die Wasseroberfläche beim Fieren in geschlossenem Zustand und öffnet sich erst in etwa 5 – 10 m Tiefe nach manueller Auslösung von Deck des Schiffes aus.

In Tabelle 11.3 werden einige der in der Vergangenheit bei Spurenmetalluntersuchungen eingesetzten Schöpfer und die gegenwärtig für diesen Zweck kommerziell angebotenen Geräte zusammengestellt. Als Standardgerät für den Einsatz als Serienwasserschöpfer hat sich der GO-FLO von General Oceanics (Bild 11.11) international durchgesetzt. Der Schöpfer besteht aus PVC, das allerdings mit Teflon beschichtet wurde und dessen Hähne aus PTFE sind. Auch die (Fluorsilikon-)Dichtringe genügen hohen Ansprüchen hinsichtlich des Vermeidens einer Probenkontamination.

Eine komplette Fertigung des Schöpfergehäuses aus PTFE vermeidet das Risiko, bei unzureichender oder beschädigter Teflonbeschichtung eine Kontamination der Proben durch deren direkten Kontakt mit PVC zu provozieren. Ein ebenfalls nach dem C-O-C-Prinzip arbeitender Schöpfer, dessen Öffnen unterhalb der Wasseroberfläche allerdings manuell auszulösen ist, wird in Bild 11.12 dargestellt.

Weitere Komponenten eines optimalen Schöpfsystems schließen ein Kunststoffseil (z. B. aus Kevlar) und eine Serienwinde mit Kunststofftrommel ein. Auch Umlenkrollen, Grund- und Fallgewichte sollten aus Kunststoff sein.

Auch bei einer optimalen Ausrüstung verbleibt immer ein Kontaminations-Restrisiko. Dieses ist gegen das angestrebte Ziel der Untersuchungen und die erwarteten Spurenmetallkonzentrationen abzuwägen. So macht es z. B. gegenwärtig wenig Sinn, bei Spurenmetall-Untersuchungen im Elbeästuar Kontaminationsquellen kostenaufwendig auszuschalten, die Metalle << 1 ng/l in die Proben eintragen könnten, wenn deren üblicher Konzentrationsbereich mehr als 100-fach höher liegt. Andererseits musste für Bleiuntersuchungen im Tiefenwasser des Pazifik ein spezieller Schöpfer entwickelt werden, um bei Konzentrationen von < 1 ng Pb/l den Blindwertanteil an den Messwerten auf ein aus analytischer Sicht akzeptierbares Niveau zu senken. Dieser nun bereits legendäre “CIT”- (California Institute of Technology; [19]) Schöpfer erlaubt jedoch nur die Entnahme von Einzelproben. Er hängt am Ende des Seils und füllt sich nach Spülen der Einlassöffnung mit ultrareinem Wasser bei langsamem weiteren Absenken.

Ob und welche Restkontamination von einem Serienschöpfer nach entsprechender Reinigung noch ausgeht, kann mit einfachen Mitteln geprüft werden. Dazu wird der Schöpfer von einem geeigneten Beiboot aus bei manueller Auslösung des Schließmechanismus mit Oberflächenwasser (> 0,2 m) gefüllt. Gleichzeitig wird unter Beachtung der in Kapitel 11.5.1 aufgeführten Maßnahmen zum Kontaminationsschutz eine Probe aus gleicher Tiefe direkt in die Probenflasche gefüllt. Sind auch nach längerer Aufbewahrungszeit des Wassers im Schöpfer keine signifikanten Unterschiede in den gemessenen Konzentrationen von Metallen, die im Oberflächen- gegenüber dem Tiefenwasser eher in geringeren (Zn, Cd, Fe) als in höheren Konzentrationen (Pb, Hg) vorkommen, festzustellen, ist der Schöpfer prinzipiell für weitere Untersuchungen geeignet.

Bei Entnahmetiefen bis zu etwa 100 m sind Pumpsysteme eine immer häufiger genutzte Alternative im Vergleich zu Wasserschöpfern. Bei Verwendung geeigneten Schlauchmaterials (PTFE, PE) und Voll-PTFE-Pumpen ist das Kontaminationsrisiko prinzipiell geringer als beim Einsatz von Schöpfern, da die Proben z. B. on-line aus dem zu untersuchenden Wasserkörper über einen Filter in die Aufbewahrungsflasche gelangen können. Voraussetzung ist natürlich wiederum, eine Kontamination durch das Schiff selbst auszuschließen. Werden z. B. oberflächennahe Horizontalprofile vom fahrenden Schiff aufgenommen, sollte der Ansaugstutzen der Pumpen vorausgerichtet sein, um unkontaminiertes Wasser zu fördern. Vorteile aufgrund der Möglichkeit zur praktisch stufenlosen Vertikal- und Horizontalbeprobung können jedoch durch Vermischungs- und Verschleppungseffekte teilweise aufgewogen werden. Dies wird durch hohe Pumpraten und eine Beprobung nach dem by-pass-Prinzip vermieden.

Tabelle 11.3: Schöpfer für Meerwasserproben zur Spurenmetallanalyse

Schöpfertyp	Hersteller	Volumen (l)	Bemerkungen	Literatur
Van Dorn	Hydro Products, San Diego, USA	3 - 60	Kunststoff, Gummizug innen	[26]
Niskin (bellows bag)	General Oceanics Inc., Miami, USA	2	steriler PE-Beutel	[27]
NIO (mod.)	Inst. Oceanogr. Sciences (IOS), Wormley, UK	1,3	PP, Neopren-Gummizug innen, offen	[28]
Nansen (mod.)	HYDRO-BIOS, Kiel	1,7	PC, offen	[29]
Niskin	General Oceanics Inc., Miami, USA	3 - 60	PVC, teflonisierte Feder innen	[30]
Niskin (top drop)	General Oceanics Inc., Miami, USA	5 - 90	PVC, Gummizug außen	[31]
Niskin (lever action)	General Oceanics Inc., Miami, USA	1,7 - 12	PVC, Teflon-Beschichtung optional, Federklappe außen	[32]
CIT	California Inst. Technol., USA	5 - 10	Teflon	[19]
RCWSD	Rimco, Mitchan, Australien	< 5	Acrylester, in-situ-Filtration	[21]
WATES	Institut für Meereskunde, Rostock	2	PTFE-Serienschöpfer	[33]
GO-FLO	General Oceanics Inc., Miami, USA	1,7 - 100	PVC, Teflon-beschichtet, 'Standard-Serienschöpfer'	[34]

Bereits in-situ oder on-line in solchen Pumpsystemen, aber auch off-line aus den mit Schöpfern genommenen Wasserproben können die Spurenmetalle über geeignete Materialien, in der Regel Ionenaustauscher (z. B. "CHELEX"-Harze; [20]) oder immobilisierte Komplexbildner wie 8-Hydroxychinolin [21, 22] auf einem anorganischen (Si-Basis) bzw. organischen Träger (Phenylazo-Bindung zu einem Kopolymerisat des Styrol-divinylbenzol-Typs) oder Dithiocarbamat [23], angereichert werden. Für die Anreicherung von Hg vor Ort bietet sich die Amalgambildung mit Edelmetallen an. Goldfallen haben deshalb auch in die Meerwasseranalytik Eingang gefunden [24, 25].

11.5.3.2 Organische Spurenstoffe

Die Bestimmung von organischen Spurenstoffen ist eine besondere Herausforderung für die marine Wissenschaft. Viele organische Verbindungen im Meerwasser sind noch völlig unbekannt. Neue Untersuchungen durch hochauflösende Massenspektrometrie (FT-icr-MS) ergaben, dass mehrere hunderttausend Substanzen im Meerwasser enthalten sind. Als Einzelsubstanzen sind nur etwa 10 % der insgesamt gelösten organischen Substanzen bekannt. Diese kommen meist in viel niedrigeren Konzentrationen gegenüber den anorganischen Verbindungen vor. Die Summenparameter gelöster organischer Kohlenstoff (DOC) und partikulärer organischen Kohlenstoff (POC) sind mit einer hochtemperatur-katalytischen Oxidations-Methode gut zu bestimmen [35]. Die Werte für DOC im Meer- und Brackwasser liegen im Bereich 1 mg/l – 10 mg/l. Natürliche organische Substanzen wie Karbonsäuren, Amine, Aminosäuren, Lipide oder Zucker liegen im Bereich von 1 – 1.000 ng/l. Die sehr wichtigen anthropogenen Schadstoffe (z. B. PAH, PCB, chlorierte Dibenzodioxine haben oft Konzentrationen im sub-pg/L-Bereich (s. a. Tabelle 11.1).

Eine große Rolle spielen auch die physikalisch-chemischen Eigenschaften: der Dampfdruck bestimmt die Transporte zwischen Oberfläche und Atmosphäre, die Wasserlöslichkeit (log Kow) ist bedeutsam für die Verteilung zwischen gelöster und partikulärer/ organischer Phase, die chemische Struktur bestimmt die (biologische oder abiotische) Stabilität und somit die Aufenthaltszeiten von Spurenstoffen im Meerwasser. Viele unpolare (log Kow > 5) persistente organische Schadstoffe akkumulieren in den marinen Nahrungsketten und üben dort schädliche Effekte in den Organismen aus.

Bei der Probenahme von Meerwasser zur Bestimmung der organischen Inhaltsstoffe muss daher in der Regel die Probe filtriert werden und es müssen große Volumen gesammelt und mit nachfolgender Extraktion verwendet werden, oder es wird ein Verfahren zur Anreicherung an Festphasen oder organischem Material eingesetzt.

Die Bestimmung und Probenahme für organische Spurenstoffe muss daher genauestens geplant werden:

- Die Nachweisempfindlichkeit des Detektors am Analysegerät (z. B. der ECD-Detektor [38, 39, 40] für halogenierte Verbindungen oder die eines Massenspektrometers) sowie die zu erwartenden Konzentrationen im Meerwasser erfordert eine Festlegung des Probenvolumens.
- Die Kontaminationsgefahr ist bei Schiffseinsätzen besonders groß und es sollten in-situ-Techniken oder geschlossene Systeme, eventuell unter Schutzgasatmosphäre, eingesetzt werden.
- Für unterschiedliche organische Spurenstoffe müssen möglichst selektive Methoden benutzt werden.
- Eine Filtration der Proben mit anschließender Fixierung ist nötig, um mikrobielle Abbauprozesse zu verhindern. Häufig wird auch bevorzugt, die Stoffe möglichst schnell in (kontaminationsfreie) organische Lösungsmittel zu überführen.

Zur Bestimmung von organischen Stoffen im Meerwasser reicht meistens die Probenahme mit „normalen“ Wasserschöpfern nicht aus. Vor 20 bis 30 Jahren wurden großvolumige Schöpfer wie Glaskugeln bis zu 100 l [36] mit anschließender flüssig-flüssig-Extraktion oder Bodman-Schöpfer [37] bis zu 400 l Volumen eingesetzt. Heute werden statt dieser Geräte in-situ-Pumpen [38, 39, 40, 41] eingesetzt. Mit in-situ-Pumpen können Volumen bis 1.000 l filtriert werden; die organischen Inhaltsstoffe werden durch Festphasen extrahiert und somit angereichert. Bei der Aufarbeitung müssen nur geringe Mengen an organischen Lösungsmittel verwendet werden, was die Kontaminationsgefahr verringert.

Auch die bereits in Kapitel 11.4 beschriebene Pump-CTD kann zur Gewinnung von Wasserproben gekoppelt mit einer Filtrationsanlage sowie einer Festphasenextraktion verwendet werden. Ebenso können Oberflächenproben (3 – 5 m Tiefe), falls vorhanden, mit einem Reinstseewasser-Pumpsystem des Forschungsschiffes zur Probenahme ins Schiffslabor gebracht werden. Solche Systeme müssen regelmäßig gereinigt und auf Kontaminationen überprüft werden.

In der letzten Dekade hat sich eine grundsätzlich andere Methode zur Messung von organischen Schadstoffen bewährt: die Probenahme mit passiven Sammlern [33, 34, 35]. Die Methode beruht darauf, Komponenten aus dem Meerwasser an einem Adsorbent anzureichern und dieses später im Labor mit organischen Lösungsmitteln zu extrahieren. Passive Sammler sind einfach herzustellen sowie im Meerwasser in einer bestimmten Tiefe zu verankern. Sie reichern über den Zeitraum der Auslegung frei gelöste organische Stoffe integrierend aus dem Meerwasser an und enthalten somit auch die wichtige Information zur Bioverfügbarkeit der Verbindungen. Der Mechanismus ähnelt der Aufnahme von Spurenstoffen durch Muscheln. Für unterschiedliche Substanzklassen, wie polare und unpolare Schadstoffe wurden Systeme entwickelt: „Semipermeable Membran Device“ (SPME) für unpolare Verbindungen und „Polar Organic Chemical Integrative Sampler“ (POCIS) für polare Substanzen, auch für Spurenmetalle gibt es spezielle passive Sammler [41, 42, 43, 44].

Trotz der leichten Handhabung bei der Probenahme gibt es gravierende Nachteile der SPME-Methode. Selbst bei einer relativ langen Einsatzzeit von mehreren Wochen werden oft die Gleichgewichtskonzentrationen nicht erreicht. Zur quantitativen Abschätzung der Konzentrationen der Analyten im Meerwasser müssen daher Modellrechnungen hinzugezogen werden. Das „Biofouling“ auf den Sammlern und die Besiedelung der Membranen durch mikrobielle Biofilme ändert die Eigenschaften der passiven Sammler. Durch den Bau von Geräten aus Kupferblech kann das Biofouling eingeschränkt werden [45].

11.5.3.3 Radionuklide

Zur Entnahme und Aufbewahrung von Meerwasserproben zur nachfolgenden Analyse auf Radionuklide sind im Vergleich zu anderen Spurenstoffen einige Besonderheiten zu beachten:

- Das Spektrum des zu einer Analyse erforderlichen Wasservolumens reicht in Abhängigkeit von der Aktivität der zu bestimmenden Radionuklide von Bruchteilen eines Liters (^{3}H) bis zu mehreren Tonnen (^{10}Be). Auch das Spektrum der Eigenschaften der zu analysierenden Stoffe reicht sehr weit, da diese sowohl vorwiegend in Form kovalenter Bindungen (^{3}H), als Ionen ($^{137,134}Cs$, ^{90}Sr, ...) oder sogar gasförmig (^{3}He) auftreten können. Dementsprechend ist eine geeignete Auswahl zwischen den bereits oben genannten Schöpfern und Pumpsystemen zu treffen.
- Die Gefahr einer Kontamination der Proben durch Teile der Schöpfvorrichtung ist gewöhnlich viel geringer als bei Untersuchungen zu den entsprechenden chemisch und physikochemisch sehr ähnlich reagierenden Spurenmetallen. Es sind allerdings Verschleppungsprobleme zu beachten, wenn die jeweiligen vertikalen Verteilungsmuster im Meer starke Gradienten aufweisen. Das ist besonders bei künstlichen Radionukliden der Fall, die wie beispielsweise beim Tritium das Meer über atmosphärische Niederschläge und Süßwasserzustrom von den Kontinenten erreichen und im Vergleich zu ihrer Halbwertzeit nur sehr langsam vertikal vermischt werden. Auch in Ästuaren oder geschichteten Nebenmeeren (Ostsee) können sich im Bereich lokaler oder regionaler Punktquellen solche Gradienten ausbilden. Natürliche Nuklide wie ^{3}He, die aus dem Sediment in den Ozean eingetragen werden, weisen entgegengesetzte Gradienten im Meer auf. Die Entnahme von durch Verschleppung unverfälschten Proben hat dies zu berücksichtigen (Kapitel 11.2.1).
- Es kann erforderlich sein, das Material der zur Probenahme und -aufbewahrung genutzten Gefäße optimal den Eigenschaften der betreffenden Radionuklide anzupassen. Für ^{3}H-Messungen ist z. B. Glas durchaus geeignet, da keine Probleme durch Ionenaustausch zu erwarten sind. Wasserdampf kann andererseits manche Kunststoffwände durchdringen. Wasserproben für ^{3}He werden mit gasdichten und adsorptionsarmen Schöpfern, gefertigt z. B. aus Titan oder Spezialstählen, genommen.

Perspektivisch werden sicherlich in-situ-Anreicherungsverfahren bei gleichzeitiger Abtrennung der partikulären Anteile, zunehmend eingesetzt. Als besonders effektiv bei der Anreicherung von Radioisotopen im Meer hat sich dabei die Sorption an Manganoxy-hydroxiden erwiesen [46]. Das mindert jedoch nicht die Bedeutung der großvolumigen Schöpfer, deren Anwendung bei weiträumigen Aufnahmen unerlässlich bleibt.

11.5.4 Spezialschöpfer

In ihrem Einsatzgebiet sehr limitierte Probenahmegeräte gibt es für eine Reihe von selten zu messenden Parametern. Das betrifft beispielsweise Untersuchungen zum Gehalt der im Meerwasser gelösten Edelgase. Zum Vermeiden jeglicher

Kontamination wird dafür z. B. ein Aluminiumrohr in-situ mit Hilfe einer fernkontrollierten Kneifvorrichtung verschlossen. Auch leichtflüchtige Haloforme, wie die klimatologisch relevanten Chlorfluor-Verbindungen (FCKWs, "Freone"), werden zum Vermeiden von Verlusten oder Kontamination in-situ in Metallrohren (Cu) für die spätere Analyse im Landlabor eingeschlossen [47]. Auch bei herkömmlichen Schöpfern kann der Gasaustausch der Proben mit der Atmosphäre durch relativ einfache Mittel stark vermindert werden. Der Niskin lever action-Schöpfer (General Oceanics) verwendet dazu eine beim Schließen des Schöpferdeckels gleichzeitig freigesetzte HDPE-Scheibe. Diese schwimmt auf der Probe bei deren Ablassen und verhindert somit das Eindringen von Luft.

Speziell für mikrobiologische Untersuchungen wurde ein modifizierter Wasserschöpfer (AFISmom) [48] mit einer in-situ-Fixierung entwickelt (HYDROBIOS, Kiel).

Eine unübersehbar große Anzahl von Eigenfertigungen der Institute dominiert bei Schöpfern zur Entnahme von Wasserproben über vermutete Konzentrationsgradienten an den Grenzflächen zum Meeresboden [49, 50, 51, 52] und zur Atmosphäre, aber auch über interne Dichte- oder Redox-Sprungschichten [53]. In vertikal unterschiedlicher Auflösung werden Wasserproben in gekammerte Schöpfer gebracht. Der Transport dahin geschieht oft über Filter- bzw. Dialysemembranen, zum Teil passiv als auch aktiv, d. h. angesaugt über Pumpen oder durch ein zuvor angelegtes Vakuum.

11.6 Probenbehandlung an Bord

11.6.1 Filtration

Die Inhaltsstoffe des Meerwassers kommen in der Regel überwiegend (> 90 %) in gelöster Form, d. h. < 0,4 µm bzw. < 0,45 µm, vor. Da eine Filtration von Wasserproben immer mit zusätzlichen Risiken einer Verfälschung durch Kontamination oder Adsorptions- und andere Verluste verbunden ist, wird zumeist darauf verzichtet. Ausnahmen sind erforderlich, wenn

a) das suspendierte partikuläre Material (SPM) selbst Gegenstand der Untersuchungen ist,
b) die SPM-Konzentration z. B. in der Mischungszone von Ästuaren, in der euphotischen Schicht während der Phytoplanktonblüten oder in Nähe des Meeresbodens deutlich über 1 mg/l ansteigt oder
c) das partikuläre Material die Präzision der Analysen erheblich beeinträchtigt.

Die Filtration erfolgt z. T. in-situ, d. h. vorgeschaltet in autonom arbeitenden Anreicherungssystemen, oder on-line am Auslauf eines Schöpfers bzw. Pumpsystems. Häufiger wird jedoch noch die off-line-Filtration verwendet [54], besonders im Fall a). Dazu wird die Wasserprobe in einen Behälter überführt und dann über ein entsprechendes Filter gedrückt oder gesaugt. Bei der Druckfiltration sollten etwa 3 bar nicht überschritten werden, da anderenfalls Planktonzellen zerstört und darin befindliche Spurenstoffe freigesetzt werden können.

Universelle Filter, die allen Anforderungen bei der Bestimmung unterschiedlicher Meerwasserinhaltstoffe in gelöster und partikulärer Form genügen, gibt es nicht. Relativ gut definierte Porengrößen, wie sie bei Polykarbonat-Kernspurfilterfolien des Nuclepore-Typs (0,4 µm) anzutreffen sind, müssen z. B. im Vergleich zu herkömmlichen Zellulosenitrat- oder -acetat-Membranfiltern (0,45 µm) mit geringeren Filtrationsraten und Filterbeladungen erkauft werden. Mehrfach verwendbare und gut zu reinigende Filter aus chemisch extrem inertem Material wie PTFE haben den Nachteil noch weit geringerer Filtrationsraten. Sie sind außerdem teurer.

Neben dem Einhalten problem-adäquater Regeln “guter Laborpraxis” bei Spurenanalysen, die Verfälschungen ausschließen helfen, sind bei der Filtration von Meerwasserproben einige besondere Hinweise zu beachten:

- Druckfiltrationssysteme sind in der Regel besser kontaminationsarm zu betreiben als Vakuumsysteme.
- Sind mehrfache Aufgüsse der Probe erforderlich, sollte das Filter zwischendurch nicht trockenfallen.
- Wird auch das Filtrat untersucht, ist immer ein entsprechendes Vor- und Nachlaufvolumen zu verwerfen.
- Das auf dem Filter gesammelte Material sollte vor dem Trocknen mehrfach mit geringen Aliquoten entionisierten Wassers gewaschen werden, um Meersalzrückstände zu verhindern.
- Die gravimetrische Bestimmung der SPM-Masse erfordert den Einsatz von Mikrowaagen mit einer Empfindlichkeit von ≤ 5 µg.
- Da häufig Filter aus Kunststoff verwendet werden, muss deren elektrostatische Aufladung für zuverlässige Wägungen mit Hilfe einer Ionenquelle kompensiert werden.

Zur Gewinnung größerer SPM-Probenmengen, wie sie für viele Untersuchungen zu partikulären Formen von Spurenstoffen wie Halogenkohlenwasserstoffen oder Radionukliden erforderlich sind, sind herkömmliche Filtrationstechniken unzureichend. Wird z. B. bei einer SPM-Konzentration des Meerwassers von 1 mg/l eine minimale Probenmenge von 1 g benötigt, müsste 1 m^3 Wasser filtriert werden. Das wäre mit Pumpsystemen zwar prinzipiell durchführbar, würde jedoch einen häufigen Filterwechsel erfordern, da sich beispielsweise ein 47 mm/0,4 µm Kernspurmembranfilter unter diesen Bedingungen bereits nach 2 – 3 l Probevolumen zugesetzt hätte. Vermehrt werden deshalb Durchflusszentrifugen mit ≤ 10.000 bis > 20.000 g erfolgreich zur Abtrennung des SPM eingesetzt. Dabei handelt es sich sowohl um leistungsfähige transportable Tischzentrifugen, wie z. B. die Biofuge 28 RS oder Labofuge von Heraeus, mit einem Durchsatz von rund 0,05 m^3/h [55, 56], die in kardanischer Aufhängung auch bei hohem Seegang betrieben werden können [57], als auch um stationäre Hochleistungszentrifugen, die noch mit > 1 m^3/h eine effektive Abtrennung gewährleisten. Letztere sind entweder fest auf dem Schiff installiert (FS Gauss/BSH Hamburg) oder werden nach Bedarf in einem entsprechenden Gestell an Bord verankert (Padberg GmbH Modell Z61, [58]). Untersuchungen haben gezeigt, dass solche Zentrifugen das SPM ähnlich effektiv abtrennen wie eine 0,4 µm-Filtration. Da die mit Meerwasser in Kontakt kommenden Wandungen aus chemisch sehr inertem Material wie PTFE, Ti, PE oder PP sind, ist die Gefahr einer Kontamination der Proben gering. Folglich sind diese zur Untersuchung auf ein weites Parameterspektrum geeignet.

Die Durchflusszentrifugen werden in der Regel über mit Druckluft (> 1 – 10 bar) betriebene Membranpumpen, aber auch über Impellerpumpen aus chemisch ebenfalls sehr inertem Material, gespeist. Die Entnahme des Meerwassers erfolgt dabei sowohl vom verankerten als auch vom fahrenden Schiff zumeist über einen by-pass.

11.6.2 Konservierung und Lagerung

In Hinsicht auf die erforderliche Qualität der verwendeten Aufbewahrungsgefäße und der zur Konservierung erforderlichen Chemikalien sind die in Analytikhandbüchern vorgegebenen Regeln unter Berücksichtigung der jeweiligen Parameter und ihrer für Meerwasserproben typischen Konzentrationen einzuhalten. Es sollen hier nur diejenigen Besonderheiten herausgestellt werden, die sich aus der Arbeit auf Forschungsschiffen ergeben:

Bei den späteren Messungen entdeckte Kontaminationsprobleme lassen sich teilweise auf Nachlässigkeiten bei der Vorbereitung von Messkampagnen zurückführen. Die Bereitung der erforderlichen Chemikalien und die Reinigung der Gefäße und Schöpfer erfolgt gewöhnlich bereits im Landlabor. Steht kein Containerlabor bereit, das in einsatzbereitem Zustand auf das Schiff gebracht werden kann, bergen Verpackung und Transport oft unterschätzte Kontaminationsrisiken. Diese Operationen sollten, wie auch die spätere Probenahme, möglichst immer unter Anleitung und Kontrolle des zuständigen Analytikers erfolgen. Um den Kontakt der Proben mit hochkontaminiertem Straßenstaub auszuschließen, bedarf es der Mehrfachverpackung. So hat es sich z. B. bewährt, Probenflaschen für Spurenmetalluntersuchungen zweifach mit gereinigten Kunststoffbeuteln zu umhüllen. Die so verpackten Flaschen sollten getrennt von anderen Geräten in staubdicht verschlossenen Probenkisten, ebenfalls vorzugsweise aus Kunststoff, an Bord gebracht werden. Zur Nachreinigung und Konditionierung werden die Flaschen bis zu ihrem Einsatz mit ultrareinem Wasser gefüllt und bei einem pH-Wert von ca. 1,5 gehalten, der später auch zur Probenkonservierung genutzt wird.

Werden die Meerwasserproben sofort an Bord analysiert, ergeben sich für die betreffenden Parameter selten Konservierungs- und Lagerungsprobleme. So müssen Messungen zu hydrographisch-chemischen Standardparametern wie Sauerstoff, Schwefelwasserstoff, Alkalinität oder pH-Wert so bald wie möglich nach der Probenahme ausgeführt werden. Das trifft weitgehend auch auf die Nährsalze zu, für die noch keine universelle Konservierungsmethode gefunden wurde. Die Stabilität der Proben scheint stark von ihrer Herkunft abzuhängen. Allerdings wird häufig die Gesamt-N/P-Bestimmung aufgrund des dazu erforderlichen Aufschlusses erst im Landlabor durchgeführt.

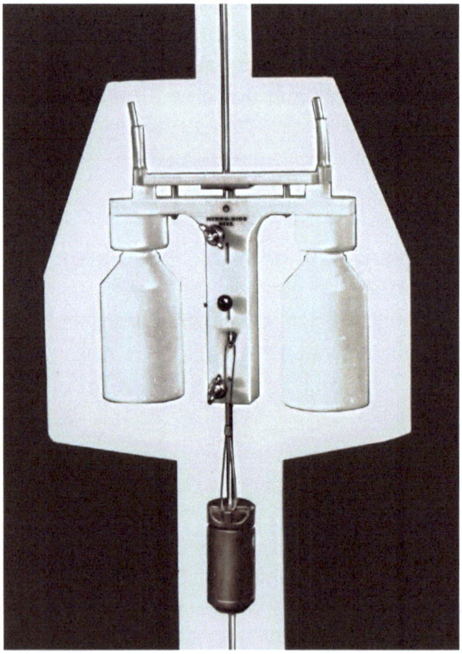

Bild 11.13: MERCOS-Schöpfer aus PTFE (Foto: HYDRO-BIOS, Kiel). Ein Fallgewicht löst in der gewünschten Wassertiefe das Füllen der beiden 500 ml-PTFE-Schraubverschluss-Flaschen über die zuvor abgeklemmten Silikonschläuche aus.

Die unmittelbare Messung von Spurenstoffen an Bord ist eher die Ausnahme als die Regel. Bei kurzen Fahrten lohnt sich nicht der Aufwand, die Geräte aufwendig an Bord zu installieren. Oft fehlt es dafür an geeignetem Platz und häufig stören auch die mit dem Schiffsbetrieb verbundenen Vibrationen sowie andere Bewegungen des Schiffes wie Rollen, Stampfen oder Schlingern. Andererseits werden die zu analysierenden Verbindungen gewöhnlich bereits an Bord aus dem Meerwasser angereichert. Das ist unverzichtbar, wenn sich die Spurenstoffe rasch zersetzen, verflüchtigen, sich in ihrer Speziierung verändern oder irreversibel von Gefäßwandungen adsorbiert werden. Sind wie bei einigen Radionukliden und Halogenkohlenwasserstoffen die erforderlichen Probenvolumina sehr groß, ergibt sich bereits ein technischer Zwang zur baldigen Aufarbeitung. Aus der Sicht von Lagerungs- und Konservierungsproblemen, die sich mit steigenden Anreicherungsfaktoren proportional reduzieren, ist dies ebenfalls wünschenswert.

Für Spurenmetallmessungen sichert eine Aufbewahrung der Proben bei einem pH-Wert um 1,5 unter Raumtemperatur im Dunkeln bereits Langzeitstabilität. Das setzt Flaschen adäquater Reinheit aus PTFE oder PE voraus. Für Meerwasseruntersuchungen wurden entsprechende Reinigungsprozeduren unter Einsatz von Mineralsäuren unterschiedlicher Stärke in Bädern bei verschiedener Temperatur vorgeschlagen [59], die diesen Zweck erfüllen.

Quecksilber weicht in seinem Verhalten deutlich von dem anderer Spurenmetalle ab. Das ist auch bei der Konservierung von Meerwasserproben zu beachten. Wie bei organischen Spurenstoffen ist eine baldmögliche Aufarbeitung der Proben empfehlenswert, um Kontaminationen oder Verluste zu vermeiden. Da bei der zumeist genutzten AAS-Kaltdampfmethode der Anreicherungsschritt unmittelbar der spektroskopischen Detektion vorausgeht, erfolgt häufig die Hg-Analyse unmittelbar an Bord. Ist dies nicht vorgesehen oder möglich, müssen für die Aufbewahrung von Meerwasserproben oxidierende Bedingungen und höhere Säurestärken eingehalten werden. Falls nicht die weiteren Analysenschritte direkt in der Probenahmeflasche ablaufen, wie im Falle des MERCOS-Schöpfers (HYDRO-BIOS, Kiel; Bild 11.13), sind Quarzflaschen im Vergleich zu Kunststoffflaschen dafür besser geeignet.

11.7 Qualitätssicherung

Einleitend wurde bereits auf die Bedeutung der Probenahme als Hauptverursacher systematischer Fehler bei Meerwasseranalysen hingewiesen. Bei vielen Spurenstoffen lässt sich eine mögliche Beeinflussung der Messwerte durch das Entnahmegerät nur indirekt überprüfen. Hier sollen einige Maßnahmen zur Qualitätssicherung der Probenahme kurz erläutert werden:

a) Konventionelle Interkalibrierungen, bei denen den teilnehmenden Labors Aliquote einer entsprechend homogenisierten und in Bezug auf den Analyten stabilisierten Meerwasserprobe zur Analyse überstellt werden, ermöglichen keine Aussagen zur Qualität der Probenahme. Sie dienen der Standortbestimmung in den Labors und helfen diesen beim Auffinden von systematischen und Zufallsfehlern.

b) Das Vermessen zertifizierter und nicht-zertifizierter Referenzmaterialien ist ein weiterer notwendiger Bestandteil der laborinternen Qualitätskontrolle. Zertifiziert in erster Linie in Hinsicht auf die Konzentrationen von Pflanzen-Mikronährsalzen und Spurenmetallen, sind auch Meerwasserproben dafür bereits seit längerer Zeit kommerziell verfügbar (Tabelle 11.4). Die in den Zertifikaten ausgewiesenen Gehalte sind in der Regel für den jeweiligen Wassertyp als realistisch anzusehen.

c) Als sehr effektiv haben sich Vergleichsmessungen unter Feldbedingungen erwiesen, bei denen parallel verschiedene Schöpfgeräte eingesetzt werden. Um Aussagen zu den Eigenschaften dieser Geräte zu erhalten, ist es sehr wichtig, die Variabilität anderer die Ergebnisse möglicherweise beeinflussender Parameter so gering wie möglich zu halten. Im Idealzustand hieße das, alle zum Vergleich vorgesehenen Schöpfer von einem Trägersystem aus (Schiff, Winde, Seil etc.) in einem Wasserkörper mit homogenen Eigenschaften **gleichzeitig** einzusetzen. Das ist in der Praxis nur annähernd erreichbar.

Tabelle 11.4: Zertifizierte Standard- und Referenzmaterialien für Inhaltstoffe des Meerwassers [60]

Bezeichnung	Analyt	Matrix	Quelle
NASS-4	As, Cd, Co, Cr, Cu, Fe, Mn, Mo, Ni, Pb, U, Zn	Meerwasser/Hochsee, 31,3 ‰, < 0,45 µm, pH 1,6	"NRCC, Kanada (145 USD/2 l)"
CASS-3	As, Cd, Co, Cr, Cu, Fe, Mn, Mo, Ni, Pb, Se, Zn	Meerwasser/Küste, 30,2 ‰, < 0,45 µm, pH 1,6	"NRCC, Kanada (145 USD/2 l)"
SLEW-2	As, Cd, Co, Cr, Cu, Fe, Mn, Ni, Pb, Zn	Ästuarwasser, 11,6 ‰, < 0,45 µm, pH 1,6	"NRCC, Kanada (145 USD/2 l)"
CRM 403	Cd, Cu, Mo, Ni, Pb, Zn	Meerwasser, < 0,45 µm, pH 1,6	"EU-BCR, Brüssel (300 ECU/2 l)"
CRM 505	Cd, Cu, Ni, Zn	Ästuarwasser, < 0,45 µm, pH 1,6	"EU-BCR, Brüssel (300 ECU/2 l)"
CSK Nutrient Elements	NO_2-N, NO_3-N, PO_4-P, SiO_2-Si	30,5 % NaCl	"Sagami Standard; Wako Chemicals, Japan (75 –120 USD/50 ml)"
IAEA-298	^{90}Sr, ^{137}Cs, $^{239+240}$Pu	Pazifikwasser/Muroroa Atoll (Oberfläche)	"IAEA, Wien (110 USD/3 x 30 ml)"
IAPSO Standard Seawater	Leitfähigkeit	Nordatlantikwasser mit 10, 30, 35, bzw. 38 ‰; < 0,3 µm	"OSI, (72 – 120 Engl. Pfund/5 x 275 ml)"

Literatur

[1] Grasshoff, K.; Ehrhardt, M. & Kremling, K. (1983): Methods of Seawater Analysis, Second, revised and extended ed.; Weinheim (Verlag Chemie). – 419 S.

[2] DIN 38 402-16 (1987): Probenahme aus dem Meer (A16), Berlin (Beuth).

[3] ISO 5667-9 (1992): Guidance on sampling from marine waters.

[4] Website GEOTRACES unter www.geotraces.org/images/cookbook.pdf (08.04.2018)

[5] Website TEOS unter www.teos-10.org (08.04.2018)

[6] Cunliffe, M. & Wurl, O. (2014): Guide to best practices to study the ocean's surface. Occasional Publications of the Marine Biological Association of the United Kingdom. Plymouth, UK. – 118 pp.

[7] UNEP (1987): Guidelines for determining inputs of inorganic contaminants into estuaries, Reference Methods for Marine Pollution Studies No. 41, UNEP. – 14 S.

[8] Kramer, K. J. M., Brockmann, U. H. & Warwick, R. M. (1994): Tidal estuaries: manual of sampling and analytical procedures, EU, Brüssel. – 304 S.

[9] UNEP (1987): Guidelines for determining inputs of inorganic contaminants into estuaries, Reference Methods for Marine Pollution Studies No. 41, UNEP. – 14 S.

[10] HELCOM (1998): Guidelines for the Baltic Monitoring Programme for the Third Stage; Part B. Physical and Chemical Determinants in Sea Water, Baltic Sea Environment Proceedings No. 27 B. Helsinki. – 60 S. www.helcom.fi/action-areas/.../manuals-and-guidelines/combine-manual (08.04.2018)

[11] Strady, E.; Pohl, C., Yakushev, E. V., Krüger, S. & Hennings, U. (2008): PUMP-CTD-system for trace metal sampling with a high vertical resolution. A test in the Gotland Basin, Baltic Sea. Chemosphere, 70: 1309-1319. doi:101016/j.chemosphere.2007.07.051

[12] Staubwasser, M., Schoenberg, R., von Blanckenburg, F., Krüger, C. & Pohl, S. (2009): Iron isotopes in marine anoxia. Geochim. Cosmochim. Acta, 73/13, A1265.

[13] Kuss, J., Cordes, F., Mohrholz, V., Nausch, G., Naumann, M., Krüger, S. & Schulz-Bull, D. E. (2017): The Impact of the Major Baltic Inflow of December 2014 on the Mercury Species Distribution in the Baltic Sea. Environ Sci Technol. Oct 17; 51 (20): 11692-11700. doi: 10.1021/acs.est.7b03011.

[14] Harper, D. J. (1987): A new trace metal-free surface water sampling device, Mar. Chem. 21: S. 183-188.

[15] Stadler, D. & Schomaker, K. (1977): Ein Glaskugelschöpfer zur kontaminationsfreien Entnahme von Seewasser unter der Oberfläche für die Analyse von Kohlenwasserstoffen und halogenierten Kohlenwasserstoffen, Dt. hydrogr. Z. 30: S. 20-25.

[16] Gordon, D. C. & Keizer, P. P. (1974): Estimation of petroleum hydrocarbons in seawater by fluorescence spectroscopy – Improved sampling and analytical methods, Fish. Res. Bd. Can., Techn. Rep. No. 481.

[17] Knudsen, M. (1923): Publ. Circ. Cons. Expl. Mer 77. S. 1-16.

[18] General Oceanics Inc. (1996): Produktinformationen.

[19] Patterson, C. C. & Settle, D. M. (1976): The reduction of orders of magnitude errors in lead analyses of biological materials and natural waters by evaluating and controlling the extent and sources of industrial lead contamination introduced during sample collection, handling, and analysis. – in: La Fleur, P. (Hrsg.): Accuracy in trace analysis – Sampling, sample handling, and analysis, Proceedings 7th IMR Symposium, Gaithersburg 1974, NBS Spec. Publ. No. 422. S. 321-351.

[20] Su-Cheng, P. & Hung-Yu, C. (1994): Vertical distribution of cadmium in marginal seas of the western Pacific Ocean, Mar. Chem. 47. S. 81-91.

[21] Orians, K. J. (1993): Determination of picomolar concentrations of titanium, gallium and indium in sea water by inductively coupled plasma mass spectrometry following an 8-hydroxyquinoline chelating resin preconcentration, Anal. Chim. Acta 282. S. 63-74.

[22] Lewis, B. L. & Landing, M. (1992): The investigation of dissolved and suspended-particulate trace metal fractionation in the Black Sea, Mar. Chem. 40. S. 105-141.

[23] Johansson, M., Emteborg, H., Glad, B., Reinholdsson, F. & Baxter, D. C. (1995): Preliminary appraisal of a novel sampling and storage technique for the speciation analysis of lead and mercury in seawater, Fresenius Z Anal Chem 351. S. 461-466.

[24] Gill, G. A. & Fitzgerald, W. F. (1987): Picomolar mercury measurements in seawater and other materials using stannous chloride reduction and two-stage gold amalgamation with gas phase detection, Mar. Chem. 20. S. 227-243.

[25] Kwokal, Z., May, K. & Branica, M. (1994): 'On spot' collection of reactive mercury onto gold wire from aquatic environment, Sci. Tot. Environ. 154. S. 63-69.

[26] Van Dorn, W. G. (1956): Large-volume water samplers, Trans. Am. Geophys. Un. 37. S. 682-684.

[27] Niskin, S. J. (1962): A water sampler for microbiological studies, Deep-Sea Res. 9. S. 501-503.

[28] Herdman, H. F. P. (1963): Water sampling and thermometers. – in: Hill, M. N. (Hrsg.): The Sea, Bd. 2, Interscience Publishers. New York. S. 124-127.

[29] Fischer, H. (1968): The transparent plastic Nansen sampler, Techn. Rep. Hydrobios Apparatebau GmbH, Kiel.

[30] Spencer, D. W., Brewer, P. G. & Sachs, P. L. (1972): Distribution and trace element composition of suspended matter in the Black Sea, Geochim. Cosmochim. Acta 36. S. 71-86.

[31] Segar, D. A. & Berberian, G. A. (1975): Trace metal contamination by oceanographic samplers. – in: Gibb, R. P. (Hrsg.): Analytical methods in oceanography, Advan. Chem. Ser. No. 147. S. 9-21.

[32] Batley, G. E. & Gardner, D. (1977): Sampling and storage of natural waters for trace metal analysis, Water Res. S. 745-756.

[33] Brügmann, L., Geyer, E. & Kay, R. (1987): A new teflon sampler for trace metal studies in seawater – "WATES", Mar. Chem. 21. S. 91-99.

[34] General Oceanics Inc. (1996): Produktinformationen.

[35] Dickson, A. G., Sabine, C. L. & Christian, J. R. (Eds.) (2007): Guide to best practices for ocean CO_2 measurements. PICES Science Report No. 34 D.

[36] Stadler, D. & Schomaker, K. (1975): Entwicklung eines Gerätes zur kontaminationsfreien Entnahme von Oberflächenwasserproben für den Einsatz auf See, Dt. hydrogr. Z. 28. S. 117-120.

[37] Bodman, R. H., Slabaugh, L. V. & Bowen, V. T. (1961): A multipurpose large volume sea water sampler, J. Mar. Res. S. 141-14?.

[38] Petrick, G., Schulz-Bull, D. E., Martens, V., Scholz, K. & Duinker, J. C. (1996): An in-situ filtration/ extraction system for the recovery of trace organics in solution and on particles tested in deep ocean water. Marine Chemistry 54. S. 97-105.

[39] Johnsen, B. D., Wangersky, P. & Zhou, X. (1987): An in-situ pump sampler for trace materials in seawater, Mar. Chem. 22. S. 353-361.

[40] Schulz-Bull, D. E., Petrick, G., Bruhn, R. & Duinker, J. C. (1998): Chlorobiphenyls (PCB) and PAHs in water masses of the northern North Atlantic. Mar. Chem. 61. S. 101-114.

[41] Koschinsky, A., Szemeitat, A., Magguilli, M. & Halbach, P. (1996): In-situ enrichment of heavy metals from deep-sea water by an ion-exchange pump system. Mar. Georesources & Geotechnology. S. 297-314.

[42] Alvarez, D. A. (2010): Guidelines for the use of the semipermeable membrane device (SPMD) and the polar organic chemical integrative sampler (POCIS) in environmental monitoring studies, U.S. Geological Survey Techniques and Methods 1-D4, S. 28.

[43] United States Environmental Protection Agency (EPA) (2012): Guidelines for using passive samplers to monitor organic contaminants at superfund sediment sites, OSWER directive 9200.1-110 FS.

[44] Stuer-Lauridson, F. (2005): Review of passive accumulation devices for monitoring organic micropollutants in the aquatic environment (2005). Environm. Poll. S. 503-524.

[45] Lang, S.-C., Hursthouse, A., Mayer, P., Kötke, D., Hand, I., Schulz-Bull, D. E. & Witt, G. (2015): Equilibrium passive sampling as a tool to study polycyclic aromatic hydrocarbons in Baltic Sea sediment pore-water systems. Marine Pollution Bulletin 101, 296-303, doi:10.1016/j.marpolbul.2015.10.069.

[46] Colley, S. & Thomson, J. (1994): Particulate/solution analysis of ^{226}Ra, ^{230}Th and ^{210}Pb in sea water sampled by in-situ large volume filtration and sorption by manganese oxyhydroxide, Sci. Tot. Environ. 155. S. 273-283.

[47] Jean Baptiste, P., Messias, M. J., Alba, C., Charlou, J. L. & Bougault, H. (1994): A simple copper-tube sampler for collecting and storing seawater for post-cruise CFC measurements, Deep-Sea Res. 41. S. 1361-1372.

[48] Feike, J., Jürgens, K., Hollibough, K., Krüger, S., Jost, G. & Labrenz, M. (2011): Measuring unbiased metatranscriptomics in suboxic waters of the central Baltic Sea using a new in situ fixation system. ISME J 6: S. 461-470. The ISME journal. 6. 461-70. 10.1038/ismej.2011.94.

[49] Eversberg, U. (1990): A new device for sampling water from the benthic boundary layer, Helgoländer Meeresunters. 44. S. 329-334.

[50] Schwedhelm, E., Vollmer, M. & Kersten, M. (1988): Bestimmung von Konzentrationsgradienten gelöster Schwermetalle an der Sediment/Wasser-Grenzfläche mit Hilfe der Dialysetechnik, Fresenius Z Anal Chem 332. S. 756-763[51] Bale, A. J. & Barrett, C. D. (1995): A bottom-landing water sampling system for the benthic boundary layer, Netherlands J. Sea Res. 34. S. 259-266.

[52] Sternberg, R. W., Kineke, G. C. & Johnson, R. (1991): An instrument for profiling suspended sediment, fluid, and flow conditions in shallow marine environments, Cont. Shelf Res. 11. S. 109-122.

[53] Hallberg, R. O., Bågander, L. E., Engvall, A.-G., Lindström, M. & Schippel, F. A. (1977): Chemical and microbial in situ investigation of the sediment-water interface in the Baltic, Baltica 6. S. 117-125.

[54] Yeats, P. & Brügmann, L. (1990): Suspended particulate matter: Collection methods for gravimetric and trace metal analysis, ICES-Techniques in Marine Environmental Sciences No. 7. S. 9.

[55] Brügmann, L. (1993): Die Contifuge im Einsatz auf hoher See – Kontinuierliche Meerwasser-Probennahme bei 11 Knoten Fahrt, HERAEUS Sepatech Forum Heft 5. S. 1-2.

[56] Helmers, E. & Schulz-Baldes, M. (1992): Schwebstoffanreicherung durch kontinuierliche Zentrifugation von atlantischem Oberflächenwasser, Labor 2000. S. 2-5.

[57] Kersten, M., Kienz, W., Koelling, S., Schroeder M. & Förstner, U. (1990): Schwermetallbelastung in Schwebstoffen und Sedimenten der Nordsee, Vom Wasser 75. S. 245-272.

[58] Schüßler, U. & Kremling, K. (1993): A pumping system for underway sampling of dissolved and particulate trace elements in near-surface waters, Deep-Sea Res. 40. S. 257-266.

[59] Laxen, D. P. H. & Harrison, R. M. (1981): Cleaning method for polyethylene containers prior to the determination of trace metals in freshwater samples, Anal. Chem. 53. S. 345-350.

[60] NOAA (1995): Standard and Reference Materials for Environmental Science, NOAA Technical Memorandum NOS ORCA 94 (Part 1, 2), Silver Spring, Maryland. S. 752.

12 Die Probenahme von Niederschlägen

*J. Diemer und J. Köhler**

*unter Verwendung des Kapitels von H. Gudernatsch aus der 1. Auflage 1998

12.1 Einleitung

12.1.1 Definition des Begriffs „Niederschlag“

In der Hydrometeorologie versteht man unter Niederschlag (engl. „precipitation“) das aus der Lufthülle ausgeschiedene Wasser einschließlich aller darin gelösten, emulgierten oder suspendierten Stoffe. Zu den Niederschlägen werden Regen, Schnee, Graupel und Hagel („fallender nasser Niederschlag“), Tau und Reif („abgesetzter Niederschlag“) sowie Nebelniederschlag („abgefangener Niederschlag“) gezählt [1]. Niederschläge, die nicht Wasser als Hauptbestandteil enthalten, werden als „trockener Niederschlag“ bezeichnet [1]. Dazu gehören beispielsweise sedimentierende Stäube, die als „Staubniederschläge“ bezeichnet werden.

Neuere Fachpublikationen oder Richtlinien verwenden statt des Ausdrucks „Niederschlag“ meist die präzisere Bezeichnung „Deposition“ [2]. Die „atmosphärische Deposition“ oder „Gesamtdeposition“ stellt die Summe der Depositionen der sedimentierenden Partikel, nicht sedimentierenden Partikel und Gase dar. Sie besteht aus „nasser Deposition“, „trockener Deposition“ sowie „feuchter Deposition“. Die „nasse Deposition“ ist in [2] definiert als „Summe der Depositionen sedimentierender nasser Partikel“ und entspricht damit sowohl dem umgangssprachlichen Gebrauch des Begriffs „Niederschlag“ als auch dem in [1] definierten Begriff „fallender nasser Niederschlag“. Nebel ist ein Luft-Wassertröpfchen-Aerosol, in dem die Wassertröpfchen so klein sind, dass sie kaum sedimentieren. Daher wird die Deposition von Nebel- bzw. Wolkenwasser als „feuchte Deposition“ (engl. „occult deposition“) bezeichnet. Tau und Reif werden ebenfalls der „feuchten Deposition“ zugeordnet.

Die „trockene Deposition“ ist in [2] definiert als die „Summe der Depositionen sedimentierender trockener Partikel, nicht sedimentierender Partikel und von Gasen“. In der Praxis versteht man darunter in erster Linie Staubniederschläge, aber auch die Adsorption von Gasen an feuchten Oberflächen sowie deren Aufnahme durch die Vegetation. Insbesondere für reaktive Gase wie Ammoniak stellt die trockene Deposition, abhängig vom jeweiligen Akzeptor (z. B. Wald) eine relevante Senke dar.

Ungeachtet der unterschiedlichen Einteilung der Niederschläge in die oben genannten Gruppen ergeben sich praktische Schwierigkeiten beim apparativen Sammeln einzelner „reiner“ Niederschläge. Die Trennung der nassen Niederschläge von trockenen Niederschlägen ist nicht zu 100 % exakt möglich, da die durch Feuchtigkeitssensoren gesteuerte getrennte Erfassung nasser und trockener Perioden nicht perfekt gelöst ist. Daher werden besonders bei geringen

Niederschlagsmengen Teile der nassen Deposition nicht erfasst, andererseits aber können gesammelte nasse Niederschläge mit Trockenanteilen versetzt sein, die erst über den geöffneten Trichter in das nasse Sammelgut gelangt sind.

12.1.2 Abgrenzung

In diesem Kapitel wird die Probenahme von Niederschlägen für eine nachgeschaltete chemische Analytik, die der Ermittlung von Spurenstoffeinträgen in Ökosysteme dient, betrachtet. Die Ermittlung von repräsentativen Niederschlagshöhen bzw. -mengen im meteorologischen Sinne stellt ein grundsätzlich anderes Untersuchungsziel dar, für dessen Bearbeitung eine gänzlich andere Instrumentation (z. B. Pluviometer, Niederschlagsradar) eingesetzt wird. Die Bearbeitung derartiger meteorologischer Fragestellungen ist nicht Gegenstand dieses Kapitels.

Schwebstaub („Feinstaub", engl. „particulate matter"; „PM"), der aufgrund seiner geringen Größe kaum sedimentiert, d. h. typischerweise über einen Zeitraum von Tagen bis Wochen in der Luft suspendiert bleibt, ist ebenfalls klar von den Niederschlägen bzw. Depositionen zu unterscheiden. Für die Probenahme von Schwebstäuben bzw. Feinstäuben sowie die Analytik der Staubinhaltsstoffe existieren ebenfalls dedizierte Vorgaben. Hierfür sei auf die entsprechenden einschlägigen Richtlinien (z. B. [3, 4]) verwiesen.

12.1.3 Ziel der Untersuchung

Niederschlagsuntersuchungen zur Ermittlung großflächiger Stoffeinträge in Ökosysteme werden häufig als sehr langfristig angelegte Untersuchungen ausgeführt. Derartige Untersuchungen dienen beispielsweise der Ermittlung von Versauerung und Eutrophierung von Böden und Vegetation. Zu diesem Zweck werden Messnetze mit regionalem [5], nationalem [6] und internationalem [7] Bezug konzipiert und betrieben, an denen über einen Zeitraum von mehreren Jahrzehnten z. B. Einträge von Stickstoffverbindungen erfasst werden. Die dabei erhobenen Daten dienen einer langfristigen Beurteilung des Zustands der Umwelt bzw. seiner Entwicklung sowie der Verifizierung der Ergebnisse von Stoffeintragsmodellen. Beispielsweise erhebt die Länderinitiative Kernindikatoren fortlaufend die beiden Umweltindikatoren „Säure- und Stickstoffeintrag" sowie „Schwermetalleintrag" [8], deren Datenbasis im Wesentlichen aus Ergebnissen von Depositionsmessungen besteht.

Depositionsmessungen können aber auch im Rahmen relativ kleinräumiger und kurzfristiger Untersuchungen zur Ermittlung bekannter und unbekannter Emittenten durchgeführt werden. Als Beispiele können Vorbelastungsmessungen in Genehmigungsverfahren nach TA Luft sowie Staubniederschlagsmessungen im Umfeld einer Industrieanlage genannt werden, die darauf zielen, festzustellen, ob die in der der TA Luft [11] bzw. in der Bundesbodenschutzverordnung (BBodSchV) [12] genannten Grenzwerte für die Staubmenge sowie die Deposition von Schwermetallen im Umfeld der Anlage eingehalten werden.

In jedem Fall ist vor Beginn eines Messprojektes das Ziel der Untersuchung genau zu definieren, da es die Basis für die Konzeption des entsprechenden Messnetzes bzw. die Messplanung darstellt. Hierzu sei auf die Richtlinienreihe VDI 4280 (z. B. [9]), die grundsätzliche Maßgaben zur Planung von Immissionsmessungen enthält, verwiesen. Es versteht sich, dass Versäumnisse bei der Konzeption und Planung die Erfüllung der Messaufgabe in Frage stellen und auch durch fachgerechte Probenahme und Analytik nicht heilbar sind.

12.2 Probenahmeplanung

12.2.1 Messplanung in Abhängigkeit des Untersuchungszieles

Vor dem Beginn der Messplanung ist zunächst das Untersuchungsziel exakt zu definieren, d. h. die Messaufgabe möglichst genau zu beschreiben. Aufgabe der Messplanung ist es, zu konkretisieren, wie dieses Untersuchungsziel unter Berücksichtigung der Rahmenbedingungen (z. B. Anforderungen an die räumliche und zeitliche Repräsentativität) sowie unter Berücksichtigung bestimmter operativer Vorgaben (Budget, Personal, vorhandenes Equipment etc.) erreicht werden kann [9]. Bei der Messplanung sind das Beurteilungsgebiet (das Gebiet, auf das sich die Ergebnisse beziehen) bzw. die Beurteilungspunkte, die Beurteilungsmaßstäbe (z. B. gesetzliche Grenzwerte, Richtwerte), der Messzeitraum, die Messverfahren sowie die zu untersuchenden Messgrößen festzulegen. Zudem sind bestehende Erkenntnisse, z. B. zu Quellen und Windverhältnissen sowie (falls vorhanden) die Ergebnisse von Ausbreitungsrechnungen zu berücksichtigen.

Bei der Planung von Depositionsmessungen ist unter anderem zu klären, welche Messgrößen in welcher Art der Deposition (nasse Deposition, Gesamtdeposition) über welchen Zeitraum (Dauer des Messprojekts) mit welchem Messverfahren untersucht werden sollen. Hieraus ergibt sich die zu verwendende Probenahmetechnik und die benötigten Geräte (z. B. Wet-only-Sammler, Trichter-Flasche-Sammler, Topfsammler), woraus sich wiederum die Anforderungen an die Probenahmeorte (Platzbedarf, Stromversorgung) und die Probenahme selbst (Probenahmeintervalle, Probentransport etc.) sowie die nachgeschaltete Analytik (Messgrößen und zugehörige Bestimmungsgrenzen etc.) ableiten.

12.2.2 Anforderungen und regulative Vorgaben

Die Empfindlichkeit der Ökosysteme gegenüber den versauernden und eutrophierenden Stoffeinträgen des Niederschlags wird in ökologischen Wirkungsschwellen, den Critical Loads benannt. Dabei dürfen die langfristigen Stoffeinträge gerade noch so hoch sein, dass die ausgleichenden Eigenschaften des Ökosystems negative Wirkungen der Stoffeinträge verhindern können. Beispielsweise werden für die Berechnung der Critical Loads für eutrophierenden Stickstoff in Offenlandökosystemen aus Düngeexperimenten abgeleitete Werte verwendet. Sie basieren auf definierten Veränderungen, wie Abweichungen in der Pflanzenentwicklung, Artzusammensetzung oder Dominanz, die im Ökosystem beobachtet wurden [10]. Depositionsmessungen zur Ermittlung dieser Stoffeinträge sind so zu konzipieren, dass die entsprechenden Säure- und Stickstoffkomponenten sicher erfasst und auch langfristige Änderungen der Depositionen abgebildet werden können.

Insbesondere bei der Planung von Depositionsmessungen im Umfeld von Anlagen (siehe 12.1.3) sind die Vorgaben der TA Luft [11] bzw. der Bundesbodenschutzverordnung (BBodSchV) [12] zu beachten. In diesen Regelwerken sind für verschiedene Parameter Grenzwerte festgelegt (siehe Tabelle 12.1), die im Jahresmittel einzuhalten sind.

Daneben existierten eine Reihe von Normen, die bei der Durchführung von Depositionsmessungen Hilfestellung bieten, z. B. die

- Normenreihe VDI 4320 [2, 13, 14],
- DIN EN 15841 [15],
- DIN EN 15853 [16],
- VDI 2267 Blatt 15 [17],
- VDI 2090 Blatt 2 [18].

Tabelle 12.1: Grenzwerte für verschiedene Parameter

Stoffgruppe	Depositionswert	Mittelungs-zeitraum	Regelwerk
Staubniederschlag (nicht gefährdender Staub)	0,35 g/(m²d)	1 Jahr	TA Luft (2002)
Arsen	4 µg/(m²d)	1 Jahr	TA Luft (2002)
Blei	100 µg/(m²d)	1 Jahr	TA Luft (2002)
Cadmium	2 µg/(m²d)	1 Jahr	TA Luft (2002)
Nickel	15 µg/(m²d)	1 Jahr	TA Luft (2002)
Quecksilber	1 µg/(m²d)	1 Jahr	TA Luft (2002)
Thallium	2 µg/(m²d)	1 Jahr	TA Luft (2002)
Blei	400 g/(ha*a) entspricht 110 µg/(m²d)	1 Jahr	BBodSchV (2015)
Cadmium	6 g/(ha*a) entspricht 1,64 µg/(m²d)	1 Jahr	BBodSchV (2015)
Chrom	300 g/(ha*a) entspricht 82,2 µg/(m²d)	1 Jahr	BBodSchV (2015)
Kupfer	360 g/(ha*a) entspricht 98,6 µg/(m²d)	1 Jahr	BBodSchV (2015)
Nickel	100 g/(ha*a) entspricht 27,4 µg/(m²d)	1 Jahr	BBodSchV (2015)
Quecksilber	1,5 g/(ha*a) entspricht 0,41 µg/(m²d)	1 Jahr	BBodSchV (2015)
Zink	1200 g/(ha*a) entspricht 329 µg/(m²d)	1 Jahr	BBodSchV (2015)

12.2.3 Probenahmegeräte

12.2.3.1 Wet-only-Sammler

Die Erfassung der nassen Deposition erfolgt mit sogenannten Wet-only-Sammlern (siehe Bild 12.1), deren Sammeleinheit nur für die Dauer der Niederschlagsereignisse geöffnet ist. Dieser Sammlertyp besteht aus einem Auffangtrichter mit einem inneren Durchmesser von typisch 300 – 400 mm, der über einen PTFE-Schlauch (innerer Durchmesser ca. 8 mm) mit einem Sammelbehälter verbunden ist. Der Sammelbehälter muss so groß bemessen sein, dass das in der vorgegebenen Sammelspanne zu erwartende Regenvolumen ohne Überfüllung aufgefangen werden kann. Typisch sind Sammelbehälter, die Volumina von 5 – 10 Liter fassen.

Bild 12.1: Wet-only-Sammler mit Trichterverschluss (schwenkbarer Deckel), Regensensor und thermostatisiertem Probenraum

Bild 12.2: Detailaufnahme des Regensensors eines Wet-only-Sammlers

Um eine Probenahme von trockenen Niederschlägen in der regenfreien Zeit wirksam zu verhindern, muss der Trichter in dieser Zeit abgedeckt werden. Der Verschlussmechanismus muss sich aber schnell und leicht während der Regenperiode entfernen lassen und darf während des Niederschlagszeitraumes keinen störenden Einfluss auf die Sammlung ausüben können. Dazu werden Schwenk- oder Dreharme oder Rolloverschlüsse eingesetzt, die sich während der Öffnung seitlich vom Trichtermund entfernen. Stand der Technik ist die Steuerung der Trichterabdeckung durch einen Regensensor (siehe Bild 12.2), der nach Benetzung eine erhöhte Leitfähigkeit registriert und ein Signal an den Öffnungsmechanismus weitergibt. Der Sensor muss so beschaffen sein, dass ein Abfließen des Niederschlagwassers ermöglicht wird. Eine schwache permanente Beheizung der Sensoroberfläche sorgt für die Verdunstung der verbleibenden Feuchtigkeit, damit nach beendetem Ereignis der Schließvorgang der Trichterabdeckung ausgelöst wird. Verschmutzungen der Sensoroberfläche müssen unterbunden werden, da insbesondere hygroskopische Verschmutzungen eine Änderung der elektrischen Leitfähigkeit verursachen, die zur Fehlfunktion führen kann.

Um ein Herausspritzen oder -wehen bereits gesammelten Regens zu minimieren, soll der kegelförmige Trichter in einen zylindrischen Teil übergehen, dessen Höhe etwa dem Radius – also wenigstens 125 mm – entspricht. Für den Winterbetrieb werden Wet-only-Sammler eingesetzt, die über eine geregelte Trichterheizung verfügen. Dadurch wird gewährleistet, dass es nicht zu Eisbildung kommt, die ein Ablaufen des Niederschlags in den Auffangbehälter verhindern würde. Um Verdunstungsverluste aus dem Auffangbehälter möglichst klein zu halten, wird empfohlen, enghalsige Auffanggefäße zu verwenden, die nur über ein Ablaufrohr mit einer maximalen lichten Weite von 8 mm mit dem Trichter verbunden sind. Bei Verwendung eines noch engeren Ablaufrohres (lichte Weite ca. 3 mm) ist eine zusätzliche Entlüftung des Auffanggefäßes (lichte Weite max. 2 mm) erforderlich. Durch diese Maßnahmen sollen Verdunstungsverluste besonders im Sommer bei höheren Temperaturen möglichst klein gehalten werden. Eine lichtundurchlässige thermische Isolierung des Auffanggefäßes verstärkt obige Maßnahmen. Mittlerweile sind Varianten von Wet-only-Sammlern erhältlich, die über eine Thermostatisierung des Probenraumes verfügen. Dadurch werden im Sommer Verdunstungsverluste minimiert und im Winter das Einfrieren des gesammelten Niederschlags verhindert. Insbesondere bei Verwendung von Borosilikatglas als Auffangbehältermaterial ist dies angebracht, um eine Zerstörung des Auffangbehälters durch Eisbildung zu verhindern.

Um Kontaminationen der Proben durch das Trichter- und Behältermaterial weitestgehend ausschließen zu können, wird empfohlen, bei anschließender Analyse auf anorganische Inhaltsstoffe diese Geräteteile aus PE, PP oder PTFE und bei anschließender Analyse auf organische Inhaltsstoffe diese Teile aus Borosilikatglas zu fertigen.

Für den mechanischen Aufbau des Sammlers sollten nur hochwertige Materialien verwendet werden. Grundsätzlich gilt, dass robustes Design und korrosionsbeständige Materialien ganzjährige Einsetzbarkeit und Langlebigkeit gewährleisten und durch Gerätedefekte bedingte Ausfallzeiten minimieren.

12.2.3.2 Bulk-Sammler

Im Gegensatz zu den bisher behandelten Wet-only-Sammlern ist bei Bulk-Sammlern (engl. „bulk collector“) die Sammeleinheit über den gesamten Probenahmezeitraum geöffnet. In diesen nicht sensorgesteuerten und nicht abdeckbaren Bulk-Sammlern werden die Depositionen sedimentierender nasser und trockener Partikel, die sogenannte „Bulk-Deposition“ [2], gesammelt. Bulk-Sammler werden im Wesentlichen als Trichter-Flasche-Sammler, als Topf-Sammler und als Trichter-Adsorber-Sammler ausgeführt.

Trichter-Flasche-Sammler

Eine Variante des Bulk-Sammlers ist der Trichter-Flasche-Sammler (siehe Bild 12.3), der im Wesentlichen einem Wet-only-Sammler ohne Abdeckung und Regensensor entspricht. Im einfachsten Fall entspricht er einem Trichter, der über einen PTFE-Schlauch (innerer Durchmesser ca. 8 mm) mit einem Sammelbehälter verbunden ist. Aber auch hier gibt es Ausführungen, die über eine Trichterheizung verfügen und durch Thermostatisierung des Sammelbehälters ein Einfrieren der Probe während der kalten Jahreszeit verhindern und sicherstellen, dass die Verluste des gesammelten Niederschlags durch Verdunstung minimiert werden (siehe Bild 12.4).

Zum Schutz der ständig exponierten Sammelfläche vor Vogelexkrementen hat sich der Einsatz einer geeigneten Schutzvorrichtung (sog. Vogelkrone) bewährt. Durch ein oberhalb des Trichterhalses eingesetztes Sieb (z. B. zusammengerolltes Teflonnetz) wird zudem der Eintrag größerer Insekten sowie von Blättern oder Nadeln in die Sammelflasche verhindert.

Trichter-Flasche-Sammler für die Ermittlung der Quecksilberdeposition

Eine besondere Ausführung des Trichter-Flasche-Sammlers wird für die Bestimmung der Quecksilberdeposition nach DIN EN 15853 [16] verwendet. Bei

Bild 12.3: Einfacher Trichter-Flasche-Sammler (nach LAWA), geändert nach LfU: Ummantelung mit einer zweiten Röhre, inneres Rohr wassergefüllt, passive Kühlung durch Verdunstungskälte

Bild 12.4: Thermostatisierter Bulk-Sammler (Trichter-Flasche-Prinzip) mit Vogelkrone

diesem Sammlertyp wird in das Sammelgefäß eine verdünnte hochreine Salzsäurelösung (0,01 mol/l) vorgelegt, um das in der atmosphärischen Deposition erfasste Quecksilber für den Zeitraum der Probenahme zu stabilisieren. Um zu verhindern, dass die Säure in nennenswertem Maße als Senke für das in der Atmosphäre vorhandene gasförmige Quecksilber wirkt, ist die Verbindung zum Trichter als Kapillarverbindung (Innendurchmesser 2 – 3 mm) auszuführen. Außerdem muss das Sammelgefäß während der gesamten Probenahmedauer vor direktem Sonnenlicht geschützt werden, um eine photoinduzierte Reduktion des Quecksilbers in der Niederschlagsprobe zu vermeiden.

Topfsammler (Bergerhoff-Sammler)

Topfsammler werden üblicherweise für Depositionsmessungen nach der sogenannten Bergerhoff-Methode [13] eingesetzt. Dieses Verfahren geht auf eine Publikation von Bergerhoff zurück [19] und wird seit mehr als 50 Jahren für Staubniederschlagsmessungen zur Überwachung der in der TA Luft festgelegten Immissionsgrenzwerte eingesetzt. In Nordrhein-Westfalen wird mit der Bergerhoff-Methode seit 1963 vorwiegend in industriellen Ballungsgebieten der Staubniederschlag gemessen und die ermittelten Staubniederschlagsmengen nach statistischer Auswertung als Immissionsflächenbelastungen ausgewiesen, die mit den Immissionsgrenzwerten der TA Luft verglichen werden können.

Bild 12.5: Topf-Sammler (Bergerhoff-Sammler) mit Vogelschutzkorb

Das hierfür verwendete Probenahmegerät besteht aus einem Sammelgefäß und einem Ständer mit Schutzkorb, der verhindern soll, dass Vogelexkremente in das Probenahmegut gelangen (siehe Bild 12.5). Als Sammelgefäß wurden früher vor allem etwa 1,5 l fassende Haushaltskonservengläser („Weckgläser“) mit einer inneren lichten Weite von 8,9 cm eingesetzt. Mittlerweile sind in der einschlägigen Norm [13] mehrere Arten von Sammelgefäßen aus Glas oder Kunststoff genannt, die für die Probenahmen eingesetzt werden können. Sammelgefäße aus Kunststoff bieten den Vorteil einer leichteren Handhabbarkeit, geringere Ausfallzahlen durch Frostschäden bei Einsatz im Winter und niedrigere Blindwerte bei der nachfolgenden Bestimmung von Schwermetallen bzw. Elementen im gesammelten Staubniederschlag. Dagegen empfiehlt sich die Verwendung von Glasgefäßen, wenn der Staubniederschlag auf organische Analyten (z. B. PAK, PCB, PCDD/F) untersucht werden soll, wegen ihrer niedrigeren Blindwerte für einige organische Analyten sowie der geringeren Gefahr von Adsorptionen.

Trichter-Adsorber-Sammler

Trichter-Adsorber-Sammler werden üblicherweise für die Bestimmung organischer Analyten (z. B. PAK, PCB, PCDD/F) in der Bulk-Deposition eingesetzt [18]. Der Trichter-Adsorber-Sammler besteht aus einem Glastrichter mit einem inneren Durchmesser von typisch 300 – 400 mm, der über einen Glasschliff mit einer Filter- und Adsorbereinheit verbunden ist (siehe Bild 12.6). Die Adsorbereinheit besteht aus mehreren konzentrisch angeordneten Glasrohren, deren Mittelrohr mit XAD2-Adsorberharz befüllt wird. Bei der Probenahme werden die deponierenden Analyten und die Partikel mit dem Niederschlagswasser über die Adsorbereinheit geleitet, wo die partikelgebundenen und gelösten Analyten zurückgehalten werden, während das Niederschlagswasser aus der Adsorbereinheit geleitet und verworfen wird. Durch diese bereits im Sammelgerät stattfindende Abtrennung des Niederschlagswassers von den Analyten ist die Standzeit der Probenahmeeinheiten nicht durch das Volumen der Sammelgefäße limitiert, wodurch längere Probenahmezeiten von bis zu sechs Monaten möglich werden. Überdies wird die Gefahr von Ausfällen durch Frostschäden reduziert.

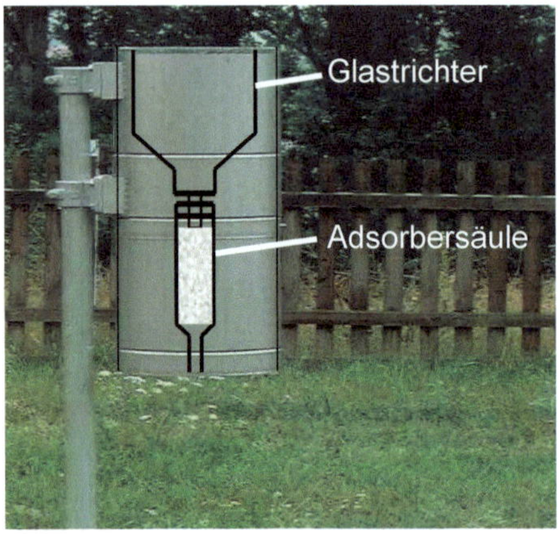

Bild 12.6: Aufbau eines Trichter-Adsorber-Sammlers

12.2.3.3 Nebelsammler

Die Erfassung der feuchten Deposition erfolgt mit Nebelsammlern, die im Gegensatz zu den bisher beschriebenen Sammlertypen als aktive Sammeleinheiten nach dem Impaktorprinzip arbeiten. Mittels Nebelsensor wird eine Nebelsituation erkannt und eine Pumpe eingeschaltet. Das Gerät saugt die Umgebungsluft an und scheidet die suspendierten Nebeltröpfchen durch Impaktion auf Prallkörpern ab, von denen sie in die Sammelflasche abfließen. Die dabei gewonnenen Niederschlagsmengen sind naturgemäß relativ klein.

12.2.4 Probenahmeorte und Aufstellung der Sammler

Grundsätzlich wird die Lage der Probenahmeorte im Rahmen der Messplanung fixiert. Dabei sind neben den Erfordernissen des spezifischen Messprojekts auch eine Reihe allgemeiner Anforderungen zu berücksichtigen, z. B. bezüglich

- Platzbedarf,
- Anströmbarkeit (Gebäude, Bäume in der näheren Umgebung),
- Erreichbarkeit (insbesondere auch im Winter),
- Infrastruktur, z. B. Stromanschluss (bei Wet-only-Sammlern),
- Zugänglichkeit für Dritte (Gefahr von Manipulationen und Vandalismus).

Die Sammler werden stabil so aufgestellt, dass ihre Öffnungen horizontal ausgerichtet sind. Zur Vermeidung des unbeabsichtigten Sammelns von Spritzwasser, das beim Aufprall von Regentropfen auf verschmutzte Flächen außerhalb des Sammeltrichters entsteht, müssen sich die Sammleröffnungen in einer Höhe von 1,5 bis 4,0 m über der Erdoberfläche befinden und sollten alle anderen Gegenstände in der näheren Umgebung überragen. Um das Risiko von Ausfällen durch Zerstörung, mutwillige Verschmutzung oder Entwendung zu vermindern, empfiehlt es sich, die Sammelbehälter möglichst hoch und schwer zugänglich anzubringen. Topfsammler können im städtischen Gebiet beispielsweise auf dem Dach von Luftmessstationen installiert werden. Innerhalb eines Sektors von 30° oberhalb des Sammelgefäßes sollen sich keine Hindernisse, wie z. B. Bäume oder Gebäude, befinden, um Verfälschungen der Depositionsmessung durch Abschirmeffekte oder Kronentraufe zu reduzieren.

12.2.5 Probenahmedauer

Im Bereich der Niederschlags- bzw. Depositionsmessungen haben sich Probenahmedauern zwischen einigen Tagen und einem Monat, ggf. abhängig von der Stabilität der gesammelten Parameter, bewährt. Da es sich typischerweise um sehr langfristige Messprojekte handelt, wird nach dem Probenahmezeitraum das Sammelgefäß gewechselt, d. h. durch ein leeres Sammelgefäß ersetzt, so dass die Depositionsprobenahme quasi kontinuierlich erfolgt.

Häufig sind in den jeweiligen spezifischen Normen konkrete Vorgaben enthalten. Bei Staubniederschlagsmessungen mit der Bergerhoff-Methode lautet diese Vorgabe der Norm [13] 30 ± 2 Tage, d. h. alle 30 Tage wird das Sammelgefäß gewechselt und durch ein neues ersetzt. Da der Beurteilungszeitraum i. d. R. ein Jahr beträgt, sind monatliche bzw. 4-wöchige Probenahmen über mindestens ein Jahr durchzuführen.

12.3 Durchführung der Probenahme

12.3.1 Vorbereitung der Probenahme

Zur Beprobung der Deposition in Trichter-Flasche-Sammlern werden die folgenden Materialen benötigt:

- Waage zum Feststellen der Niederschlagsmenge,
- Kühltasche mit Anschluss an die Autobatterie und/oder ausreichend Kühlakkus,
- Messgeräte für Vor-Ort-Messungen, z. B. pH-Messsonde für ionenarme Wässer, Leitfähigkeitsmessgerät,
- gereinigtes Austausch-Sammelgefäß, dessen Leergewicht (Tara ohne Deckel) im Probenahmeprotokoll vermerkt ist,
- Probenetiketten,
- gereinigter 100 ml-Messzylinder für die Vor-Ort-Messungen,
- Spritzflasche mit Reinstwasser zur Reinigung des Trichters von groben Verschmutzungen,
- Papiertücher, Handschuhe, Klarsichtfolie,
- Protokollblätter,
- Ersatzteile (z. B. Regensensor, Sicherungen) und passendes Werkzeug für kleinere Reparaturen z. B. der elektrischen Sammelgeräte),
- Reinigungsmittel und -material zur Instandhaltung der Sammler,
- Sichel, Grasschere o. ä. zum Freihalten der Messstelle.

Für die Beprobung von Topf-Sammlern wird ein gereinigtes, mit einem Deckel verschlossenes Austausch-Sammelgefäß, Probenetiketten und das Protokollblatt benötigt.

Steht die Beprobung eines Trichter-Adsorber-Sammlers an, so werden die gereinigten, in Aluminiumfolie verpackten Adsorber-Kartuschen an den Probenahmeort gebracht. Für die Probenahme werden außerdem noch Aceton zum Spülen des Glastrichters sowie ein Auffanggefäß benötigt.

12.3.2 Durchführung der Probenahme

12.3.2.1 Probenahme bei Trichter-Flasche-Sammlern

Nach Ablauf des jeweiligen Messzeitraums wird das Sammelgefäß gewechselt. Dazu sind alle notwendigen Materialien zum Probenahmeort zu bringen. Vor der Probenahme ist der einwandfreie Zustand und die Funktion des Sammlers zu prüfen. Bei elektrisch betriebenen Sammlern beinhaltet dies eine Prüfung der Sicherungen, bei Wet-only-Sammlern eine Funktionsprüfung des Regensensors.

Eine Kontamination der Sammeleinheit ist bei der Probenahme möglichst zu vermeiden. Sollte es erforderlich sein, die Innenfläche des Trichters zu berühren, z. B. um grobe Verschmutzungen zu entfernen, sind geeignete Einmal-Handschuhe zu tragen.

Nach Entnahme des Sammelgefäßes ist die Niederschlagsmenge durch Wägung festzustellen (Sammelgefäß ohne Deckel) und zu protokollieren. Sollte die für den festgelegten Zeitraum gesammelte Regenmenge weniger als die für die Analysen notwendige Mindestmenge betragen, wird das jeweilige Sammelgefäß nicht geleert, sondern wieder in den entsprechenden Sammler zurückgestellt. Dies ist dann im Probenahmeprotokoll zu dokumentieren.

Das gesammelte Niederschlagswasser wird beurteilt (Aussehen, Geruch, Verunreinigungen durch Laub, Insekten o. ä.) und die Bemerkungen in das mitgeführte Probenahmeprotokoll eingetragen. Von stark verunreinigten Wasserproben oder Auffangtrichtern ist ein Foto zu machen und dem Protokoll beizufügen. Gelegentlich kann es vorkommen, dass kleine Insekten in Massen in die Probe gelangen und schnell zersetzt werden. Solche stinkenden und stark verunreinigten Wasserproben werden vor Ort verworfen und gelangen nicht zur Analyse ins Labor. Befindet sich Schnee im Trichter, so wird die gesamte Sammeleinheit gewechselt. Die Sammelflasche mit der Probe und der Trichter einschließlich Schnee werden – ohne sie auseinander zu nehmen – vorsichtig in eine große Plastiktüte verpackt und bei Raumtemperatur zum Auftauen gebracht, um den aufgefangenen Schnee der Probe zuzuführen.

Bei ausreichender Probenflüssigkeit wird ein 100 ml Glaszylinder konditioniert. In ca. 80 ml abgefüllter Probenflüssigkeit werden die Vor-Ort-Analysen durchgeführt. Zunächst wird die Probentemperatur mit der Temperatursonde des pH-Gerätes festgestellt. Parallel dazu kann mit der Leitfähigkeitssonde die Leitfähigkeit ermittelt werden. Anschließend wird der pH-Wert bestimmt. Alle Daten werden in das Protokoll eingetragen. Die Messsonden gründlich mit Reinstwasser abspülen und bis zur nächsten Messung nach Vorschrift lagern. Sollen von anderen Sammelgefäßen vor Ort weitere Messungen gemacht werden, sollte der Messzylinder durch mehrfaches Spülen mit Reinstwasser gründlich gereinigt und mit Klarsichtfolie abgedeckt werden.

Für das nächste Probenahmeintervall wird die mitgebrachte, gereinigte Sammelflasche an den Trichter angeschlossen, darauf geachtet, dass die Trichteröffnung horizontal ausgerichtet ist und der Expositionsbeginn im Protokoll dokumentiert wird (vgl. Bild 12.7: Beispiel für ein Probenahmeprotokoll).

12.3.2.2 Probenahme bei Topf-Sammlern

Bei der Probenahme von Topf-Sammlern wird die gesamte Sammeleinheit ausgetauscht und die Probe in ihrem Sammelgefäß zur Analyse ins Labor gebracht. Dazu wird der Deckel des neu zu exponierenden Gefäßes abgenommen und das einzuholende Gefäß damit verschlossen. Das passende Probenetikett wird angebracht. Ist das Sammelgefäß mit einer Schneehaube bedeckt, diese mit dem Deckel vorsichtig in das Gefäß drücken. In den Wintermonaten sind die Gefäße bei gefrorenen Proben genau auf Risse und Brüche zu untersuchen. Wird an einem Gefäß eine Beschädigung festgestellt, ist die Probe zu verwerfen.

Beim eingeholten Sammelgefäß ist der Probenzustand zu protokollieren. Es wird auf die Farbe und den Geruch der Probe geachtet, sowie die Menge, die Art und der evtl. Zersetzungsgrad von mitgesammelten Feststoffen (z. B. Insekten, Blätter, Schmutzpartikel) beschrieben (vgl. Bild 12.7: Beispiel für ein Probenahmeprotokoll).

12.3.2.3 Probenahme bei Trichter-Adsorber-Sammlern

Die Adsorber-Kartusche wird vorsichtig von unten vom Glastrichter entfernt (Klammer lösen), in Alufolie verpackt, etikettiert und bis zur Analyse im Labor kühl gelagert. Jetzt wird der Trichter von oben mit Aceton gespült; dabei wird die Spüllösung am Trichterauslauf in einem Glasbehälter aufgefangen und ebenfalls ins Labor gebracht. Die vorbereitete frische Kartusche wird aus der Alufolie genommen und am Glastrichter befestigt.

12.3.3 Probentransport

Nach Beendigung der Probenahme ist das Sammelgefäß bzw. das Probengefäß eindeutig zu kennzeichnen, z. B. durch Etikettieren. Die Proben sollen, ggf. nach parameterspezifischer Filtration und Stabilisierung, im verschlossenen Zustand möglichst schnell zum untersuchenden Laboratorium gebracht werden. Um Veränderungen der Probe zu minimieren, soll das Sammelgefäß / die Probe lichtgeschützt und möglichst gekühlt transportiert und gelagert werden. Dadurch werden das Wachstum von Mikroorganismen sowie chemische Umsetzungen in der Probe weitgehend eingeschränkt.

12.3.4 Probenahmeprotokoll

Jede Niederschlagsprobenahme ist schriftlich zu protokollieren. Hierbei sind neben dem Ort und Datum der Probenahme (für den für die Ergebnisermittlung relevanten Beginn und Ende des Sammelzeitraums) auch das Ergebnis von Vor-Ort-Messungen (z. B. des pH-Werts) zu notieren. Es ist von großer Bedeutung, vor Ort festgestellte Auffälligkeiten im Probenahmeprotokoll zu dokumentieren. Dadurch stehen diese Informationen bei der Bewertung und Plausibilisierung der Messergebnisse zur Verfügung, und können z. B. bei der Entscheidung, ob Ergebnisse zu verwerfen sind, herangezogen werden. Als Hilfestellung für die Dokumentation haben sich Protokollvordrucke (siehe Bild 12.7) bewährt.

Niederschlagsprobenahme Trichter-Flasche-Sammler						Kalenderwoche:				2016	
Messpunkt	Datum	Niederschlagsmenge im Gefäß [g] (Wägung ohne Deckel)		Bemerkungen (z.B. Verfärbung, Geruch, Pollen, Schnee etc.)	Sammelflasche gewechselt	Schlauchverbind. geprüft	Regensensor getestet	Strom vorhanden	Gehäuse gereinigt	Innentemperatur Sammlergehäuse [°C]: T-Logger Minimum Maximum	Foto? Nr.
Stationsname											
Wet only, 4-wöchig		voll									
		leer									
		Saldo									
		Temperatureinstellung:		Kühlung/Heizung/Aufsatz/Trichter/Sensor				-	-		
Elektrischer gekühlter Bulk, 4-wöchig		voll									
		leer					-				
		Saldo									
		Temperatureinstellung:		Kühlung/Heizung/Aufsatz/Trichter				-	-		
Einfacher Bulk-Sammler, 2-wöchig		voll									
		leer					-	-		-	
		Saldo									
Bemerkungen Allgemein (z.B. Tausch Sammeleinheit, etc.):											
Probenehmer					Datum						

Bild 12.7: Beispiel für Protokollvordruck

Niederschlagsprobenahme Topfsammler

Messpunkt

Stationsname				potentieller Überlauf des Bechers (Wasserstand 2cm unter Oberkante)	
Kalenderwoche		2016			
Exposition	Start:	Ende:		ja	nein

Probenzustand

Farbe der Probe	klar		trüb		dunkel
Geruch	neutral		auffällig		stinkt

Feststoffe

Anzahl	keine		wenig (<10)		viel (>20)
Schmutzpartikel					
Beschreibung					

Anzahl	keine		wenig		viel
Algenbesatz					
Beschreibung					

Anzahl	keine		wenig (<10)		viel (>20)
Insekten					
Zersetzungsgrad	unzersetzt		ca. 50 %		zersetzt

Anzahl	keine		wenig (<10)		viel (>20)
Sonstige					
Zersetzungsgrad	unzersetzt		ca. 50 %		zersetzt

Bemerkung (z.B. Wetter während Exposition)

Bei besonders auffälligen Proben bitte gegebenenfalls ein Foto anfertigen!

Probenehmer	Datum

Bild 12.7: Fortsetzung

12.4 Analytische Bestimmung ausgewählter Parameter

12.4.1 Bestimmung des Niederschlagsvolumens

Als Bezugsgröße für die in der wässrigen Phase zu analysierenden Parameter ist das gesammelte Niederschlagsvolumen zu erfassen. Dies geschieht vorzugsweise durch Differenzwägung des vollen und des leeren Sammelbehälters. Dies hat gegenüber dem Auslitern den Vorteil höherer Genauigkeit und insbesondere eines niedrigeren Risikos der Kontamination der Probe.

12.4.2 Bestimmung von pH-Wert und Leitfähigkeit

Die Bestimmung des pH-Werts in Niederschlagsproben erfolgt wie in Grund- bzw. Oberflächenwasserproben mittels Potentiometrie. Bei der Untersuchung von Niederschlagsproben werden speziell für ionenarme Wässer geeignete Elektroden verwendet. Die Bestimmung der Leitfähigkeit erfolgt mittels Konduktometrie. Der PH-Wert und die Leitfähigkeit sind vorzugsweise vor Ort zu ermitteln.

12.4.3 Bestimmung löslicher Ionen

Zur Bestimmung löslicher Ionen im Niederschlagswasser wird ein Aliquot aus dem Sammelgefäß entnommen und (ggf. nach Filtration) mittels Ionenchromatographie bzw. Photometrie oder auch mit atomspektrometrischen (ICP-OES) oder massenspektrometrischen (ICP-MS) Verfahren untersucht. Für Details sei auf die einschlägigen Normen verwiesen (z. B. [14, 20, 21]).

12.4.4 Bestimmung der Menge des Staubniederschlags

Zur Bestimmung der Menge des Staubniederschlags wird der Inhalt des Bergerhoff-Sammelgefäßes durch ein Sieb (aus Nylon, Maschenweite: etwa 1 mm) vollständig in eine vorher gewogene Abdampfschale (bzw. ein Becherglas) überführt. Dabei ist jegliches an den Innenwänden des Messgeräts haftende Material mit Hilfe eines Wischers zu entfernen und zu überführen. Die Gefäßinnenseite, das Sieb und der Wischer mit hochreinem Wasser spülen und die Spüllösung vollständig in die Abdampfschale überführen. Anschließend wird die Probe bei 105 °C in einem Trockenschrank bis zur Trockne eingedampft.

Dieser Prozess darf bei großen Niederschlagsmengen wiederholt werden. Der Staubniederschlag wird danach aus der Masse des Trockenrückstands gravimetrisch ermittelt [13].

12.4.5 Bestimmung von Elementen im Staubniederschlag

Der Staubniederschlag (siehe 12.4.4) wird vollständig in ein Mikrowellendruckaufschlussgefäß überführt und nach Zugabe eines oxidierenden Säuregemischs mit einem Mikrowellendruckaufschlussgerät aufgeschlossen [15]. Die Aufschlusslösung wird mittels eines ausreichend empfindlichen Analysenverfahrens, wie z. B. ICP-MS bzw. GF-AAS (Graphitrohr-Atomabsorptionsspektrometrie) auf ihre Elementkonzentrationen analysiert.

12.4.6 Bestimmung von Quecksilber

Die mit hochreiner Salzsäure (siehe 12.2.3.2) stabilisierte Probe wird in der Sammelflasche mit einer Bromid-Bromat-Aufschlussmischung versetzt. Nach einigen Stunden Reaktionszeit wird ein Aliquot der Probe entnommen und auf seinen Quecksilbergehalt analysiert. Da das Messverfahren ausreichend empfindlich sein muss, um die häufig im Bereich weniger ng/l liegenden Konzentrationen sicher erfassen zu können, wird vorzugsweise die Atomfluoreszenzspektrometrie eingesetzt; der Einsatz der Atomabsorptionsspektrometrie ist nach [16] aber ebenso zulässig. Es versteht sich, dass bei einem derart empfindlichen Messverfahren höchstes Augenmerk auf sauberes Arbeiten und niedrige Blindwerte der verwendeten Chemikalien und Laborgeräte zu legen ist.

12.4.7 Bestimmung von PAK

Bei im Trichter-Adsorber-Verfahren gewonnenen Depositionsproben werden sowohl das Adsorbermaterial (Polystyrolharz) als auch die Spüllösung ins Labor gebracht. Das Polystyrolharz wird extrahiert und das Extrakt wird mit der Spüllösung vereinigt. Diese Probelösung wird eingeengt. Die so erhaltene Messlösung wird mittels Gaschromatographie mit massenspektrometrischer Detektion (GC/MS) auf polyaromatische Kohlenwasserstoffe analysiert. Bei durch Probenahme nach Bergerhoff gewonnenen Depositionsproben wird sowohl der trockene als auch der nasse Teil der Deposition mit Toluol extrahiert, die Extrakte werden eingeengt und mittels GC/MS analysiert.

12.4.8 Bestimmung von PCB und PCDD/F

Analog zur Bestimmung der PAK erfolgt auch für die Bestimmung der PCB und PCDD/F zunächst eine Extraktion des Probenmaterials mit Lösemittel. Anschließend werden den vereinigten Extrakten ^{13}C-markierte Kongenere als interne Standards zugegeben, bevor eine weitere Aufreinigung (Abtrennung von Störkomponenten) durch Flüssigchromatographie erfolgt. Die die PCB- bzw. PCDD/F enthaltende Fraktion wird eingeengt und mittels hochauflösender GC/MS analysiert.

12.5 Angabe der Ergebnisse

Die Ergebnisse von Depositionsmessungen werden üblicherweise flächen- und zeitbezogen angegeben. Die Angabe erfolgt also häufig als als µg/(m²*d) oder kg/(ha*a). Dazu sind die analytisch ermittelten Konzentrationen mit Hilfe der bekannten Größen Probenahmedauer und Auffangfläche des verwendeten Probenahmesystems umzurechnen.

Literatur

[1] DIN V 38402-17 (1988): Deutsche Einheitsverfahren zur Wasser-, Abwasser- und Schlammuntersuchung; Allgemeine Angaben (Gruppe A); Probenahme von fallenden, nassen Niederschlägen in flüssigem Aggregatzustand (A 17); Berlin (Beuth). Dokument zurückgezogen.

[2] VDI 4320 Blatt 1 (2010): Messung atmosphärischer Depositionen – Probenahme mit Bulk- und Wet-only-Sammlern – Grundlagen; Berlin (Beuth).

[3] DIN EN 12341 (2014): Außenluft – Gravimetrisches Standardmessverfahren für die Bestimmung der PM_{10} oder $PM_{2,5}$-Massenkonzentration des Schwebstaubes; Berlin (Beuth).

[4] DIN EN 14902 (2005): Außenluftbeschaffenheit – Standardisiertes Verfahren zur Bestimmung von Pb/Cd/As/Ni als Bestandteil der PM_{10}-Fraktion des Schwebstaubes; Berlin (Beuth).

[5] Mellert, K.-H., Gensior, A., Göttlein, A. & Kölling, C. (2005): Risiko erhöhter Nitratkonzentrationen unter Wald in Bayern-Regionalisierung von Inventurergebnissen aus dem Raster des Level I. – in: Waldoekologie online 2: S. 4 – 24.

[6] Gauger, T., Köble, R. & Anshelm, F. (2000): Kritische Luftschadstoff-Konzentrationen und Eintragsraten sowie ihre Überschreitung für Wald- und Agrarökosysteme sowie naturnahe waldfreie Ökosysteme. Teil 1: Deposition Loads. Forschungsvorhaben im Auftrag des BMU/UBA, FE-Nr. 297 85 079. Institut für Navigation, Universität Stuttgart.

[7] Tørseth, K., Aas, W., Breivik, K., Fjæraa, A. M., Fiebig, M., Hjellbrekke, A. G., Lund Myhre, C., Solberg, S. & Yttri, K. E. (2012): Introduction to the European Monitoring and Evaluation Programme (EMEP) and observed atmospheric composition change during 1972 – 2009. – in: Atmos. Chem. Phys. 12: S. 5447 – 5481.

[8] Bayerisches Landesamt für Umwelt (2011): Umweltbericht Bayern 2011.

[9] VDI 4280 Blatt 1 (2014): Planung von Immissionsmessungen – Allgemeine Regeln für Untersuchungen der Luftbeschaffenheit; Berlin (Beuth).

[10] Bobbink, R. & Hettelingh, J.-P. (Hrsg.) (2011): Review and revision of empirical critical loads and dose-response relationships. Expertworkshop in Noordwijkerhout, 23 – 25. Juni 2010; Proceedings; RIVM report 680359002.

[11] TA Luft (2002): Erste Allgemeine Verwaltungsvorschrift zum Bundes–Immissionsschutzgesetz (Technische Anleitung zur Reinhaltung der Luft – TA Luft) vom 24. Juli 2002.

[12] Bundes-Bodenschutz- und Altlastenverordnung vom 12. Juli 1999 (BGBl. I S. 1554), die zuletzt durch Artikel 102 der Verordnung vom 31. August 2015 (BGBl. I S. 1474) geändert worden ist.

[13] VDI 4320 Blatt 2 (2012): Messung atmosphärischer Depositionen – Bestimmung des Staubniederschlags nach der Bergerhoff-Methode; Berlin (Beuth).

[14] VDI 4320 Blatt 3 (2017): Messung atmosphärischer Depositionen – Bestimmung der Deposition von wasserlöslichen Anionen und Kationen – Probenahme mit Bulk- und Wet-only-Sammlern; Berlin (Beuth).

[15] DIN EN 15841 (2010): Luftbeschaffenheit – Messverfahren zur Bestimmung von Arsen, Cadmium, Blei und Nickel in atmosphärischer Deposition; Berlin (Beuth).

[16] DIN EN 15853 (2010): Außenluftbeschaffenheit – Standardisiertes Verfahren zur Bestimmung der Quecksilberdeposition; Berlin (Beuth).

[17] VDI 2267 Blatt 15 (2005): Stoffbestimmung an Partikeln in der Außenluft – Messen der Massenkonzentration von Al, As, Ca, Cd, Co, Cr, Cu, K, Mn, Ni, Pb, Sb, V, Zn als Bestandteile des Staubniederschlages mit Hilfe der Massenspektrometrie (ICP-MS); Berlin (Beuth).

[18] VDI 2090 Blatt 2 (2002): Messen von Immissionen – Bestimmung der Deposition von schwerflüchtigen organischen Substanzen – Bestimmung der PCDD/F-Deposition, Trichter-Adsorber-Probenahme und GC/HRMS-Analyse; Berlin (Beuth).

[19] Bergerhoff, H. (1956): Staubpegelzonen nach Sedimentationsmessungen der Landesanstalt für Bodennutzungsschutz des Landes Nordrhein-Westfalen; Bochum.

[20] DIN EN ISO 11885 (2009): Wasserbeschaffenheit – Bestimmung von ausgewählten Elementen durch induktiv gekoppelte Plasma-Atom-Emissionsspektrometrie (ICP-OES); Berlin (Beuth).

[21] DIN EN ISO 17294-2 (2017): Wasserbeschaffenheit – Anwendung der induktiv gekoppelten Plasma-Massenspektrometrie (ICP-MS) – Teil 2: Bestimmung von ausgewählten Elementen einschließlich Uran-Isotope; Berlin (Beuth).

13 Die Probenahme von Kühlwasser

A. Kreimer und K. Selent *

*unter Verwendung des Kapitels von G. Wutte aus der 1. Auflage 1998

13.1 Einleitung

Als Kühlmittel Wasser einzusetzen, ist in gewerblichen Betrieben wie der Industrie und der Energiewirtschaft in Anlagen unterschiedlichster Art erforderlich.

Aus der Vielzahl der zu kühlenden Stoffe, der vorliegenden Temperatur- und Strömungsverhältnisse und der je nach Verfahren verschiedenen Aggregate ergeben sich zwangsläufig Varianten der Kühlwasserüberwachung, die sehr unterschiedlich sein können.

Ein Ziel der analytischen Überwachung von Kühlsystemen ist es, kurzfristige Veränderungen des Kühlmediums, die zu Betriebsstörungen führen, frühzeitig zu erkennen, damit rechtzeitig Gegenmaßnahmen eingeleitet werden können. Langfristig liefert die Beobachtung des Kühlmediums ein Bild dessen, ob und inwieweit Korrosion und Ablagerungen an von Wasser berührten Werkstoffoberflächen eventuell das unvermeidliche Maß überschreiten. Schließlich lassen sich analytische Messungen auch zur Kontrolle der Funktionstüchtigkeit von Dosiereinrichtungen heranziehen.

Ein weiteres Ziel der analytischen Überwachung ist die Erfassung der Wasserinhaltsstoffe vor dem Hintergrund gesetzlicher Regelungen und behördlicher Auflagen.

Spätestens seit dem Legionellose-Ausbruch in Warstein (Kreis Soest) sind auch die Rückkühlwerke in den Fokus einer verstärkten Überwachung gerückt. Im August 2013 kam es mit 160 schwer verlaufenden Legionellose-Erkrankungen und zwei Todesfällen zum bislang größten Legionellose-Ausbruch in Deutschland. Die Ursache für die Erkrankungen konnte nicht eindeutig identifiziert werden. Als mögliche Quelle für die Legionellenverbreitung wurde unter anderem ein Rückkühlwerk identifiziert: Eine Überprüfung derartiger Anlagen in Warstein hatte ergeben, dass ihre Betreiber den Herstellerempfehlungen für einen hygienisch sicheren Betrieb oftmals nicht vollständig nachkamen [1].

Dieses Kapitel beschäftigt sich mit der Probenahme von Kühlwasser. Die Technik der Probenahme muss zum Ziel haben, Verfälschungen der Kühlwasserqualitätsmerkmale durch die Entnahme zu vermeiden.

13.1.1 Definitionen und Begriffserklärungen

Die DIN ISO 6107-1 „Wörterbuch zur Wasserbeschaffenheit“ [2] definiert:

Kühlwasser	Wasser, das zur Aufnahme und Abführung von Wärme verwendet wird.
Industrieabwasser	Wasser, das nach seiner Verwendung in einem industriellen Verfahren abgelassen wird oder Wasser, das in einem industriellen Verfahren entsteht und für dieses Verfahren von keinem unmittelbaren Nutzen mehr ist.

Für die Anwendung dieses Kapitels gelten zusätzlich noch die folgenden, in VDI-Richtlinie 2047 Blatt 2 [3] definierten Begriffe:

Abwasser	Wasser, das aus der Anlage abgeleitet wird. Beispiele: Absalzung, Abschlämmung
Eindickung	Aufkonzentration von Wasserinhaltsstoffen im Kreislaufwasser durch Verdunstung.
Kreislaufwasser	Wasser, das in einer Verdunstungskühlanlage zum Zweck der Wärmeabfuhr umläuft und in Kontakt mit der Atmosphäre steht.
Zusatzwasser	Wasser, das dem Kreislaufwasser zugesetzt wird, um Verluste, beispielsweise durch Verdunstung, auszugleichen und die Eindickung zu begrenzen.

13.1.2 Industrielle Kühlverfahren

Die Auswahl der Kühlverfahren und der Betrieb der Kühlsysteme richten sich nach den örtlichen, technischen und wirtschaftlichen Gegebenheiten. Wegen der besseren Wärmeableitung und des damit erzielbaren günstigeren Anlagenwirkungsgrades werden, wenn möglich, nasse Kühlsysteme (Frischwasser oder offene Kreislaufkühlung) bevorzugt. Findet die Kühlung auf einem hohen Temperaturniveau statt, kann Luftkühlung zweckmäßig sein. In der Regel sind das zu kühlende Medium und das Kühlmedium selbst stofflich voneinander durch Wärmetauscher getrennt. Ausnahmen sind z. B. Mischkondensatoren oder die Direktkühlung an Walzstraßen.

Unter **Frischwasserkühlung** versteht man den Gebrauch von Kühlwasser ohne Rückführung, d. h. das erwärmte Kühlwasser wird entweder direkt oder nach Abkühlung mit Hilfe eines Kühlturms in ein Gewässer abgeleitet.

Unter **offener Kreislaufkühlung** versteht man eine Umlaufkühlung in einem zur Luft offenen Kühlkreislauf, wobei das zur Kühlung benutzte Wasser hauptsächlich durch Verdunstung abkühlt. Dabei werden nur die Verdunstungsverluste und die Abflutmenge durch Zusatzwasser ersetzt.

Wird nur ein Teil des Kühlwassers im Kreislauf geführt (**Mischkühlung**) und dadurch eine Behandlung des zum Einsatz kommenden Kühlwassers erforderlich, so gilt das für offene Kreislaufkühlung Gesagte.

Ferner gibt es **geschlossene Kühlsysteme**, die grundsätzlich abwasserfrei betrieben werden. Solche Systeme werden unter anderem bei der Kühlung von Anlagen eingesetzt, bei denen mit wassergefährdenden Stoffen umgegangen wird. Sie werden nur zu Revisionen und Reparaturen entleert. In geschlossenen Kühlsystemen sind teilweise Konditionierungsverfahren mit höheren Additivkonzentrationen als bei offenen Kühlkreisläufen üblich. Deshalb ist ein Auffangbehälter für die Konditionierungsmittel vorzusehen, in den der gesamte Inhalt zumindest des größten Teilsystems jederzeit entleert werden kann. Konditionierungsmittel aus dem Auffangbehälter können wieder zur Füllung des Systems benutzt werden.

Bei nassen Kühlverfahren sind zunächst durch konstruktive und betriebliche Maßnahmen wie

- zweckmäßige Kühlwasserbehandlung,
- Einhaltung optimaler Strömungsgeschwindigkeiten,
- Vermeidung von Totzonen in den Systemen,
- korrosionsfeste Werkstoffe,
- Schutzanstriche,
- Plattierung,
- Gummierung,
- Beschichtung und
- Schwammkugelreinigung

alle Möglichkeiten auszuschöpfen, um mit einem möglichst geringen Einsatz von Kühlwasseradditiven auszukommen. In diesem Sinne ist auch zu prüfen, ob durch eine größere Abwärmeeinleitung ins Gewässer z. B. durch Kühlturmmischbetrieb, ein niedriger Chemikalieneinsatz erreicht werden kann.

13.2 Zweck der Untersuchung

Eine Probenahme zur analytischen Überwachung von Kühlwasser kann unter folgenden Gesichtspunkten notwendig sein:

- zur Kontrolle der Einhaltung von Anforderungen gemäß Anhang 31 der Abwasserverordnung [4],
- zur Ermittlung und Überprüfung der Einhaltung eines Referenzwertes gemäß 42. BImSchV [5],
- zur Kontrolle der chemischen Konditionierung,
- zur Überwachung der Stabilität und Korrosivität [6],
- zur Überwachung der Bakterien-Konzentration und damit des mikrobiellen Bewuchses [5],
- zur Kontrolle von verfahrenstechnischen Einrichtungen.

Wie bereits einleitend erwähnt, können Kühlwässer Quellen für luftgetragene Keime, insbesondere für Legionellen, sein. Daher gelten auch besondere Anforderungen an den Betrieb von Verdunstungskühlanlagen, Nassabscheidern sowie Kühltürmen. Dazu gehören betriebsinterne Überprüfungen und Laboruntersuchungen und bei Überschreitung von Prüf- bzw. Maßnahmenwerten die Einleitung entsprechender Maßnahmen. Der Betreiber steht in der Verantwortung, das Risiko aus dem Betrieb solcher Anlagen zu minimieren. Die Richtlinie VDI 2047 Blatt 2 [3] gibt dem Betreiber Hinweise zum hygienegerechten Betrieb. Für den Betrieb von großen Kühltürmen über 200 MW Kühlleistung gibt es entsprechende Hinweise in der Richtlinie VDI 2047 Blatt 3 [7]. Diese Richtlinie gilt für bestehende und neu zu errichtende Kühltürme.

13.2.1 Grenz- und Richtwerte für Kühlwasser

Wasser aus Kühlsystemen von Kraftwerken und aus Systemen zur Kühlung von industriellen Prozessen fallen unter den Anwendungsbereich des Anhangs 31 der „Verordnung über das Einleiten von Abwasser in Gewässer" [4], der dem Schutz der Gewässer dient. Anhang 31 enthält je nach Abwasserherkunftsbereich (Wasseraufbereitung, Kühlsysteme, Dampferzeugung) neben allgemeinen Anforderungen an den Einsatz von Betriebs- und Hilfsstoffen unterschiedliche Anforderungen an das Abwasser für die Einleitungsstelle, an das Abwasser vor Vermischung und an das Abwasser für den Ort des Anfalls. Je nach Abwasserart und zu überwachendem Abwasser(teil)strom sind unterschiedliche Überwachungsparameter festgelegt, wie abfiltrierbare Stoffe, CSB, Phosphorverbindungen, anorganischer Gesamtstickstoff, AOX, freies Chlor bzw. Chlordioxid, Hydrazin, Giftigkeit gegenüber Leuchtbakterien sowie die Metalle Zink, Chrom, Cadmium, Kupfer, Blei, Nickel, Vanadium.

Wasser in Verdunstungskühlanlagen, Kühltürmen und Nassabscheidern unterliegt den Anforderungen der 42. BImSchV zum Schutz gegen Legionellen. Anlage 1 der 42. BImSchV enthält je nach Art der Anlage (Verdunstungskühlanlage, Nassabscheider, Kühltürme) konkrete Prüf- und Maßnahmenwerte für die Legionellenkonzentration, angegeben als Koloniebildende Einheiten (KBE) Legionella spp. je 100 ml.

Weitere analytische Überwachung kann ggf. aus behördlichen Anforderungen, der kommunalen oder industriellen Abwasserbehandlung erforderlich sein.

13.2.2 Überwachung der Einhaltung von Grenzwerten

In wasserrechtlichen Bescheiden zur Einleitung von Abwässern (Kühlwässern) in Gewässer sind Auflagen, Bedingungen und Vorbehalte für den Betrieb, z. B. von Kühlwasseranlagen und die damit verbundenen Maßnahmen, zu beachten.

Zum Beispiel:

- Einsatz von Kühlwasserkonditionierungsmitteln hinsichtlich Art, Einsatz- und Einleitungskonzentration,
- Messungen zur Überwachung und zur Selbstkontrolle, insbesondere der Temperaturen des Kühlwassers an den Entnahme- und Einleitungsstellen, sowie des Sauerstoffgehalts des Kühlwassers oder Gewässers.

Zur sicheren Einhaltung von chemischen Parametern und Grenzwerten sollte eine weitgehend konstante Wasserqualität angestrebt werden. Die eventuelle Zugabe von Kühlwasserzusatzmitteln sollte kontinuierlich erfolgen, so dass im Kühlwasser und damit beim Verlassen des Systems im Abwasser keine erheblichen Konzentrationsschwankungen auftreten können.

Die kontinuierliche Überwachung verschiedener Parameter (pH-Wert, Leitfähigkeit) kann als Anhaltspunkt für die Kontinuität der Kühlwasserqualität genommen werden.

Eine diskontinuierliche Behandlung (z. B. mit Dispergatoren) erfordert u. U. eine besondere Behandlung des Abwassers oder im Falle einer Kreislaufkühlung das vorübergehende Absperren der Abflut. Das Sperren der Abflut erlaubt das kurzfristige Überschreiten von Grenzwerten. Sollen regelmäßig Biozid-Stoßbehandlungen durchgeführt werden, kann die Dauer der Abflutsperrung anhand von repräsentativen Abklingkurven der kritischen Parameter ermittelt werden, um eine engmaschige Beprobung zu vermeiden.

13.2.3 Überwachung von Legionellen in Verdunstungskühlanlagen, Kühltürmen und Nassabscheidern

Rückkühlanlagen kommen in unterschiedlichen Ausführungen sowohl in Industriebetrieben als auch in Verbindung mit Klimaanlagen für große Gebäude, wie Krankenhäuser oder Hotels, zum Einsatz. In solchen Anlagen hat die Umgebungsluft direkten Kontakt mit dem Kühlwasser. Sowohl Verdunstungskühlanlagen als auch Kühltürme und Nassabscheider können eine Quelle für Legionellen-haltige Aerosole darstellen. Da das Kühlwasser in einem Kreislauf bleibt, können sich dort bei unzureichender Wartung Legionellen massenhaft vermehren und in die Umgebungsluft verteilt werden.

Um das Risiko einer gesundheitlichen Beeinträchtigung durch solche Anlagen zu minimieren, wurde durch die 42. BImSchV eine Melde- und Überwachungspflicht für solche Anlagen eingeführt. Neben technischen Anforderungen an die Anlagen wird eine regelmäßige Untersuchung des Kühl- bzw. Waschwassers u. a. auf Legionellen gefordert. Zur Sicherstellung, dass die Probenahmen und die Untersuchung auf Legionellen nach einheitlichen Vorgaben ablaufen und um eine Vergleichbarkeit der Ergebnisse zwischen unterschiedlichen Laboratorien zu gewährleisten, wurde vom Umweltbundesamt eine Empfehlung zur Probenahme und zum Nachweis von Legionellen in Verdunstungskühlanlagen, Kühltürmen und Nassabscheidern veröffentlicht [8].

Gemäß 42. BImSchV hat der Betreiber die Laboruntersuchungen und die dafür erforderlichen Probenahmen jeweils von einem akkreditierten Prüflaboratorium durchführen zu lassen; die Probenahme und die Untersuchung zur Bestimmung der Legionellen sind nach genormten Verfahren, unter Berücksichtigung gegebenenfalls vorliegender Empfehlungen des Umweltbundesamtes, durchzuführen. Der Betreiber hat dem Labor und dem Probenehmer den Zeitpunkt einer erfolgten Biozidzugabe sowie die Menge und die Art des Biozids mitzuteilen.

Gemäß UBA-Empfehlung [8] müssen die Probenehmer in das Qualitätsmanagementsystem nach DIN EN ISO/IEC 17025 des Labors eingebunden sein. Sie müssen Kenntnisse sowohl hinsichtlich der mikrobiologischen Probenahme generell als auch hinsichtlich der spezifischen Anforderungen bei der Probenahme in Verdunstungskühlanlagen, Kühltürmen und Nassabscheidern verfügen. Von dieser Qualifikation kann ausgegangen werden, wenn sie erfolgreich an einer Probenehmerschulung für Trinkwasser teilgenommen haben sowie eine Qualifikation gemäß der Schulung nach VDI 2047 Blatt 2 besitzen. Spezielle Probenehmerschulungen für Verdunstungskühlanlagen, Kühltürme und Nassabscheider, die eine noch bessere Qualifikation erwarten lassen, sind zum Zeitpunkt der Erstellung dieses Kapitels in Vorbereitung.

13.2.4 Kontrolle der chemischen Konditionierung

An Kühlwasser, vor allem in offenen Rückkühlwerken werden besondere Anforderungen an die Qualität gestellt. Es müssen Schäden im System weitgehendst vermieden werden. Hat man eine Wasserqualität zur Verfügung, bei der die Zugabe von Zusatzmitteln unverzichtbar ist, oder muss durch Aufbereitung eine Wasserqualität hergestellt werden, die auch ohne Zugabe von Chemikalien den Anforderungen entspricht, muss in festgelegten Abständen eine Kontrolle des Wassers erfolgen.

Das primäre Ziel einer Wasserbehandlung ist es, den Wirkungsgrad von Wärmeaustauschflächen aufrecht zu erhalten.

Eine Kühlwasserbehandlung muss folgenden Problembereichen begegnen: der Steinbildung, der Korrosion, den Ablagerungen und dem mikrobiologischem Wachstum.

Steinbildung

Die Methoden, die zur Steininhibierung eingesetzt werden, leiten sich aus der Entstehung der Ablagerung ab. Entsprechend muss die Behandlung eingestellt und überwacht werden.

Korrosion

Vor Korrosion schützt man die Anlagen durch bauliche Maßnahmen, wie unter 13.1.2 aufgeführt. Diesen Maßnahmen ist Priorität vor der Konditionierung des Kühlwassers einzuräumen. Bei einem Kühlkreislaufbetrieb kann aber in den wenigsten Fällen auf eine Zugabe von chemischen Inhibitoren, die auf eine gewünschte optimale Konzentration eingestellt und überwacht werden müssen, verzichtet werden.

Ablagerungen

Ablagerungen lassen sich durch zwei Methoden – mechanisch oder chemisch – weitgehendst verhindern. Mechanische Methoden wurden bereits unter dem vorausgegangenen Abschnitt 13.1.2 aufgeführt. Unter chemischen Methoden versteht man die Zugabe von Dispergier- oder Flockungsmitteln.

Mikrobiologisches Wachstum

Das biologische Wachstum in einem Kühlwasserbetrieb muss durch Sichtkontrolle und Beprobungen gemäß 42. BImSchV ständig überwacht werden. Die zuvor genannten Störgrößen wie Korrosion und Ablagerung können auch durch mikrobiologisches Wachstum entstehen. Für den Einsatz von Mikrobioziden zur Bekämpfung des Wachstums sieht der Gesetzgeber zum Schutz der Gewässer besondere Überwachungsmaßnahmen vor [4, 5].

13.2.5 Überwachung der Stabilität und Korrosivität eines Kühlwassers

Ein Kühlwasser muss optimal eingestellt werden, um Korrosionen und Ablagerungen auf den Systemoberflächen so weit wie möglich zu vermeiden. Um dies zu erreichen, bedarf es einer analytischen Überwachung.

Ziel der analytischen Überwachung des Kühlmediums ist die Vermeidung von Betriebsstörungen, die als Folge einer Veränderung der Kühlwasserbeschaffenheit eventuell auftreten können. Sie dient weiterhin dazu, die unvermeidbare Korrosion im kühlwasserbeaufschlagten System zu beobachten.

Für die Analytik des Kühlwassers ist es erforderlich, die Probenahme nach einem Dauerbetrieb von mindestens zwei Stunden vorzunehmen, um eine repräsentative Wasserprobe zu erhalten.

Nachfolgend sind einige Parameter aufgeführt, die die Beschaffenheit des Kühlwassers charakterisieren:

elektrische Leitfähigkeit	Bei Durchlauf- und offener Umlaufkühlung ergibt sie eine Information zum Gesamtsalzgehalt und zur Eindickung.
pH-Wert	Er ist eine bedeutungsvolle Messgröße für den Korrosionsangriff und dient zur Vermeidung von sauren Phasen im Kühlwasser.
ungelöste Stoffe - organische - anorganische	Der Gehalt an ungelösten Stoffen ist eine Kenngröße für das Fouling (eng: Verschmutzung, Bewuchs), wobei der organische Anteil das Biofouling kennzeichnet und der anorganische Anteil (z. B. Sand) für die Erosionskorrosion Führungsgröße ist.
Dosierchemikalien	Die Bestimmung des Gehaltes der zudosierten Chemikalien dient zur Überwachung der Konditionierungsmittelkonzentration und zur Wirksamkeitskontrolle.
$K_{S\,4.3}$-Wert	Die Säurekapazität ist die wichtigste Kenngröße zur Pufferkapazität des Kühlwassers.
Calzium und Magnesium	Die Härte des Kühlwassers gibt Auskunft über die Schutzschicht- und Steinbildung im Kühlsystem.
Chlorid	Der Chloridgehalt ist die Führungsgröße für die Eindickungszahl bei offener Umlaufkühlung und für die Wasserführung bei Durchlaufkühlung. Bei geschlossener Umlaufkühlung dient er zur Erkennung von Fremdsalzeinbrüchen.

Sulfat	Bei sulfatreichen Wässern ist die Sulfatkonzentration anstelle des oben genannten Chloridgehaltes Führungsgröße. Sie gibt außerdem Auskunft über die Betonaggressivität des Kühlwassers.
Phosphat	Der Phosphatgehalt, ggf. getrennt als Gesamt- und ortho-Phosphat gemessen, ist im Falle der Härtestabilisierung für das Kühlwasser von Bedeutung.
mikrobiologische Untersuchungen	Diese Untersuchungen geben wichtige Hinweise für temporäre Untersuchungen der biologischen Belastungen und den biologischen Grundzustand.
Kupfer, gelöst und ungelöst	Der Gehalt an gelöstem und ungelöstem Kupfer ist eine wichtige Information zur Korrosion von Kupferbasislegierungen.
Blei, Chrom, Cadmium, Nickel, Titan, Vanadium, Zink	Die Gehalte an gelöstem und ungelöstem Metall sind eine wichtige Information zur Korrosion von Werkstoffen mit entsprechenden Metalllegierungen.
Gesamteisen	Der Gesamteisengehalt gibt Auskunft zur Korrosion von Stahl und weist auf mögliche Eisenoxidablagerungen hin.
Redoxpotential	Gibt Auskunft über die Effektivität oxidativer Biozide.

13.2.6 Kontrolle von verfahrenstechnischen Einrichtungen

Der zu kühlende Stoff darf nicht in das Kühlwasser gelangen (Ausnahme Mischkühlung). Dieser Möglichkeit ist umso mehr vorzubeugen, je gefährdender der Stoff (nach Wassergefährdungsklasse) für das Kühlwasser und die Umgebung ist. Die Erfahrung zeigt, dass ein vollständiger Ausschluss einer Leckage nicht immer möglich ist. Das Kühlwasser muss deshalb an kritischen Stellen auf Stoffeintrag überwacht werden, um Schäden am System zu verhindern sowie unerlaubtes Einleiten von Stoffen in ein Gewässer zu unterbinden. Häufigkeit und Umfang der Beprobung richten sich nach dem Gefährdungspotenzial und nach dem zu kühlenden Stoff. In vielen Fällen empfiehlt es sich kontinuierliche Messungen einzusetzen [6, 9].

13.3 Probenahmeplanung

Allgemeine Grundlagen zur Aufstellung von Probenahmeprogrammen und -techniken für alle Aspekte der Probenahme von Wasser siehe DIN EN ISO 5667-1 [10].

Die Veränderlichkeit in Zeit und Raum ist wahrscheinlich der wesentlichste Aspekt, der bei der Erstellung von Probenahmeplänen zu beachten ist. Die Veränderlichkeit bestimmt die Anzahl der Probenahmestellen, die Anzahl der Wiederholungsproben und die Häufigkeit der Probenahme.

Die Probenahmeplanung muss die zeitlichen Veränderungen (tägliche, wöchentliche, jahreszeitliche und ereignisbedingte Schwankungen), örtlichen Veränderungen sowie Veränderungen von Betriebsbedingungen bzw. Witterungsverhältnisse berücksichtigen. Nähere Details siehe DIN 38402-11 „Probenahme von Abwasser" [11].

13.3.1 Häufigkeit, Dauer und Zeitpunkt der Probenahme

Das Kühlwasser ist so zu behandeln und zu konditionieren, dass insbesondere behördliche Anforderungen an die Kühlwasserqualität immer eingehalten werden können. Hierfür ist die Kenntnis der technischen ebenso wie der wasserchemischen Parameter und der Auswirkung betrieblicher Einflüsse erforderlich [9].

Häufigkeit, Dauer und Zeitpunkt der Probenahme sollten daher aufgrund betrieblicher Erfahrung möglichst unter Einbindung einer Fachfirma zur Wasserbehandlung festgelegt werden. Dies gilt insbesondere für Kühlsysteme, die eine chemische Konditionierung mit Kühlwasserzusatzmitteln benötigen wie z. B. offene Rückkühlwerke. Für die Häufigkeit können ausschlaggebend sein:

- Art und Herkunft des Kühlwassers,
- Schwankungen der Wasserinhaltsstoffe des Zusatzwassers,
- die Bakterienkonzentration und der mikrobielle Bewuchs,
- Zugabe der Konditionierungsmittel und deren Art,
- Leckageüberwachung,
- Grenzwertüberwachung.

Für den Betrieb von Verdunstungskühlanlagen, Nassabscheidern und Kühltürmen, die der 42. BImSchV [5] unterliegen, gelten besondere Anforderungen. So hat der Betreiber zur Sicherstellung der hygienischen Beschaffenheit des Nutzwassers mindestens zweiwöchentliche betriebsinterne Überprüfungen chemischer, physikalischer oder mikrobiologischer Kenngrößen durchzuführen. Darüber hinaus müssen Verdunstungskühlanlagen und Nassabscheider regelmäßig mindestens alle drei Monate auf die Parameter allgemeine Koloniezahl und Legionellen untersucht werden. Für Kühltürme gibt es eine regelmäßige mindestens monatliche Untersuchungspflicht des Nutzwassers auf den Parameter Legionellen. Die Untersuchungsintervalle können verlängert werden, wenn in zwei aufeinanderfolgenden Jahren die Prüfwerte nicht überschritten werden. Bei Überschreitung der Prüfwerte müssen zusätzliche Untersuchungen zur Aufklärung der Ursachen durchgeführt und die erforderlichen Maßnahmen für einen ordnungsgemäßen Betrieb, insbesondere Sofortmaßnahmen zur Verminderung der mikrobiellen Belastung sowie technische Maßnahmen nach dem Stand der Technik ergriffen werden, um die Legionellenkonzentrationen im Nutzwasser unter die relevanten Prüfwerte zu reduzieren. Die zuständigen Behörden sind befugt, andere oder weitergehende Anforderungen zu stellen.

Bei Anlagen mit Biozidzugabe sollte die Probenahme zeitlich vor einer Biozidzugabe erfolgen. Bei regelmäßiger Biozidzugabe sollte das Zeitfenster zwischen Zugabe und Probenahme so groß wie möglich gehalten werden. Es ist insbesondere zu vermeiden, eine Probe kurz nach einer erfolgten Bioziddosierung zu entnehmen [8].

Zur Überwachung verfahrenstechnischer Einrichtungen und der Grenzwerte werden vielfach kontinuierliche Messungen (z. B. pH-Wert, Temperatur, elektrische Leitfähigkeit) vorgenommen.

Für die analytische Überwachung von Kühlwasser stehen vielfältige Verfahren von hoher Empfindlichkeit und Genauigkeit zur Verfügung. Die meisten Analyseverfahren zur Erfassung chemischer Kühlwasserparameter lassen sich installieren als

- On-Line-Gerät im Durchfluss mit kontinuierlicher Messung oder
- On-Line-Gerät mit quasikontinuierlicher, d. h. automatischer, zeitgetakteter Beprobung und Messung.

Diese bieten die Möglichkeit einer automatischen Regelung und Dokumentation der wasserchemischen Prozessparameter. In allen Fällen ist es aber sinnvoll, die Automaten, auch wenn sie regelmäßig kalibriert werden, durch Laboruntersuchungen des Kühlwassers zu kontrollieren.

Für die Überwachung von Kühlwässern gemäß Anhang 31 der AbwV [4] sind parameterspezifisch Stichproben, qualifizierte Stichproben oder 2-Stunden-Mischproben zu entnehmen.

13.3.2 Vorbereitung der Probenahmen und Auswahl der Probenahmestellen

Das Beprobungsprogramm bestimmt, wozu, wann und wie eine Probe genommen werden muss.

In der Regel ist der repräsentative Zustand des Kühlwassers zu ermitteln, d. h. der Zustand im Dauerbetrieb ohne Störgrößen. Hierfür reicht in den meisten Fällen eine Einzelprobe, d. h. eine durch einmalige Entnahme gewonnene Probe.

Die Probenahmestellen sollten dem entsprechenden Kühlwassersystem eindeutig zugeordnet, gekennzeichnet und jederzeit zugänglich sein.

Die Anordnung der Probenahmestellen richtet sich nach dem Untersuchungsziel; für die meisten Wasseruntersuchungen bei der Durchlaufkühlung und am offenen Rückkühlwerk erfolgt die Probenahme vorzugsweise auf der Druckseite der Kühlwasserpumpe. Dies vereinfacht aufgrund des Vordruckes die Probenahmeinstallation.

Vielfach werden speziell für die Probenahme eingerichtete Rohre kleiner Nennweite, die entweder ständig mit Kühlwasser durchflossen (Bypass-Leitung) oder mit einer Absperreinrichtung (Entnahmeapparatur) versehen sind, benutzt. Am besten die Proben aus senkrechten Leitungen in turbulenter Strömung nehmen. Bei der Verlegung der Probenahmeleitungen sollten längere waagerechte Leitungsabschnitte vermieden werden. Die Länge der Probenahmeleitungen sollte, um eine Probenahme im voll durchmischten Bereich sicherzustellen, mindestens das 5-fache des Rohrdurchmessers ab dem Krümmer betragen [11].

13.3.2.1 Durchlaufkühlung

Bei der Durchlaufkühlung wird Wasser aus einem Vorrat (Meer, See, Fluss, Uferfiltrat, Grundwasser) entnommen, über einen Wärmeaustauscher geleitet und einem Vorfluter einfach oder mehrfach genutzt zugeführt.

Falls die analytische Zusammensetzung des Wassers aus dem Vorrat hinreichend bekannt ist, ist eine Überwachung des Kühlwassers im Allgemeinen nicht erforderlich. Eine Untersuchung bei nicht hinreichend bekannter Wasserqualität des Vorrats kann mehreren Zwecken dienen: der Feststellung mechanischer Verunreinigungen, dem Aufspüren von Mikroorganismen, der Überwachung von Kühlwasserbehandlungsmittelzugabe (die sich aber auf einige Parameter beschränkt, z. B. Eisensulfat- und Chlordosierung), sowie zur Kontrolle von behördlichen Festlegungen zu Einleitungen in Gewässer. Bei organischer Belastung des Kühlwassers werden bei der Chlorung chlororganische Verbindungen gebildet. Die daraus resultierende AOX-Belastung ist festzustellen und zu überwachen [4].

Die Probenahmestellen können sich auf der Druckseite der Kühlwasserpumpe, sowohl vor als auch hinter den Wärmeaustauschern, sowie im Ablauf in das Abwassersystem befinden (siehe Bild 13.1).

Eine Untersuchung des Kühlwassers wird in jedem Fall erforderlich, wenn ein zu kühlender Stoff wassergefährdend ist und die Gefahr besteht, dass durch Undichtigkeiten im System der Stoff in das Kühlwasser und damit in das Abwassersystem gelangt. Die analytische Überwachung sollte eine „On-Line-Messung“ sein, wobei es weniger auf die absolute Konzentration, als auf das Aufspüren des Stoffes mit hinreichender Schnelligkeit ankommt.

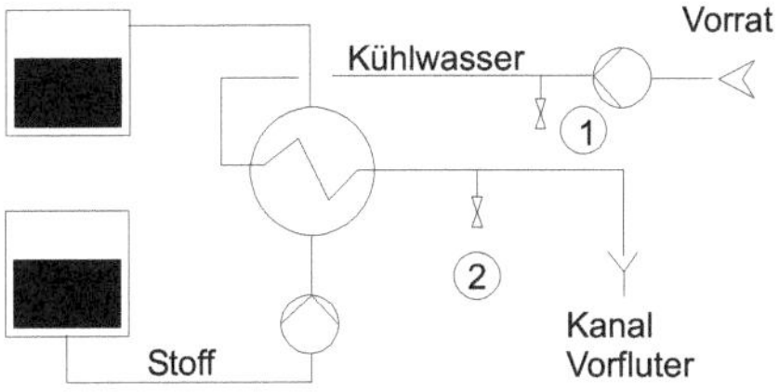

(1) Probenahme vor dem Wärmetauscher

(2) Probenahme nach dem Wärmetauscher (Stoffbruchüberwachung)

Bild 13.1: Durchlaufkühlung

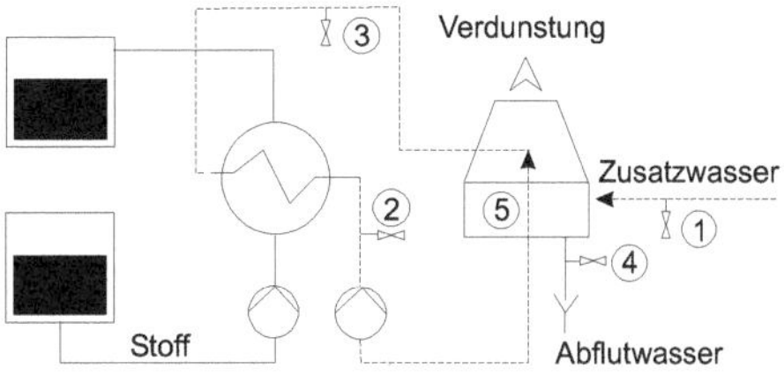

(1) Probenahme des Zusatzwassers

(2) Probenahme des Kreislaufwassers

(3) Stoffbruchüberwachung

(4) Abflutüberwachung

(5) Schöpfprobe, Ersatz für (2), (3) und (4)

Bild 13.2: Offenes Rückkühlwerk

13.3.2.2 Offene Rückkühlwerke (Nasskühlturm / Verdunstungskühlturm)

In vielen Fällen ist es aus wasserwirtschaftlichen Gründen notwendig, Kühlwasser im Kreislauf zu führen.

Infolge der Verdunstung wird bei der Kühlung mit offenen Rückkühlwerken der Salzgehalt des Kühlwassers eingedickt. Um Korrosionen und Ablagerungen zu verhindern, muss das Zusatzwasser in den meisten Fällen aufbereitet und das Kreislaufwasser konditioniert werden. Kühlturmzusatzwasser und Kreislaufwasser müssen teilweise parallel analysiert werden, um eine Korrelation herzustellen, die für die Ermittlung der Eindickung erforderlich ist. Da die Eindickung auch die Abwasserüberwachungsparameter in der Abflut wesentlich anhebt, kann eine Beprobung entsprechend notwendig sein.

Zu einem störungsfreien Kreislaufwasserbetrieb gehört eine ständige Überwachung, die folgende Parameter umfassen kann: Leitfähigkeit, pH-Wert, Wasserhärte, Cl, P, Cu, Fe, TOC, AOX, die Höhe der Bakterienkonzentration, des Feststoffgehaltes und die Giftigkeit gegenüber Leuchtbakterien (GL-Test) beim Einsatz von Bioziden.

Häufigkeit und Umfang der Beprobung richten sich nach der Herkunft des Zusatzwassers, der Zugabe der Konditionierungsmittel, der Pufferkapazität des Systems, sowie bei einer Leckageüberwachung nach dem Wassergefährdungsgrad des zu kühlenden Stoffes.

Die Probenahmestellen bei offenen Rückkühlwerken sind in Bild 13.2 dargestellt.

Zur Durchführung mikrobiologischer Untersuchungen müssen ebenfalls repräsentative Probenahmestellen definiert werden. Die Probe wird vorzugsweise aus dem Kreislaufwasser zwischen laufender Pumpe und Versprühung/Berieselung entnommen. An dieser Stelle ist eine Probenahmemöglichkeit (desinfizierbar, vorzugsweise abflammbare Entnahmearmatur und Wasserablauf) vorzusehen. Die Probenahmestelle muss in Strömungsrichtung vor der Bioziddosierstelle liegen. Ist eine Probenahme an dieser Stelle nicht möglich, so kann verrieseltes Kreislaufwasser oder eine Schöpfprobe aus der Kreislaufwasserwanne entnommen werden. Diese Möglichkeiten der Probenahme gelten aufgrund des dazu meist notwendigen Systemeingriffs nicht als „erste Wahl" [3, 8].

13.3.2.3 Geschlossene Rückkühlwerke

Bei der Kreislaufkühlung in geschlossenen Systemen fließt das Kühlwasser durch Rohre, die von außen durch Luft oder Wasser gekühlt werden. Bei geschlossenen Rückkühlwerken sollte die Beprobung so selten wie möglich erfolgen, da die entnommene Wassermenge nachgespeist werden muss, wodurch das System gestört werden kann. Überwachungen wie pH-Wert, Leitfähigkeit etc. sollten, falls erforderlich, kontinuierlich (On-Line) erfolgen. Die Probenahmestelle befindet sich auf der Rücklaufseite des Kreislaufsystems (siehe Bild 13.3).

13.3.2.4 Sonderkühlsysteme

Sonderkühlsysteme finden Einsatz, wenn das zu kühlende Medium hohe Temperaturen aufweist (Abhitzeanlagen) und wenn sehr tiefe Temperaturen erforderlich sind (Solekühlung).

Für die Solekühlung gelten die in Punkt 13.3.2.3 dargestellten Bedingungen für die Kühlung über geschlossene Rückkühlwerke.

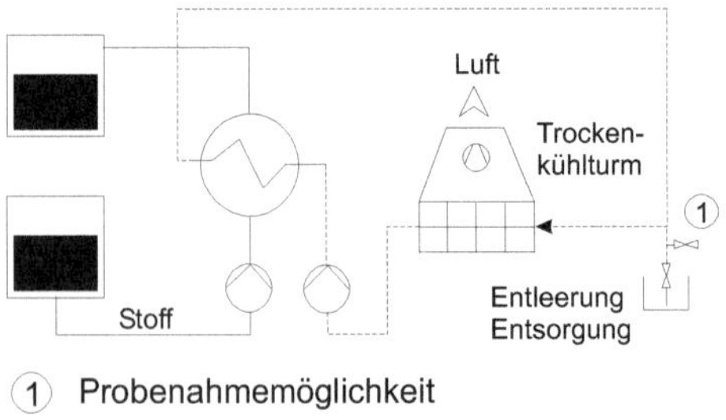

Bild 13.3: Geschlossenes Rückkühlwerk

Für Abhitzeanlagen gelten besondere Auflagen, da es sich hierbei in der Regel um Dampferzeuger handelt, deren Speisewasser eine besondere Qualität aufweisen muss und in der Regel aus vollentsalztem Wasser gewonnen wird. Diese Anlagen werden nicht primär zur Wärmeabfuhr an die Umgebung, sondern zur Weiterverwendung der Wärme auf hohem Temperaturniveau betrieben. Die Probenahmeeinrichtungen in diesen Systemen müssen den VGB-Richtlinien [12] entsprechend ausgerüstet sein.

13.4 Probenahmetechnik

Grundlage der Probenahmen sind die Normen DIN 38402-11; Probenahme von Abwasser [11] sowie DIN EN ISO 19458:2006-12; Probenahme für mikrobiologische Untersuchungen [13]. Bis zum Jahr 2009 gab es eine Norm DIN 38402-22 „Probenahme von Kühlwasser für den industriellen Gebrauch". Diese Norm wurde mit Überarbeitung der DIN 38402-11 zurückgezogen, weil die damals wenigen, für Kühlwasser spezifischen Inhalte darin integriert wurden, zumal Kühlwasser bei Ableitung in ein Gewässer auch Abwasser ist. Angesichts der aktuellen Legionellenproblematik aus Verdunstungskühlanlagen, Kühltürmen und Nassabscheidern erscheint es nun wieder sinnvoll, die zurückgezogene Norm 38402-22 zu aktualisieren und darin sowohl die Anforderungen zur chemisch-physikalischen Überwachung der Kühlwässer (z. B. zur Prüfung der Einhaltung von Anforderungen gem. Anhang 31 der AbwV) als auch die Besonderheiten der mikrobiologischen Probenahme von Kühlwasser unter Berücksichtigung der Empfehlungen des Umweltbundesamtes, der VDI-Richtlinien und der 42. BImSchV zu beschreiben.

Die Probenahme und Probenvorbehandlung von Kühlwasser unterscheidet sich grundsätzlich nicht von der Probenahme von Abwasser. Deshalb sei an dieser Stelle auch auf die entsprechenden Kapitel in diesem Buch verwiesen. Nachfolgend werden insbesondere Hinweise zur mikrobiologischen Probenahme für die Untersuchung auf Legionellen gegeben.

13.4.1 Arbeitssicherheit am Ort der Probenahme

Grundsätzlich sind die im Abwasserbereich ohnehin bekannten und erforderlichen hygienischen Maßnahmen zu beachten und Schutzausrüstung wie Einmalhandschuhe und ggf. Atemschutz zu tragen, um das Infektionsrisiko für das Probenahmepersonal zu minimieren.

Atemschutz ist zu tragen, wenn die inhalative Aufnahme biologischer Arbeitsstoffe in Form von Spritzern und Aerosolen durch technische und organisatorische Maßnahmen nicht verhindert werden kann. Geeignet sind z. B. partikelfiltrierende Halbmasken (FFP 3) mit Ausatemventil als Mindestanforderung. Bei Benutzung der Masken ist darauf zu achten, dass diese dicht abschließen. Partikelfiltrierende Halbmasken FFP 3 sind nach der Benutzung zu verwerfen [14].

13.4.2 Probenahmegeräte und Probenbehälter

Üblicherweise erfolgt die Probenahme von Kühlwässern nicht mit automatischen Probenahmegeräten sondern manuell. Die Ausrüstung für die manuelle Probenahme sollte aus einem chemisch inerten Material gefertigt sein, das die spätere Analyse nicht beeinflusst. Für die mikrobiologische Probenahme müssen alle benötigten Arbeitsgeräte sauber, trocken und steril sein. Alle Probenahmegerätschaften müssen einer vorherigen Hitzesterilisation oder einer chemischen Desinfektion standhalten und möglichst keine oder wenig Verschraubungen aufweisen.

Zum Einsatz kommen Probenahmegeräte (möglichst aus Glas, Edelstahl oder Aluminium):

- Schöpfbecher, -kelle, -eimer,
- Flaschengreifer, Tiegelzange,
- Teleskopstange für Schöpfbecher bzw. Probenflasche.

Weiterhin werden als Handwerkszeug für die Durchführung der Probenahmen benötigt:

- Probenahmeprotokoll, Etiketten, Fotoapparat,
- diverse Werkzeuge wie Wasserpumpenzange, Drahtbürste etc.,
- Vor-Ort-Messgeräte für T, pH, LF inkl. separatem Messgefäß,
- ggf. steriler Homogenisator,
- sterile Probenahmegefäße bzw. Probenbehälter,
- Inaktivierungsmittel für Biozide,
- Gaskartuschenbrenner mit Ersatzkartusche,
- Flächendesinfektionsmittel,
- Thermotransportbox mit Kühlakkus inkl. Temperaturdatenlogger,
- Spritzflasche mit Trinkwasser,
- Papiertuchrolle,
- Handschuhe / Schutzbrille,
- partikelfiltrierende Halbmaske (z. B. FFP 3),
- Händedesinfektions- und Reinigungsmittel,
- Müllbeutel,
- mobiler Transportwagen für Probenahmekoffer,
- etc.

13.4.2.1 Sterilisation der Probenahmegeräte

Bei Verwendung von Teleskopstangen mit Edelstahl-Probenschöpfer oder Flaschenhalter ist darauf zu achten, dass, insbesondere bei Verwendung eines

Schöpfers bzw. Halters für mehrere Probenahmen, ausschließlich saubere Gerätschaften ohne sichtbare Anhaftungen verwendet werden. Entsprechende Materialien zum Reinigen der Gerätschaften nach erfolgter Probenahme sind mitzuführen. Im optimalen Fall sollten für jede Probenahme frische, im Labor gereinigte Schöpfer/Halter verwendet werden.

Bei der Verwendung von Schöpfgefäßen ist nach mehrmaligem Gebrauch darauf zu achten, ob Veränderungen der Oberflächen der eingesetzten Materialien (z. B. Salzkorrosion an der Innenwandung von Edelstahlbechern, Porosität bzw. Aufrauhung der Innenwandung eines Kunststoffbechers) erfolgt sind. Derartige Becher sind auszutauschen bzw. derart zu behandeln, dass die Oberflächen korrosionsfrei sind, um das Kontaminationsrisiko zu verringern.

Teleskopstangen / Schöpfer / Halter werden unmittelbar vor der Probenahme auf die erforderliche Länge eingestellt und der Probenschöpfer innen und außen sowie das untere Ende der Teleskopstange (mindestens bis zur Eintauchtiefe) sterilisiert.

Hierfür gibt es zwei Varianten:

- Thermische Desinfektion: Vorzugsweise unter Verwendung eines Propan/Butan-Kartuschenbrenners möglichst mit Piezozündung. Hier ist darauf zu achten, dass das Abflammen mit der heißesten Stelle der Flamme, d. h. direkt oberhalb des inneren Flammenkegels im Schmelzraum der Flamme für einen ausreichenden Zeitraum (mind. 1 Min) erfolgt. Die Kontrolle der Wirksamkeit erfolgt akustisch durch „Zischen“ beim Eintauchen in das zu beprobende Wasser. Hinweise: Die erste, mit dem noch heißen Gerät entnommene Probe muss verworfen werden. Grundsätzlich ist das Abflammen der chemischen Desinfektion vorzuziehen, darf aber nicht in Ex-Bereichen erfolgen.
- Chemische Desinfektion: mit 70 %-igem Ethanol oder iso-Propanol. Probenahmegerät in Ethanol bzw. Propanol eintauchen und zwei bis drei Minuten einwirken lassen. Alternativ kann die Desinfektion auch durch Wischen mit einem Reinigungstuch oder durch Aufsprühen erfolgen. Vor der Probenahme muss das Desinfektionsmittel vollständig verdunstet sein. Die chemische Variante ist zeitaufwendiger als die thermische Desinfektion. Insbesondere in Ex-geschützten Bereichen stellt sie jedoch eine Alternative zu dem hier untersagten Abflammen dar.

13.4.2.2 Probenbehälter

Probenbehälter müssen aus einem Material gefertigt sein, welches für die Konservierung der natürlichen Beschaffenheit sowohl der Probe als auch dem zu erwartenden Bereich der zu bestimmenden Stoffe geeignet ist. Die Probenbehälter sollten in Absprache mit dem Untersuchungslaboratorium gewählt werden. DIN EN ISO 5667-1 [10] und DIN EN ISO 5667-3 [13] enthalten detaillierte Informationen zur Wahl von Probenbehältern.

Das Probevolumen richtet sich nach Untersuchungsprogramm und -umfang und sollte für die Analyse aller zu untersuchenden Parameter ausreichend sein. Sind großvolumige Proben zu entnehmen, die auf unterschiedliche Parameter zu untersuchen sind, so ist die Probe, unter Berücksichtigung der entsprechenden Homogenisierungsvorschriften, auf mehrere Flaschen zu verteilen (siehe dazu auch Kapitel 3 „Probenvorbehandlung").

Für mikrobiologische Proben muss die Sterilität der Probenbehälter sichergestellt sein, unabhängig davon, ob sie intern sterilisiert oder ob sie bereits sterilisiert bezogen wurden. Dies gilt für Glas- und Kunststoffflaschen gleichermaßen. Im LANUV NRW werden für die Untersuchung auf Legionellen i. d. R. handelsübliche, γ-sterilisierte, halbtransparente 250 ml-Kunststoff-Weithals-Einwegflaschen verwendet. Die Flaschen sind mit etwa 200 ml zu befüllen, um vor der Analyse ein ausreichendes Schütteln zu ermöglichen.

13.4.3 Durchführung der Probenahme

Es ist sicherzustellen, dass die entnommene Probe für das zu untersuchende Kühlwassersystem repräsentativ ist. Im Allgemeinen erfolgt die Probenahme direkt aus Entnahmeleitungen (Bypass-Leitungen oder Entnahmehähnen) oder mit Hilfe von Schöpfbechern.

Zur Durchführung der Probenahme für die chemischen Parameter siehe Kapitel 14 „Probenahme von Abwasser".

Bei der mikrobiologischen Probenahme dürfen weder die Probenahmegeräte noch die Probenflaschen (Flaschenhals, der Rand und die Verschlussinnenseite) direkt mit der Hand oder mit anderen unsterilen Stellen in Berührung kommen. Bekanntermaßen stark belastete Probenahmestellen müssen während eines Probenahmeeinsatzes zuletzt beprobt werden, um das Kontaminationsrisiko zu minimieren. Die Probenflaschen sind unmittelbar nach dem Befüllen zu verschließen und in einer Kühleinrichtung zu transportieren. Die Wasserprobe zur Untersuchung auf Legionellen darf keinesfalls zur Bestimmung der Temperatur oder irgendeines anderen vor Ort zu prüfenden Parameters benutzt werden.

Bei der Probenahme ist darauf zu achten, dass keine Ablagerungen, Schleim etc. mit in die Wasserprobe gelangen.

Die Probenahmen sollten an den festgelegten Probenahmestellen erfolgen (siehe Abschnitt 13.3.2). Für die mikrobiologische Probenahme sollten durch Abflammen sterilisierbare Probenahmearmaturen vorhanden sein, die vorzugsweise in Strömungsrichtung des Kreislaufwassers vor der Bioziddosierstelle liegen und in einem sauberen Zustand gehalten, deutlich beschriftet und ausschließlich zur Probenahme verwendet werden sollten.

Probenahmen an einer Entnahmearmatur können unterschiedlichen Zwecken dienen. Je nach Untersuchungsziel ist es entweder notwendig oder falsch die angebrachten Vorrichtungen oder Einsätze zu entfernen, die Entnahmearmatur zu desinfizieren oder zu spülen. Die Durchführung der Probenahme erfolgt wie eine Probenahme aus Entnahmearmaturen nach DIN EN ISO 19458 Zweck a [13].

Eine Desinfektion der Öffnung einer Entnahmearmatur ist sichergestellt, wenn die Temperatur dort durch intensives Abflammen mit einem Kartuschenbrenner mindestens 80 °C erreicht. Dieses ist nicht der Fall, wenn Wasser im erhitzten Teil verbleibt. Abflammen mit einem Feuerzeug ist nur oberflächlich und nicht ausreichend.

In explosionsgefährdeten Bereichen muss alternativ mittels Desinfektionsmittel desinfiziert werden.

Vor dem Abflammen ist sicherzustellen, dass keine Verschmutzungen (Kalkablagerungen, Schleim etc.) in die Probe gelangen können und keine Entnahmehähne mit Gummidichtungen ausgewählt werden. Schmutz vor dem Abflammen und der eigentlichen Probenahme abkratzen und die Entnahmearmatur mehrmals voll aufdrehen und schließen, um Schmutz auszuspülen. Anschließend erfolgt die thermische oder chemische Desinfektion der Entnahmearmatur. Nach dem Abflammen und erneutem Öffnen der Entnahmearmatur sollte ein zischendes Geräusch hörbar sein. Anschließend die Entnahmearmatur zum Spülen für etwa fünf bis zehn Sekunden bei maximalem Durchfluss öffnen und anschließend auf halben Durchfluss reduzieren und sicherstellen, dass das in der Leitung befindliche Standwasser vor der Probenahme vollständig abgelaufen ist. Dann die offene Probenflasche in den Wasserstrahl halten und unter aseptischen Bedingungen füllen.

Es ist auch eine Probenahme an Dauerläufern möglich. Bei den Dauerläufern sollte man die Strömungsverhältnisse nicht verändern, d.h. keine Ventile schließen oder öffnen. Erforderlichenfalls sind an den Dauerläufern vorhandene Schläuche zu entfernen, die Dauerläufer äußerlich mechanisch zu reinigen und zu desinfizieren, bevor die Probe mit sterilem Probengefäß direkt aus dem Wasserstrahl entnommen wird.

Sollte die Probenahme nicht über eine Entnahmearmatur erfolgen können, kann alternativ verrieseltes Kreislaufwasser oder eine Schöpfprobe aus der

Kühlturmwanne entnommen werden. Zur Probenahme aus der Kühlturmwanne werden Behälter oder Schöpfbecher verwendet, die innen und außen steril sind. Bei der Probenahme ist darauf zu achten, dass keine Ablagerungen oder Biofilme in die Wasserprobe gelangen. Daher sollte die Probenahme mit einer Probenahmestange (d. h. nicht direkt am Rand der Wanne) 10 – 30 cm unterhalb der Wasseroberfläche erfolgen (siehe DIN EN ISO 19458 „Befüllung von Probebehältern"). Enthält der Probenahmebehälter Inaktivierungsmittel für Biozide muss darauf geachtet werden, dass dieses bei der Probenahme nicht ausgespült wird.

13.4.4 Vor-Ort-Messungen

Im Rahmen der Abwasserüberwachung ist die Bestimmung der Wassertemperatur bei Kühlwässern unbedingt erforderlich, weil die Abfluttemperatur i. d. R. wasserrechtlich begrenzt ist. Außerdem ist die Wassertemperatur zum Zeitpunkt der Probenahme für die Beurteilung der Legionellenbefunde erforderlich. Darüber hinaus sollten auch noch pH-Wert und elektrische Leitfähigkeit zur Plausibilitätsprüfung bestimmt werden. In besonderen Fällen ist auch die Messung der Redoxspannung, des Sauerstoffgehaltes und/oder der Trübung von Interesse.

Gemäß Anhang 31 der AbwV ist bei bestimmten Kühlwässern auch die Bestimmung von Hydrazin, freiem Chlor oder Chlordioxid erforderlich, weil diese wasserrechtlich begrenzt sind. Diese Inhaltsstoffe müssen im Prinzip wegen ihrer leichten Flüchtigkeit auch vor Ort bestimmt werden. Dafür sind Feldmethoden mit mobilen Photometern und handelsüblichen, sofort verwendbaren Reagenzien (flüssige Reagenzien, Pulver und Tabletten) verfügbar, die den Analysenverfahren der AbwV entsprechen.

13.4.5 Vorbehandlung, Konservierung, Transport der Proben

Für die übrigen Analysen, deren Messung unmittelbar nach der Probenahme nicht möglich ist, müssen die zu bestimmenden Parameter durch geeignete Vorbehandlungs- oder Konservierungsmaßnahmen vor wesentlichen Veränderungen bewahrt werden.

Als Konservierungsmaßnahmen kommen im Regelfall Kühlung auf etwa (3 ± 2) °C, im Ausnahmefall Tiefkühlung oder bestimmte Chemikalienzusätze, in Frage. Die geringsten Veränderungen treten bei der Kühlung ein. Chemikalien sollen nur dann zugegeben werden, wenn kein anderes Konservierungsmittel angewandt werden kann und die zugegebenen Chemikalien bei der späteren Analyse nicht stören. Details zur Homogenisierung, Probenteilung, Filtration, Konservierung, Transport und Lagerung der Wasserproben siehe Kapitel 3.

13.4.5.1 Beispiel zur chemischen Probenkonservierung

Der Parameter AOX (Adsorbierbare Organische gebundene Halogene) ist sowohl wasserrechtlich als auch für die Erhebung der Abwasserabgabe von Bedeutung. In der Praxis der amtlichen Abwasserüberwachung in NRW kam es in der Vergangenheit häufig zu Diskussionen mit den Einleitern aufgrund von festgestellten Differenzen zwischen den vom LANUV und den im Rahmen der Selbstüberwachung durch den Einleiter ermittelten AOX-Werten. In einigen Fällen basierten die unterschiedlichen Ergebnisse auf unzureichender Probenvorbehandlung nach der Probenahme. Daher wird an dieser Stelle auf die entsprechenden Hinweise der AOX-Norm DIN EN ISO 9562 [17] hingewiesen:

Zur Probenahme werden Glas- oder Kunststoffgefäße mit geeignetem Verschluss, z. B. aus Polytetrafluorethen (PTFE) verwendet. Werden niedrige Konzentrationen an organischen Halogenverbindungen erwartet (AOX < 50 µg/l), werden bevorzugt Glasgeräte eingesetzt. Es ist sicherzustellen, dass Verluste an organischen Halogenverbindungen oder mögliche Verunreinigung vermieden werden.

Um zu vermeiden, dass durch oxidierende Stoffe, wie aktive Chlor-, Brom- und Jodverbindungen, erhöhte AOX-Werte hervorgerufen werden können, müssen unmittelbar nach der Probenahme diese Oxidationsmittel mit Natriumsulfit reduziert werden. Dazu erfolgt zunächst eine Prüfung mit Kaliumjodid-/Stärke-Papier auf oxidierende Substanzen; falls erforderlich Zugabe von Natriumsulfit und anschließendem Ansäuern mit Salpetersäure auf pH < 2. Die Probenflaschen sind blasenfrei und randvoll zu füllen und zu kühlen.

Die Wasserprobe so schnell wie möglich nach der Probenahme, oder im Fall der Anwesenheit lebender Zellen (z. B. Mikroorganismen oder Algen), 8 h nach der Probenahme analysieren. Ist ein solcher Analysenbeginn nicht möglich und ist Lagerung unumgänglich, die angesäuerte Probe bei 4 °C aufbewahren oder tiefgefrieren.

Proben mit flüchtigen organischen Halogenverbindungen, z. B. chlorierte Lösemittel, sollten innerhalb 24 h nach der Probenahme analysiert werden. Eine höchstzulässige Lagerzeit wird nicht angegeben, da diese von den individuellen Umständen abhängt.

13.4.5.2 Inaktivierung von Desinfektionsmitteln

Bei einigen Kühlwässern werden im Kreislaufwasser zur Minimierung der mikrobiellen Vermehrung und Verminderung der Biofilmbildung durch Hemmung, Inaktivierung oder Abtötung der Mikroorganismen Biozide teils allein, teils in Kombination mit anderen Desinfektionsverfahren eingesetzt. Eine Übersicht gebräuchlicher Biozide sowie Desinfektionsverfahren enthält VDI 2047 Blatt 2. Hinsichtlich ihrer

Wirkungsweise und der Auswirkungen auf Betrieb und Überwachung muss man grundsätzlich zwischen oxidierend wirkenden Bioziden (z. B. Chlor, Hypochlorit, Bromid/Hypochlorit, Chlordioxid, Wasserstoffperoxid, Ozon) und nicht oxidierend wirkenden Bioziden (z. B. Isothiazolinon, Bromnitropropandiol, Glutardialdehyd, Quaternäre Ammoniumsalze) unterscheiden.

Vor der Probenahme ist zu klären, ob und welche Desinfektionsmaßnahmen vorgenommen wurden. Gemäß 42. BImSchV hat der Betreiber dem Laboratorium und dem Probenehmer den Zeitpunkt einer erfolgten Biozidzugabe sowie die Menge und die Art des Biozides mitzuteilen. Für etwaig vorhandene Desinfektionsmittel müssen entsprechende Inaktivierungsmaßnahmen durch Zugabe eines geeigneten inaktivierenden Agens im Überschuss zur Probe ergriffen werden, um Minderbefunde zu vermeiden.

Beispiel Legionellen:
Oxidative Biozide wie Chlor/Hypochlorit, Chlordioxid oder Ozon können durch Zusatz von Kaliumthiosulfat oder Natriumthiosulfat in den Probenbehälter inaktiviert werden. Alternativ können auch sterile Einweg-Gefäße mit werksseitig vorgelegtem Natriumthiosulfat verwendet werden. Wasserstoffperoxid kann durch Katalase inaktiviert werden. Für nicht oxidative Biozide geben DIN EN 13623 [16] im Anhang B und VDI 2047 Blatt 2 im Anhang A Hinweise zu empfohlenen Inaktivierungsmitteln. Zu anwendbaren Konzentrationen der Inaktivierungsmittel für Proben aus Verdunstungskühlanlagen, Kühltürmen und Nasswäschern gibt es bisher nur wenig Erfahrung aus der Praxis. Hier besteht noch Forschungsbedarf. Proben, die nicht oxidative Biozide enthalten und bei denen keine Inaktivierung durchgeführt wird, müssen am Tag der Probenahme möglichst zeitnah untersucht werden, um eine weitere Inaktivierung der Legionellen zu vermeiden. Auf das Problem der fehlenden Inaktivierung ist im Prüfbericht hinzuweisen [8].

13.4.5.3 Probentransport

Die Zeit zwischen der Probenahme und der Analyse im Labor ist so kurz wie möglich zu halten. Die Proben sollten vorzugsweise innerhalb von 24 h nach Probenahme im Labor angesetzt werden; jedoch nicht später als 48 h nach Probenahme. Bei kurzen Transportzeiten (< 8 h) können die Proben bei Umgebungstemperatur transportiert werden. Die Proben sind aber geschützt vor Licht und starken Temperatureinwirkungen zu transportieren (z. B. in Kühlboxen). Bei längeren Transportzeiten (> 8 h) sind die Proben gekühlt – idealerweise auf (5 ± 3) °C – und lichtgeschützt zu transportieren (z. B. Kühlboxen mit Kühlakkus). Es ist darauf zu achten, dass die Proben nicht gefroren werden. Die Temperatur muss überwacht und aufgezeichnet werden. Die Transportbedingungen müssen dokumentiert werden. Die Lagerung der Proben im Labor muss bei (5 ± 3) °C erfolgen [8].

13.4.6 Probenahmeprotokoll

Das Probenahmeprotokoll dient dem Probenehmer als Merkliste und der untersuchenden Stelle als Dokument für spätere Auswertungen.

Laut UBA-Empfehlung [8] muss das Probenahmeprotokoll mindestens folgende Punkte enthalten:

- Name und Adresse des Auftraggebers,
- Standort der Anlage mit vollständiger Anschrift und Anlagenbezeichnung,
- exakte Bezeichnung der Probenahmestellen,
- Datum und Zeitpunkt der Probenahme,
- Name und Unterschrift des Probenehmers,
- Art der Probe (z. B. Kühlwasser, Waschwasser, Zusatzwasser),
- Probenahmetechnik (z. B. an Armatur oder Schöpfprobe, Art der Desinfektion),
- Temperatur des Wassers bei Probenahme,
- Auffälligkeiten bei der Probenahme, die das Ergebnis beeinflussen könnten.

Um eine einwandfreie Inaktivierung der eingesetzten Biozide nachvollziehen zu können, müssen auch folgende Angaben aufgenommen werden:

- Art des/der eingesetzten Biozidprodukte(s) mit Angabe des Wirkstoffs bzw. der Wirkstoffe,
- Dosierkonzentration bzw. Dosiertechnik (z. B. manuell, automatische Dosiereinrichtung, nach Zeitintervallen, ereignisgesteuert) der in der Anlage eingesetzten Biozide,
- Zeitpunkt der letzten Bioziddosierung,
- ggf. Art und Konzentration des verwendeten Inaktivierungsmittels.

Falls eine der vorstehenden Informationen nicht vorliegt, ist dies im Probenahmeprotokoll und im Prüfbericht auszuweisen. Bei fehlender Inaktivierung der eingesetzten Biozide ist folgende Anmerkung aufzunehmen: „Das Ergebnis steht unter dem Vorbehalt, dass eine Inaktivierung der eingesetzten Biozide nicht möglich war. Nicht inaktivierte Biozide können zu einem Minderbefund führen.“

Die Kennzeichnung der Probenflaschen ist als wesentlichste Information der Zuordnung im Protokollbogen an erster Stelle genannt. Sie kann je nach Gepflogenheiten des untersuchenden Labors schon vor der Probenahme auf Flaschen und Protokollbogen vermerkt sein. Entsprechend kann auch schon die Bezeichnung der Probenahmestelle vermerkt sein, wodurch der Protokollbogen zum Arbeitsauftrag für den Probenehmer wird.

Literatur

[1] Abschlussbericht der Expertenkommission Legionellen im Auftrag des Ministeriums für Klimaschutz, Umwelt, Landwirtschaft, Natur- und Verbraucherschutz des Landes Nordrhein-Westfalen vom 22.05.2015; https://www.umwelt.nrw.de/fileadmin/redaktion/PDFs/umwelt/legionellen_expertenkommission.pdf

[2] DIN ISO 6107-1 (2017): Wasserbeschaffenheit – Wörterbuch – Teil 1 (ISO 6107-1:2004); Berlin (Beuth).

[3] VDI-Richtlinie 2047 Blatt 2 (2017) (Entwurf): Rückkühlwerke – Sicherstellung des hygienegerechten Betriebs von Verdunstungskühlanlagen (VDI-Kühlturmregeln); Berlin (Beuth).

[4] AbwV (2004): Verordnung über Anforderungen an das Einleiten von Abwasser in Gewässer (Abwasserverordnung AbwV); Anhang 31: Wasseraufbereitung, Kühlsysteme, Dampferzeugung; – in: BGBl. I 2004, S. 1147 – 1150.

[5] 42. BImSchV (2017): Zweiundvierzigste Verordnung zur Durchführung des Bundes-Immissionsschutzgesetzes (Verordnung über Verdunstungskühlanlagen, Kühltürme und Nassabscheider 42. BImSchV) vom 12. Juli 2017; – in: BGBl. I S. 2379; 2018 I S. 202.

[6] VGB PowerTech e. V. (2000) (Hrsg.): Kühlwasserrichtlinie R 455 – Wasserbehandlung und Werkstoffeinsatz in Kühlsystemen.

[7] VDI-Richtlinie 2047 Blatt 3 (2018): Rückkühlwerke – Sicherstellung des hygienegerechten Betriebs von Verdunstungskühlanlagen – Kühltürme über 200 MW Kühlleistung (VDI-Kühlturmregeln); Berlin (Beuth).

[8] Empfehlung des Umweltbundesamtes zur Probenahme und zum Nachweis von Legionellen in Verdunstungskühlanlagen, Kühltürmen und Nassabscheidern vom 02.06.2017; www.umweltbundesamt.de

[9] Schnell, H. G. & Held, H. D. (2012): Kühlwasser: Verfahren und Systeme der Aufbereitung, Behandlung und Kühlung von Wasser zur industriellen Nutzung; Essen (Vulkan-Verlag).

[10] DIN EN ISO 5667-1 (2007): Wasserbeschaffenheit – Probenahme – Teil 1: Anleitung zur Erstellung von Probenahmeprogrammen und Probenahmetechniken (ISO 5667-1:2006); Berlin (Beuth).

[11] DIN 38402-11 (2009): Deutsche Einheitsverfahren zur Wasser-, Abwasser- und Schlammuntersuchung – Allgemeinen Angaben (Gruppe A) – Teil 11: Probenahme von Abwasser (A 11); Berlin (Beuth).

[12] VGB PowerTech e. V. (2011) (Hrsg.): VGB Standard: Speisewasser-, Kesselwasser- und Dampfqualität für Kraftwerke / Industriekraftwerke.

[13] DIN EN ISO 19458 (2006): Wasserbeschaffenheit – Probenahme für mikrobiologische Untersuchungen (ISO 19458:2006); Berlin (Beuth).

[14] TRBA 220 (2010): Technische Regeln für Biologische Arbeitsstoffe. Sicherheit und Gesundheit bei Tätigkeiten mit biologischen Arbeitsstoffen in abwassertechnischen Anlagen.

[15] DIN EN ISO 5667-3 (2013): Wasserbeschaffenheit – Probenahme – Teil 3: Konservierung und Handhabung von Wasserproben (ISO 5667-3:2012); Berlin (Beuth).

[16] DIN EN 13623 (2010): Chemische Desinfektionsmittel und Antiseptika – Quantitativer Suspensionsversuch zur Bestimmung der bakteriziden Wirkung gegen Legionella von chemischen Desinfektionsmitteln für wasserführende Systeme – Prüfverfahren und Anforderungen (Phase 2, Stufe 1); Berlin (Beuth).

[17] DIN EN ISO 9562 (2005): Wasserbeschaffenheit – Bestimmung adsorbierbarer organisch gebundener Halogene (AOX) (ISO 9562:2004); Berlin (Beuth).

14 Die Probenahme von Abwasser

A. Grupe, R. Hanke und K. Selent *

*unter Verwendung des Kapitels von K. Selent und A. Grupe aus der 1. Auflage 1998

14.1 Einleitung

In diesem Kapitel wird die Probenahme von Abwasser behandelt, und zwar sowohl unter Berücksichtigung der Vorgaben aus Normung und gesetzlichen Anforderungen als auch der Erfahrungen von Praktikern aus der Chemischen Industrie und einer Überwachungsbehörde in NRW.

Bei der Darstellung der Probenahme von Abwasser darf natürlich nie das Ziel der Probenahme außer Acht gelassen werden, denn diese ist integraler Bestandteil z. B.

- eines behördlichen Abwasserüberwachungskonzeptes zur Überwachung von kommunalen und industriellen Abwassereinleitungen zur Überwachung von ca. 2.000 Direkteinleitungen und ca. 1.500 Indirekteinleitungen in NRW.
- eines Abwassermanagementsystems in der chemischen Industrie von der Planung eines Probenahme- und Untersuchungsprogrammes bis zur Bewertung und Entsorgung von komplexen Abwässern in Chemieparks.

14.2 Rechtliche Grundlagen der Überwachung von Abwassereinleitungen

Im deutschen Recht sind die gesetzlichen Grundlagen des Gewässerschutzes und der Wasserwirtschaft im Wasserhaushaltsgesetz (WHG) [1] und den Landeswassergesetzen geregelt. Gemäß §§ 8 und 9 WHG stellen Abwassereinleitungen erlaubnispflichtige Gewässerbenutzungen dar. Gemäß § 57 WHG ist für das Einleiten von Abwasser in Gewässer der Stand der Technik einzuhalten; entsprechende Mindestanforderungen an das Einleiten von Abwasser ergeben sich aus der Abwasserverordnung (AbwV) [2] mit ihren Anhängen für die verschiedenen Abwasserherkunftsbereiche. Das Einleiten von Abwasser in öffentliche Abwasseranlagen (Indirekteinleitungen) bedarf gemäß § 58 WHG der Genehmigung durch die zuständige Behörde, soweit an das Abwasser in der AbwV Anforderungen für den Ort des Anfalls oder vor seiner Vermischung festgelegt sind. Dem Einleiten von Abwasser in öffentliche Abwasseranlagen stehen Abwassereinleitungen Dritter in private Abwasseranlagen, die der Beseitigung von gewerblichem Abwasser dienen, gleich (§ 59 WHG).

Bei der Überwachung der Abwassereinleitungen sind neben den genannten nationalen Gesetzen auch noch u. a. die nachfolgenden Richtlinien, Gesetze und Verordnungen von Bedeutung:

Abwasserabgabengesetz
Gemäß Abwasserabgabengesetz (AbwAG) [3] muss für das Einleiten von Abwasser in ein Gewässer entsprechend der im Abwasser enthaltenen Schadstoffe eine Abgabe gezahlt werden.

EU-Kommunalabwasserrichtlinie
Mit der Richtlinie des Rates vom 21. Mai 1991 über die Behandlung von kommunalem Abwasser (91/271/EWG) [4] haben die Mitgliedstaaten der Europäischen Union einheitliche Anforderungen zur Reinigung und Überwachung von kommunalem Abwasser festgelegt.

EU-Wasserrahmenrichtlinie
Die im Jahr 2000 erstmalig verabschiedete und inzwischen fortgeschriebene EU-Wasserrahmenrichtlinie (WRRL) [5] enthält weitreichende organisatorische und fachliche Vorgaben für die Bewirtschaftung der Gewässer und hat somit auch Auswirkungen auf die Anforderungen an Abwassereinleitungen.

Gewässerschutz-Richtlinie 2006/11 EG und zugehörigen Tochterrichtlinien
Im Rahmen der emissionsbezogenen Gewässerschutz-Richtlinie 2006/11 EG [6] werden seit 1989 alle drei Jahre aus den Datenberichten der Länder aggregierte deutsche Berichte über die in den Einleitungserlaubnissen industrieller Einleiter genehmigten Stofffrachten erstellt. Ziel der Gewässerschutz-Richtlinie ist es, die Genehmigungspraxis der Mitgliedstaaten zu überwachen und die Emissionsentwicklung zu beobachten.

Schadstofffreisetzungs- und Transferregister (PRTR)
Gemäß dem PRTR (Pollutant Release and Transfer Register) [7] gibt es eine Berichtspflicht. Für das PRTR werden ab 2009 öffentlich zugängliche Daten zu Freisetzungen in Luft, Wasser und Boden sowie zu Verbringungen von Abfall zur Verfügung gestellt.

EU-Industrieemissions-Richtlinie
Die Richtlinie 2010/75/EU über Industrieemissionen (integrierte Vermeidung und Verminderung der Umweltverschmutzung – IE-RL) vom 24.11.2010 [8] ist EU-weit die wichtigste Europäische Grundlage für die Zulassung und den Betrieb besonders umweltrelevanter Industrieanlagen. Der deutsche Gesetzgeber hat die IE-Richtlinie mit dem Gesetz zur Umsetzung der Richtlinie über Industrieemissionen – IndEmissRLUG [9] mit Änderungen des Bundes-Immissionsschutzgesetzes (BImSchG), des Wasserhaushaltsgesetzes (WHG) und des Kreislaufwirtschaftsgesetzes (KrwG) und der entsprechenden untergesetzlichen Regelwerke in nationales Recht umgesetzt. Die Vorschriften sind seit dem 02.05.2013 in Kraft.

Ein zentrales Steuerungselement des Anlagenzulassungsrechts ist das bewährte Konzept der besten verfügbaren Techniken (BVT). Diese entsprechen dem in Deutschland traditionell verwendeten Begriff des Standes der Technik. Die besten verfügbaren Techniken werden für jede betroffene Branche in einem Informationsaustausch zwischen Mitgliedstaaten, Industrie und Umweltverbänden erarbeitet und in BVT-Merkblättern festgelegt. In der Abwasserverordnung und den jeweils relevanten Anhängen werden ggf. neue bzw. überarbeitete Anforderungen festgelegt [10].

14.2.1 Überwachung von Direkteinleitungen

Nachfolgend werden am Beispiel des Landeswassergesetzes (LWG) Nordrhein-Westfalen [11] die gesetzlichen Grundlagen der Abwasserüberwachung in NRW dargestellt.

Gemäß § 94 LWG sind Abwassereinleitungen von im Jahresdurchschnitt mehr als ein Kubikmeter je zwei Stunden in der Weise zu überwachen, dass mehrmals im Jahr Proben zu entnehmen und zu untersuchen sind. Ausgenommen sind Einleitungen von Abwasser, das keiner Behandlung bedarf, und Abwassereinleitungen, von denen keine erhebliche Beeinträchtigung des Wasserhaushalts zu erwarten ist. Die zur Überwachung erforderlichen Probeentnahmen und Untersuchungen werden von den zuständigen Behörden oder von den von ihnen beauftragten Untersuchungsstellen durchgeführt. Es dürfen keine Untersuchungsstellen beauftragt werden, die für den Abwassereinleiter auf wasserwirtschaftlichem Gebiet gegen Entgelt bereits in anderer Weise, insbesondere als Gutachter oder im Rahmen der Selbstüberwachung, tätig sind.

Für die Probenahme und Untersuchung gemäß § 94 LWG sowie gegebenenfalls für die Beauftragung von Untersuchungsstellen ist gemäß Anhang 1 der Zuständigkeitsverordnung Umweltschutz [12] (ZustVU) das LANUV (Landesamt für Natur, Umwelt und Verbraucherschutz Nordrhein-Westfalen) zuständig.

Die amtliche Überwachung gemäß § 94 LWG dient hauptsächlich der Kontrolle der Einhaltung der in den wasserrechtlichen Bescheiden festgelegten Begrenzungen, die aus der AbwV und ergänzenden Informationen abgeleitet sind. Gleichzeitig dienen die Untersuchungsergebnisse auch dem Vollzug der vorgenannten Gesetze, Richtlinien und Verordnungen. Deshalb sind in einem Untersuchungsauftrag alle Anforderungen zu bündeln, wobei die Qualität der Probenahme und der Analytik einer gerichtlichen Überprüfung standhalten muss.

14.2.2 Überwachung von Indirekteinleitungen

Für die Überwachung der Indirekteinleitungen aus gewerblichen oder industriellen Anlagen, die aufgrund Ihrer Umweltrelevanz in der Anlage I der Zuständigkeitsverordnung genannt sind, sind in NRW die Bezirksregierungen als obere Umweltschutzbehörden im Rahmen der Gewässeraufsicht gemäß § 93 LWG zuständig, in allen anderen Fällen die unteren Umweltschutzbehörden der Kreise und kreisfreien Städte. Das LANUV führt seit Mitte 2012 die Probenahmen und Untersuchungen der Indirekteinleitungen im Zuständigkeitsbereich der Bezirksregierungen in deren Auftrag durch.

14.2.3 Selbstüberwachung

Gemäß § 59 LWG wird das für Umwelt zuständige Ministerium ermächtigt, für Einleitungen von Abwasser in ein Gewässer und in Abwasseranlagen durch Rechtsverordnung Regelungen zu treffen über

- die Ermittlung der Abwassermenge und der Abwasserzusammensetzung,
- Häufigkeit, Dauer sowie Art und Umfang der Probeentnahmen und
- die Behandlung und Untersuchung der entnommenen Proben insbesondere darüber, welche Merkmale und Inhaltsstoffe des Abwassers zu untersuchen sind, wie bei den Untersuchungen zu verfahren ist und in welcher Art und in welchem Umfang die Untersuchungsergebnisse aufzuzeichnen sind.

Wer genehmigungspflichtig Stoffe und Abwasser in eine Abwasseranlage einleitet, kann gemäß § 59 LWG von der zuständigen Behörde zur Selbstüberwachung insbesondere dazu verpflichtet werden, Betriebseinrichtungen und Abwasserbehandlungsanlagen nachzuweisen, Aufzeichnungen über Betriebsvorgänge und eingesetzte Stoffe zu fertigen und das Abwasser durch eine geeignete Stelle untersuchen zu lassen, ggf. auch Untersuchungen ganz oder teilweise selbst durchführen.

Durch die Selbstüberwachung soll der Einleiter selbst erkennen können, ob und wann er zusätzliche Maßnahmen im Rahmen der Produktion oder zur Vorbehandlung des Abwassers bzw. zur Abwasserreinigung in der Kläranlage zu treffen hat. Die Selbstüberwachung hat keine unmittelbaren wasserrechtlichen und auch keine abgabenrechtlichen Folgen. Die Ergebnisse sollen jedoch von den Wasserbehörden und Fachdienststellen insbesondere zur Ursachenforschung bei Unregelmäßigkeiten oder Auffälligkeiten im Betrieb der Anlagen herangezogen werden.

Tabelle 14.1 zeigt eine Übersicht zum Stand der von den Bundesländern erlassenen Verordnungen zur Selbstüberwachung bzw. Eigenkontrolle von Abwasseranlagen und Abwassereinleitungen in Deutschland (Stand: Oktober 2017).

Tabelle 14.1: Selbstüberwachungs- bzw. Eigenkontrollverordnungen von Abwasseranlagen und Abwassereinleitungen

Bundesland	Verordnung
Baden-Württemberg	Verordnung über die Eigenkontrolle von Abwasseranlagen (Eigenkontrollverordnung – EKVO) vom 20. Februar 2001 zuletzt geändert am 3. Dezember 2013 (GBl. S. 389, 444), in Kraft getreten am 1. Januar 2014
Bayern	Eigenüberwachungsverordnung (EÜV) vom 20. September 1995 (GVBl. S. 769, BayRS 753-1-12-U), zuletzt geändert am 25. Februar 2010 (GVBl. S. 66)
Berlin	keine
Brandenburg	keine
Bremen	keine
Hamburg	keine
Hessen	Abwassereigenkontrollverordnung (EKVO) vom 23. Juli 2010 (GVBl. I S. 257) zuletzt geändert am 3. November 2015 (GVBl. S. 392)
Mecklenburg-Vorpommern	Verordnung über die Selbstüberwachung von Abwasseranlagen und Abwassereinleitungen (Selbstüberwachungsverordnung – SÜVO M-V) vom 20. Dezember 2006 (GVOBl. M-V S. 5)
Niedersachsen	keine
Nordrhein-Westfalen	Verordnung über Art und Häufigkeit der Selbstüberwachung von kommunalen Abwasserbehandlungsanlagen und -einleitungen (Selbstüberwachungsverordnung kommunal – SüwV-kom) vom 25. Mai 2004 (GV. NRW. S. 254)
Rheinland-Pfalz	Landesverordnung über die Eigenüberwachung von Abwasseranlagen (EÜVOA) vom 27. August 1999 (GVBl. S. 211), zuletzt geändert am 17. März 2006 (GVBl. S. 139), BS 75-50-9
Saarland	Verordnung über die Eigenkontrolle von Abwasserbehandlungsanlagen (Eigenkontrollverordnung – EKVO) vom 18. Februar 1994 zuletzt geändert am 24. Januar 2006 (Amtsbl. S. 174).
Sachsen	EigenkontrollVO – Eigenkontrollverordnung über Art und Häufigkeit der Eigenkontrolle von Abwasseranlagen und Abwassereinleitungen vom 7. Oktober 1994 (SächsGVBl. S. 1592), zuletzt geändert am 12. Juli 2013 (SächsGVBl. S. 503)
Sachsen-Anhalt	Eigenüberwachungsverordnung (EigÜVO) vom 25. Oktober 2010 zuletzt geändert am 22. Oktober 2013 (GVBl. LSA S. 499)
Schleswig-Holstein	Landesverordnung über die Selbstüberwachung von Abwasseranlagen und Abwassereinleitungen (Selbstüberwachungsverordnung – SüVO) vom 19. Dezember 2011 (GVOBl. 2012, 105)
Thüringen	Thüringer Verordnung über die Eigenkontrolle von Abwasseranlagen (Thüringer Abwassereigenkontrollverordnung – ThürAbwEKVO) vom 23. August 2004 (GVBl. 2004, 721)

14.2.4 Abwasserüberwachungskonzept NRW

Für die behördliche Überwachung von Abwassereinleitungen und Abwasseranlagen in NRW wurde 2010 ein landesweites „Konzept zur Überwachung von Abwassereinleitungen und Abwasseranlagen, insbesondere unter Berücksichtigung des Schutzes der öffentlichen Trinkwasserversorgung“ [13] per Erlass des Ministeriums für Klimaschutz, Umwelt, Landwirtschaft, Natur- und Verbraucherschutz (MKULNV) NRW eingeführt, welches als Richtschnur für die Planung und die Durchführung der Überwachung von kommunalen Abwasseranlagen, Industrie- und Gewerbebetrieben einschließlich derer Abwasseranlagen sowie zur Überwachung von Abwassereinleitungen in Gewässer und/oder öffentlichen Abwasseranlagen anzuwenden ist. Dieses Abwasserüberwachungskonzept dient somit auch dem vorsorgenden Gewässer- und Verbraucherschutz des im Jahr 2008 im Land Nordrhein-Westfalen eingeführten Programms „Reine Ruhr“ [14] (siehe auch Kapitel 1).

Entsprechend dem Abwasserüberwachungskonzept gliedert sich die amtliche Überwachung von Abwasseranlagen und Abwassereinleitungen grundsätzlich in die drei Bereiche:

1. Regelüberwachung:
    - Grundüberwachung der Direkteinleiter (Vollzug AbwV, AbwAG, KomAbwV) sowie der Indirekteinleiter im Zuständigkeitsbereich der oberen Wasserbehörden,
    - Überwachung aufgrund europäischer Vorgaben, Gewässerbewirtschaftung und Trinkwasserversorgung,
    - präventive Überwachung,
2. Anlassüberwachung,
3. Programmüberwachung.

Obwohl die Überwachungsbereiche eng mit einander verzahnt sind, weisen sie sowohl in der Häufigkeit als auch in der Parameterauswahl deutliche Unterschiede auf.

Regelüberwachung
Die Regelüberwachung ist eine geplante, sich wiederholende und systematische Kontrolle einer Einleitung oder einer betrieblichen Anlage. Im Abwasserbereich ist die Regelüberwachung die häufigste Form der Überwachung. Die Grundüberwachung umfasst bei Direkteinleitern die Überwachung gemäß § 94 LWG und die Überwachung der Abwasseranlagen im Rahmen der Gewässeraufsicht (§ 93 LWG) in Bezug auf die Einhaltung der wasserrechtlichen Anforderungen und die Festsetzung der Abwasserabgabe.

Anlassüberwachung
Die Anlassüberwachung wird durch besondere Umstände zeitnah ausgelöst, z. B. aufgrund von Betriebsstörungen oder außergewöhnlichen Gewässerverunreinigungen (z. B. bei plötzlichem Fischsterben), die über Alarmmeldungen bekannt werden. Um den Verursacher ermitteln bzw. Sofortmaßnahmen einleiten zu können, ist ein dem Sachverhalt angepasstes Handeln notwendig. Anlassüberwachungen können sich sowohl auf Direkteinleitungen, als auch auf Indirekteinleitungen erstrecken.

Im Idealfall ist die Anlassüberwachung die seltenste Form der Überwachung.

Sie kann jedoch eine hohe Priorität erhalten und durch Erweiterung des Parameter- und Probenahmeumfangs zu einem hohen Aufwand führen. Liegt z. B. eine komplexere Betriebsstörung oder eine Gewässerverunreinigung vor, bei der die gewässerverunreinigenden Stoffe zu identifizieren und zu bewerten sind, müssen in der Regel umfangreiche Untersuchungen des Gewässers sowie aller potenziellen Verursacher durchgeführt werden. Im Falle einer Betriebsstörung mit eindeutiger Ursache kann sich die Überwachung auf die Bestimmung einzelner Parameter sowie Folgeüberwachungen beschränken. Im Einzelfall kann sich jedoch hieraus ein Überwachungsprogramm ergeben.

Programmüberwachung
Die Programmüberwachung ist eine geplante Schwerpunktsüberwachung. Sie ist eine konzeptionell vorbereitete Aktion und bezieht sich auf bestimmte Stoffe/Stoffgruppen, Branchen, Betriebe oder definierte Umweltaspekte. Ein Ziel der Programmüberwachung sollte nach Möglichkeit sein, grundlegende Zusammenhänge zu ermitteln und damit zur Unterstützung und möglicherweise Vereinfachung der Regelüberwachung beizutragen. Beispielsweise können bei kommunalen Abwasserbehandlungsanlagen mit Hilfe von Messprogrammen Einträge von gewässerrelevanten oder trinkwassergängigen Stoffen (z. B. Schwermetalle, Mikroverunreinigungen wie Arzneimittel, Pestizide oder PFT) bei einer Auswahl von repräsentativen Anlagen ermittelt werden. Zur Programmüberwachung gehören auch speziell veranlasste Abwasser-Messprogramme für die WRRL.

14.3 Probenahmeplanung

Bevor ein Probenahmeprogramm erstellt wird, ist es wichtig, zunächst die Ziele festzulegen, da sie die wesentlichen Faktoren zur Bestimmung des Probenahmeorts, der Häufigkeit, der Dauer und des Zeitpunktes der Probenahme sowie der Vorgehensweise, der anschließenden Vorbehandlung und der Analytik enthalten. Anforderungen für die Aufstellung von Probenahmeprogrammen sind in DIN EN ISO 5667-1 [15] und in DIN 38402-11[16] enthalten.

Ein Abwasser-Probenahmeprogramm kann unterschiedliche Untersuchungsziele haben. Die gängigsten davon sind:

- Bestimmung der Konzentration und/oder Frachten von Stoffen in einem Abwasserstrom,
- Bereitstellung von Daten für den Betrieb einer Abwasserbehandlungsanlage,
- Prüfung der Einhaltung festgesetzter Einleitungskonzentrationen und/oder Einleitungsfrachten,
- Bereitstellung von Daten für die Abwasserabgabe, Gebühren, Beiträge usw.

Durch die Probenahme von Abwasser soll für die nachfolgende Untersuchung eine Probe repräsentativer Zusammensetzung gewonnen werden. Ziele der Probenahme sind im Allgemeinen die Bestimmung der Abwasserbeschaffenheit oder die Abwasserüberwachung, wie sie nachfolgend beschrieben sind [16]:

a) Bestimmung der Abwasserbeschaffenheit

Die Bestimmung der Abwasserbeschaffenheit dient der Ermittlung der Konzentration oder der Fracht von Stoffen in einem Abwasserstrom, in der Regel während einer längeren Zeitdauer. Beispiele sind:

- die Überwachung der Einhaltung von Qualitätsanforderungen,
- die Untersuchung von Trends,
- die Bereitstellung von Daten über die Leistungsfähigkeit einer Abwasserbehandlungsanlage,
- Überwachung der Bakteriendichte und des mikrobiellen Bewuchses in Kühlsystemen,
- die Bereitstellung von Daten für Planungs- und/oder Entwurfszwecke.

b) Abwasserüberwachung

Ziele der Abwasserüberwachung können sein:

- kurz- oder langfristige Kontrolle der Wirksamkeit von Abwasserbehandlungsanlagen (z. B. Überwachung des Wachstums von Belebtschlamm, anaeroben Abbauprozessen oder industriellen Abwasserbehandlungsanlagen, Ermittlung des Wirkungsgrades, Kontrolle der chemischen Konditionierung von Kühlsystemen und Überwachung der Stabilität gegenüber Ausfällungen von Wasserinhaltsstoffen),
- Schutz von Abwasserbehandlungsanlagen (z. B. der Schutz von kommunalen Abwasserbehandlungsanlagen vor schädlichen Einleitungen von Industrieabwasser, sowie die Ermittlung der Herkunft unerwünschter Industrieeinleitungen,

Überwachung der Korrosivität und der verfahrenstechnischen Einrichtungen, wie z. B. Zusatzwasseraufbereitungen),
- Umweltüberwachung (z. B. Überwachung der Einhaltung von Grenzwerten, die Kontrolle von Entsorgungen an Land, auf See oder an Gewässern).

14.3.1 Häufigkeit der Probenahme

Je nach Untersuchungsziel der Probenahme können Häufigkeit, Dauer und Zeitpunkt der Probenahme unterschiedlich sein. Die Zusammensetzung der Abwässer unterliegt Schwankungen. Ob zufällige oder systematische Schwankungen vorliegen, kann an Einzelproben mit Hilfe der Statistik erkannt werden (siehe DIN EN ISO 5667-1 [15]).

Für die Festlegung der Probenahmehäufigkeiten sind die einschlägigen Vorschriften (z. B. EU-Richtlinie 91/271/EWG [4] oder die Selbstüberwachungsverordnung [17]) zu beachten.

Für kommunales Abwasser sowie biologisch abbaubares Industrieabwasser, das von der Beschaffenheit her dem häuslichen Abwasser ähnlich ist, gilt die Überwachungshäufigkeit gemäß der KomAbwV NRW [18]. Im Anhang II der EU-Richtlinie sowie Anlage 2 der KomAbwV sind die betreffenden Industriebranchen aufgeführt. Die EU-Richtlinie fordert die in Tabelle 14.2 aufgeführte Mindestanzahl jährlicher Probenahmen entsprechend der Größe der Abwasserbehandlungsanlage, wobei die Proben in regelmäßigen zeitlichen Abständen zu entnehmen sind.

Für den Herkunftsbereich Häusliches und Kommunales Abwasser sowie für das biologisch abbaubare Industrieabwasser aus Betrieben der im Anhang III der EU-Richtlinie aufgeführten Industriebranchen sind die oben angegebenen Vorschriften zur Festlegung der Überwachungshäufigkeit heranzuziehen.

Tabelle 14.2: Häufigkeit der Überwachung von Abwassereinleitungen gemäß EU-Richtlinie [4] bzw. KomAbwV NRW [18]

Ausbaugröße	Häufigkeit – n/a
2.000 – 9.999 EW	Zwölf Proben im ersten Jahr. Vier Proben in den darauffolgenden Jahren, wenn nachgewiesen werden kann, dass das Abwasser im ersten Jahr den Vorschriften der Richtlinie entspricht. Wenn eine der vier Proben den Grenzwert überschreitet, sind im folgenden Jahr zwölf Proben zu entnehmen.
10.000 – 49.999 EW	12
> 50.000 EW	24

Für die übrigen Herkunftsbereiche der Abwasserverordnung liegen bisher keine rechtsverbindlichen Regelungen zur Probenahmehäufigkeit vor. Deshalb wurde in NRW für den behördlichen Vollzug die nachfolgend erläuterten Vereinbarungen zur Festlegung der Probenahmehäufigkeiten im Rahmen der amtlichen Abwasserüberwachung in NRW gemäß Abwasserüberwachungskonzept [13] getroffen.

Die Programmüberwachung folgt der in den Messprogrammen festgelegten Probenahmehäufigkeit. Für die Regelüberwachung bemisst sich die Häufigkeit der Überwachung nach der Zuordnung der Messstelle zu einer Überwachungsstufe gemäß Tabelle 14.3; hierbei entspricht Stufe I der niedrigsten Überwachungshäufigkeit, wie sie noch mit der 4 aus 5-Regelung der AbwV vereinbar ist, und Stufe VI der höchsten als erforderlich angesehenen Überwachungshäufigkeit.

Bei Indirekteinleitern, deren Anlagen nach Bauart zugelassen sind, kann sich der Überwachungsumfang auf die Kontrolle der Prüfberichte reduzieren.

Die Grundeinstufung zur Häufigkeit erfolgt entsprechend der stofflichen Beschaffenheit des Abwassers durch die Wasserbehörden; alle Änderungen werden dem LANUV mitgeteilt. Die entsprechenden Richtwerte zur amtlichen Überwachung liefert Tabelle 14.5, die die Einstufungen zur Überwachungshäufigkeit anhand der Herkunftsbereiche der AbwV in Überwachungsstufen beinhaltet. Die Basis für diese Tabelle ist die bisherige Überwachungspraxis von Direkteinleitungen. Ausgehend vom Richtwert in Tabelle 14.5 kann die jährliche Überwachungshäufigkeit im Einzelfall aus verschiedenen Gründen gemäß Tabelle 14.4 stufenweise vermindert bzw. erhöht werden. Die Kriterien sind hier nicht abschließend aufgeführt. Die Behörden können im Einzelfall darüber hinaus weitere fachliche Kriterien heranziehen. Tabelle 14.4 liefert eine Beschreibung der Faktoren, die zu einer Änderung der Häufigkeit führen können. Führen mehrere Faktoren zu einer Erhöhung, sollte die Häufigkeit maximal um zwei Stufen erhöht werden. Bei mehreren vermindernden Faktoren sollte nur eine Minderung um eine Stufe erfolgen. Erhöhende und vermindernde Faktoren können sich gegenseitig aufheben. Eine Festlegung von mehr als 24 Überwachungen pro Jahr ist nicht sinnvoll. Durch aktuelle Ereignisse wie z. B. Betriebsstörungen kann jedoch eine kurzzeitige Erhöhung der Häufigkeit im Tageseinsatzplan insgesamt zu einer Häufigkeit von über 24-mal/a führen. Die regelmäßige Bewertung der Untersuchungsergebnisse in Hinblick auf Korrekturen in der Überwachungshäufigkeit geschieht vorrangig durch die Wasserbehörden.

Die gemäß AbwV ermittelte Überwachungsstufe kann durch folgende fachliche Kriterien vermindert bzw. erhöht werden:

Tabelle 14.3: Stufen der jährlichen Überwachungshäufigkeit

Stufe	I	II	III	IV	V	VI
Häufigkeit n/a	2	4	6	12	18	24

Tabelle 14.4: Einflüsse auf die jährliche Überwachungshäufigkeit [13]

Einflüsse auf die Überwachungshäufigkeit	Verminderung*, **	Erhöhung
stoffliche Beschaffenheit des Abwassers	verminderte stoffliche Belastung, bei Indirekteinleitern: gute Abbaubarkeit bzw. geringe Gewässerrelevanz	weitere relevante Stoffe liegen vor (bei Indirekteinleitern: die über Abschläge oder nach Behandlung in das Gewässer gelangen können)
technischer Stand der betrieblichen Anlagen und der Abwasserbehandlungsanlage	technischer Stand liegt über Stand der Technik	veraltete Technik, Abwasserbehandlungsanlage ist nicht stabil
Sicherheit der Einhaltung der Überwachungswerte / erklärten Werte	Messwerte liegen unter Überwachungswerten / erklärten Werten mit deutlich fallender Tendenz oder liegen alle deutlich unter Überwachungswerten / erklärten Werten	Messwerte liegen im Bereich des Überwachungswerts / erklärten Werts oder darüber
Einleitungen in Gewässer, aus denen Trinkwasser gewonnen wird	Messwerte liegen unter Orientierungswerten (Bewertungsstrategie „Reine Ruhr“)	Messwerte liegen im Bereich der Orientierungswerte oder darüber
Einstufung gemäß Wasserrahmenrichtlinie		Stoßbelastung oder Einleitungswassermenge > 30 % des Abfluss des Gewässers
Art der Messstelle	Messstelle nicht abgaberelevant, Indirekteinleiter, Bauartzulassung***	
ausreichende Datenbasis für Berichtspflichten supranationale Vorgaben bzw. Plausibilitätsprüfungen		Erhöhung für betroffene Parameter auch bei Indirekteinleitern

* Verminderung der Stufe außer bei Einleitungen, die der KomAbwV unterliegen.

** Bei abgaberelevanten Abwassereinleitungen sind mindestens fünf Probenahmen in drei Jahren vorzunehmen (4 aus 5-Regelung).

*** Bei Anlagen, die nach Bauart zugelassen sind, kann sich der Überwachungsumfang auf die Kontrolle der Prüfberichte reduzieren.

Stoffliche Beschaffenheit des Abwassers
Ein möglicher Grund für eine Verminderung der Überwachungshäufigkeit liegt vor, wenn das Abwasser eine vergleichsweise einfache und niedrige stoffliche Belastung aufweist. Demgegenüber kann eine Erhöhung erforderlich werden, wenn das Abwasser zusätzlich gefährliche Stoffe gemäß den Anhängen der WRRL enthält oder andere langlebige Schadstoffe, die giftig, biologisch akkumulierbar oder trinkwassergängig sind bzw. die Trinkwasserqualität beeinträchtigen können. Hinweise auf das Vorkommen solcher Stoffe kann das Screening-Verfahren liefern. Zusätzliche Informationen über gefährliche Schadstoffbelastungen im Abwasser können sich auch aus einer Programmüberwachung sowie aus den Ergebnissen der Gewässer- und Rohwasserüberwachung ergeben. Bei Indirekteinleitungen kann die Überwachungshäufigkeit gemindert werden, wenn das Abwasser eine gute Abbaubarkeit aufweist und die Indirekteinleitung nicht wesentlich zur Belastung der kommunalen Kläranlage beiträgt.

Technischer Stand der innerbetrieblichen Anlagen/ Abwasserbehandlungsanlagen
Im Rahmen der Gewässeraufsicht obliegt den zuständigen Wasserbehörden die Anlagenüberwachung gemäß § 93 LWG bzw. Überprüfungen zum Stand der Technik gemäß § 57 WHG. Hinzu kommen wasserseitige Kontrollen der BImSchG-Anlagen. Die hieraus resultierenden Erkenntnisse fließen in die Einstufung zur Häufigkeit der amtlichen Überwachung mit ein. Werden aufgrund der angewandten Techniken bzw. des Alters der Anlagen Risikofaktoren erkannt, erhöht sich die Überwachungshäufigkeit. Liegt die Ausstattung über dem Stand der Technik, kann eine Verminderung vertretbar sein.

Sicherheit der Einhaltung der Überwachungswerte / erklärten Werte
Zur Ersterhebung an einer neu zu überwachenden Messstelle ist ein Messprogramm notwendig, wenn nicht bereits vorliegende Messwerte herangezogen werden können.In der laufenden Überwachung sollte einmal jährlich eine Auswertung zu Streuung und Trend der amtlichen Messergebnisse zentral durchgeführt werden. Dabei werden die Messergebnisse mit den jeweiligen Überwachungswerten / erklärten Werten und früheren Messergebnissen verglichen. Liegen die Messwerte unter den Überwachungswerten / erklärten Werten und zeigen sie eine deutlich fallende Tendenz oder liegen die Messergebnisse alle deutlich unter den Überwachungswerten / erklärten Werten, so kann die Überwachungshäufigkeit vermindert werden. Liegen die Ergebnisse wieder näher an den Überwachungswerten / erklärten Werten wird die Häufigkeit wieder erhöht.

Einleitungen in Gewässer, die der Trinkwassergewinnung dienen und bei denen trinkwassergängige Stoffe zu untersuchen sind (auffällige Einleitungen):
Bei auffälligen Direkteinleitungen wird bei Überschreitung von Orientierungswerten gemäß Bewertungsstrategie „Reine Ruhr" wie bei Überschreitung von Überwachungswerten vorgegangen. Bei auffälligen Indirekteinleitungen, bei denen Stoffe die Orientierungswerte überschreiten (auffällige Einleitungen), sind diese Stoffe jährlich 4-mal zu untersuchen. Als auffällig eingestufte Einleitungen werden als unauffällig eingestuft, wenn sie in den letzten drei Jahren (bei mindestens vier Untersuchungsergebnissen immer, bei mehr als 13 Ergebnissen das 80-Perzentil) den Orientierungswert nicht überschreiten. Im Einzelfall kann eine davon abweichende oder gestufte Anpassung der Überwachungshäufigkeit erfolgen, z. B. in Abhängigkeit der durchgeführten Maßnahmen oder je nach Ursache, Schwankung und Dauer der vorausgegangenen Auffälligkeit.

Einstufung gemäß Wasserrahmenrichtlinie
Zur Beurteilung der hydraulischen Belastung der Gewässer wurde bei der Bestandsaufnahme für die WRRL eine Einstufung von industriellen Einleitungen nach Einleitungswassermenge und Verhältnis von mittlerem Niedrigwasserabfluss des Gewässers (MNQ) zum mittleren Abfluss Q_{mittel} an der Einleitungsstelle durchgeführt. Bei allen Einleitungen, bei denen das Verhältnis von Q/MNQ > 0,3 ist, ist zu prüfen, ob die Überwachungshäufigkeit grundsätzlich oder im Zusammenhang mit anderen Faktoren, wie zum Beispiel Bedeutung für die Trinkwassergewinnung, oder kurzfristig im Zusammenhang mit „extremer Hitze" / Niedrigwasserabfluss zu erhöhen ist. Als Risikofaktor ist auch zu bewerten, wenn eine Abwassereinleitung zu einer Stoßbelastung des aufnehmenden Gewässers führt.

Art der Messstelle
Wichtig für die Häufigkeit der amtlichen Überwachung ist auch die Art der Messstelle. Die Überwachung ist von höherer Bedeutung bei Messstellen, die abgaberelevant sind und/oder relevant für Begrenzungen gemäß AbwV oder EU-Richtlinie; letzteres gilt auch für Indirekteinleiter. Bei Anlagen, die nach Bauart zugelassen sind, kann sich der Überwachungsumfang auf die Kontrolle der Prüfberichte reduzieren.

Datenbasis für Berichtspflichten
Für die sich nach diesen Kriterien ergebende Überwachungshäufigkeit ist zu prüfen, ob eine ausreichende Datenbasis für die Bereiche Sonderüberwachun-

Tabelle 14.5: Einstufung der Probenahmehäufigkeit gemäß der Abwasserverordnung [13]

Anhang	Herkunftsbereich		Häufigkeit n/a	Stufe
1	häusliches und	50 EW bis 1.999 EW	4	II
	kommunales Abwasser	2.000 EW bis 9.999 EW	12* / 4*	IV / II
		9.999 EW bis 49.999 EW	12*	IV
		> 50.000 EW	24*	VI
2	Braunkohle-Brikettfabrikation		4	II
3	Milchverarbeitung		analog KomAbwV	II – VI
4	Ölsaatenaufbereitung, Speisefett- und Speiseölraffination		4	II
5	Herstellung von Obst und Gemüseprodukten		analog KomAbwV	II – VI
6	Herstellung von Erfrischungsgetränken und Getränkeabfüllung		analog KomAbwV	II – VI
7	Fischverarbeitung		analog KomAbwV	II – VI
8	Kartoffelverarbeitung		analog KomAbwV	II – VI
9	Herstellung von Beschichtungsstoffen und Lackharzen		24	VI
10	Fleischwirtschaft		analog KomAbwV	II – VI
11	Brauereien		analog KomAbwV	II – VI
12	Herstellung von Alkohol und alkoholischen Getränken		analog KomAbwV	II – VI
13	Holzfaserplatten		6	III
14	Trocknung pflanzlicher Produkte für die Futtermittelherstellung		analog KomAbwV	II – VI
15	Herstellung von Hautleim, Gelatine und Knochenleim		analog KomAbwV	II – VI
16	Steinkohlenaufbereitung		6	III
17	Herstellung keramischer Erzeugnisse		6	III
18	Zuckerherstellung		4	II
19	Zellstofferzeugung		12	IV
20	Fleischmehlindustrie		analog KomAbwV	II – VI
21	Mälzereien		analog KomAbwV	II – VI
22	Chemische Industrie		6** – 24	III – VI

Tabelle 14.5: Fortsetzung

Anhang	Herkunftsbereich	Häufigkeit n/a	Stufe
23	Anlagen zur biologischen Behandlung von Abfällen	6	III
24	Eisen-, Stahl-, und Tempergießerei	6	III
25	Lederherstellung, Pelzveredlung, Lederfaserstoffherstellung	6	III
26	Steine und Erden	6	III
27	Behandlung von Abfällen durch chemische und physikalische Verfahren (CP-Anlagen) sowie Altölaufarbeitung	12*** / 18	IV / V
28	Herstellung von Papier und Pappe	12	IV
29	Eisen- und Stahlerzeugung	12	IV
31	Wasseraufbereitung, Kühlsysteme, Dampferzeugung	2 – 6	I – III
32	Verarbeitung von Kautschuk und Latizes, Herstellung und Verarbeitung von Gummi	6	III
33	Wäsche von Abgasen aus der Verbrennung von Abfällen	12	IV
36	Herstellung von Kohlenwasserstoffen	6	III
37	Herstellung anorganischer Pigmente	6	III
38	Textilherstellung und Textilveredlung	6	III
39	Nichteisenmetallherstellung	6	III
40	Metallbearbeitung, Metallverarbeitung	12	IV
41	Herstellung und Verarbeitung von Glas und künstlichen Mineralfasern	6	III
42	Alkalichloridelektrolyse	6	III
43	Herstellung von Chemiefasern, Folien und Schwammtuch nach dem Viskoseverfahren sowie Celluloseacetatfasern	6	III
45	Erdölverarbeitung	6	III
46	Steinkohleverkokung	6	III
47	Wäsche von Rauchgasen auf Feuerungsanlagen	12	IV
48	Verwendung bestimmter gefährlicher Stoffe	24	VI
49	mineralölhaltiges Abwasser	6****	III
50	Zahnbehandlung	6****	III
51	oberirdische Ablagerung von Abfällen	12	IV
52	Chemischreinigung	6****	III
53	fotografische Prozesse (Silberhalogenid, Fotografie)	6****	III
54	Herstellung von Halbleiterbauelementen	6	III
55	Wäschereien	6****	III
56	Herstellung von Druckformen, Druckerzeugnissen und grafischen Erzeugnissen	6	III
57	Wollwäschereien	6****	III

* gemäß KomAbwV, ** in nicht abgaberelevantem Teilstrom seltener, *** für Anlagen, die den Stand der Technik einhalten, **** falls nicht als Bauart zugelassen, ***** gemäß AbwAbfverbrVO

gen aufgrund europäischer Vorgaben oder Bewirtschaftung von Gewässern erhalten wird. Bei relevanten Einleitern sollten im Bezugsjahr mindestens zwölf Messwerte für eine hinreichend genaue Frachtabschätzung bzw. mindestens vier Messwerte für die Plausibilitätsprüfung von Betreiberangaben vorliegen. Auch hier ist zu beachten, dass auch Indirekteinleiter gewissen Berichtspflichten, z. B. dem PRTR, unterliegen können.

Abgaberelevante Abwassereinleitungen
Bei abgaberelevanten Abwassereinleitungen sind mindestens fünf Probenahmen in drei Jahren vorzunehmen (4 aus 5-Regelung).

Beim Indirekteinleiter können auf der Basis der Abwasserverordnung die gleichen Kriterien zur Häufigkeit der amtlichen Überwachung angesetzt werden. Die Tatsache, dass hier in der Regel eine geringere Wassermenge vorliegt als beim Direkteinleiter und eine weitere Abwasserbehandlung erfolgt, wirkt sich häufig vermindernd auf die Überwachungshäufigkeit aus, dies kann bis zu einem Aussetzen der Überwachung führen.

14.3.2 Dauer der Probenahme

Die beste technische Lösung zur Bestimmung der wahren Werte wäre der Einsatz automatischer Online-Analysengeräte, mit denen die interessierenden Bestimmungsgrößen kontinuierlich ermittelt werden können. Dieser Ansatz ist jedoch nicht immer anwendbar, weil entsprechende Analysengeräte für die Vor-Ort-Analytik oft ungeeignet, nicht erhältlich oder zu teuer sind. Aus diesem Grund sollten Abwasseranalysen auf Proben basieren, die in regelmäßigen Intervallen während eines bestimmten Zeitabschnittes entnommen werden. Sofern die nachfolgenden Bestimmungen der Untersuchungsparameter es nicht verbieten, sollten Mischproben entnommen werden.

Die Dauer der Probenahme ist unter anderem abhängig von der Prozessstabilität der Abwasserbehandlungsanlage, von der Art der zu treffenden Aussage (momentaner Zustand oder Durchschnittszustand) sowie von der Haltbarkeit der zu untersuchenden Parameter.

Zur Erfassung der Konzentrationsspitzen bei Abwässern mit sich schnell ändernder Zusammensetzung sind kurzzeitige Probenahmen mit hoher Häufigkeit durchzuführen. Zur Erfassung durchschnittlicher Belastungen über definierte Zeitabschnitte sind entsprechende Mischproben zu nehmen. Am besten geeignet ist in diesem Fall die durchflusskontinuierliche Probenahme. Bei diskontinuierlicher Probenahme sind die Intervalle zwischen den Einzelproben möglichst kurz zu wählen. Sie sollten bei der 2h-Mischprobe fünf Minuten und bei der 24-Stunden-Mischprobe 30 Minuten nicht überschreiten.

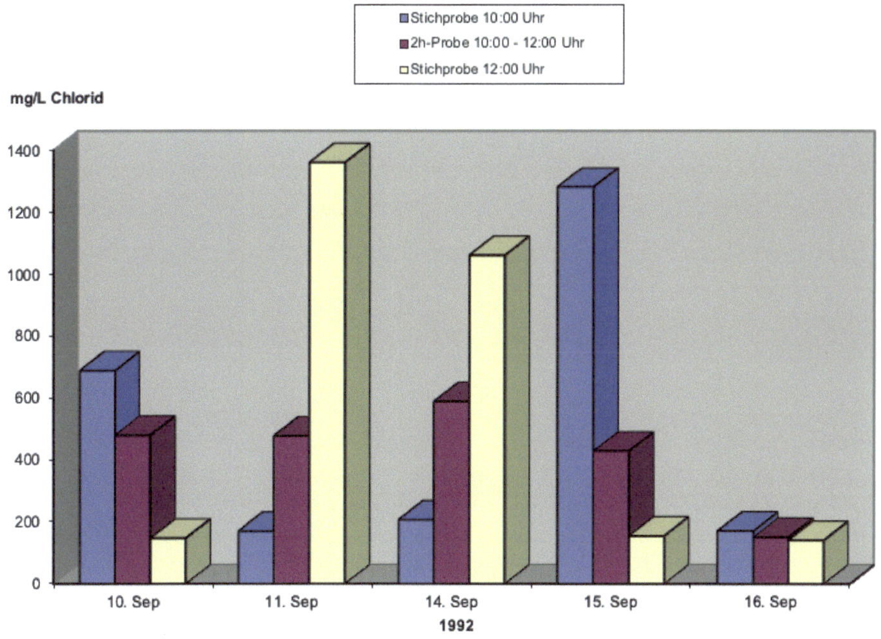

Bild 14.1: Vergleich der Messwerte der 2h-Mischprobe zu denen der Stichprobe bei schneller Änderung der Abwasserzusammensetzung (diskontinuierliche Abgabe)

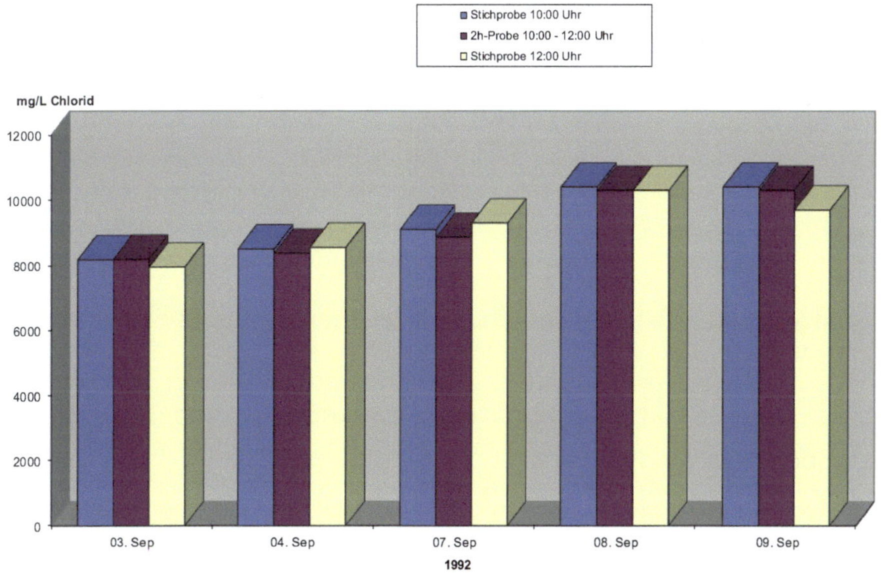

Bild 14.2: Vergleich der Messwerte der 2h-Mischprobe zu denen der Stichprobe bei langsamer Änderung der Abwasserzusammensetzung (Kläranlagenablauf)

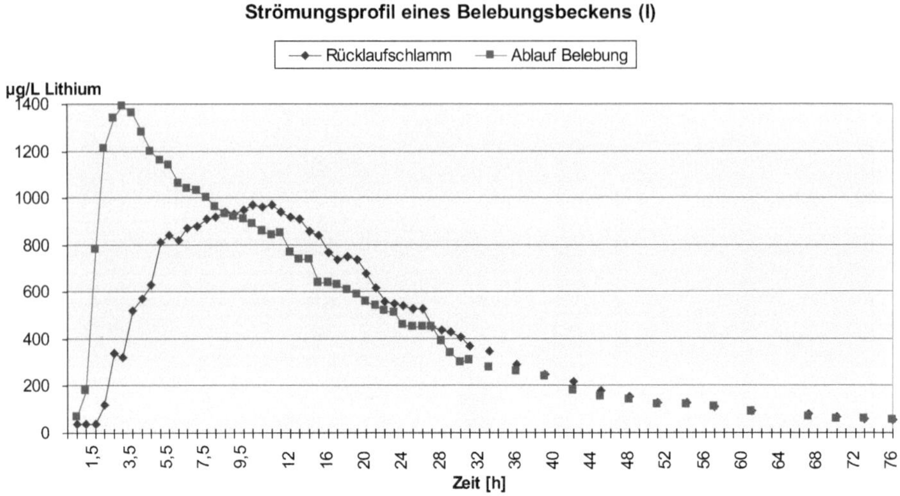

Bild 14.3: Zeitlicher Verlauf der Li+-Konzentration einer biologischen Kläranlage zur Bestimmung der Verweilzeit im Ablauf der Belebung und im Rücklaufschlamm nach einmaliger Dosierung im Zulauf der Belebung

In den Bildern 14.1 und 14.2 werden vergleichsweise Messwerte aus Zweistunden-Mischproben zu denen der korrespondierenden Stichproben dargestellt, und zwar sowohl für einen Kläranlagenablauf mit langsamer Konzentrationsänderung, als auch für einen mit schneller Änderung der Abwasserzusammensetzung.

Sowohl für die Selbstüberwachung als auch für die amtliche Überwachung ist die Dauer der Probenahme parameterabhängig in der wasserrechtlichen Einleitungserlaubnis festgelegt. Die Angaben zur Probenahmedauer (Stichprobe, Qualifizierte Stichprobe, 2h-Mischprobe, 24h-Mischprobe) basieren auf den Vorgaben der abwasserherkunftsbezogenen Anhänge zur Abwasserverordnung.

Zur schnellen Recherche bei Betriebsstörungen sollten Rückstellproben entnommen werden. Zweckmäßigerweise können hierfür sogenannte selbstentleerende und selbstreinigende Probenahmegeräte eingesetzt werden [19], die an wichtigen Stellen fest installiert im Dauerbetrieb sind und z. B. mit 12 x 6h-Mischproben rückwirkend einen Zeitraum von drei Tagen abdecken.

Für systematische Untersuchungen, wie sie beispielsweise zur Ermittlung von Korrelationen und zur Aufstellung von Bilanzen notwendig sind, können zahlreiche Proben (unter Umständen bis zu mehreren Hundert) erforderlich sein (siehe Bild 14.3).

Zur Frachtermittlung kommt bei gleichbleibenden oder nur geringen Schwankungen der unterliegenden Volumenströme die zeitproportionale oder zeitkontinuierliche Probenahme in Frage, andernfalls muss die Probe durchfluss- oder volumenproportional genommen werden.

14.3.3 Zeitpunkt der Probenahme

Bei der Probenahme aus Abwässern und Ableitungen sind üblicherweise die folgenden Ursachen von Qualitätsschwankungen zu berücksichtigen:

- Schwankungen innerhalb eines Tages,
- Schwankungen innerhalb der Wochentage,
- Schwankungen innerhalb von Wochen,
- Schwankungen zwischen Monaten und Jahreszeiten,
- Trends.

Falls es nur geringe oder keine tageszeitlichen Schwankungen oder Tag-zu-Tag-Veränderungen gibt, ist die spezielle Probenahmezeit innerhalb des Tages oder der Woche relativ unwichtig. Die Proben werden dann während des ganzen Jahres zu irgendeiner Tageszeit an irgendeinem Wochentag genommen (diese können nach Belieben gewählt werden).

Ist die Ermittlung von Art und Größe einer Spitzenbelastung wichtig, sollte die Probenahme auf die Tageszeit, die Woche oder den Monat beschränkt werden, zu der/dem die Spitzenbelastung bekanntermaßen auftritt.

Der Bezug des Probenahmezeitpunkts zu dem zu überwachenden Prozess ist sehr wichtig wenn industrielle Abwassereinleitungen berücksichtigt werden müssen, die entweder saisonal schwanken oder auf Batch-Prozessen beruhen. In beiden Fällen ist die Einleitung nicht kontinuierlich und das Probenahmeprogramm muss diese Tatsache berücksichtigen.

Probenahmen zur Ermittlung von Trends müssen sorgfältig geplant werden. Um zum Beispiel monatliche Trends festzustellen, sollten Proben immer am gleichen Tag der Woche genommen werden, um jede tägliche und wöchentliche Schwankung aus der gesamten Datenvariation zu eliminieren. Auf diese Weise können Trends besser erkannt werden.

Proben zur Überwachung von Grenzwerten sollen möglichst zufällig verteilt zu verschiedenen Zeiten und an verschiedenen Wochentagen entnommen werden [16].

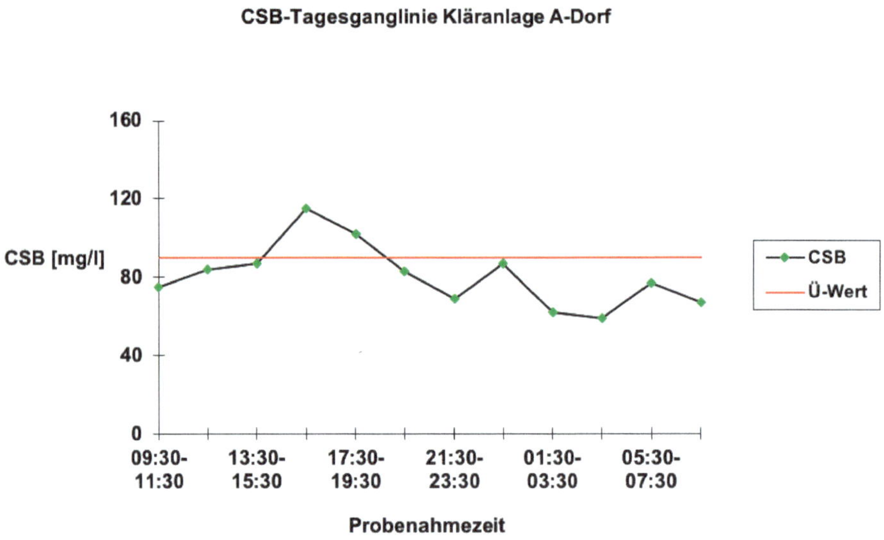

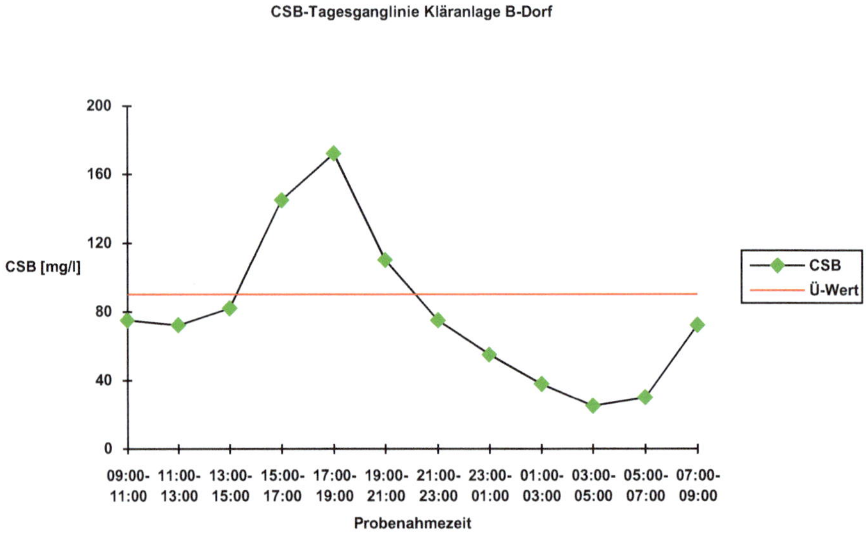

Bild 14.4: CSB-Tagesganglinien von zwei verschiedenen kommunalen Kläranlagen [21]

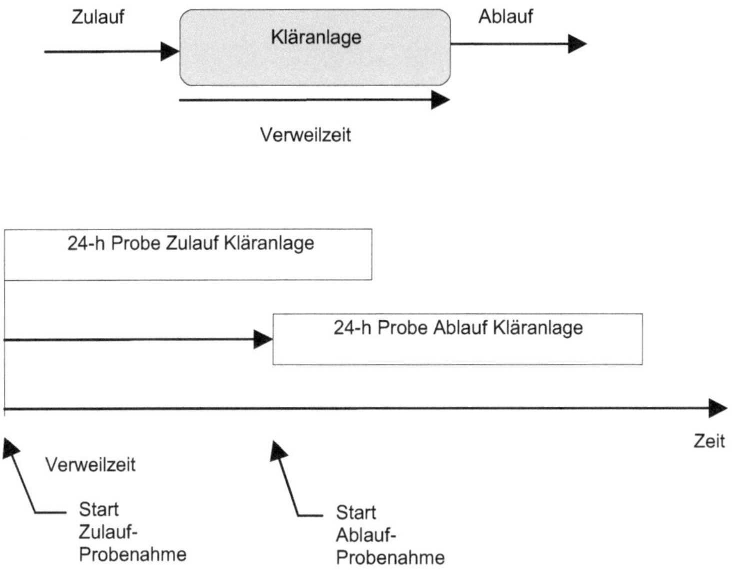

Bild 14.5: Zeitlicher Versatz der Probenahme bei der Ermittlung des Wirkungsgrades einer Kläranlage

Um das Einleiterverhalten möglichst repräsentativ zu erfassen, sollte der Zeitpunkt der Probenahme sowohl im Rahmen der amtlichen Überwachung von Abwassereinleitungen als auch zur Selbstüberwachung zufällig verteilt zu wechselnden Tageszeiten (auch nachts), an verschiedenen Wochentagen (auch am Wochenende) und zu verschiedenen Jahreszeiten durchgeführt werden. Voranmeldungen sind grundsätzlich zu unterlassen [20].

Bild 14.4 zeigt Untersuchungen des Staatlichen Umweltamtes Hagen von 1986 und belegt beispielhaft die Notwendigkeit einer amtlichen Überwachung „rund um die Uhr". Darin sind zwei CSB-Tagesganglinien von kommunalen Kläranlagen mit unterschiedlicher hydraulischer Belastung und industriellem Anteil auf der Basis von Untersuchungsergebnissen aus zwölf 2h-Mischproben dargestellt. In beiden Fällen spielt der Probenahmezeitpunkt eine wesentliche Rolle. Sogar die Einhaltung oder Überschreitung des Überwachungswertes ist unter Umständen vom Probenahmezeitpunkt abhängig [21].

Bei der Ermittlung des Wirkungsgrades einer Abwasserbehandlungsanlage oder einer Reinigungsstufe sind Proben sowohl vom Zulauf als auch vom Ablauf zu entnehmen. In der Regel werden Mischproben über eine Zeitspanne von mehreren aufeinanderfolgenden Tagen bis zu einigen Wochen entnommen. Diese werden als 2h- bis 24h-Mischproben vom Zulauf und, der Aufenthaltsdauer entsprechend zeitlich versetzt, vom Ablauf entnommen (siehe Bild 14.5).

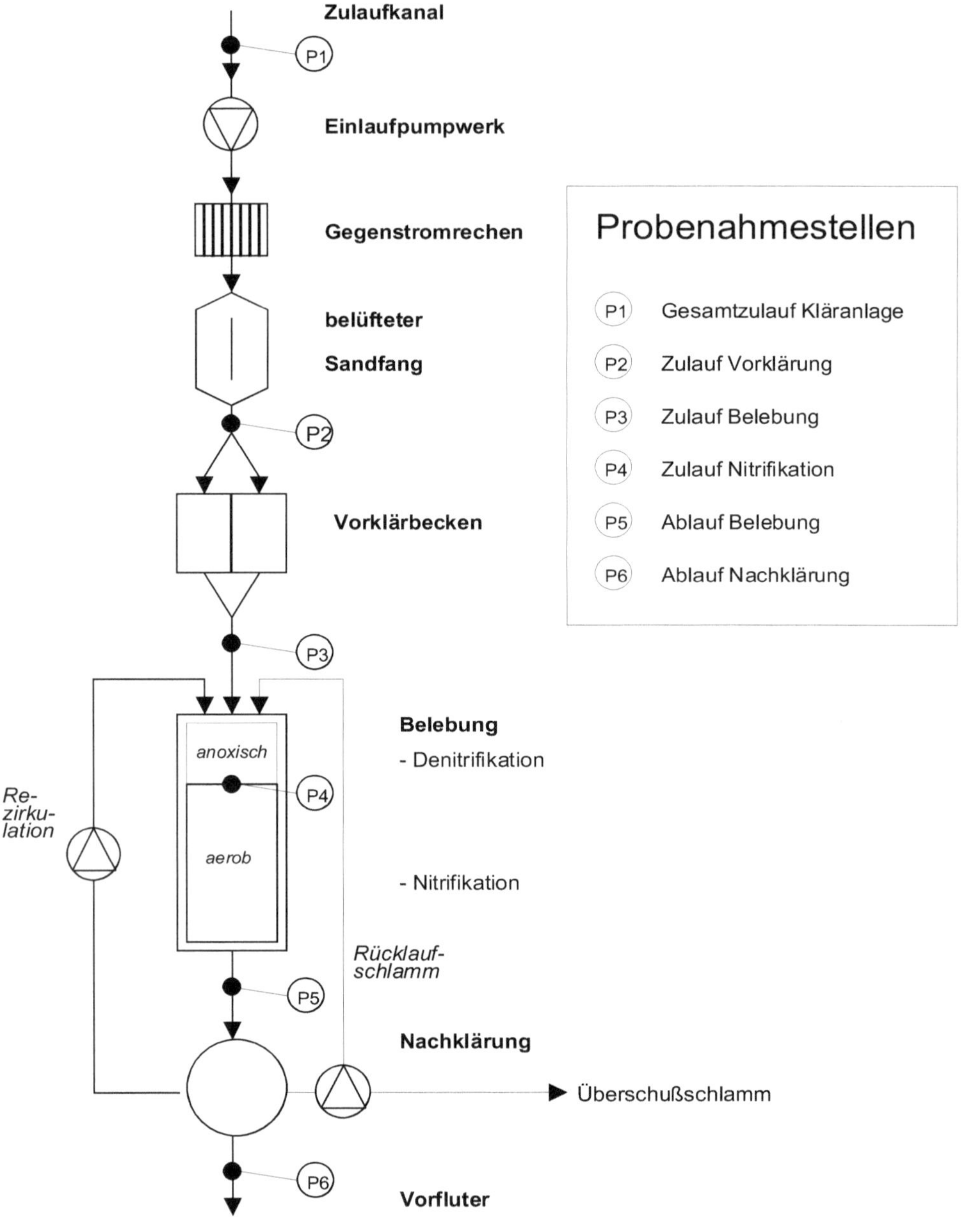

Bild 14.6: Schema einer kommunalen Kläranlage

14.3.4 Probenahmestelle

Die Auswahl der Probenahmestelle ist ebenfalls abhängig vom Untersuchungsziel. Die Probenahmestelle ist so festzulegen, dass die zu entnehmende Probe weitgehend repräsentativ ist.

Je nach Aufgabenstellung können sowohl der Zulauf, der Gesamtablauf als auch Teilströme für die Beprobung in Frage kommen. In den Anhängen zur Abwasserverordnung werden die Bezugspunkte der Anforderungen jeweils definiert, z. B. die Stelle, an der das Abwasser in das Gewässer geleitet wird, auf den Ort des Anfalls des Abwassers oder den Ort vor seiner Vermischung. Der Einleitungsstelle steht der Ablauf der Abwasseranlage, in der das Abwasser letztmalig behandelt wird, gleich. Ort vor der Vermischung ist auch die Einleitungsstelle in eine öffentliche Abwasseranlage.

Zur Selbstüberwachung von Kläranlagen sind z. B. die in Bild 14.6 dargestellten Probenahmestellen einzurichten.

14.3.4.1 Allgemeine Anforderungen an die Einrichtung einer Probenahmestelle

Die Probenahmestelle ist zur Wiederauffindung eindeutig zu beschreiben und dauerhaft und leicht erkennbar zu kennzeichnen. Sie muss so gewählt werden, dass repräsentative Proben erhalten werden können und der Abwasserstrom (außer bei ortsfesten Probenahmeeinrichtungen) von der Arbeitsfläche gut einsehbar ist.

Hinweise zur Auswahl und Ausgestaltung der Probenahmestelle siehe DIN 38402-11 [16]. Darüber hinaus sollten folgende Einrichtungen vorhanden sein:

- befestigte Zufahrt für Kraftfahrzeuge bis unmittelbar an die Probenahmestelle,
- waagerechte Stell- und Arbeitsfläche zum Aufbau von Probenahmegeräten,
- ausreichende Beleuchtung und Stromanschluss,
- frostsicherer Wasseranschluss zum Reinigen der Geräte nach der Probenahme,
- ausreichende Sicherheitsvorkehrungen (z. B. Gitter, Geländer),
- Einrichtung zur Messung des Abwasservolumenstromes an der Probenahmestelle,
- Einrichtung zur Steuerung eines Probenahmegerätes, falls eine durchflussabhängige Probenahme durchzuführen ist.

14.3.4.2 Hinweise zur Auswahl von Probenahmestellen

Definition einer Probenahmestelle gemäß [16]: exakte Position innerhalb eines Probenahmeortes, an der die Probe genommen wird.

Zur Festlegung einer Probenahmestelle bedarf es genauer Kenntnisse über die Ortsverhältnisse, Kenntnisse über die bautechnischen Ausführungen von Schächten, sowie deren Ausgestaltung von Abwasserrinnen und Kanälen. Der Verlauf von Abwasserleitungen muss bekannt sein.

Als Probenahmestelle sollte ein Ort mit starker turbulenter Strömung ausgewählt werden, um sicherzustellen, dass die Probe aus einem gut durchmischten Bereich entnommen werden kann. Im Folgenden werden Beispiele für geeignete Probenahmestellen aufgeführt [22].

Ablaufrinnen und Kanäle

In Kanälen, Ablaufrinnen oder offenen Abflussleitungen sollte im Allgemeinen die Probenahmestelle innerhalb des Wasserkörpers liegen, z. B. ein Drittel unterhalb der Wasseroberfläche des Abwasserstromes, um zu gewährleisten, dass weder aufschwimmende noch sedimentierte Stoffe miterfasst werden. Hierzu muss eine ausreichende Breite und Tiefe von baulicher Seite gegeben sein, die den Einsatz eines Schöpfbechers oder eines Eimers für eine von Hand geschöpfte Probe erlauben.

Sind Abflussmesseinrichtungen oder Wehre in den Kanälen vorhanden (Bild 14.7), ist die Probenahmestelle immer stromabwärts festzulegen. Der Abstand sollte hierbei mindestens das 3-fache des Rohr-/Gerinnedurchmessers betragen.

Bei flachen Gerinnen oder Kanälen können Staubleche mit V-förmigem Einschnitt eingebracht werden (Bild 14.8). Zu berücksichtigen ist hierbei, dass eine Sedimentation stromaufwärts durch das Blech vermieden wird. Die Probe wird am Überlauf entnommen, aus dem das Abwasser in freiem Fall austritt.

Besitzen Abwasserrinnen mit flacher Führung einen Absturz, kann die Probe am Überlauf entnommen werden. Bei geringer Wasserführung können Bleche an der Überlaufkante einen besseren freien Absturz zur Entnahme der Proben gewährleisten. Das Material der Stau- und Führungsbleche darf die Abwasserqualität nicht beeinflussen.

Bild 14.7: Probenahmestelle nach der Abflussmesseinrichtung

Bild 14.8: Probenahmestelle am Überlauf-Staublech

Bild 14.9: Probenahmestelle an Einmündung

Bild 14.10: Probenahmestelle im durchflossenen Schacht

Bild 14.11: Probenahmestelle am Überlauf-Staublech

Bild 14.12: Probenahmestelle am Auslauf

Probenahmeschächte

Bei Probenahmeschächten handelt es sich in der Regel um Kontrollschächte runder oder rechteckiger Bauart. Sie sollten über einen ausreichenden Querschnitt verfügen und möglichst nicht tiefer als 2,5 m sein, damit manuelle Schöpfproben entnommen werden können.
Geeignete Probenahmestellen im Kontrollschacht sind z. B. einmündende Abflussrohre (Bild 14.9). Die Einmündung sollte hierbei mit kurzem Überstand erfolgen und mindestens 50 cm über der Kanalsohle liegen. Ein Schöpfgerät kann dadurch so problemlos unter dem Rohr platziert werden.
Wird der Kontrollschacht vom Abwasserstrom durchflossen, muss eine ausreichende Wasserführung und Wassertiefe vorhanden sein, um Proben unter der Wasseroberfläche entnehmen zu können (Bild 14.10). Gegebenenfalls muss bei geringer Wasserführung ein Staublech mit V-Nut eingebracht werden. Die Probe ist dann am freien Überlauf zu entnehmen (Bild 14.11).

Geschlossene Ablaufleitungen

Häufig wird das Abwasser anlagentechnisch bedingt über geschlossene Rohrleitungen abgeführt. Die Rohrleitungen können dabei unter Druck stehen oder mit freiem Gefälle drucklos verlaufen. Probenahmen aus Rohrleitungen sind nur möglich, wenn das Abwasser in freiem Fall abfließt und ein Schöpfgerät unter die Rohröffnung platziert werden kann (Bild 14.12).

Bild 14.13: Zapfstelle an senkrechter Ablaufleitung

Bild 14.14: Probenahmestelle an Bypassleitung

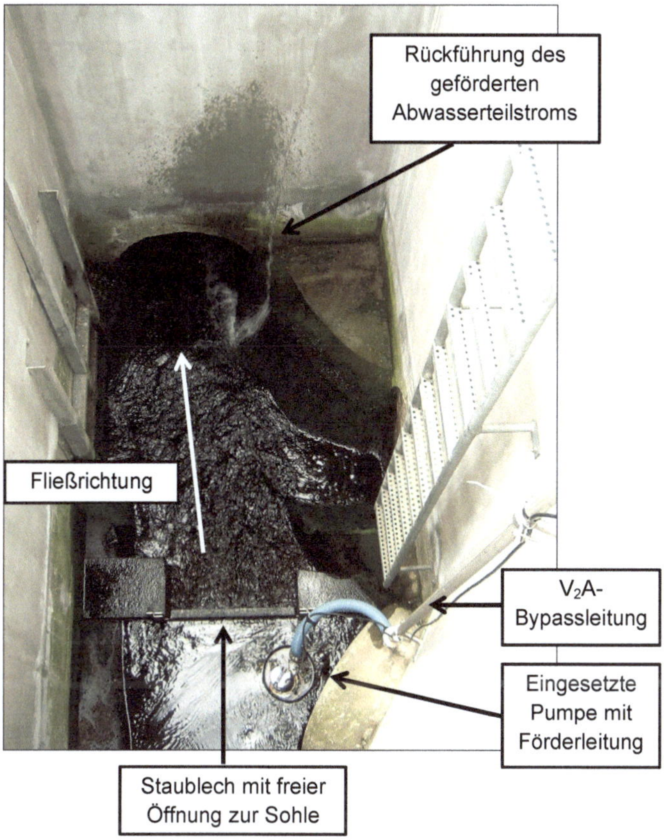

Bild 14.15: Bypasseinrichtung in Schächten

Repräsentative Abwasserproben können auch direkt aus senkrecht verlaufenen Leitungen mit turbulenter Strömung erhalten werden (Bild 14.13). Die Entnahmestelle sollte hierbei mittels Entnahmearmatur (Zapfstelle) unmittelbar an der Abflussleitung platziert sein. Das Material der Armatur darf die Abwasserqualität nicht verfälschen.

Ortsfeste Probenahmeeinrichtung an Bypassleitungen

Unter dem Begriff Bypass versteht man die künstliche Abführung eines ständig fließenden Teilstromes aus einem Hauptabwasserstrom und dessen Rückführung. Über eine Rohrleitung mit kleiner Nennweite wird ein repräsentativer Teilstrom aus dem Hauptabwasserstrom abgezweigt und zur Probenahmeeinrichtung geführt (Bild 14.14). Der Abzweig aus dem Hauptstrom muss

Bild 14.16: Probenahmestelle an Bypassleitung

Bild 14.17: Probenahme aus pH-Endkontrolle

Bild 14.18: Probenahme aus pH-Endkontrolle

an einer Stelle erfolgen, an der eine gute Durchmischung gewährleistet ist. Bei drucklosen Abflussleitungen, z. B. aus Ablaufschächten, erfolgt die Entnahme des Teilstromes mittels Pumpe. Die Pumpe sollte strommittig platziert werden, um einen repräsentativen Teilstrom fördern zu können (Bild 14.15). Die Rückführung des Teilstromes in den Hauptstrom muss unterhalb der Entnahmestelle liegen.

Für die Entnahme einer Probe aus der Bypassleitung, muss die Leitung ein senkrechtes Rohrstück besitzen, an dem der Teilstrom in freiem Fall austreten kann. Die Rohröffnung sollte hierbei mindestens 30 cm über einem Auffangtrichter liegen, um problemlos ein Schöpfgefäß unter die Rohröffnung halten zu können (Bild 14.16).

Bei nicht ständig durchflossenen Leitungen ist das Standwasser mit etwaigen Ablagerungen vor der Probenahme ausreichend lange ablaufen zu lassen. Alle Wasser führende Teile müssen aus Materialien bestehen, die die Wasserqualität nicht beeinflussen können. Für evtl. erforderliche mikrobiologische Untersuchungen müssen die Entnahmearmaturen abflammbar sein.

Bei diskontinuierlich anfallenden Abwässern wird oftmals angeboten, das Abwasser direkt aus einem Behälter (z. B. pH-Endkontrolle – Bilder 14.17 und 14.18) zu nehmen. Das birgt die Gefahr der unzureichenden Durchmischung und unvollständiger Abwasserbehandlung (Neutralisation,

Sedimentation) sowie unnötiger Streitigkeiten im Falle von etwaigen Grenzwertüberschreitungen nach Untersuchung solcher Proben aus dem Standwasser. Daher ist in diesen Fällen zu empfehlen, eine geeignete Probenahmestelle hinter der pH-Endkontrolle einzurichten, damit das vollständig behandelte, zum Zeitpunkt der Einleitung in die Kanalisation oder in das Gewässer abfließende Abwasser beprobt werden kann.

14.3.5 Untersuchungsparameter

Grundsätzlich richtet sich die Auswahl der Untersuchungsparameter nach dem Untersuchungsziel. Für die behördliche Überwachung oder Selbstüberwachung von Abwassereinleitungen definieren die in den einzelnen Anhängen der AbwV [2] als Mindestanforderung enthaltenen Überwachungsparameter allgemein den Stand der Technik einer Branche bzw. eines Herkunftsbereiches. Mit wenigen Ausnahmen handelt es sich hierbei um Summen-, Leit- und Wirkparameter.

Neben der Abwassermenge sind einige Untersuchungsparameter unmittelbar vor Ort zu bestimmen. Darüber hinaus werden die relevanten Summenparameter (z. B. CSB oder TOC, AOX oder EOX, absetzbare oder abfiltrierbare Stoffe), Einzelstoffe als Leitparameter (z. B. Schwermetalle, Stickstoffverbindungen, organische Einzelkomponenten) sowie biologische Wirkparameter (z. B. Giftigkeit gegenüber Fischeiern, Algen, Daphnien oder Leuchtbakterien) bestimmt. Die Bestimmungen werden in der Regel nach den in der Anlage 1 (zu § 4) der AbwV aufgeführten Analysen- und Messverfahren durchgeführt. Im Rahmen der zum Zeitpunkt der Erstellung dieses Buches anstehenden 8. Novelle der AbwV ist beabsichtigt, gleichwertige Verfahren in die AbwV aufzunehmen.

Aus bestimmten Gründen kann es erforderlich sein, den Untersuchungsumfang zu erweitern, um auch Einträge von organischen Einzelstoffen oder von in der AbwV nicht begrenzten anorganischen Stoffen, insbesondere im niedrigen Konzentrationsbereich, erkennen zu können. Für die Umsetzung der rechtlichen Regelungen zum Gewässer- und Trinkwasserschutz reicht der in der AbwV vorgegebene Parameterumfang in der Regel nicht aus. Zu beachten sind zusätzlich gewässerrelevante und trinkwassergängige Stoffe/Stoffgruppen, z. B. prioritäre Stoffgruppen oder bestimmte andere Schadstoffe gemäß OGewV [23], oder Stoffe/Stoffgruppen, für die bislang keine verbindlichen Anforderungen bestanden bzw. die aus Gründen der langfristigen Versorgungssicherheit bzw. zum Wohl der Allgemeinheit mit Orientierungs- und Zielwerten belegt werden müssen.

Das Vorgehen bei der Probenahme wird sehr stark durch das anschließende Untersuchungsprogramm bestimmt. Sowohl das Volumen als auch die Art der Probenahme und Probenvorbehandlung sind abhängig von dem zu beurteilenden Untersuchungsparameter. So ist es z. B. nicht sinnvoll, Proben zur Untersuchung auf leichtflüchtige Chlorkohlenwasserstoffe aus einer Abfüllung der 24h-Mischprobe zu bestimmen [24]. Hier ist besser eine Einzelprobe vorzusehen.

14.4 Abwassermanagement in einem Chemiepark

Dieser Abschnitt beschreibt das Abwassermanagement in einem Chemiepark, von der Planung eines Programmes zur Untersuchung von Abwässern über die Bewertung bis zur sachgerechten Entsorgung. Der heutige Chemieparkbetreiber ist in der Regel auch Inhaber der wasserrechtlichen Einleitungserlaubnis.

Die Abwassersituation von Industrieparks, speziell Chemieparks, ist in der Regel sehr komplex, da in den Betrieben unterschiedlicher Betreiber sehr viele verschiedene unbelastete Abwässer (z. B. Kühlwasser, Niederschlagswasser) oder belastete Abwässer anfallen, welche entweder – gemäß einer Einleitungserlaubnis – direkt, nach evtl. Vorbehandlung im Produktionsbetrieb oder der finalen Klärung in einer biologischen Kläranlage in das Gewässer eingeleitet werden.

Bei großen Chemieparks, die ehemals zu einer Firma gehörten, sind in der Regel eigene Kläranlagen vorhanden, um das klärpflichtige Abwasser des gesamten Chemieparks zu reinigen. Der Betreiber des Chemieparks ist damit ebenfalls i. d. R. auch Besitzer der Einleitungserlaubnis.

14.4.1 Ziele des Abwassermanagements

Es ist vom Chemieparkbetreiber sicherzustellen, dass die Abwässer

- im Einklang mit Genehmigungen,
- nach dem Stand der Technik,
- entsprechend dem Aufkommen,
- mit stark wechselnden Frachten und Qualitäten,
- wirtschaftlich

entsorgt werden.

14.4.2 Gesetzliche Vorgaben

Der Betreiber der zentralen Abwasserbehandlungsanlagen (ZABA) ist damit verbunden auch Inhaber der Einleitungserlaubnis zum Einleiten von Abwasser in ein Gewässer gemäß §§ 8 und 9 Wasserhaushaltsgesetz (WHG) [1]. Die Einleitungserlaubnis umfasst jeweils den Ablauf aus der zentralen Abwasserbehandlungsanlage (ZABA) des Chemieparks sowie die Direktauslässe der nicht klärpflichtigen Abwässer in das Gewässer. Die Erteilung der Einleitungserlaubnis erfolgt auf Basis des Abwasserkatasters des Chemieparks. Begrenzt sind die Einleitewerte (Überwachungswerte) für die Abwassermengen, die Konzentrationen (z. B. Metalle, Phosphor-, Stickstoff-Parameter), die Abwasserfrachten (u. a. chemischer Sauerstoffbedarf, Einzelstoffe) und die biologischen Wirkungsgrößen (z. B. Giftigkeit gegenüber Fischeiern). Grundlage für die, in der Einleitungserlaubnis festgelegten, Überwachungswerte ist gemäß § 57 WHG der „Stand der Technik", der insbesondere in der Abwasserverordnung und ihren Anhängen geregelt ist.

Die Erstellung und regelmäßige Aktualisierung der Abwasserkataster ist eine wesentliche Voraussetzung zur behördlichen Erteilung der Einleitungserlaubnis.

Der Betreiber der zentralen Abwasserbehandlungsanlagen (ZABA) ist Direkteinleiter, während die Chemiepark-Partner mit ihren abwassererzeugenden Betrieben Einleiter private Abwasseranlagen im Sinne des LWG NRW (z. B. § 58, vormals 59a) [11] sind. Der Gesetzgeber hat in der Novellierung des LWG NRW dieser Situation der Chemieparks Rechnung getragen: Genehmigungen gemäß § 58 LWG NRW (sog. Freistellung von der Genehmigungsbedürftigkeit) werden erleichtert bzw. können entfallen, wenn nachgewiesen wird, dass verbindliche Regelungen das Abwassermanagement mit Rahmenvereinbarung für betriebliches Abwässer und Freigabedokumente festlegen.
Der Betreiber hat die Verpflichtung, entsprechend dem jeweils gültigen WHG bzw. LWG, den Verordnungen, den Erlassen und neuerdings den BAT-Dokumenten Anforderungen an die einzelnen Abwasserteilströme zur Einhaltung der Einleitungserlaubnis gegenüber den Chemiepark-Partnern in übergeordneten Richtlinien und privatrechtlichen Vereinbarungen verbindlich festzulegen und das Gesamtsystem in diesem Sinne zu regeln:

- klare Rollenverteilung der Beteiligten inkl. der beteiligten Umweltschutzabteilung/ Abwassermanagement,
- Verantwortlichkeiten und deren Schnittstellen,
- Beteiligung der Emittenten an der Infrastruktur,
- Interaktionen zwischen den beteiligten Emittenten,
- Regelungen zur Nutzung und Finanzierung der erforderlichen Infrastruktur,

- Identifizierung und Minimierung der Risiken einer Produktion bzw. Emission im Hinblick auf den negativen Einfluss auf andere Produktionen oder die Entsorgungssicherheit des gesamten Standortes,
- geregelter Informationsfluss,
- Gefahrenabwehrpläne zur Minimierung des Eintrages von Stoffen aus nicht bestimmungsgemäßem Betrieb wie Havarien, Leckagen, Löschwasser etc., die das etablierte Abwasserreinigungsverfahren negativ beeinflussen und bis zum Abfahren der Produktionen des Industrieparks führen können,
- eventuell Gestaltung der Regressforderungen.

Beispielhaft werden weitere Verordnungen und Regelungen genannt, die derzeit im Rahmen von Genehmigungsvorgängen zur Anwendung kommen und wesentlichen Einfluss auf die Ausgestaltung des Abwassermanagements haben:

- Verordnung zum Schutz der Oberflächengewässer (Oberflächengewässerverordnung – OGewV [23]), insbesondere Anlagen 6 und 8, Tabellen 1 und 2, hier insbesondere Begrenzung von Spurenstoffen,
- Best Available Techniques (BAT), Reference Document for Common Waste Water and Waste Gas Treatment/Management Systems in the Chemical Sector 2016 [25],
- Verordnung zur Selbstüberwachung von Abwasseranlagen – Selbstüberwachungsverordnung Abwasser – SüwVO Abwasser – vom 17. Oktober 2013 [26].

Der Aufbau und die Unterhaltung des dazu erforderlichen Abwassermanagements ist Pflicht des Betreibers.

14.4.3 Definitionen

Im Chemiepark wird zwischen den folgenden Abwasserkategorien unterschieden (siehe Bild 14.19):

- **Nicht klärpflichtiges Abwasser,**
  z. B. Kühl- und Niederschlagswasser (direkte Einleitung in das Gewässer).
- **Gering belastetes, nicht klärpflichtiges Abwasser**,
  z. B. anorganisch belastetes Abwasser (direkte Einleitung in das Gewässer) Diese nicht klärpflichtigen Abwässer werden über das Kanalnetz direkt in das Gewässer abgeleitet. Dabei werden zur Sicherstellung der Einhaltung der Einleitungserlaubnis und Erfüllung behördlicher Auflagen diese Abwasserströme ggf. mit On- und Offline-Analytik überwacht.

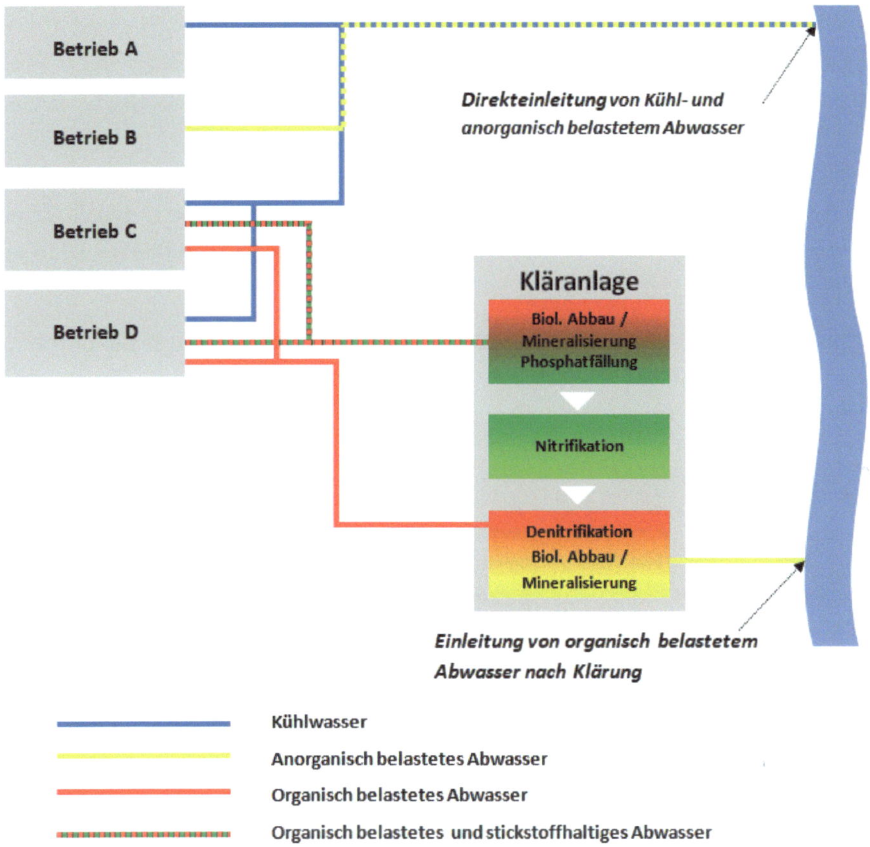

Bild 14.19: Schema der Abwasserführungen in einem Chemiepark mit Direkteinleitungen in das Gewässer und Einleitung in das Gewässer nach Reinigung in Biologie, Nitrifikation und Denitrifikation

- **Klärpflichtige Abwässer**,
  z. B. organisch belastete Sanitär-, Produktions- und Oberflächenabwässer, geeignet zur Behandlung in der biologischen Abwasserbehandlungsanlage, wobei grundsätzlich das etablierte Klärverfahren die „Leitplanken" für eine Biologiefähigkeit vorgibt.
- **Sonderabwässer,**
  Dies sind Abwässer, bei denen die Rahmenvereinbarung für betriebliche Abwässer bzw. Abwasserdeklarationen unter Umständen nicht eingehalten werden können wie z. B.

- Abwässer aus Versuchsanlagen, Grubenabwässer,
- Spül- und Reinigungswässer,
- Abwässer bei Abweichungen des Produktionsprozesses,
- Havarieabwässer/Löschwässer.

Der Chemieparkbetreiber muss entsprechende Schadensfallabwehrpläne, betriebliche und strategische Instrumente sowie Auffangraumstrategien entwickeln, um die Auswirkungen zu reduzieren und diese regelmäßig den beteiligten Chemieparkpartnern zu kommunizieren.

Die Entsorgung/Reinigung von Havarieabwässern muss in jedem Falle durch die Obere/Untere Wasserbehörde genehmigt werden.

14.4.4 Regelungen zur Entsorgung von Abwasser

Für neue bzw. veränderte Abwasserteilströme wird die Klärfähigkeit durch Untersuchungen und Bewertung in Abwasserdeklarationen festgelegt, die für den Abwasser einleitenden Betrieb bindend sind (siehe Bild 14.20). Das Gesamtabwasser eines Betriebes ist in der Rahmenvereinbarung für betriebliche Abwässer geregelt; diese muss nach Erstellung von neuen Abwasserdeklarationen angepasst werden. Da alle neuen Abwässer u. U. Auswirkungen auf das Gesamtabwasser haben, müssen das Abwasserkataster und ggf. die Einleitungserlaubnis angepasst werden.

14.4.4.1 Freigabeverfahren für neue oder veränderte Abwässer

Die Bewertung und Charakterisierung eines Abwasserteilstromes, die Zuordnung zu den Abwasserkategorien, Abgabekriterien sowie ggf. Restriktionen werden in einer Abwasserdeklaration dokumentiert; ohne Zulassung ist eine Einleitung nicht erlaubt.

Die Abwasserbewertung für die Zulassung zur Einleitung in das Abwassersystem umfasst neben den chemischen und biologischen Parametern auch eine Abschätzung des Einflusses auf die Infrastruktur, um rechtzeitig negative Einflüsse durch z. B. Alkalität/Acidität/Kanalchemie wie Ausfällung/Ausgasung erkennen zu können (Leichtflüchtige, Blausäurebildung etc.).

Abwasserdeklarationen enthalten u. a. Angaben zum Mengenstrom, zu relevanten Summenparametern (z. B. chemischer Sauerstoffbedarf (CSB), adsorbierbare organische Halogenverbindungen (AOX), Einzelstoff-Begrenzung, Abgabeort). Beabsichtigt der abwassererzeugende Betrieb die Einleitung von neuen bzw. veränderten Abwasserteilströmen in die zentrale Abwasserbehandlungsanlage bzw. in das Kanalsystem für nicht klärpflichtige Abwässer, so ist der Betrieb verpflichtet, diese

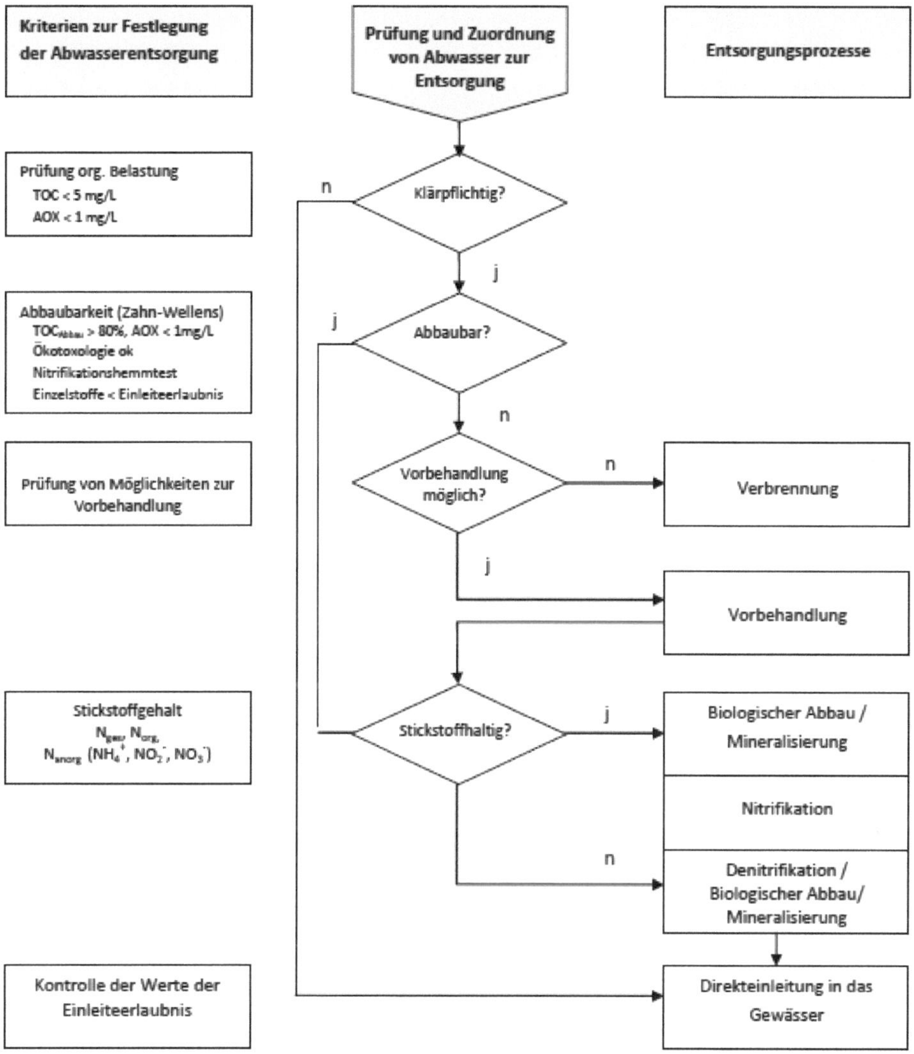

Bild 14.20: Schema zu Bewertung und Klassifizierung von Abwässern zur Entsorgung

Abwasserströme über das Abwassermanagement auf Klärfähigkeit bzw. Einleitfähigkeit prüfen zu lassen. Gleichermaßen sind zur Begrenzung des Eintrages von Spurenstoffen in das Gewässer entsprechende Untersuchungen auf Eliminierung bzw. Metabolisierung der Produkte und Edukte durchzuführen (OGewV, Reach, Risk Assessment).

Die Anforderungen an den Abwasserteilstrom werden derzeit durch die jeweils gültige AbwV vorgegeben; im Hinblick auf die mittelfristig zu erwartenden Verschärfungen dieser Anforderungen, resultierend aus den Schlussfolgerungen des CWW-BREF (gültig), OFC-BREF (ab 2019/20 erwartet), sollten die Anforderungen an das zu untersuchende Abwasser zukunftsgerichtet ausgelegt werden.

14.4.4.2 Rahmenvereinbarung für das Gesamtabwasser eines Betriebes

Für alle Übergabestellen eines Produktionsbetriebes/Lagers in die Abwasserkanäle vereinbaren der Betreiber der Abwasserentsorgungsanlagen und der jeweilige Einleiter in einer betrieblichen Rahmenvereinbarung für betriebliche Abwässer die Bedingungen und Grenzen sowie deren Überwachung im bestimmungsgemäßen Betrieb innerhalb derer der Einleiter Abwasser in das jeweilige Kanalnetz einleiten darf.

Zur Planung der erwarteten Lastfälle hat der Betrieb frühzeitig dem Abwassermanagement eine Produktionsplanung mit Angabe der aktuell zu erwartenden Schadstofffracht vorzulegen. Während des bestimmungsgemäßen Betriebes sind nur wenig Unregelmäßigkeiten zu erwarten, An- und Abfahrphasen sollten in enger Abstimmung und ggf. unter Vorhaltemaßnahmen mit dem Abwassermanagement erfolgen.

Die Rahmenvereinbarung für betriebliche Abwässer ist auf Basis der im Rahmen der betrieblichen Überwachung generierten Daten regelmäßig zu überprüfen bzw. im Bedarfsfall mit den Angaben des Abwasserkatasters abzugleichen. Die in der betrieblichen Genehmigung festgelegten Konzentrationen bzw. Frachten sind jederzeit einzuhalten.

Besteht die Gefahr, dass die Werte der Einleitungserlaubnis überschritten werden, kann es zu einer zeitlich beschränkten oder unbefristeten Beschränkung der in den Rahmenvereinbarung für betriebliche Abwässer genehmigten Abwassermengen bzw. -frachten kommen. Der Inhaber der Einleitungslaubnis hat entsprechende Regelungen zu Sicherheits- und Notfallinstrumenten zu erstellen.

14.4.4.3 Anpassung von Abwasserkataster und Einleitungserlaubnis

Wird durch eine veränderte betriebliche oder standortbezogene Situation oder durch neue Abwasserströme das Gesamtabwasser des Standortes wesentlich verändert, muss das Abwasserkataster aktualisiert und ggf. die Einleitungserlaubnis angepasst werden.

Hierzu plant, erstellt und aktualisiert der Chemieparkbetreiber die Abwasserkataster in Zusammenarbeit mit den jeweiligen Betrieben der Chemiepark-Partner. Die Zusammenstellung der dazu notwendigen betriebstechnischen Daten liegt dabei im Verantwortungsbereich des Betriebes.

14.4.5 Selbstüberwachung der Abwässer im Chemiepark

Die Einhaltung der in den betrieblichen Genehmigungen bzw. in der Einleitungserlaubnis festgesetzten Konzentration und Frachten erfordern ein Konzept zur Überwachung

- der innerbetrieblichen Anlagen zur Abwasservorbehandlung,
- der betrieblichen Abwassereinleitungen am Übergabepunkt zum Werkskanalnetz,
- ggf. Unterpunkte im Kanalnetz des Industrieparks,
- zur Sicherstellung und Optimierung des etablierten Abwasserreinigungsverfahrens,
- zur Erfüllung der Selbstüberwachung gemäß § 59 (vormals §§ 60 und 60a) LWG,
- der Einleitung in das Gewässer gemäß § 94 (vormals § 120) LWG in Verbindung mit §§ 57 und 58 WHG.

Zur Überwachung der Einhaltung der o. g. Vorschriften wird eine Vielzahl von automatischen Geräten zur Probenahme, vornehmlich mit automatischen Probensammlern mit Kühlung, an definierten Probenahmestellen an allen zu überwachenden Betriebsabläufen, in den Sammelzuläufen der Kläranlage, Zwischenstufen und im Ablauf zum Gewässer benötigt.

Auf Basis des Abwasserabgabengesetzes (AbwAG) und der gemäß § 94 LWG ermittelten Analysen werden weiterhin entsprechend den Schadstofffrachten die Abwasserabgabe für CSB, N_{anorg}, Phosphor, AOX und Ökotoxikologie-Parameter errechnet.

Des Weiteren bilden die aus der Überwachung ermittelten Daten die Basis für das Schadstofffreisetzungs- und Transferregister (PRTR), an das regelmäßig berichtet werden muss. Diese Daten werden behördenseitig auf Basis der amtlichen Messungen auf Plausibilität geprüft.

Ziel des integrierten Überwachungskonzeptes ist es insbesondere, Eintragsquellen von gewässerrelevanten oder trinkwassergängigen Verunreinigungen frühzeitig zu erkennen.

Für die Vorgehensweise/Häufigkeit der Probenahme, Auswahl der zu bestimmenden Stoffe/Parameter in Abhängigkeit von der potenziellen Gefährdung, die schnelle Bereitstellung der Überwachungsergebnisse sowohl der amtlichen Überwachung, der Selbst- als auch der Eigenüberwachung hat der Betreiber des Chemieparks ein Überwachungskonzept (Parameter/Überwachungshäufigkeit) zu erstellen:

- ggf. prozessintegrierte Überwachung im Produktionsbetrieb bzw. vor Abgabe in den Abwassersammler initiieren:
  Definierte Leitparameter der In-Prozess-Kontrolle weisen ggf. auf Abweichungen der Abwasserzusammensetzung hin; desgleichen kann vor Abgabe in das Abwassernetz des Chemieparks das Abwasser innerbetrieblich zwischengepuffert, analysiert und bei Einhaltung der spezifizierten Frachten/Konzentrationen selbstständig abgegeben werden.
- Präventive Überwachung zu Erfassung des bestimmungsgemäßen Betriebs:
  Das Abgabeverhalten des Produktionsbetriebes im Regelbetrieb dient als Grundlage für alle weiteren Pflichten und Festlegung von Grenzwerten; die präventive Überwachung ist eine konzeptionell vorbereitete Aktion und bezieht sich auf bestimmte Parameter. Hierzu erstellt der Industrieparkbetreiber einen Probenahmeplan. Die Grundeinstufung zur Häufigkeit ergibt sich aus dem Abgabeverhalten des Betriebes, der Schwankungsbreite der ökotoxikologischen Relevanz im Anfahr-, Regel- und Abfahrbetrieb, sowohl für das Klärverfahren als auch in Hinblick auf das aufnehmende Gewässer. Bei Kontiprozessen, aus denen gleichbleibende Abwasserqualitäten erwartet werden können, genügt i. d. R. eine monatliche Überwachung; Batchproduktionen und kritische Einsatzstoffe erfordern eine häufigere Probenahme (zwei- bis dreimal wöchentlich).Die ermittelten Daten werden i. d. R. zeitnah mit den spezifizierten Daten, den Daten aus dem betrieblichen Kataster und der betrieblichen Genehmigung abgeglichen und bei Abweichungen zeitnah kommuniziert; diese Daten dienen außerdem der verursachergerechten Abrechnung der Abwasserreinigungskosten für die einzelnen Betriebe.
- Anlassüberwachung zur zeitnahen Aufklärung von Stoffeinträgen:
  Um einen Verursacher einer Kontamination zu finden bzw. Sofortmaßnahmen einleiten zu können, ist ein angepasstes Handeln notwendig; für die Aufklärung von Unregelmäßigkeiten in der Zusammensetzung des Kläranlagenzulaufes bzw. des Ablaufes zum Gewässer sind entsprechende Probenahme-Szenarien zu erstellen, um einen Verursacher zu finden und Sofortmaßnahmen einleiten zu können; ein Stoffkataster der Edukte und Produkte bzw. die genaue Kenntnis der Abwassermatrix erleichtert die Aufklärung. Die entsprechende Probenahme und Analytik ergibt sich aus der Situation.

14.5 Technische Vorbereitung der Probenahme

Neben der Auswahl von Zeitpunkt, Dauer, Ort und anzuwendender Probenahmetechnik sind weitere organisatorische Maßnahmen erforderlich. Insbesondere ist darauf zu achten, dass rechtzeitig die geeigneten Behältnisse, Geräte und sonstigen Hilfsmittel in ausreichender Anzahl zur Durchführung der Probenahme vorbereitet und bereitgestellt sind. Ebenso muss ein reibungsloser Übergang zwischen Probenahme, Probentransport und Analytik gewährleistet sein.

14.5.1 Arbeitsanweisungen

Für die Probenahme sind die allgemeinen Anforderungen an die Kompetenz von Prüf- und Kalibrierlaboratorien (DIN EN ISO/ICE 17025 [27]) anzuwenden.

Gemäß LAWA AQS-Merkblatt [20] sind Standardarbeitsanweisungen für folgende Bereiche zu erstellen:

- Probenahme (matrixbezogen),
- Vor-Ort-Untersuchungen,
- Probenvorbereitung,
- Probenkonservierung (parameterbezogen),
- Probeneingang,
- Probenverteilung,
- Probenlagerung,
- Probenentsorgung.

Darüber hinaus müssen klare Arbeitsanweisungen vorhanden sein, wie die Probenahmegeräte und -behälter zu reinigen sind.

14.5.2 Probenahmeauftrag / Probenahmeakte

Das Probenahmepersonal sollte bei wiederkehrenden Probenahmen über vollständige und aktuelle Probenahmeakten verfügen (Messstellendokumentation). Darin sollten mindestens folgende Angaben enthalten sein:

- Ortsbeschreibung (Anfahrtskizze, Namen von Ansprechpartnern),
- Angaben zur Art des Abwassers, der Abwasserbehandlung, Zeiten des Abwasseranfalles,
- Dokumentation der Probenahmestelle (Fotos, Lagepläne, Systemskizzen),
- Liste der Vor-Ort-Untersuchungen vorangegangener Probenahmen,
- Hinweise auf Besonderheiten der Probenahmestelle, z. B.
  - diskontinuierlicher Abwasseranfall,
  - schwer zugängliche Probenahmestellen,
  - spezielle Sicherheitsmaßnahmen.

Darüber hinaus muss das Probenahmepersonal einen klaren und eindeutig formulierten Probenahmeauftrag erhalten mit folgenden Angaben:

- exakte Beschreibung der Probenahmestelle inkl. Messstellen-Nr.,
- Art der durchzuführenden Probenahme,
- anzuwendende Probenahmetechnik,
- Angabe der zu entnehmenden Teilproben inkl. Flaschenmaterial und Volumen,
- durchzuführende Probenvorbehandlungsmaßnahmen,
- durchzuführende Konservierungsmaßnahmen,
- durchzuführende Vor-Ort-Messungen.

Der Probenahmeauftrag besteht vielfach in einem aus einem Labordateninformations- und managementsystem (LIMS) erzeugten und mit vorgenannten Informationen vorausgefüllten Probenahmeprotokoll.

14.5.3 Vorbereitung der Probenahmeausrüstung

Das Probenahmepersonal hat ebenfalls vor der eigentlichen Probenahme einiges vorzubereiten. Während die vorgenannten Dokumente i. d. R. vom Auftraggeber zur Verfügung gestellt werden, liegt es im Verantwortungsbereich des Probenahmepersonals, dass das erforderliche Probenahmezubehör vollständig und funktionstüchtig zur Probenahme vorhanden ist, dazu gehören insbesondere:

- Probenahmeprotokollvordrucke,
- gereinigte Probenahmegerätschaften,
- gereinigte Probenbehälter in ausreichender Anzahl entsprechend der zu untersuchenden Parameter,
- Material zur Kennzeichnung der Probenbehälter,
- Chemikalien und Vorschriften zur Konservierung,
- Kühltaschen und dazugehörige Kühlelemente,
- Geräte für die vor-Ort-Untersuchungen,
- weitere Geräte zur Probenvorbehandlung,
- Sicherheitsgerätschaften,
- Leitungswasser für Reinigungszwecke.

14.6 Durchführung der Probenahme

Die Abwasserprobenahme nimmt unter allen Probenahmen eine besondere Stellung ein, da die Untersuchungsergebnisse im Bereich der Einleiterüberwachung wegen der zum Teil erheblichen Konsequenzen (Abwasserabgabe, Strafen gemäß § 324 StGB) vor Gericht Bestand haben müssen.

In diesem Kapitel wird nur die Probenahme von Abwasser auf der Grundlage der DIN 38402 Teil 11 [16] beschrieben. Ergänzende Hinweise zur Durchführung der Abwasserprobenahme finden sich im LAWA AQS-Merkblatt P-8/1 [20]. Die in diesem Zusammenhang auch wichtige Betrachtung der anfallenden Schlämme bleibt hier unberücksichtigt; dafür sei auf DIN EN ISO 5667-13 „Probenahme von Schlämmen“ [28] verwiesen.

Die Erläuterungen zur Durchführung einer sach- und fachgerechten Abwasserprobenahme dürfen sich nicht nur auf die Beschreibung der reinen Probenahmetechnik mittels Schöpfgeräten oder automatischen Probenahmegeräten beschränken. Eine ordnungsgemäße Probenahme beginnt mit einigen Vorarbeiten vor Ort, der korrekten Auswahl von Probenahmegeräten, über die eigentliche sachgerechte Probenahmetechnik, die Durchführung von Vor-Ort-Messungen, der Probenteilung und -vorbehandlung im Hinblick auf die nachfolgende Analytik, insbesondere der Homogenisierung und Teilung mit anschließender Probenkonservierung, sowie einer entsprechenden Dokumentation der Probenahme bis hin zur ordnungsgemäßen Übergabe der Proben ins Labor. Vielfach vernachlässigt wird ein ebenfalls wichtiger Bestandteil der Probenahme: die Reinigung aller eingesetzten Geräte.

14.6.1 Vorarbeiten vor Ort und allgemeine Verhaltensregeln

Bei fast jeder Abwasserprobenahme sind bestimmte Vorarbeiten „Vor-Ort“ zu erledigen. In vielen Fällen hat sich das Probenahmepersonal zunächst beim Betreiber der Abwasserbehandlungsanlage anzumelden. Die Probenahmestelle ist dann unverzüglich aufzusuchen. Um Verwechslungen auszuschließen, sollte die Probenahmestelle stets anhand der in der Probenahmeakte vorhandenen Fotos, Lagepläne und Beschreibungen überprüft werden. Häufig muss die Probenahmestelle, insbesondere im öffentlichen Verkehrsraum, ausreichend gesichert werden, um Unfälle zu vermeiden (z. B. durch Pylone oder Absperrgitter). Der Betreiber der Abwasseranlage hat das Gelände soweit zu sichern, dass zu jeder Tageszeit (auch nachts) ohne Gefährdung Proben entnommen werden können. Das Probenahmepersonal ist verpflichtet, die entsprechenden Sicherheits- und Unfallverhütungsvorschriften zu beachten.

Welche Probenahmearten jeweils zur Anwendung kommen und mit welchen Geräten diese Proben entnommen werden, sollte eindeutig als Probenahmeauftrag formuliert sein. Von diesen Vorgaben darf nur in begründeten Fällen abgewichen werden.

Alle Handhabungen vor Ort sind „analytisch sauber“ durchzuführen. Es ist zu verhindern, dass Geräte und Behältnisse mit „bloßen Fingern“ von innen berührt werden. Ferner können Kontaminationen der Proben unter anderem entstehen:

- durch lösungsmittelhaltige Filzschreiber,
- durch Chemikalien für die Probenkonservierung.

Alle Arbeiten, die in der Nähe der Probenahmestelle vom Betreiber durchgeführt werden und ggf. die Probe beeinflussen können (wie z. B. Reinigungsarbeiten, Anstricharbeiten), sind vom Probenahmepersonal zu dokumentieren.

14.6.2 Arbeitsschutz und Arbeitssicherheit

Der Umgang mit Abwasser birgt immer ein gewisses Gefahrenpotenzial in sich, deshalb muss das Probenahmepersonal über die möglichen Gefahren unterrichtet werden. In Deutschland muss der Arbeitgeber die notwendigen Schutzmaßnahmen auf Grundlage einer Gefährdungsbeurteilung festlegen (Arbeitsschutzgesetz). Das Probenahmepersonal ist verpflichtet, die entsprechenden Sicherheits- und Unfallverhütungsvorschriften zu beachten.

Da die konkreten Gefährdungssituationen für die diversen Probenahmen völlig unterschiedlich sein können, kann hier keine allgemein verbindliche Empfehlung zu Präventionsmaßnahmen und individuellen Schutzmaßnahmen gegeben werden.

Für die Probenahmen sind neben dem Arbeitsschutzgesetz auch die untergesetzlichen Regelwerke, wie u. a. Biostoffverordnung, Gefahrstoffverordnung sowie die Unfallverhütungsvorschriften, zu beachten und entsprechende Betriebsanweisungen für die Probenahme zu erstellen.

Die Unfallverhütungsvorschriften und Regeln werden von dem Spitzenverband der gewerblichen Berufsgenossenschaften und der Unfallversicherungsträger der öffentlichen Hand (DGUV) erlassen und publiziert [29].

Nachfolgend sind beispielhaft einige für die Probenahme relevante Vorschriften und Regeln aufgeführt:

- DGUV Vorschrift 1 (bisher GUV-V A 1): Grundsätze der Prävention,
- DGUV Vorschrift 21 (bisher GUV-V C 5): Abwassertechnische Anlagen,
- DGUV Vorschrift 70 (bisher BGV-D 29): Fahrzeuge,

- DGUV Regel 103-004 (bisher GUV-R 126): Arbeiten in umschlossenen Räumen von abwassertechnischen Anlagen,
- DGUV Regel 114-005 (bisher GUV-R 127): Deponien.

Zur persönlichen Arbeits- und Schutzausrüstung des Probenehmers gehören z. B.:

- rutschfeste Sicherheitsschuhe,
- Overall oder Kittel,
- Regenbekleidung,
- Winterbekleidung,
- Schutzbrille,
- wasserundurchlässige Schutzhandschuhe,
- Gummistiefel,
- ggf. Atemschutzmaske,
- Schutzhelm.

Darüber hinaus sind auf den Probenahmefahrzeugen die folgenden Schutzausrüstungen mitzuführen:

- Warnweste,
- Desinfektions- und Reinigungsmittel,
- Hautschutz- und Pflegecreme,
- Augendusche,
- Verbandskasten,
- Warndreieck, Pylone,
- Fehlerstromschutzschalter,
- Feuerlöscher,
- Handlampe (Ex-geschützt),
- Mobiltelefon,
- Betriebsanweisungen.

Kanalschächte sind nach dem Entfernen des Deckels sofort zu sichern. Bei bestimmten Probenahmen (z. B. beim Einsteigen in Kanäle von mehr als einem Meter Tiefe) müssen entsprechende Maßnahmen getroffen werden, u. a. muss eine zweite Person anwesend sein, die Rettungsmaßnahmen durchführen oder veranlassen kann.

Die Probenahmegeräte und elektrischen Verbindungen sind regelmäßig auf erkennbare Schäden zu überprüfen und nötigenfalls vom Fachpersonal reparieren zu lassen.

Defekte Glasgeräte dürfen nicht verwendet werden und sind sofort auszutauschen. Beim Transport sind alle Geräte und Ausrüstungsgegenstände im Fahrzeug gegen Verrutschen zu sichern. Insbesondere Glasgefäße und Konservierungsmittel sind im Fahrzeug so zu verstauen, dass sie gegen Glasbruch und Auslaufen geschützt sind.

Um den Kontakt mit dem Abwassermedium möglichst zu vermeiden, sind während der gesamten Probenahme geeignete Schutzhandschuhe zu benutzen. Beim Umgang mit Chemikalien ist unbedingt eine Schutzbrille sowie entsprechende Schutzkleidung zu tragen.

Bei Arbeiten im Abwasserbereich besteht über Hautkontakt oder Aerosole die Gefahr von Infektionen. Deshalb sind bei bestimmten Tätigkeiten mit Kontakt zu Abwasser entsprechende Präventionsmaßnahmen (arbeitsmedizinische Untersuchungen, Schutzmaßnahmen und Schutzimpfungen (z. B. gegen Hepatitis-A-Viren) erforderlich [30].

Atemschutz ist zu tragen, wenn die inhalative Aufnahme biologischer Arbeitsstoffe in Form von Spritzern und Aerosolen durch technische und organisatorische Maßnahmen nicht verhindert werden kann. Geeignet sind z. B. partikelfiltrierende Halbmasken (FFP 3) mit Ausatemventil als Mindestanforderung.

Als bester Schutz vor einer Infektion erweisen sich gründliche Hygienemaßnahmen. Auch kleinste Hautwunden müssen sofort mit aseptischen Mitteln desinfiziert und anschließend verbunden werden. Prinzipiell sind Desinfektions- und Hautschutzmittel zu verwenden. Das Tragen geeigneter Arbeitskleidung sollte selbstverständlich sein. Die Arbeitskleidung ist regelmäßig zu wechseln. Essen, Trinken und Rauchen ist während der Probenahme nicht erlaubt.

14.6.3 Messungen vor Ort

Da einige physikalische Messgrößen nicht fixiert werden können, sind diese ebenso wie andere nicht konservierbare Messgrößen vor Ort zu bestimmen. Hierbei handelt es sich im Wesentlichen um pH-Wert, elektrische Leitfähigkeit, Temperatur, freies Chlor und den Sauerstoffgehalt. Auch die absetzbaren Stoffe müssen unverzüglich vor Ort aus einer Stichprobe bestimmt werden, da durch längeres Stehen der Wasserprobe Veränderungen im Verhältnis von gelösten zu ungelösten Stoffen eintreten können. Bei biologisch aktiven Abwässern ist empfehlenswert, die Bestimmung von Nitrit, Nitrat und Ammonium direkt vor Ort auszuführen.

Darüber hinaus ist für viele Fragestellungen die zum Zeitpunkt der Probenahme abgeflossene Abwassermenge wichtig. Falls bauseitig eine Abflussmesseinrichtung vorhanden ist, kann die Abwassermenge entweder als Momentanabfluss oder integriert über einen beliebigen Zeitpunkt leicht abgelesen werden. Ansonsten sind auch mobile Durchflussmessgeräte für verschiedene Gerinne, Wehre, Rohre und offene Kanäle – auch in Verbindung mit Probenahmegeräten zur durchflussabhängigen Probenahme verfügbar.

14.6.4 Probenahmearten

Tabelle 14.6 enthält die Definitionen der Probenahmearten der aktuellen DIN 38402-11 „Probenahme von Abwasser" [16]. Leider wurden seitens des Gesetzgebers diese Definitionen nicht vollständig in die Abwasserverordnung [2] übernommen, obwohl die Norm 38402-11 (Ausgabe Februar 2009) als anzuwendendes Verfahren zur Probenahme von Abwasser in der Anlage 1 der AbwV aufgeführt ist. Abweichend von der Norm ist im Sinne der AbwV (§ 2 „Begriffsbestimmungen") die „Stichprobe eine einmalige Probenahme aus einem Abwasserstrom". Die Mischprobe und qualifizierte Stichprobe sind identisch definiert.

Durch unterschiedliche Definitionen der „Stichprobe" können sich in der Praxis durchaus andere Verfahrensweisen zur Entnahme, z. B. der qualifizierten Stichprobe, ergeben. Daher ist eine begriffliche Harmonisierung der AbwV und der Norm wünschenswert.

Tabelle 14.6: Definitionen der Probenahmearten nach DIN 38402-11 [16]

Einzelprobe	eine zufällig (in Bezug auf Zeit und/oder Ort) durch einmalige Entnahme (meist durch Schöpfen) aus einem Wasserkörper gewonnene Probe
Stichprobe	eine oder mehrere unmittelbar nacheinander entnommene und vereinigte Einzelproben zur Beurteilung eines momentanen Zustandes
Mischprobe	zwei oder mehrere einzeln oder kontinuierlich entnommene Proben, die in geeignetem, bekanntem Verhältnis vermischt wurden, um aus der Mischung den Durchschnittswert eines gewünschten Merkmales zu bestimmen Anmerkung: die Mischungsverhältnisse basieren üblicherweise auf Zeit- oder Durchflussmessungen
Qualifizierte Stichprobe	Sonderform einer Mischprobe, bestehend aus mindestens fünf Stichproben, die in einem Zeitraum von höchstens 2 h im Abstand von nicht weniger als 2 min entnommen und gemischt werden

14.6.5 Probenahmetechnik

Die Proben können je nach Art (Einzelprobe, manuelle Mischprobe oder automatisch entnommene Mischprobe) durch Einsatz von Schöpfern oder Pumpen entnommen werden. Vielfach erfolgt eine Abwasserprobenahme als Kombination von manueller Entnahme und Einsatz von automatischen Probenahmesystemen.

Schöpfproben sind immer dann zu entnehmen, wenn in besonderem Maße eine kurzfristige Veränderung der Konzentration der zu bestimmenden Inhaltsstoffe in der Probe zu erwarten ist. Gründe hierfür können starke Ausgasung, schneller Abbau, Adsorptionen oder Kontaminationen sein. Durch die geringe Manipulation der Probe bei der Entnahme mittels geeigneter Schöpfgeräte werden die vorgenannten Effekte weitestgehend ausgeschlossen.

Die Probe soll möglichst unterhalb der Wasseroberfläche entnommen werden, um aufschwimmende Stoffe, die nicht repräsentativ beprobt werden können, nicht mit zu erfassen. Handhabungen (wie z. B. Umfüllen, Schütteln usw.) der Proben sind auf ein Minimum zu beschränken, da hierdurch Veränderungen eintreten können. Das Probevolumen richtet sich nach dem Untersuchungsprogramm und -umfang und kann in weiten Grenzen von wenigen ml bis zu vielen Litern schwanken.

Eine annähernd repräsentative Erfassung der ungelösten Stoffe ist nur möglich, wenn vor der Probenahmestelle eine ausreichende Mischstrecke mit turbulenter Strömung vorhanden ist. Andernfalls muss eine Mischprobe über den gesamten Fließquerschnitt gezogen werden.

Schwimmstoffe und schnell sedimentierende Substanzen lassen sich strömendem Wasser nicht durchflussabhängig entnehmen; zur Identifizierung werden sie zweckmäßigerweise in einer gesonderten Probe erfasst. Eine Quantifizierung ist zwar möglich, aber nicht unbedingt sinnvoll.

Bei Ableitungen in ein Gewässer ist auf einen möglichen Rückstau oder auf eine Gegenströmung aus dem Gewässer zu achten, damit keine verfälschte Probe entnommen wird.

Manuelle Probenahmen

Die einfachste Ausrüstung zur Abwasserprobenahme besteht aus einem Eimer, Schöpfer oder einer Probenflasche, die an einer Stange mit geeigneter Länge befestigt ist. Manuelle Probenahmen werden in der Regel mit teleskopierbaren Schöpfbechern mit Volumina von 0,5 bis 2 l durchgeführt; sie sind geeignet zur Probenahme aus oberflächennahen Wasserschichten. Manuelle Probenahmen können auch mit Schöpfapparaten – durch Klappen oder Ventile verschließbare

Hohlkörper – aus definierten Tiefen genommen werden. Werden manuelle Proben für die Vorbereitung von Mischproben entnommen, sollte das Volumen der einzelnen Stichproben um nicht mehr als 5 % vom gewünschten Volumen abweichen.

Bei der Probenahme mittels Schöpfbechern aus Gerinnen ist darauf zu achten, dass der Schöpfer in Fließrichtung unter der Wasseroberfläche mit einer der Strömung angepassten Geschwindigkeit bewegt wird. Die Öffnung des Schöpfbechers weist hierbei in Strömungsrichtung. Zur Vermeidung von Verunreinigungen der Probe ist darauf zu achten, dass der Schöpfbecher beim Hineinbringen oder Herausführen weder die Wand des Probenahmeschachtes noch den Gerinneboden berührt. Aus dem gleichen Grund darf der Schöpfer zwischen den einzelnen Schöpfvorgängen auch nicht auf dem Boden abgestellt werden.

Wird nur ein geringes Probevolumen benötigt, kann die Probenahme auch unmittelbar mit der Probenflasche durchgeführt werden. Hierdurch entfällt ein Umfüllvorgang und die damit verbundene Kontaminations- und Ausgasungsgefahr.

Automatische Probenahme

Automatische Probenahmegeräte werden für zeit- und durchflussabhängige Probenahmen eingesetzt. Sie bestehen aus Förderaggregat, Steuereinrichtung, Dosiereinrichtung, Probenteiler und Probenaufbewahrungsteil. Als Fördereinrichtung sollten möglichst druckseitig wirkende Pumpen (Tauchmotorpumpen) eingesetzt werden, um eine Ausgasung von leichtflüchtigen Stoffen zu minimieren. Die Pumpen sollten selbstschmierend sein, um den Austritt des Schmiermittels in den Abwasserstrom oder in die Probe zu verhindern. Die Steuereinrichtung regelt in Verbindung mit der Dosiereinrichtung die Probendauer, die Probenahmeintervalle bzw. die Probenvolumina. Zur Durchführung durchflussabhängiger Probenahmen muss ein Anschluss für eine entsprechende Steuervorrichtung vorhanden sein. Der Aufbewahrungsteil für die Probensammelgefäße sollte für Proben, die sich aufgrund biologischer Vorgänge verändern können, auf etwa 1 – 5 °C kühlbar sein.

Wenn eine hohe Konzentration leichtentzündlicher Inhaltsstoffe zu erwarten ist (z. B. Raffinerien, Chemische Industrie, manche Deponiesickerwässer), dürfen nur explosionsgeschützte Geräte eingesetzt werden.

Alle mit dem Probengut in Berührung kommenden Teile der Pumpe, der dazugehörigen Schläuche oder Rohre und des eingesetzten Probenahmegerätes sollten aus einem Material bestehen, welches die Probe bezüglich der zu bestimmenden Inhaltsstoffe nicht verändert (Adsorption, Kontamination). Bei der automatischen Probenahme ist darauf zu achten, dass in allen wasserdurchströmten Geräteteilen die lichte Rohrweite mindestens 9 mm betragen und eine ausreichende Strömungsgeschwindigkeit von mindestens 0,5 m/s vorliegen muss, um auch

Schöpfwerk

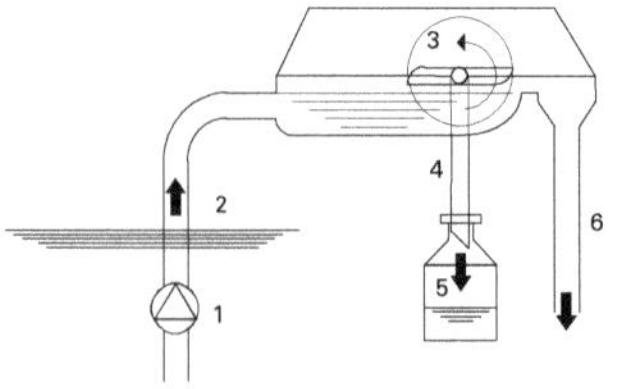

1 Pumpe
2 Druckleitung
3 Schöpfer
4 Probenablauf
5 Sammelgefäß
6 Ablauf

Vakuumförderung

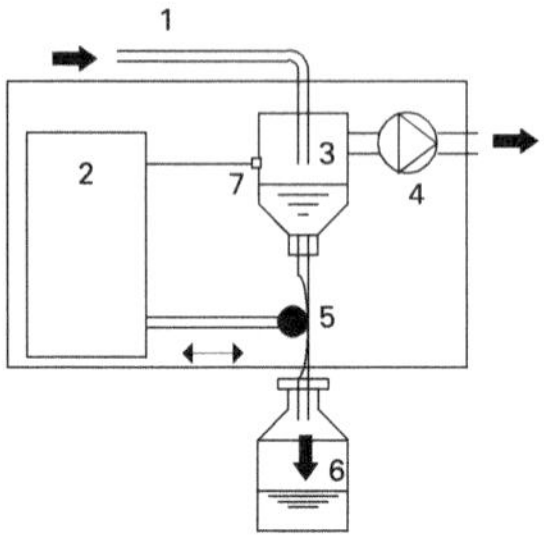

1 Ansaugleitung
2 Steuerung
3 Dosiergefäß
4 Vakuumpumpe
5 Quetschventil
6 Sammelgefäß
7 Füllstandsmelder

Druckluftförderung

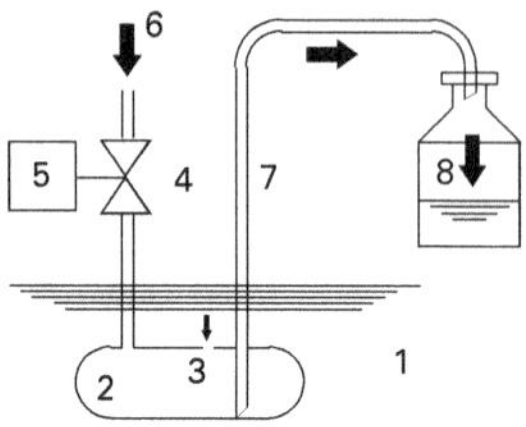

1 Abwasser
2 Sammelgefäß
3 Einströmöffnung
4 Druckluftventil
5 Steuergerät
6 Druckluft
7 Steigrohr
8 Sammelgefäß

Schlauchpumpe

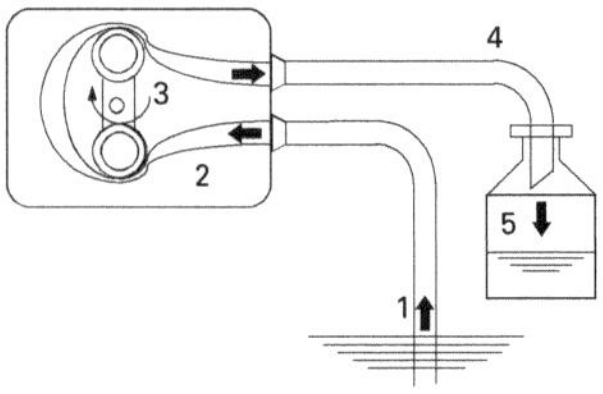

1 Ansaugleitung
2 Pumpengehäuse
3 Pumpenrad
4 Ablauf
5 Sammelgefäß

Wasserweiche

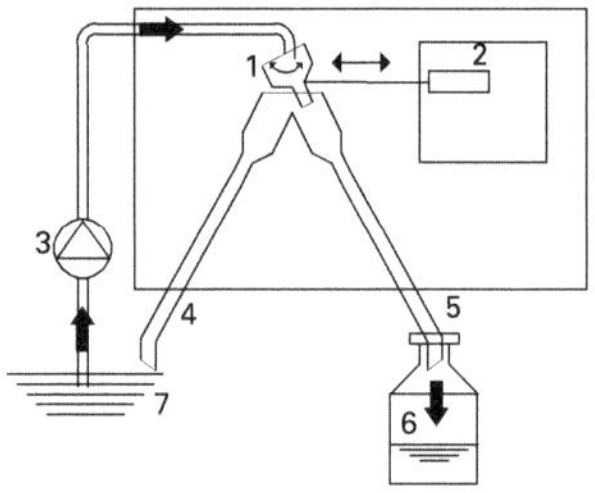

1 Weiche
2 Weichensteuerung
3 Pumpe
4 Ablauf
5 Probenablauf
6 Sammelgefäß
7 Abwasser

Aufzug

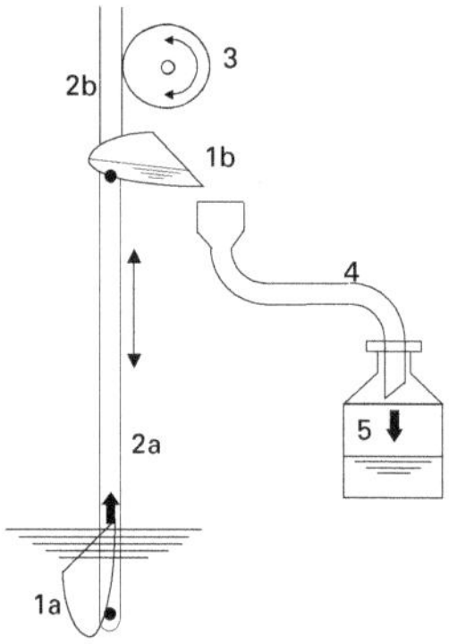

1 Schöpfbecher a) beim Schöpfen
b) beim Kippen
2 Zahnstange a) in Schöpfposition
b) in Kipposisition
3 Antriebsmotor
4 Auslauftrichter
5 Sammelgefäß

Bild 14.21: Schematische Darstellung verschiedener Probenahmesysteme

ungelöste Stoffe weitgehend repräsentativ erfassen zu können. Lange und waagerechte Leitungsabschnitte sind zu vermeiden. Alle Schlauchverbindungen sind möglichst kurz zu halten. Die Schläuche sollten aus undurchsichtigem Material sein, um das Wachsen von Algen und Mikroorganismen möglichst gering zu halten. Die Schläuche sind regelmäßig auf Verunreinigungen zu untersuchen.

Die Pumpe wird unter der Wasseroberfläche eingesetzt und darf dabei weder Wand noch Boden des Gerinnes berühren, um Kontaminationen durch sich lösende Teilchen auszuschließen. Der Ablaufschlauch des Probenahmegerätes ist derart zu verlegen, dass das überschüssige Wasser unterhalb der Pumpe in den Abwasserkanal eingeleitet wird, da ansonsten durch Aufwirbelungen von sedimentierten Feststoffen im Kanal durchaus Mehrbefunde resultieren könnten. Auf einen einwandfreien Ablauf aus dem Probenahmegerät ist zu achten, um Fehlfunktionen zu vermeiden.

Bei Probenahmen in engen Gerinnen mit geringer Wasserführung sind zweckmäßigerweise Schlauchpumpen einzusetzen. Es ist jedoch darauf zu achten, dass die Pumpen mit ausreichender Drehzahl und mit einer automatischen Rückspüleinrichtung ausgerüstet sind, damit keine Sedimentation von Feststoffen in den Schläuchen auftritt. Durch Ausgasungs- und Adsorptionseffekte kann es insbesondere beim Einsatz von Schlauchpumpen zu Minderbefunden in der Probe kommen.

Als Probenteiler sollten Wasserweichen oder Schöpfeinrichtungen zur Anwendung kommen. Hierbei sollte die Probe nicht über Verteilereinrichtungen laufen, sondern möglichst direkt in das Probenbehältnis abgefüllt werden. Bei Einsatz von Schöpfeinrichtungen ist auf genaue Justage zu achten, um mögliche Sedimentationseffekte zu vermeiden. Die Anwendung von Vakuumsystemen kann bei Anwesenheit leichtflüchtiger oder absetzbarer Stoffe zu Minderbefunden führen.

Alle eingesetzten Systeme, mit Ausnahme der Probenflaschen, sind vor der Probenahme mindestens fünf Minuten mit dem Abwasser zu spülen.

Die unterschiedlichen Funktionsweisen der gängigsten, auf dem Markt erhältlichen Probenahmesysteme zeigt Bild 14.21.

Mit automatischen Probenahmegeräten können entweder zeit- oder durchflussgesteuert sowohl diskontinuierlich als auch kontinuierlich Mischproben gewonnen werden. Die von vielen Firmen angebotenen und eingesetzten Probenahmegeräte ermöglichen eine diskontinuierliche Probenahme. Wenn die Entnahmeintervalle nicht zu lang gewählt werden, ergeben die gesammelten Mischproben ein reales Bild der durchschnittlichen Zusammensetzung des Wasserkörpers, aus dem die Proben stammen.

Wenn der Durchfluss während der Probenahme keinen oder nur geringen Schwankungen unterliegt, kann ein Gerät mit einer zeitabhängigen Steuerung eingesetzt werden. Treten aber Schwankungen auf, ergeben nur durchflussabhängig gesteuerte Probenahmegeräte eine den realen Verhältnissen angepasste Mischprobe. Bild 14.22 verdeutlicht die unterschiedliche Erfassung der Mischprobe. Die oberste Grafik gibt eine häufig anzutreffende Aufzeichnung einer Abflussmessung einer Kläranlage wider. Wie man deutlich erkennen kann, liefert in diesem Fall keine der beiden zeitabhängigen Probenahmen eine dem Abfluss entsprechende Mischprobe; dies ist nur mit der durchflussproportionalen oder volumenproportionalen Probenahme möglich [31].

Allgemeine Anforderungen, Leistungsanforderungen und Verfahrensweisen für die Konformitätsprüfung von automatischen Probenahmegeräten für Wasser und Abwasser sind in DIN EN 16479 [32] festgelegt, und zwar

- für die Probenahme von Wasser und Abwasser aus drucklosen (d. h. nach oben geöffneten) Gerinnen oder Becken,

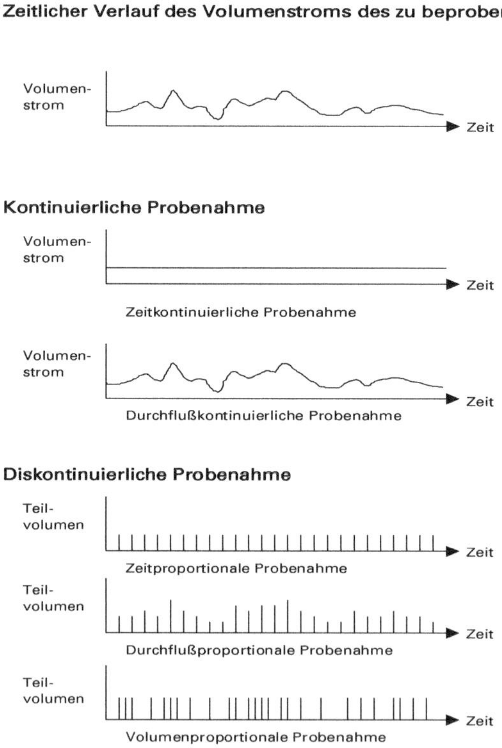

Bild 14.22: Darstellung des zeitlichen Verlaufs des Volumenstroms und der Probenahmearten

- für die Probenahme über einen längeren Zeitraum zum Sammeln von Einzelproben oder Mischproben beruhend auf der zeit-, ereignis- oder durchflussproportionalen Probenahme.

Es sind spezifische Anforderungen zur Probenintegrität für Probenahmegeräte definiert, die zum Sammeln von Proben an der Ablauf- oder der Zulaufstelle verwendet werden, um die Leistung von Abwasserbehandlungsarbeiten zu überwachen, wie in der Kommunalen Abwasserrichtlinie [18] gefordert. Probenahmegeräte, die für industrielle Zwecke verwendet werden, müssen nicht im Hinblick auf diese spezifischen Anforderungen zur Probenintegrität beurteilt werden.

14.6.6 Probenvorbehandlung vor Ort

Abwässer, besonders Rohabwässer sind vielfach „biologisch aktiv", unterliegen in unterschiedlichem Maße Veränderungen aufgrund physikalischer, chemischer oder biologischer Vorgänge. Bei weit vom Labor entfernten Stellen empfiehlt sich direkt eine Probenvorbehandlung und -teilung vor Ort, um eine Veränderung der Proben bezüglich der interessierenden Parameter während des Transports zu verhindern. Die unmittelbar nach der Probenahme vor Ort durchzuführenden Probenvorbehandlungsschritte beschränken sich im Wesentlichen auf die Homogenisierung, Probenteilung und Konservierung. In besonderen Fällen sind die Abwasserproben vor Ort zu filtrieren bzw. zu sedimentieren. Die Vorgehensweise ist stark abhängig vom Untersuchungsparameter.

Grundsätzlich gilt, dass die Probe in fest verschlossenen Behältern kühl und dunkel so schnell wie möglich dem untersuchenden Labor zuzustellen ist, wo sie sofort bearbeitet werden sollte. Ist eine solche Analyse kurze Zeit nach der Probenahme nicht möglich, müssen entsprechend anfällige Parameter durch geeignete Maßnahmen vor wesentlichen Veränderungen bewahrt werden.

Bei unterschiedlichen Untersuchungswegen und Homogenisierungs- und Konservierungsmaßnahmen müssen vor Ort verschiedene Probenbehälter gefüllt werden.

Genauere Angaben zur Homogenisierung, Probenteilung, Filtration, Probenkonservierung, Transport und Lagerung gibt Kapitel 3.

14.6.6.1 Homogenisierung und Teilung (Abfüllung)

Großvolumige Proben für mehrere Untersuchungen müssen an Ort und Stelle entsprechend den späteren Untersuchungszwecken auf geeignete Probenbehälter aufgeteilt werden. Bei der Erstellung von Mischproben (z. B. einer qualifizierten Stichprobe) ist die Homogenisierung heterogener Wasserproben (der einzelnen Stichproben) von besonderer Bedeutung. Zur Vorbehandlung, Homogenisierung und Teilung heterogener Wasserproben ist DIN 38402-30 [33] zu beachten. Das Prozedere ist detailliert in Kapitel 3 beschrieben.

Die Vorreinigung der Probenbehälter ist mit dem Untersuchungslabor abzustimmen. Wenn man davon ausgeht, dass die Probenbehälter sauber sind, dann dürfen die Probenbehälter in keinem Fall vorher mit dem abzufüllenden Abwasser ausgespült werden, da hierdurch eventuell Feststoffe, Fette oder Öle in dem Behälter angereichert werden können.

Das Abfüllen über den Ablasshahn des Homogenisiergefäßes sollte zur Vermeidung von Querkontaminationen in folgender Reihenfolge geschehen:

1. Abfüllen der nicht zu konservierenden Proben,
2. Abfüllen der mit Chemikalien zu konservierenden Proben.

Dabei ist zu beachten, dass die einzufrierenden Probenbehälter nicht vollständig gefüllt werden.

Bei der behördlichen Abwasserüberwachung sollte dem Abwassereinleiter auf Anfrage, soweit dies technisch und apparativ mit vertretbarem Aufwand möglich ist, eine Teilprobe zur Verfügung gestellt werden.

14.6.6.2 Probenkonservierung, Transport und Lagerung

Inhaltsstoffe von Wasserproben können sich verschieden schnell ändern, deshalb ist es notwendig, die Proben zu konservieren, wenn sie nicht direkt im Anschluss an die Probenahme analysiert werden können. Die Wahl der Konservierung richtet sich nach der nachfolgenden Analytik.

Sofern nicht anders festgelegt, ist DIN EN ISO 5667-3 [34] zu Konservierung, Transport und zur Lagerung von Wasserproben zu beachten.

Proben lassen sich durch Kühlung auf etwa (3 ± 2) °C, Einfrieren auf unter -20 °C oder durch Zugabe von Chemikalien konservieren. Die geringsten durch die Konservierung bedingten Veränderungen treten bei der Kühlung auf; beim Einfrieren ist mit irreversiblen Ausflockungen nach dem Auftauen zu rechnen. Nach dem Auftauen muss für eine ausreichende Homogenisierung gesorgt werden. Chemikalien dürfen nur dann zugegeben werden, wenn kein anderes Konservierungsverfahren angewandt werden kann und die zugegebenen Chemikalien die nachfolgenden Untersuchungen nicht stören.

Bei der Entnahme von Mischproben über längere Zeiträume sollte die Konservierung integraler Bestandteil der Probenahme sein. Es kann notwendig sein, mehr als ein

Probenahmegerät einzusetzen, um sowohl konservierte als auch nicht konservierte Proben zu nehmen.

Das verantwortliche Untersuchungslabor sollte in Hinblick auf die Auswahl des Konservierungsverfahrens, den nachfolgenden Transport und die Lagerung zu Rate gezogen werden.

Eine Auswahl für die Abwasseruntersuchung relevanter Inhaltsstoffe findet sich in Tabelle 3.1 „Konservierung von Wasserinhaltsstoffen" im Kapitel 3.

14.6.7 Probenahmeprotokoll

Das Probenahmeprotokoll dient dem Probenehmer als Merkliste und der untersuchenden Stelle als Dokument für spätere Auswertungen.

Manchmal ist es erforderlich, das Probenahmeprotokoll zur Klärung von Unstimmigkeiten, z. B. im Rahmen von Widerspruchs- und Gerichtsverfahren, im Original vorzulegen. Im Sinne der Gerichtsverwertbarkeit stellt das Probenahmeprotokoll eine „Öffentliche Urkunde" dar.

Ein Probenahmeprotokoll soll folgende Angaben enthalten:

Probenkennzeichnung, Anlass der Probenahme, Entnahmeort, Datum, Uhrzeit, Art der Probenahme, örtliche Beobachtungen (z. B. Wetterverhältnisse). Ferner müssen Angaben über Messungen an Ort und Stelle, über Probenvorbereitung und Konservierungsmaßnahmen, über die Probenahme ausführenden Personen und die Übergabe der Proben an die Untersuchungsstelle gemacht werden.

Vom verantwortlichen Untersucher ist der Umfang des Messprogramms, das Probenvolumen und die eindeutige Bezeichnung der Probe anzugeben.

In besonderen Fällen ist das Probenahmeprotokoll um eine Lageskizze zu ergänzen, aus der wesentliche Angaben wie Kanalsysteme, Verkehrswege, Gebäude usw. hervorgehen. Unter Bemerkungen sind vor allem Abweichungen, z. B. Einsatz eines nicht üblicherweise verwendeten Probenahmegerätes oder mehr als übliches Umfüllen der Probe anzuführen.

Weiterhin sollen Auffälligkeiten beim Kläranlagenbetrieb, wie z. B. Reinigungs- oder Baumaßnahmen, vermerkt werden. Desgleichen sind bei der Probenahme zur Ermittlung einer produktbezogenen Fracht unbedingt die Produktionsverhältnisse für die betreffende Zeitspanne zu erfassen.

Probenahme für kommunales und industrielles Abwasser

Ort(e):

Kurzbezeichnung(en):

Probenahmeart: Einzelprobe: ....

Mischprobe, zeitabhängig: ....

Mischprobe, durchflussabhängig: ....

Eingesetzte Geräte: ....

Intervall oder Abfluss zwischen Einzelproben: .... min oder m^3

Volumen der Einzelproben: .... ml

Beginn der Probenahme: .... (Datum und Uhrzeit)

Ende der Probenahme: .... (Datum und Uhrzeit)

Konservierungsverfahren:

Vor-Ort-Messungen

Parameter	Ergebnis	Einheit	Uhrzeit

Qualitätskontroll-Maßnahmen:

Bemerkungen zur Probenahme:

Name, Datum und Unterschrift:

Bild 14.23: Beispiel eines Formulars für ein Probenahmeprotokoll für Abwasser

Ebenfalls sollten Angaben über Lagerbedingungen der Wasserprobe bis zur Übergabe an das Labor, über die Entnahme von Gegenproben oder über Beobachtungen nachträglicher Veränderungen der Abwasserprobe gemacht werden.

Das Probenahmeprotokoll ist von der ausführenden Person zu unterschreiben.

Ein Beispiel eines Formulars für ein Probenahmeprotokoll, das diesen Anforderungen genügt, zeigt Bild 14.23.

14.6.8 Reinigung der Probenahmegeräte

Die Reinigung aller zur Probenahme eingesetzten Geräte erfolgt möglichst bereits vor Ort, unmittelbar nach der Probenahme.

Das gesamte Probenahmesystem (Pumpe, Schläuche, Probenahmegerät) wird hierzu mindestens fünf Minuten mit Trinkwasser durchspült. Ist diese Reinigung nicht unmittelbar nach der Probenahme möglich, darf dieses System erst nach gründlicher Reinigung im Labor zu weiteren Probenahmen eingesetzt werden. Wichtig ist in jedem Fall ein ausreichendes Nachspülen mit Leitungswasser, insbesondere nach Verwendung von (phosphat- und tensidhaltigen) Reinigungsmitteln, Laugen, Säuren oder anderen Lösemitteln. Sichtbare Verschmutzungen, z. B. des Probenteilers, sind mit einer entsprechenden Bürste zu beseitigen. Schläuche können mit Schwammkugeln, wie sie z. B. auch zur Reinigung von Bierleitungen in Gaststätten benutzt werden, gut gespült werden.

In bestimmten zeitlichen Abständen ist das komplette System auf Kontaminationen zu überprüfen. Ist das System kontaminiert, so muss die Reinigung erheblich intensiviert werden (z. B. Einsatz von mechanischen und chemischen Reinigungsmitteln oder Austausch von Verbrauchsteilen). In einigen Fällen muss mitunter mehrere Stunden mit Leitungswasser bzw. Reinigungsmitteln gespült werden. In besonderen Fällen dürfen die Geräte nur noch für Probenahmen derselben Einleitungen verwendet werden oder müssen sogar ausgesondert werden [35].

Zur Reinigung der Probenbehälter siehe Kapitel 3.

14.7 Spezifische Qualitätssicherungs- und kontrollmaßnahmen

Die Probenahme ist ein wesentlicher Teilschritt bei der Analyse von Wasser. Besonders bei inhomogenen Wässern (z. B. Abwässern) ist eine Qualitätssicherung notwendig, um verlässliche, repräsentative Ergebnisse zu erhalten. Die Qualitätssicherung dient der Vermeidung von Fehlern (Beherrschen aller Unsicherheitsquellen) und der Überwachung und Quantifizierung der Qualität (Genauigkeit, Zuverlässigkeit) der Ergebnisse.

Für Einzelheiten sind DIN EN ISO 5667-14 [36], die einschlägigen Analysenverfahren sowie das LAWA-AQS-Merkblatt P-8/1 [20] zu beachten. Details sind in Kapitel 2 beschrieben.

Literatur

[1] WHG (2009): Gesetz zur Ordnung des Wasserhaushalts (Wasserhaushaltsgesetz – WHG) vom 31. Juli 2009 (BGBl. I S. 2585), zuletzt geändert durch Artikel 1 des Gesetzes vom 18. Juli 2017 (BGBl. I S. 2771).

[2] AbwV (2004): Verordnung über Anforderungen an das Einleiten von Abwasser in Gewässer (Abwasserverordnung – AbwV) in der Fassung der Bekanntmachung vom 17. Juni 2004 (BGBl. I S. 1108, 2625), zuletzt geändert durch Artikel 121 des Gesetzes vom 29. März 2017 (BGBl. I S. 626).

[3] AbwAG (2005): Gesetz über Abgaben für das Einleiten von Abwasser in Gewässer (Abwasserabgabengesetz – AbwAG) in der Fassung der Bekanntmachung vom 18. Januar 2005 (BGBl. I S. 114), zuletzt geändert durch Artikel 2 der Verordnung vom 1. Juni 2016 (BGBl. I S. 1290).

[4] Richtlinie 91/271/EWG des Rates vom 21. Mai 1991 über die Behandlung von kommunalem Abwasser. – in: Amtsblatt der Europäischen Gemeinschaften Nr. L 135/40 vom 30.05.1991.

[5] Richtlinie 2000/60/EG des Europäischen Parlaments und des Rates vom 23. Oktober 2000 zur Schaffung eines Ordnungsrahmens für Maßnahmen der Gemeinschaft im Bereich der Wasserpolitik. – in: Amtsblatt der Europäischen Gemeinschaften Nr. L 327 vom 22.12.2000: S. 1.

[6] Richtlinie 2006/11/EG des Europäischen Parlaments und des Rates vom 15. Februar 2006 betreffend die Verschmutzung infolge der Ableitung bestimmter gefährlicher Stoffe in die Gewässer der Gemeinschaft.

[7] Verordnung Nr. 166/2006 des Europäischen Parlaments und des Rates vom 18. Januar 2006 über die Schaffung eines Europäischen Schadstofffreisetzungs- und verbringungsregisters und zur Änderung der Richtlinien 91/689/EWG und 96/61/EG des Rates. – in: Amtsblatt der Europäischen Union Nr. L 33/1 vom 04.02.2006.

[8] Richtlinie 2010/75/EU des Europäischen Parlaments und des Rates vom 24. November 2010 über Industrieemissionen (integrierte Vermeidung und Verminderung der Umweltverschmutzung). –in: Amtsblatt der Europäischen Union Nr. L 334/52 vom 17.12.2010.

[9] Gesetz zur Umsetzung der Richtlinie über Industrieemissionen (IndEmissRLUG) vom 08.04.2013. – in: BGBl. I: S. 734, 3753.

[10] Beste verfügbare Techniken, BVT-Merkblätter und Durchführungsbeschlüsse: www.umweltbundesamt.de.

[11] LWG (2016): Wassergesetz für das Land Nordrhein-Westfalen – Landeswassergesetz – LWG vom 08. Juli 2016. – in: GV. NRW. S. 618 / SGV. NRW. 77.

[12] Zuständigkeitsverordnung Umweltschutz (ZustVU) vom 3. Februar 2015, geändert durch Verordnung vom 8. November 2016 (GV. NRW. S. 978), in Kraft getreten am 1. Dezember 2016.

[13] LANUV NRW (2010): Abwasserüberwachungskonzept: Konzept zur Überwachung von Abwassereinleitungen und Abwasseranlagen, insbesondere unter Berücksichtigung des Schutzes der öffentlichen Trinkwasserversorgung; eingeführt per MKULNV-Erlass IV-7-316 000 2001 vom 17.06.2010.

[14] Ministerium für Klimaschutz, Umwelt, Landwirtschaft, Natur- und Verbraucherschutz des Landes Nordrhein-Westfalen (MKULNV) (2014): Programm Reine Ruhr zur Strategie einer nachhaltigen Verbesserung der Gewässer- und Trinkwasserqualität in Nordrhein-Westfalen, Düsseldorf, www.umwelt.nrw.de.

[15] DIN EN ISO 5667-1 (2007): Wasserbeschaffenheit – Probenahme – Teil 1: Anleitung zur Erstellung von Probenahmeprogrammen und Probenahmetechniken (ISO 5667-1:2006); Berlin (Beuth).

[16] DIN 38402-11 (2009): Deutsche Einheitsverfahren zur Wasser-, Abwasser- und Schlammuntersuchung – Allgemeine Angaben (Gruppe A) – Teil 11: Probenahme von Abwasser; Berlin (Beuth).

[17] SüwV-kom (2004): Verordnung über Art und Häufigkeit der Selbstüberwachung von kommunalen Abwasserbehandlungsanlagen und -einleitungen (Selbstüberwachungsverordnung kommunal – SüwV-kom) vom 25. Mai 2004.

[18] KomAbwV (1997): Verordnung zur Umsetzung der Richtlinie 91/271/EWG des Rates vom 21. Mai 1991 über die Behandlung von kommunalem Abwasser (Kommunalabwasserverordnung – KomAbwV) vom 30. September 1997.

[19] Stock, H.-D., Grubert, G., te Heesen. D. & Selent, K. (1990): Der selbstentleerende Rückstellprobenehmer – neue Chancen der Abwasserüberwachung, 14. Aachener Seminar. – in: GWA-Band 118: S: 285 – 294.

[20] LAWA AQS-Merkblatt P-8/1 (2009): Probenahme von Abwasser; Stuttgart.

[21] Selent, K (1992): Durchführung der amtlichen Abwasserüberwachung in NRW. Vortrag im Rahmen der Probenehmer-Schulungen „Wasser und Abwasser“ des Landesumweltamtes NRW im ZAWA, Essen.

[22] Buch, H. & Selent, K. (2011): Allgemeine Hinweise, Kriterien und Beispiele zur Auswahl von Probenahmestellen für die manuelle Probenahme von Abwasser bei Direkt- und Indirekteinleitungen; LANUV.

[23] OGewV (2016): Verordnung zum Schutz der Oberflächengewässer (Oberflächengewässerverordnung – OGewV) vom 20.06.2016. – in: BGBl. I: S. 1373.

[24] Görtz, W. & Grubert, G. (1985): Probleme bei der Entnahme von Mischproben für die Untersuchung von Wasser und Abwasser, 9. Aachener Werkstattgespräch. – in: GWA-Band 86: S. 21 – 37.

[25] Best Available Techniques (BAT), Reference Document for Common Waste Water and Waste Gas Treatment/Management Systems in the Chemical Sector. Industrial Emissions Directive 2010/75/EU (Integrated Pollution Prevention and Control); ISBN: 978-92-79-61996-0, Publications Office of the European Union, 2016, http://publications.jrc.ec.europa.eu/repository/handle/JRC103096

[26] SüwVO (2013): Verordnung zur Selbstüberwachung von Abwasseranlagen - Selbstüberwachungsverordnung Abwasser – SüwVO Abw vom 17. Oktober 2013. –in: GV. NRW. Nr. 33: S. 601 – 612.

[27] DIN EN ISO/IEC 17025 (2018): Allgemeine Anforderungen an die Kompetenz von Prüf- und Kalibrierlaboratorien (ISO/IEC 17025:2017); Berlin (Beuth).

[28] DIN EN ISO 5667-13 (2011): Wasserbeschaffenheit – Probenahme – Teil 13: Anleitung zur Probenahme von Schlämmen (ISO 5667-13:2011); Berlin (Beuth).

[29] www.dguv.de/publikationen

[30] DGUV-Information 250-002 (bisher BGI 586) (2007); Empfehlungen zur Hepatitis-A-Prophylaxe bei Tätigkeiten mit Kontakt zu Abwasser

[31] Gudernatsch, H. (1983): Die Probenahme als wesentlicher Bestandteil der Wasser- und Abwasseranalytik. – in: Vom Wasser (60): S. 95 – 105.

[32] DIN EN 16479-1 (2014): Wasserbeschaffenheit – Leistungsanforderungen und Konformitätsprüfungen für Geräte zum Wassermonitoring – Automatische Probenahmegeräte für Wasser und Abwasser; Deutsche Fassung EN 16479:2014; Berlin (Beuth).

[33] DIN 38402-30 (1998): Deutsche Einheitsverfahren zur Wasser-, Abwasser- und Schlammuntersuchung – Allgemeine Angaben (Gruppe A) – Teil 30: Vorbehandlung, Homogenisierung und Teilung heterogener Wasserproben (A 30) ; Berlin (Beuth).

[34] DIN EN ISO 5667-3 (2013): Wasserbeschaffenheit – Probenahme – Teil 3: Konservierung und Handhabung von Wasserproben (ISO 5667-3:2012); Berlin (Beuth).

[35] Hein, D. (1988): Untersuchungen zur Problematik der 2-Stunden-Mischprobe bei der Abwasserüberwachung. – in: Vom Wasser (70): S. 51 – 57.

[36] DIN EN ISO 5667-14 (2016): Wasserbeschaffenheit – Probenahme – Teil 14: Anleitung zur Qualitätssicherung und Qualitätskontrolle bei der Entnahme und Handhabung von Wasserproben (ISO 5667-14:2014); Berlin (Beuth).

15 Analytik im Rahmen der Probenahme

*K. Furtmann und M. Donder**

*unter Verwendung des Kapitels von H. Schimmer aus der 1. Auflage 1998

15.1 Einleitung

Die Probenahme von Wasser wird in der Regel durch die Ermittlung von Vor-Ort-Messgrößen wie pH-Wert, Leitfähigkeit, Sauerstoffgehalt, Temperatur etc. flankiert. Die Erfassung der Vor-Ort-Messgrößen muss zwingend bei der Probenahme erfolgen, da es sich um solche Messgrößen handelt, die bereits unmittelbar nach der Probenahme einem Veränderungsprozess unterliegen. Daneben liefern die Vor-Ort-Messgrößen auch wichtige erste Informationen, die helfen, die Probe zu charakterisieren und die Relevanz der gezogenen Probe einzuschätzen. Die Untersuchung weiterer chemischer und mikrobiologischer Messgrößen erfolgt dann nach dem Transport ins Labor, da die klassischen Methoden der Umweltüberwachung auf Laborverfahren basieren, die bei sehr hoher analytischer Qualität und großer Zuverlässigkeit in der Regel technisch anspruchsvoll sind und viel Zeit in Anspruch nehmen.

Zeitnahe Entscheidungen, ggf. auf der Basis orientierender Ergebnisse, sind mittels dieser Verfahren in der Regel nicht möglich.

Sind daher aufgrund der aktuellen Fragestellung bereits im Rahmen der Probenahme weitere Messungen durchzuführen, um daraus Entscheidungen ableiten zu können, wird Analytik in Form sogenannter Feld- oder Betriebsmethoden eingesetzt. Diese Verfahren basieren analytisch meistens auf den genormten Laborverfahren und sie sind lediglich miniaturisiert bzw. in der Handhabung vereinfacht. Während die Laborverfahren so aufgebaut sind, dass möglichst alle denkbaren Störungen durch weitere Inhaltsstoffe einer Probe berücksichtigt werden, fällt dies bei der Vor-Ort-Analytik häufig der Vereinfachung zum Opfer. Daher erlauben die Feldmethoden zunächst nur orientierende, d. h. qualitative oder halbquantitative Aussagen. Unter Berücksichtigung entsprechender analytischer Qualitätssicherung lässt sich mit manchen Methoden auch quantitative Analytik durchführen. Dies gilt insbesondere für die Betriebsmethoden, die vor allem für die Analytik auf Abwasserbehandlungsanlagen konzipiert worden sind.

15.1.1 Definitionen

Referenzmethoden

Dabei handelt es sich in der Regel um Methoden, die in der Sammlung der deutschen Einheitsverfahren [1] für die Wasser-, Abwasser- und Schlammuntersuchung veröffentlicht sind.

Vor-Ort-Methoden

Dies sind physikalische Methoden, die auf Grund der geringen Stabilität der zu untersuchenden Messgrößen im Rahmen der Probenahme eingesetzt werden müssen.

Dabei handelt es sich um Messgrößen wie z. B. Temperatur, pH-Wert, elektrische Leitfähigkeit, Sauerstoffgehalt, Redoxpotential.

Betriebsmethoden

Dies sind vereinfachte Analysenmethoden, die von Personal mit analytisch-chemischen Grundkenntnissen angewandt werden können und die im vorgesehenen Betriebseinsatz Messergebnisse mit einer analytischen Qualität liefern, die den Ergebnissen aus Referenzverfahren gleichgestellt werden können.

Betriebsmethoden wurden entwickelt, um dem Personal von Abwasserbehandlungsanlagen verlässliche Methoden an die Hand zu geben, die es ihnen erlauben, das Abwasser vor Ort zeitnah zu charakterisieren. Der Einsatz von Betriebsmethoden auf Abwasserbehandlungsanlagen ist in einen Qualitätsmanagementrahmen eingebettet, der im DWA-Arbeitsblatt A 704 [2] beschrieben ist. Die als Betriebsmethoden häufig eingesetzten Küvettentests eignen sich auch im Falle anderer Fragestellungen als Feldmethoden.

Feldmethoden

Hier handelt es sich um Analysenmethoden, die gebrauchsfertig vorkonfektioniert und mobil einsetzbar sind und zu deren Anwendung kein Labor erforderlich ist.

15.1.2 Methodenspektrum

Es lassen sich sieben Gruppen von verschiedenen analytisch-technischen Prinzipien unterscheiden, die Ergebnisse unterschiedlicher Qualität liefern.

Organoleptik

Die Analytik wird mit den Sinnesorganen durchgeführt und ist daher von subjektiven Erfahrungen des Prüfers abhängig. Sie ist somit sensorisch beurteilbar und gibt einen ersten Hinweis auf die Qualität der Probe, z. B. bei der Bestimmung von:

- Färbung,
- Geruch,

- Geschmack,
- Trübung.

Auf Grund des Gesundheitsschutzes und der Arbeitssicherheit sollte auf Geschmacks- und Geruchsproben von bestimmten Wässern, wie beispielsweise Abwasser, verzichtet werden.

Physikalische und elektrochemische Methoden

Die elektrochemischen bzw. physikalischen Methoden entsprechen in der Regel den genormten Labormethoden. Sie sind im Labor wie auch vor Ort rasch und präzise einsetzbar.

Die physikalischen und elektrochemischen Methoden finden beispielsweise Verwendung bei der Bestimmung folgender Messgrößen:

- Temperatur,
- pH-Wert,
- Redoxspannung,
- elektrische Leitfähigkeit,
- Sauerstoffgehalt.

Teststäbchen

Teststäbchen stellen die einfachste Form der Vor-Ort-Analytik dar. Visuell auszuwertende (d. h. mit dem bloßen Auge ablesbare) Teststäbchen liefern qualitative Ergebnisse – im besten Fall sind orientierende Konzentrationsangaben ableitbar, während reflektometrisch auszuwertende auch quantitative Aussagen zulassen. Im Falle der reflektometrischen Auswertung werden die Farbveränderungen des Teststreifens mit einem Messgerät ausgewertet. Dadurch kann eine differenziertere Auswertung erfolgen. Während die visuelle Auswertung in einem Anwendungsbereich von z. B. 5 – 100 mg/l Informationen in Konzentrationsstufen von ca. 20 mg/l liefert, können mittels Reflektometrie im gleichen Anwendungsbereich Ergebnisse in Stufen von 1 mg/l erzielt werden. Ergebnisse lassen sich mit beiden Techniken bereits innerhalb von 1 bis 15 Minuten erzielen. Eine weitere Vereinfachung des Teststäbchens stellt das Testpapier dar, das wie z. B. beim Lackmuspapier lediglich eine qualitative Aussage erlaubt.

Komparatoren

Bei Verwendung von Komparatoren wird die Probe in einer Küvette mit Reagenzien versetzt und dann in Durchsicht durch die Küvette mit einer Farbskala verglichen

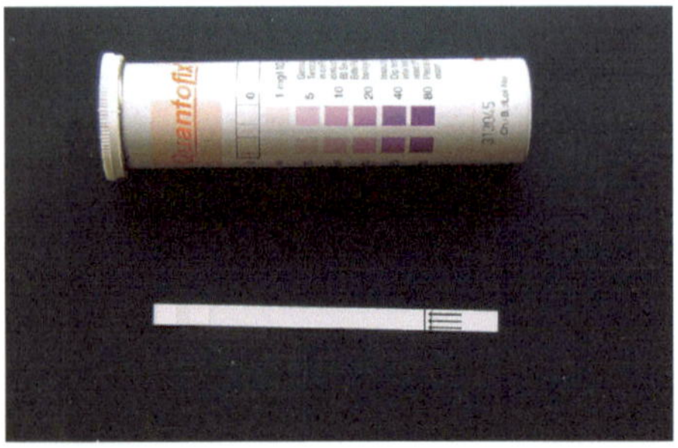

Bild 15.1: Beispiel für Teststäbchen

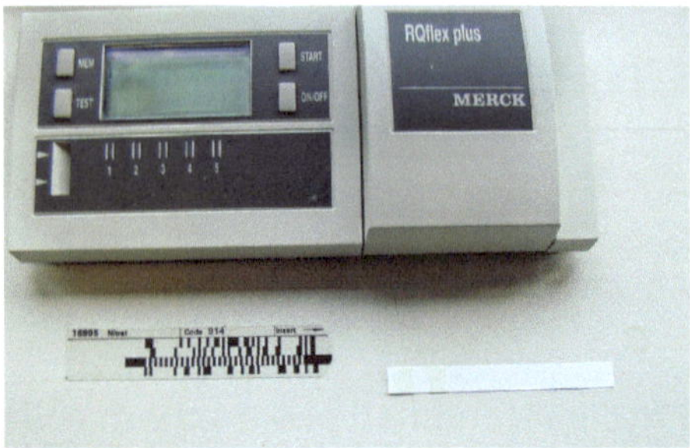

Bild 15.2: Beispiel für Reflektometer

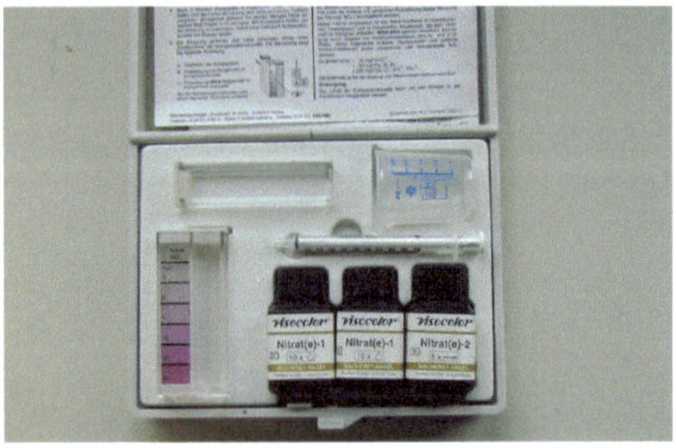

Bild 15.3: Beispiel für Komparatoren

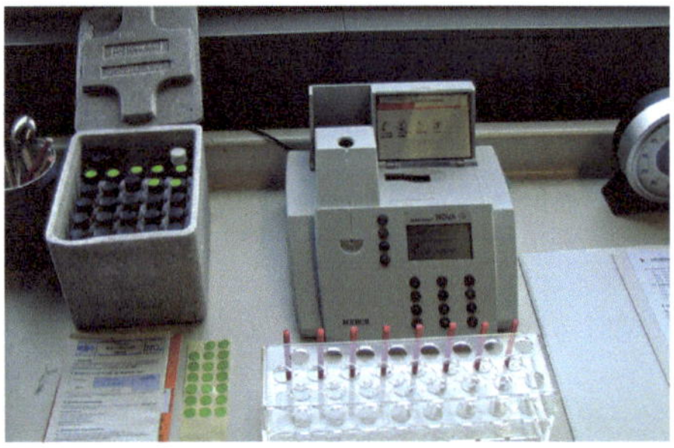

Bild 15.4: Beispiel für Küvettentests

(comparare, lat. vergleichen). Komparatoren liefern damit ebenfalls wie bei den Teststäbchen Konzentrationsbereiche als Ergebnis, sind dabei aber weit empfindlicher als Teststäbchen. Die Empfindlichkeit der Methode steigt mit der Schichtdicke der eingesetzten Küvette. Ergebnisse lassen sich in 10 bis 20 Minuten erzielen.

Prüfröhrchen und Prüfplaketten

Prüfröhrchen und Prüfplaketten eignen sich nur für die Untersuchung von Stoffen, die in der Gasphase enthalten sind oder aus der festen oder flüssigen Phase durch einen Gasstrom mobilisiert werden können. Sie finden überwiegend im Bereich der Luftuntersuchungen Anwendung. Die Untersuchungen dauern wenige Minuten.

Photometrische Methoden

Bei der Anwendung photometrischer Methoden wird zwischen Küvettentests mit und ohne integrierte Reagenzien, Pipettier- und Reagenzientests, direkter Ermittlung der Absorption (Tauchsonden etc.), Mikrotiterplattenphotometer und Immunoassays unterschieden.

Photometrische Methoden stellen die zuverlässigsten und genauesten der gebräuchlichen Vor-Ort-Analysenmethoden dar. Die weitaus gebräuchlichsten fotometrischen Tests sind die häufig vorkonfektionierten Küvettentests. Die Probe und die vorbereiteten Reagenzien werden in der Küvette zusammengeführt und ggf. erhitzt. Anschließend erfolgt die Auswertung in einem Fotometer, dem die Kenndaten der Untersuchung mittels Barcode oder vergleichbarer Technik übermittelt werden. Bei entsprechender Qualitätssicherung werden dabei quantitative und mit dem Referenzverfahren vergleichbare Ergebnisse erzielt. Die Ergebnisse lassen sich üblicherweise binnen 10 bis 20 Minuten erzielen.

Biologische Verfahren, Wirkungstests (z. B. BSB, Toxizität)

Inzwischen ist eine Anzahl verschiedener biologischer Testverfahren auf dem Markt zu beziehen. Wirkungstests geben keine Auskunft über Gehalte von Schadstoffen, sondern darüber, ob eine Matrix auf den Testorganismus toxische Wirkungen zeigt. Sie lassen daher ohne begleitende Analytik keine Aussagen über Inhaltsstoffe zu.

15.2 Grundlagen zur Bestimmung ausgewählter Vor-Ort-Messgrößen

15.2.1 Temperatur

Zu jeder Wasseruntersuchung gehört die Angabe der Temperatur des Wassers am Ort der Probenahme und oft auch die Temperatur der umgebenden Luft, weil u. a. die Löslichkeit von Gasen in Wasser und die Geschwindigkeit von Reaktionen temperaturabhängige Größen sind (vgl. DIN 38404-C4 [3]).

Die Temperatur wird mit einem Temperaturmessgerät (Thermometer) gemessen, das aus einem Temperatursensor und einer Anzeige besteht.

Zur Messung sollte ein kalibriertes Thermometer oder ein Thermometer, das auf ein kalibriertes Thermometer zurückgeführt wurde, eingesetzt werden.

Wassertemperatur

Die Wassertemperatur beeinflusst nahezu alle physikalischen, chemischen und biologischen Vorgänge in einem Gewässer.

Die Wassertemperatur wird unmittelbar in der Probe (in situ oder in einem 1 l-Becherglas) gemessen und in °C auf eine Dezimalstelle gerundet angegeben.

Lufttemperatur

Die Messung der Lufttemperatur wird in etwa 1 m Höhe über dem Wasser oder dem Boden gemessen. Wichtig ist, dass das Thermometer bzw. der Temperatursensor trocken ist und die Lufttemperatur im Schatten gemessen wird.

Die Lufttemperatur wird ebenfalls in °C angegeben, allerdings auf +/- 0,5 °C gerundet.

15.2.2 Färbung

Die Farbe kann Aufschluss über die Belastung des Wassers (z. B. Algenwachstum, Jauche, Gülleeinträge, sowie Chemikalieneinwirkungen) geben.

Für ihre Beurteilung sind in DIN EN ISO 7887 [4] vier Verfahren festgelegt.

Visuelle Untersuchung der scheinbaren Färbung

Bei der visuellen Untersuchung wird die scheinbare Färbung durch Betrachtung der Wasserprobe in einer Flasche ermittelt.

Die unfiltrierte Probe wird hierzu in eine gereinigte farblose Flasche gefüllt und geschüttelt, um nach Möglichkeit alle löslichen Stoffe in Lösung zu bringen. Enthält die Probe Schwebstoffe, sollen sich diese vor der Untersuchung absetzen. Die Probe wird im diffusem Licht gegen einen weißen Untergrund auf Intensität der Färbung und auf den Farbton untersucht.

Die Intensität der Färbung (farblos, schwach, hell oder dunkel) und der Farbton (z. B. gelb, gelblich-braun) sind anzugeben.

Bestimmung der wahren Färbung mit optischen Geräten

Zur Bestimmung der wahren Färbung eines Roh-, Trinkwassers oder eines schwach gefärbten Industrieabwassers wird die Absorption des Lichtes einer filtrierten Wasserprobe mit Hilfe eines Spektralphotometers oder eines Filterphotometers bei unterschiedlichen Wellenlängen gemessen.

Es wird der Absorptionskoeffizienten in 1/m und die Wellenlänge des einfallenden Lichts angegeben.

Bestimmung der Extinktion bei der Wellenlänge λ = 410 nm

Mit Hilfe eines optischen Gerätes wird die wahre Färbung einer filtrierten Wasserprobe durch Vergleich mit einer Hexachloroplatinat-Konzentration bei der Wellenlänge $\lambda = 410$ nm bestimmt. Die Färbung ist in mg/l Pt anzugeben.

Visuelle Bestimmung der Färbung in natürlichen Wässern

Ein weiteres Verfahren zur Bestimmung der Färbung nutzt den visuellen Vergleich mit Hexachloroplatinat-Standardlösungen. Es kann auf Roh- und Trinkwasser angewendet werden.

Die Probe wird in einen Standard-Beobachtungszylinder gefüllt und mit einer Reihe von mit den Farbvergleichslösungen unterschiedlicher Farbintensitäten gefüllten Standard-Beobachtungszylindern verglichen.

Alternativ kann auch ein Komparator mit den Farb-Glasstandards verglichen werden.

Der Wert der nächstgelegenen Vergleichslösung wird in mg/l Pt angeben.

15.2.3 Elektrische Leitfähigkeit

Die Leitfähigkeitsmessung wird zur Überwachung oberirdischer Gewässer (z. B. Ermittlung des Streusalzeintrags im Winter), Betriebswasser (wie beispielsweise bei der Überwachung des Eindickungsgrades im Kühlwasser), in Wasserversorgungs- und Wasseraufbereitungsanlagen, sowie in Abwasseranlagen genutzt.

Die Leitfähigkeit ist ein Maß für den elektrischen Strom, den im Wasser anwesende Ionen leiten und ist von der Ionenkonzentration, der Ionenart, der Temperatur und der Viskosität abhängig. Viele Ionen im Wasser erhöhen den Stromfluss und somit auch die Leitfähigkeit (z. B. im Meerwasser). Sind wenige Salze im Wasser gelöst, wie beispielsweise beim destillierten Wasser, wird wenig Strom geleitet und eine geringe Leitfähigkeit ist messbar.

Die Messung erfolgt bestenfalls mit einem elektronischen Messgerät (auch Voltmeter) in situ (z. B. in einer Grundwassermessstrecke) oder unmittelbar nach der Probenahme. Laborproben können aus einer randvoll gefüllten Polyethylenflasche analysiert werden (vgl. DIN EN 27888 [5]), sollten aber auch zeitnah geprüft werden, wenn ein Gasaustausch oder eine biologische Aktivität anzunehmen ist.

Die elektrische Leitfähigkeit wird vom Messgerät abgelesen und auf 25 °C bezogen in Millisiemens pro Meter (mS/m) oder in einer anderen Einheit (z. B. µS/cm) angegeben. In einigen Fällen kann eine Umrechnung erforderlich sein (z. B. 147 µS/cm, das entspricht 14,7 mS/m).

15.2.4 pH-Wert

Der pH-Wert ist ebenfalls eine wichtige Kenngröße zur Beurteilung der Wasserqualität. Da beispielsweise zu hohe oder zu niedrige pH-Werte für aquatische Organismen schädlich sein können, kann es erforderlich sein, pH-Bereiche bei der Abwassereinleitung zu begrenzen. Außerdem dient die pH-Wert-Bestimmung unter anderem zur Kontrolle von Flockungs-/Fällungsreaktionen in der Wasseraufbereitung.

Die Bestimmung des pH-Wertes kann mit folgenden Verfahren erfolgen:

- Farbindikation (Teststreifen),
- Titration (Säure-/Basereaktion),
- Potentiometrie (elektrometrisch mit pH-Messketten).

Bei den elektrometrischen Verfahren wird die Kettenspannung einer elektrochemischen Zelle, bei der eine der beiden Halbzellen eine Messelektrode, die zweite eine Bezugselektrode ist, gemessen. Das Potenzial der Messelektrode ist eine Funktion des pH-Werts der Messlösung (DIN EN ISO 10523 [6]).

Im Wasser ist der pH-Wert das Maß für die Aktivität der Wasserstoff-Ionen und gibt an, ob das Wasser neutralen, sauren oder basischen Charakter hat. Auf Grund von Dissoziationsgleichgewichten ist er von der Temperatur abhängig.

Da es im elektrometrischen Messsystem zu Messabweichungen kommen kann, ist dessen Handhabung bzw. Kalibrierung und Justierung von großer Bedeutung.

Chemische, physikalische oder biologische Vorgänge können in der Wasserprobe schnell den pH-Wert verändern. Deshalb sollte er möglichst sofort in situ bzw. an der Probenahmestelle gemessen werden.

Sollte dies nicht möglich sein, wird eine Probenahmeflasche möglichst vollständig und blasenfrei (gegebenenfalls mit einem bis zum Boden reichenden Probenahmeschlauch) abgefüllt, um einen Gasaustausch zwischen Probe und Umgebungsluft zu vermeiden.

Der pH-Wert wird mit Erfassung der Messtemperatur generell auf eine Dezimalstelle gerundet angegeben.

15.2.5 Sauerstoffgehalt

Der Sauerstoffgehalt eines natürlichen Gewässers ist ein Kriterium zur Beurteilung der ökologischen Situation und wird in der Abwassertechnik zur Regelung der Behandlungsanlagen benötigt.

Zur Bestimmung stehen folgende gängige Verfahrensarten zur Verfügung:

- elektrochemisch (z. B. Clark'sche Elektrode (Gold/Silber) oder mit der galvanischen Elektrode (Silber/Blei)),
- optisch (Sensor auf Basis der Fluoreszenzlösung),
- iodometrisch (Winkler-Methode).

Beim elektrochemischen Verfahren enthält die elektrochemische Zelle einen Elektrolyten und mindestens zwei Metallelektroden und ist von der Wasserprobe durch eine selektive Membran getrennt (vgl. DIN EN ISO 5814 [7]). Es muss auf eine ausreichende Anströmungsgeschwindigkeit geachtet werden.

Optische Sensoren bestehen aus einer Sensorkappe, die einen Luminophor oder eine Fluoreszenzfarbe enthält und eine Lichtquelle sowie einen Fotodetektor. Das Licht bewirkt die Anregung des Leuchtstoffs. Der Fotodetektor wandelt die resultierende Lichtemission in ein elektrisches Signal um, aus der die Konzentration des gelösten Sauerstoffs berechnet wird (vgl. DIN ISO 17289 [8]).

Die Messsonde bzw. der Sensor wird in das Wasser eingetaucht (in situ beispielsweise im Gewässer), in einer gasdicht abgeschlossenen Durchflussmesszelle eingebaut (Grundwasserprobenahme) oder in einen vorsichtig befüllten Probenbehälter eingetaucht. Dabei ist darauf zu achten, dass möglichst kein Sauerstoff eingetragen wird oder entweicht.

Das Ergebnis der Messung der Massenkonzentration an gelöstem Sauerstoff wird in Milligramm je Liter und auf eine Nachkommastelle gerundet angegeben bzw. die relative Sättigung in Prozent wird auf die nächste ganze Zahl gerundet.

15.3 Einsatz von Feld- und Betriebsmethoden im geregelten Bereich

Im Falle der klassischen Umweltüberwachung definiert die gesetzliche Regelung unter Verwendung von Normen das Vorgehen meist punktgenau. Probenahme, Probenkonservierung, -transport und -lagerung, Probenvorbereitung und Analytik sind in einschlägigen Normen beschrieben.

Im Falle des Vor-Ort-Einsatzes kann aufgrund der Vielfältigkeit der Fragestellungen und der verfügbaren Möglichkeiten keine derartige starre Regelung funktionieren. Aus diesem Grunde sind für die verschiedenen Einsatzbereiche inzwischen Richtlinien und Normen verfügbar, die den Anwendungsrahmen für Vor-Ort-Analytik im geregelten Bereich beschreiben.

15.3.1 Untersuchung von Abwasser

Für die Untersuchung von Abwasser ist im Rahmen der Selbstüberwachung neben den Referenzverfahren der Einsatz von Betriebsanalytik (Prozessanalytik und Betriebsmethoden) etabliert. Um einen Anwendungs- und Qualitätsrahmen für die Anwendung der Betriebsanalytik zu beschreiben ist das DWA Arbeitsblatt A 704 „Betriebsmethoden für die Abwasseranalytik“ [2] erarbeitet worden. Das Arbeitsblatt macht Vorgaben zum Einsatz von Betriebsmethoden und stellt Hilfsmittel zur Dokumentation der Qualitätssicherungsmaßnahmen zur Verfügung.

15.3.2 Untersuchung von Wasser (Oberflächenwasser, Grundwasser, ...)

Für Randbedingungen zur Anwendung der Vor-Ort-Analytik in der Matrix Wasser ist eine ISO-Norm erarbeitet worden, die Hinweise zur Auswahl und zur Anwendung gibt.

Die ISO 17381 „Anleitung zur Auswahl und Einsatz von Fertigtest-Verfahren in der Wasseranalytik“ [9] greift die Themenbereiche Klassifizierung, Anwendungsbereiche, Auswahl(verfahren), Qualitätsziele, Anforderungen an Hersteller, Anwender und Produkt, Qualitätssicherungsmaßnahmen, Dokumentation auf.

15.4 Fragestellungsbezogene Auswahl von analytischen Methoden

Der wichtigste Aspekt zur Lösung einer analytischen Aufgabe ist die Wahl der richtigen, also der angemessenen Methode. Es ist sicher nicht sinnvoll, jede analytische Fragestellung mit maximalem Aufwand zu bearbeiten. Kriterien wie Eilbedürftigkeit, Mobilität und Wirtschaftlichkeit sind von wachsender Bedeutung, so dass der Analytiker jeweils entscheiden muss, welche Methode diejenige der Wahl ist. Neben den in Normen beschriebenen Referenzmethoden gibt es inzwischen eine Vielzahl von Alternativmethoden, die dem Anwender in Hinsicht auf die genannten Kriterien entgegenkommen, oftmals bei reduzierter analytischer Qualität.

Da die erforderliche analytische Qualität durch die Fragestellung definiert wird, ist dies nicht grundsätzlich ein Nachteil. Häufig werden Alternativverfahren auch für schlechter gehalten als sie tatsächlich sind.

Für Untersuchungsaufgaben in der Umweltanalytik bestehen prinzipiell drei wesentliche Fragestellungen:

- Überwachung eines Prüfwertes,
- Qualitätskontrolle (Konzentrationsbereich),
- Feststellung einer Konzentration.

15.4.1 Überwachung eines Prüfwertes

Der neutrale Begriff des Prüfwertes ist dem Grenzwert vorzuziehen, da die Verwendung des Grenzwertes eine unnötige Einschränkung darstellen würde.

Der Begriff des Prüfwertes kann eine Mindestanforderung, einen Grenzwert oder ein Qualitätsziel repräsentieren.

Bei der Überwachung eines Prüfwertes ist zunächst sicherzustellen, dass das Verfahren im Bereich dieses Prüfwertes Ergebnisse hoher Qualität liefert.

Für diese Aufgabe kommen in erster Linie richtigkeits- oder konventionsorientierte (Vollzug) quantitative Verfahren in Betracht. Dabei handelt es sich überwiegend um genormte Methoden und Betriebsmethoden.

Anwendungsbeispiel: behördliche Überwachung.

15.4.2 Qualitätskontrolle (Konzentrationsbereich)

Ein weiterer Bereich der Analytik ist die Kontrolle der Qualität einer Matrix, wobei nicht ein fester Wert sondern ein Konzentrationsbereich das Qualitätsziel beschreibt. Hierbei ist die exakte Konzentration nicht wichtig, sondern die Konzentration muss in einem bestimmten Bereich liegen.

Verfahren für diese Aufgabe müssen den gefragten Konzentrationsbereich abdecken und sollten keine falschnegativen oder falschpositiven Ergebnisse aus diesem Bereich heraus aufweisen.

Eine Vielzahl marktverfügbarer Feldmethoden erweist sich für diese Fragestellung als geeignet.

Anwendungsbeispiele:

- Betriebsparameter,
- Aquarium,
- Schwimmbadwasser,
- Produkte,
- Trinkwasser,
- orientierende Feststellung von Prüfwertunterschreitungen,
- vorbereitende Analysen zur Vereinfachung von Prüfwertüberwachungen.

15.4.3 Feststellung einer Konzentration

Bei dieser Frage muss zwischen zwei Anforderungen unterschieden werden:

- einfache Ja/Nein-Entscheidung,
- Quantifizierung einer unbekannten Konzentration.

Im ersten Fall lässt sich die Frage vor allem bei wässrigen Medien mit Hilfe von einfachen Testpapieren oder Teststäbchen beantworten. Einsatzgebiet hierfür sind Unfälle, Störungen oder Voruntersuchungen zu unbekannten Proben.

Tabelle 15.1: Auswahl geeigneter Methoden

	Überwachung eines Prüfwertes	Qualitätskontrolle (Konzentrationsbereich)	Feststellung einer Konzentration
qualitativer Nachweis			(x)
halbquantitativer Nachweis (Größenordnung)	(x)	x	(x)
richtigkeitsorientierter quantitativer Nachweis	x	x	x
konventionsorientierter quantitativer Nachweis	x	x	x
(x): nur eingeschränkt oder unterstützend einsetzbar			

Im zweiten Fall würde zunächst mit Hilfe einer orientierenden Methode die Größenordnung ermittelt und anschließend mit einem präzisen Verfahren die Konzentration bestimmt.

Nachdem man sich für die der Fragestellung angemessen erscheinende Analytik entschieden hat, ist bei der Auswertung bzw. Bewertung der Ergebnisse zu beachten, dass die Qualität der Methode in die Überlegungen einbezogen wird.

Grundsätzlich sollte auch Qualitätssicherung in ebenfalls angemessenem Umfang erfolgen.

15.5 Praktisches Vorgehen bei der Auswahl geeigneter Methoden

Auf dem Markt sind Tausende von Produkten verfügbar, die sich potenziell für die Vor-Ort-Analytik eignen. Um aus dieser Vielzahl das für die individuelle Fragestellung am besten geeignete Produkt (unter Würdigung von Kriterien wie Schnelligkeit, Mobilität, Übereinstimmung mit dem Referenzverfahren, Kosten, erforderliche Qualifikation etc.) auszuwählen, bedarf es einer Entscheidungshilfe.

15.5.1 Vorgehen

Das Vorgehen beim Einsatz der Vor-Ort-Analytik ist stark von den örtlichen Gegebenheiten abhängig. Während man für Zwecke wie die Einleiterselbstüberwachung recht schematische Vorgaben machen kann, ist im Falle eines Unfalls oder einer Ursachenermittlung ein sehr viel flexibleres System erforderlich.

Zudem muss entschieden werden, an welcher Stelle die Analytik stattfinden soll. Sollte eine Bestimmung im Medium (in situ) selbst nicht möglich sein, muss eine repräsentative Probe entnommen und möglichst sofort analysiert werden.

15.5.2 Auswahlkriterien

Die oben dargestellten Normen und Richtlinien beinhalten eine Anzahl sinnvoller Auswahlkriterien, die bei der Entscheidung über ein geeignetes Vor-Ort-Verfahren heranzuziehen sind:

Die erste Frage, die geklärt werden muss, ist immer die nach dem Ziel der Untersuchung. Eine möglichst exakte Fragestellung ist die Voraussetzung eines qualifizierten Vorgehens. Dazu gehört auch eine Parameterdefinition (z. B. Untersuchung auf Eisen gesamt oder bestimmte Oxidationsstufen (Fe^{2+}, Fe^{3+}); Chromat oder Chrom etc.) sowie die Definition des Qualitätsziels (notwendige Aussagegenauigkeit). Weiterhin ist der Anwendungsbereich der Methode mit der Fragestellung abzugleichen. Das Verfahren der Wahl muss für die zu untersuchende Matrix geeignet sein. Dabei sind auch mögliche Interferenzen zu berücksichtigen. Eine weitere Überlegung muss dem Messbereich gelten: Weder ein nicht ausreichend empfindliches noch ein viel zu empfindliches Verfahren sind zielführend.

Die Entscheidung für ein Vor-Ort-Verfahren wird oft deshalb getroffen, weil Schnelligkeit und Mobilität wichtige Anforderungen darstellen.

Weitere Kriterien, die bei der Auswahl eine Rolle spielen, sind Kosten, vorgesehene Einsatzhäufigkeit (dauernd, einmalig?), Qualifikation des Personals und Verfügbarkeit.

Existieren für die Fragestellung gesetzliche Vorgaben, haben diese gegenüber den weiteren angestellten Überlegungen Priorität.

15.6 Qualitätssicherung

Da der Vor-Ort-Analytik grundsätzlich der Verdacht mangelnder Validität anhängt, ist die analytische Qualitätssicherung eine wichtige vertrauensbildende Maßnahme.

Zunächst ist jede Analytik ohne Qualitätssicherung unabhängig von der Fragestellung sinnlose Geldverschwendung. Für die klassische Laboranalytik existieren sehr ausgefeilte Qualitätssicherungssysteme (z. B. DIN EN ISO/IEC 17025 [10], LAWA-AQS-Merkblätter [11]). Diese auf die Vor-Ort-Analytik 1 : 1 zu übertragen, würde jedoch alle durch die Vor-Ort-Analytik erzielten Vorteile wieder in Frage stellen. Daher sind auch für diesen Zweck maßgeschneiderte QS-Konzepte erforderlich.

Hinweise hierzu geben Normen und Arbeitsblätter: DIN EN 16123 [12]; ISO 17381 [9], DIN EN ISO 12404 [13], DWA A 704 [2].

15.6.1 Dokumentation des Entscheidungsprozesses

Zur Dokumentation des Entscheidungsprozesses, der zur Auswahl eines geeigneten Verfahrens führt, ist in der DIN EN 16123 [12] eine Dokumentationshilfe hinterlegt. Mit dieser Dokumentationshilfe kann der Entscheidungsprozess transparent dokumentiert werden und es ist weitestgehend sichergestellt, dass keine Prüfpunkte vergessen wurden.

In Bild 15.5 findet sich ein Beispiel für eine Dokumentationshilfe nach DIN EN 16123 [12].

Kurzbeschreibung der analytischen Zielsetzung: **Festlegung des Qualitätszieles:**

Auswahlkriterien

Festlegung der Parameter

Bitte ankreuzen, falls relevant	Aspekt	Eignung für das Verfahren der Auswahl
☐	Festgelegter Analyt:	☐
☐	Gruppen- oder Summenparameter:	☐
Anwendungsbereich		
☐	Entscheidungswert:	☐
☐	Konzentrationsbereich:	☐
☐	Matrix:	☐
☐	erwartete Störungen:	☐
☐	Verfahrensgrenzen:	☐
Probenahme, Vorbehandlung der Probe		
☐	Direkte Messung:	☐
☐	Probenahme erforderlich:	☐
☐	Vorbehandlung der Probe erforderlich:	☐
☐	Eluat/Extrakt erforderlich:	☐

Bild 15.5: Dokumentationshilfe nach DIN EN 16123 [12]

Randbedingungen

☐	Schnelligkeit (im Verhältnis zur Zielstellung der Bestimmung)	☐
☐	Mobilität	☐
☐	Kosten	☐
☐	Qualitätsziel der Analyse	☐
☐	Häufigkeit der Anwendung (regelmäßig, einmalig)	☐
☐	Qualifikation des Personals	☐
☐	gesetzliche Anforderungen	☐
☐	Verfügbarkeit und/oder einfache Beschaffung	☐
☐	Infrastrukturelle Bedingungen	☐
☐	Sonstiges:	☐

Bedingungen der Anwendbarkeit

Zutreffend	Bedingung	Angewendet
☐	Temperaturbereich, pH-Bereich, andere physikalische Bedingungen	☐
☐	Lagerung und Lager- und Haltbarkeitsdauer der Reagenzien	☐
☐	Chemische Reaktion oder physikalisches Konzept	☐
☐	Beschreibung der gelieferten Reagenzien (z. B. Zusammensetzung, Angabe der Gefahren)	☐
☐	Beschreibung der gelieferten Ausrüstung, wie z. B. Prüfbehälter, Dosiereinrichtung oder Farbskala	☐
☐	Beschreibung, wie und mit welchem Messgerät die Bewertung durchgeführt werden kann	☐
☐	für die Anwendung erforderliche zusätzliche Reagenzien (z. B. Säure für die Einstellung des pH-Wertes)	☐
☐	für die Anwendung erforderliche zusätzliche Ausrüstung	☐
☐	Beschreibung der Probenahme und der Probenvorbereitung	☐
☐	Beschreibung der Probenquantität	☐
☐	Gesundheits- und Arbeitsschutzvorkehrungen	☐
☐	Schrittweise Darstellung (Piktogramm), Einführung, Ausbildung	☐
☐	Reaktionszeit (Intervall)	☐
☐	Ermittlung der Ergebnisse	☐
☐	Wartungsvorschriften	☐
☐	Anzahl der Ziffern nach dem Dezimalkomma	☐
☐	Präzision/Genauigkeit	☐
☐	Umrechnungstabelle; Umrechnungsfaktoren	☐
☐	Empfohlene Verfahren zur Bewertung der Ergebnisse	☐
☐	Abfall, Abwasser, gefährlicher Abfall	☐
☐	Rückgabe an Hersteller	☐
☐	Kalibrierung	☐
☐	Vorhandene Analysenzertifikate	☐
☐	Beschreibung des Verfahrens	☐
☐	Zusätzliche Angaben, Beispiele von möglichen Anwendungen	☐

Bild 15.5: Fortsetzung

Prüfung der Einsatzfähigkeit

Bitte ankreuzen, falls zutreffend	Art der Prüfung	Zusammenfassung der Ergebnisse	Prüfung bestanden
☐	Reproduzierbarkeit		☐
☐	Falsch negative Ergebnisse		☐
☐	Vergleichbarkeit		☐

Qualitätssicherungsmaßnahmen

Zutreffend	Maßnahme	Festlegen der Maßnahme und des Qualitätsziels:
☐	Messungen von Standards und möglichen Referenzmaterialien	
☐	Plausibilitätsprüfungen mit Standardaddition	
☐	Vergleichsprüfungen mit Referenzverfahren	
☐	Ringversuche	
☐		
☐		

Akzeptanzkriterien

☐ erfolgreich abgeschlossenes Auswahlverfahren
☐ erfolgreich bewertete Anwendungskriterien
☐ Entsprechend der analytischen Aufgabe festgelegte Qualitätsziele
☐ Individuell gestaltetes Einsatzfähigkeitsszenario erfolgreich durchgeführt.
☐ Qualitätssicherungsmaßnahmen und entsprechende festgelegte Qualitätsakzeptanzkriterien

Ergebnisse:

Name der verantwortlichen Person: ____________________

Datum: Unterschrift: ________

Bild 15.5: Fortsetzung

15.6.2 Ermittlung der Gleichwertigkeit

Machen gesetzliche Vorgaben oder andere Anforderungen die Ermittlung der Gleichwertigkeit von Analysenverfahren erforderlich, kann hierzu die DIN 38402-71 [14] herangezogen werden. Die Norm unterscheidet die Ermittlung der generellen Gleichwertigkeit, die in einem recht aufwendigen Verfahren die Untersuchung von mindestens 30 Parallelproben – die matrixtypisch und gleichverteilt über den vorgesehenen Anwendungsbereich vorgenommen werden – erfordert, von der Ermittlung der fallbezogenen individuellen Gleichwertigkeit, die lediglich die Sechsfachbestimmung einer typischen Probe mit beiden Verfahren vorsieht.

Literatur

[1] Deutsche Einheitsverfahren zur Wasser-, Abwasser- und Schlammuntersuchung – Physikalische, chemische, biologische und bakteriologische Verfahren (2015): Loseblattsammlung, Herausgeber: Wasserchemische Gesellschaft in der GDCh und Normenausschuss Wasserwesen des DIN, Beuth, Berlin.

[2] Arbeitsblatt DWA-A 704: Betriebsanalytik für Abwasseranlagen (2016): DWA Deutsche Vereinigung für Wasserwirtschaft, Abwasser und Abfall e. V., Hennef.

[3] DIN 38404-4 (1976): Deutsche Einheitsverfahren zur Wasser-, Abwasser- und Schlammuntersuchung – Physikalische und physikalisch-chemische Kenngrößen (Gruppe C): Bestimmung der Temperatur (C 4); Berlin (Beuth).

[4] DIN EN ISO 7887 (2012): Wasserbeschaffenheit – Untersuchung und Bestimmung der Färbung; (ISO 7887:2011); Berlin (Beuth).

[5] DIN EN 27888 (1993): Wasserbeschaffenheit; Bestimmung der elektrischen Leitfähigkeit (ISO 7888:1985); Berlin (Beuth).

[6] DIN EN ISO 10523 (2012): Wasserbeschaffenheit – Bestimmung des pH-Werts (ISO 10523:2008); Berlin (Beuth).

[7] DIN EN ISO 5814 (2013): Wasserbeschaffenheit – Bestimmung des gelösten Sauerstoffs – Elektrochemisches Verfahren (ISO 5814:2012); Berlin (Beuth).

[8] DIN ISO 17289 (2014): Wasserbeschaffenheit – Bestimmung des gelösten Sauerstoffs – Optisches Sensorverfahren (ISO 17289:2014); Berlin (Beuth).

[9] ISO 17381 (2003): Water quality – Selection and application of ready-to-use test kit methods in water analysis; Berlin (Beuth).

[10] DIN EN ISO/IEC 17025 (2018): Allgemeine Anforderungen an die Kompetenz von Prüf- und Kalibrierlaboratorien (ISO/IEC 17025:2017); Berlin (Beuth).

[11] AQS-Merkblätter für die Wasser-, Abwasser- und Schlammuntersuchung, Ergänzbare Sammlung von Merkblättern zu den AQS-Rahmenempfehlungen der Bund/Länder-Arbeitsgemeinschaft Wasser (LAWA), herausgegeben von der Bund/Länder- Arbeitsgemeinschaft Wasser (LAWA), Erich Schmidt Verlag.

[12] DIN EN 16123 (2013): Charakterisierung von Abfall – Anleitung für Auswahl und Anwendung von Screening-Verfahren (EN 16123:2013); Berlin (Beuth).

[13] DIN EN ISO 12404 (2015): Bodenbeschaffenheit - Anleitung für Auswahl und Anwendung von Vor-Ort-Verfahren (ISO 12404:2011); Berlin (Beuth).

[14] DIN 38402-71 (2002): Deutsche Einheitsverfahren zur Wasser-, Abwasser- und Schlammuntersuchung – Allgemeine Angaben (Gruppe A) – Teil 71: Gleichwertigkeit von zwei Analyseverfahren aufgrund des Vergleiches von Analyseergebnissen und deren statistischer Auswertung; Vorgehensweise für quantitative Merkmale mit kontinuierlichem Wertespektrum (A 71); Berlin (Beuth).

Bilderverzeichnis

Tabellenverzeichnis